Try your best
Never underestimate your power to change yourself!

中文版Mastercam 2022数控加工
从入门到精通（实战案例版）
本书部分案例

阶梯轴

创建烟灰缸

旋塞车螺纹

茶壶

锥度轴

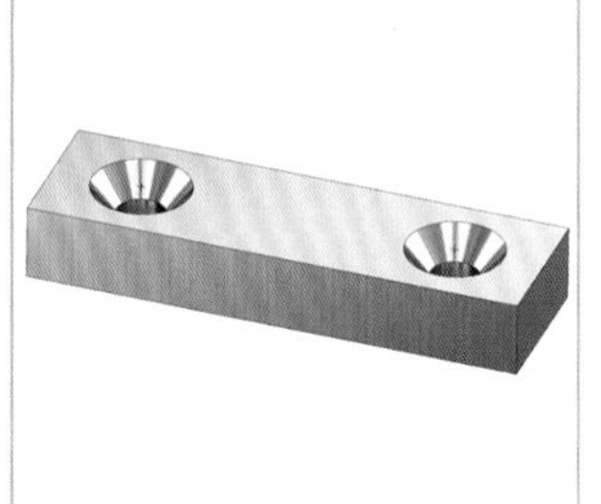
创建锥形沉孔

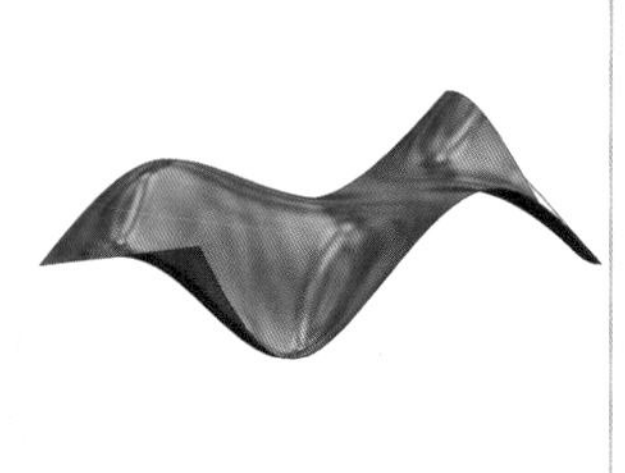
创建扫描曲面

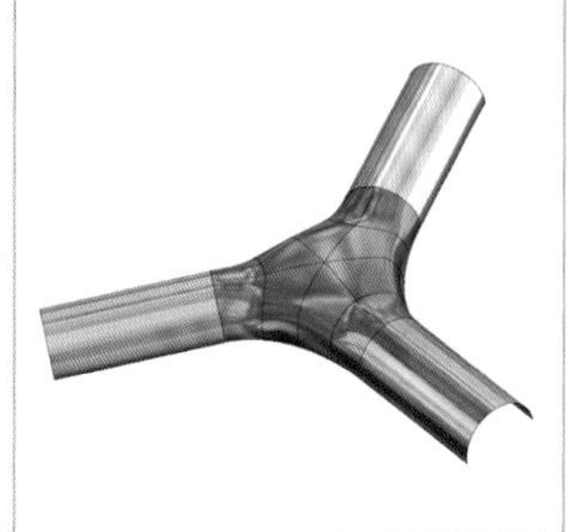
三曲面熔接

低速轴

瓶子凹模

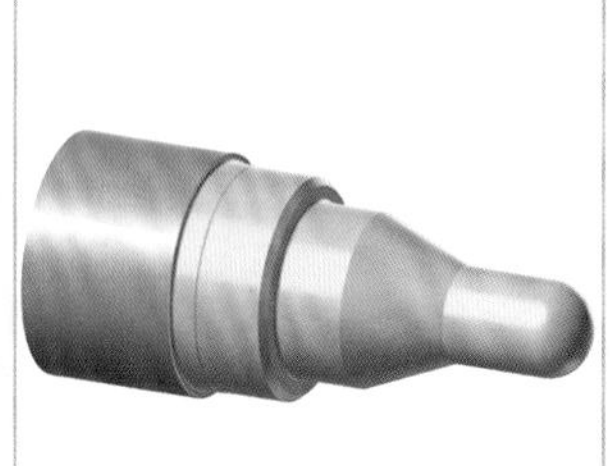
球头轴

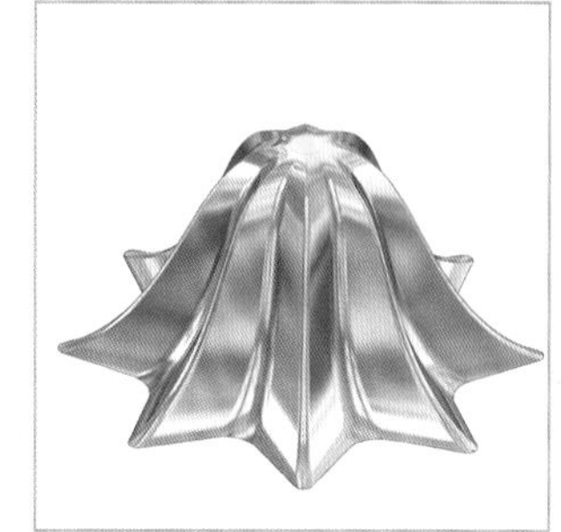
灯罩

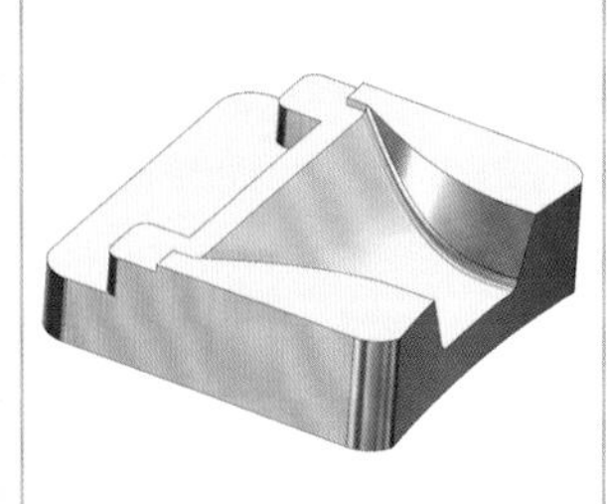
料槽

青玉九连环

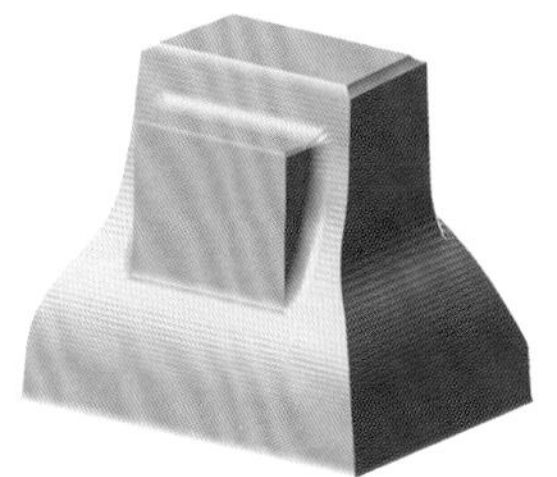
显示器壳体

加热盘

本书部分案例

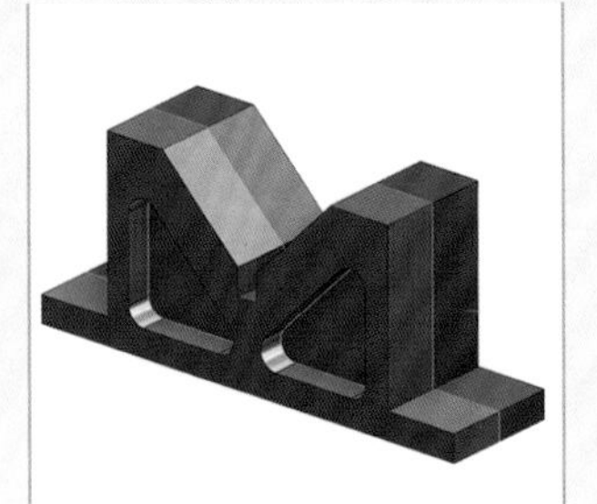

V形垫铁

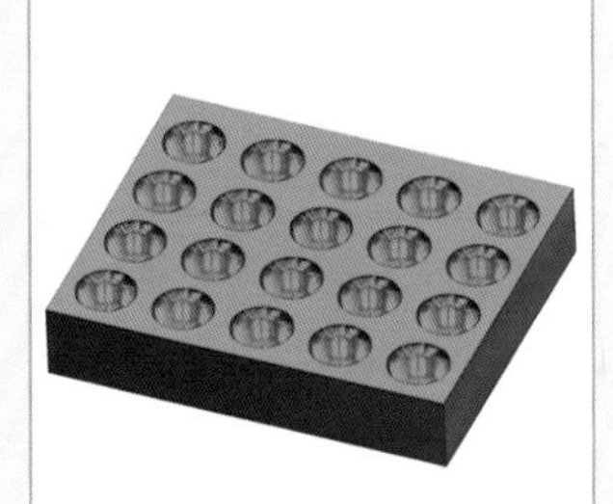

创建直角阵列

移动实体面

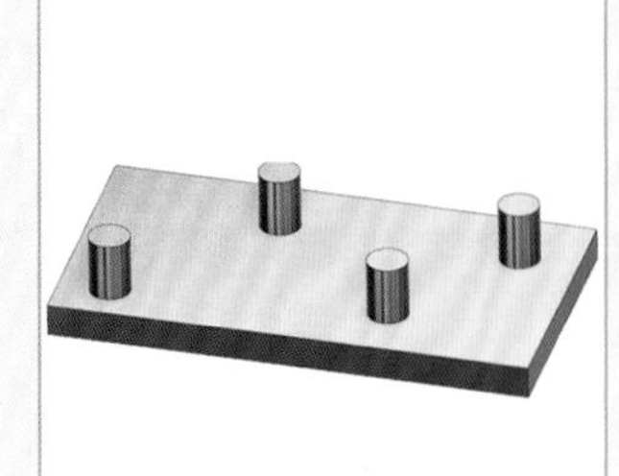

创建手动阵列

创建旋转阵列

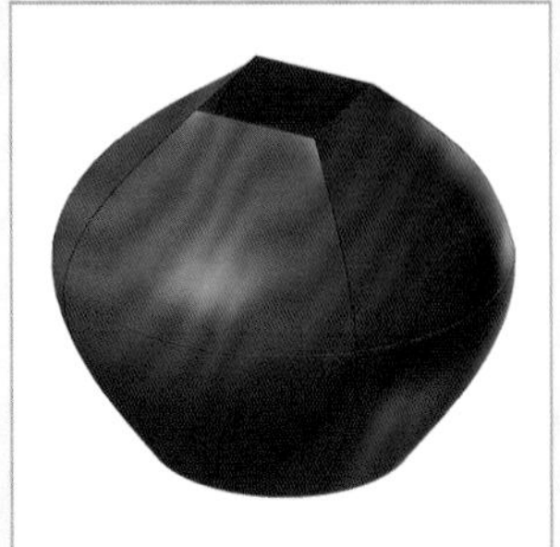

储料器

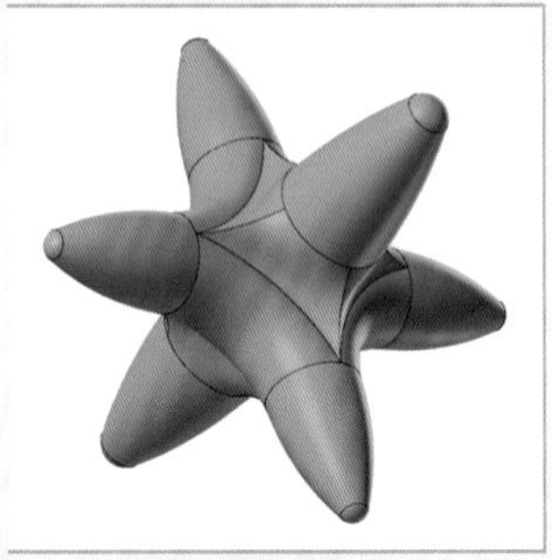

无人机外壳

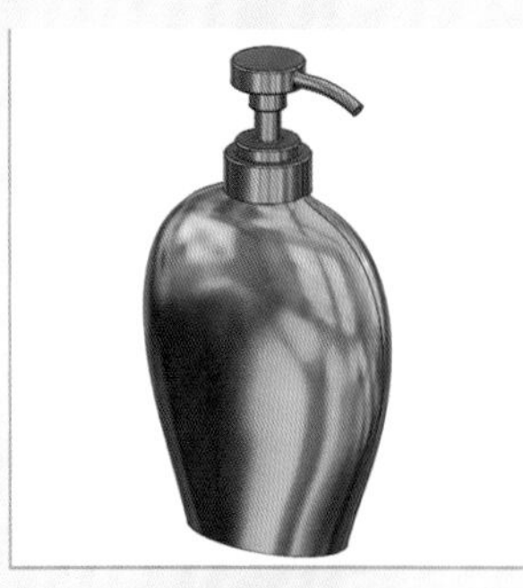

创建分模线

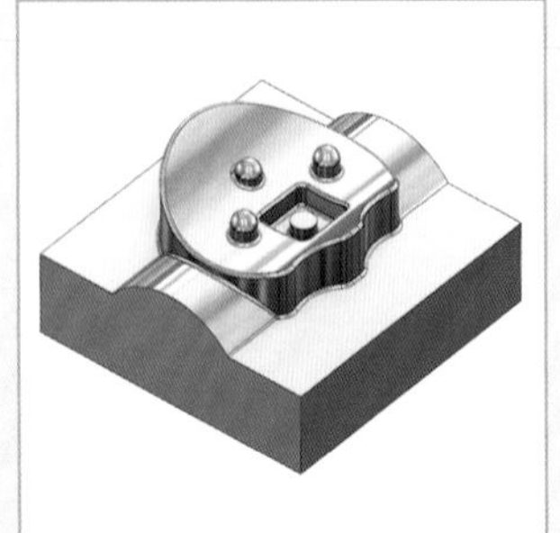

底台

叶轮

由实体创建曲面

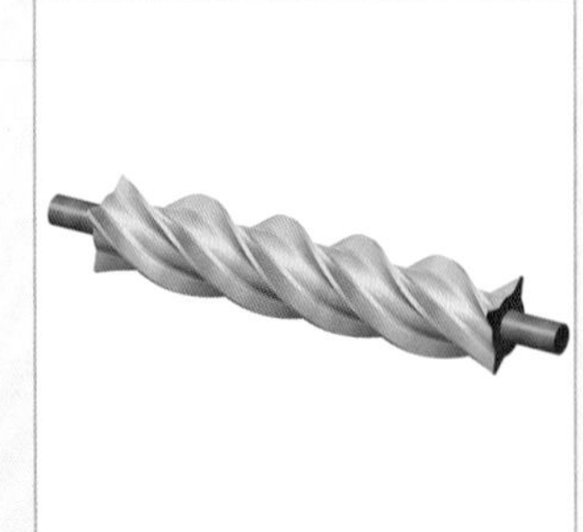

周铣刀

内六角扳手

塑料盆模型

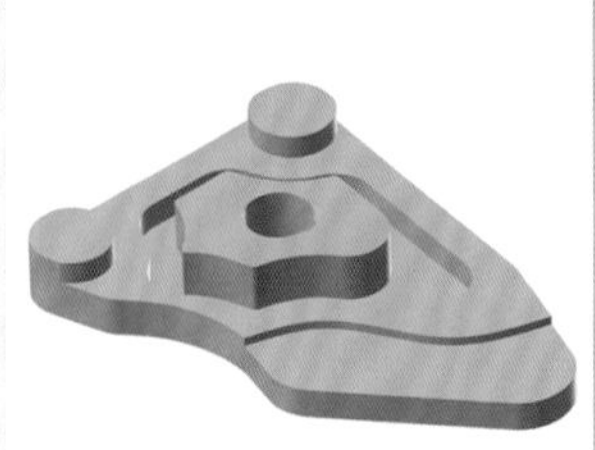

基体

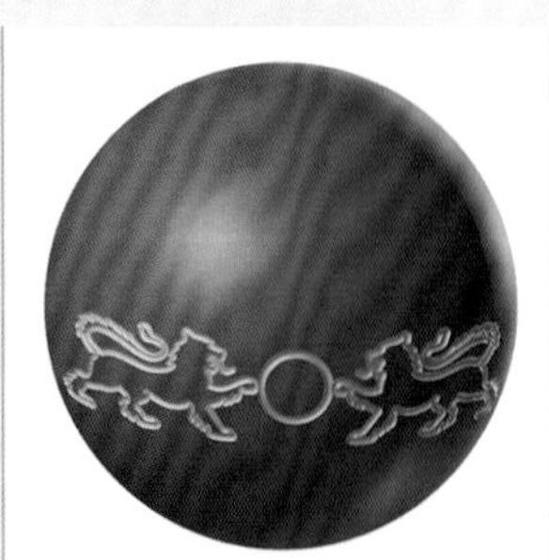

图案投影

滑动槽

阀体

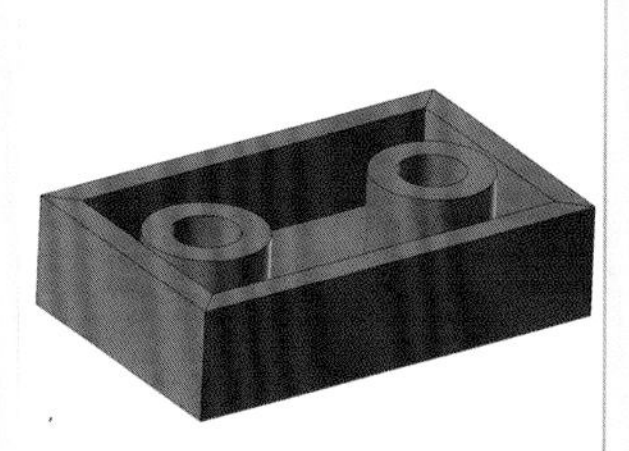
接线盒

料斗模芯

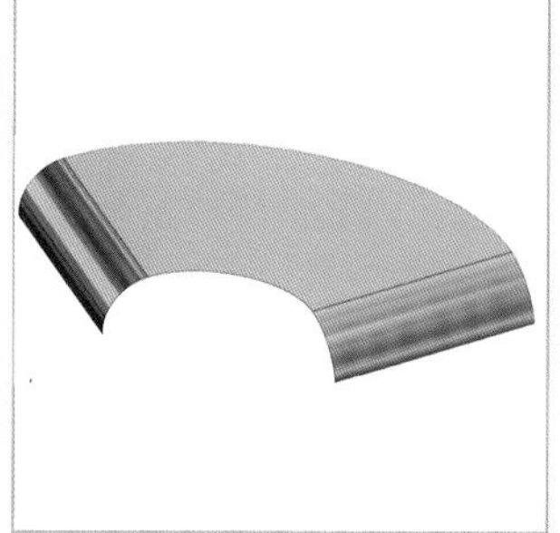
两曲面熔接

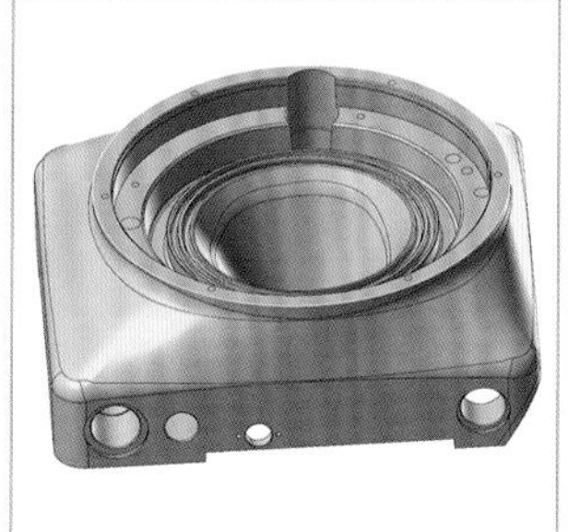
上泵体模型

创建矮凳

修剪到平面

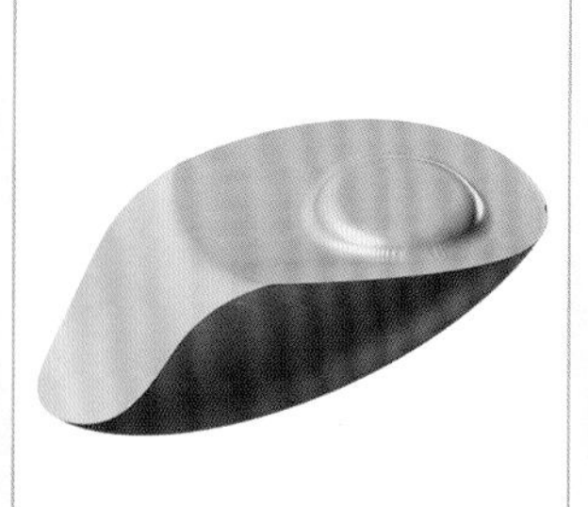
控制器

鞋底陡斜面

皮带轮

沙漏

磁悬浮地球仪

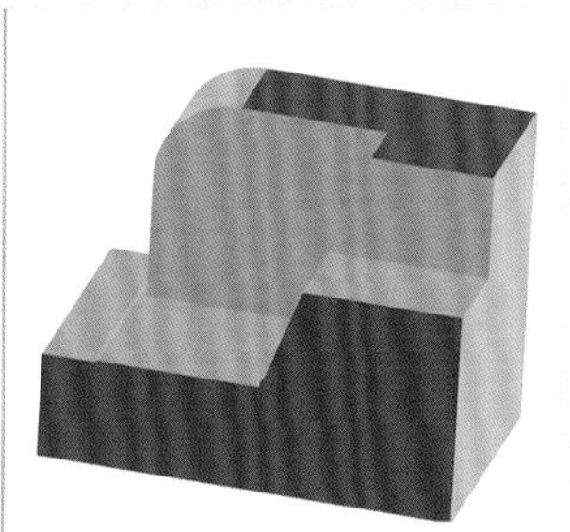
支座

创建拉伸曲面

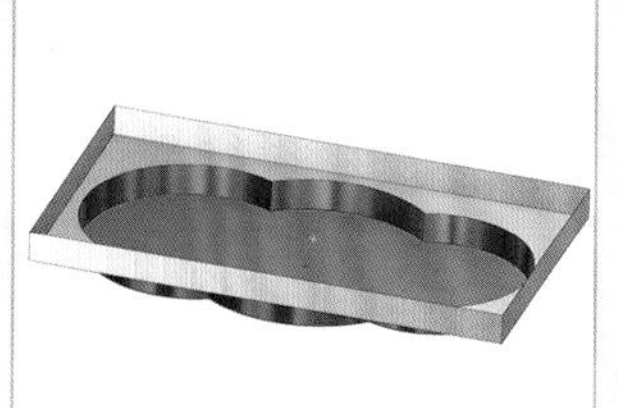
修剪到曲面

本书部分案例

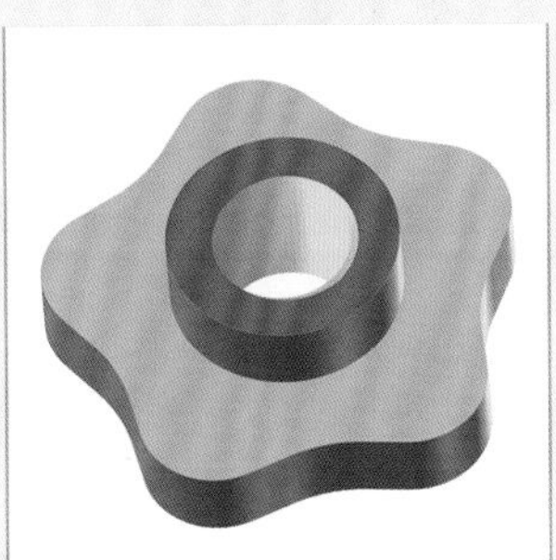
梅花把手

创建曲面交线

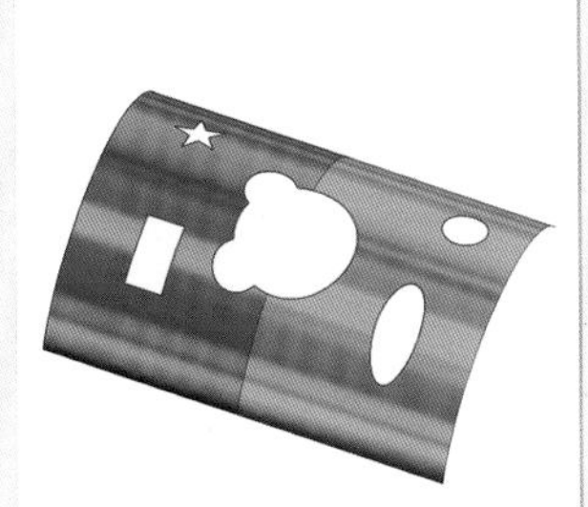
分割曲面

转盘模具

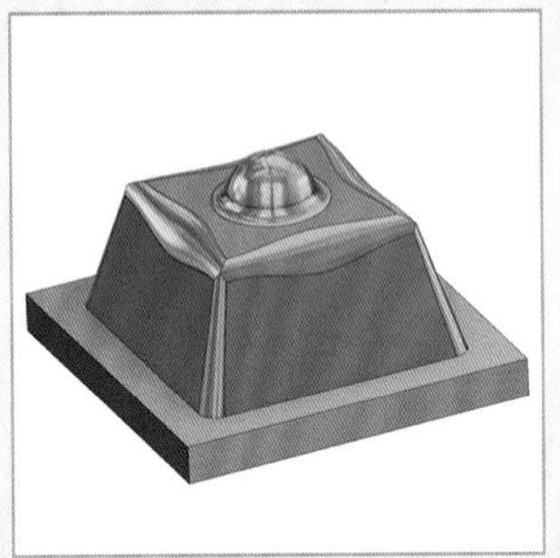
凸台环绕

饭勺

流屑槽

链接盘外形

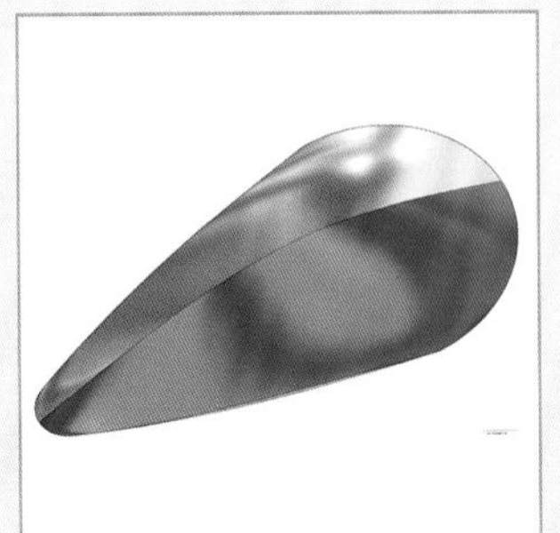
钥匙扣

轮毂

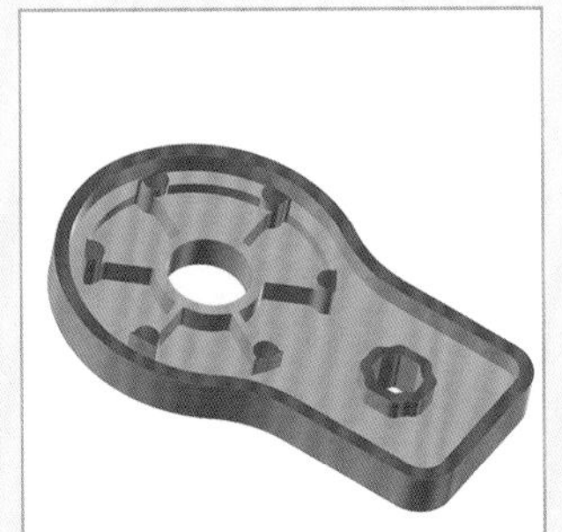
分类盒

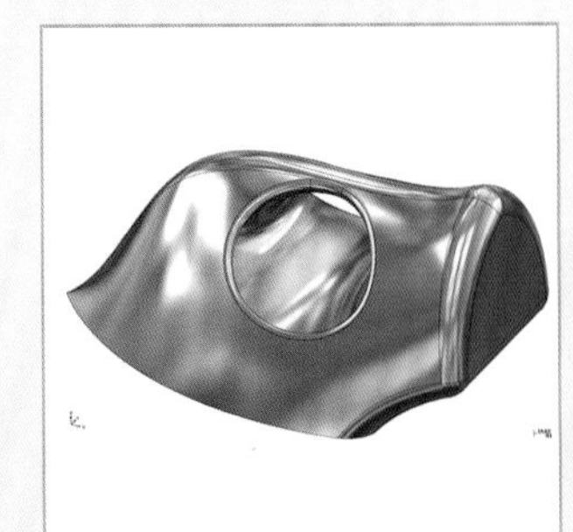
熨斗

台灯座

圆角到平面

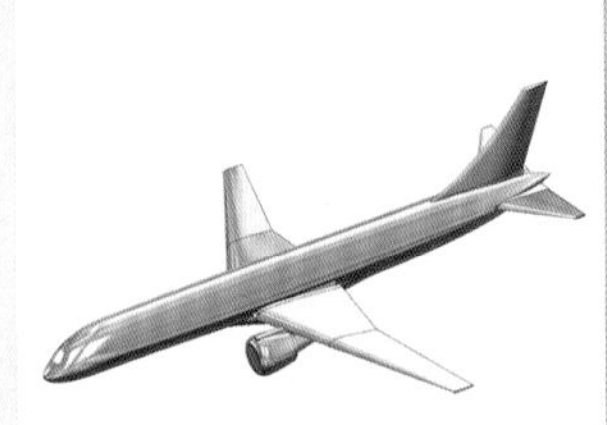
飞机模型

创建立体拼装积木

CAD/CAM/CAE 微视频讲解大系

中文版Mastercam 2022 数控加工从入门到精通

（实战案例版）

590分钟同步微视频讲解　137个实例案例分析

☑二维加工　☑曲面粗加工　☑曲面精加工　☑线架加工　☑多轴加工　☑车削加工

天工在线　编著

中国水利水电出版社
www.waterpub.com.cn
·北京·

内 容 提 要

《中文版 Mastercam 2022 数控加工从入门到精通（实战案例版）》是一本 Mastercam 数控加工的视频教程、基础教程。该教程以 Mastercam 2022 为软件平台，系统讲述了 Mastercam 在数控加工中的应用和各种使用技巧。全书共 16 章，包括 Mastercam 2022 基础，系统配置和软件基本设置，基本绘图工具，图形编辑工具，三维实体的创建与编辑，曲面、曲线的创建与编辑，参数设置，传统二维加工，高速二维加工，传统曲面粗加工，高速曲面粗加工，传统曲面精加工，高速曲面精加工，线架加工，多轴加工，车削加工等内容。每个重要知识点均配有视频讲解、实例操作和源文件，不仅可以让读者更好地理解和掌握知识点的应用，还可以提高读者的动手能力。本书还赠送了 10 套工程应用案例的视频教程和源文件，以提高读者的综合实战技能。

《中文版 Mastercam 2022 数控加工从入门到精通（实战案例版）》内容系统全面，讲解细致，既可作为 Mastercam 2022 初学者的入门教材，也可作为相关工程技术人员的参考工具书。使用 Mastercam 较低版本的读者也可以参考学习。

图书在版编目（CIP）数据

中文版Mastercam 2022数控加工从入门到精通 ： 实战案例版 / 天工在线编著. -- 北京 ： 中国水利水电出版社, 2023.3 (2023.10重印)

（CAD/CAM/CAE微视频讲解大系）

ISBN 978-7-5226-1269-0

I. ①中… II. ①天… III. ①数控机床－加工－计算机辅助设计－应用软件 IV. ①TG659.022

中国国家版本馆CIP数据核字(2023)第010751号

丛 书 名	CAD/CAM/CAE 微视频讲解大系
书　　名	中文版Mastercam 2022数控加工从入门到精通（实战案例版） ZHONGWENBAN Mastercam 2022 SHUKONG JIAGONG CONG RUMEN DAO JINGTONG
作　　者	天工在线 编著
出版发行	中国水利水电出版社 （北京市海淀区玉渊潭南路 1 号 D 座 100038） 网址：www.waterpub.com.cn E-mail：zhiboshangshu@163.com 电话：（010）62572966-2205/2266/2201（营销中心）
经　　售	北京科水图书销售有限公司 电话：（010）68545874、63202643 全国各地新华书店和相关出版物销售网点
排　　版	北京智博尚书文化传媒有限公司
印　　刷	河北文福旺印刷有限公司
规　　格	203mm×260mm　16 开本　27.25 印张　695 千字　2 插页
版　　次	2023 年 3 月第 1 版　2023 年10月第 2 次印刷
印　　数	4001—6000 册
定　　价	99.80 元

前　言

Preface

制造是推动人类历史发展和文明进程的主要动力，它不仅是经济发展和社会进步的物质基础，也是创造人类精神文明的重要手段，在国民经济中起着重要的作用。为了在最短的时间内用最低的成本生产出最高质量的产品，人们除了从理论上进一步研究制造的内在机理外，也渴望能在计算机上用一种更加有效、直观的手段显示产品设计和制造过程，这便形成了CAD/CAM的萌芽。

Mastercam 2022是美国CNC Software公司开发的最新CAD/CAM系统，是最经济、高效的全方位软件系统之一。由于其界面采用微软风格，加上操作灵活、易学易会、实用性强、在自动生成数控代码方面有独到的特色等优点，被广泛应用于机械制造业，尤其是在模具制造业深受用户的喜爱。由于其卓越的设计及加工功能，Mastercam在世界上拥有众多的忠实用户，被广泛应用于机械、电子、航空等领域，包括美国在内的各工业大国一致将其作为设计、加工制造的标准。

本书特点

➘ 内容合理，适合自学

本书定位以初学者为主，并充分考虑到初学者的特点，内容讲解由浅入深，循序渐进，能引领读者快速入门。在知识点上不求面面俱到，但求够用，学好本书，能掌握机械设计工作中需要的大多数重点技术。

➘ 视频讲解，通俗易懂

为了提高学习效率，本书中的全部实例都录制了教学视频。视频录制时采用模仿实际授课的形式，在各知识点的关键处给出解释、技巧提示和注意事项，专业知识和经验的提炼，让读者在高效学习的同时，更多地体会绘图的乐趣。

➘ 内容全面，实例丰富

本书主要介绍了Mastercam 2022在数控加工中的应用和各种使用技巧，包括Mastercam 2022基础，系统配置和软件基本设置，基本绘图工具，图形编辑工具，三维实体的创建与编辑，曲面、曲线的创建与编辑，参数设置，传统二维加工，高速二维加工，传统曲面粗加工，高速曲面粗加工，传统曲面精加工，高速曲面精加工，线架加工，多轴加工，车削加工等内容。知识点全面、够用。在介绍知识点的同时，辅以大量的实例，并提供具体的设计过程和大量的图示，可帮助读者快速理解并掌握所学知识点。

➘ 讲解方式，实用关键

本书涉及内容覆盖面非常广泛，为了在有限的篇幅内充分地讲解软件的强大功能，本书采用实例引导软件功能介绍的讲解方式，既简洁明了，又具有良好的实践操作性。

本书特色

➘ 体验好，随时随地学习

二维码扫一扫，随时随地看视频。书中所有基础知识与实例都提供了二维码，读者朋友可以通过手机微信扫一扫，随时随地观看相关的教学视频（若个别手机不能播放，请参考前言中的“本书学习资源列表及获取方式”，可以下载到计算机上观看）。

➘ 资源多，全方位辅助学习

从配套到拓展，资源库一应俱全。本书提供了所有实例的配套视频和源文件。此外，还提供了额外赠送的实例操作视频资料以及对应的源文件。

➘ 实例多，通过实例学习更高效

案例丰富详尽，边做边学更快捷。跟着大量实例去学习，边学边做，从做中学，可以使学习更深入、更高效。

➘ 入门易，全力为初学者着想

遵循学习规律，入门实战相结合。编写模式采用基础知识+实例的形式，内容由浅入深，循序渐进，入门与实战相结合。

➘ 服务快，让你学习无后顾之忧

提供 QQ 群在线服务，随时随地可交流。提供公众号、网站下载等多渠道贴心服务。

本书学习资源列表及获取方式

为了让读者在最短的时间内学会并精通 Mastercam 数控加工技术，本书提供了极为丰富的学习配套资源，具体如下。

➘ 配套资源

（1）为方便读者学习，本书所有实例均录制了视频讲解文件，共 137 集（可扫描二维码直接观看或通过下述方法下载后观看）。

（2）用实例学习更专业，本书包含中小实例共 129 个，大型案例 8 个。

➘ 拓展学习资源

（1）10 个大型加工案例视频讲解文件。

（2）10 个大型加工案例源文件。

以上资源的获取及联系方式（注意：本书的所有资源均需通过下面的方法下载后使用）：

（1）关注下面的微信公众号，然后输入“MSC12690”发送到公众号后台，即可获取本书资源的下载链接。将该链接复制到计算机浏览器的地址栏中，根据提示下载即可。

（2）读者可加入 QQ 群 975525266，作者不定时在线提供本书学习的疑难解答，读者之间可

相互交流学习。

特别说明（新手必读）：

在学习本书或按照书中的实例进行操作之前，请先在计算机中安装 Mastercam 2022 中文版软件。可以在 Mastercam 官网下载该软件试用版（或购买正版），也可以在当地电脑城、软件经销商处购买安装软件。

关于作者

本书由天工在线组织编写。天工在线是一个 CAD/CAM/CAE 技术研讨、工程开发、培训咨询和图书创作的工程技术人员协作联盟，拥有 40 多位专职和众多兼职 CAD/CAM/CAE 工程技术专家。

天工在线负责人由 Autodesk 中国认证考试中心首席专家（全面负责 Autodesk 中国官方认证考试大纲制定、题库建设、技术咨询和师资力量培训工作）担任，成员精通 Autodesk 系列软件。其创作的很多教材成为国内具有引导性的旗帜作品，在国内相关专业方向图书创作领域具有举足轻重的地位。

本书具体编写人员有胡仁喜、刘昌丽、康士廷、闫聪聪、杨雪静、卢园、孟培、解江坤、井晓翠、张亭、万金环等，对他们的付出表示真诚的感谢。

致谢

本书能够顺利出版，是作者、编辑和所有审校人员共同努力的结果，在此深表谢意。同时，祝福所有读者在通往优秀设计师的道路上一帆风顺。

编　者

目　　录

Contents

第 1 章　Mastercam 2022 基础

本章介绍 Mastercam 的最新版本 Mastercam 2022 的功能特点、工作环境以及文件管理等，帮助读者初步了解 Mastercam 的基本操作内容。

知识点

- Mastercam 2022 简介
- 文件管理

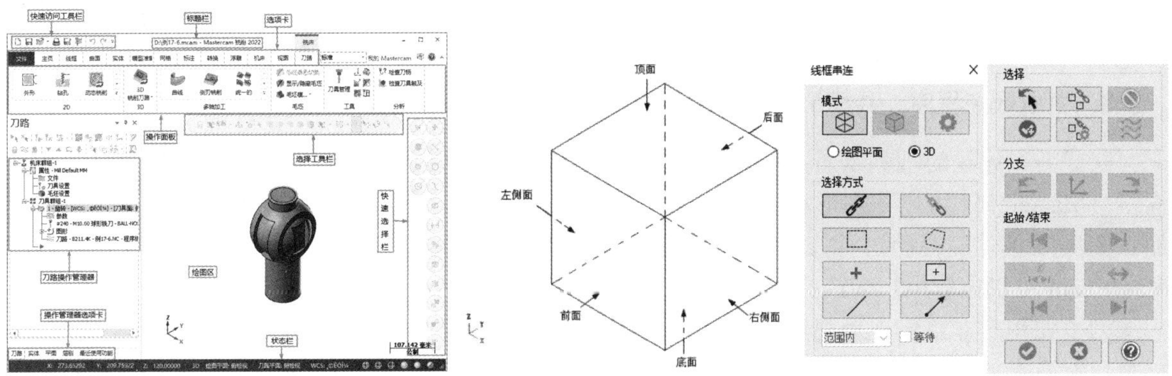

1.1　Mastercam 2022 简介

1.1.1　功能特点

Mastercam 是一款高效专业的实用型 CAD/CAM 设计辅助工具，为用户提供了真实的 CAD / CAM 软件解决方案，轻松设计即可输出各种复杂的曲线、曲面零件、刀具路径等，能够满足用户绝大多数的需求。

Mastercam 2022 包含以下五种机床类型模块。

（1）【设置】模块用于被加工零件的造型设计。

（2）【铣床】模块主要用于生成铣削加工刀具路径。

（3）【车床】模块主要用于生成车削加工刀具路径。

（4）【线切割】模块主要用于生成线切割加工刀具路径。

（5）【木雕】模块主要用于生成雕刻刀具路径。

本书对应用最广泛的【设置】模块和【铣床】模块进行介绍。Mastercam 主要完成以下三方面的工作。

1．二维造型或三维造型

Mastercam 可以非常方便地完成各种二维平面图形的绘制工作，并能方便地对它们进行尺寸标注、图案填充（如画剖面线）等操作。同时，它也提供了多种方法以创建规则曲面（圆柱面、球面等）和复杂曲面（波浪形曲面、鼠标状曲面等）。

在三维造型方面，Mastercam 采用目前流行的、功能十分强大的 Parasolid 核心（另一种是 ACIS）。用户可以非常随意地创建各种基本实体，再联合各种编辑功能创建任意复杂程度的实体。创建出来的三维模型可以进行着色、赋予材质和设置光照效果等渲染处理。

2．生成刀具路径

Mastercam 的终极目标是将设计出来的模型进行加工。加工必须使用刀具，只有被运动着的刀具接触到的材料才会被切除，刀具的运动轨迹（即刀具路径）实际上就决定了零件加工后的形状，因此设计刀具路径是至关重要的。在 Mastercam 中，可以凭借加工经验，利用系统提供的功能选择合适的刀具、材料和工艺参数等完成生成刀具路径的工作，这个过程实际上就是数控加工中最重要的部分。

3．生成数控程序，并模拟加工过程

完成刀具路径的规划以后，在数控机床上正式加工，还需要一个对应于机床控制系统的数控程序。Mastercam 可以在图形和刀具路径的基础上迅速地自动生成这样的程序，并允许用户根据加工的实际条件和经验进行修改。数控机床采用的控制系统不一样，则生成的程序也有差别，Mastercam 可以根据用户的选择生成符合要求的程序。

为了使用户非常直观地观察加工过程、判断刀具轨迹和加工结果的正误，Mastercam 提供了一个功能齐全的模拟器，从而使用户可以在屏幕上预览“实际”的加工效果。生成的数控程序还可以直接与机床通信，数控机床将按照程序的设置进行加工，加工的过程与结果和屏幕上显示的一模一样。

1.1.2 Mastercam 2022 新增功能

全新版本的 Mastercam 2022 对以下功能进行了改进和支持。

1．3D 高速优化动态粗切刀路可用于铣削和木雕产品级别

优化动态粗切刀路允许创建单个刀路来加工零件，而不是创建多个 2D 操作实现相同的目标。该刀路可识别零件的碰撞，并且对于复杂的加工，也可通过使用【刀柄】页面上的选项识别刀柄。

2．对线框图素执行顶层编辑

在以前版本的 Mastercam 中，需要通过与对话框和屏幕交互，使用【分析】功能编辑线框图素的值和属性。在 Mastercam 2022 中，可以直接编辑线框几何图形，无须与对话框交互。

3．新的多轴统一的刀路

新的多轴统一的刀路允许选择输入几何图形的多个片段，以生成刀路模式。然后，该刀路会根据这些选择的几何图形挑选最佳算法计算路径。

4．创建网格主体

在以前版本的 Mastercam 中，用户需要将实体或曲面保存到光固化成型（STL）文件中，然后将其合并回零件文件创建网格。在 Mastercam 2022 中，所有的基本功能都可以创建网格主体，如图 1-1 所示。

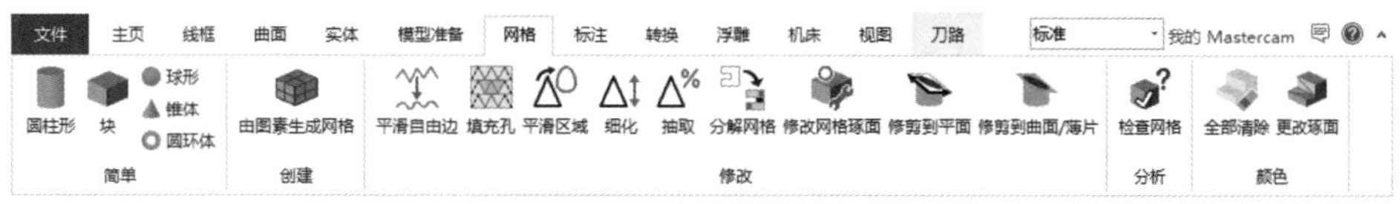

图 1-1　【网格】选项卡

5．平面和平面管理器增强

（1）连接和取消连接平面。
（2）直接锁定和解锁平面。
（3）切换锁定平面的显示和截面。
（4）控制平面关联性。
（5）将平面原点关联到新的几何图形。

6．更强大、更灵活的 3D 连接

重新设计了 3D 高速刀路（优化动态粗切、水平区域粗切和区域粗切除外）的【共同参数】页面，新增和改进的主要功能如下。

（1）将引线添加到过渡动作中。
（2）避免高、长或陡斜的过渡移动。
（3）修剪路径以拟合过渡动作。

7．使用车铣复合中心架

Mastercam 2022 为车铣复合引入了中心架支持。

1.1.3　初识 Mastercam 2022 界面

认识界面是掌握软件操作的第一步，只有对界面比较熟悉，才能熟练地掌握软件的操作。

启动 Mastercam 2022 软件后，弹出如图 1-2 所示的软件界面。软件界面中包括快速访问工具栏、选项卡、标题栏、操作面板、刀路操作管理器、操作管理器选项卡、选择工具栏、绘图区、快速选择栏、状态栏等。

技巧荟萃

实体：按 Alt+I 组合键可以打开或关闭【实体】选项卡。
刀路：按 Alt+O 组合键可以打开或关闭【刀路】选项卡。
层别：按 Alt+Z 组合键可以打开或关闭【层级】选项卡。
平面：按 Alt+L 组合键可以打开或关闭【平面】选项卡。

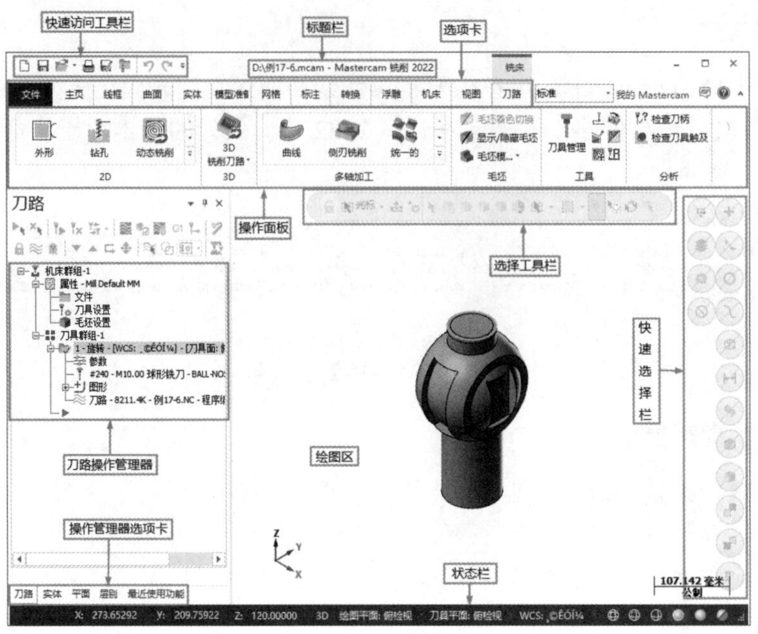

图 1-2　软件界面

1.1.4　图层管理

图层是用户用来组织和管理图形的一个重要工具，用户可以将图素、尺寸标注、刀具路径等放在不同的图层中，这样在任何时候都很容易地控制图层的可见性，从而方便地修改该图层的图素，而且不会影响其他图层。在操作管理器中单击【层别】按钮，会弹出如图 1-3 所示的【层别】管理器对话框。在该管理器中可以对图层进行新建、设置当前层、显示或隐藏操作。

图 1-3　【层别】管理器对话框

1.1.5　选择方式

在对图形进行创建、编辑修改等操作时，首先要选择图形对象。Mastercam 2022 的自动高亮显示功能使当光标掠过图素时，其显示状态会发生变化，从而使图素的选择更加容易。同时，Mastercam 2022 还提供了多种图素的选择方法，不仅可以根据图素的位置进行选择（如单击、窗口选择等方法），还能够对图素按照图层、颜色和线型等属性进行快速选定。

图 1-4 所示为选择工具栏。在二维建模和三维建模中，这个工具栏中被激活的对象是不同的，但其基本含义相同。该工具栏中主要选项的含义已经在图中注明，下面只对选取方式进行简单介绍。

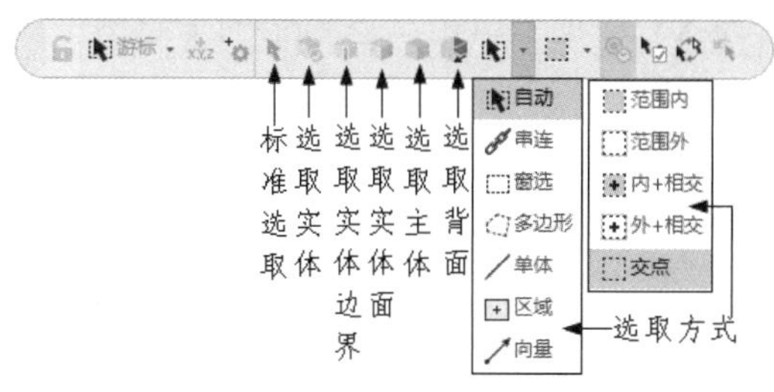

图 1-4　选择工具栏

Mastercam 2022 提供了串连、窗选、多边形、单体、区域、向量 6 种对象的选择方法。

1．串连

串连方法可以选取一系列串连在一起的图素，对于这些图素，只要选择其中任意一个，系统就会根据拓扑关系自动搜索与其相连的所有图素并选中。

2．窗选

窗选方法是通过在绘图区中框选矩形的范围选取图素的。可以使用不同的窗选设置，其中，【内+相交】表示完全处于窗口内的图素才被选中；【外+相交】表示完全处于窗口外的图素才被选中；【范围内】表示处于窗口内且与窗口相交的图素被选中；【范围外】表示处于窗口外且与窗口相交的图素被选中；【交点】表示只与窗口相交的图素才被选中。

3．多边形

多边形方法和【窗选】类似，只不过选择的范围不再是矩形，而是多边形区域，同样也可以使用【窗选】设置。

4．单体

单体方法是最常用的选择方法，单击图素，则该图素被选中。

5．区域

区域方法与【串连】选择类似，但范围选择不仅要首尾相连，而且必须是封闭的。区域选择的方法是在封闭区域内单击一点，则该点周围的封闭图素都被选中。

6. 向量

可以在绘图区连续指定数点，系统将在这些点之间按照顺序建立向量，则与该向量相交的图素被选中。

1.1.6 构图平面

构图平面是用户绘图的二维平面，即用户要在 XY 平面上绘图，则构图平面必须是顶面或底面（即俯视图或仰视图），如图 1-5 所示。同样地，要在 YZ 平面上绘图，则构图平面必须为左侧或右侧（即左视图或右视图）；要在 ZX 平面上绘图，则构图平面必须设为前面或后面（即前视图或后视图）。默认的构图平面为 XY 平面。单击状态栏中的【绘图平面】按钮，打开如图 1-6 所示的下拉列表，切换构图平面。

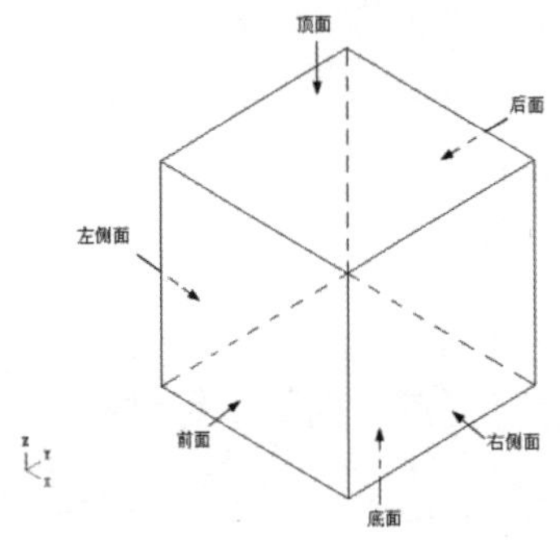

图 1-5 构图平面示意图

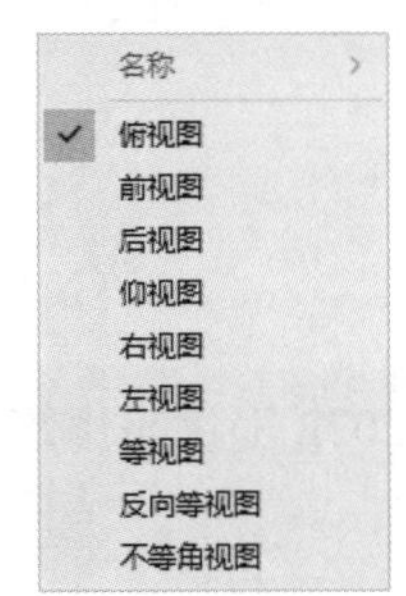

图 1-6 绘图平面下拉列表

1.1.7 串连

串连常被用于连接一连串相邻的图素，当执行修改、转换图形或生成刀具路径选取图素时均会使用到。串连有以下两种类型。

（1）开式串连：是指起始点和终止点不重合，如直线、圆弧等。

（2）闭式串连：是指起始点和终止点重合，如矩形、圆等。

执行串连图形时，要注意图形的串连方向，尤其是规划刀具路径时，因为它代表刀具切削的行走方向，也是刀具补正偏移方向的依据。在串连图素上，串连的方向用一个箭头标识，且以串连起点为基础。

【线框串连】对话框中（见图 1-7）各选项的含义如下。

（1）（串连）：这是默认的选项，通过选择线条链中的任意一个图素构成串连图素。如果该线条的某个交点是由3个或3个以上的线条相交而成，系统不能判断该往哪个方向搜寻时，系统会在交点处出现一个箭头符号，提示用户指明串连方向，用户可以根据需要选择合适的交点附近的任意线条确定串连方向。

（2）（窗选）：使用鼠标框选封闭范围内的图素构成串连图素，且系统通过窗口的第一个角点设置串连方向。

（3）（单点）：选取单一点作为构成串连的图素。

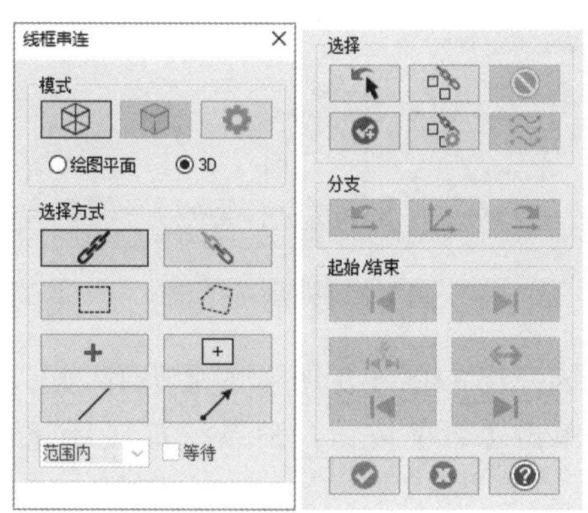

图 1-7 【线框串连】对话框

(4) （单体）：选择单一图素作为串连图素。

(5) （部分串连）：它是一个开式串连，由整个串连的一部分图素串连而成，部分串连先选择图素的起点，然后选择图素的终点。

(6) （多边形）：与窗口选择串连的方法类似，它用一个封闭多边形来选择串连。

(7) （区域）：使用鼠标选择在一边界区域中的图素作为串连图素。

(8) （向量）：与向量围栏相交的图素被选中构成串连。

(9) 范围内 （选取方式）：用于设置窗口、区域或多边形选取的方式，包括 5 种情况。

①范围内：即选取窗口、区域或多边形内的所有图素。

②内＋相交：即选取窗口、区域或多边形内以及与窗口、区域或多边形相交的所有图素。

③相交：即仅选取与窗口、区域或多边形边界相交的图素。

④外＋相交：即选取窗口、区域或多边形外以及与窗口、区域或多边形相交的所有图素。

⑤范围外：即选取窗口、区域或多边形外的所有图素。

(10) （反向）：更改串连的方向。

(11) （选项）：选择设置串连的相关参数。

1.2 文件管理

新建和保存文件是文件处理过程中经常用到的功能。用户需要对文件进行合理的管理，以便日后进行调用和编辑。文件管理包括新建文件、打开文件、保存文件、输入/输出文件、调取帮助文件等。

1.2.1 新建文件

启动软件时，系统新建一个默认文件，用户不需要再进行新建文件操作，直接在当前窗口进行绘图即可。若用户在使用过程中想新建一个文件，可以单击快速访问工具栏中的【新建】按钮，或选择【文件】菜单中的【新建】命令，系统弹出如图 1-8 所示的提示对话框，提示用户对当前文件进行保存。

图 1-8　提示对话框

若单击【保存】按钮，系统弹出如图 1-9 所示的【另存为】对话框，该对话框用来设置保存目录，对文件进行保存；若单击【否】按钮，则系统直接新建一个文件，不保存当前操作的文件。

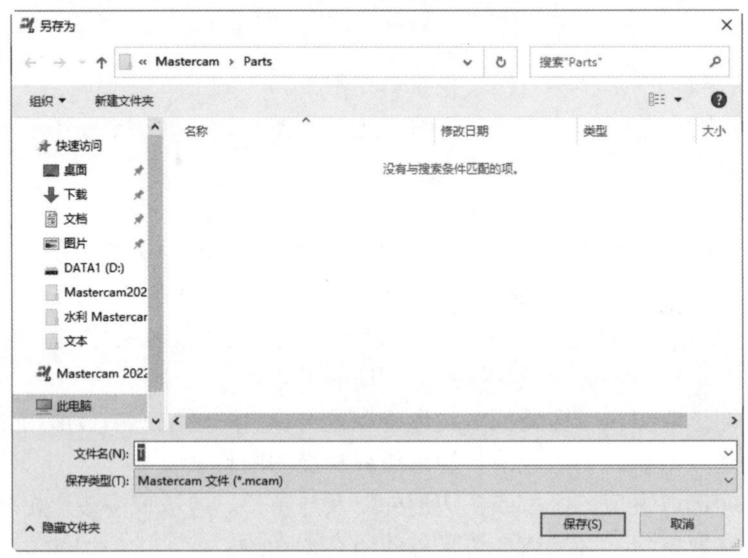

图 1-9　【另存为】对话框

1.2.2　保存文件

在 Mastercam 2022 中有【保存】、【另存为】和【部分保存】3 种文件保存方式。【保存】方法在 1.2.1 小节已讲过，此处不再赘述。

选择【另存为】和【部分保存】两种方式时，系统均弹出【另存为】对话框，但它们的意义有些许不同：【另存为】是将当前文件复制一份另存到别的地方，相当于保存副本；【部分保存】是只保存绘图区中被选中的部分图素，没有被选中的则不保存。

1.2.3　打开文件

当要打开其他文件时，可以单击快速访问工具栏中的【打开】按钮，弹出如图 1-10 所示的【打开】对话框。该对话框用来打开需要的文件，可以在右边的预览框中预览所选的文件，查看是否是自己需要的文件，从而方便地作出选择。

图 1-10　【打开】对话框

1.2.4　导入/导出文件

导入/导出文件主要是将不同格式的文件进行相互转换。导入是将其他格式的文件转换为 MCX 格式的文件，导出是将 MCX 格式的文件转换为其他格式的文件。

单击【文件】→【转换】→【导入文件夹】按钮，弹出【导入文件夹】对话框，如图 1-11 所示。可设置要导入的文件类型、从哪个文件夹导入，以及导入到哪个文件夹。

图 1-11　【导入文件夹】对话框

第 2 章　系统配置和软件基本设置

本章讲解 Mastercam 2022 系统配置与软件设置的基本知识，为后面的具体软件功能学习进行必要的知识准备。

知识点

- ➢ 系统配置
- ➢ 软件基本设置

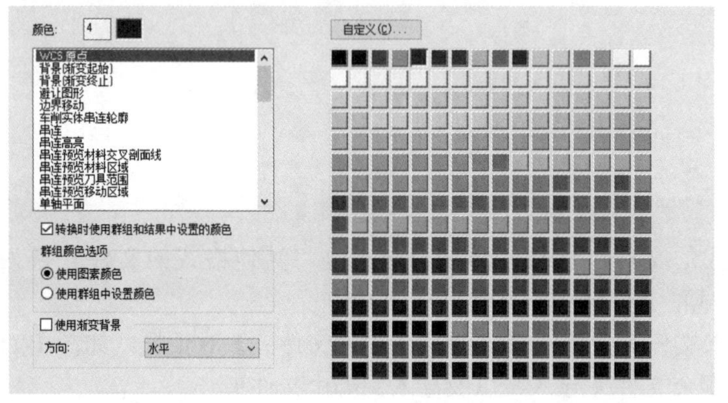

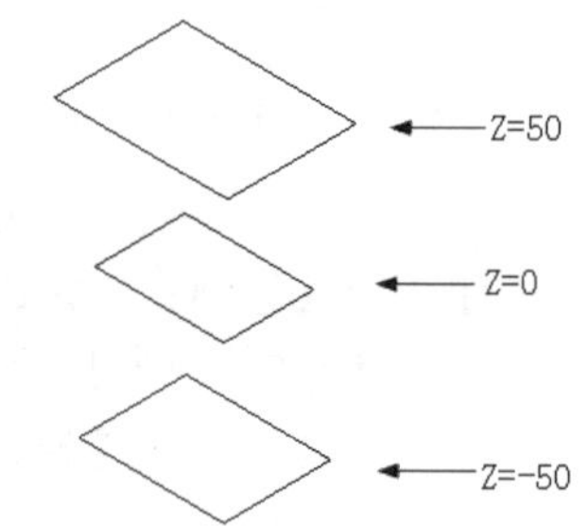

2.1　系 统 配 置

Mastercam 系统的配置主要包括 CAD 设置、公差设置、文件设置、传输设置等。

选择【文件】选项卡下拉菜单中的【配置】命令，打开【系统配置】对话框（见图 2-1），用户就可以根据需要对相应的选项进行设置。

每个选项卡都含有 3 个按钮。

（1）（打开）：打开系统配置文件。

（2）（另存为）：保存系统配置文件，用于将更改的设置保存为默认设置，建议用户将原始的系统默认设置文件备份，避免发生因错误的操作而无法恢复文件的情况。

（3）（合并）：合并系统配置文件。

本节主要对公差设置、颜色设置、尺寸标注与注释设置、CAD 设置和刀具路径设置进行讲解，另外还讲解了设置当前文件的单位（公制或英制）的方法。

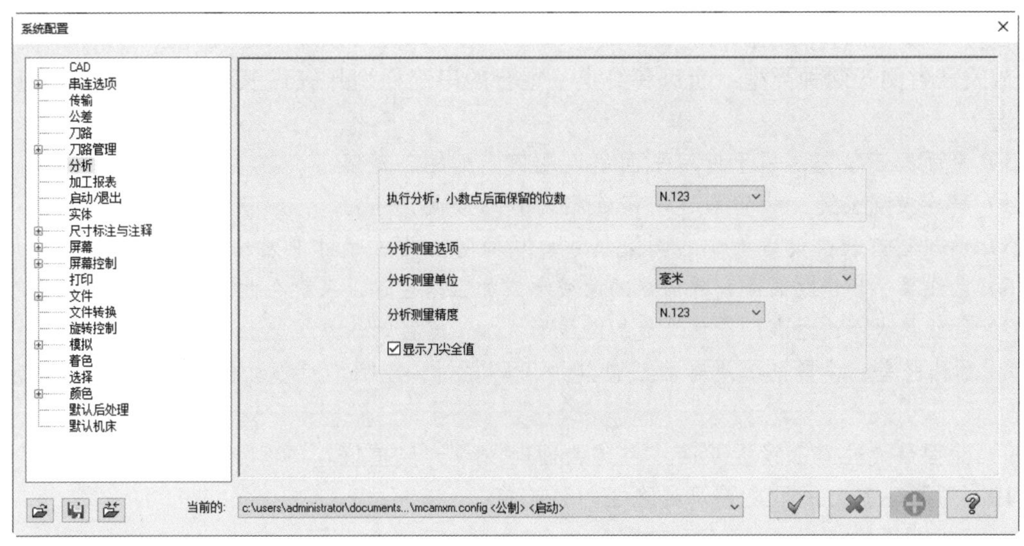

图 2-1　【系统配置】对话框

2.1.1　公差设置

单击【系统配置】对话框中的【公差】选项，弹出如图 2-2 所示的对话框。公差设置是指设定 Mastercam 在进行某些具体操作时的精度，如设置曲线、曲面的光滑程度等。精度越高，所产生的文件也就越大。

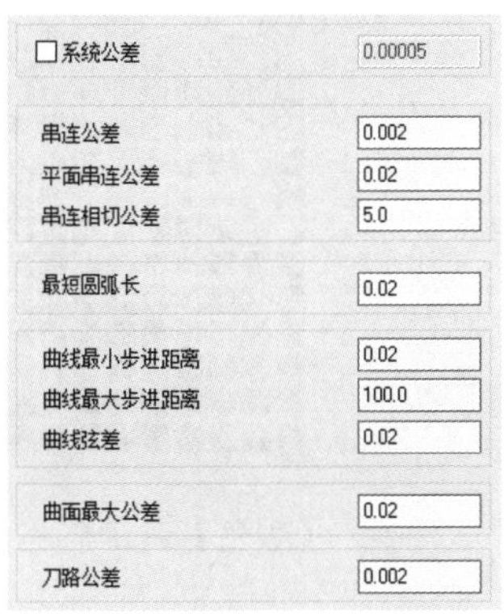

图 2-2　【公差】对话框

各项设置的含义如下。

（1）系统公差：决定系统能够区分的两个位置之间的最大距离，同时也决定了系统中最小的直线长度，如果直线的长度小于该值，则系统认为直线的两个端点是重合的。

（2）串连公差：用于在对图素进行串连时，确定两个端点不相邻的图素仍然进行串连的最大距离，如果图素端点间的距离大于该值，则系统无法将图素串连起来。

串连是一种选择对象的方式，可以选择一系列的连接在一起的图素。Mastercam 系统的图素是指点、线、圆弧、样条曲线、曲面上的曲线、曲面、标注，还有实体；或者说，屏幕上能画出来的东西都称为图素。图素具有属性，Mastercam 为每种图素设置了颜色、层、线型（实线、虚线、中心线）、线宽四种属性，以及点的类型属性，这些属性可以随意定义，也可以灵活更改。串连有开放式和封闭式两种类型：起点和终点不重合的串连称为开放式串连，重合的串连则称为封闭式串连。

（3）平面串连公差：用于设定平面串连几何图形的公差值。

（4）串连相切公差：设置串连与串连相切时的最大误差值。

（5）最短圆弧长：设置最小的圆弧尺寸，从而防止生成尺寸非常小的圆弧。

（6）曲线最小步进距离：设置构建的曲线形成加工路径时，系统在曲线上单步移动的最小距离。

（7）曲线最大步进距离：设置构建的曲线形成加工路径时，系统在曲线上单步移动的最大距离。

（8）曲线弦差：设置系统沿着曲线创建加工路径时，控制单步移动轨迹与曲线之间的最大误差值。

（9）曲面最大公差：设置从曲线创建曲面时的最大误差值。

（10）刀路公差：用于设置刀具路径的公差值。

📖 2.1.2 颜色设置

单击【系统配置】对话框中的【颜色】选项，弹出如图 2-3 所示的对话框，大部分的颜色参数按系统默认设置即可，下面以实例讲解绘图区背景颜色的设置。

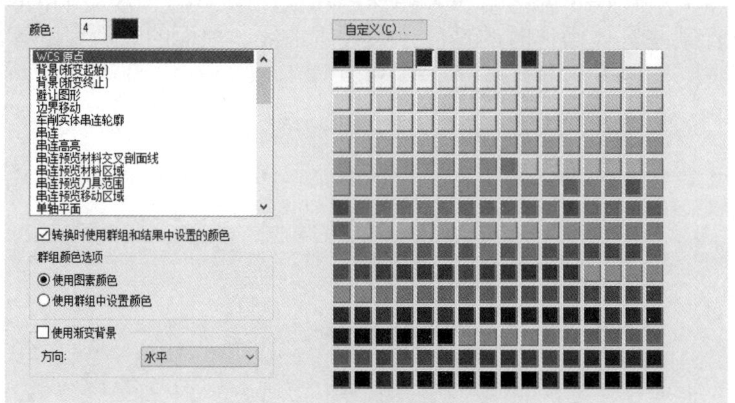

图 2-3 【颜色】对话框

📖 2.1.3 尺寸标注与注释设置

组成尺寸标注的尺寸文本、引导线、延伸线和尺寸箭头可以采用多种形式，尺寸标注以什么样的形态出现，取决于当前所采用的尺寸标注样式。在 Mastercam 2022 中，用户可以利用“系统配置”对话框方便地设置自己所需要的尺寸标注样式。

下面对各个选项卡进行介绍。

1.【尺寸属性】选项卡

【尺寸属性】选项卡主要用于设置尺寸标注的显示属性，包括尺寸数字格式的设定、文本位置的设定、符号样式的设定、公差设定等。其主要内容如下。

（1）坐标：在【格式】下拉菜单中既可以设置文本数字的显示格式，包括小数型、科学型、工程单位、分数单位和建筑单位；也可以设置比例系数，该值可以调整尺寸数值与测量数据之间的比例关系；还可以设置首尾 0 的处理方式以及是否用逗号（,）代替小数中的小数点（.）。

（2）文字自动对中：选中该选项，则尺寸数值自动位于尺寸线中间位置。

（3）符号：该选项可以设置半径、直径以及角度的前缀符号。

（4）公差/设置：利用【设置】下拉列表选择公差的表示方法，可以是无、“+/−”（正负公差）、上下限制和 DIN（公差带）。

2.【尺寸标注文本】选项卡

【尺寸标注文本】选项卡用于设置标注文本的属性以及对齐方式，该选项卡的各选项的含义如下。

（1）文字大小：主要用于设置尺寸文字的相关属性，如文本高度、宽度等。

- 文字高度：用于控制所有尺寸字符的高度。
- 字高公差：用于控制所有公差字符的高度。
- 字符间距、行间距：用于控制相邻字符间的距离和相邻行之间的距离。
- 延伸：控制文字字符串的字符宽度。
- 使用文本高度系数：用于设置其他参数随文本高度变化的比例因子。

（2）线型：用于设置尺寸文字是否使用粗体、斜体、下划线以及是否进行填充。

（3）纵坐标标注：用于控制进行纵坐标标注时是否显示负号。

（4）文本方向：用于设定尺寸文字的排列方向。

（5）字体：用于设定所有标注文字的字体。用户可以通过单击 添加... 按钮添加需要的字体。

3.【注释文本】选项卡

【注释文本】选项卡用于注释文本的设置，其中【镜像】可以控制文字标注等文字字符串依照 X 轴、Y 轴或 X+Y 轴进行镜像。其他选项与尺寸文本选项卡中的内容基本一致。

4.【引导线/延伸线】选项卡

【引导线/延伸线】选项卡用于设置引导线和延伸线的形式、显示方式等，各选项的具体含义如下。

（1）参数选项用于设置箭头所引用的场合。

- 尺寸标注：用于尺寸标注。
- 标签及引导线：用于引导线标注。

（2）引导线。

- 引导线类型：主要设定引导线形式，有标准（尺寸数字在引导线中间）与实线（尺寸数字在引导线上方）两种。
- 引导线显示：引导线的显示状态有两者、第一个、第二个和无 4 种。其中，第一个与第二个是由用户标注尺寸时选取图素的顺序决定的，也就是说所选取的第一图素的端点就是第一个。
- 箭头方向：系统提供了内、外两种箭头选择。内箭头将显示在尺寸界线的内侧；外箭头将显示在尺寸界线的外侧。

（3）延伸线。

➢ 延伸线显示：控制尺寸标注时的延伸线状态，包括两者、第一个、第二个和无。

➢ 间隙：设置尺寸界线起点与标注对象的特征点之间的间隙大小。

➢ 延伸量：设置尺寸界线超出尺寸线的长度。

（4）箭头。

➢ 线型：用于设置箭头的样式，可以为三角形、开放三角形、楔形、无、圆柱、方框、斜线与积分符号等形状的箭头。

➢ 高度/宽度：用于设置箭头的大小。

5.【设置】选项卡

【设置】选项卡主要用于设置标注与被标注对象、标注与标注之间的间隙等关系，各选项的具体含义如下。

（1）关联性：当图形发生变化时，所建立的尺寸标注、标签抬头、引导线以及延伸线都会随着图形的变化而自动更新。选中此项则尺寸标注等与图形关联。

（2）关联控制：在删除与标注相关联的图素时，用于指定如何处理尺寸标注。

（3）显示：用于切换是否将尺寸显示于其他视角。选择【当图素视角与屏幕视角相同时】时，则表示只有当视图平面与标注所在的构图平面相同时才显示标注；选择【任意视角】时，则表示在任何视图中都显示标注。

（4）基线增量：用于设定使用基准标注时，每个尺寸标注的 X 与 Y 方向的间隔距离。一般情况下，该值可以设置为文本高度的两倍。

（5）保存/取档：可以将所完成的尺寸标注整体设定输出为一个样本文件，这样再次使用时，就可以直接调用而无须重新设定了。

当然，除了从样本图形文件取出设定值外，也可以直接选取图素使设定值与所选图素的设定值相同。无论是取自图形文件还是利用图素获取，若不满意设定值，还可以还原系统默认值。

2.1.4 CAD 设置

单击【系统配置】对话框中的 CAD 选项，弹出 CAD 选项对话框。在此对话框中可设置圆弧中心线的线型、颜色、层别和类型的参数，以及默认属性和曲线/曲面创建形式的参数。

2.1.5 刀具路径设置

单击【系统配置】对话框中的【刀路】选项，弹出如图 2-4 所示的对话框，在此对话框中可设置刀具路径、平面工作坐标冲突、线切割等方面的参数。

（1）缓存：设置缓存的大小。

（2）删除记录文件：设置删除生成记录的准则。

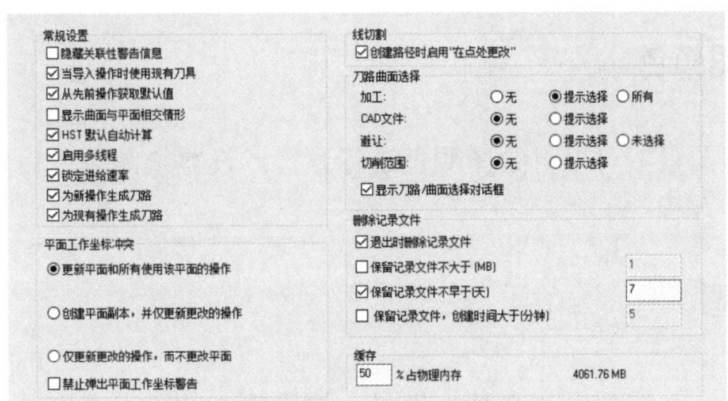

图 2-4 【刀路】选项对话框

2.1.6 公制和英制单位设置

单位设置功能可以用来设置当前文件的单位是公制还是英制，同时也可以将当前文件的单位进行公制和英制的转换。

执行【文件】→【配置】菜单命令，弹出【系统配置】对话框，如图 2-5 所示。在【当前的】下拉列表框中选择单位类型，单击【确定】按钮 ，即可改变当前文件的单位。

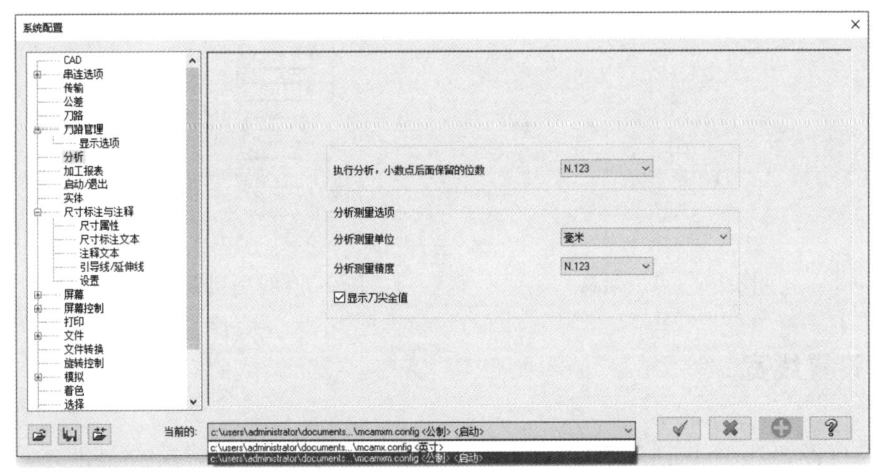

图 2-5 【系统配置】对话框

技巧荟萃

如果打开的文档是英制的，采用此方法可以直接将英制文档转换成公制文档。

2.2 软件基本设置

在操作过程中可以根据需要进行相关参数的设置，如绘图颜色、图层、线型、线宽等。设置合适的参数能给后续操作带来方便。本节主要讲解颜色、图层、点型、线型、线宽、Z 深度、自动捕捉点等常用的设置选项。

2.2.1 设置绘图颜色

为了方便用户管理图素，可以对绘图颜色进行设置。设置绘图颜色后所创建的图素的颜色相同，直到重新设置颜色为止。

2.2.2 设置点型

点型，即点的样式，系统列出了 8 种点样式。如果需要设置点型，单击【主页】→【属性】→【点型】按钮，系统显示如图 2-6 所示的点型列表，选择需要的点样式。

2.2.3 设置线型

线型即线的样式，包括虚线、实线、中心线、点画线等。如果需要设置线型，单击【主页】→【属性】→【线型】按钮，系统显示如图 2-7 所示的线型列表。

图 2-6　点型列表　　　　图 2-7　线型列表

2.2.4 设置线宽

设置线宽与设置线型类似，系统给出了 5 种线宽，如图 2-8 所示。单击【主页】→【属性】→【线宽】选项，在弹出的线宽列表中选择一种线宽，即可将其设为当前线宽。另外，右击图形，在弹出的快捷菜单中选择“线宽”选项，也可以设置线宽属性。

2.2.5 设置 Z 深度

在绘图的过程中，即使在某个平面上绘图，所绘制的图素的具体位置也可能不同，如图 2-9 所示，虽然 3 个二维图素都平行于 XY 平面，但其 Z 方向的值却不同。在 Mastercam 2022 中，为了区别平行于构图平面的不同面，采用构图深度来区分。

Z 深度主要用于构建不在 0 平面上的图素。当需要构建一个不在 0 平面上的图素时，可以通过改变 Z 值进行绘制。

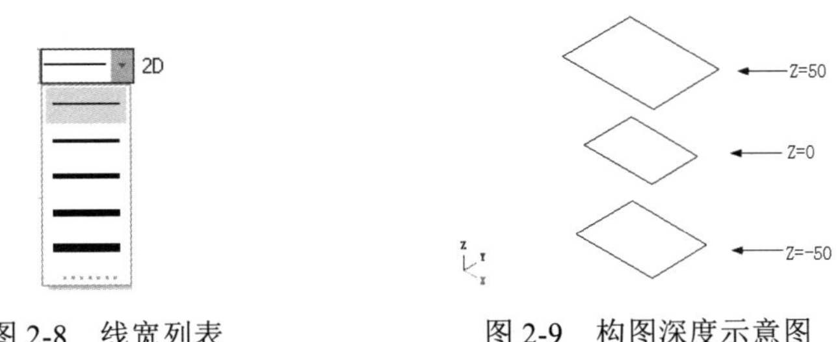

图 2-8　线宽列表　　　　图 2-9　构图深度示意图

技巧荟萃

可以提前分析某点的坐标，再将用户需要的坐标值复制到剪贴板，然后在【设置 Z 深度】文本框上右击，在弹出的快捷菜单中选择【粘贴】命令，将刚才复制的坐标值粘贴到【设置 Z 深度】文本框中作为深度值。

2.2.6　设置自动捕捉点

在绘图过程中，通过自动捕捉点可以极大地提高捕捉速度。要捕捉点，需要提前设置捕捉点的类型。在选择工具栏中单击【选择设置】按钮，弹出如图 2-10 所示的【选择】对话框。该对话框用来设置自动捕捉点的类型。

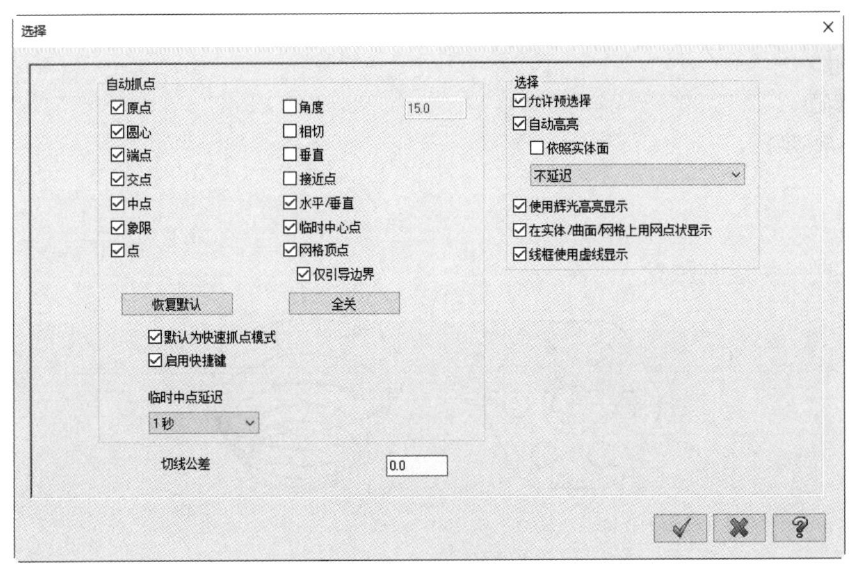

图 2-10　【选择】对话框

技巧荟萃

一般将比较常用的捕捉点设为自动抓点，建议不要选择全部的自动捕捉点，否则会因自动捕捉点过多产生捕捉错误。

第 3 章　基本绘图工具

二维图形绘制是整个 CAD 和 CAM 的基础，Mastercam 提供的二维绘图功能十分强大。使用这些功能，不仅可以绘制简单的点、线、圆弧等基本图素，而且能创建样条曲线等复杂图素。

本章首先重点介绍了各种二维图素的创建方法，然后给出了一个操作实例，让读者对 Mastercam 二维绘图的流程和命令的使用有一定的认识。

知识点

- 点
- 线
- 圆弧
- 矩形
- 圆角矩形
- 多边形
- 椭圆
- 样条曲线
- 平面螺旋
- 螺旋（锥度）
- 文字
- 边界框
- 综合实例——绘制棘轮

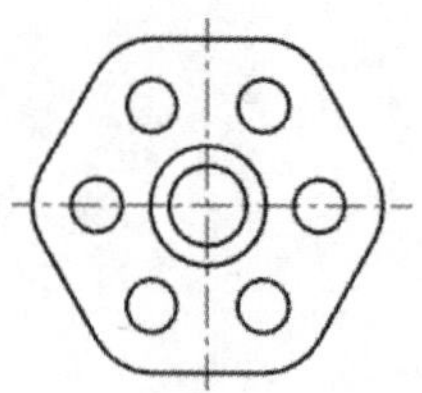
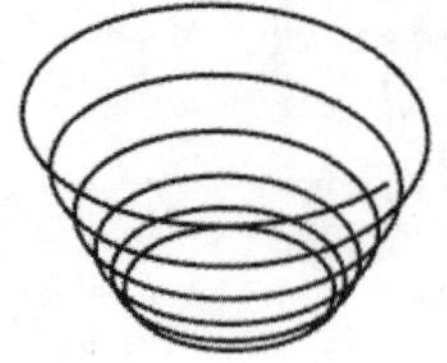

3.1　点

点是几何图形的最基本图素。各种图形的定位基准往往是各种类型的点，如直线的端点、圆或圆弧的圆心等。点和其他图素一样具有各种属性，同样可以编辑它的属性。Mastercam 2022 软件提供了 7 种绘制点的方式，要启动【绘点】功能，可以单击【线框】→【绘点】→【绘点】按钮➕，如图 3-1（a）所示；也可以单击【线框】→【绘点】→【绘点】下拉按钮▾，在其中选择绘制点的方式，如图 3-1（b）所示。

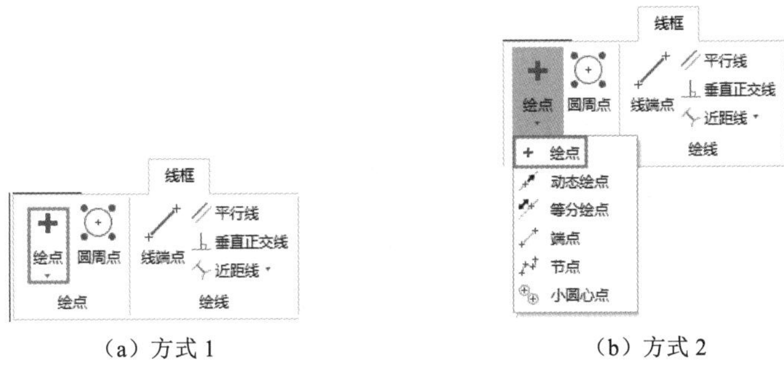

（a）方式 1　　（b）方式 2

图 3-1　绘制点

3.1.1　一般点

启动点绘制功能后，弹出【绘点】对话框，如图 3-2 所示，同时系统提示“绘制点位置”，根据系统提示用鼠标在绘图区某一位置指定绘制点，单击【确定】按钮，完成所需点的绘制。

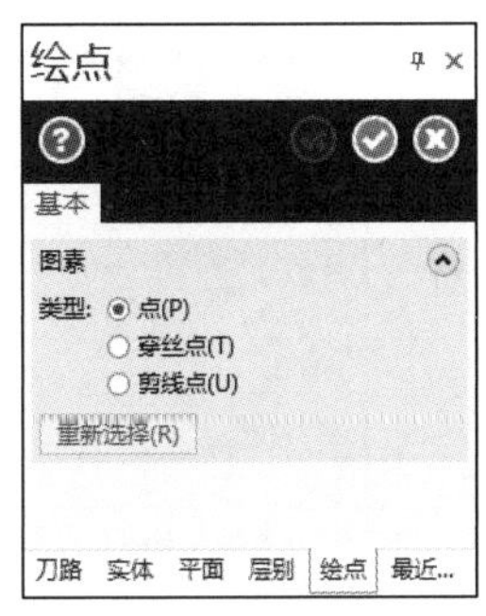

图 3-2 【绘点】对话框

实操练习 1　绘制北斗七星

扫一扫，看视频

绘制过程

（1）单击【主页】→【属性】→【点型】选项，打开点型列表。

（2）选择如图 3-3 所示的圆形点样式。

（3）单击【线框】→【绘点】→【绘点】按钮，弹出【绘点】对话框，在绘图区依次绘制 7 个点。

（4）单击【绘点】对话框中的【确定】按钮，结果如图 3-4 所示。

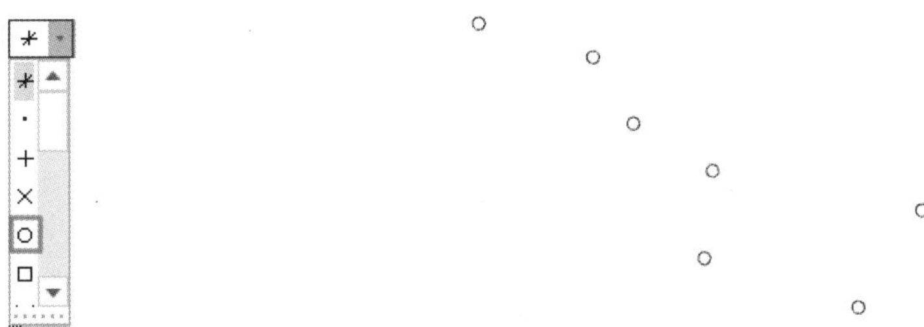

图 3-3　设置点样式　　图 3-4　绘制的北斗七星

3.1.2 等分绘点

等分绘点是指在几何图素上绘制等分点，包括按等分点数绘点和按等分间距绘点两种形式。单击【线框】→【绘点】→【绘点】→【等分绘点】按钮 等分绘点，弹出【等分绘点】对话框，如图 3-5 所示。

扫一扫，看视频

实操练习 2 绘制等分点

绘制过程

（1）单击快速访问工具栏中的【打开】按钮，打开【源文件\原始文件\第 3 章\绘制等分点】文件。

（2）执行【等分绘点】命令，等分点数绘点的绘制过程如图 3-6 所示。

（3）同理，等分间距绘点的绘制过程如图 3-7 所示。

图 3-5 【等分绘点】对话框

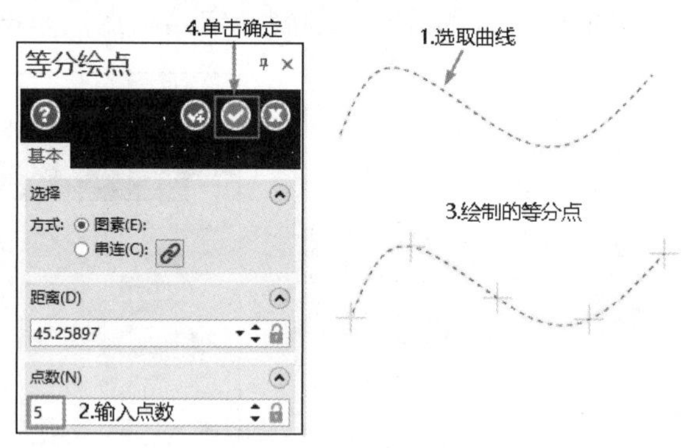

图 3-6 等分点数绘点

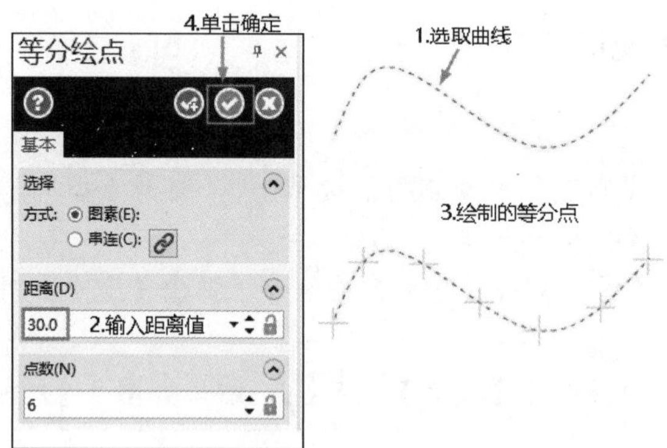

图 3-7 等分间距绘点

3.1.3 端点

绘制端点是指在直线、曲线、圆、圆弧、椭圆和椭圆弧等的端点处自动绘制端点。

单击【线框】→【绘点】→【绘点】→【端点】按钮 端点，系统自动将如图 3-8 所示的绘图区的所有图素进行端点创建，结果如图 3-9 所示。

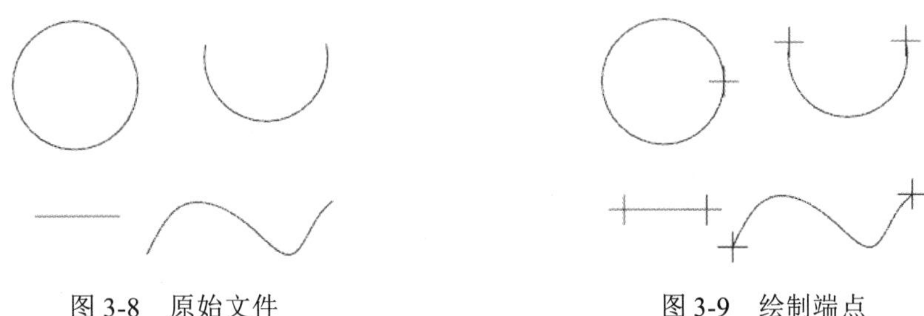

图 3-8　原始文件　　　　图 3-9　绘制端点

3.1.4　节点

节点绘制是指绘制样条曲线的原始点或控制点，借助节点，可以对参数曲线的外形进行修整。

单击【线框】→【绘点】→【绘点】→【节点】按钮 节点，系统提示“请选择曲线”，选择图 3-10 所示的曲线，生成节点，结果如图 3-11 所示。

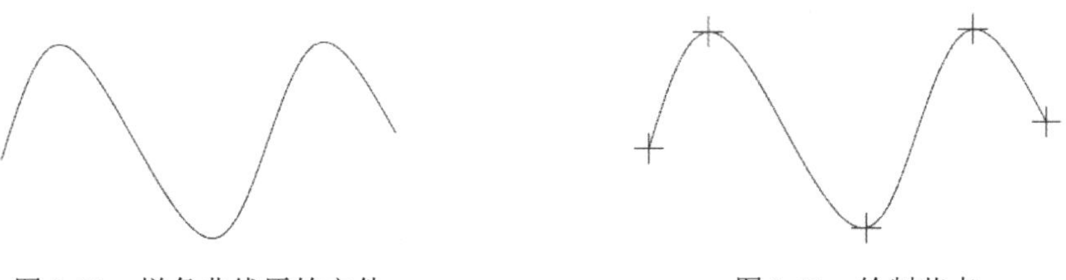

图 3-10　样条曲线原始文件　　　　图 3-11　绘制节点

3.1.5　小圆心点

小圆心点绘制是指绘制小于或等于指定半径的圆或圆弧的圆心点。单击【线框】→【绘点】→【绘点】→【小圆心点】按钮 小圆心点，弹出【小圆心点】对话框，如图 3-12 所示。

图 3-12 【小圆心点】对话框

实操练习 3　绘制小圆心点

扫一扫，看视频

绘制过程

（1）单击快速访问工具栏中的【打开】按钮，打开【源文件\原始文件\第 3 章\绘制小圆心点】文件。

（2）执行【小圆心点】命令，绘制过程如图 3-13 所示。

完成操作后，读者会发现半径值大于 20（除特别标注外，长度单位默认为 mm）的圆未画出圆心，这是因为半径设定值为 20，则系统仅画出半径值小于或等于 20 的圆或圆弧的圆心点。

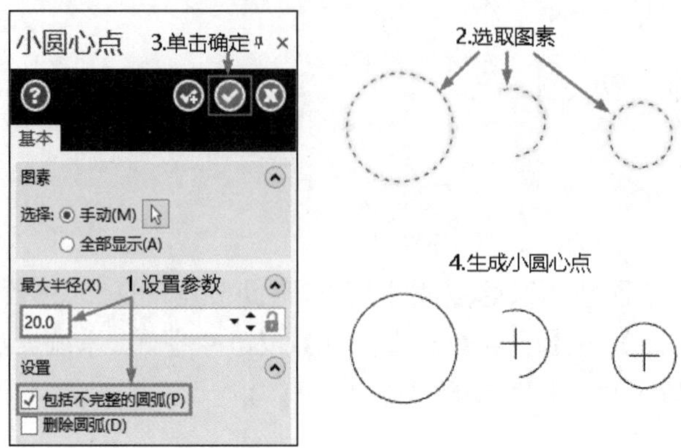

图 3-13　绘制小圆心点

3.2　线

Mastercam 2022 提供了 9 种直线的绘制方法，要启动线绘制功能，选择【线框】→【绘线】面板中的不同命令，如图 3-14 所示。

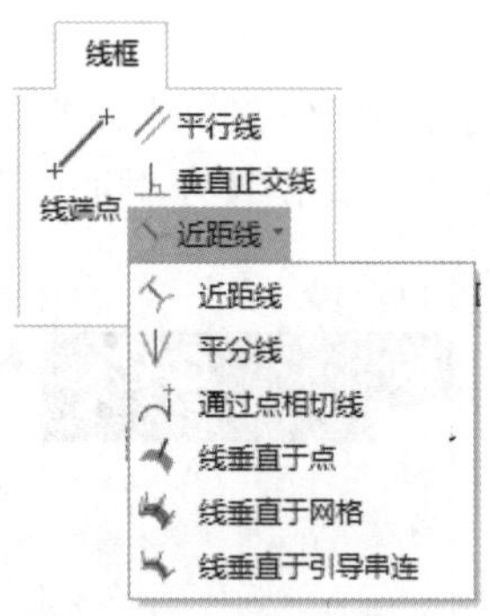

图 3-14　绘线命令

3.2.1　连续线

【连续线】命令能够绘制水平线、垂直线、极坐标线、连续线或切线。单击【线框】选项卡【绘线】面板中的【连续线】按钮，弹出【连续线】对话框，如图 3-15 所示。

扫一扫，看视频

实操练习 4　绘制几何图形

绘制如图 3-16 所示的几何图形。

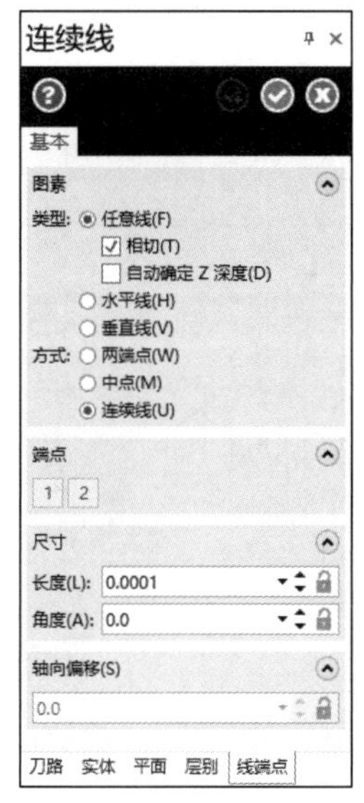

图 3-15　【连续线】对话框

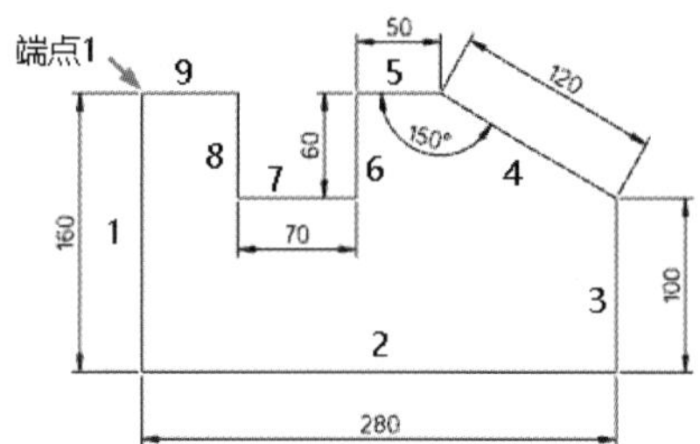

图 3-16　绘制几何图形

绘制过程

（1）执行【连续线】命令，选中【连续线】连续线(M)，线段 1 的绘制步骤如图 3-17 所示。

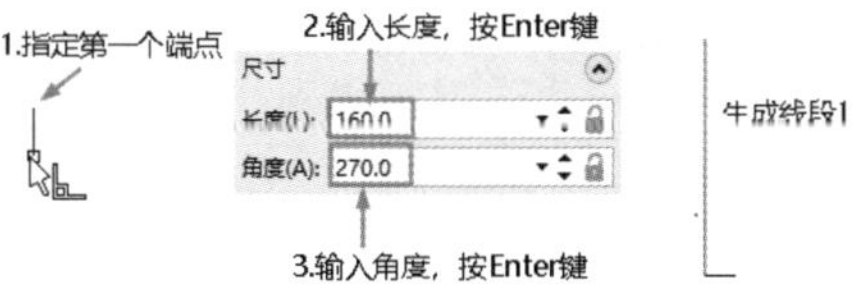

图 3-17　线段 1 的绘制步骤

（2）使用同样的方法，依次输入长度和角度为（280，0）、（100，90）、（120，150）、（50，180）、（60，270）、（70，180）、（60，90），绘制线段 2~线段 8，结果如图 3-18 所示。

（3）系统继续提示指定第二端点，选择如图 3-19 所示的端点 1，最终结果图形如图 3-16 所示。

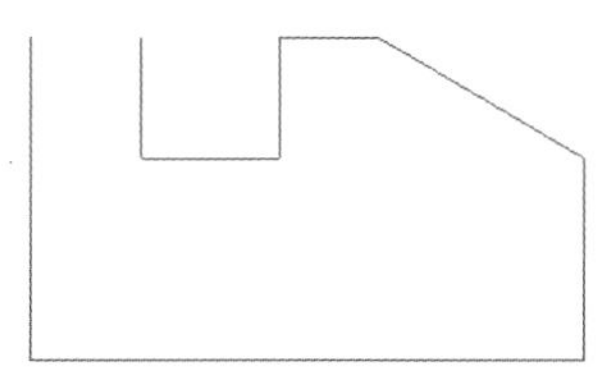

图 3-18　绘制完第 8 条线段的几何图形

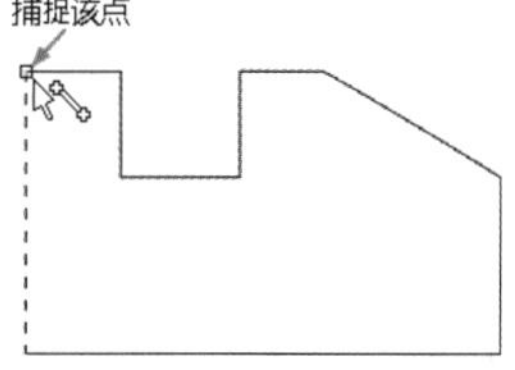

图 3-19　捕捉端点

【连续线】对话框中【端点】组中的 1 按钮用于编辑线段的起点；2 按钮用于编辑线段的终点。

3.2.2　平行线

【平行线】命令用于绘制与已有直线相平行的线段。单击【线框】→【绘线】→【平行线】按钮，系统弹出【平行线】对话框，如图 3-20 所示。

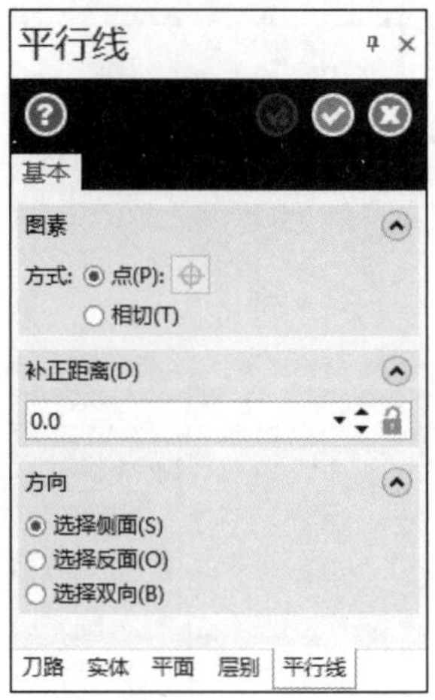

图 3-20 【平行线】对话框

扫一扫，看视频

实操练习 5 绘制与圆相切的平行线

绘制过程

（1）单击快速访问工具栏中的【打开】按钮，打开【源文件\原始文件\第 3 章\绘制与圆相切的平行线】文件。

（2）执行【平行线】命令，绘制过程如图 3-21 所示。

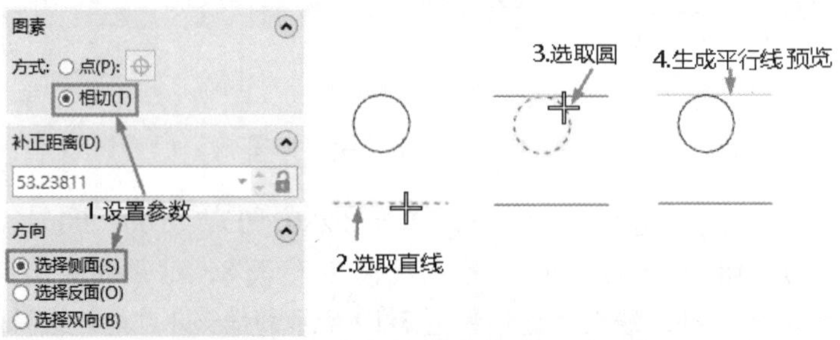

图 3-21 与圆相切平行线的绘制过程

注意

也可以在【平行线】对话框的【补正距离】组的文本框中输入两平行线间的距离，再通过选择【方向】组中的单选按钮来确定在被选中直线的哪一侧或两侧都绘制平行线。

3.2.3 垂直正交线

【垂直正交线】命令用于绘制与直线、圆弧或曲线相垂直的线。单击【线框】→【绘线】→【垂直正交线】按钮，弹出【垂直正交线】对话框，如图 3-22 所示。

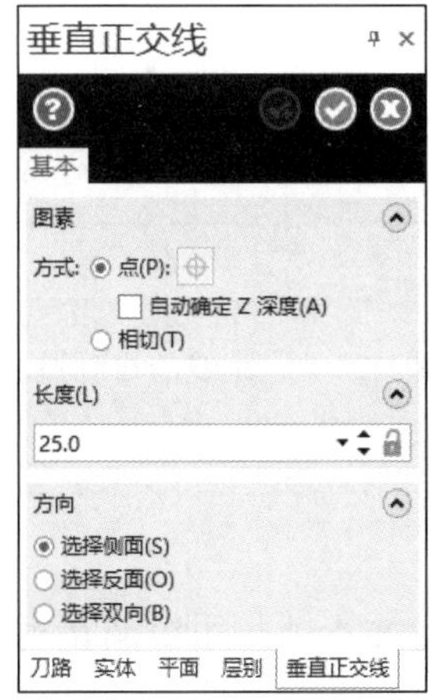

图 3-22 【垂直正交线】对话框

实操练习 6　绘制水平线的垂直正交线

扫一扫，看视频

绘制过程

（1）单击快速访问工具栏中的【打开】按钮，打开【源文件\原始文件\第 3 章\绘制水平线的垂直正交线】文件。

（2）执行【垂直正交线】命令，绘制过程如图 3-23 所示。

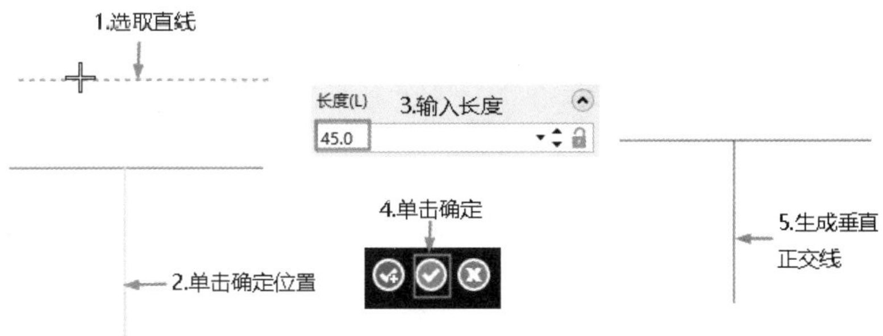

图 3-23　水平线的垂直正交线的绘制过程

3.2.4　近距线

【近距线】命令用于绘制两个图素之间距离最短的线。

单击【线框】→【绘线】→【近距线】按钮，系统提示“选择直线、圆弧或样条曲线”。

实操练习 7　绘制近距线

扫一扫，看视频

绘制过程

（1）单击快速访问工具栏中的【打开】按钮，打开【源文件\原始文件\第 3 章\绘制近距线】文件。

（2）执行【近距线】命令，绘制过程如图 3-24 所示。

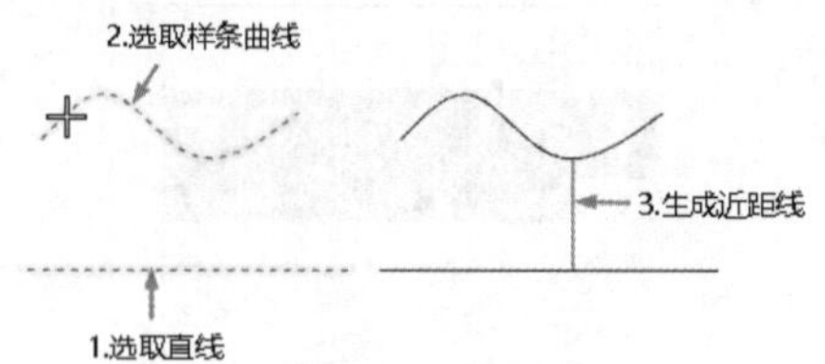

图 3-24　近距线的绘制过程

3.2.5　平分线

【平分线】命令用于从绘制两条直线交点处引出的角平分线。单击【线框】→【绘线】→【近距线】→【平分线】按钮，弹出【平分线】对话框，如图 3-25 所示。

图 3-25　【平分线】对话框

扫一扫，看视频

实操练习 8　绘制直线夹角平分线

绘制过程

（1）单击快速访问工具栏中的【打开】按钮，打开【源文件\原始文件\第 3 章\绘制直线夹角平分线】文件。

（2）执行【平分线】命令，绘制过程如图 3-26 所示。

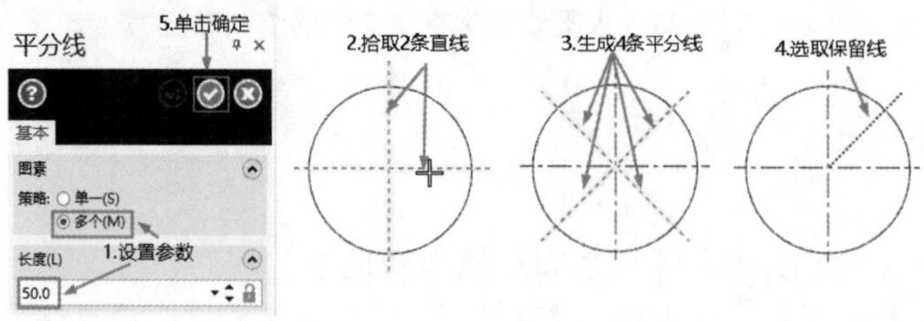

图 3-26　直线夹角平分线的绘制过程

3.2.6　通过点相切线

【通过点相切线】命令用于绘制过已有圆弧或圆上一点并与该圆弧或圆相切的线段。

单击【线框】→【绘线】→【近距线】→【通过点相切线】按钮，弹出【通过点相切】对话框，如图 3-27 所示。

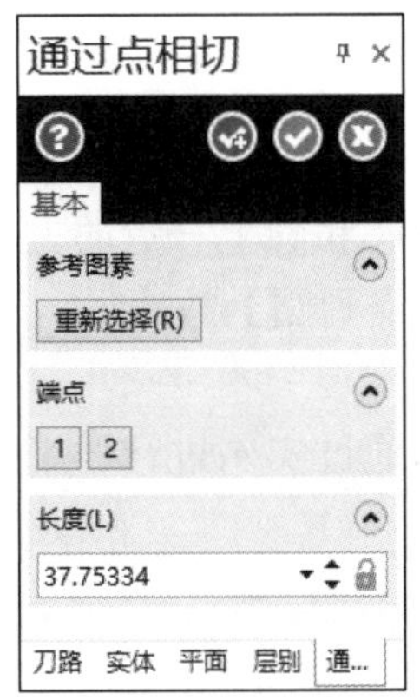

图 3-27 【通过点相切】对话框

实操练习 9　绘制圆的切线

绘制过程

（1）单击快速访问工具栏中的【打开】按钮，打开【源文件\原始文件\第 3 章\绘制圆的切线】文件。

（2）执行【通过点相切线】命令，绘制过程如图 3-28 所示。

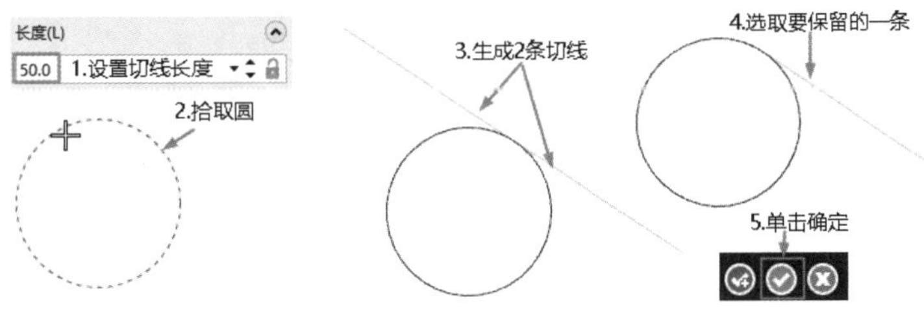

图 3-28　圆的切线的绘制过程

3.3　圆　　弧

圆弧是几何图形的基本图素，掌握绘制圆弧的技巧，对快速完成几何图形有关键作用。Mastercam 2022 拥有 7 种绘制圆和圆弧的方法。要启动圆弧绘制功能，需单击【线框】选项卡下【圆弧】面板中相应的命令，如图 3-29 所示，其中每个命令均代表一种方法。

图 3-29　圆弧绘制子菜单

3.3.1　已知点画圆

【已知点画圆】命令是利用确定圆心和圆上一点的方法绘制圆。

单击【线框】→【圆弧】→【已知点画圆】按钮，弹出【已知点画圆】对话框，如图 3-30 所示。

【已知点画圆】有两种途径，下面通过实例进行详细讲解。

扫一扫，看视频

实操练习 10　绘制相切圆

绘制过程

（1）执行【已知点画圆】命令，弹出【已知点画圆】对话框。设置绘图方式为【手动】，绘制过程如图 3-31 所示。

（2）设置绘图方式为【相切】，绘制过程如图 3-32 所示。

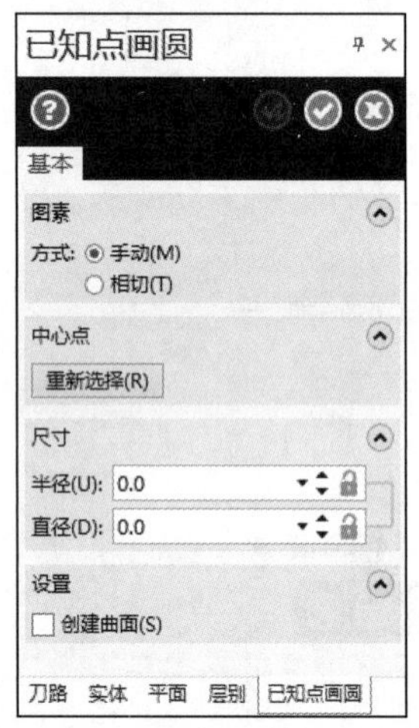

图 3-30 【已知点画圆】对话框

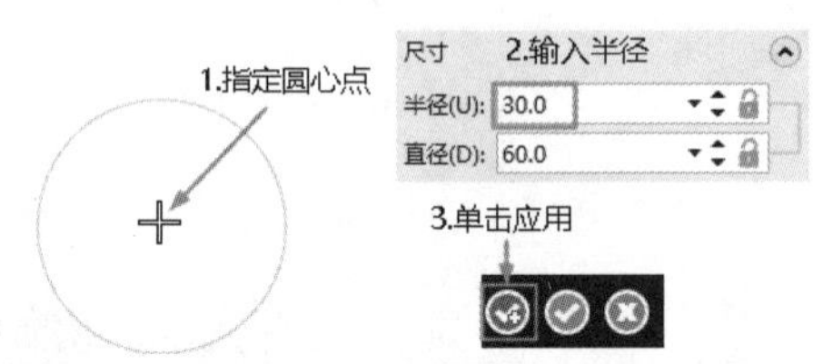

图 3-31　圆的绘制过程

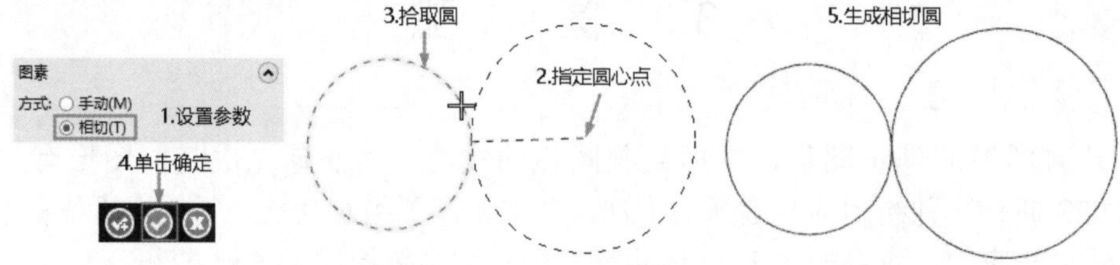

图 3-32　相切圆的绘制过程

3.3.2　三点画弧

【三点画弧】命令是指通过指定圆弧上的任意 3 个点绘制一段弧。

单击【线框】→【圆弧】→【三点画弧】按钮，弹出【三点画弧】对话框，如图 3-33 所示。

【三点画弧】有两种途径，下面通过实例进行详细讲解。

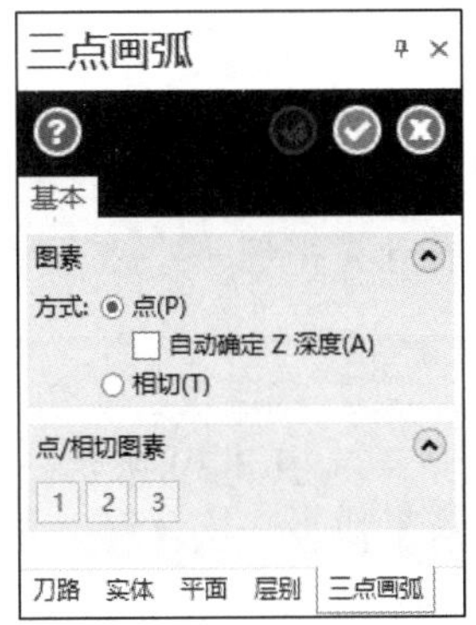

图 3-33 【三点画弧】对话框

实操练习 11　三点画弧

绘制过程

（1）执行【三点画弧】命令，弹出【三点画弧】对话框，绘制过程如图 3-34 所示。

（2）同理，继续绘制其他两个圆弧，结果如图 3-35 所示。

（3）修改绘图方式为【相切】，绘制过程如图 3-36 所示。

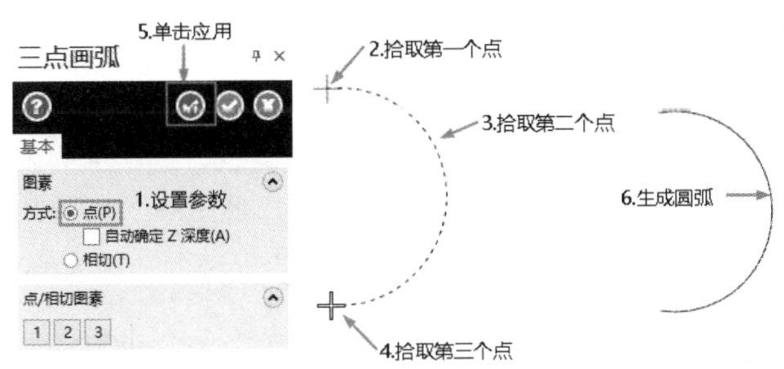

图 3-34　三点画弧的绘制过程

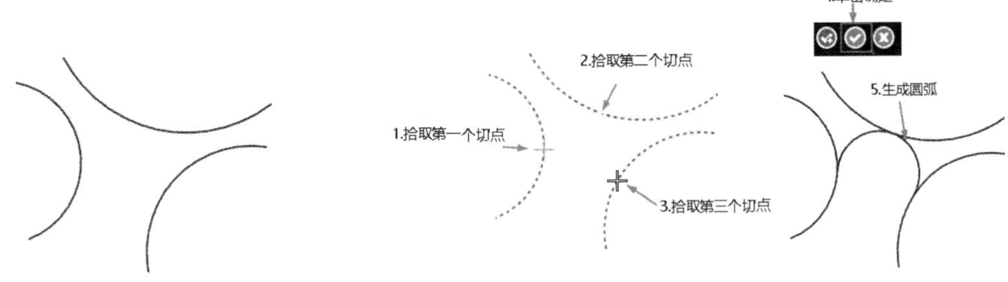

图 3-35　绘制 3 个圆弧

图 3-36　相切方式画弧的绘制过程

3.3.3　切弧

【切弧】命令是指通过指定绘图区中已有的一个图素与所绘制弧相切的方法绘制弧。单击【线框】→【圆弧】→【切弧】按钮，弹出【切弧】对话框，如图 3-37 所示。

扫一扫，看视频

实操练习 12　绘制法兰盘

绘制过程

（1）单击快速访问工具栏中的【打开】按钮，打开【源文件\原始文件\第 3 章\绘制法兰盘】文件。

（2）执行【切弧】命令，弹出【切弧】对话框，绘制过程如图 3-38 所示。

（3）同理，继续绘制其他切弧，结果如图 3-39 所示。

（4）单击【线框】选项卡下【修剪】面板中的【修剪到图素】命令，打开【修剪到图素】对话框，修剪过程如图 3-39 所示。

（5）同理，继续修剪其他直线。结果如图 3-40 所示。

（6）单击【线框】→【圆弧】→【已知点画圆】按钮，弹出【已知点画圆】对话框，以中心线交点为圆心绘制两个同心圆，半径分别为 12 和 18，结果如图 3-41 所示。

（7）继续绘制 6 个半径为 8 的安装孔，分别以每条圆弧的圆心为圆心，结果如图 3-42 所示。

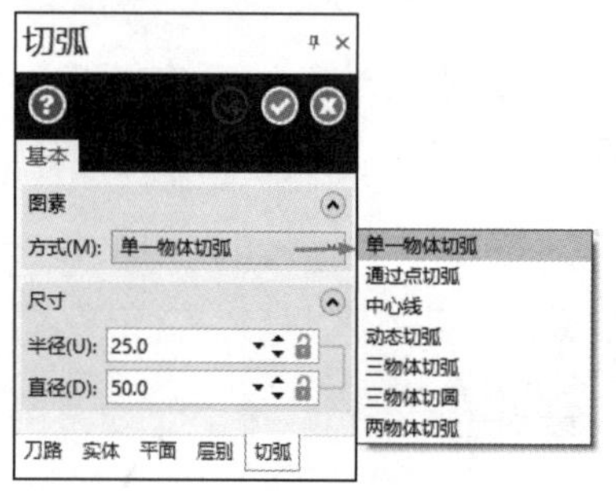

图 3-37　【切弧】对话框

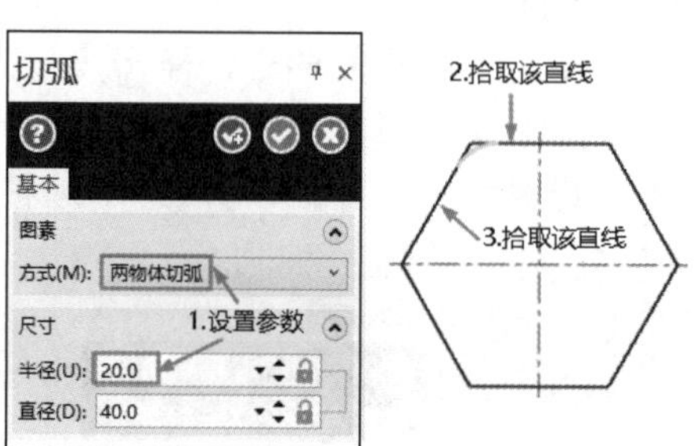

图 3-38　切弧的绘制过程

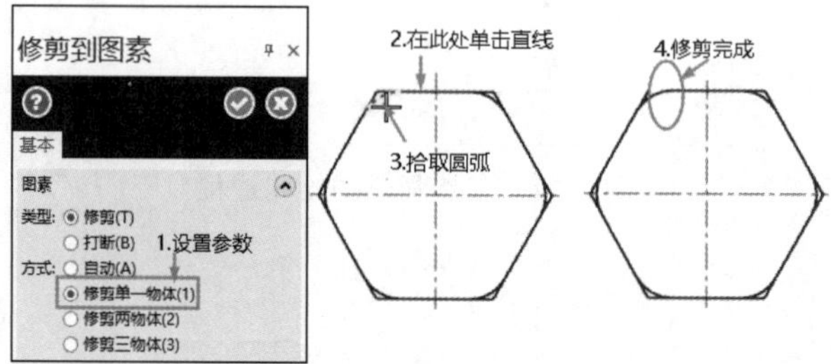

图 3-39　图形的修剪过程

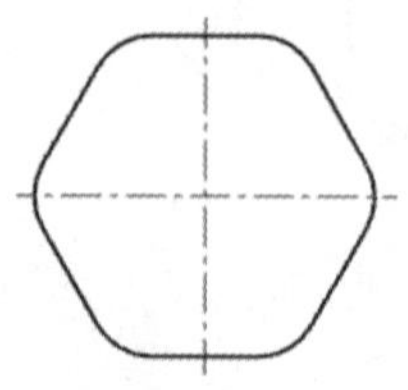

图 3-40　修剪完成

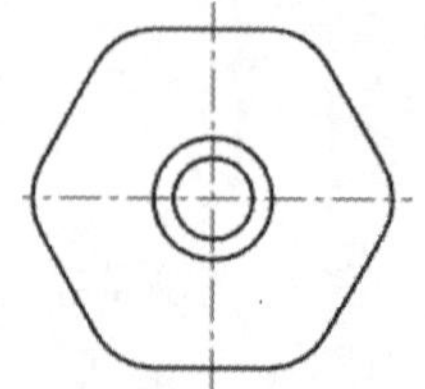

图 3-41　绘制同心圆

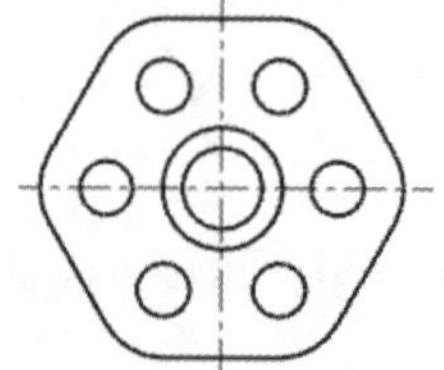

图 3-42　绘制安装孔

【切弧】对话框中 7 种绘制切弧方法操作示例如下。

（1）在【方式】下拉列表中选择【单一物体切弧】选项 单一物体切弧，在【半径】半径(U): 0.0 或【直径】直径(D): 0.0 文本框中输入所绘圆弧的半径或直径值。简单操作示例如图 3-43 所示。

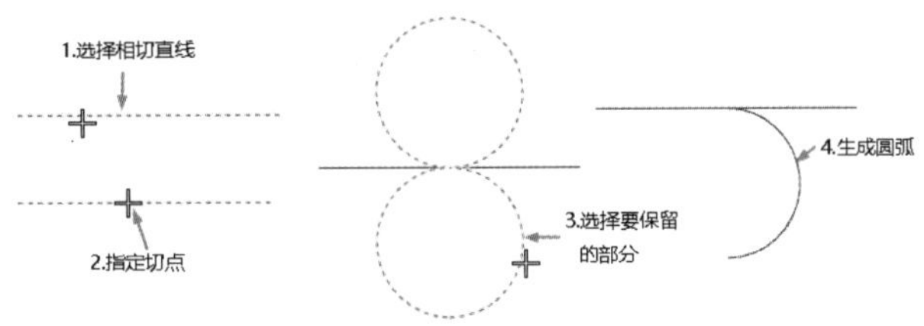

图 3-43　单一物体切弧

(2) 在【方式】下拉列表中选择【通过切点弧】选项 通过点切弧 ，在【半径】 半径(U): 0.0 或【直径】 直径(D): 0.0 文本框中输入所绘圆弧的半径或直径值。简单操作示例如图 3-44 所示。

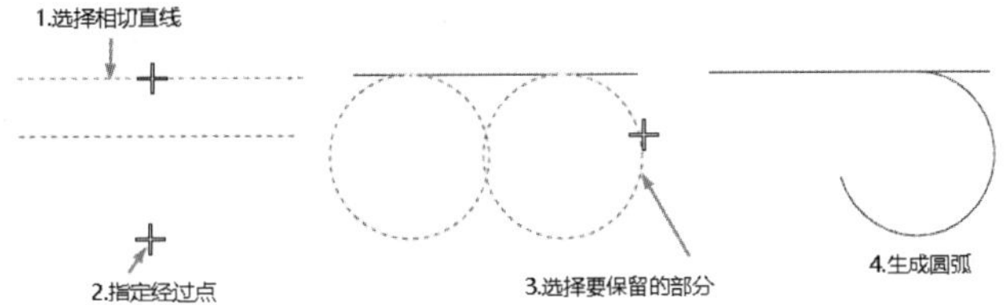

图 3-44　通过点切弧

(3) 在【方式】下拉列表中选择【中心线】选项 中心线 ，在【半径】 半径(U): 0.0 或【直径】 直径(D): 0.0 文本框中输入所绘圆弧的半径或直径值。简单操作示例如图 3-45 所示。

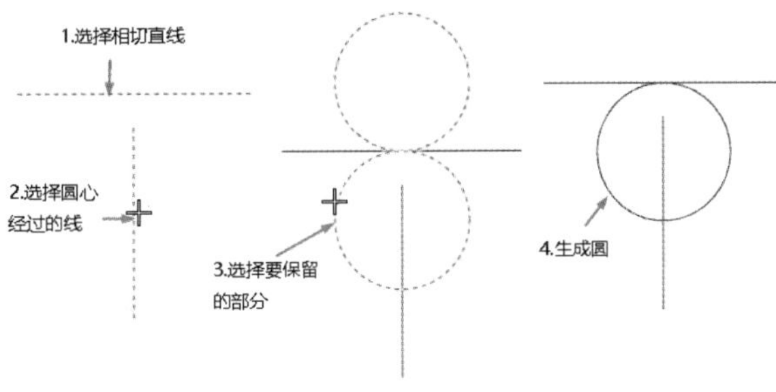

图 3-45　中心线

(4) 在【方式】下拉列表中选择【动态切弧】选项 动态切弧 ，系统提示"选择一个圆弧将要与其相切的图素"。简单操作示例如图 3-46 所示。

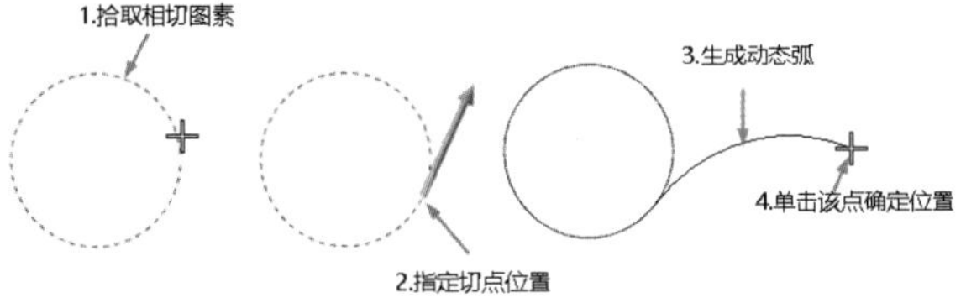

图 3-46　动态切弧

(5) 在【方式】下拉列表中选择【三物体切弧】选项 三物体切弧 ，系统提示"选择一个圆弧将要与其相切的图素"。简单操作示例如图 3-47 所示。

(6) 在【方式】下拉列表中选择【三物体切圆】选项 三物体切圆 ，系统提示"选择一个圆弧将要与其相切的图素"。简单操作示例如图 3-48 所示。

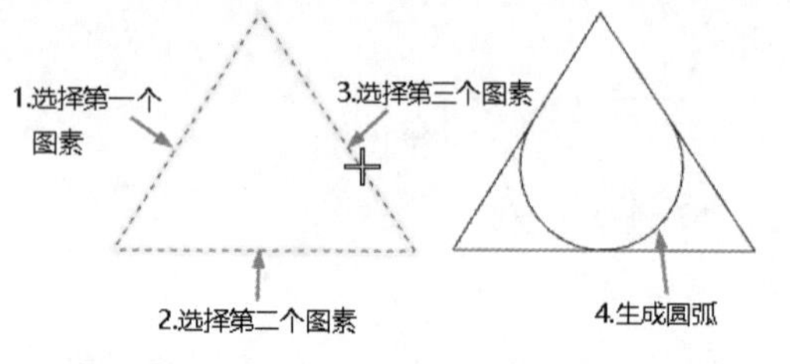

图 3-47　三物体切弧

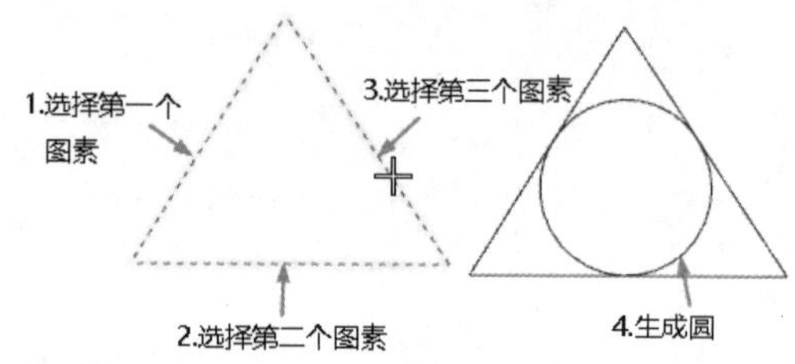

图 3-48　三物体切圆

（7）在【方式】下拉列表中选择【两物体切弧】选项 两物体切弧，在【半径】 半径(U): 0.0 或【直径】 直径(D): 0.0 文本框中输入所绘圆弧的半径或直径值，系统提示“选择一个圆弧将要与其相切的图素”，选择与其相切的两个图素，系统绘制出所需圆弧，圆弧的起点位于所选的第一个图素上，圆弧的终点位于所选的第二个图素上。

3.3.4　已知边界点画圆

【已知边界点画圆】命令是指通过不在同一条直线上的三点绘制一个圆，它具有两点绘圆、两点相切、三点绘圆和三点相切 4 种方式。

单击【线框】→【圆弧】→【已知边界点画圆】按钮，弹出【已知边界点画圆】对话框，如图 3-49 所示。

扫一扫，看视频

实操练习 13　绘制正五边形外接圆

绘制过程

（1）单击快速访问工具栏中的【打开】按钮，打开【源文件\原始文件\第 3 章\绘制正五边形外接圆】文件。

（2）执行【已知边界点画圆】命令，绘制过程如图 3-50 所示。

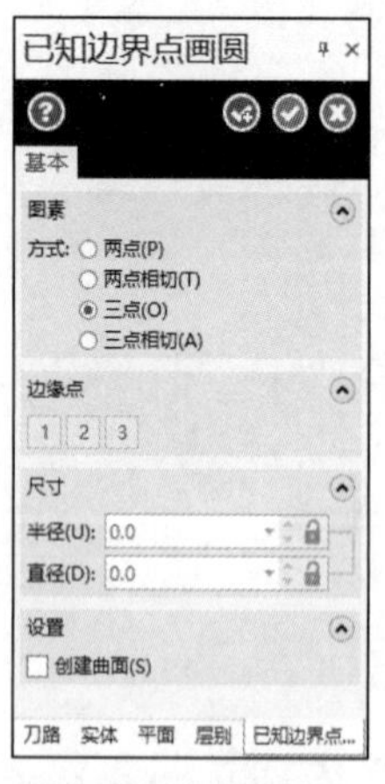

图 3-49　【已知边界点画圆】对话框

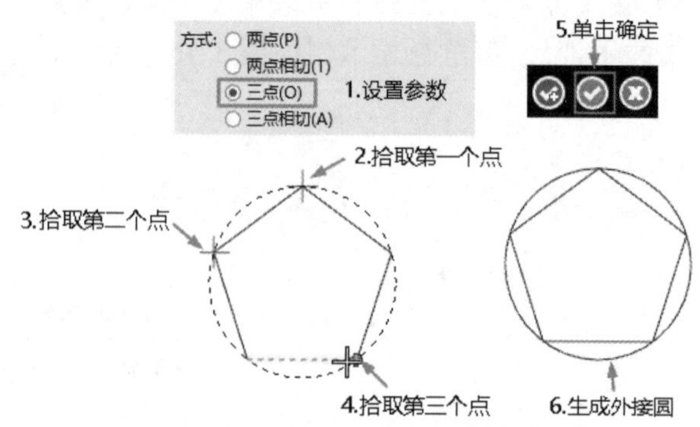

图 3-50　正五边形外接圆的绘制过程

【已知边界点画圆】有以下 4 种途径可供选择。

（1）选中【两点】 两点(P)后，可在绘图区中拾取两点绘制一个圆，圆的直径就等于所选两点之间的距离。

（2）选中【两点相切】◉ 两点相切(T)后，可在绘图区中连续选取两个图素（直线、圆弧、曲线），再在【半径】文本框半径(U): 0.0 或【直径】文本框直径(D): 0.0 中输入所绘圆的半径或直径值，系统将绘制出与所选图素相切且半径值或直径值等于所输入值的圆。

（3）选中【三点】◉ 三点(O)后，可连续在绘图区中选取不在同一直线上的三点绘制一个圆。此方法经常用于绘制正多边形外接圆。

（4）选中【三点相切】◉ 三点相切(A)后，可在绘图区中连续选取 3 个图素（直线、圆弧、曲线），再在【半径】文本框半径(U): 0.0 或【直径】文本框直径(D): 0.0 中输入所绘圆的半径或直径值，系统将绘制出与所选图素相切且半径值或直径值等于所输入值的圆。

（5）选中【创建曲面】☑ 创建曲面(S)，在绘图区绘制的不是单一的圆形图素，而是一个圆形曲面，如图 3-51 所示。

图 3-51　创建曲面

3.3.5　两点画弧

【两点画弧】命令是通过确定圆弧的两个端点和半径的方式绘制圆弧。

单击【线框】选项卡【圆弧】面板【已知边界点画圆】下拉菜单中的【两点画弧】按钮，弹出【两点画弧】对话框，如图 3-52 所示。

【两点画弧】有两种途径，下面用实例详细讲解两种途径的绘制过程。

实操练习 14　绘制两相切圆弧

扫一扫，看视频

绘制过程

（1）执行【两点画弧】命令，设置绘图方式为【手动】，绘制过程如图 3-53 所示。

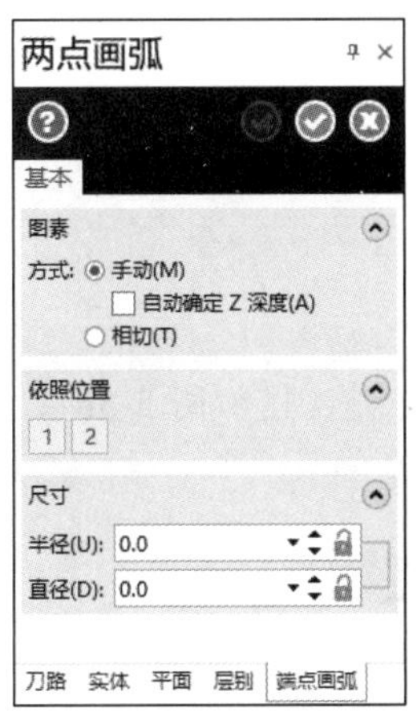

图 3-52　【两点画弧】对话框

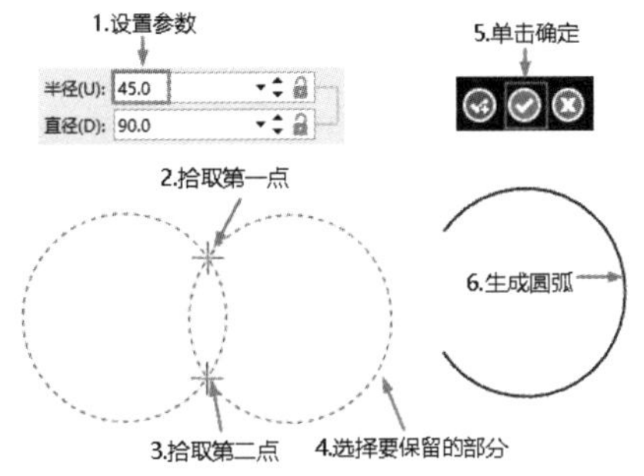

图 3-53　【手动】方式画弧的绘制过程

（2）将绘图方式设置为【相切】，绘制过程如图 3-54 所示。

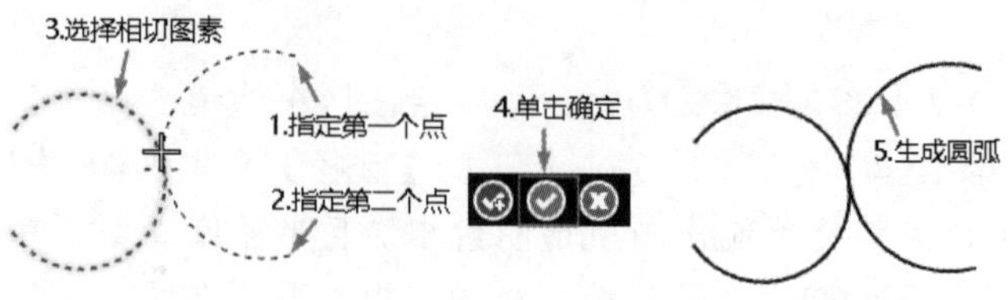

图 3-54 【相切】方式画弧的绘制过程

3.3.6 极坐标画弧

【极坐标画弧】命令是指通过确定圆心、半径、起始角度和结束角度绘制一段圆弧。单击【线框】→【圆弧】→【已知边界点画圆】→【极坐标画弧】按钮，系统弹出【极坐标画弧】对话框，如图 3-55 所示。

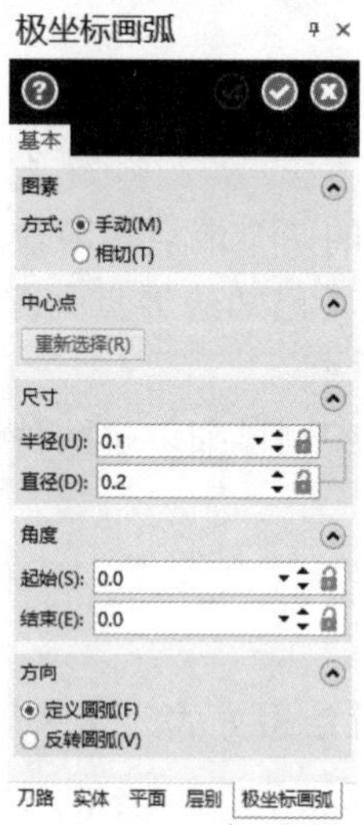

图 3-55 【极坐标画弧】对话框

扫一扫，看视频

实操练习 15 绘制极坐标圆弧

绘制过程

（1）执行【极坐标画弧】命令，设置绘图方式为【手动】，绘制过程如图 3-56 所示。

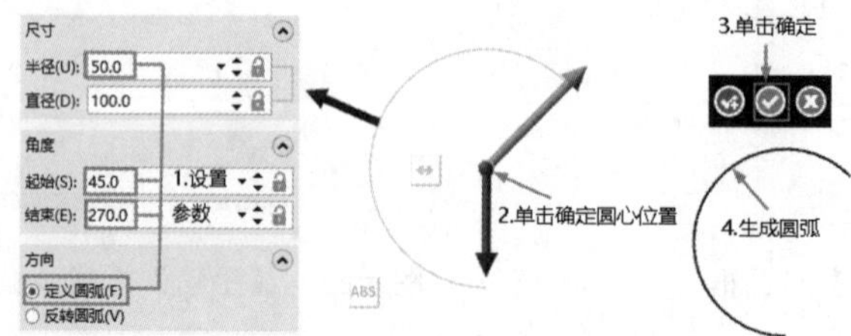

图 3-56 【手动】方式创建极坐标圆弧的绘制过程

（2）设置绘图方式为【相切】，绘制过程如图 3-57 所示。

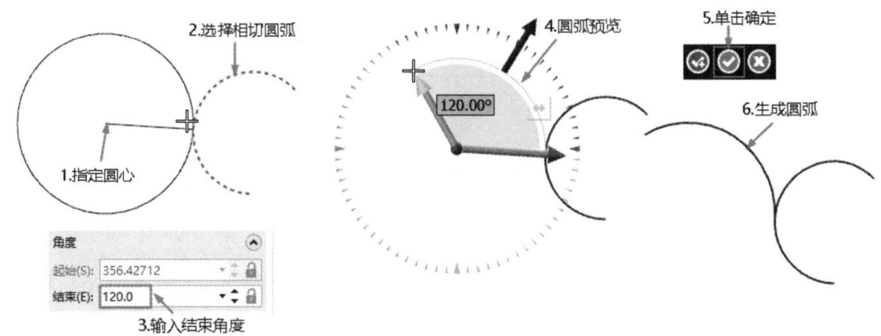

图 3-57　【相切】方式创建极坐标圆弧的绘制过程

注意

选中【方式】组中的【相切】◉ 相切(T)，可绘制一条与选定图素相切的圆弧，圆弧的起点是两图素相切的切点，输入结束角度后，即可绘制出圆弧，如图 3-57 所示。

3.4 矩　　形

本节将介绍矩形的绘制方法。单击【线框】→【形状】→【矩形】按钮□，弹出如图 3-58 所示的【矩形】对话框。

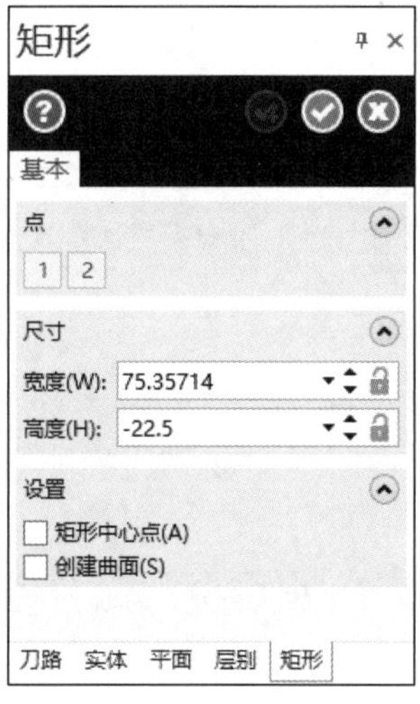

图 3-58 【矩形】对话框

实操练习 16　在不同深度上绘制矩形

扫一扫，看视频

绘制过程

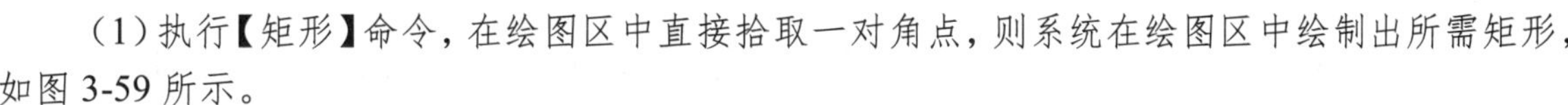

（1）执行【矩形】命令，在绘图区中直接拾取一对角点，则系统在绘图区中绘制出所需矩形，如图 3-59 所示。

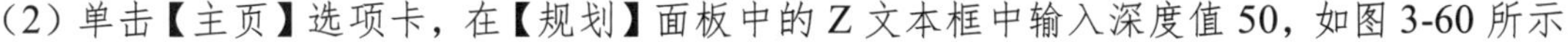

（2）单击【主页】选项卡，在【规划】面板中的 Z 文本框中输入深度值 50，如图 3-60 所示。

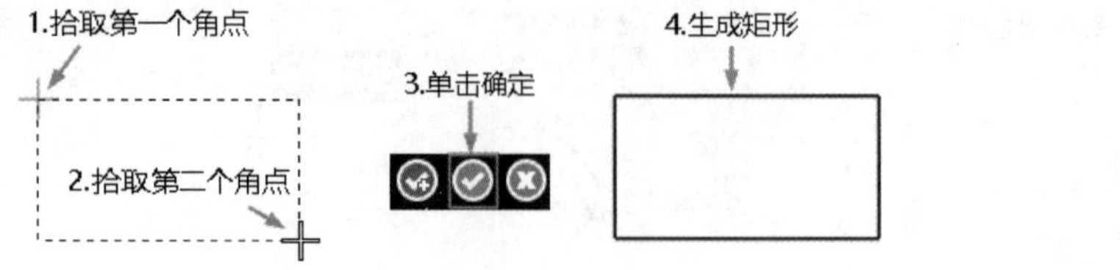

图 3-59　两点式矩形绘制过程

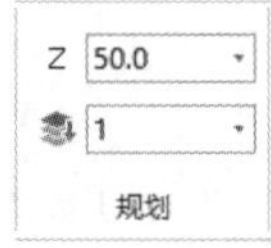

图 3-60　设置构图深度 50

（3）执行【矩形】命令，输入所绘矩形的宽度和高度，绘制过程如图 3-61 所示。

（4）单击【主页】选项卡，在【规划】面板中的 Z 文本框中输入深度值 100，如图 3-62 所示。

（5）执行【矩形】命令，设置所绘矩形的参数，绘制过程如图 3-63 所示。

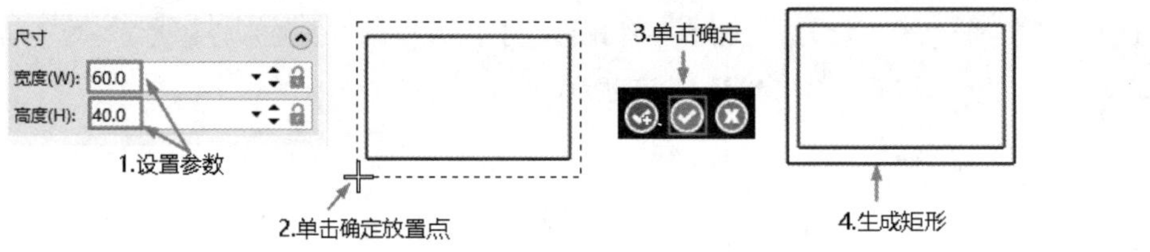

图 3-61　参数式矩形的绘制过程

图 3-62　设置构图深度 100

（6）单击【视图】→【屏幕视图】→【等视图】按钮，将视角设置为【等视图】，如图 3-64 所示。

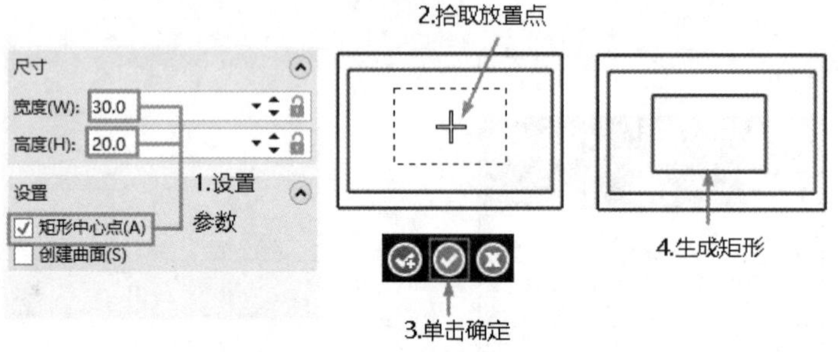

图 3-63　中心点式矩形的绘制过程

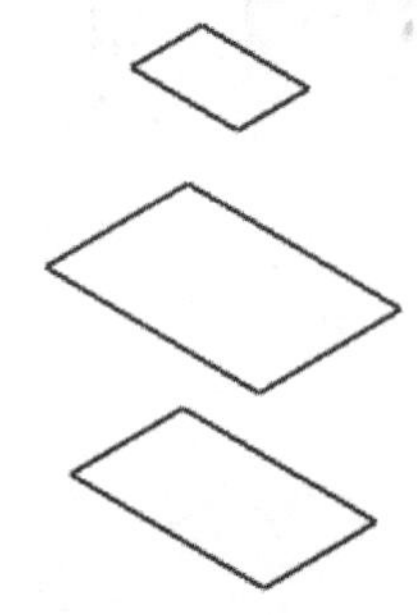

图 3-64　等视图观察

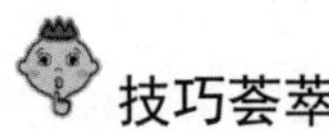
技巧荟萃

如果在绘制矩形时选中了【设定】组中的【创建曲面】☑ 创建曲面(S)，则系统将绘制出矩形平面。

3.5　圆角矩形

Mastercam 2022 不仅提供了矩形的绘制功能，还提供了 4 种变形矩形的绘制方法，提高了制图的效率。

单击【线框】→【形状】→【矩形】→【圆角矩形】按钮，弹出【矩形形状】对话框，如图 3-65 所示。

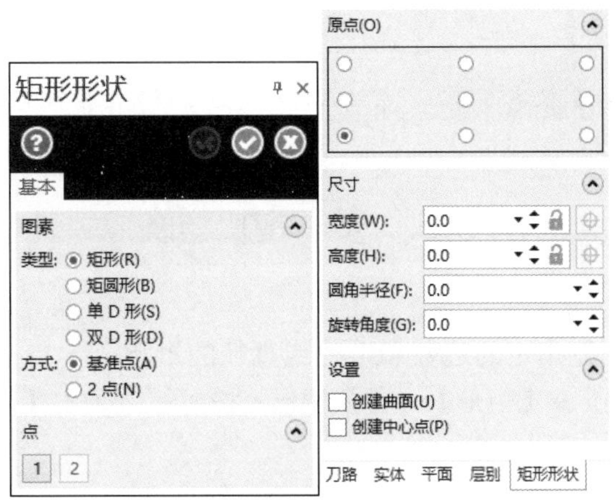

图 3-65　【矩形形状】对话框

在绘图中经常会用到变形矩形绘制功能，而且十分方便，因此本节将详细介绍其中两种变形矩形的绘制方法：一个是倒圆角矩形的绘制，另一个是键槽变形矩形的绘制。

实操练习 17　绘制圆角矩形和键槽

扫一扫，看视频

绘制过程

（1）执行【圆角矩形】命令。

（2）设置类型为【矩形】，放置方式为【基准点】，圆角矩形的绘制过程如图 3-66 所示。

（3）执行【圆角矩形】命令。

（4）设置类型为【矩圆形】，放置方式为【基准点】，矩圆形的绘制过程如图 3-67 所示。

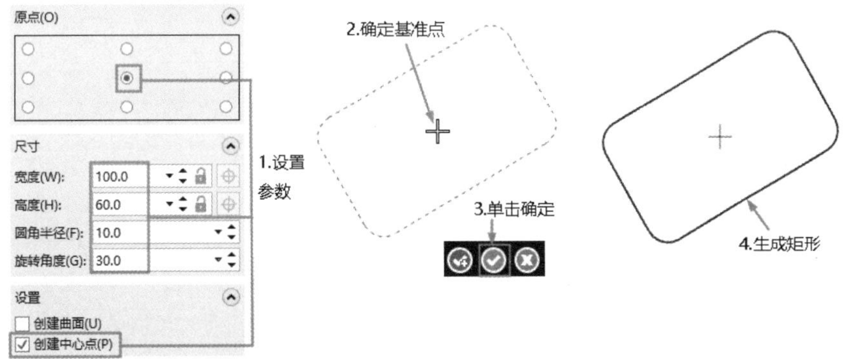

图 3-66　圆角矩形的绘制过程

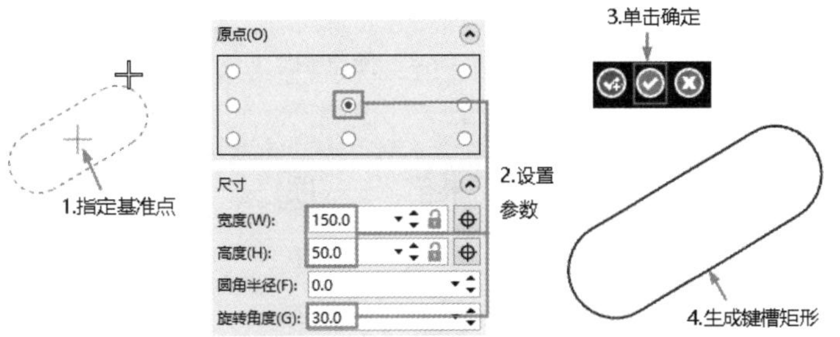

图 3-67　键槽矩形绘制过程

技巧荟萃

键槽矩形的【圆角半径】值不用输入，系统自动确定为矩形宽度值和高度值中较小值的一半。

3.6 多 边 形

【多边形】命令用于创建指定的边数和半径或直径的形状。

单击【线框】→【形状】→【矩形】→【多边形】按钮，弹出【多边形】对话框，如图 3-68 所示。

扫一扫，看视频

实操练习 18 绘制圆角五边形

绘制过程

（1）执行【多边形】命令，弹出【多边形】对话框。

（2）在绘图区中指定一点作为基准点。

（3）在【边数】文本框中输入 5；在【半径】文本框中输入 30；选中【外圆】◉外圆(F)；在【角落圆角】文本框中输入 5；在【旋转角度】文本框中输入 30。预览如图 3-69 所示。

（4）单击【确定】按钮，绘制的五边形如图 3-70 所示。

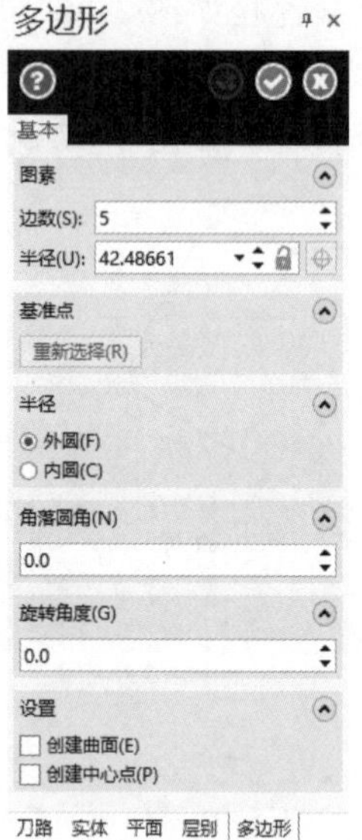

图 3-68 【多边形】对话框

图 3-69 预览图

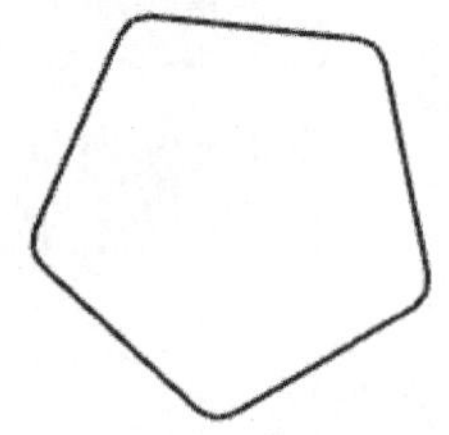

图 3-70 绘制的五边形

3.7 椭 圆

单击【线框】→【形状】→【矩形】→【椭圆】按钮，弹出【椭圆】对话框，如图 3-71 所示。

实操练习 19　绘制椭圆

绘制过程

（1）执行【椭圆】命令，弹出【椭圆】对话框。

（2）选择【类型】为 NURBS。

（3）在绘图区中指定一点作为基点。

（4）在【半径】组中的 A 轴方向文本框中输入 60，在 B 轴方向文本框中输入 40。

（5）在【扫描角度】组中的【起始】文本框中输入角度为 30，在【结束】文本框中输入角度为 360。

（6）在【旋转角度】组中的文本框中输入旋转角度为 45。

（7）单击对话框中的【确定】按钮，完成椭圆的绘制，如图 3-72 所示。

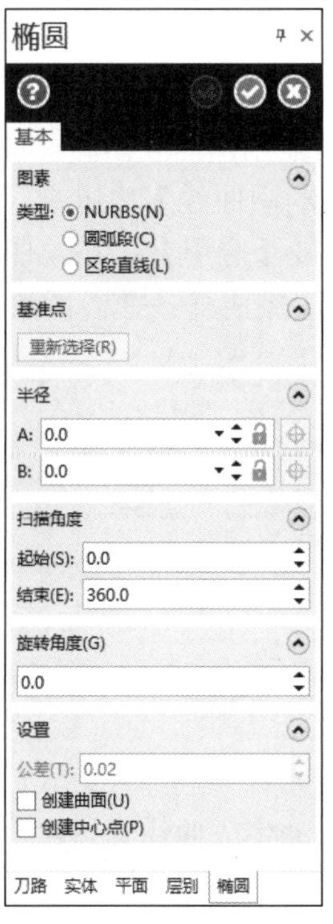

图 3-71　【椭圆】对话框

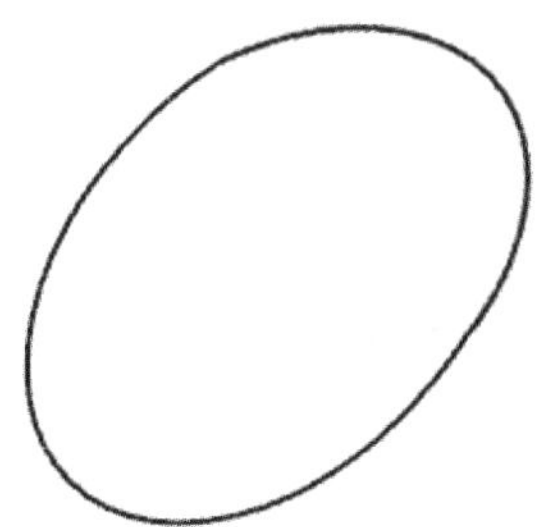

图 3-72　绘制椭圆

3.8　样条曲线

在 Mastercam 中，曲线是采用离散点的方式生成的。选择不同的绘制方法，对离散点的处理也不同。Mastercam 采用了两种类型的曲线：参数式曲线和 NURBS 曲线。参数式曲线是由二维和三维空间曲线用一套系数定义的，NURBS 曲线是由二维和三维空间曲线以节点和控制点定义的，一般 NURBS 曲线比参数式曲线光滑且易于编辑。

图 3-73 展示了这两种曲线类型的不同之处。通过同样的 5 个离散点（用+表示）绘制曲线，参数式曲线将这些点都作为曲线的节点（用○表示）；NURBS 曲线则多出了几个节点。

Mastecam 2022 提供了 5 种绘制曲线的方式，单击【线框】→【曲线】→【手动画曲线】下拉按钮，弹出绘制曲线命令子菜单，如图 3-74 所示。本节介绍几种常用的绘制曲线的方法。

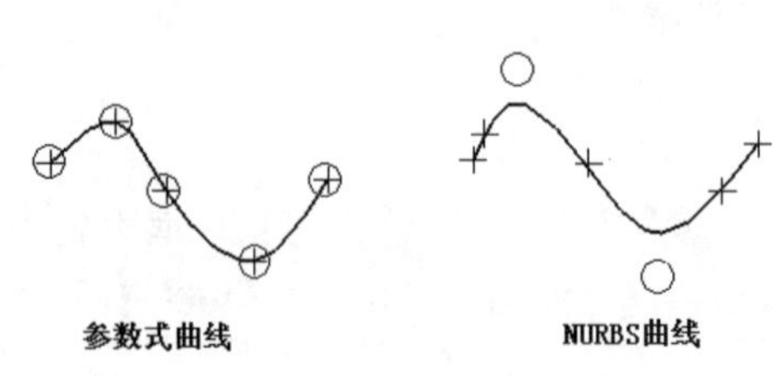

图 3-73　曲线类型对比

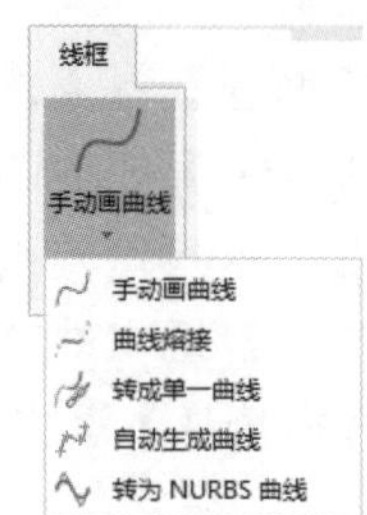

图 3-74　绘制曲线命令子菜单

3.8.1　手动画曲线

【手动画曲线】命令可以在图形窗口中定义每个节点创建曲线。

单击【线框】→【曲线】→【手动画曲线】→【手动画曲线】按钮，即可进入手动绘制样条曲线状态。系统提示“选择点，完成后按【Enter】或【应用】”，在绘图区定义样条曲线经过的点（P0～PN），如图 3-75 所示。按 Enter 键选点结束，完成样条曲线的绘制，如图 3-76 所示。

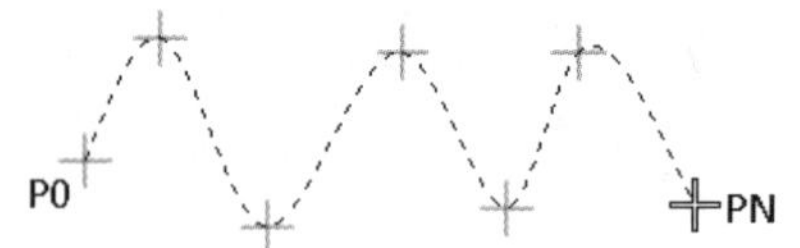

图 3-75　样条曲线经过的点

图 3-76　手动绘制样条曲线示例

3.8.2　自动生成曲线

【自动生成曲线】命令用于依照一点在定义的模板字符中创建参数式曲线。

单击【线框】→【曲线】→【动手画曲线】→【自动生成曲线】按钮，即可进入自动绘制样条曲线状态。

系统将顺序选取第一点 P0、第二点 P1 和最后一点 P2，如图 3-77（a）所示，选取 3 点后，系统自动选取其他的点绘制出样条曲线，如图 3-77（b）所示。

（a）取点　　（b）绘制曲线

图 3-77　自动生成曲线

3.8.3　转成单一曲线

【转成单一曲线】命令就是基于现有图形曲线创建参数型曲线。

单击【线框】→【曲线】→【手动画曲线】→【转成单一曲线】按钮，弹出【转成单一曲线】和【线框串连】对话框，如图 3-78 所示。

扫一扫，看视频

实操练习 20　转成单一曲线

绘制过程

（1）单击快速访问工具栏中的【打开】按钮，打开【源文件\原始文件\第 3 章\转成单一曲线】文件。

（2）执行【转成单一曲线】命令，操作过程如图 3-79 所示。

原来的连续线被转成曲线后，它的外观无任何变化，但它的属性已发生了改变。

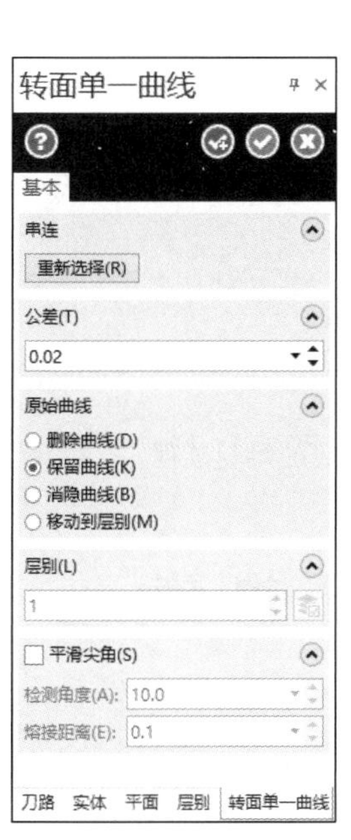

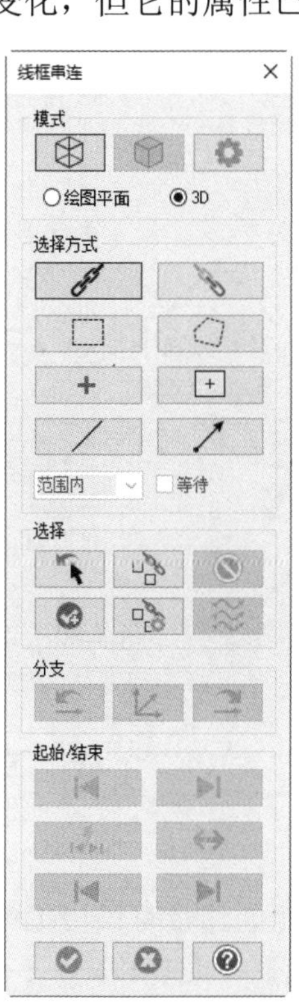

图 3-78　【转成单一曲线】和【线框串连】对话框

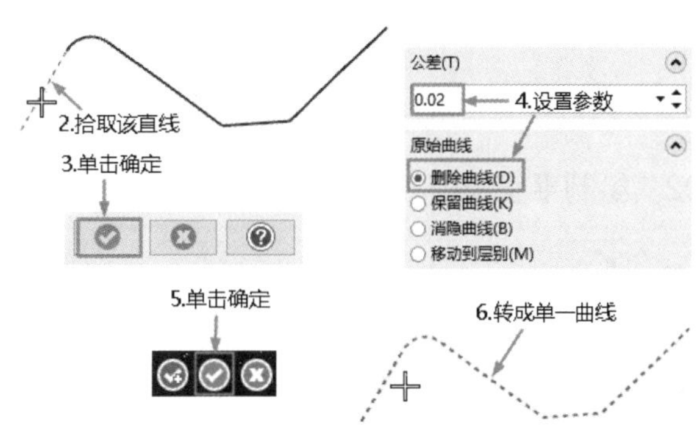

图 3-79　转成单一曲线

3.8.4 曲线熔接

【曲线熔接】命令可以在两个对象（直线、连续线、圆弧、曲线）上给定的正切点处绘制一条样条曲线。

扫一扫，看视频

实操练习 21 绘制熔接曲线

绘制过程

（1）单击快速访问工具栏中的【打开】按钮，打开【源文件\原始文件\第 3 章\绘制熔接曲线】文件。

（2）执行【曲线熔接】命令，弹出【曲线熔接】对话框，绘制过程如图 3-80 所示。

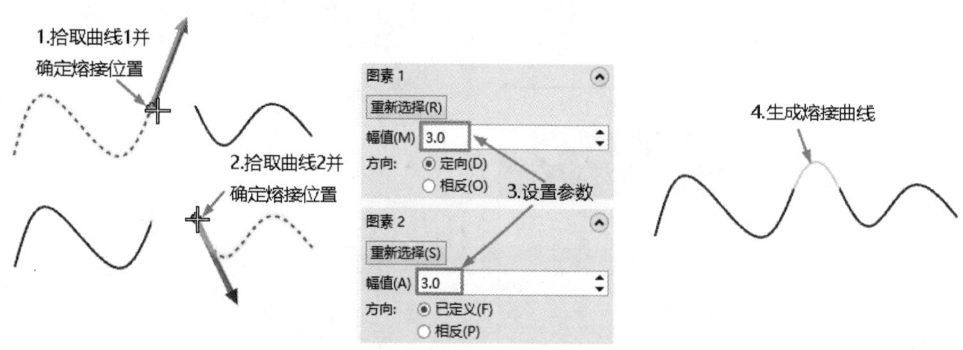

图 3-80 熔接曲线的绘制过程

3.9 平面螺旋

【平面螺旋】命令只能创建带有锥度的螺旋线。

单击【线框】→【形状】→【矩形】→【平面螺旋】按钮，弹出【螺旋形】对话框，如图 3-81 所示。

技巧荟萃

输入圈数后，系统根据第一圈的旋绕高度和最后一圈的旋绕高度自动计算出盘绕线的总高度，反之亦然。

扫一扫，看视频

实操练习 22 绘制平面螺旋

绘制过程

（1）执行【平面螺旋】命令，弹出【螺旋形】对话框，绘制过程如图 3-82 所示。

（2）单击【视图】→【屏幕视图】→【等视图】按钮，观察所绘制的盘绕线。结果如图 3-83 所示。

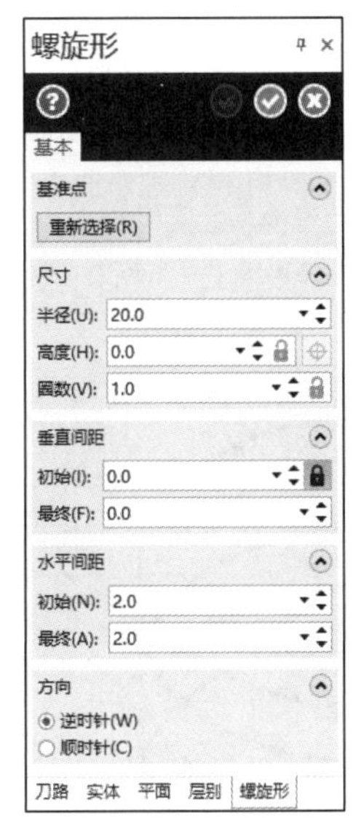

图 3-81　【螺旋形】对话框

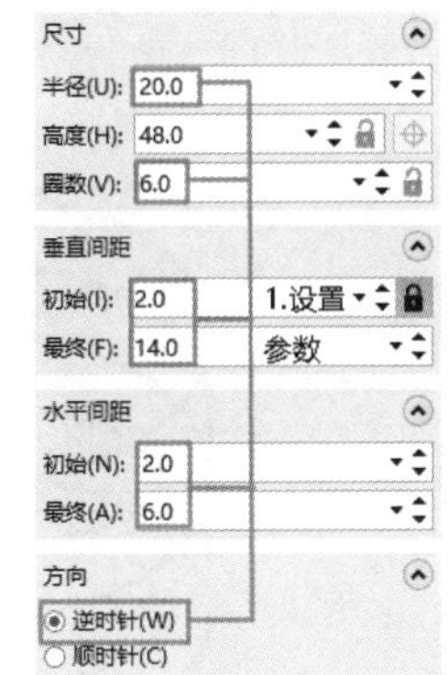

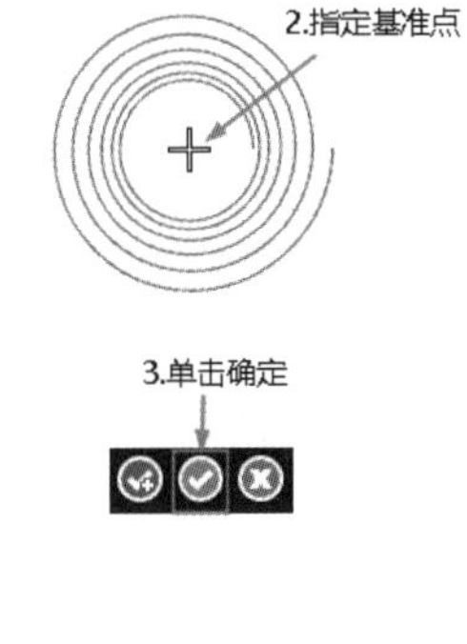

图 3-82　平面螺旋的绘制过程

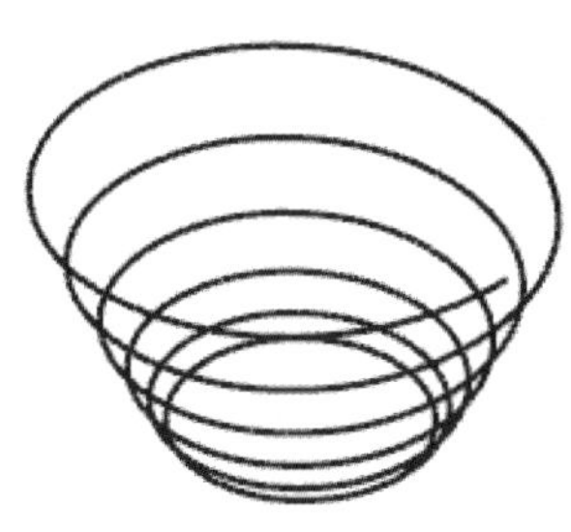

图 3-83　等视图观察

3.10　螺旋（锥度）

【螺旋线（锥度）】命令既可以绘制锥度螺旋，也可以绘制圆柱螺旋。

单击【线框】→【形状】→【矩形】→【螺旋线（锥度）】按钮，弹出【螺旋】对话框，如图 3-84 所示。

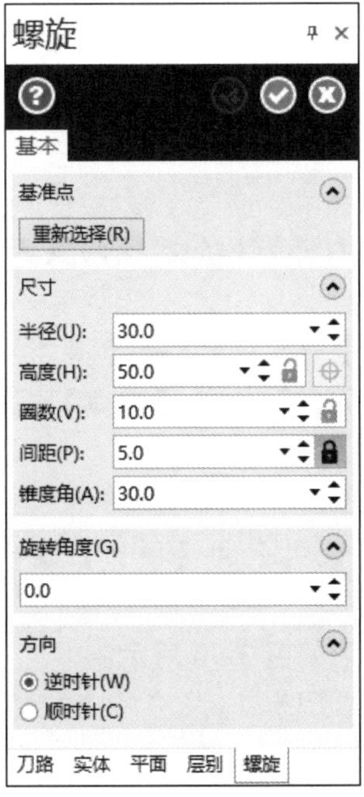

图 3-84　【螺旋】对话框

扫一扫，看视频

实操练习 23　绘制圆柱螺旋

绘制过程

（1）执行【螺旋线（锥度）】命令，绘制过程如图 3-85 所示。

（2）单击【视图】→【屏幕视图】→【等视图】按钮，观察所绘制的螺旋线，如图 3-86 所示。

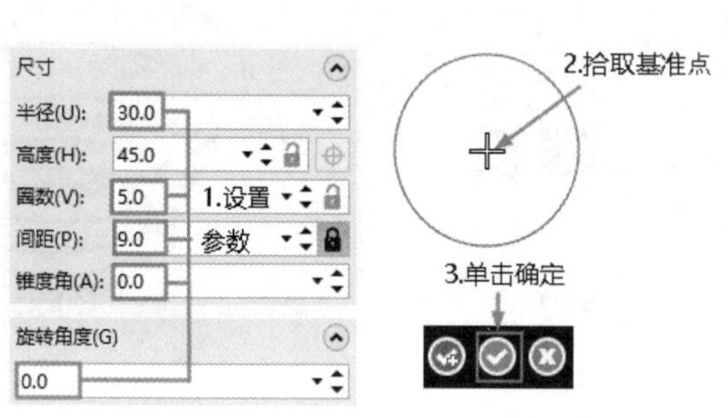

图 3-85　螺旋线的绘制过程

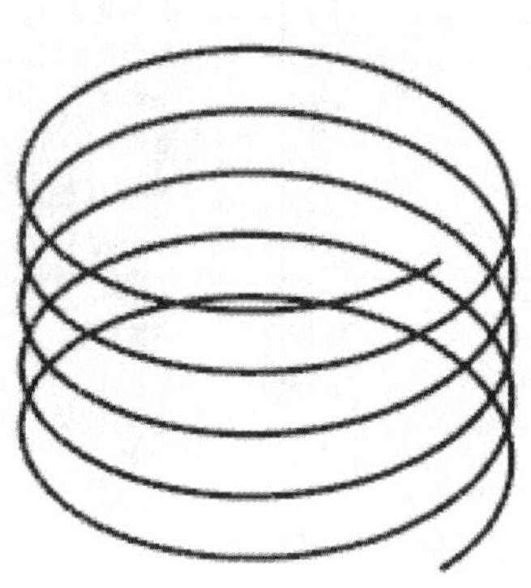

图 3-86　等视图观察

3.11　文　　字

图形文字不同于标注文字。标注文字只用于说明，是图样中的非几何信息要素，不能用于加工；图形文字则是图样中的几何信息要素，可以用于加工。

单击【线框】→【形状】→【文字】按钮，弹出【创建文字】对话框，如图 3-87 所示。

扫一扫，看视频

实操练习 24　创建文字

绘制过程

（1）单击快速访问工具栏中的【打开】按钮，打开【源文件\原始文件\第 3 章\创建文字】文件。

（2）执行【文字】命令，弹出【创建文字】对话框。

（3）单击【True Type 字体】按钮，弹出【字体】对话框，选择【字体】为【微软雅黑】，如图 3-88 所示。

（4）设置文字的【高度】为 120。

（5）设置文字的对齐方式为【圆弧】和【顶部】，【半径】为 1000，放置位置如图 3-89 所示。

（6）单击【确定】按钮，结果如图 3-90 所示。

图 3-91 所示为几种文字对齐方式示例。

图 3-87　【创建文字】对话框

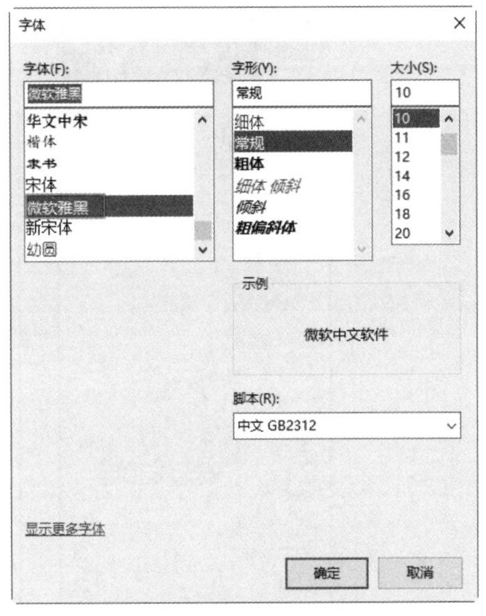

图 3-88　【字体】对话框

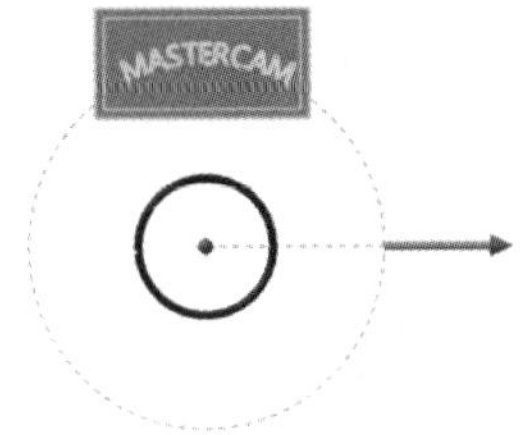

图 3-89　拾取文字放置位置

图 3-90　创建的文字

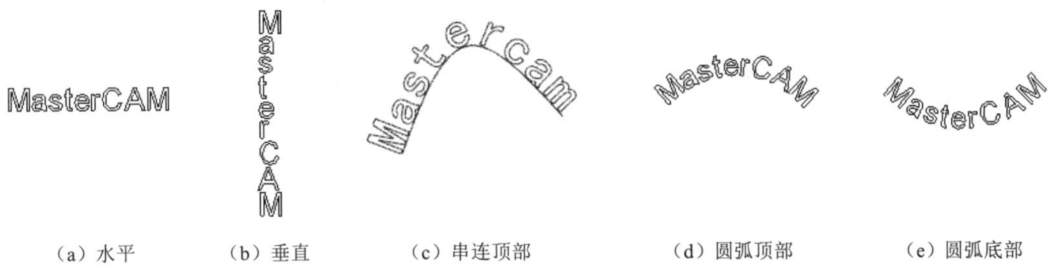

（a）水平　（b）垂直　（c）串连顶部　（d）圆弧顶部　（e）圆弧底部

图 3-91　图形文字的对齐方式示例

3.12　边　界　框

【边界框】命令用于创建围绕选择图素的边界，该边界的形状可以是立方体、圆柱体、球体和缠绕。

单击【线框】→【形状】→【边界框】按钮，弹出【边界框】对话框，如图 3-92 所示。采用图 3-92 的默认设置，操作示例如图 3-93 所示。

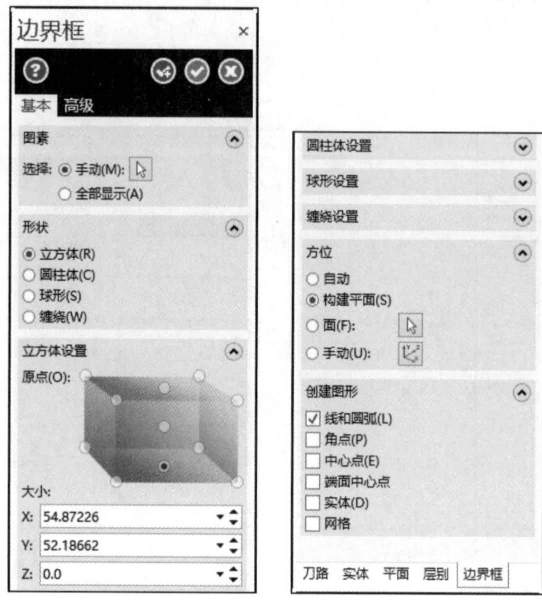

图 3-92 【边界框】对话框

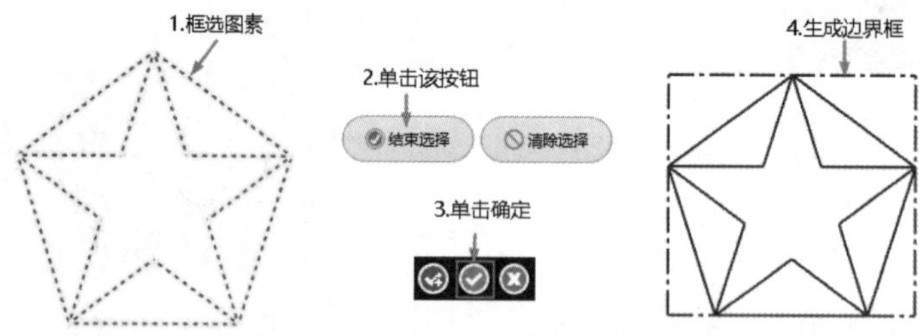

图 3-93 创建边界框操作示例

3.13 综合实例——绘制棘轮

绘制如图 3-94 所示的棘轮。

本节用一个简单的实例详细介绍二维绘图的流程，使读者能对 Mastercam 二维绘图有一定的认识。

3.13.1 新建图层

单击【层别】管理器按钮，系统弹出【层别】管理器，在【编号】和【名称】中依次输入【1.尺寸线】、【2.中心线】、【3.实线】、【4.虚线】，从而分别创建尺寸线层、中心线层、实线层和虚线层，如图 3-95 所示。

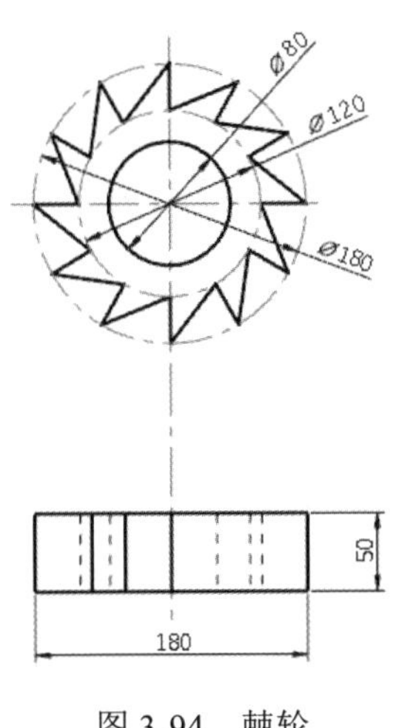

图 3-94 棘轮

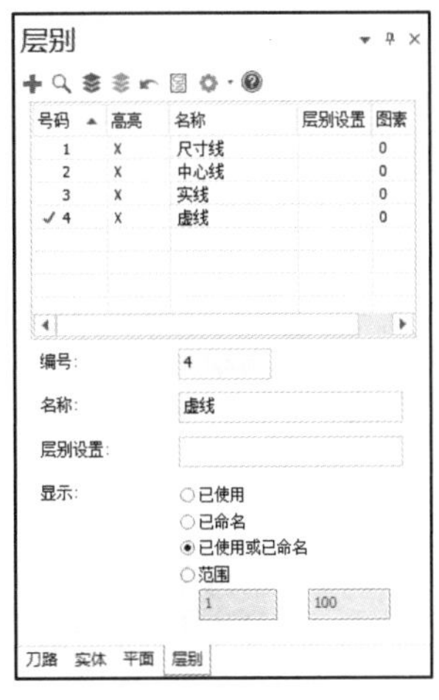

图 3-95 创建图层

3.13.2 绘制图形

1. 绘制中心线

（1）设置当前层及其属性。单击【主页】选项卡，【属性】面板和【规划】面板的设置如图 3-96 所示。

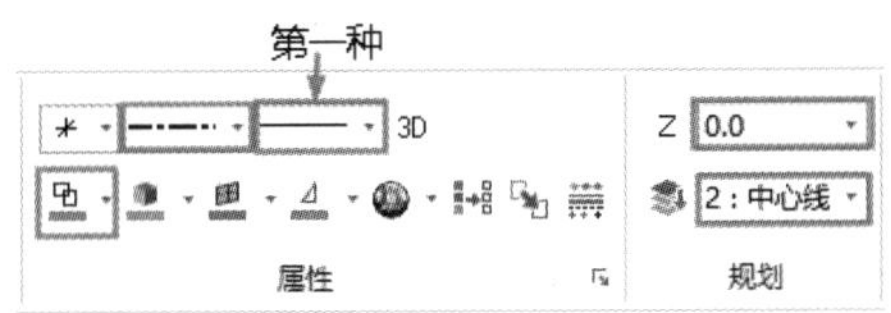

图 3-96 中心线层设置

（2）设置屏幕视角及绘图平面。单击【视图】→【屏幕视图】→【俯视图】按钮，将当前视角设置为【俯视图】；设置状态栏中的【绘图平面】为【俯视图】。

（3）绘制中心线。单击【线框】→【绘线】→【连续线】按钮，弹出【连续线】对话框，绘制两条相互垂直的中心线，如图 3-97 所示。

（4）绘制同心圆。单击【线框】→【圆弧】→【已知点画圆】按钮，弹出【已知点画圆】对话框，以中心线交点为圆心绘制两个同心圆，直径分别为 120 和 180，如图 3-98 所示。

2. 绘制主视图轮廓

（1）设置当前层及其属性。单击【主页】选项卡，【属性】面板和【规划】面板的设置如图 3-99 所示。

（2）创建等分点。单击【线框】→【绘点】→【绘点】→【等分绘点】按钮 等分绘点，弹出【等分绘点】对话框，绘图过程如图 3-100 所示。

（3）绘制连接线。单击【线框】→【绘线】→【连续线】按钮，弹出【连续线】对话框，选中【连续线】单选按钮，将各点依次顺序连接，结果如图 3-101 所示。

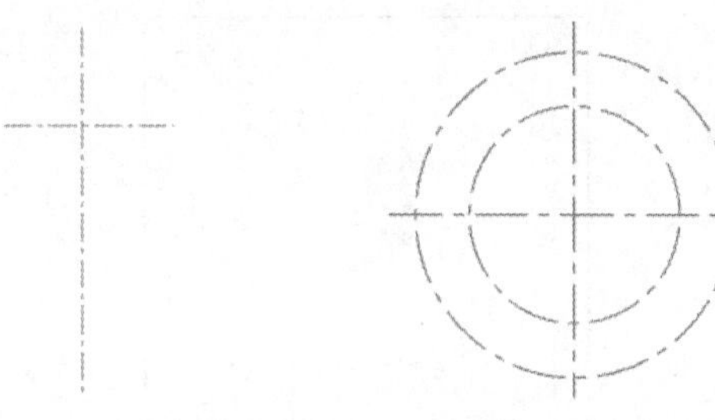

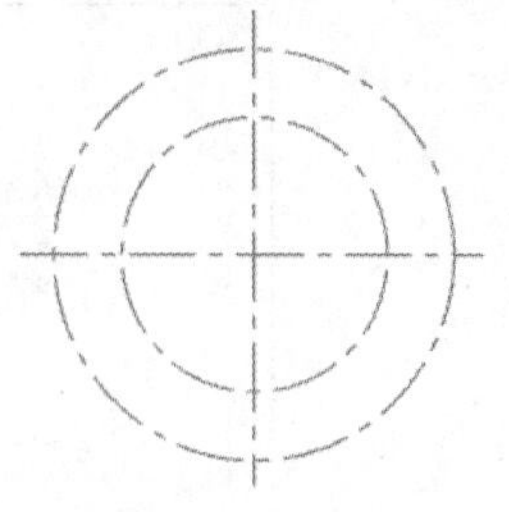

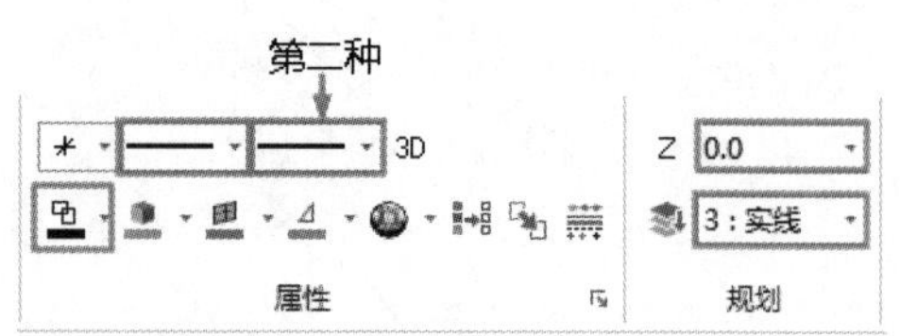

图 3-97　图形上的各点　　图 3-98　绘制同心圆　　图 3-99　实线层设置

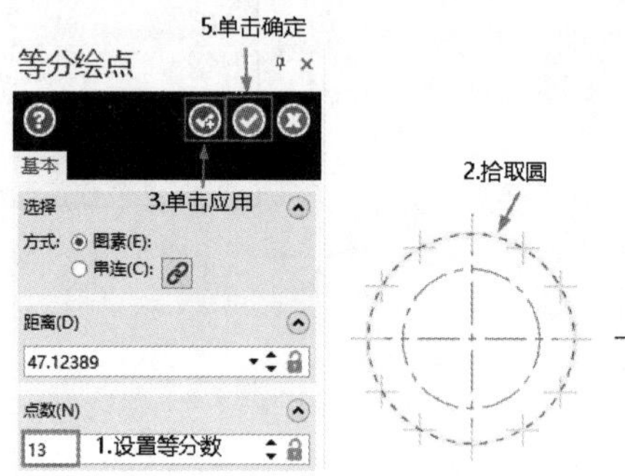

图 3-100　创建等分点的绘图过程

（4）修改点样式。单击快速选择栏中的【仅选择点图素】按钮，框选图形，右击弹出快捷菜单，如图 3-102 所示。修改点样式后的图形如图 3-103 所示。

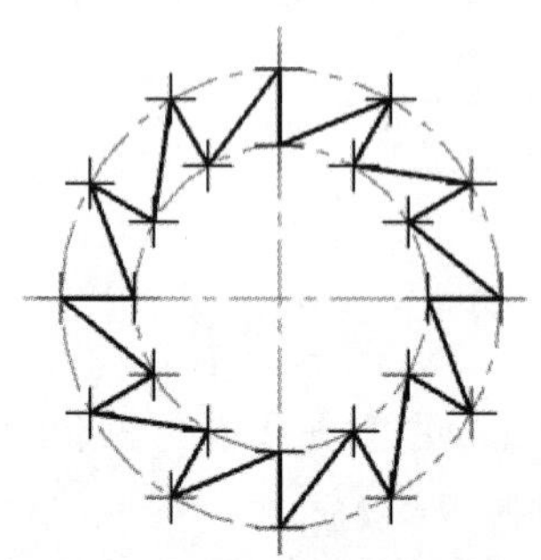

图 3-101　绘制连接线

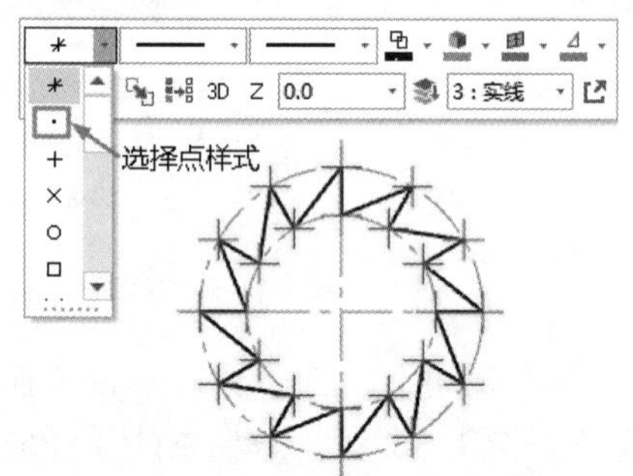

图 3-102　右击快捷菜单

（5）绘制中心圆。单击【线框】→【圆弧】→【已知点画圆】按钮，弹出【已知点画圆】对话框，以中心线交点为圆心绘制直径为 80 的圆，如图 3-104 所示。

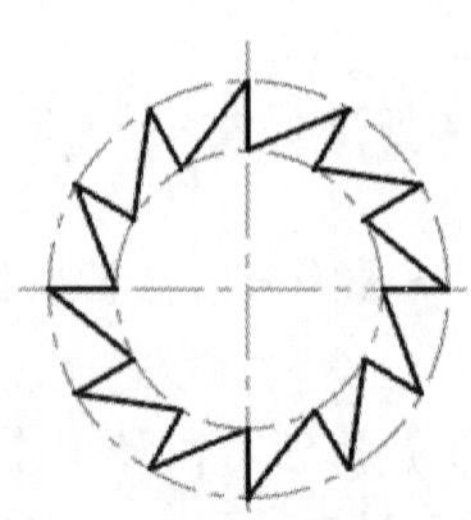

图 3-103　修改点样式后的图形

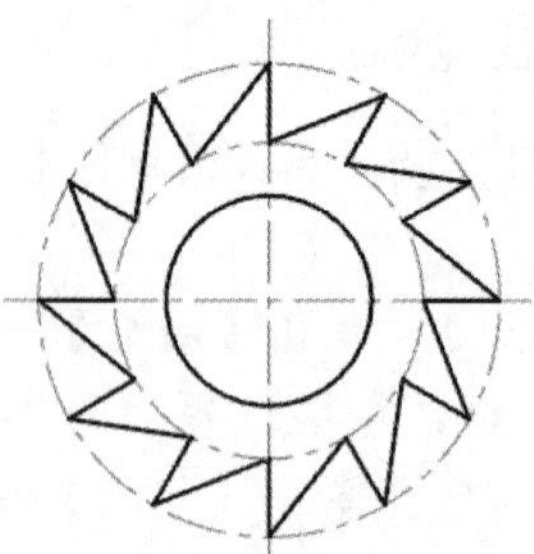

图 3-104　绘制中心圆

3．绘制俯视图轮廓

（1）绘制矩形。单击【线框】→【形状】→【矩形】按钮□，弹出【矩形】对话框，绘制过程如图 3-105 所示。

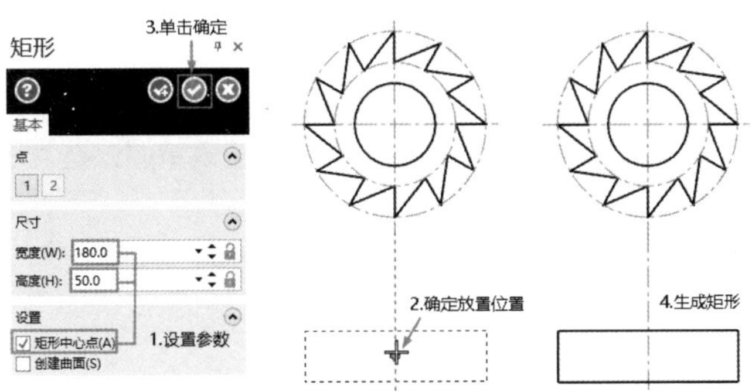

图 3-105　绘制矩形的过程

（2）绘制投影辅助线。单击【线框】→【绘线】→【连续线】按钮╱，弹出【连续线】对话框，选择绘线方式为【垂直线】+【两端点】，绘制投影线，如图 3-106 所示。

（3）修剪直线。单击【线框】→【修剪】→【修剪到图素】按钮，弹出【修剪到图素】对话框，选择方式为【修剪单一物体】，修剪步骤如图 3-107 所示。

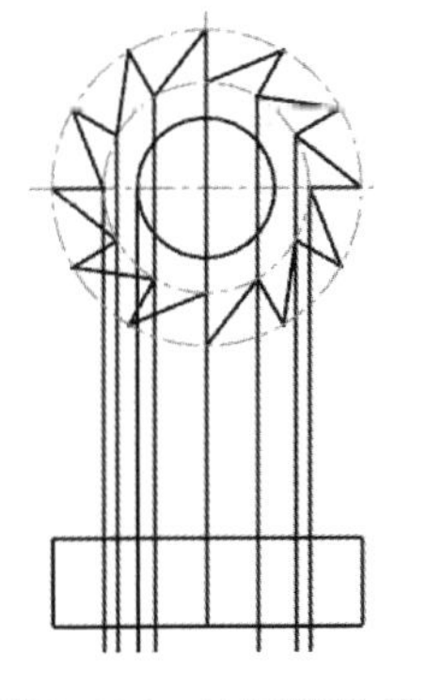

图 3-106　绘制辅助线

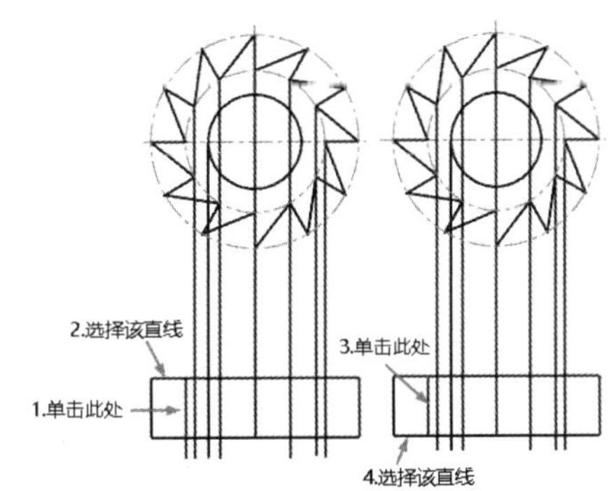

图 3-107　修剪直线的操作步骤

（4）同理，修剪其他直线。结果如图 3-108 所示。

（5）修改属性。选中图 3-109 所示的直线，右击弹出快捷菜单，将【线型】修改为【虚线】，【图层】修改为【4：虚线】，【线宽】选择第一种，结果如图 3-110 所示。

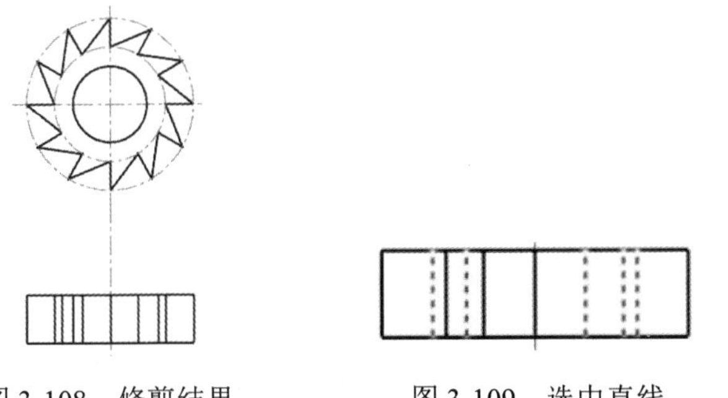

图 3-108　修剪结果　　图 3-109　选中直线

图 3-110　修改属性

第 4 章　图形编辑工具

本章重点讲解了倒角、倒圆角、修剪、打断等编辑功能，平移、镜像、旋转、阵列等转换功能，以及尺寸标注、注释、填充等二维图形的标注。读者应该掌握这些常用的编辑与转换的使用方法，从而能熟练地绘制较复杂的二维图形。

知识点

- 编辑图素
- 转换图素
- 二维图形的标注
- 综合实例 ——绘制轮毂

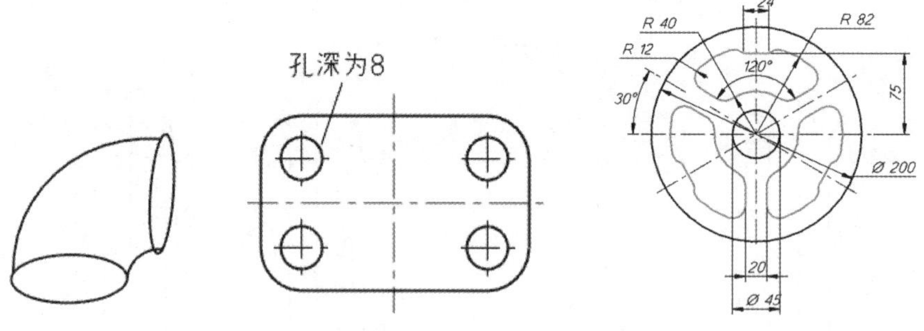

4.1　编 辑 图 素

在工程设计中，对图形进行倒圆角、修剪、打断等操作，不仅可以提高设计效率，而且有时也是必需的。

4.1.1　倒圆角

【图素倒圆角】命令可以在两个或多个图素之间进行圆角绘制。系统提供了以下两个倒圆角选项。

1．绘制单个圆角

单击【线框】→【修剪】→【图素倒圆角】按钮，弹出【图素倒圆角】对话框，如图 4-1 所示。

【方式】组有圆角、内切、全圆、间隙、单切 5 种方式。图 4-2 是这 5 种到圆角方式示意图。

2. 串连倒圆角

【串连倒圆角】命令能将选择的串连几何图形的所有角一次性倒圆角。单击【线框】→【修剪】→【串连倒圆角】按钮，弹出【串连倒圆角】对话框和【线框串连】对话框，如图 4-3 所示。

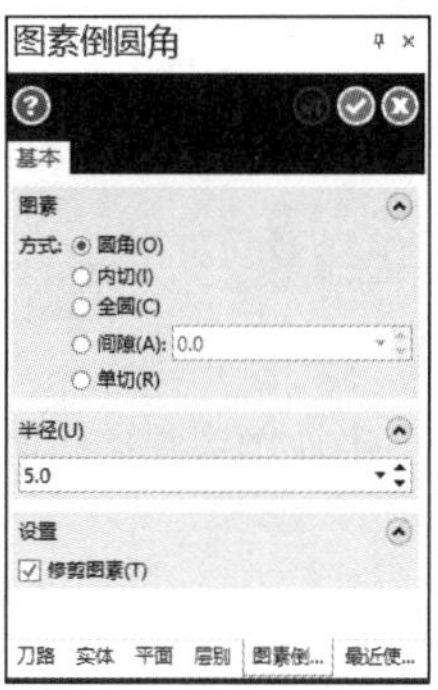

图 4-1　【图素倒圆角】对话框

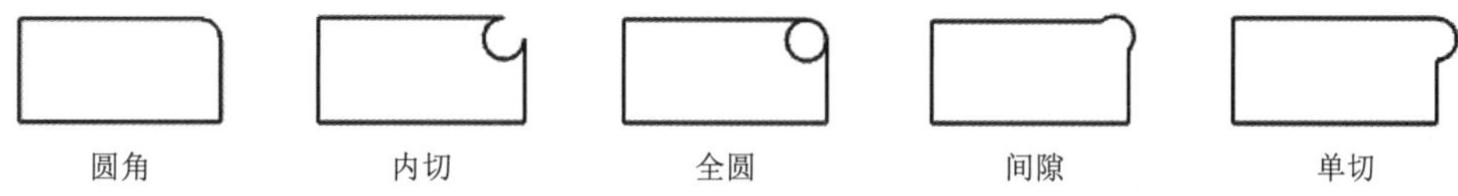

图 4-2　5 种倒圆角方式的示意图

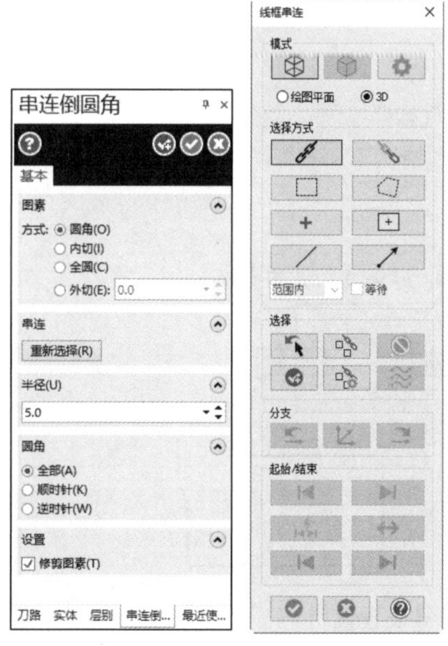

图 4-3　【串连倒圆角】对话框和【线框串连】对话框

实操练习 1　绘制矩形倒圆角

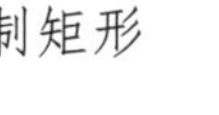

扫一扫，看视频

绘制过程

（1）单击快速访问工具栏中的【打开】按钮，打开【源文件\原始文件\第 4 章\绘制矩形倒圆角】文件。

（2）执行【串连倒圆角】命令，绘制过程如图 4-4 所示。

【圆角】选项组：此选项相当于一个过滤器，它将根据串连图素的方向判断是否执行倒圆角操作，如图 4-5 所示。

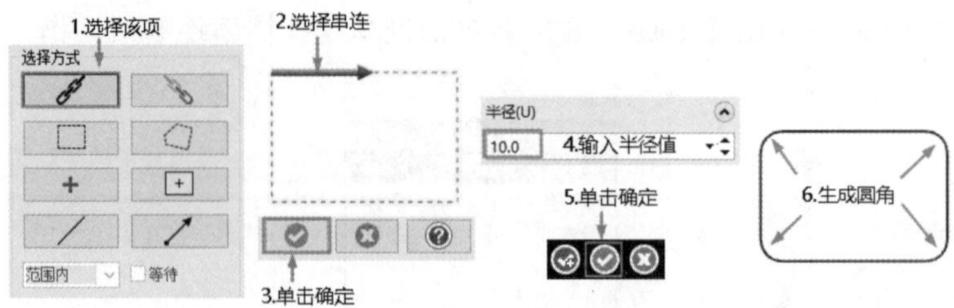

图 4-4　串连倒圆角的绘制过程

4.1.2　倒角

【倒角】命令可以在图形或多个图素之间进行倒角绘制。与倒圆角不同的是，倒圆角是在两个图素之间生成圆弧，而倒角是在两个图素之间生成斜角。系统提供了以下两个倒角选项。

1．绘制单个倒角

单击【线框】→【修剪】→【倒角】按钮，弹出【倒角】对话框，如图 4-6 所示。

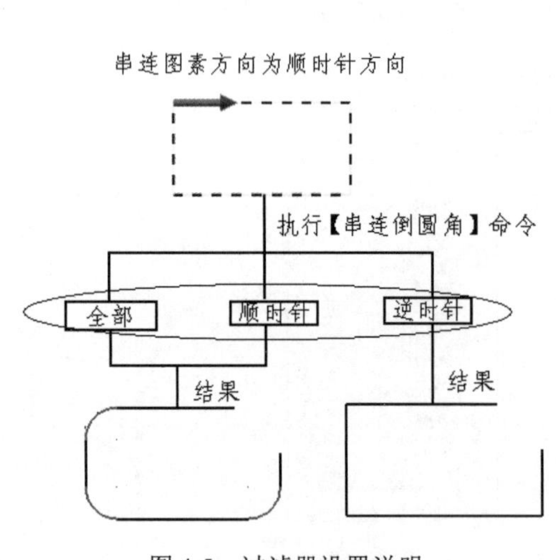

图 4-5　过滤器设置说明

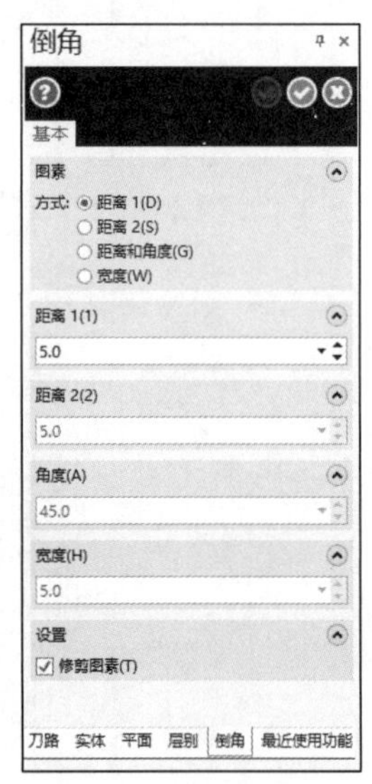

图 4-6　【倒角】对话框

共有 4 种倒角的方式，其示例如图 4-7 所示。

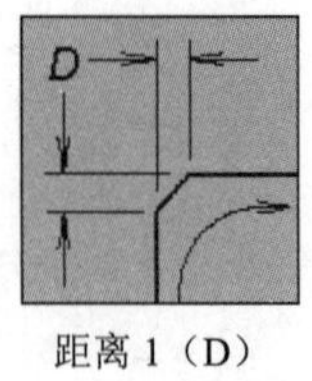

距离 1（D）

D_2 D_1

距离 2（S）

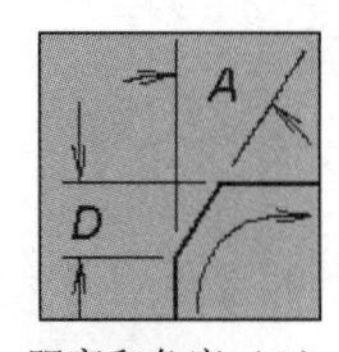

距离和角度（G）

W

宽度（W）

图 4-7　4 种倒角示例

2．绘制串连倒角

【串连倒角】命令能将选择的串连几何图形的所有锐角一次性倒角。单击【线框】→【修剪】→【串连倒角】按钮 串连倒角，弹出【串连倒角】对话框，如图 4-8 所示，同时还弹出【线框串连】对话框，其操作步骤参照串连倒圆角示例。

【串连倒角】对话框提供了两种绘制串连倒角的样式，其功能含义与绘制单个倒角的相同，这里不再赘述。

图 4-8　【串连倒角】对话框

4.1.3　修剪到图素

【修剪到图素】命令可以对图素进行修剪打断或延伸操作。

单击【线框】→【修剪】→【修剪到图素】下拉按钮，弹出【修剪到图素】子菜单，如图 4-9 所示。

1．修剪到图素

【修剪到图素】命令表示将图形修剪到最多 3 个选定图素。

执行此命令，系统弹出【修剪到图素】对话框，如图 4-10 所示。

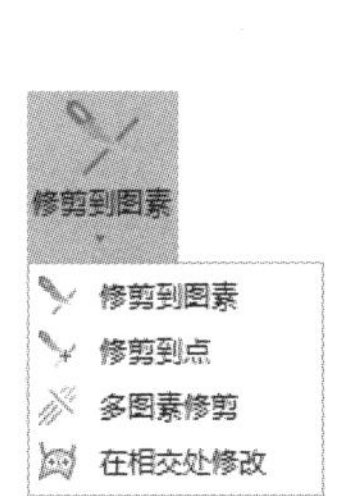

图 4-9　【修剪到图素】子菜单

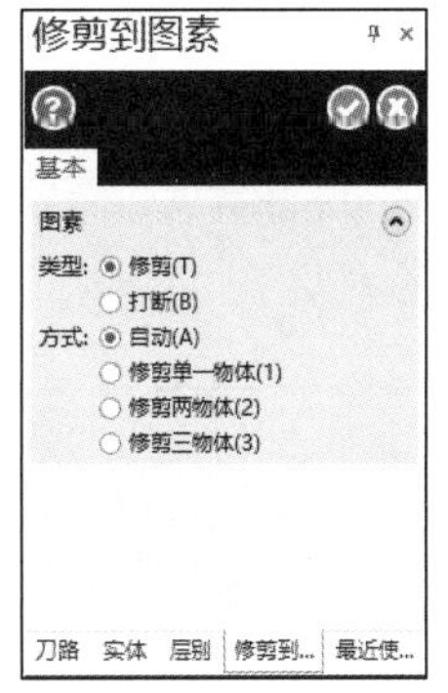

图 4-10　【修剪到图素】对话框

【修剪到图素】对话框提供了以下 4 种修剪方式。

（1）自动(A)：系统根据用户选择判断是【修剪单一物体】还是【修剪两物体】，此命令为默认设置。

（2）修剪单一物体(1)：选中该选项，表示对单个几何对象进行修剪或延伸。操作示例如图 4-11 所示。

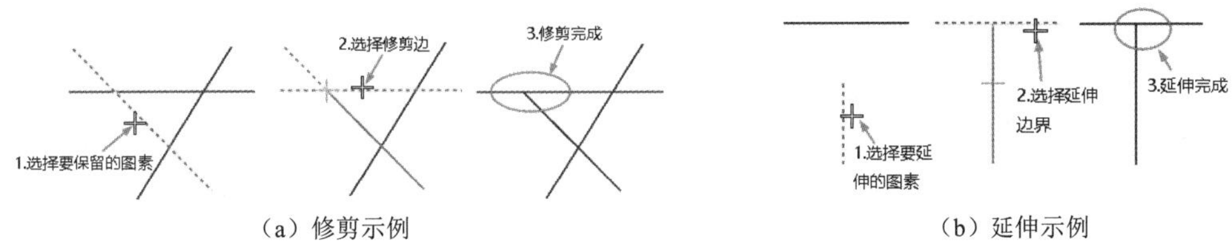

（a）修剪示例　　（b）延伸示例

图 4-11　单一物体修剪/延伸操作示例

（3）◉ 修剪两物体(2)：选中该选项，表示同时将两个物体修剪或延伸到它们的交点。操作示例如图 4-12 所示。

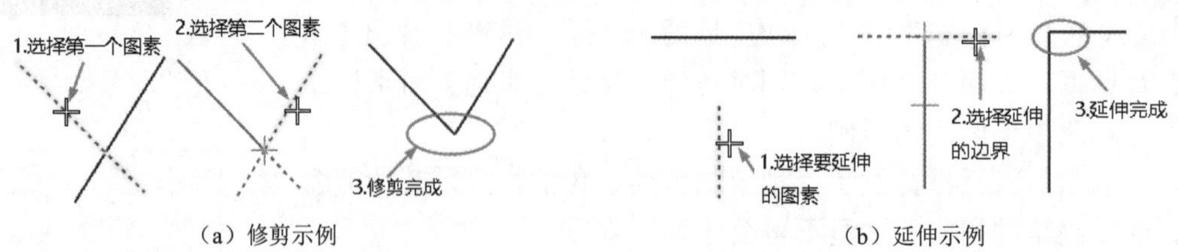

（a）修剪示例　　（b）延伸示例

图 4-12　两物体修剪/延伸操作示例

（4）○ 修剪三物体(3)：选中该选项，表示同时修剪或延伸三个依次相交的几何对象。操作示例如图 4-13 所示。

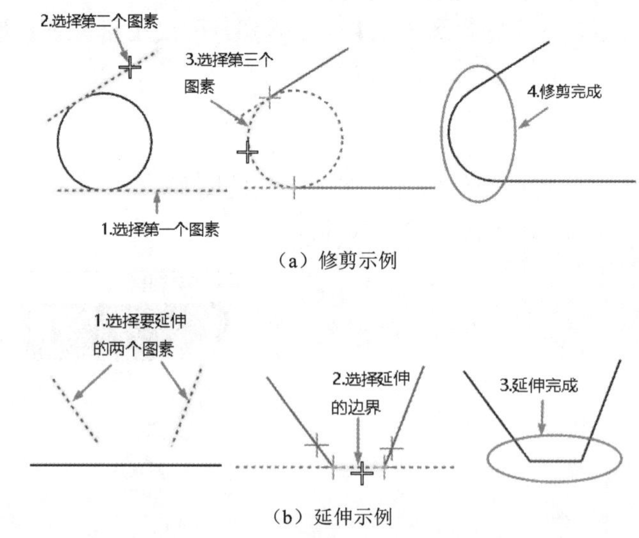

（a）修剪示例

（b）延伸示例

图 4-13　三物体修剪/延伸操作示例

值得注意的是，要修剪的两个对象必须有交点，要延伸的两个对象必须有延伸交点，否则系统会提示错误。光标选择的一端为保留段。

2. 修剪到点

【修剪到点】命令表示将几何图形在光标所指点处剪切。如果光标不是落在几何体上，而是在几何体外部，则几何体延长到指定点。操作示例如图 4-14 所示。

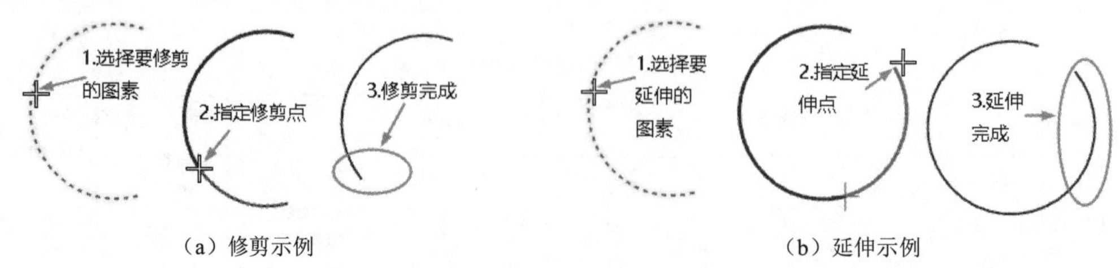

（a）修剪示例　　（b）延伸示例

图 4-14　修剪到点操作示例

3．多图素修剪

【多图素修剪】命令用来一次修剪或延伸具有公共修剪或延伸边界的多个图素。操作示例如图 4-15 所示。

4．在相交处修改

【在相交处修改】命令用来在线框图素与实体面、曲面或网格相交处打断、修剪或创建一个点。操作示例如图 4-16 所示。

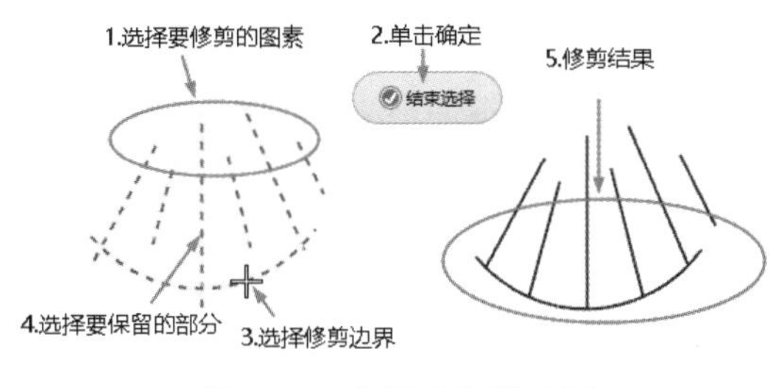

图 4-15　多图素修剪示例

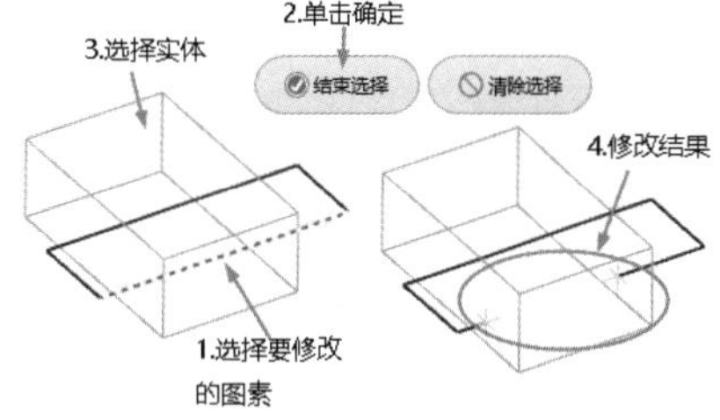

图 4-16　在相交处修改示例

4.1.4　【删除】面板

【删除】面板中的命令如图 4-17 所示。

1．删除图素

单击此命令用于选择绘图区中要删除的图形，再按 Enter 键，即可删除选中的几何体。

2．重复图形

【重复图形】命令用于删除坐标值重复的图素（如两条重合的直线），选择此命令后，系统会自动删除重复图素的后者。

3．高级

执行此命令，系统提示选择图素，图素选定后按 Enter 键，弹出如图 4-18 所示的【删除重复图形】对话框，用户可以设定重复几何体的属性作为删除判定条件。

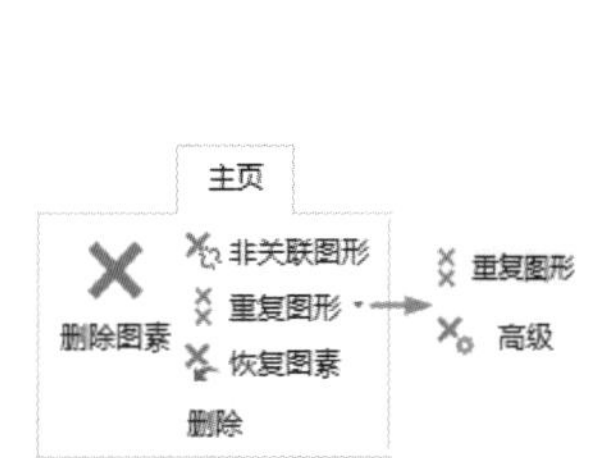

图 4-17　【删除】面板

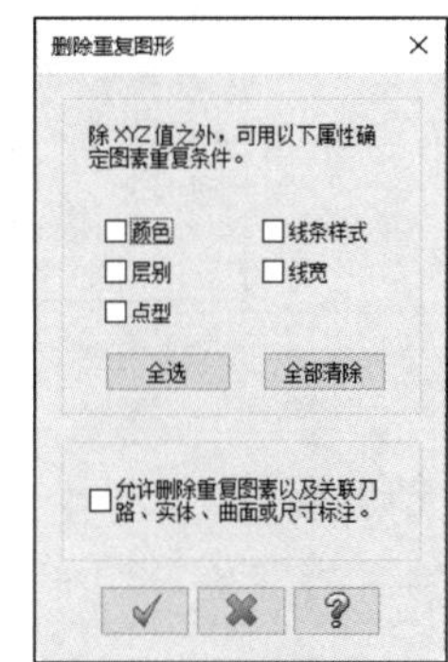

图 4-18　【删除重复图形】对话框

4．恢复图素

【恢复图素】命令可以按照被删除的次序，重新生成已删除的对象。

5．删除非关联图形

【删除非关联图形】命令可以删除与被选中图素无关联的图形。

4.2 转换图素

转换图素是图形创建过程中的重要手段，它可以改变选择图素的位置、方向和大小等，并且可以对改变的图素进行保留、删除等操作。转换后的图素将临时成为一个群组，用于进行其他后续操作。Mastercam 提供了很多图素转换的功能，主要集中在【转换】选项卡中，如图 4-19 所示。

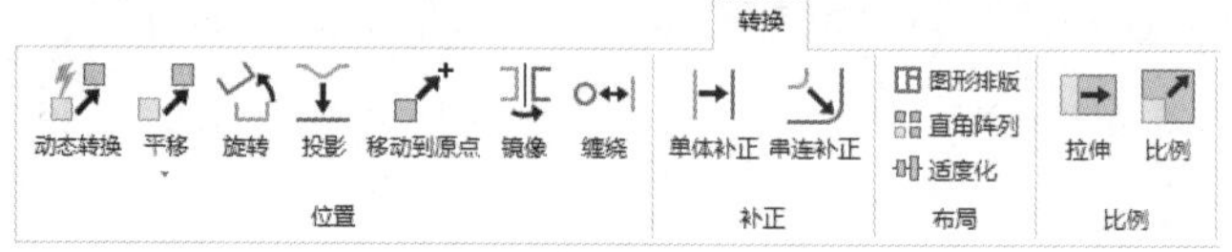

图 4-19 【转换】选项卡

4.2.1 平移

【平移】命令可以将一个或两个图素沿着一个方向进行平移，而不改变图素的大小。

单击【转换】→【位置】→【平移】按钮，接着根据系统的提示在绘图区中选择要平移的图素，按 Enter 键，弹出【平移】对话框，如图 4-20 所示。

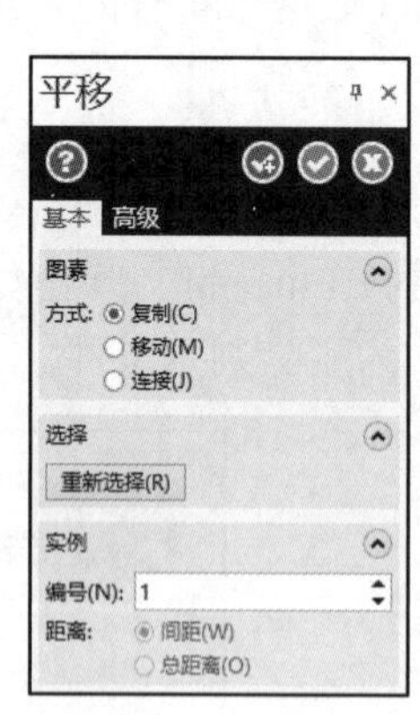

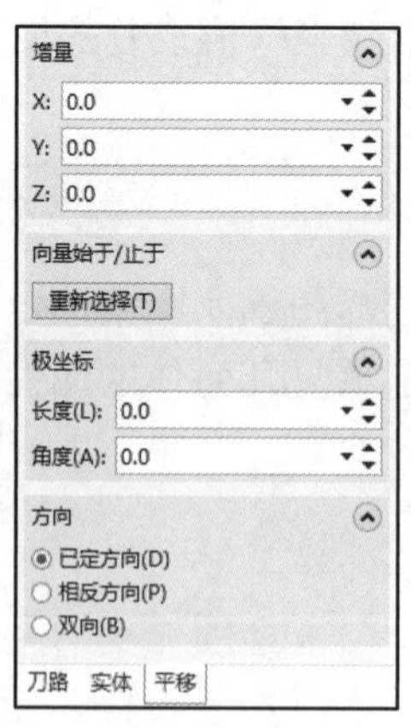

图 4-20 【平移】对话框

扫一扫，看视频

实操练习 2 绘制连接片

绘制过程

（1）单击快速访问工具栏中的【打开】按钮，打开【源文件\原始文件\第 4 章\绘制连接片】文件。

（2）执行【平移】命令，弹出【平移】对话框。绘制过程如图 4-21 所示。

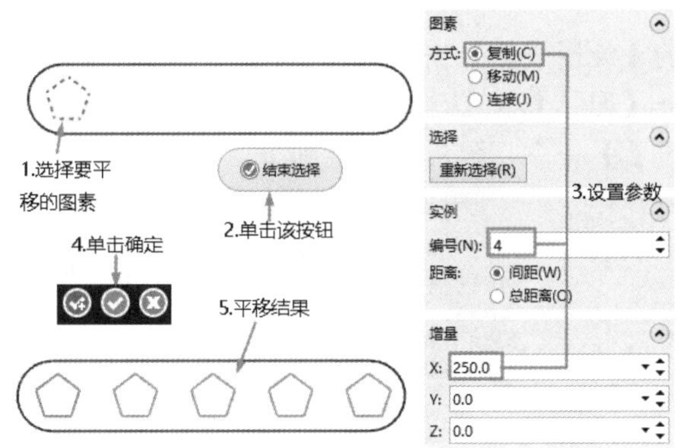

图 4-21　连接片的绘制过程

4.2.2　转换到平面

【转换到平面】命令是指将选中的图素在不同的视图之间进行平移操作。

单击【转换】→【位置】→【平移】→【转换到平面】按钮 转换到平面，弹出“平移/数组：选择要平移/数组的图形”提示，选择需要平移的图素，按 Enter 键，弹出【转换到平面】对话框，如图 4-22 所示。

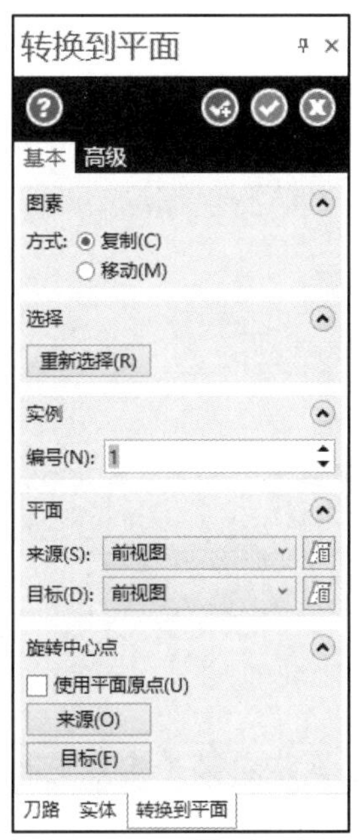

图 4-22　【转换到平面】对话框

其中，【来源】是指在源图形所在视图上取的一点，这一点将和目标视图的参考点对应；【目标】是用来确定平移图形位置的。

实操练习3　绘制弯头

绘制过程

（1）单击状态栏中的【绘图平面】按钮绘图平面: 俯视图，将当前绘图平面设置为俯视图。

（2）单击【线框】→【圆弧】→【已知点画圆】按钮，绘制一个圆。

（3）执行【转换到平面】命令，弹出【转换到平面】对话框，操作过程如图4-23所示。

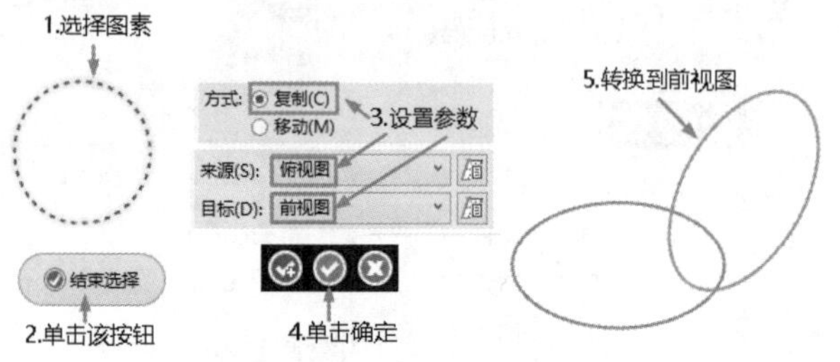

图4-23　转换到前视图操作过程

（4）单击【视图】→【屏幕视图】→【左视图】按钮，将当前视角切换为【左视图】。同时，当前绘图平面也切换为【左视图】。

（5）单击【线框】→【圆弧】→【已知点画圆】按钮，绘制两个同心圆。修剪后的结果如图4-24所示。

（6）按住鼠标中间滚轮，将图形旋转到适当的角度，如图4-25所示。

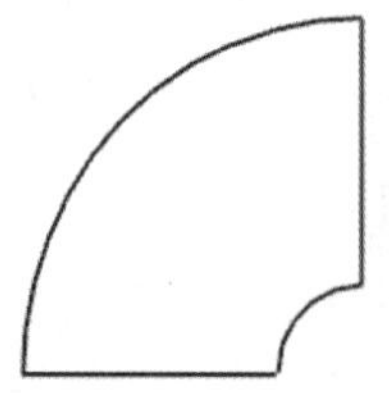

图4-24　绘制同心圆弧

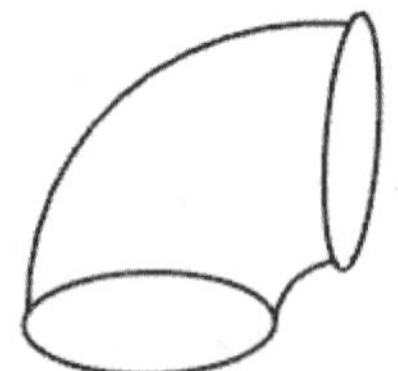

图4-25　旋转弯头

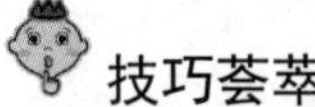

技巧荟萃

在【视图】选项卡的【屏幕视图】面板中切换屏幕视角时，状态栏中的当前绘图平面也会随之切换。若先切换状态栏中的当前绘图平面，屏幕视角是不会跟着切换的，这时就需要单独设置屏幕视角。

4.2.3　旋转

【旋转】命令可以将一个或多个图素绕着某个定点进行旋转。角度的设置以X轴方向为0，且规定逆时针方向为正。

单击【转换】→【位置】→【旋转】按钮，弹出【选择图形】提示，选取需要旋转操作的图素，按Enter键，弹出【旋转】对话框，如图4-26所示。

旋转/平移：该选项用于设置生成的图素相对原图素是发生旋转 [见图4-27（a）] 还是平移 [见图4-27（b）]。

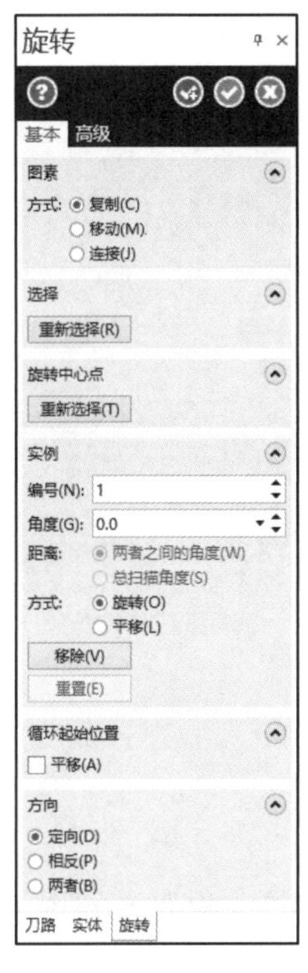

图 4-26　【旋转】对话框

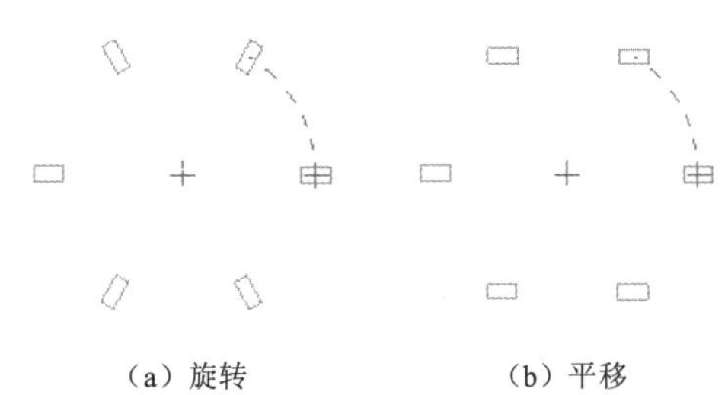

（a）旋转　　（b）平移

图 4-27　旋转与平移选项对比示意图

实操练习 4　绘制法兰盘沉孔

绘制过程

（1）单击快速访问工具栏中的【打开】按钮，打开【源文件\原始文件\第 4 章\绘制法兰盘沉孔】文件。

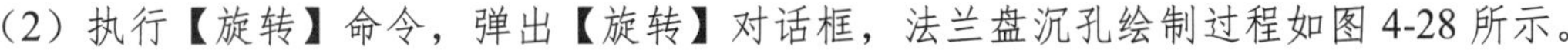

（2）执行【旋转】命令，弹出【旋转】对话框，法兰盘沉孔绘制过程如图 4-28 所示。

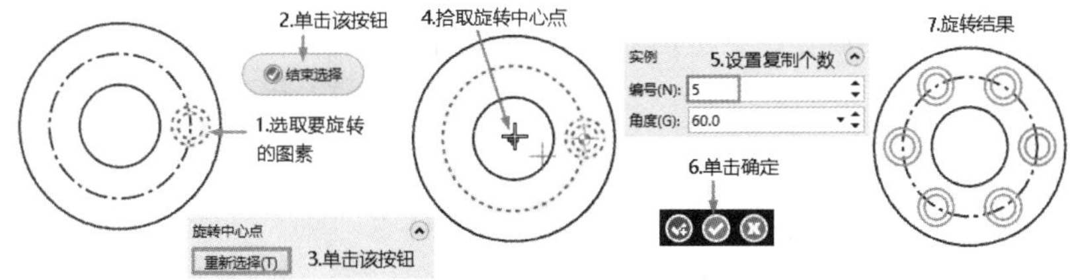

图 4-28　法兰盘沉孔绘制过程

4.2.4　投影

【投影】命令是将选中的图素投影到一个指定的平面上，从而产生新的图形。该指定的平面称为投影面，它既可以是构图面、曲面，也可以是用户自定义的平面。

单击【转换】→【位置】→【投影】按钮，弹出【选择图素去投影】提示，选取需要投影操作的图素，按 Enter 键，弹出【投影】对话框，如图 4-29 所示。

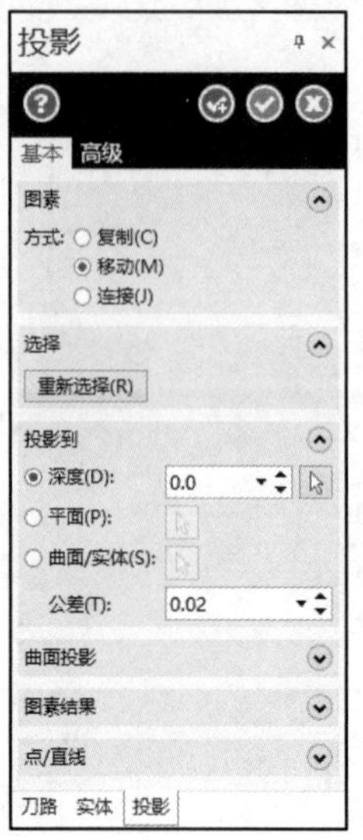

图 4-29 【投影】对话框

【投影】命令中有 3 种投影方式可供选择。

（1）深度：将所选的图素投影到与构图面平行的平面上，且该平面距离构图面的距离由其右侧的文本框给出。如果构图面与所选图素所在的平面平行，则投影产生的新图素与源图素的形状相同；否则，新图素与源图素不相同。操作示例如图 4-30 所示。

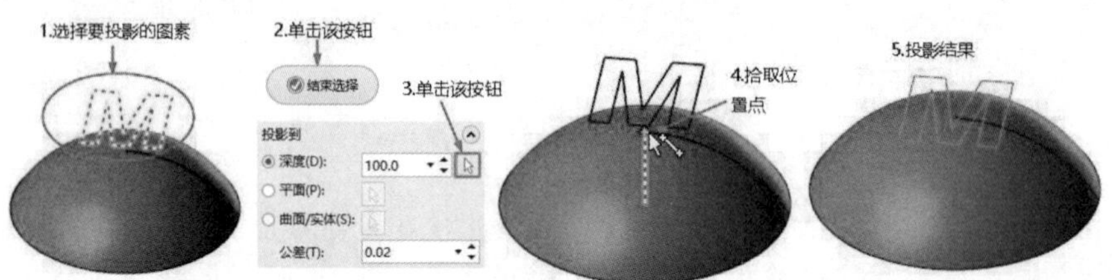

图 4-30 【深度】投影方式的操作过程

（2）平面：需要选择及设定所需平面；选择投影到曲面需要的目标面。操作示例如图 4-31 所示。

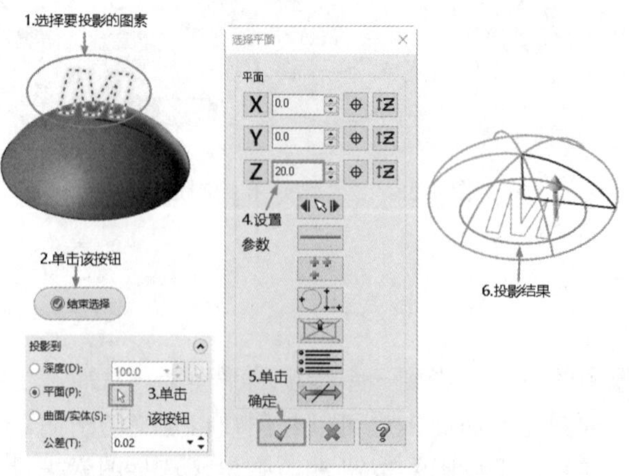

图 4-31 【平面】投影方式的操作过程

（3）曲面/实体：分为沿视角方向投影和沿法向投影。当相连图素投影到曲面时不再相连，此时就需要通过设定连接公差使其相连，如图 4-32 所示。

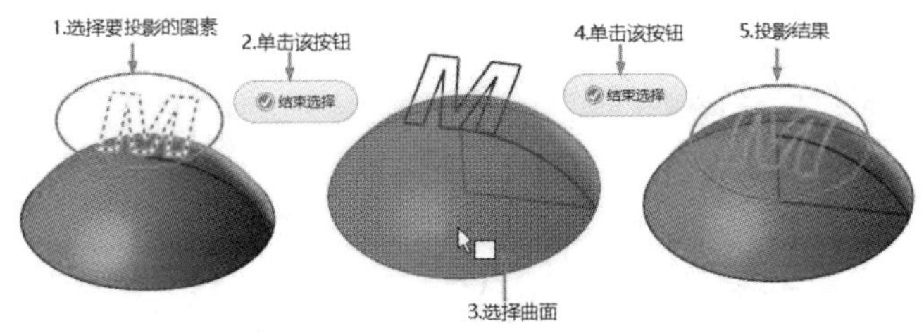

图 4-32　【曲面/实体】投影方式的操作过程

4.2.5　镜像

镜像操作是指将选中的图素沿着指定的镜像轴进行对称操作。镜像轴可以是通过参照点的水平线、垂直线或倾斜线，也可以是已经绘制好的直线或通过两点来指定。

单击【转换】→【位置】→【镜像】按钮，弹出【选取图形】提示，选取需要镜像操作的图素，按 Enter 键，弹出【镜像】对话框，如图 4-33 所示。

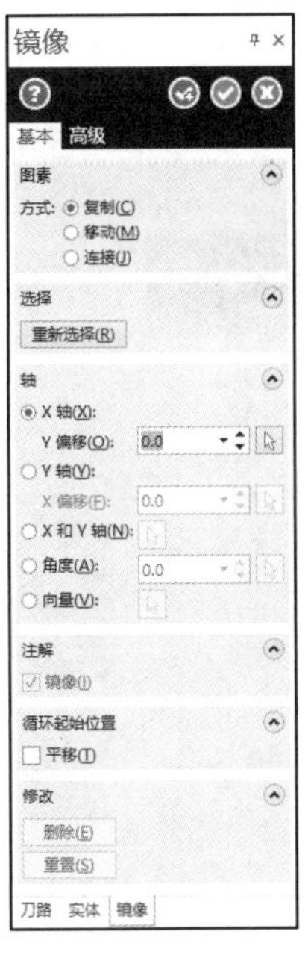

图 4-33　【镜像】对话框

实操练习 5　绘制轴承座

绘制过程

（1）单击快速访问工具栏中的【打开】按钮，打开【源文件\原始文件\第 4 章\绘制轴承座】文件。

（2）执行【镜像】命令，镜像过程如图 4-34 所示。

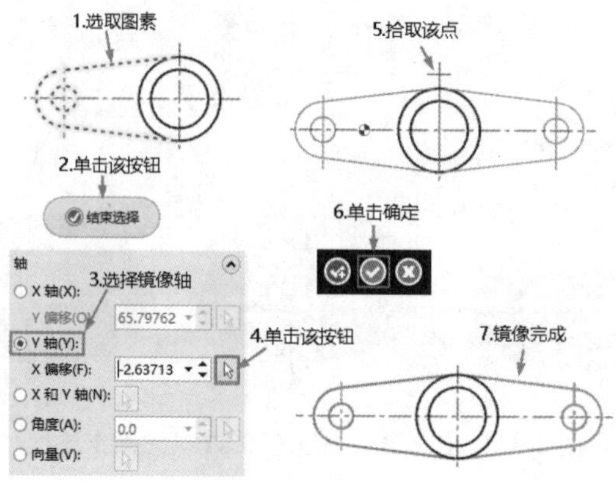

图 4-34　镜像轴承座的绘制过程

4.2.6　缠绕

【缠绕】命令是将选中的直线、圆弧、曲线盘绕于一圆柱面上，该命令还可以把已缠绕的图形展开成线，但与原图形有区别。

单击【转换】→【位置】→【缠绕】按钮，弹出【缠绕：选取串连 1】提示，选取需要缠绕操作的图形，接着单击【线框串连】对话框中的【确定】按钮，弹出【缠绕】对话框，如图 4-35 所示。操作示例如图 4-36 所示。

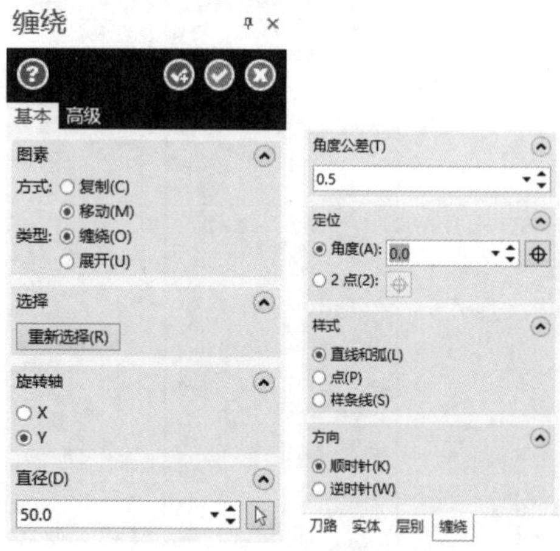

图 4-35　【缠绕】对话框

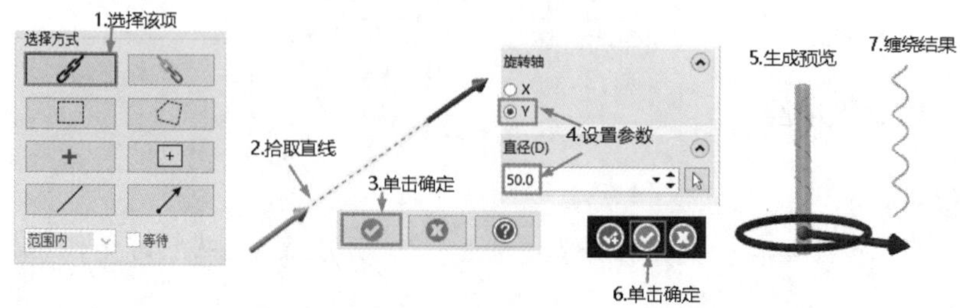

图 4-36　缠绕操作示例

4.2.7　单体补正

单体补正也称为偏置，是指以一定的距离等距离偏移所选择的图素。【偏移】命令只适用于直线、圆弧、SP 样条曲线和曲面等图素。

单击【转换】→【补正】→【单体补正】按钮，弹出【偏移图素】对话框，如图 4-37 所示。操作示例如图 4-38 所示。

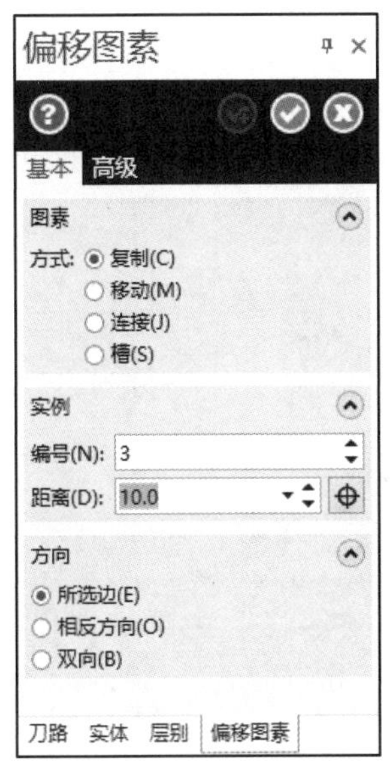

图 4-37　【偏移图素】对话框

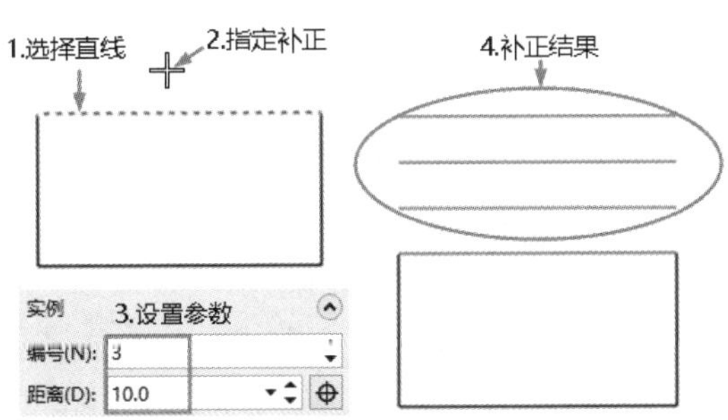

图 4-38　单体补正操作示例

技巧荟萃

在命令执行过程中，每次仅能选择一个几何图形补正。

4.2.8　串连补正

串连补正是指对由一个或多个图素首尾相接而构成的外形轮廓进行偏置。

单击【转换】→【补正】→【串连补正】按钮，弹出【偏移串连】对话框，如图 4-39 所示，同时弹出【线框串连】对话框。

实操练习 6　绘制棱台

扫一扫，看视频

绘制过程

（1）绘图区绘制一个矩形。

（2）执行【串连补正】命令，操作过程如图 4-40 所示。

（3）单击【视图】→【屏幕视图】→【等视图】按钮，将当前视角切换为【等视图】。同时，绘图平面也切换为【等视图】。

（4）单击【线框】→【绘线】→【连续线】按钮，绘制连接线，结果如图 4-41 所示。

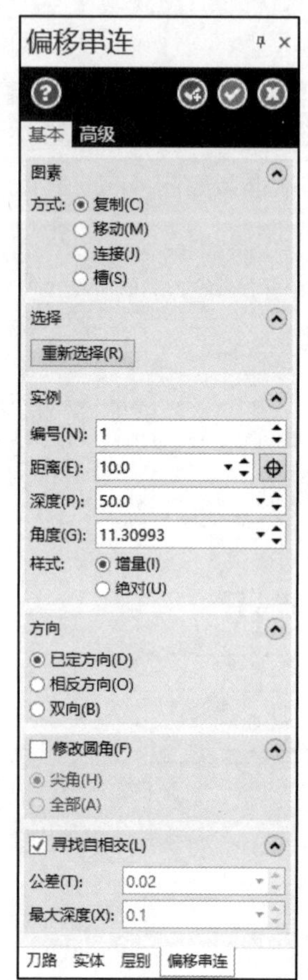

图 4-39 【偏移串连】对话框

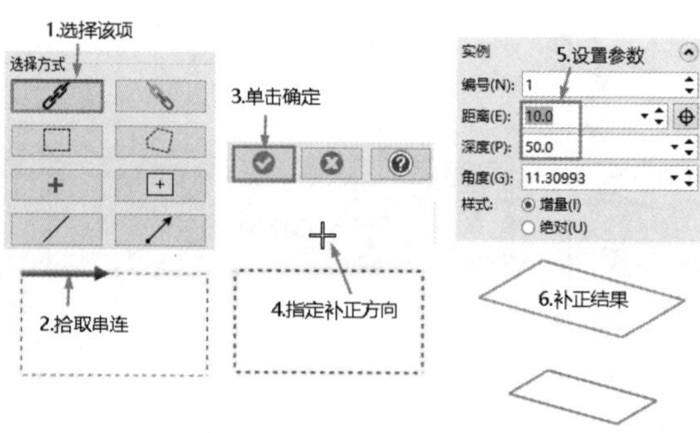

图 4-40 偏移串连操作示例

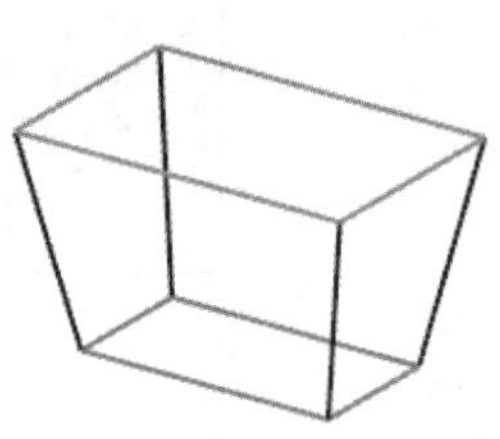

图 4-41 绘制直线

4.2.9 直角阵列

【阵列】命令是绘图中经常用到的工具，它是指将选中的图素沿两个方向进行平移并复制的操作。

单击【转换】→【布局】→【直角阵列】按钮 直角阵列，弹出【选择图形】提示，选择需要阵列操作的图素，按 Enter 键，弹出【直角阵列】对话框，如图 4-42 所示。

扫一扫，看视频

实操练习 7 绘制九宫格

绘制过程

（1）在绘图区绘制一个 20×20 的矩形。

（2）执行【直角阵列】命令。绘制过程如图 4-43 所示。

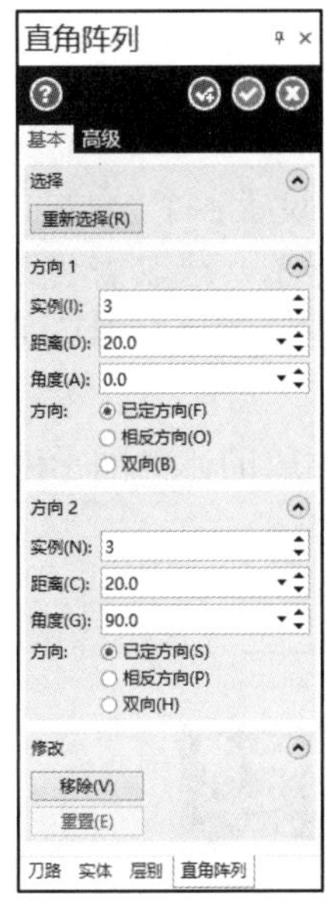

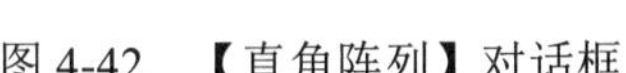
图 4-42　【直角阵列】对话框

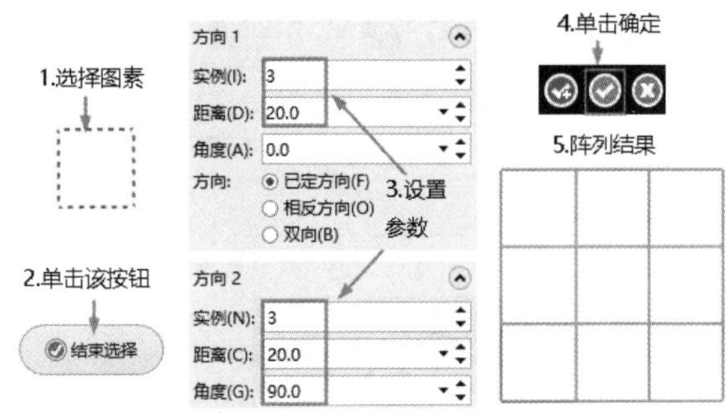

图 4-43　九宫格的绘制过程

4.2.10　拉伸

【拉伸】命令用于沿 X、Y、Z 坐标轴延伸线段或采用极向量和长度延伸线段。

单击【转换】→【比例】→【拉伸】按钮，弹出“拉伸：窗选相交的图形拉伸”提示，选择需要拖动操作的图素，按 Enter 键，弹出【拉伸】对话框，如图 4-44 所示。拉伸操作示例如图 4-45 所示。

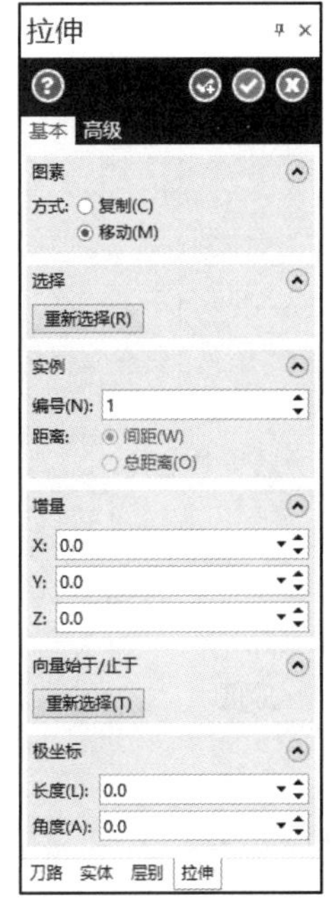

图 4-44　【拉伸】对话框

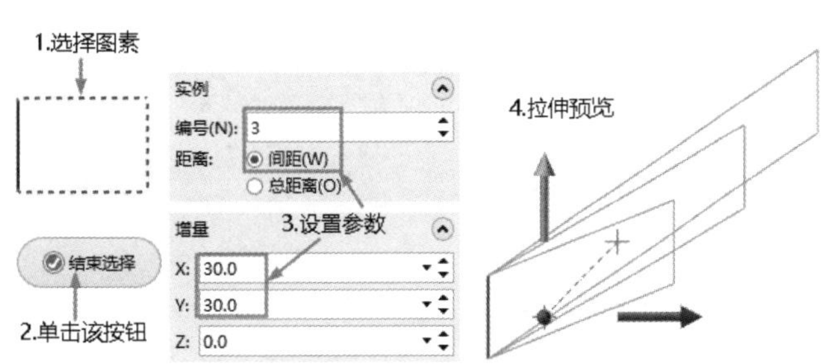

图 4-45　拉伸操作示例

4.2.11 比例

【比例】命令是相对于一个定点将选择的图素进行缩放，可以分别设置各个轴向的缩放比例。

单击【转换】→【比例】→【比例】按钮，弹出【选择图形】提示，选取需要比例缩放操作的图素，按 Enter 键，弹出【比例】对话框，如图 4-46（a）所示。在该对话框中可进行【等比例】缩放的参数设置。

【按坐标轴】不等比例缩放需要分别指定沿 X、Y、Z 轴各方向缩放的比例因子或缩放百分比，如图 4-46（b）所示。

两种参数设置操作示例如图 4-47 所示。

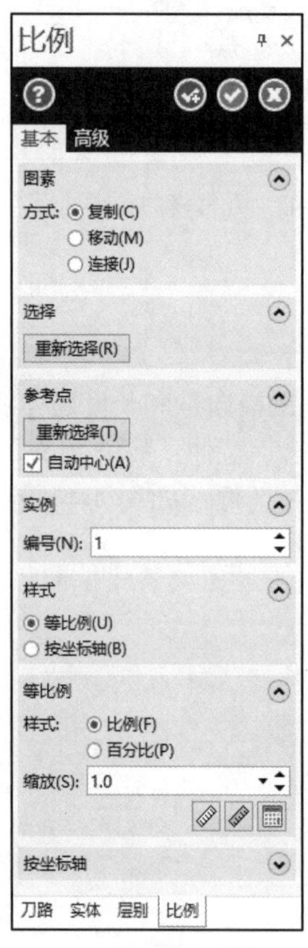

（a）【等比例】缩放

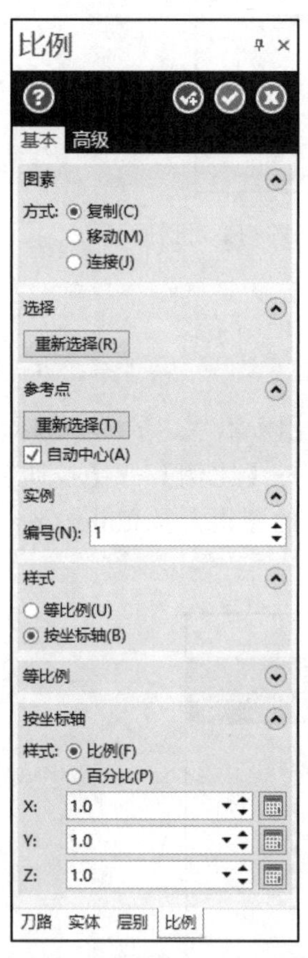

（b）【按坐标轴】不等比例缩放

图 4-46 【比例】对话框

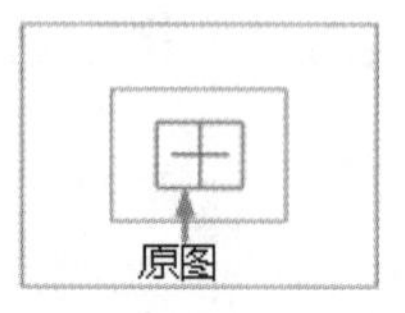

（a）【等比例】缩放示例

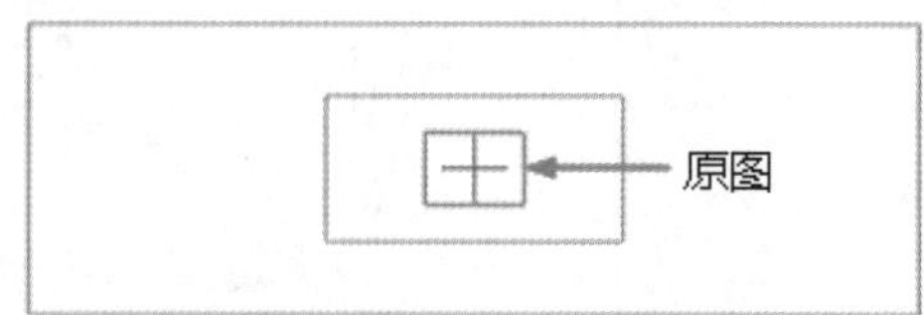

（b）【按坐标轴】不等比例缩放示例

图 4-47 比例缩放操作示例

4.3 二维图形的标注

图形标注是绘图设计工作中的一项重要任务，主要包括标注各类尺寸、文字注释、符号说明和图案填充等。由于 Mastercam 系统的最终目的是生成加工用的 NC 程序，所以本书仅简单介绍这方面的功能。

4.3.1 尺寸标注

一个完整的尺寸标注由一条尺寸线、两条尺寸界线、标注文本和两个尺寸箭头 4 部分组成，如图 4-48 所示。Mastercam 系统把尺寸线分为两部分，按标注时先选择的一边作为第一尺寸线，另一边为第二尺寸线，它们的大小、位置、方向、显示情况都可以通过菜单工具设定。

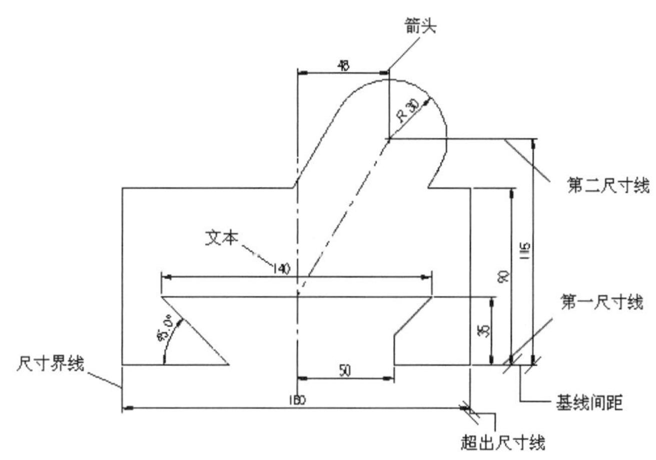

图 4-48 尺寸标注组成

下面对组成尺寸标注的各部分加以说明。

（1）尺寸线：用于标明标注的范围。Mastercam 通常将尺寸线放置在测量区域中，如果空间不足，则将尺寸线或文字移到测量区域的外部，这取决于标注尺寸样式的旋转规则。尺寸线一般分为两段，可以分别控制它们的显示。对于角度标注，尺寸线是一段圆弧。尺寸线应使用细线进行绘制。

（2）尺寸界线：从标注起点引出的标明标注范围的直线，可以从图形的轮廓线、轴线、对称中心线引出，同时，轮廓线、轴线和对称中心线也可以作为尺寸界线。尺寸界线也应使用细线进行绘制。

（3）标注文本：用于标明图形的真实测量值。标注文本可以只反映基本尺寸，也可以带尺寸公差。标注文本应按标准字体进行书写，同一个图形上的字高一致；在图中遇到图线时，须将图线断开；尺寸界线断开影响图形表达，则应调整尺寸标注的位置。

（4）箭头：箭头显示在尺寸线的末端，用于指出测量的开始和结束位置。

（5）起点：尺寸标注的起点是尺寸标注对象的定义点，系统测量的数据均以起点为计算点，起点通常是尺寸界线的引出点。

尺寸线、尺寸界线、标注文本和尺寸箭头的大小、位置、方向、属性都可以通过菜单工具设定。单击【标注】→【尺寸标注】→【尺寸标注设置】按钮，系统弹出【自定义选项】对话框，如图 4-49 所示。用户可对其中的参数进行设定，每进行一项参数的设定，对话框中的预览都会根据设定而改变，因此这里不再赘述。

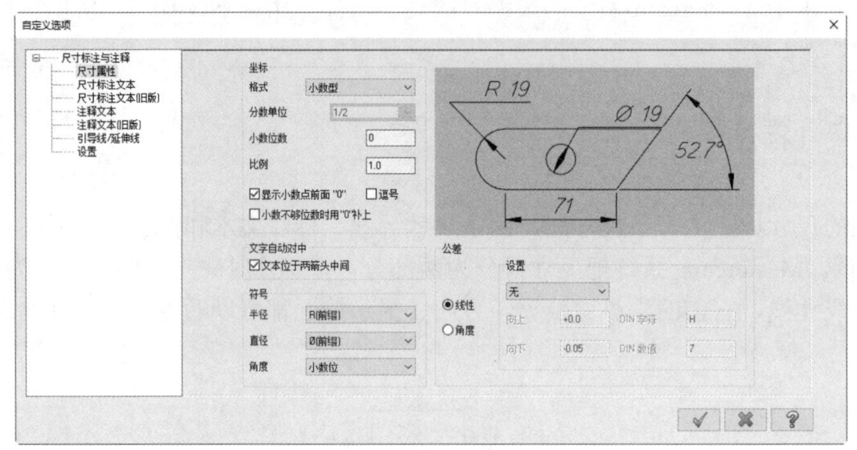

图 4-49　【自定义选项】对话框

对于已经完成的标注。用户可以通过单击【标注】→【修剪】→【多重编辑】按钮，再选择需要编辑的尺寸，进行属性修改。

Mastercam 为用户提供了 11 种尺寸标注方法，如图 4-50 所示。

水平标注、垂直标注、角度标注、直径标注、平行标注的示例如图 4-51 所示，这几种标注操作比较简单，执行【标注】命令后，按照系统提示的步骤操作即可。

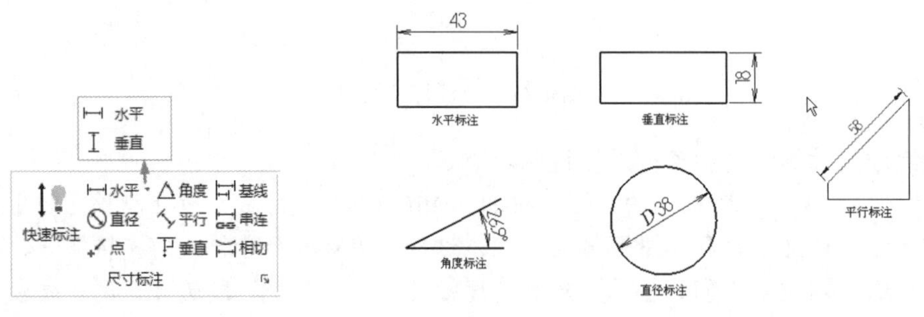

图 4-50　【尺寸标注】面板　　　　图 4-51　标注示例

下面介绍其他几种标注方法。

1. 基线标注

【基线标注】命令用于以已有的线性标注（水平、垂直或平行标注）为基准对一系列点进行线性标注，标注的特点是各尺寸为并连形式。操作示例如图 4-52 所示。

2. 点标注

【点标注】命令用来标注图素上某个位置的坐标值。操作示例如图 4-53 所示。

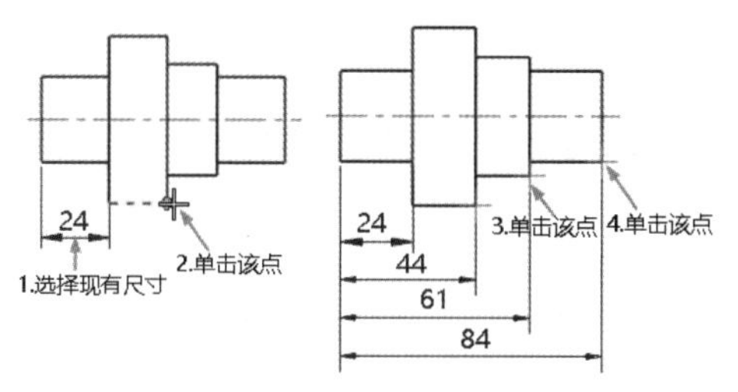

图 4-52　基线标注示例

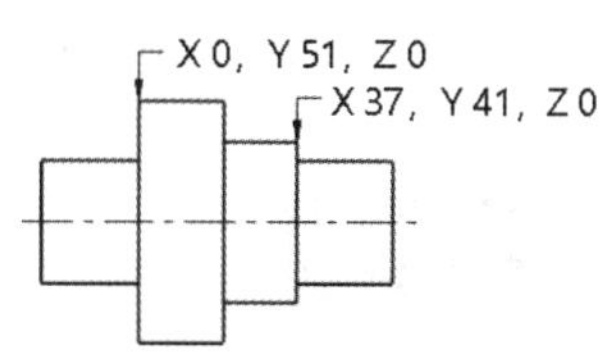

图 4-53　点标注示例

3．相切标注

【相切标注】命令用来标注出圆弧与点、直线或圆弧等分点间水平或垂直方向的距离。操作示例如图 4-54 所示。

4．快速标注

单击【标注】→【尺寸标注】→【快速标注】按钮，则系统根据选取的图素自动选择标注方法。当系统不能完全识别时，用户可利用【尺寸标注】对话框帮助系统完成标注，如图 4-55 所示。

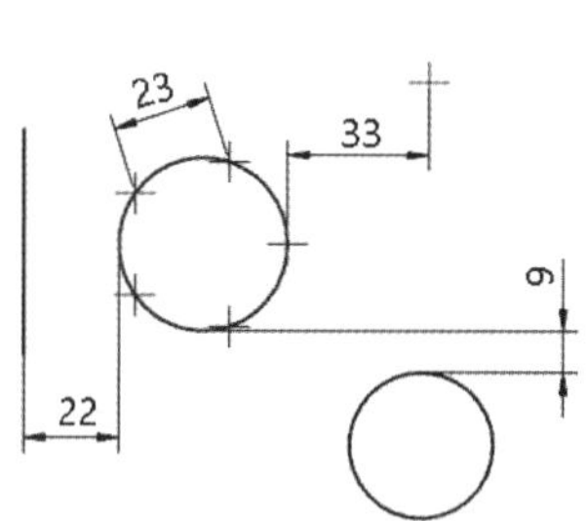

图 4-54　相切标注示例

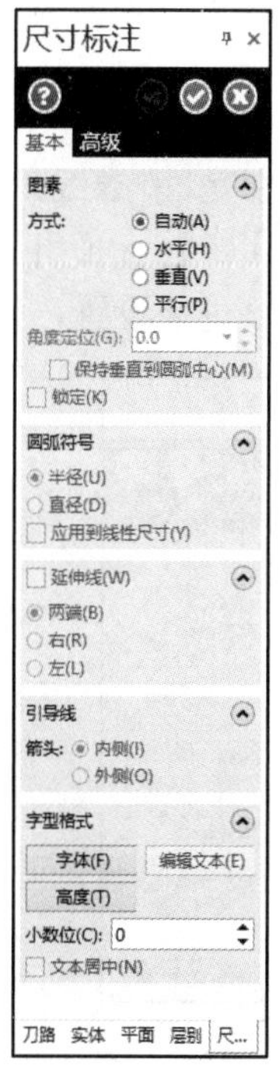

图 4-55　【尺寸标注】对话框

4.3.2　注释

1．图形注释

单击【标注】→【注解】→【注释】按钮，弹出【注释】对话框，如图 4-56 所示，用户在此对话框中输入文字并设置参数。完成后，即可在图形指定位置上添加注解。

2. 延伸线

延伸线是指图素和相应注释文字之间的一条直线。操作示例如图 4-57 所示。

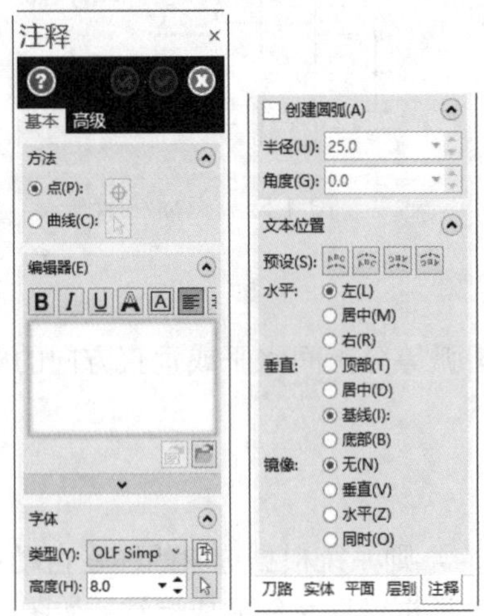

图 4-56 【注释】对话框

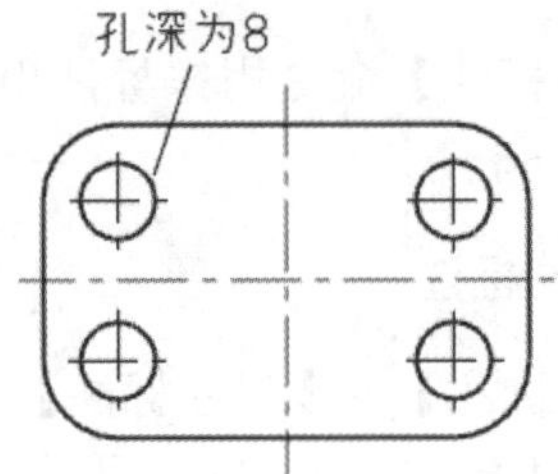

图 4-57 延伸线示例

3. 引导线

与延伸线的区别是，引导线是带箭头的折线，也是连接图素与相应注释文字之间的一种图形。单击【标注】→【注释】→【引导线】按钮，弹出【引导线】对话框，如图 4-58 所示。在该对话框中对引导线参数进行设置，操作示例如图 4-59 所示。

图 4-58 【引导线】对话框

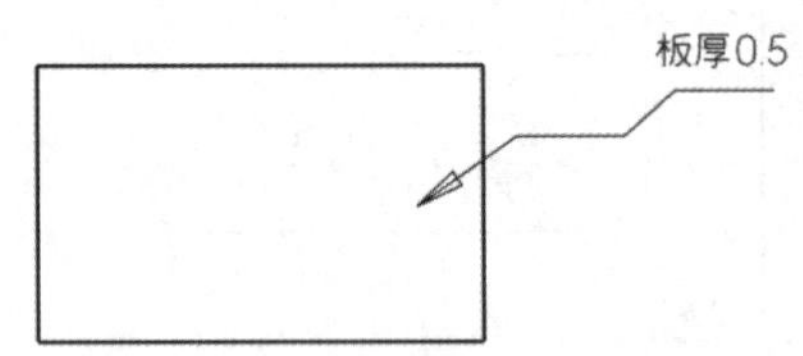

图 4-59 引导线示例

4.3.3 图案填充

在机械工程图中，图案填充用于表示一个剖切的区域，而且不同的图案填充表示不同的零部件或材料。Mastercam 提供了图案填充的功能，具体操作步骤如下。

（1）单击【标注】→【注解】→【剖面线】按钮，弹出【线框串连】对话框和如图 4-60 所示的【交叉剖面线】对话框。用户根据绘图要求选择所需的剖面线样式，如果在【交叉剖面线】

对话框中未找到所需的剖面线，则可单击【高级】组中的【定义】按钮 定义(D) ，弹出如图 4-61 所示的【自定义剖面线图案】对话框，在该对话框中定制新的图案样式。选定剖面线样式，设定好剖面线参数后，单击【确定】按钮✓。

（2）系统提示“相交填充：选取串连 1”，选择剖面线的外边界。

（3）系统提示“剖面线：选取串连 2……”，接着选择其他剖面线边界。

（4）选择完后，单击【串连线框】对话框中的【确定】按钮✓。

操作完以上步骤后，系统绘制出剖面线。图 4-62 所示为剖面线示例。

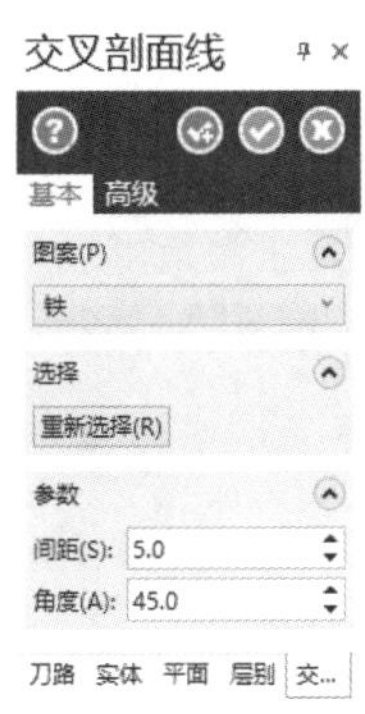

图 4-60　【交叉剖面线】对话框

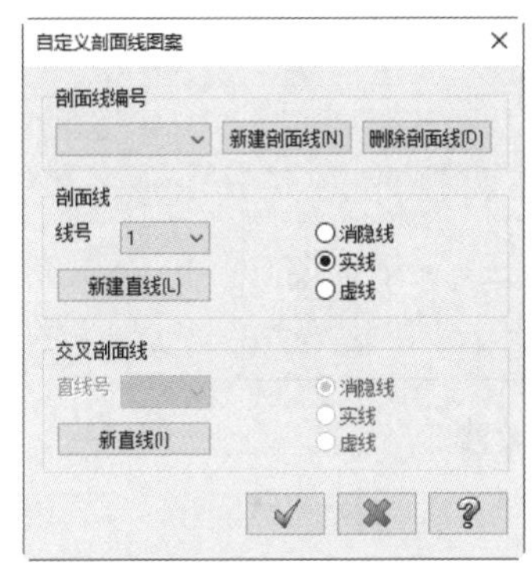

图 4-61　【自定义剖面线图案】对话框

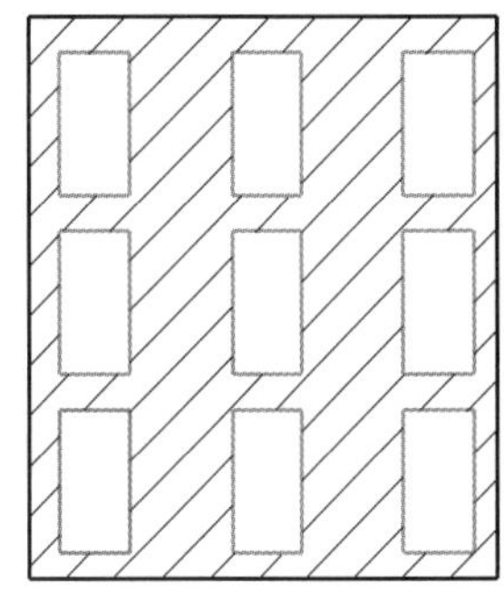

图 4-62　剖面线示例

4.4　综合实例——绘制轮毂

扫一扫，看视频

本节绘制轮毂二维平面图，其尺寸如图 4-63 所示。此图形比较简单，但涉及二维图形的创建、编辑和尺寸标注，读者可以通过它巩固前面的知识。

1. 创建图层

单击管理器中的【层别】选项，系统弹出【层别】管理器。在该管理器的【编号】文本框中输入 1，在【名称】文本框中输入【中心线】。用同样的方法创建【实线】和【尺寸线】层，如图 4-64 所示。

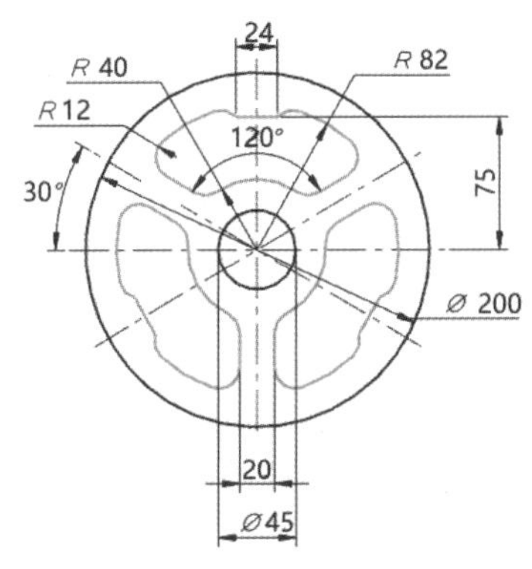

图 4-63　轮毂

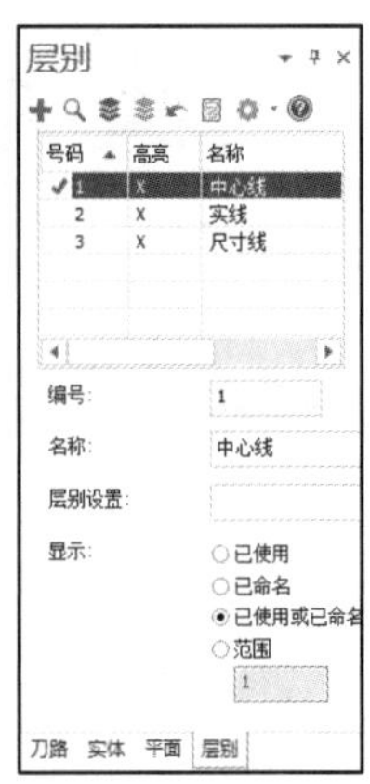

图 4-64　新建图层

2. 绘制中心线

（1）单击【视图】→【屏幕视图】→【俯视图】按钮，将当前视角设置为【俯视图】。同时，绘图平面也自动切换为【俯视图】。

（2）单击【主页】选项卡，【规划】面板和【属性】面板参数设置如图 4-65 所示。

（3）单击【线框】→【绘线】→【连续线】按钮，绘制两条互相垂直的中心线，如图 4-66 所示。

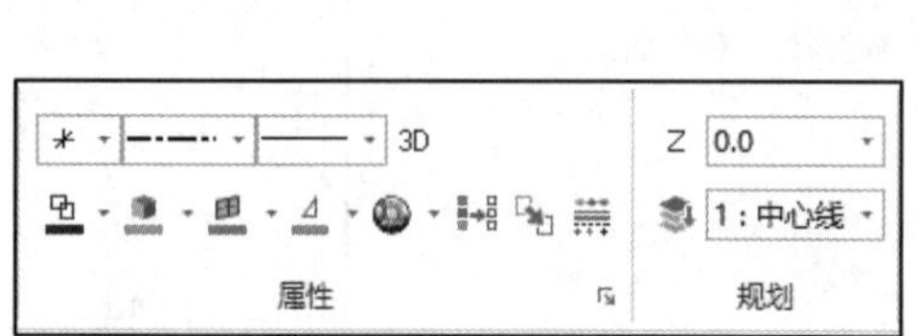

图 4-65 属性设置

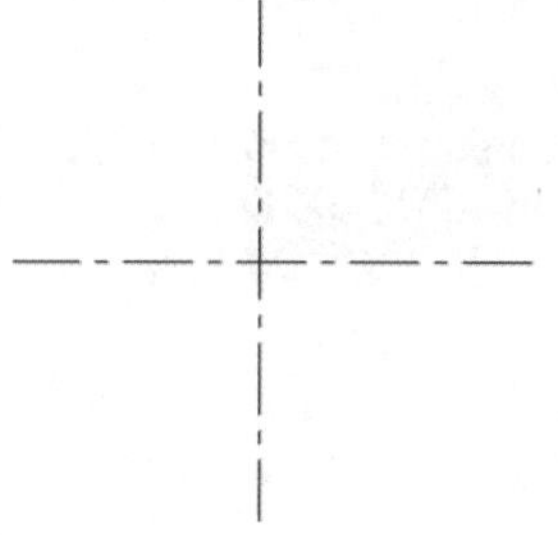

图 4-66 绘制中心线

3. 绘制图形

（1）单击【主页】选项卡，【属性】面板和【规划】面板参数设置如图 4-67 所示。

（2）单击【线框】→【绘线】→【已知点画圆】按钮，弹出【已知点画圆】对话框，以中心线的交点为圆心绘制 4 个同心圆，直径分别为 200、164、80 和 45。结果如图 4-68 所示。

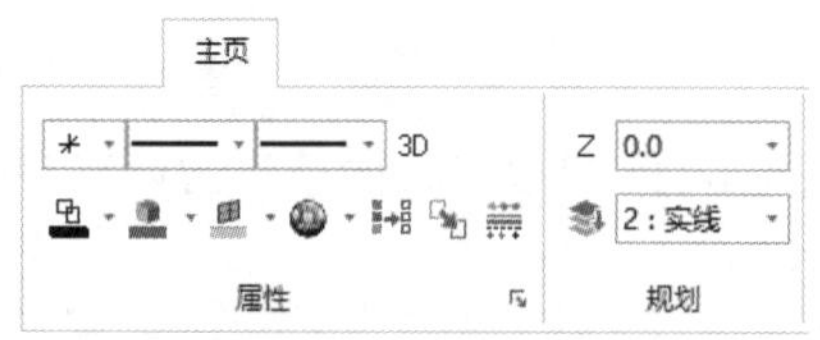

图 4-67 属性设置

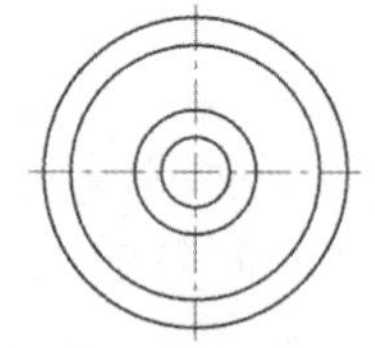

图 4-68 创建图形

（3）单击【转换】→【补正】→【单体补正】按钮，弹出【偏移图素】对话框，将竖直中心线和水平中心线分别进行偏移，操作过程如图 4-69 所示。

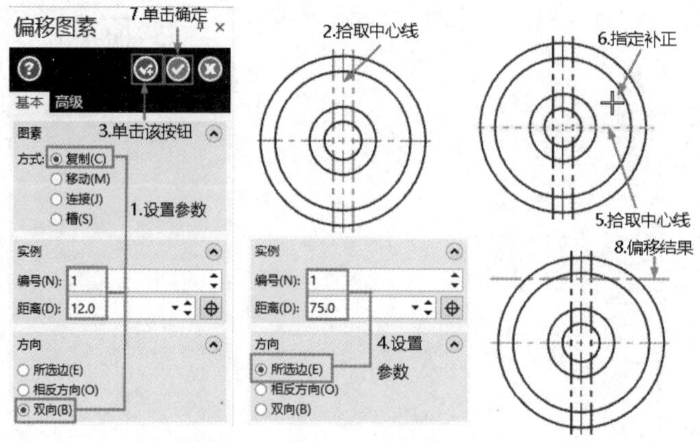

图 4-69 偏移中心线操作过程

(4) 选中偏移后的水平直线，右击，在弹出的快捷菜单中将其线型修改为实线，如图 4-70 所示。

(5) 单击【线框】→【修剪】→【修剪到图素】按钮，弹出【修剪到图素】对话框，选择修剪方式为【修剪单一物体】，以偏移后的竖直直线为边界对水平直线进行修剪，并删除两条竖直直线，结果如图 4-71 所示。

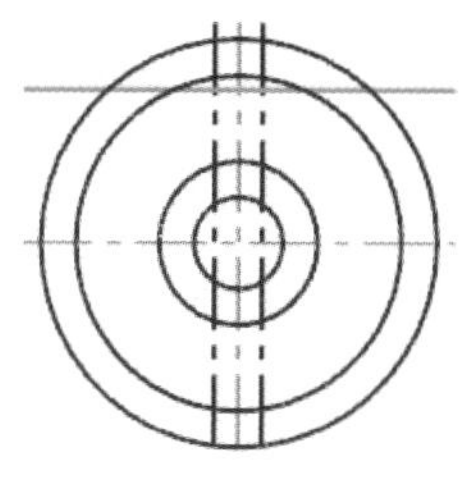

图 4-70　修改线型

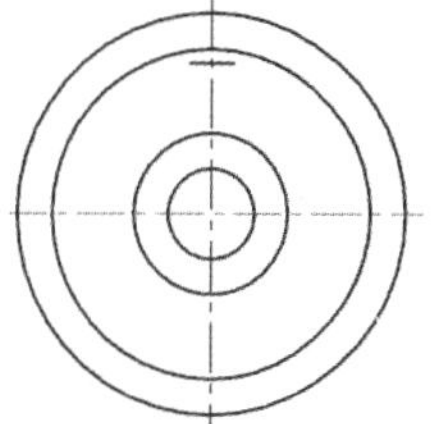

图 4-71　修剪结果

(6) 单击【线框】→【绘线】→【连续线】按钮，绘制长度为 82、角度为 30 的直线和长度为 82、角度为 150 的直线，如图 4-72 所示。

(7) 单击【转换】→【补正】→【单体补正】按钮，弹出【偏移图素】对话框，将上一步创建的两条直线向上移动 10，结果如图 4-73 所示。

(8) 单击【线框】→【修剪】→【图素倒圆角】按钮，弹出【图素倒圆角】对话框，设置圆角半径为 12，选中【修剪图素】复选框，圆角结果如图 4-74 所示。

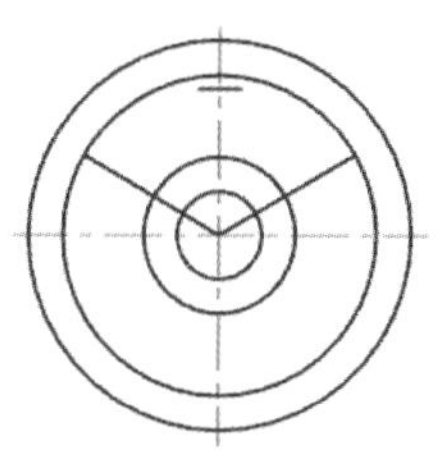

图 4-72　绘制直线

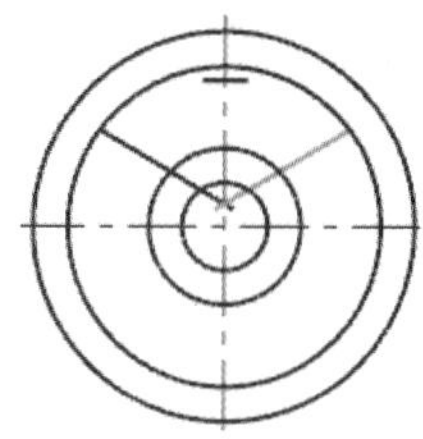

图 4-73　偏移直线

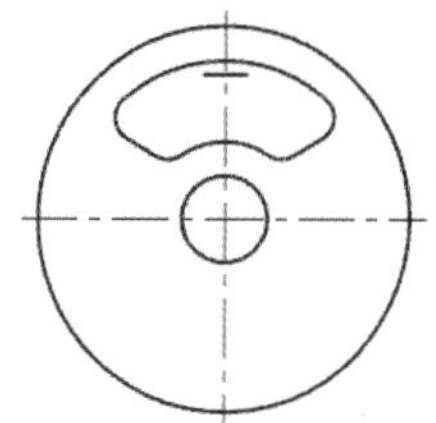

图 4-74　倒圆角

(9) 单击【线框】→【圆弧】→【切弧】按钮，弹出【切弧】对话框，选择【方式】为【通过点切弧】，操作过程如图 4-75 所示。同理，绘制另一侧的圆弧，最后单击【确定】按钮，结果如图 4-76 所示。

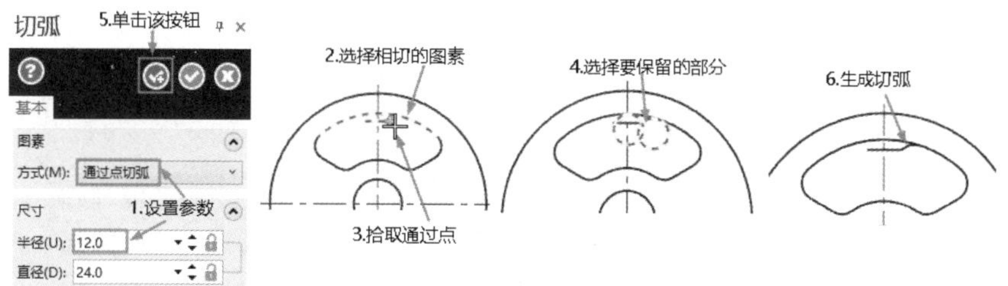

图 4-75　绘制圆弧的操作过程

(10) 单击【线框】→【修剪】→【两点打断】按钮，操作步骤如图 4-77 所示。同理，打断右侧圆弧，删除两断点间的圆弧，结果如图 4-78 所示。

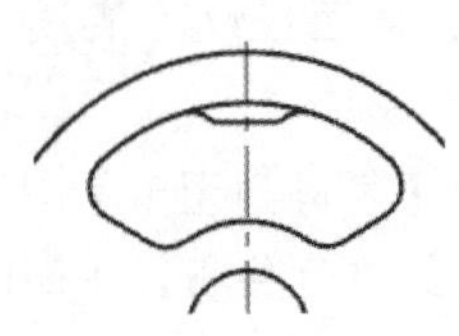

图 4-76　绘制另一侧圆弧

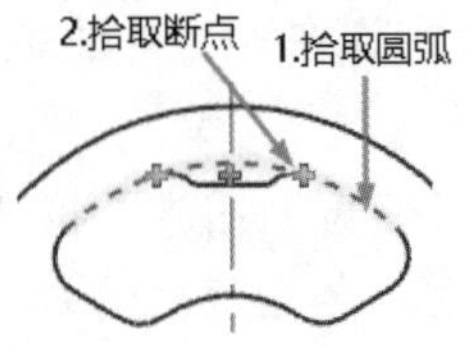

图 4-77　打断操作步骤

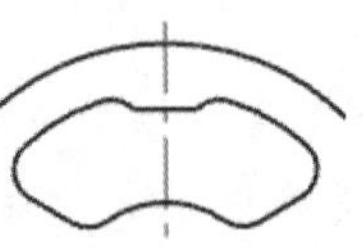

图 4-78　删除圆弧

（11）单击【转换】→【位置】→【旋转】按钮，弹出【选择图形】提示，选择需要旋转操作的图素，按 Enter 键，弹出【旋转】对话框，操作过程如图 4-79 所示。

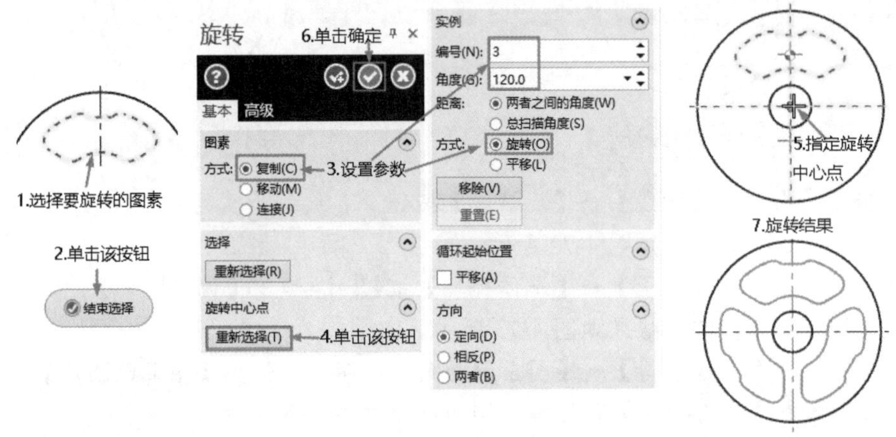

图 4-79　旋转的操作过程

4．图形标注

（1）尺寸标注设置：单击【标注】→【尺寸标注】→【尺寸标注设置】按钮，弹出【自定义选项】对话框，按图 4-80 设置其属性。

（2）设置当前层及其属性：单击【主页】选项卡，【属性】面板和【规划】面板设置如图 4-81 所示。

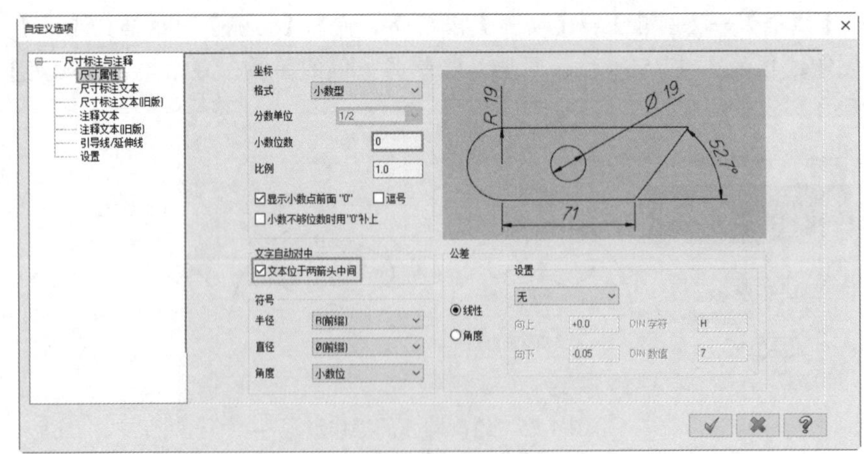

（a）尺寸属性

图 4-80　尺寸标注样式设置

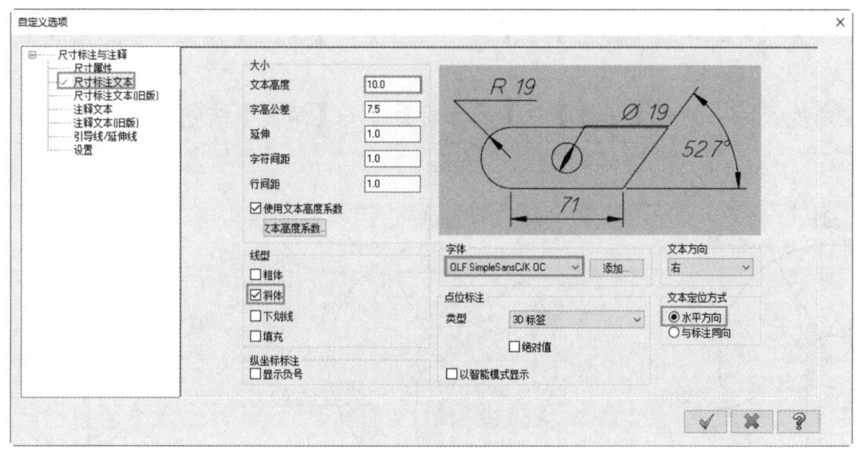

（b）尺寸标注文本

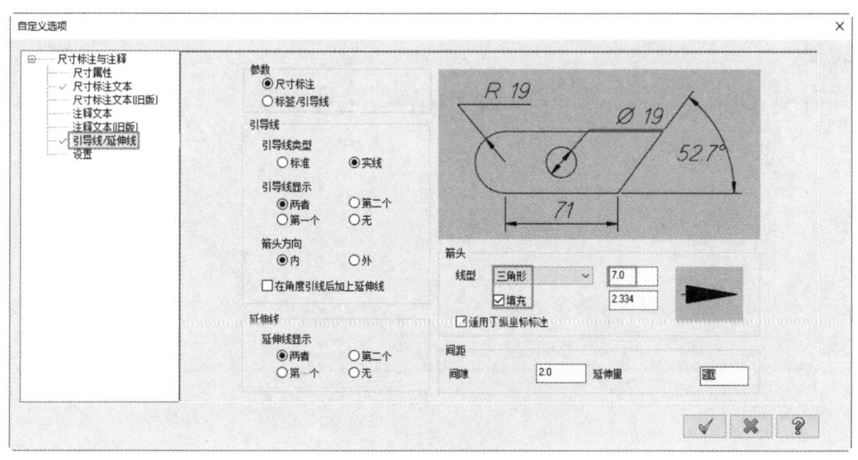

（c）引导线/延伸线

图 4-80　尺寸标注样式设置（续）

（3）标注直径尺寸：单击【标注】→【尺寸标注】→【直径】按钮 直径标注，完成圆和圆弧的尺寸标注，如图 4-82 所示。

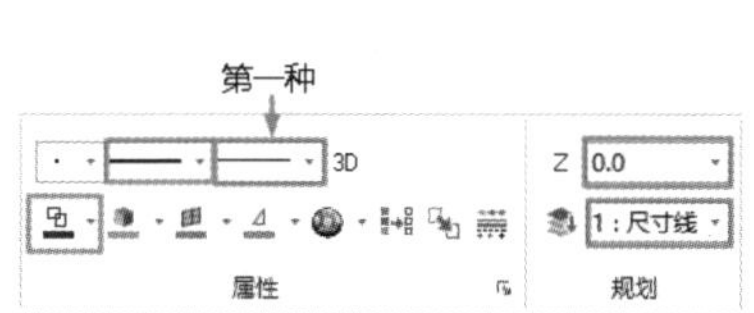

图 4-81　图层设置

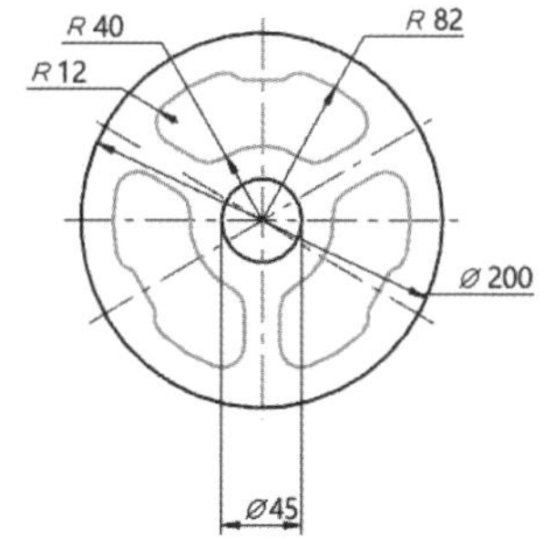

图 4-82　圆和圆弧尺寸标注

（4）标注水平尺寸：单击【标注】→【尺寸标注】→【水平】按钮 水平，完成水平尺寸标注，如图 4-83 所示。

（5）标注垂直尺寸：单击【标注】→【尺寸标注】→【垂直】按钮I 垂直，完成垂直尺寸标注，如图 4-84 所示。

（6）标注角度尺寸：单击【标注】→【尺寸标注】→【角度】按钮△角度，完成角度尺寸标注，如图 4-85 所示。

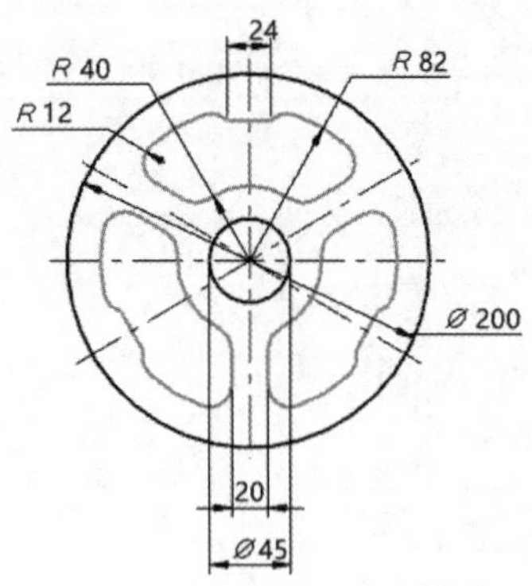

图 4-83　水平尺寸标注

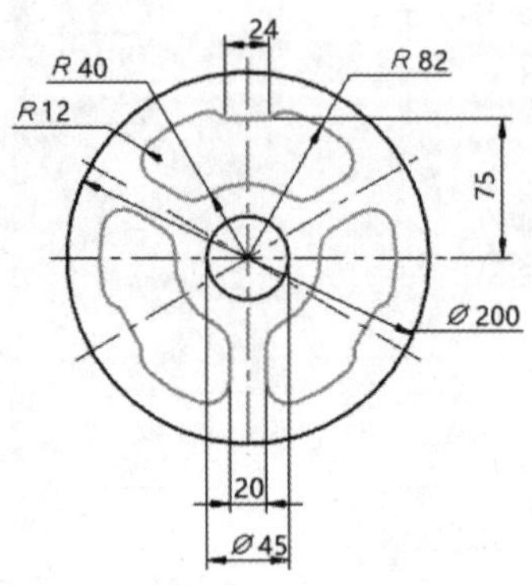

图 4-84　垂直尺寸标注

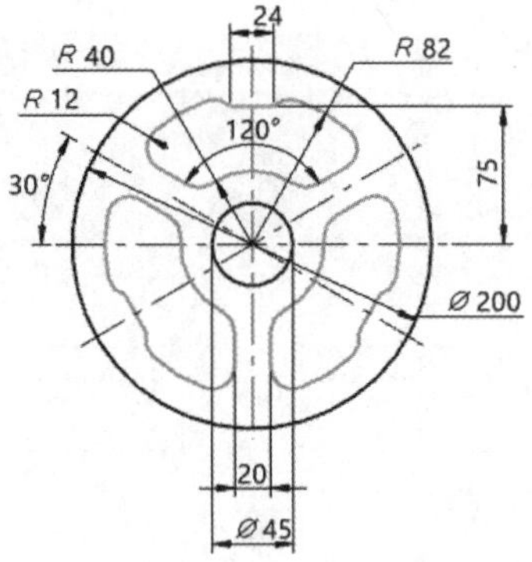

图 4-85　角度尺寸标注

第 5 章　三维实体的创建与编辑

曲面、曲线是构成模型的重要手段和工具。Mastercam 软件的曲面、曲线功能灵活多样，不仅可以生成基本的曲面，还能够创建复杂的曲线、曲面。

本章重点讲解了基本三维曲面的创建；通过对二维图素进行拉伸、旋转、扫描等操作创建曲面；空间曲线的创建和曲面的编辑。

知识点

- 三维实体的创建
- 实体的编辑
- 综合实例——绘制手压阀阀体

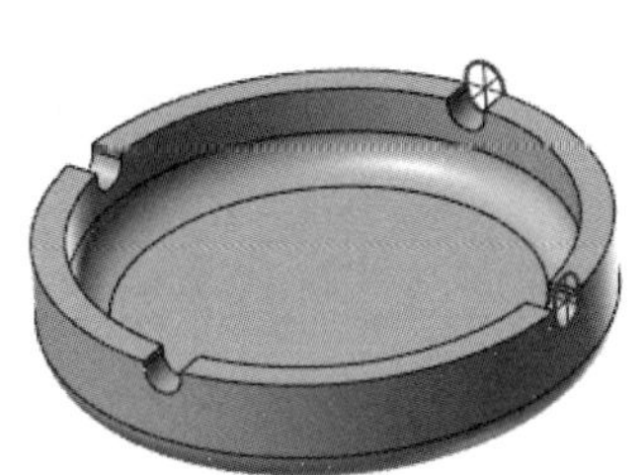
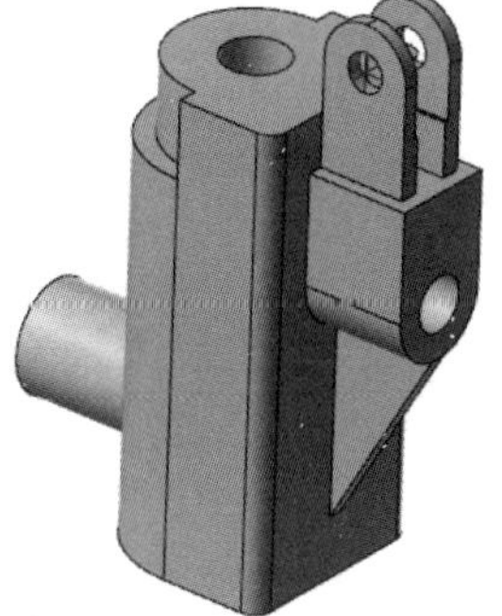

5.1　三维实体的创建

Mastercam 自 7.0 版开始加入了实体绘图功能，它以 Parasolid 为几何造型核心。Mastercam 既可以利用参数创建一些具有规则的、固定形状的三维基本实体，包括圆柱体、圆锥体、长方体、球体和圆环体等，也可以利用拉伸、旋转、扫描、举升等创建功能再结合倒圆、倒角、抽壳、修剪、布尔运算等编辑功能创建复杂的实体。

5.1.1　圆柱体

【圆柱体】命令是通过选择一个基准点，向外拖动设置半径，然后向上或向下拖动设置高度创建圆柱形实体。

单击【实体】→【基本实体】→【圆柱】按钮，弹出【基本圆柱体】对话框，如图 5-1 所示。该对话框用来定义圆柱体形状和位置的全部参数。

扫一扫，看视频

实操练习 1　绘制阶梯轴

绘制过程

（1）执行【圆柱体】命令，弹出【基本圆柱体】对话框，创建过程如图 5-2 所示。

（2）继续创建第二段轴，操作过程如图 5-3 所示。

图 5-1　【基本圆柱体】对话框

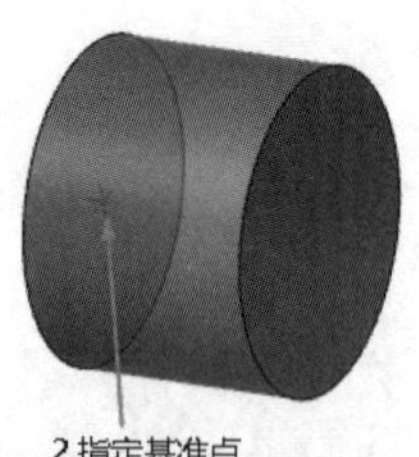

图 5-2　圆柱体的创建过程

（3）同理，创建第三段轴和第四段轴。半径和高度分别为（40,60）和（30,70）。

（4）单击【确定】按钮，阶梯轴创建完成，结果如图 5-4 所示。

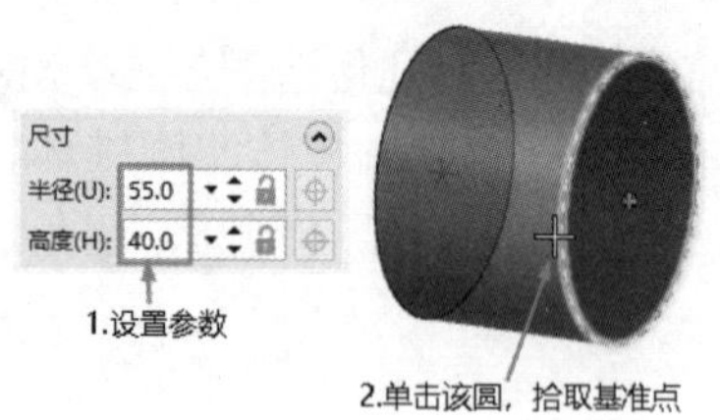

图 5-3　第二段轴创建过程

图 5-4　阶梯轴

5.1.2　圆锥体

【圆锥体】命令是通过选择一个基准点，向外拖动设置半径，然后向上或向下拖动设置高度创建锥形实体。

单击【实体】→【基本实体】→【锥体】按钮，弹出【基本圆锥体】对话框，如图 5-5 所示。该对话框用来定义圆锥体形状和位置的全部参数。

扫一扫，看视频

实操练习 2　绘制锥度轴

绘制过程

（1）执行【圆柱体】命令，弹出【基本圆柱体】对话框，创建两个【轴向】为 X 轴、半径和高度分别为（30,30）和（35,65）的圆柱体，如图 5-6 所示。

图 5-5　【基本圆锥体】对话框

图 5-6　创建圆柱体

（2）执行【圆锥体】命令，弹出【基本圆锥体】对话框，创建过程如图 5-7 所示。

（3）执行【圆柱体】命令，创建以圆锥体右端面为基准点、【轴向】为 X 轴、半径和高度为（25,60）的圆柱体，结果如图 5-8 所示。

图 5-7　圆锥体的创建过程

图 5-8　锥度轴

5.1.3　立方体

【立方体】命令是通过选择一个基准点，向外拖动设置长度和宽度，然后向上或向下拖动设置高度创建立方体实体。

单击【实体】→【基本实体】→【立方体】按钮，弹出【基本立方体】对话框，如图 5-9 所示。该对话框用来定义立方体形状和位置的全部参数。

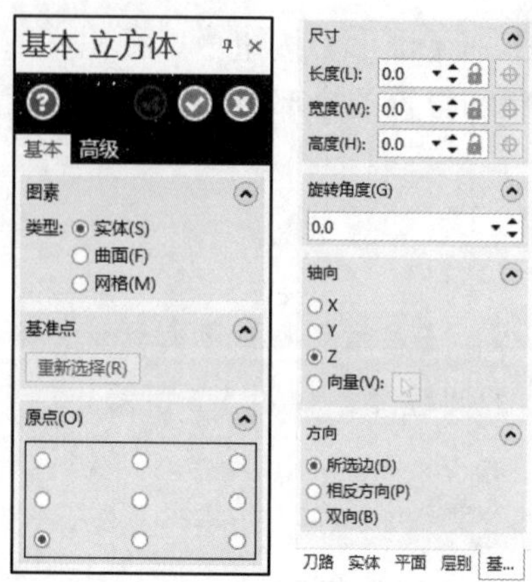

图 5-9 【基本立方体】对话框

扫一扫，看视频

实操练习 3 创建立体拼装积木

绘制过程

（1）执行【立方体】命令，弹出【基本立方体】对话框，创建过程如图 5-10 所示。

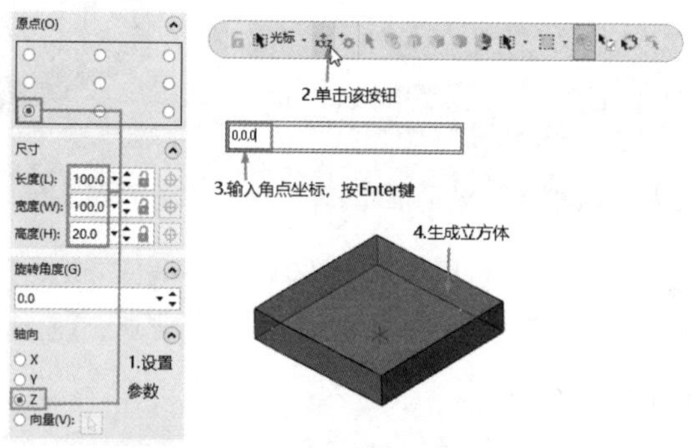

图 5-10 立方体的创建过程

（2）同理，参数不变，创建角点坐标为（0,0,40）的立方体，如图 5-11 所示。

（3）修改【轴向】为 Y 轴。其他参数不变，创建角点坐标为（0,40,−20）的立方体，如图 5-12 所示。

图 5-11 创建 Z 向第二个立方体

图 5-12 创建 Y 向第一个立方体

（4）同理，参数不变，创建角点坐标为（0,80,−20）的立方体，如图 5-13 所示。

（5）修改【轴向】为 X 轴。其他参数不变，创建角点坐标为（20,0,−20）的立方体，如图 5-14 所示。

（6）同理，参数不变，创建角点坐标为（60,0,-20）的立方体，如图 5-15 所示。

（7）单击【确定】按钮，完成立体拼装积木的创建。

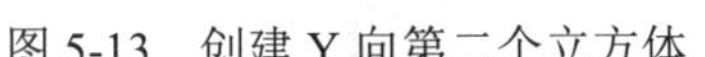

图 5-13　创建 Y 向第二个立方体

图 5-14　创建 X 向第一个立方体

图 5-15　创建 X 向第二个立方体

技巧荟萃

在创建新的立方体时，即使长、宽、高的尺寸不变，也要重新输入，并按 Enter 键。

5.1.4　球体

【球体】命令通过选择一基准点向外拖动设置半径创建一个球形实体。

单击【实体】→【基本实体】→【球体】按钮，弹出【基本球体】对话框，如图 5-16 所示。该对话框用来定义球体形状和位置的全部参数。

扫一扫，看视频

实操练习 4　创建磁悬浮地球仪

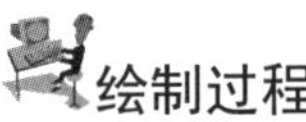

绘制过程

（1）执行【圆柱】命令，以（0,0,0）为基准点，创建【轴向】为 Z 轴、半径和高度为（30,10）的圆柱体，结果如图 5-17 所示。

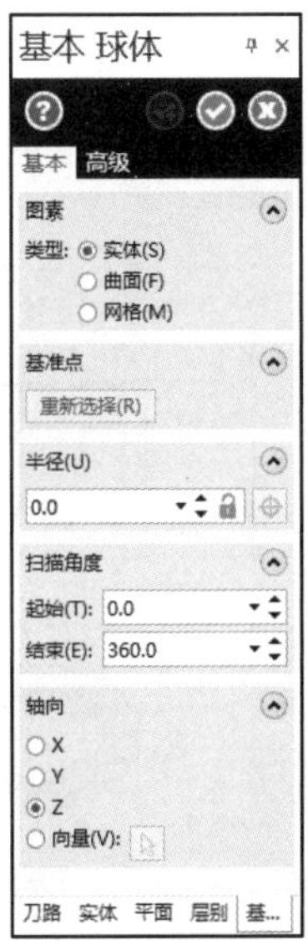

图 5-16　【基本球体】对话框

图 5-17　创建圆柱体

（2）执行【圆锥体】命令，以（0,0,10）为基准点，创建【轴向】为 Z 轴、基本半径和高度为（30,10），顶部半径为 20 的圆锥体，结果如图 5-18 所示。

（3）执行【球体】命令，弹出【基本球体】对话框，创建过程如图 5-19 所示。

图 5-18　创建圆锥体

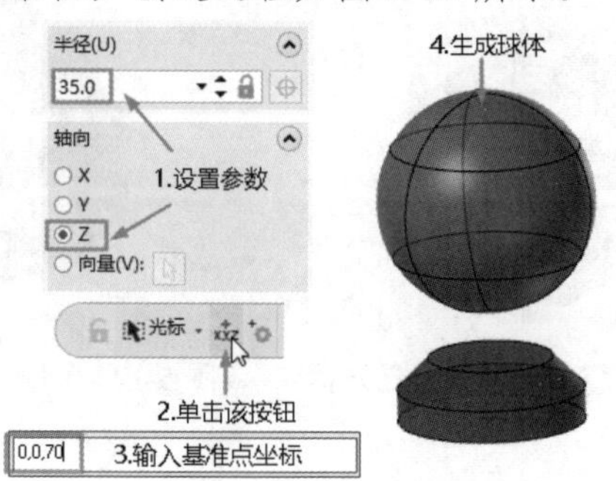

图 5-19　磁悬浮地球仪

5.1.5　圆环体

【圆环体】命令通过选择一个基准点，并向外拖动设置圆环半径，然后拖动设置圆管的半径，从而生成圆环体。

单击【实体】→【基本实体】→【圆环体】按钮，弹出【基本圆环体】对话框，如图 5-20 所示。该对话框是定义圆环体形状和位置的全部参数。

扫一扫，看视频

实操练习 5　创建青玉九连环

绘制过程

（1）执行【圆环体】命令，弹出【基本圆环体】对话框，创建过程如图 5-21 所示。

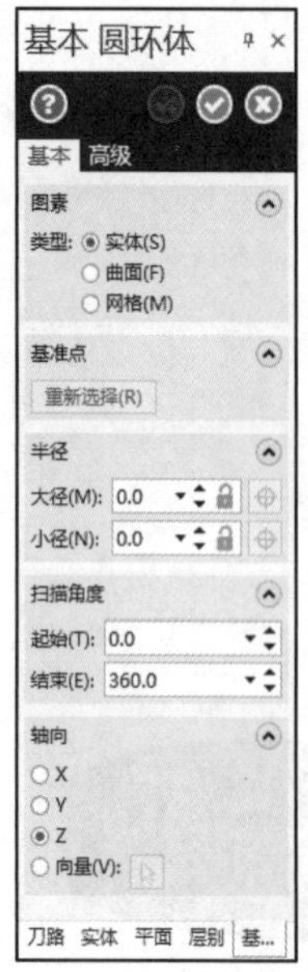

图 5-20 【基本圆环体】对话框

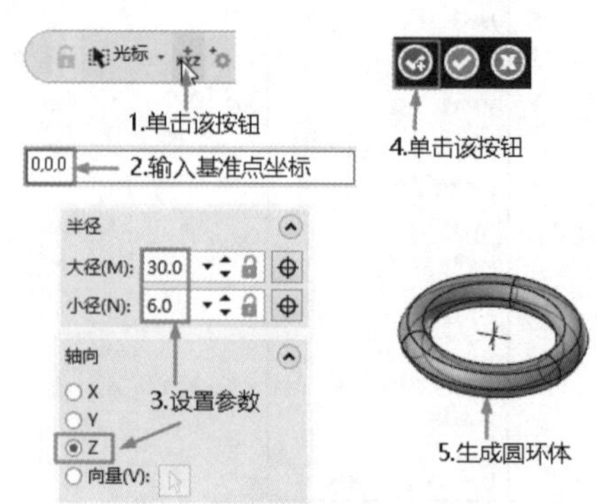

图 5-21　圆环体的创建过程

（2）继续创建 Z 向圆环体，参数设置不变，基准点坐标分别为（90,0,0）、（180,0,0）、（270,0,0）和（360,0,0），结果如图 5-22 所示。

（3）创建 Y 向圆环体。修改【轴向】为 Y 轴，其他参数设置不变，基准点坐标分别为（45,0,0）、（135,0,0）、（225,0,0）和（315,0,0），结果如图 5-23 所示。

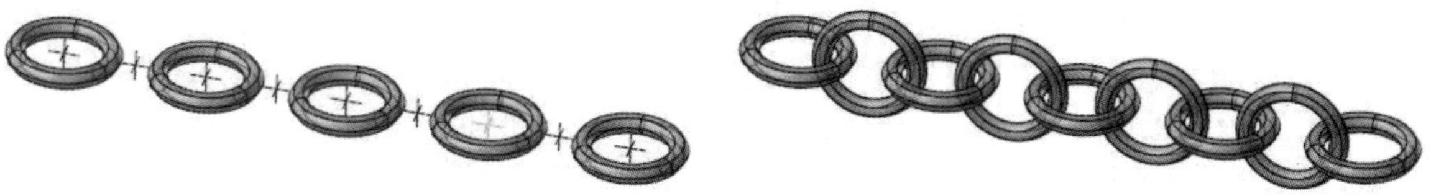

图 5-22　创建 5 个 Z 向圆环体　　　　图 5-23　青玉九连环

5.1.6　拉伸实体

【拉伸实体】命令可以将空间中共平面的二维串连外形截面沿着直线方向拉伸为一个或多个实体，或对已经存在的实体做切割（除料）或添加（填料）操作。

单击【实体】→【创建】→【拉伸】按钮，弹出【实体拉伸】对话框和【线框串连】对话框，如图 5-24 所示。

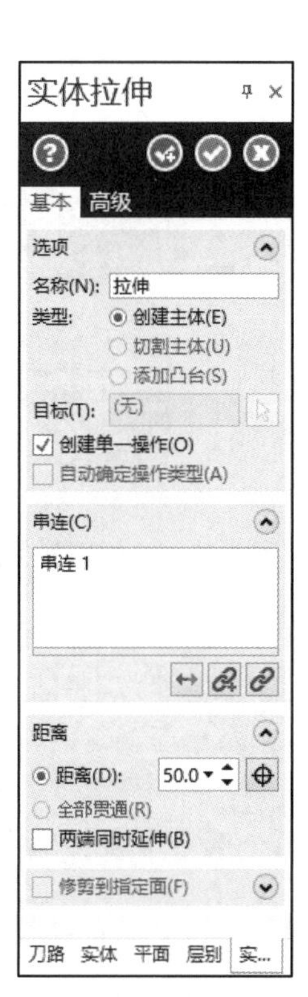

图 5-24　【实体拉伸】对话框和【线框串连】对话框

扫一扫，看视频

实操练习 6　创建 V 形垫铁

绘制过程

（1）单击【视图】→【屏幕视图】→【前视图】按钮，将当前视角切换为【前视图】。同时，绘图平面也自动切换为【前视图】。

（2）单击【线框】→【绘线】→【连续线】按钮，弹出【连续线】对话框，设置绘图方式为【连续线】，绘制如图 5-25 所示的图形。

（3）执行【拉伸】命令，根据系统提示拾取串连，创建过程如图 5-26 所示。

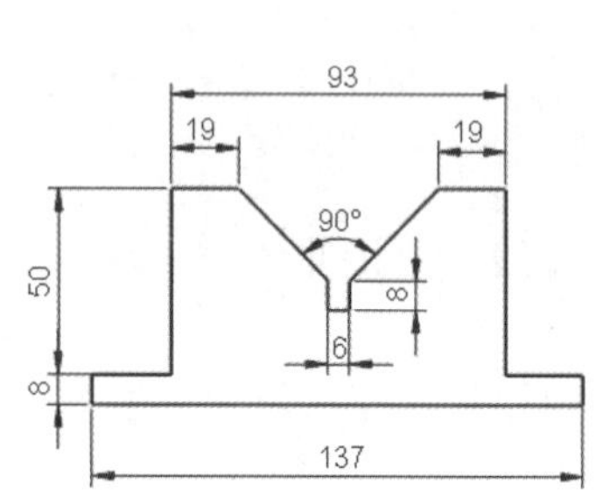

图 5-25　垫铁外形图

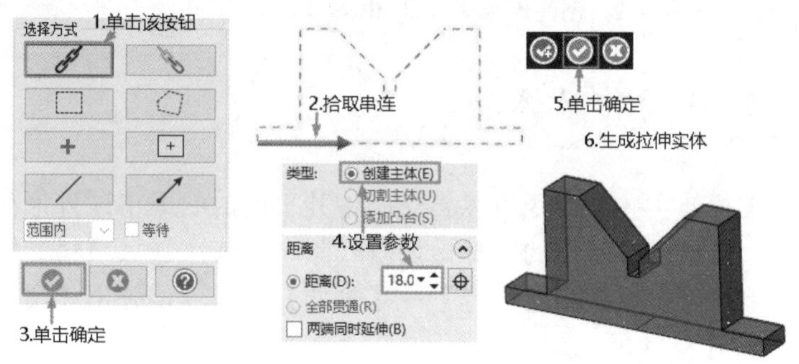

图 5-26　拉伸实体生成过程

（4）单击【主页】选项卡，在【规划】面板中的 Z 文本框中输入 10。

（5）利用【连续线】、【图素倒圆角】和【镜像】命令绘制如图 5-27 所示的图形。

（6）执行【拉伸】命令，创建拉伸切割主体操作过程如图 5-28 所示。

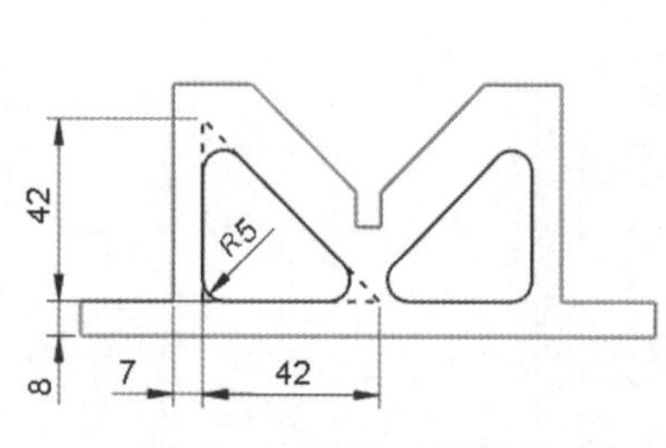

图 5-27　绘制二维图形

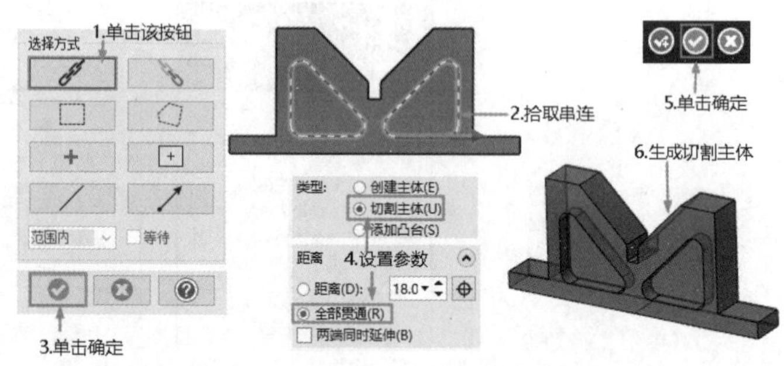

图 5-28　拉伸切割主体的操作过程

（7）单击状态栏中的【绘图平面】按钮绘图平面，将当前绘图平面设置为【俯视图】。

（8）单击【视图】→【屏幕视图】→【俯视图】按钮，将当前视角切换为【俯视图】。

（9）单击【转换】→【位置】→【镜像】按钮，对上面创建的实体进行镜像，结果如图 5-29 所示。

【实体拉伸】对话框包含【基本】和【高级】两个选项卡，分别用于设置拉伸基础操作以及拔模壁厚的相关参数，具体含义如下。

1. 【基本】选项卡参数设置

【基本】选项卡主要用于对拉伸相关参数进行设置，其主要选项的含义如下。

（1）名称：设置拉伸实体的名称，该名称可以方便后续操作中识别。

（2）类型：设置拉伸操作的类型，包括：创建主体，即创建一个新的实体；切割主体，即用创建的实体去切割原有的实体；添加凸台，即将创建的实体添加到原有的实体上。

（3）串连：用于选择创建拉伸实体的图形。

（4）距离：设置拉伸操作的距离拉伸方式。

① 距离框：在该文本框中设置拉伸实体的距离。

② 全部贯通：拉伸并修剪至目标体。

③ 两端同时延伸：以设置的拉伸方向及反方向同时拉伸实体。

④ 修剪到指定面：将创建或切割所建立的实体修整到目标实体的面上，这样可以避免添加或切割实体时贯穿到目标实体的内部。只有选择建立实体或切割实体时才可以选择该参数。

2. 【高级】选项卡参数设置

【高级】选项卡用于设置薄壁的相关参数，且所有的参数只有在选中【拔模】复选框和【壁厚】复选框时，系统才会允许设置，如图 5-30 所示。薄壁常用于创建加强筋或美工线。下面对该选项卡中的各选项含义进行介绍。

图 5-29　V 形垫铁

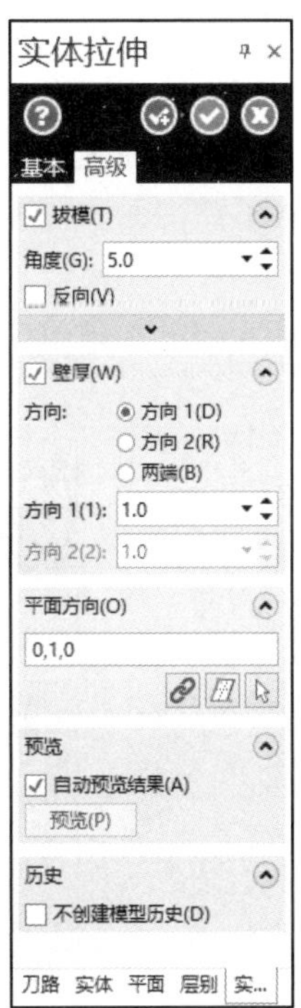

图 5-30　【高级】选项卡

（1）拔模：选中该复选框，用于对拉伸的实体进行拔模设置。图 5-31 为拔模角的 3 种情况。

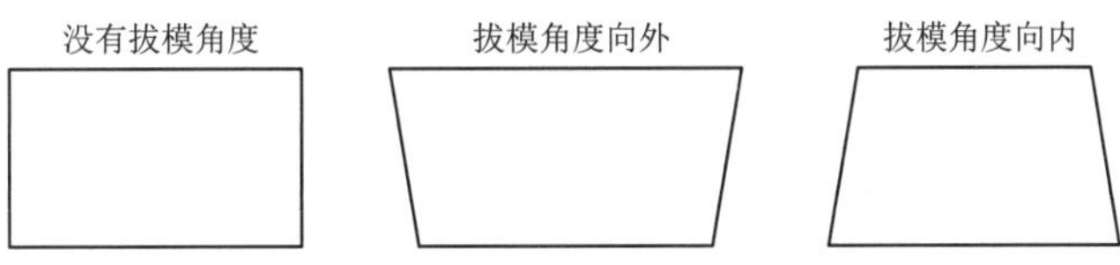

图 5-31　拔模角度的方向

① 角度：在该文本框中输入数值用以设置拔模角度。

② 反向：选中该复选框，可以调整拔模反向。

（2）壁厚：选中该复选框，可以设置拉伸实体的壁厚。

① 方向 1：以封闭式串连外形创建薄壁实体时，厚度从串连选择的外形向内生成，且厚度值由【方向 1（1）】文本框中输入。

② 方向 2：以封闭式串连外形创建薄壁实体时，厚度从串连选择的外形向外生成，且厚度值由【方向 2（2）】文本框中输入。

③ 两端：以封闭式串连外形创建薄壁实体时，厚度从串连选择的外形向内和向外两个方向生成，且厚度值由【方向 1（1）】文本框和【方向 2（2）】文本框中分别输入。

值得注意的是：在进行拉伸实体操作时，可以选择多个串连图素，但这些图素必须是在同一个平面内且首尾相连的封闭图素，否则无法完成拉伸操作。但在拉伸薄壁时，则允许选择开式串连。

5.1.7 旋转实体

【旋转实体】命令可以将串连外形截面绕某一旋转轴并依照输入的起始角度和结束角度旋转成一个或多个新实体或对已经存在的实体做切割或添加凸缘操作。

单击【实体】→【创建】→【旋转】按钮，弹出【旋转实体】对话框和【线框串连】对话框，如图 5-32 所示。

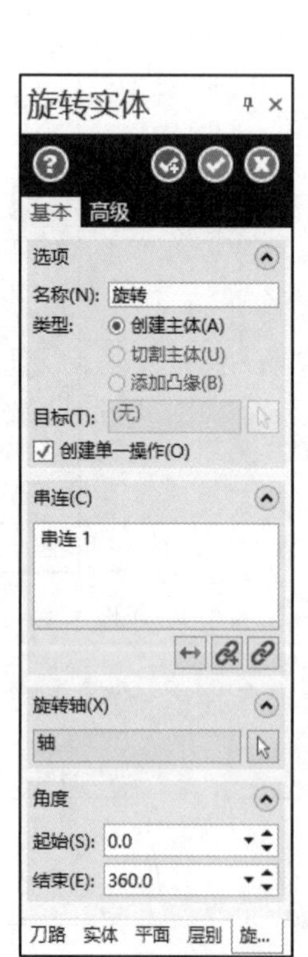

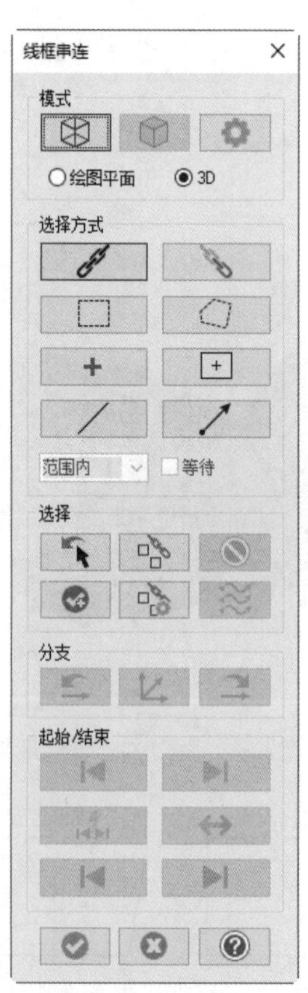

图 5-32 【旋转实体】对话框和【线框串连】对话框

实操练习 7　创建低速轴

绘制过程

（1）单击快速访问工具栏中的【打开】按钮，在弹出的【打开】对话框中选择【源文件\原始文件\第 5 章\创建低速轴】文件，如图 5-33 所示。

（2）执行【旋转】命令，创建过程如图 5-34 所示。

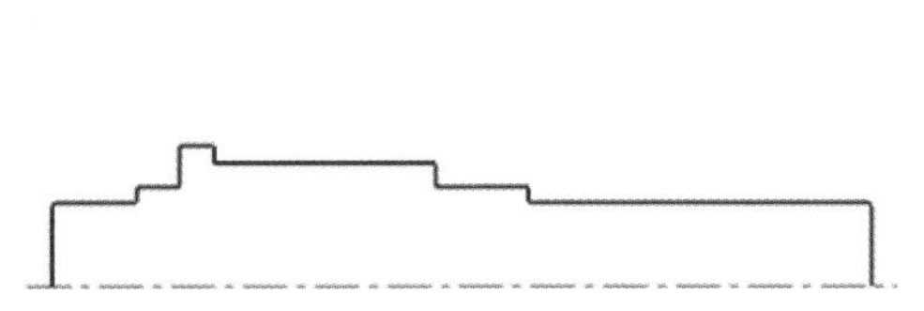
图 5-33　原始文件

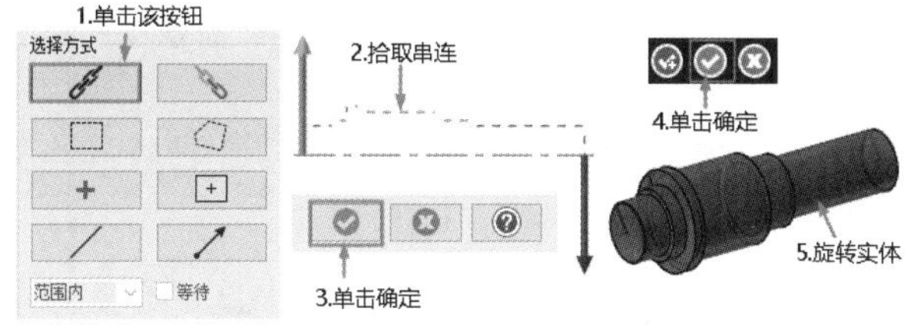

图 5-34　旋转实体的创建过程

（3）单击【线框】选项卡【绘线】面板中的【连续线】按钮，以第五段轴的端面圆心为起点绘制长度为 34 的直线。再单击【转换】选项卡【位置】面板中的【投影】按钮，弹出【投影】对话框，将投影方式设置为【移动】，深度设置为 38，单击【确定】按钮，完成线段的移动。以该直线的端点作为键槽的放置点。

（4）绘制如图 5-35 所示的键槽。

（5）单击【实体】→【创建】→【拉伸】按钮，根据系统提示拾取键槽串连，设置拉伸【类型】为【切割主体】，设置【距离】为 50，单击【确定】按钮，完成键槽的创建，如图 5-36 所示。

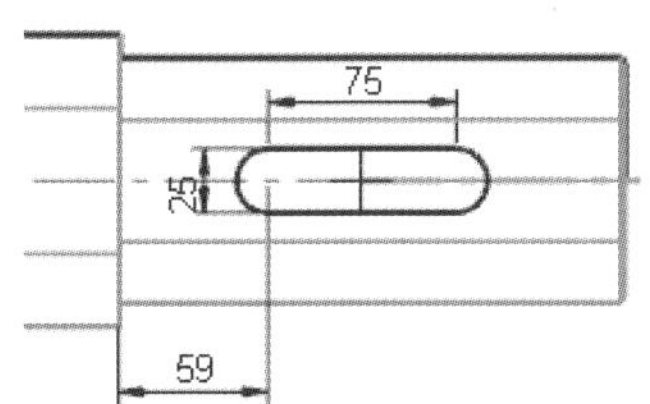

图 5-35　绘制键槽二维图

图 5-36　创建键槽

【旋转实体】对话框【基本】选项卡中的【角度】选项组用于设置旋转操作的【起始角度】和【结束角度】；【高级】选项卡中的【壁厚】复选框与【拉伸实体】对话框中的类似，这里不再赘述，读者可以自行领会。

5.1.8　扫描实体

【扫描实体】命令可以将封闭且共平面的串连外形沿着某一路径扫描以创建一个或一个以上的新实体或对已经存在的实体做切割（除料）或添加（填料）操作，断面和路径之间的角度从头到尾会被保持着。

单击【实体】→【创建】→【扫描】按钮，弹出【扫描】对话框和【线框串连】对话框，如图 5-37 所示。

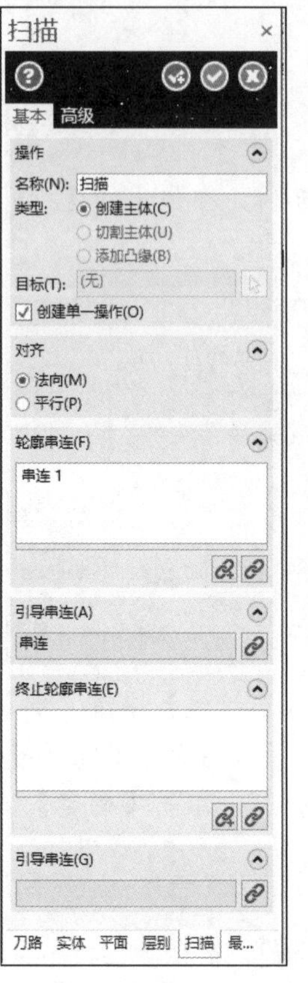

图 5-37 【扫描】对话框和【线框串连】对话框

扫一扫，看视频

实操练习 8 创建内六角扳手

绘制过程

（1）单击【视图】→【屏幕视图】→【前视图】按钮，将当前视角切换为【前视图】。同时，绘图平面也自动切换为【前视图】。

（2）单击【线框】→【绘线】→【连续线】按钮，弹出【连续线】对话框，设置绘线方式为【连续线】，绘制如图 5-38 所示的轨迹线。

（3）将屏幕视角设置为【左视图】，同时当前绘图平面也自动切换为【左视图】。

（4）单击【线框】→【形状】→【矩形】按钮，绘制如图 5-39 所示的矩形截面。

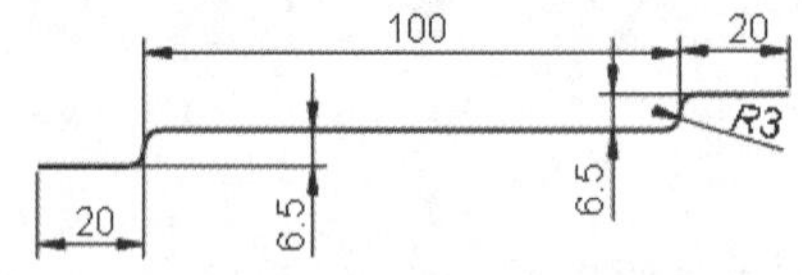

图 5-38 绘制轨迹线

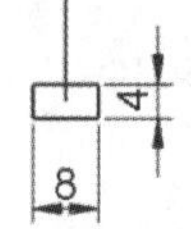

图 5-39 扫描截面

（5）单击【实体】→【创建】→【扫描】按钮，扫描实体创建过程如图 5-40 所示。

（6）将屏幕视角设置为【俯视图】，同时当前绘图平面也自动切换为【俯视图】。

（7）绘制如图 5-41 所示的圆和六边形。

（8）单击【实体】→【创建】→【拉伸】按钮，拾取圆，设置拉伸类型为【创建主体】，距离为【两端同时延伸 3】，结果如图 5-42 所示。

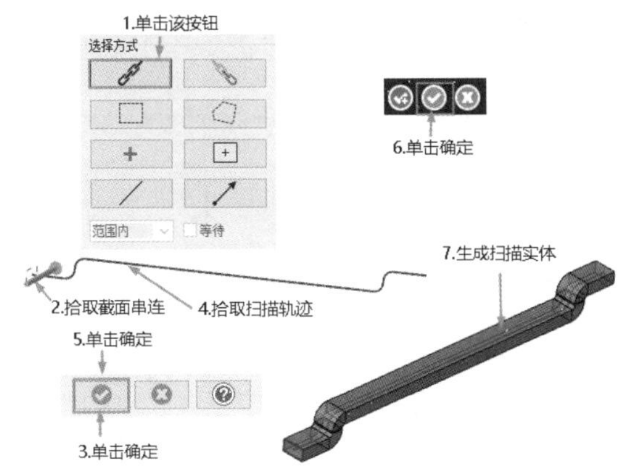

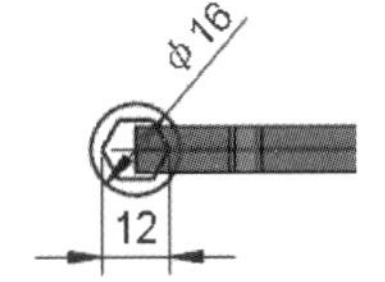

图 5-40　扫描实体的创建过程　　　图 5-41　绘制拉伸草图

（9）重复【拉伸】命令，拾取六边形，单击【目标】后面的【选择】按钮，选择圆柱体为目标实体。设置拉伸类型为【切割主体】，距离为【全部贯通】，结果如图 5-43 所示。

（10）同理，切割扫描实体，结果如图 5-44 所示。

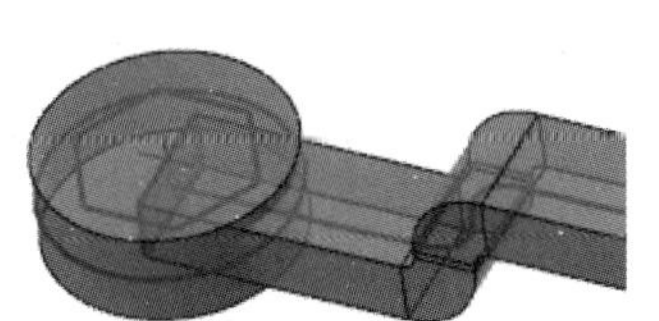

图 5-42　创建拉伸实体

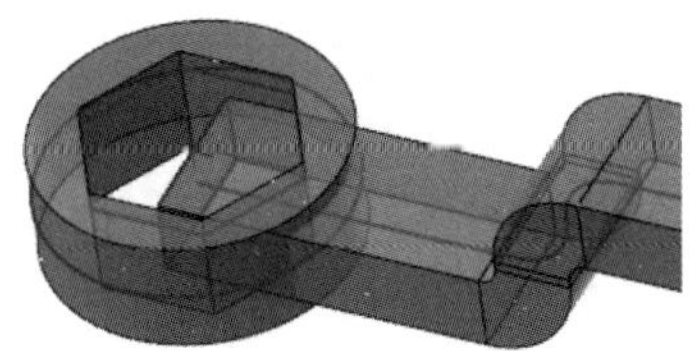

图 5-43　创建切割主体 1

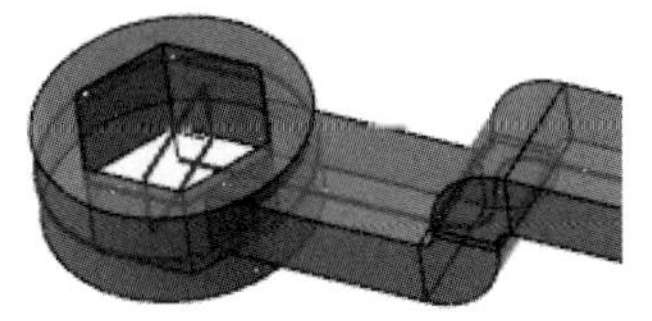

图 5-44　创建切割主体 2

（11）使用同样的方法创建另一端的实体，结果如图 5-45 所示。

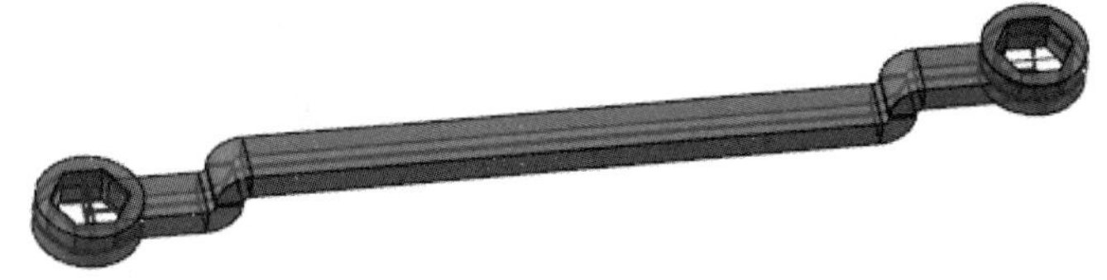

图 5-45　内六角扳手

由于【扫描】对话框选项的含义在上面都已经介绍过，这里不再赘述。

5.1.9　举升实体

【举升】命令可以以几个作为断面的封闭外形创建一个新的实体，或对已经存在实体做添加或切割操作。系统按选择串连外形的顺序以平滑或线性（直纹）方式将外形之间熔接而创建实体。

单击【实体】→【创建】→【举升】按钮，弹出【举升】对话框，如图 5-46 所示。同时系统弹出【线框串连】对话框。

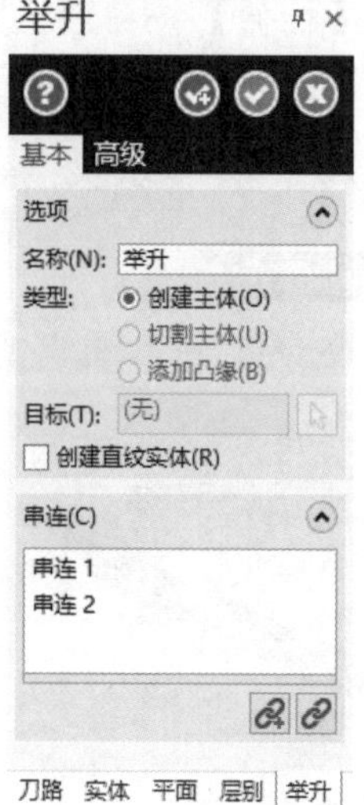

图 5-46 【举升】对话框

扫一扫，看视频

实操练习 9 创建举升实体

绘制过程

（1）单击快速访问工具栏中的【打开】按钮，在弹出的【打开】对话框中选择【源文件\原始文件\第 5 章\创建举升实体】文件。

（2）执行【举升】命令，举升实体创建过程如图 5-47 所示。

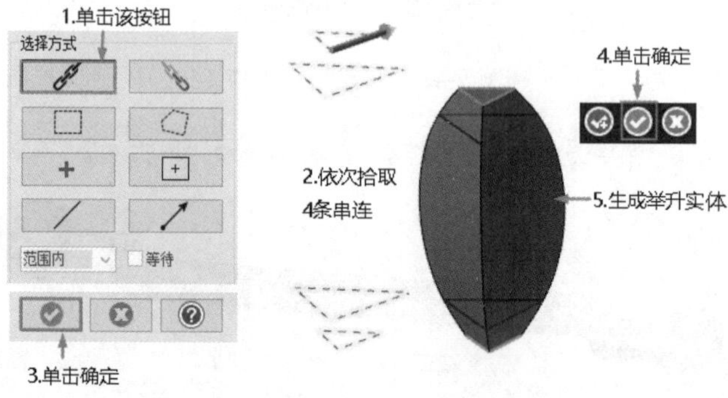

图 5-47 举升实体的创建过程

要成功创建一个举升实体，选择串连外形必须符合以下原则。

（1）每个串连外形中的图素必须是共平面的，串连外形之间不必共平面。

（2）每个串连外形必须形成一个封闭式边界。

（3）所有串连外形的串连方向必须相同。

（4）在举升实体操作中，一个串连外形不能被选择两次或两次以上。

（5）串连外形不能自我相交。

（6）串连外形如有不平顺的转角，必须设定（图素对应），以使每个串连外形的转角能相对应，如此后续处理倒角等编辑操作才能顺利执行。

5.2　实体的编辑

实体的编辑是指在创建实体的基础上，修改三维实体模型，包括实体倒圆角、实体倒角、实体修剪和实体间的布尔运算等操作，如图 5-48 所示。

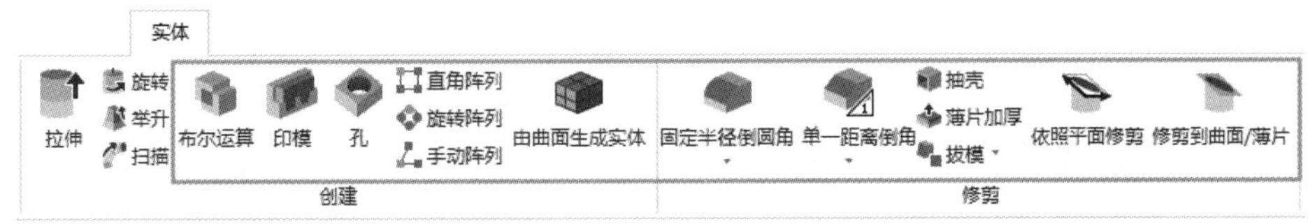

图 5-48　实体编辑菜单

5.2.1　实体倒圆角

实体倒圆角是在实体的两个相邻的边界之间生成平滑的过渡。Mastercam 可以用固定半径倒圆角、面与面倒圆角和变化倒圆角 3 种形式对实体边界进行倒圆角。实体倒圆角的操作步骤如下。

1．固定半径倒圆角

单击【实体】→【修剪】→【固定半径倒圆角】按钮，弹出【实体选择】对话框和【固定圆角半径】对话框，如图 5-49 所示。

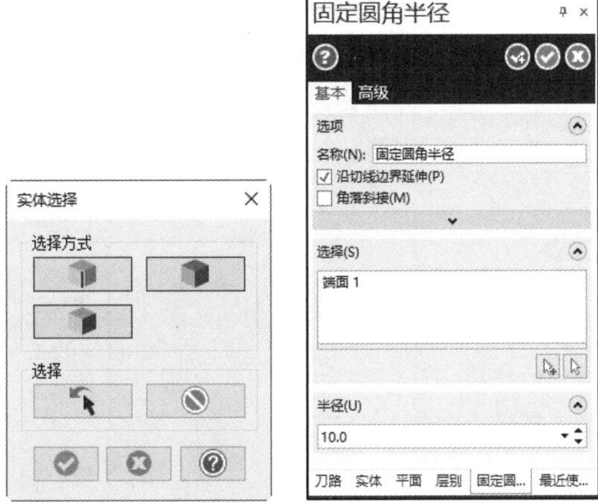

图 5-49　【实体选择】对话框和【固定圆角半径】对话框

【实体选择】对话框中有 3 种选择方式，分别为边界、面和主体，操作示例如图 5-50 所示。

【固定圆角半径】对话框中的主要选项含义如下。

（1）沿切线边界延伸：选中该复选框，倒圆角自动延长至棱边的相切处。

（2）角落斜接：用于处理 3 个或 3 个以上棱边相交的顶点。不选中该复选框，顶点不平滑处理；选中该复选框，顶点圆滑处理，如图 5-51 所示。

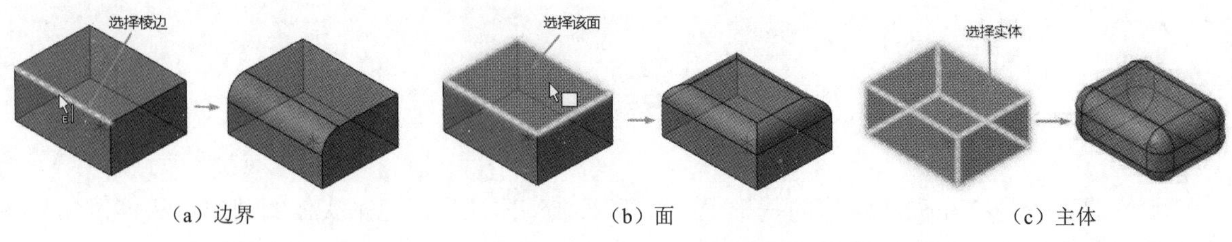

（a）边界　　（b）面　　（c）主体

图 5-50　固定半径倒圆角示例

（a）不选中　　（b）选中

图 5-51　【角落斜接】示例

2．面与面倒圆角

面与面倒圆角是在两组面集之间生成平滑的过渡，操作步骤如下。

单击【实体】→【修剪】→【固定半径倒圆角】→【面与面倒圆角】按钮，弹出【实体选择】对话框和【面与面倒圆角】对话框，如图 5-52 所示。操作示例如图 5-53 所示。

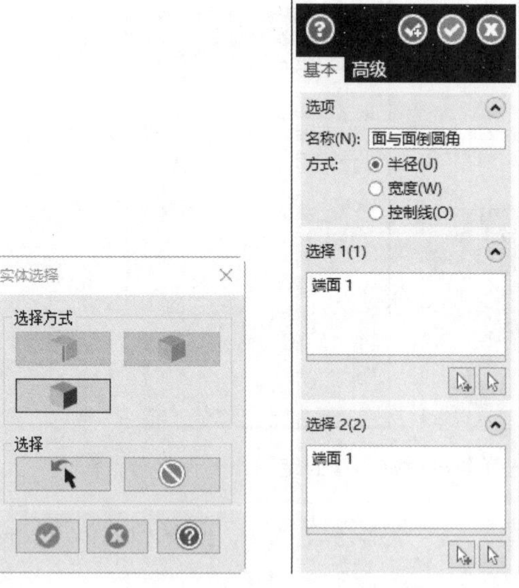

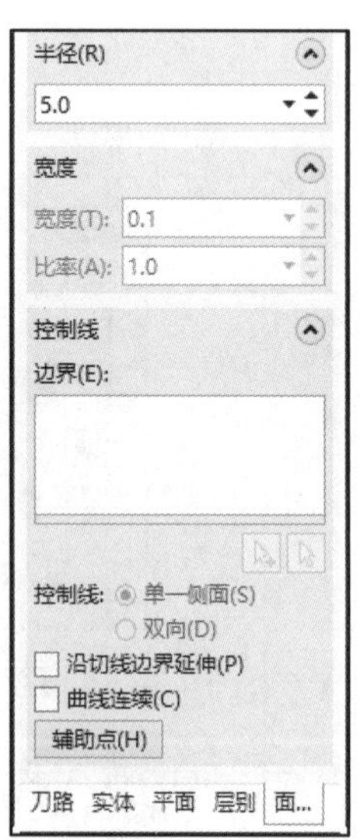

图 5-52　【实体选择】对话框和【面与面倒圆角】对话框

【面与面倒圆角】对话框的选项和【固定半径倒圆角】对话框大同小异，区别是面与面倒圆角有 3 种方式：半径方式、宽度方式和控制线方式。

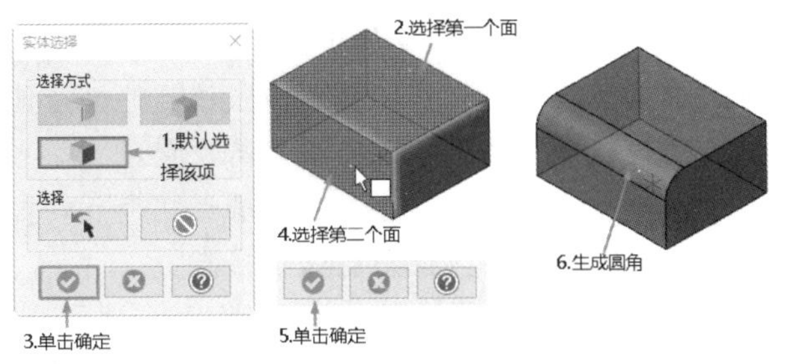

图 5-53　面与面倒圆角的操作过程

3．变化倒圆角

变化倒圆角是沿边选择一个点控制半径。

单击【实体】→【修剪】→【固定半径倒圆角】→【变化倒圆角】按钮，弹出【实体选择】对话框和【变化圆角半径】对话框，如图 5-54 所示。操作示例如图 5-55 所示。

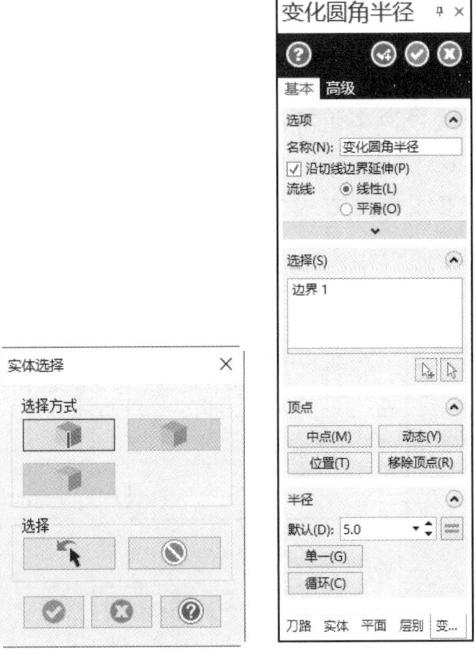

图 5-54　【实体选择】对话框和【变化圆角半径】对话框

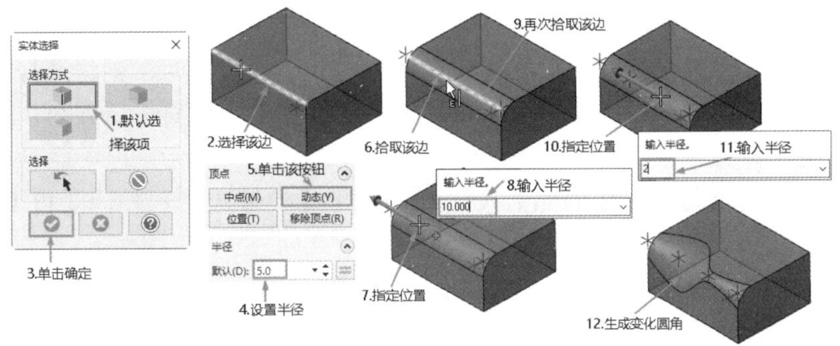

图 5-55　变化倒圆角操作示例

【变化圆角半径】对话框中主要选项的含义如下。

（1）中点：在选取边的中点插入半径点，并提示输入该点的半径值。

（2）动态：在选取要倒角的边上移动光标改变插入的位置。

（3）位置：改变选取边上半径的位置，但不能改变端点和交点的位置。

（4）移除顶点：移除端点间的半径点，但不能移除端点。

（5）单一：在图形视窗中变更实体边界上单一半径值。

（6）循环：循环显示各半径点，并可输入新的半径值改变各半径点的半径。

5.2.2 实体倒角

实体倒角也是在实体的两个相邻的边界之间生成过渡，不同的是，倒角过渡形式是直线过渡，而不是平滑过渡。

Mastercam 提供了 3 种倒角的方法。

（1）单一距离倒角：以单一距离的方式创建实体倒角，如图 5-56（a）所示。

（2）不同距离倒角：以两种不同的距离方式创建实体倒角，如图 5-56（b）所示。单一距离倒角可以看作不同距离倒角方式中两个距离值相同的特例。

（3）距离与角度倒角：以一个距离和一个角度的方式创建一个倒角，如图 5-56（c）所示。单一距离倒角可以看作距离与角度倒角方式中角度为 45°时的特例。

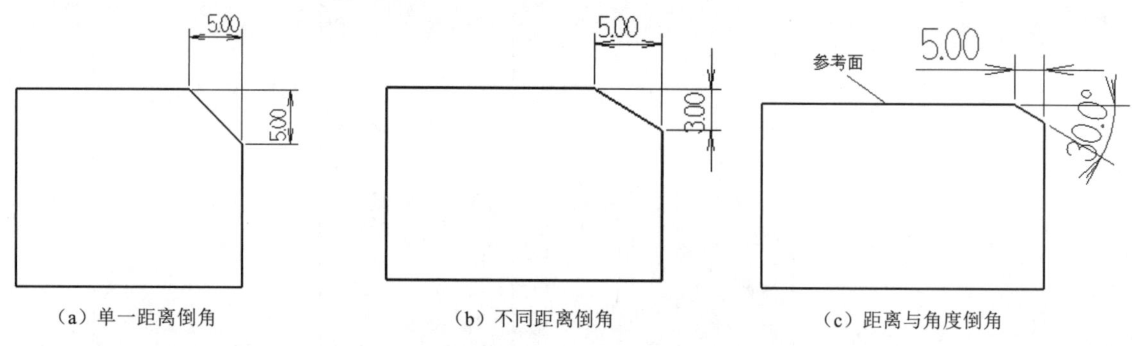

（a）单一距离倒角　　（b）不同距离倒角　　（c）距离与角度倒角

图 5-56　倒角方式示意图

5.2.3 实体抽壳

实体抽壳可以将实体内部挖空。如果选择实体上的一个或多个面，则将选择的面作为实体造型的开口，而没有被选择为开口的其他面则以指定值产生厚度；如果选择整个实体，则将实体内部挖空，不会产生开口。

单击【实体】→【修剪】→【抽壳】按钮，弹出【实体选择】对话框和【抽壳】对话框，如图 5-57 所示。

图 5-57 【实体选择】对话框和【抽壳】对话框

实操练习 10 创建烟灰缸

绘制过程

（1）单击快速访问工具栏中的【打开】按钮，在弹出的【打开】对话框中选择【源文件\原始文件\第 5 章\创建烟灰缸】文件。

（2）执行【抽壳】命令，创建过程如图 5-58 所示。

（3）单击【视图】→【屏幕视图】→【前视图】按钮，将当前视角切换为【前视图】。同时，绘图平面也自动切换为【前视图】。

（4）单击【线框】→【形状】→【圆角矩形】按钮，绘制如图 5-59 所示的圆角矩形。

（5）用同样的方法在左视图上绘制该圆角矩形。

（6）单击【实体】→【创建】→【拉伸】按钮，分别选择前视图和左视图的圆角矩形，创建切割主体，拉伸距离为【全部贯通】，结果如图 5-60 所示。

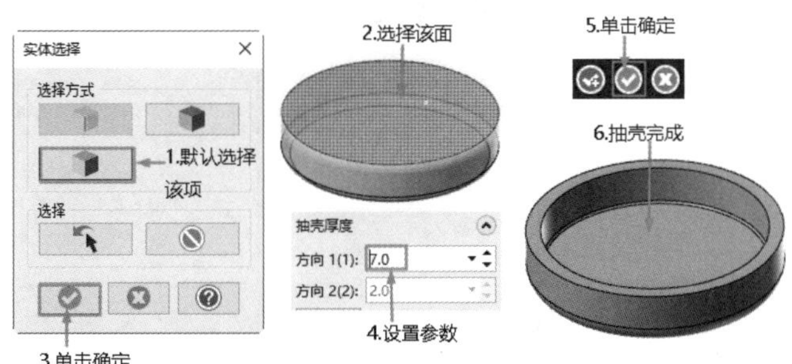

图 5-58 抽壳的创建过程

（7）单击【实体】→【修剪】→【固定半径倒圆角】→【面与面倒圆角】按钮，选择图 5-61 所示的要圆角的面，圆角半径设置为 8，结果如图 5-62 所示。

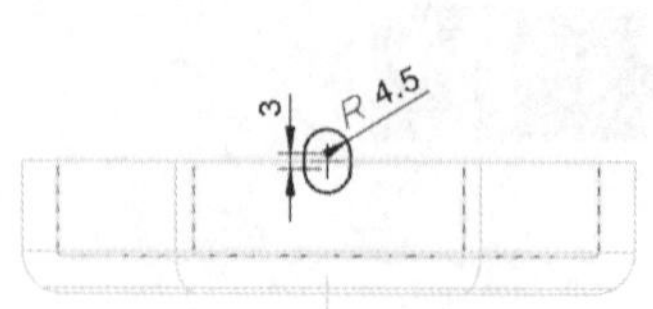

图 5-59　拉伸截面

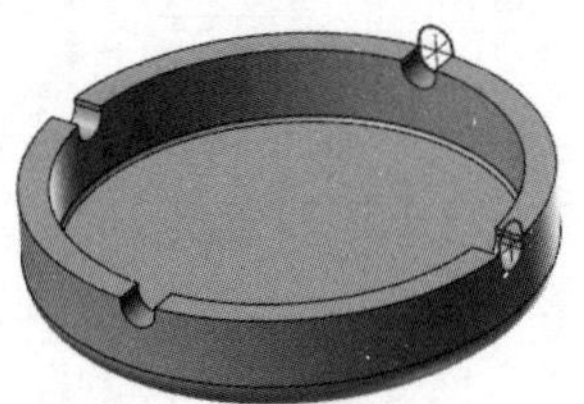

图 5-60　创建切割主体

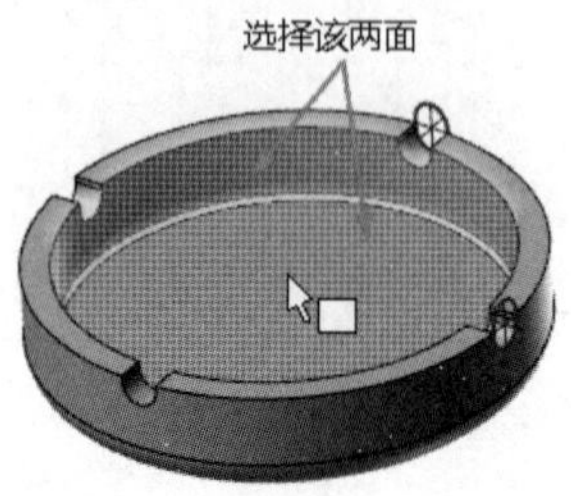

图 5-61　选择要圆角的面

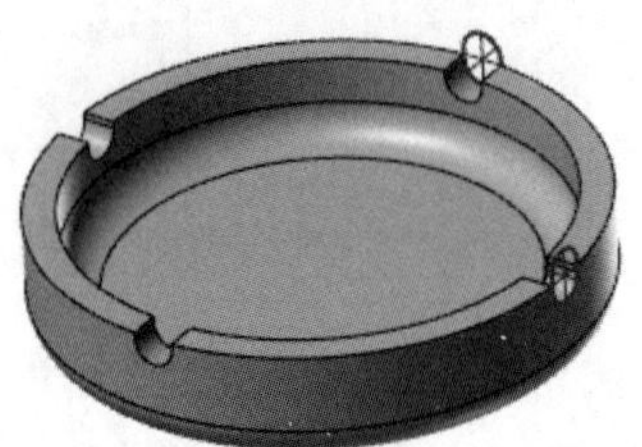

图 5-62　创建圆角

注意

【抽壳】命令的选取对象可以是面或体。当选取面时，系统对面所在的实体做抽壳处理，并在选取面的地方有开口；当选取实体时，系统将实体挖空，且没有开口。选取面进行实体抽壳操作时，可以选取多个开口面，但抽壳厚度是相同的，不能单独定义不同的面具有不同的抽壳厚度。

5.2.4　修剪到曲面/薄片

修剪到曲面/薄片就是使用平面、曲面或薄壁实体对实体进行切割，从而将实体一分为二，既可以保留切割实体的一部分，也可以两部分都保留。

单击【实体】→【修剪】→【依照平面修剪】→【修剪到曲面/薄片】按钮，弹出【修剪到曲面/薄片】对话框，如图 5-63 所示。

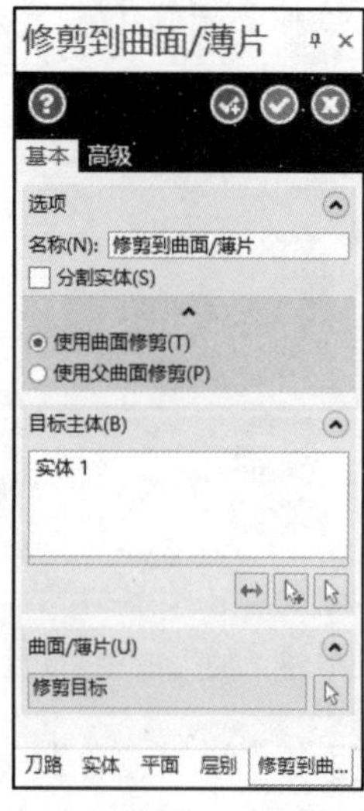

图 5-63　【修剪到曲面/薄片】对话框

实操练习 11　创建流屑槽

扫一扫，看视频

绘制过程

（1）单击快速访问工具栏中的【打开】按钮，在弹出的【打开】对话框中选择【源文件\原始文件\第 5 章\创建流屑槽】。

（2）执行【修剪到曲面/薄片】命令，弹出【修剪到曲面/薄片】对话框，创建过程如图 5-64 所示。

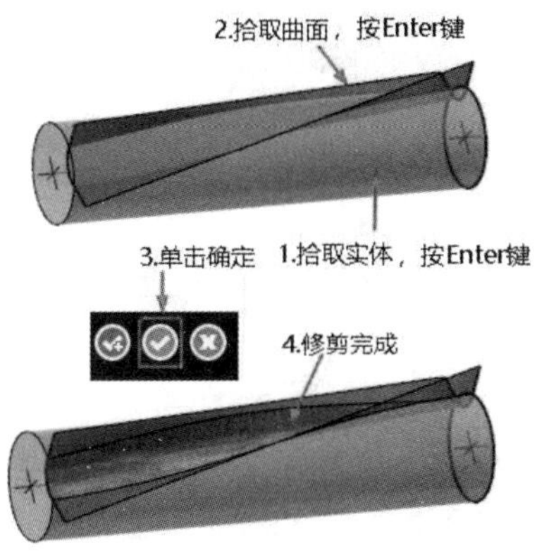

图 5-64　流屑槽创建过程

（3）新建图层 2，选中曲面和所有曲线，将其放置在图层 2 中，关闭图层 2，结果如图 5-65 所示。

图 5-65　流屑槽

5.2.5　移除实体面

【移除实体面】命令可以将实体或薄片上的其中一个面删除。被删除实体面的实体会转换为薄片，该功能常用于将有问题或需要设计变更的面删除。

实操练习 12　创建接线盒薄片

扫一扫，看视频

绘制过程

（1）单击快速访问工具栏中的【打开】按钮，在弹出的【打开】对话框中选择【源文件\原始文件\第 5 章\创建接线盒薄片】文件。

（2）单击【模型准备】→【修剪】→【移除实体面】按钮，操作过程如图 5-66 所示。

图 5-66　移除实体面的操作过程

5.2.6　薄片加厚

薄片是厚度很小的实体，该功能可以给薄片赋予一定的厚度。

单击【实体】→【修剪】→【薄片加厚】按钮，弹出【加厚】对话框，如图 5-67 所示。

扫一扫，看视频

实操练习 13　创建接线盒

绘制过程

（1）单击快速访问工具栏中的【打开】按钮，在弹出的【打开】对话框中选择【源文件\原始文件\第 5 章\创建接线盒】文件。

（2）执行【薄片加厚】命令，接线盒加厚创建过程如图 5-68 所示。

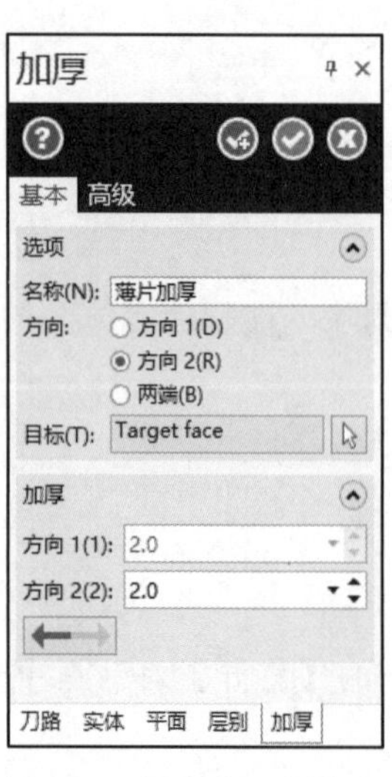

图 5-67　【加厚】对话框

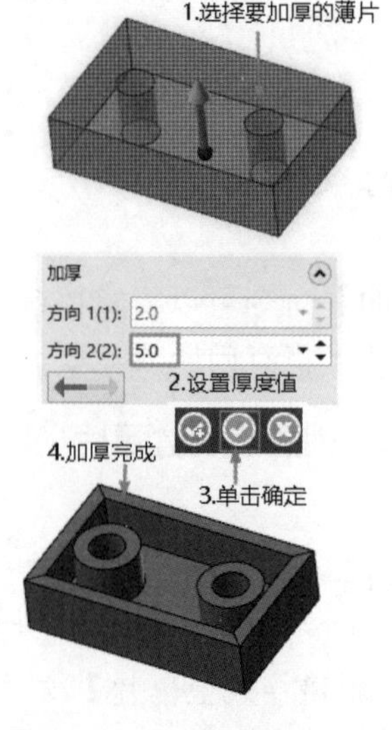

图 5-68　薄片加厚创建过程

5.2.7　移动实体面

【移动】命令用于移动调整、旋转或复制实体特征或面。

单击【模型准备】→【建模编辑】→【移动】按钮，弹出【移动】对话框，如图 5-69 所示。

实操练习 14　移动实体面

绘制过程

（1）单击快速访问工具栏中的【打开】按钮，在弹出的【打开】对话框中选择【源文件\原始文件\第 5 章\移动实体面】文件。

（2）单击【模型准备】→【建模编辑】→【移动】按钮，弹出【移动】对话框，如图 5-69 所示。移动面的操作步骤如图 5-70 所示。

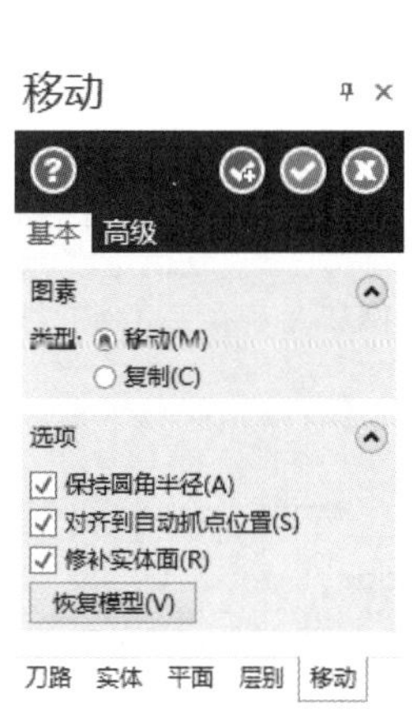

图 5-69　【移动】对话框

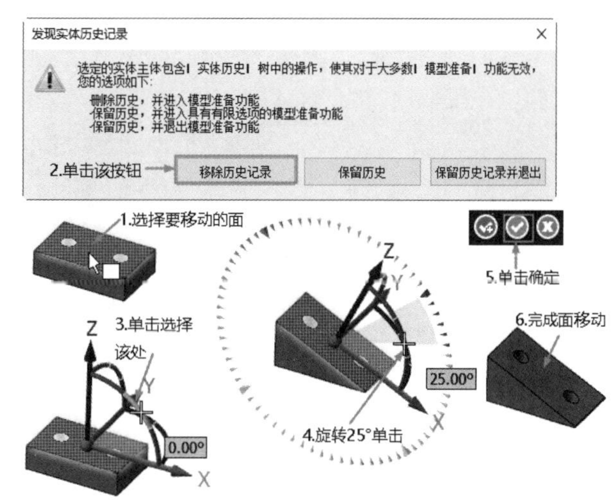

图 5-70　移动面的操作过程

5.2.8　布尔运算

布尔运算是利用两个或多个已有实体通过求和、求差和求交运算组合成新的实体并删除原有实体。

单击【实体】→【创建】→【布尔运算】按钮，弹出【布尔运算】对话框，如图 5-71 所示。

相关布尔操作主要包括以下 3 项。

（1）结合（求和运算）：将工具实体的材料加入目标实体中构建一个新实体，运算过程如图 5-71（a）所示。

（2）切割（求差运算）：在目标实体中减去与各工具实体公共部分的材料后构建一个新实体，运算过程如图 5-71（b）所示。

（3）交集（求交运算）：将目标实体与各工具实体的公共部分组合成新实体，运算过程如图 5-71（c）所示。

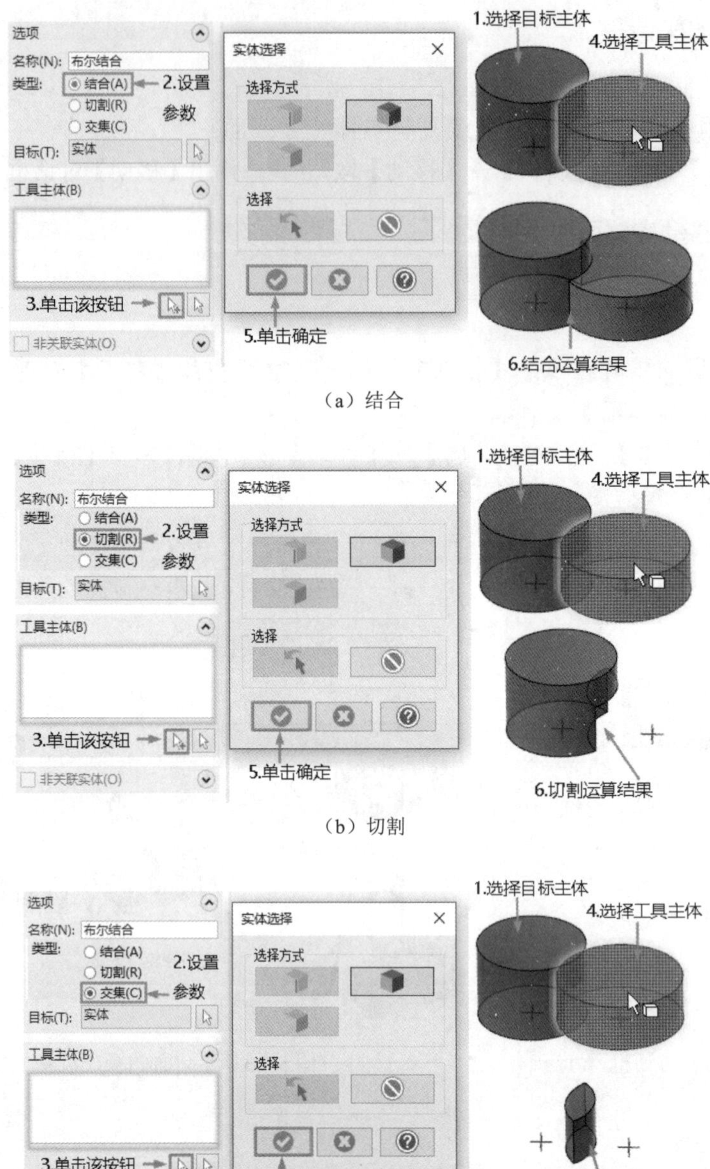

（a）结合

（b）切割

（c）交集

图 5-71 布尔操作示意图

5.2.9 拔模

拔模是零件模型上常见的编辑命令，是以指定的角度斜削模型中所选的面。由于拔模角度的存在可以使型腔零件更容易脱出模具，拔模经常被应用于铸造零件。Mastercam 2022 提供了 4 种拔模功能，如图 5-72 所示。下面我们介绍 3 种常用的拔模功能。

1．依照实体面拔模

依照实体面拔模就是添加角度到实体面，基于角度相交及参考面拔模。

单击【实体】→【修剪】→【拔模】→【依照实体面拔模】按钮，弹出【实体选择】对话框和【依照实体面拔模】对话框，如图 5-73 所示。

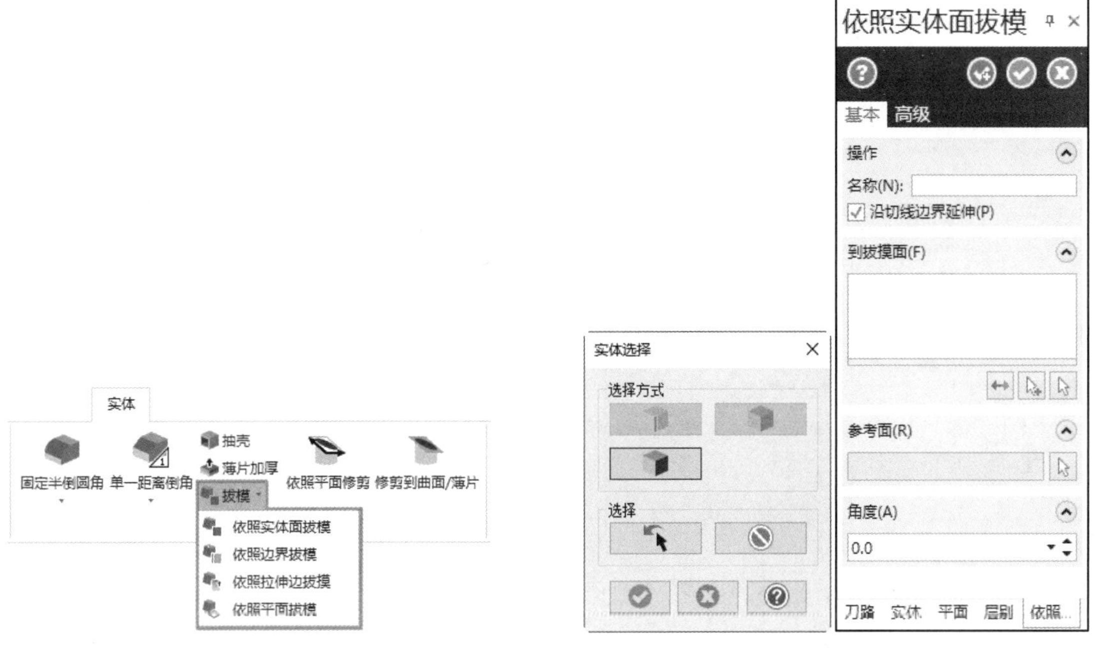

图 5-72　【拔模】下拉菜单　　　图 5-73　【实体选择】对话框和【依照实体面拔模】对话框

实操练习 15　依照实体面拔模

扫一扫，看视频

绘制过程

（1）绘制一个立方体。

（2）执行【依照实体面拔模】命令，弹出【实体选择】对话框和【依照实体面拔模】对话框，拔模的操作过程如图 5-74 所示。

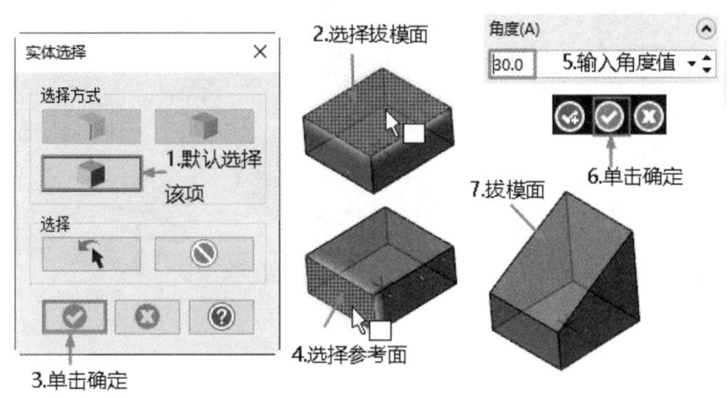

图 5-74　依照实体面拔模的操作过程

2. 依照边界拔模

依照边界拔模是添加角度到实体面，基于角度参考边界或实体面参考边界拔模。

单击【实体】→【修剪】→【拔模】→【依照边界拔模】按钮，弹出【实体选择】对话框和【依照边界拔模】对话框，如图 5-75 所示。

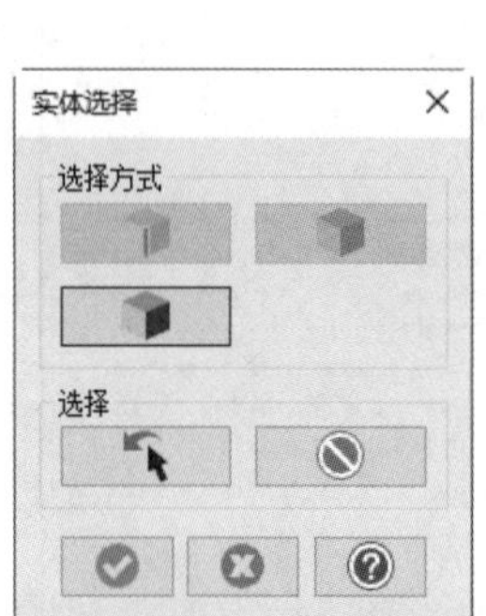

图 5-75 【实体选择】对话框和【依照边界拔模】对话框

扫一扫，看视频

实操练习 16 依照边界拔模

绘制过程

（1）绘制一个立方体。

（2）执行【依照边界拔模】命令，弹出【实体选择】对话框和【依照边界拔模】对话框，拔模的操作过程如图 5-76 所示。

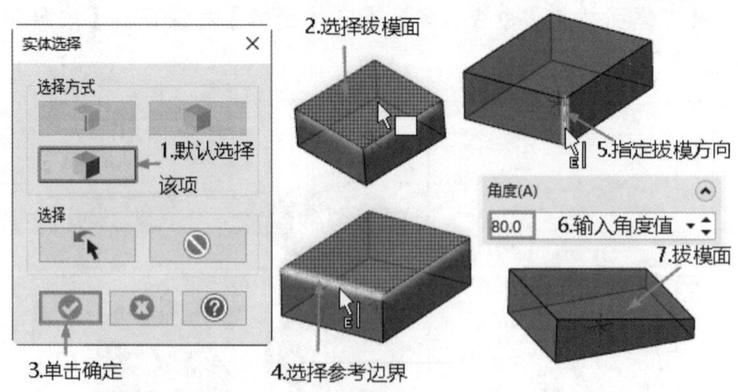

图 5-76 依照边界拔模的操作过程

3. 依照拉伸边拔模

依照拉伸边拔模是添加角度到选择实体面或拉伸实体。

单击【实体】→【修剪】→【拔模】→【依照拉伸边拔模】按钮，弹出【实体选择】对话框和【依照拉伸拔模】对话框，如图5-77所示。

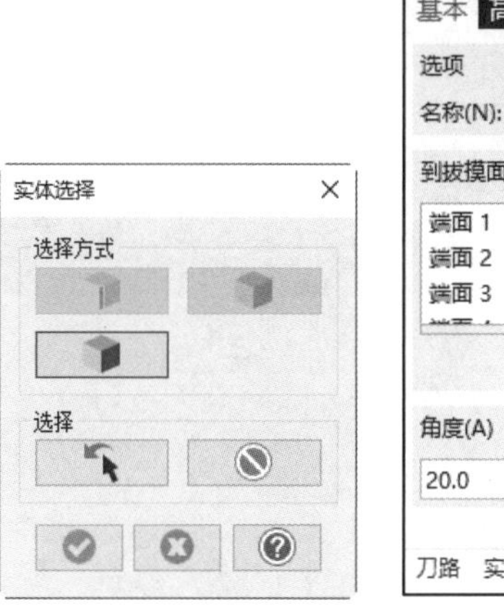

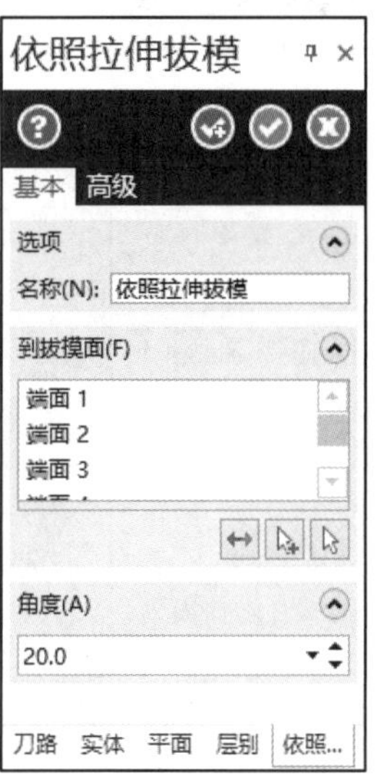

图5-77 【实体选择】对话框和【依照拉伸拔模】对话框

实操练习17 依照拉伸边拔模

绘制过程

（1）绘制一个拉伸五棱柱。

（2）执行【依照拉伸边拔模】命令，弹出【实体选择】对话框和【依照拉伸拔模】对话框，拔模的操作过程如图5-78所示。

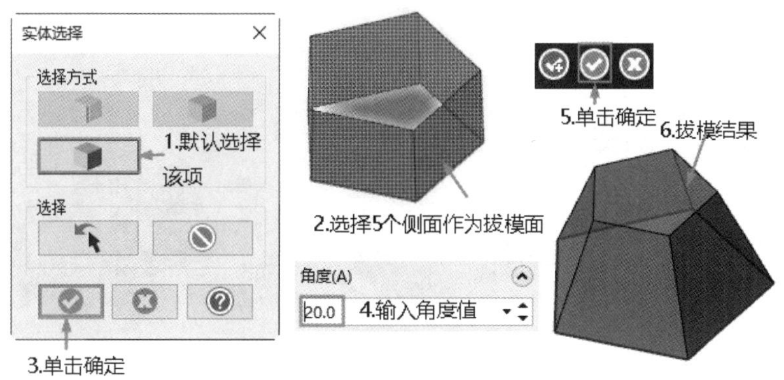

图5-78 依照拉伸边拔模的操作过程

5.2.10 孔

【孔】命令用于自动将孔打入实体。

单击【实体】→【创建】→【孔】按钮，弹出【孔】对话框，如图5-79所示。

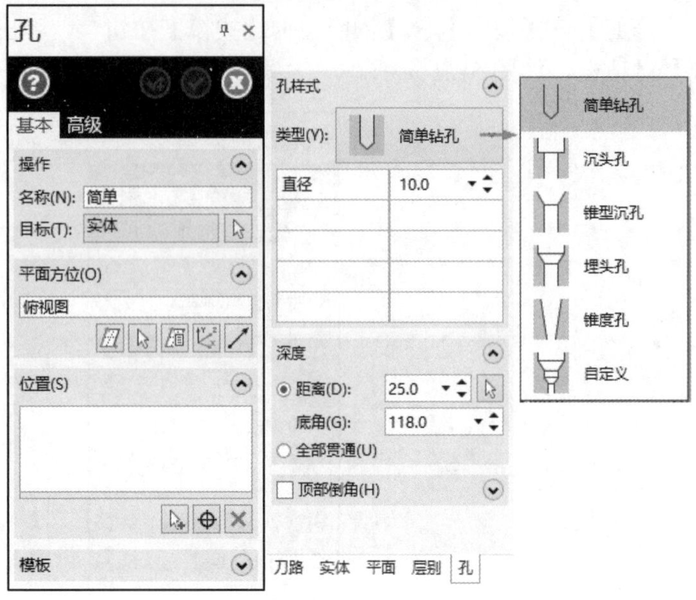

图 5-79 【孔】对话框

扫一扫，看视频

实操练习 18 创建锥形沉孔

绘制过程

（1）单击快速访问工具栏中的【打开】按钮，在弹出的【打开】对话框中选择【源文件\原始文件\第 5 章\创建锥形沉孔】文件。

（2）执行【孔】命令，系统弹出【孔】对话框，锥形沉孔的操作过程如图 5-80 所示。

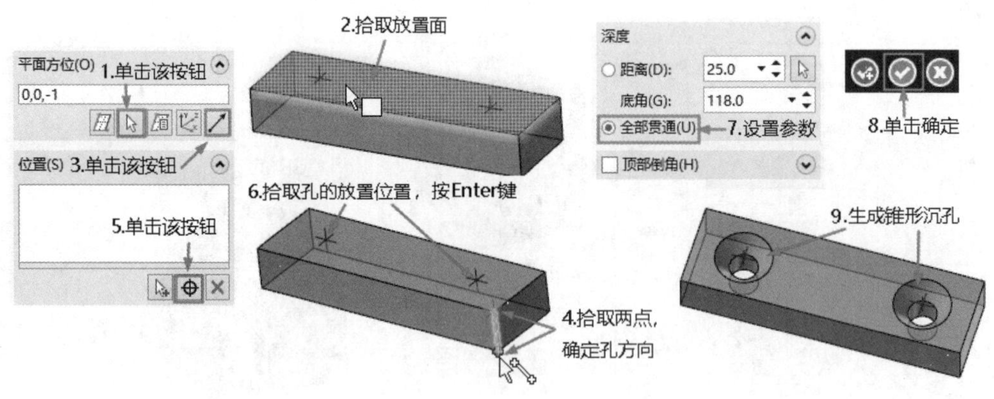

图 5-80 锥形沉孔的操作过程

5.2.11 直角阵列

【直角阵列】命令用于创建实体主体或切割主体及特征，指定次数、距离、角度和方向。

单击【实体】→【创建】→【直角阵列】按钮，弹出【直角坐标阵列】对话框，如图 5-81 所示，同时弹出【实体选择】对话框。

实操练习 19　创建直角阵列

绘制过程

（1）单击快速访问工具栏中的【打开】按钮，在弹出的【打开】对话框中选择【源文件\原始文件\第 5 章\创建直角阵列】文件。

（2）启动【直角阵列】命令，弹出【直角坐标阵列】对话框，直角阵列的操作过程如图 5-82 所示。

图 5-81　【直角坐标阵列】对话框

图 5-82　直角阵列的操作过程

5.2.12　旋转阵列

【旋转阵列】命令用于复制一个实体主体或围绕某个中心点创建实体或切割，将副本在角度之间复制，在指定角度范围内复制所有副本或放置副本在一个整圆上。

单击【实体】→【创建】→【旋转阵列】按钮，弹出【旋转阵列】对话框，如图 5-83 所示。同时弹出【实体选择】对话框。

实操练习 20　创建旋转阵列

绘制过程

（1）单击快速访问工具栏中的【打开】按钮，在弹出的【打开】对话框中选择【源文件\

原始文件\第 5 章\创建旋转阵列】文件。

（2）单击【视图】→【屏幕视图】→【俯视图】按钮，将当前视角及构图面切换为【俯视图】。

（3）执行【旋转阵列】命令，系统弹出【旋转阵列】对话框，旋转阵列的操作过程如图 5-84 所示。

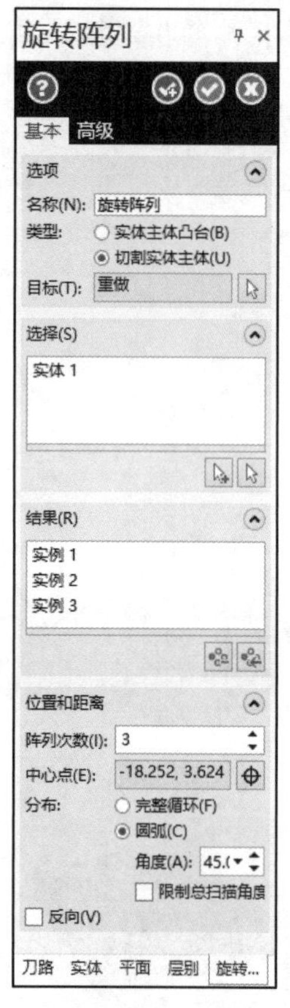

图 5-83 【旋转阵列】对话框

1.选择目标主体
2.选择工具主体
3.单击确定
4.设置参数
5.单击该按钮
6.拾取旋转中心点
7.旋转阵列结果

图 5-84 旋转阵列的操作过程

5.2.13 手动阵列

【手动阵列】命令用于选择该模型的基准点和位置，创建实体主体和特征副本，如凸台或切割。

单击【实体】→【创建】→【手动阵列】按钮，弹出【手动坐标阵列】对话框，如图 5-85 所示。同时弹出【实体选择】对话框。

扫一扫，看视频

实操练习 21 创建手动阵列

绘制过程

（1）单击快速访问工具栏中的【打开】按钮，在弹出的【打开】对话框中选择【源文件\原始文件\第 5 章\创建手动阵列】文件。

（2）执行【手动阵列】命令，系统弹出【手动阵列】对话框，手动阵列的操作过程如图 5-86 所示。

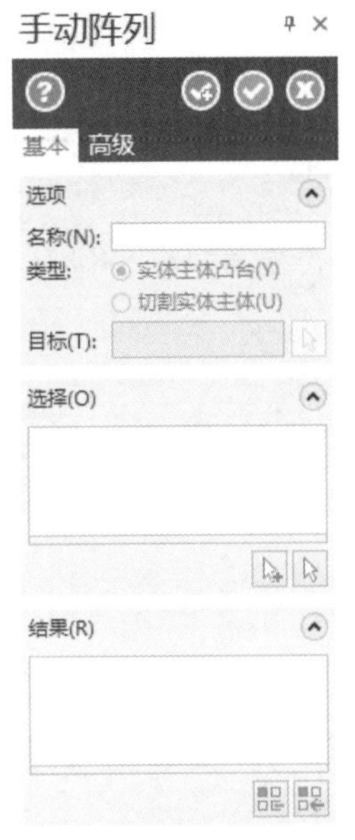

图 5-85　【手动阵列】对话框

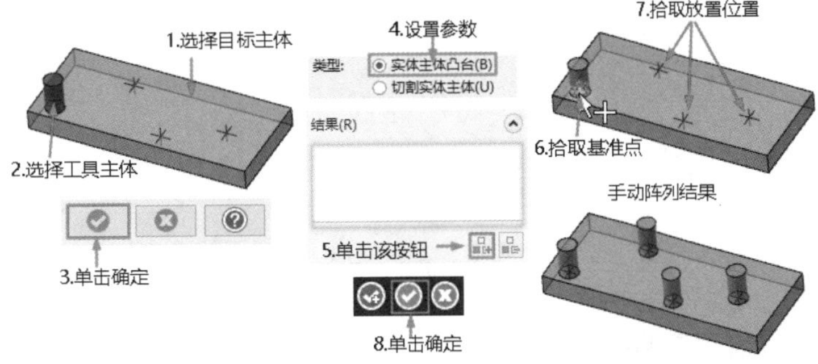

图 5-86　手动阵列的操作过程

5.3　综合实例——创建手压阀阀体

通过以上的学习，已经掌握了三维设计的基本方法，本节将通过阀体的三维建模操作融会所学知识。

创建如图 5-87 所示的阀体。

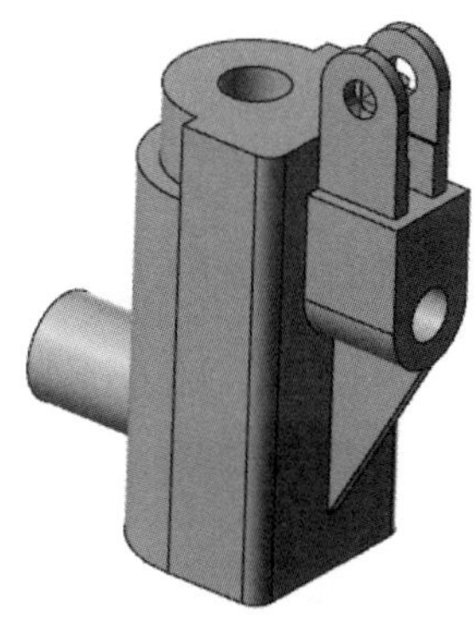

图 5-87　阀体

1. 创建拉伸实体

（1）单击【视图】→【屏幕视图】→【俯视图】按钮，将当前视角设置为【俯视图】。同时，绘图平面也自动切换为【俯视图】。

（2）使用【线框】选项卡中的【矩形】、【已知点画圆】、【图素倒圆角】和【修剪到图素】命令，绘制如图 5-88 所示的图形。

（3）单击【转换】→【位置】→【移动到原点】按钮，将绘制的图形的中心线的交点移动到原点。

注意

移动后，中心线的线宽会变大，可以右击，在弹出的快捷菜单中将其改为细线。

（4）单击【实体】→【创建】→【拉伸】按钮，将绘制的图形拉伸 120，结果如图 5-89 所示。

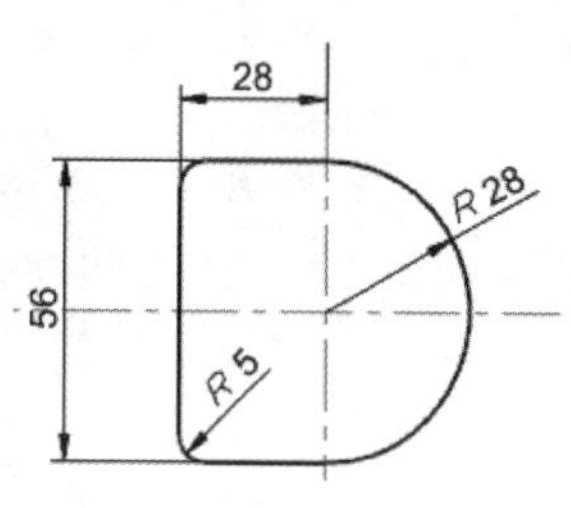

图 5-88 拉伸截面图

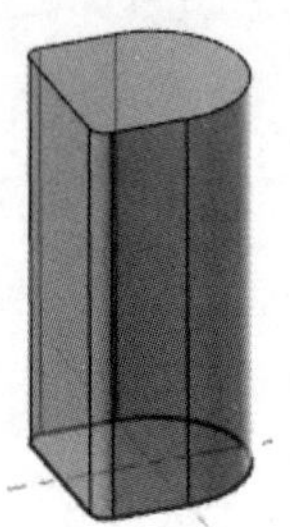

图 5-89 拉伸实体

2. 创建拉伸凸台 1

（1）单击【视图】→【屏幕视图】→【左视图】按钮，将当前视角设置为【左视图】。同时，绘图平面也自动切换为【左视图】。

（2）单击【实体】→【创建】→【圆柱】按钮，圆柱中心点坐标为（0,90,0），参数设置及预览如图 5-90 所示。

3. 创建拉伸凸台 2

（1）单击【线框】→【圆弧】→【已知点画圆】按钮，绘制圆心坐标为（0,42,0）、半径为 14 的圆。

（2）单击【线框】→【绘线】→【连续线】按钮，绘制连接线，修剪后的图形如图 5-91 所示。

（3）单击【实体】→【创建】→【拉伸】按钮，将拉伸类型设置为【添加凸台】，拉伸距离为 56，如图 5-92 所示。

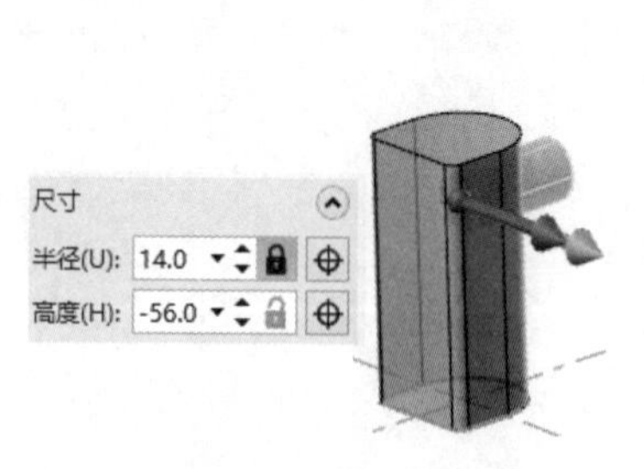

图 5-90 凸台 1

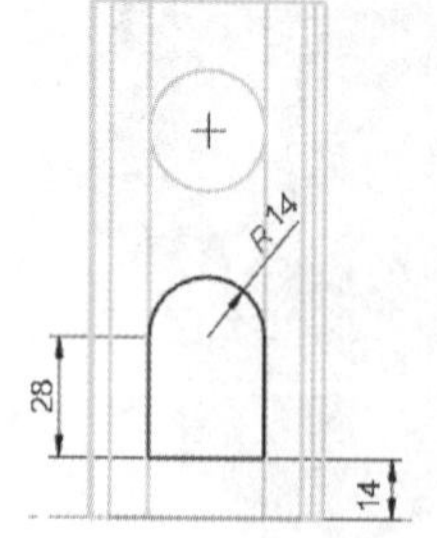

图 5-91 凸台 2 截面图

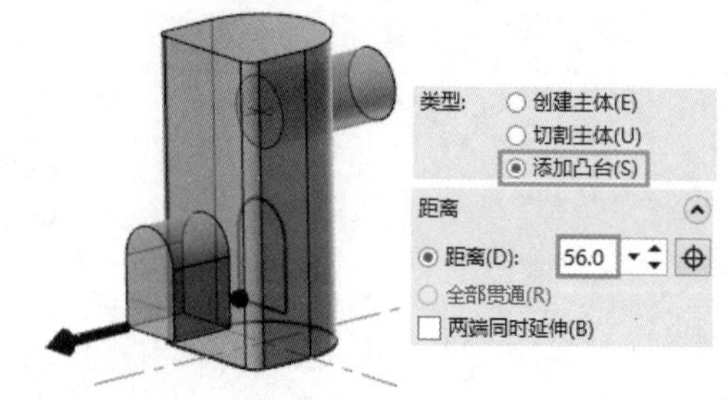

图 5-92 创建凸台 2

4. 创建筋板

（1）单击【视图】→【屏幕视图】→【前视图】按钮，将当前视角设置为【前视图】。同时，绘图平面也自动切换为【前视图】。

（2）单击【转换】→【位置】→【投影】按钮，选择如图 5-93 所示的两条轮廓线，将其投影到当前构图面上。

（3）单击【线框】→【绘线】→【连续线】按钮，绘制一条与水平方向夹角为 60°的直线和一条水平线，修剪后结果如图 5-94 所示。

（4）单击【实体】→【创建】→【拉伸】按钮，将拉伸类型设置为【添加凸台】，拉伸距离为 2，结果如图 5-95 所示。

5. 布尔运算

单击【实体】→【创建】→【布尔运算】按钮，将小圆柱体与主体进行合并。

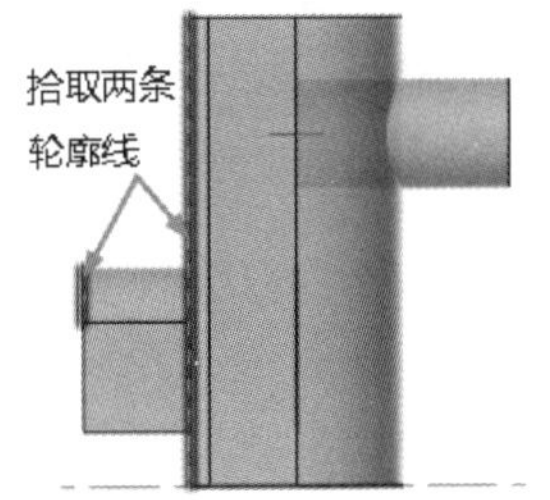

图 5-93　投影轮廓线

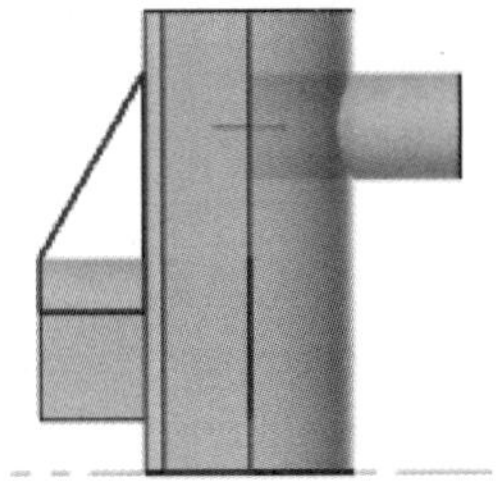

图 5-94　绘制筋板截面图

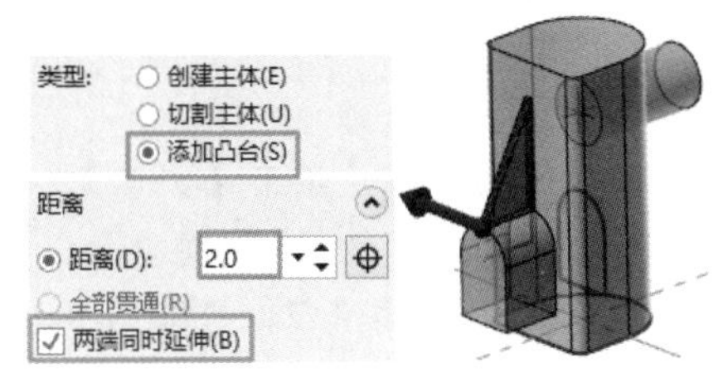

图 5-95　创建筋板

6. 创建旋转切割特征

（1）单击【转换】→【位置】→【投影】按钮，选择如图 5-96 所示的轮廓线，将其投影到当前构图面上，结果如图 5-97 所示。

（2）单击【视图】→【屏幕视图】→【前视图】按钮，将当前视角设置为【前视图】。

（3）单击【转换】→【补正】→【单体补正】按钮，将上一步创建的投影线分别向右偏移 4、9、12 和 18；将底部的水平中心线分别向上偏移 18、5、12、30、5 和 50。修改线型后结果如图 5-98 所示。

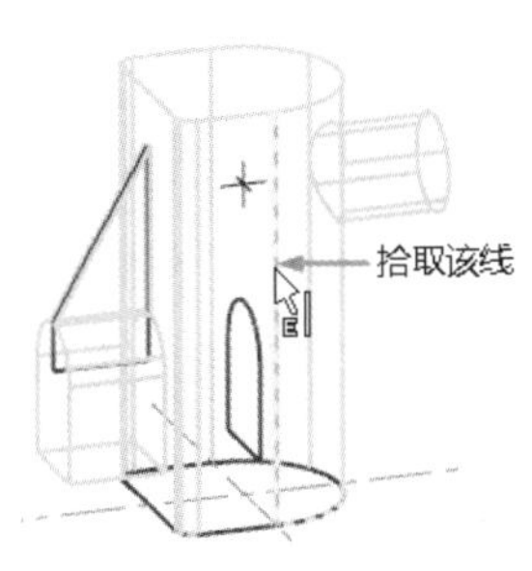

图 5-96　拾取轮廓线

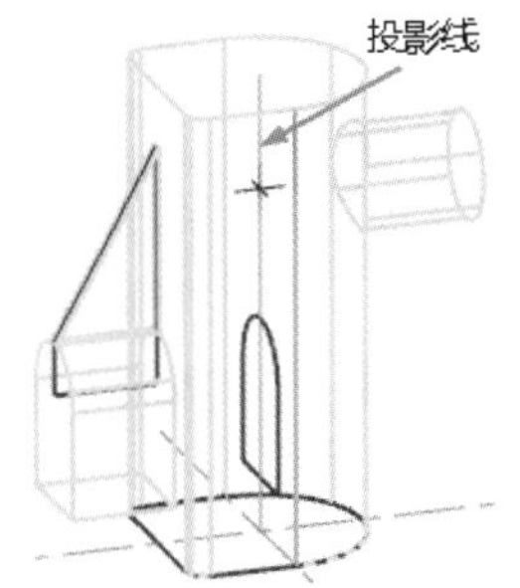

图 5-97　投影轮廓线

（4）单击【线框】→【绘线】→【连续线】按钮，绘制两条连接线，修剪整理后的结果如图 5-99 所示。

（5）单击【实体】→【创建】→【旋转】按钮，旋转类型设置为【切割主体】，结果如图 5-100 所示。

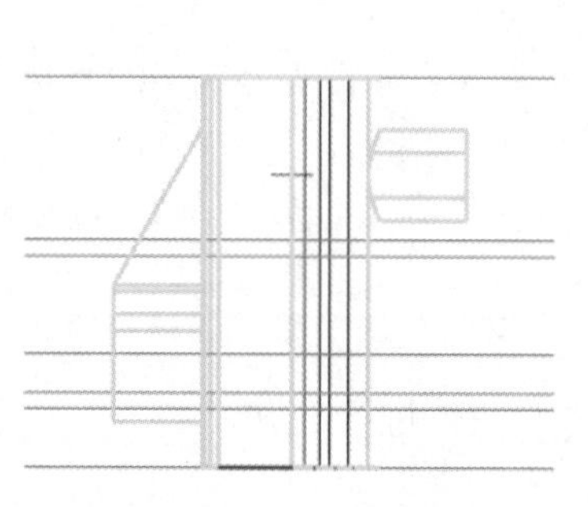

图 5-98　单体补正结果

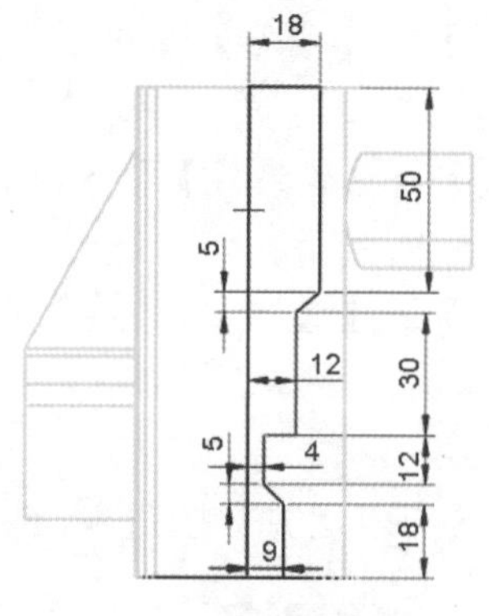

图 5-99　旋转截面图

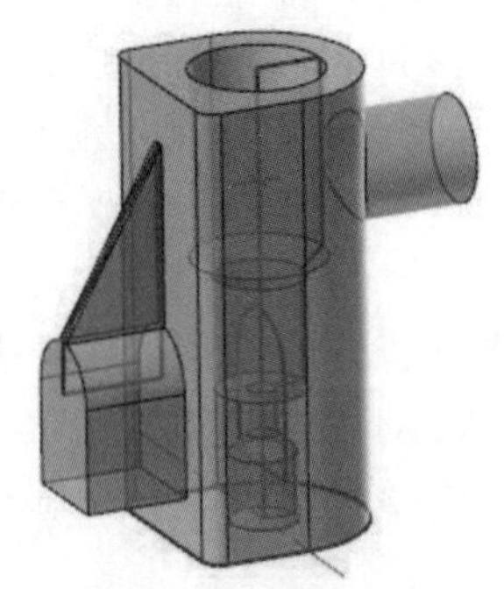

图 5-100　旋转切割特征

7．创建孔

（1）创建孔 1。单击【实体】→【创建】→【孔】按钮，拾取图 5-101 所示的孔位置，创建直径为 16、深度为 45 的简单孔，结果如图 5-102 所示。

（2）继续创建孔 2。拾取图 5-103 所示的孔位置，创建直径为 14、深度为 55 的简单孔，结果如图 5-104 所示。

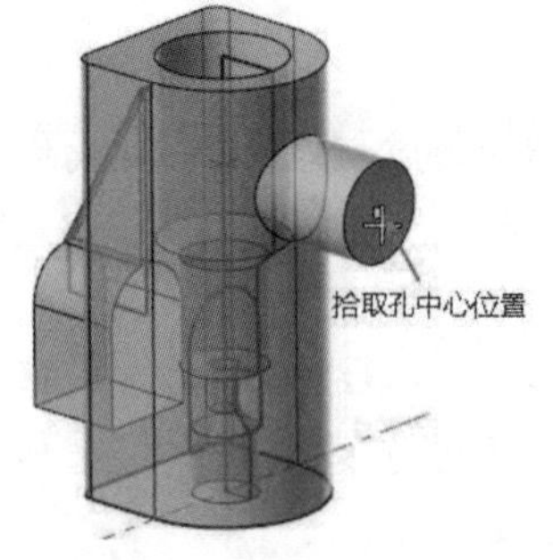

图 5-101　拾取孔中心位置

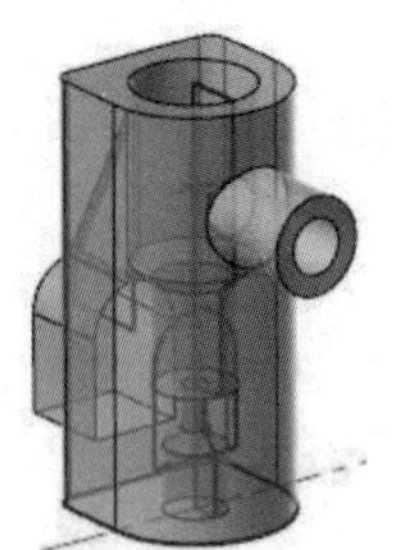

图 5-102　创建孔 1

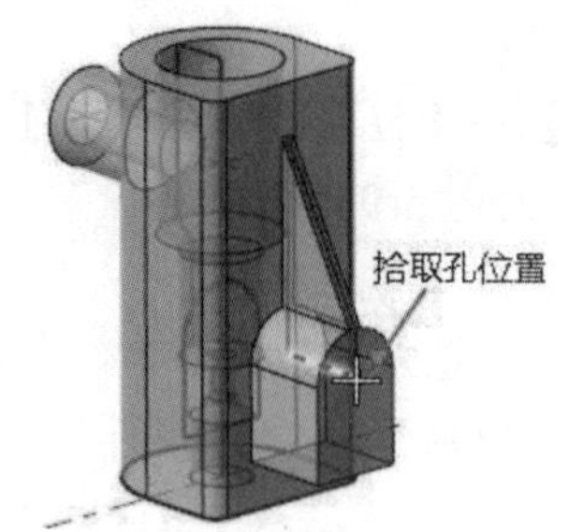

图 5-103　拾取第二个孔位置

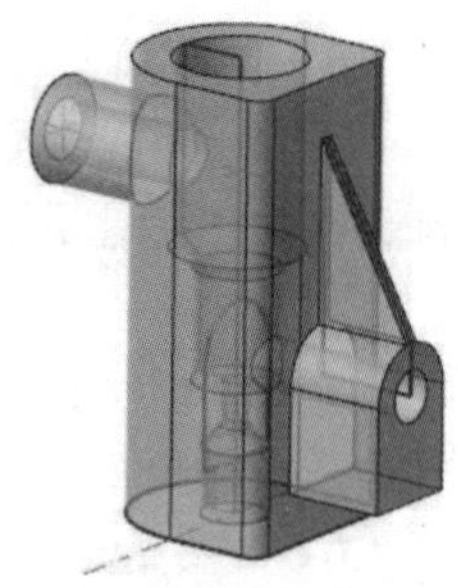

图 5-104　创建孔 2

8．创建拉伸切除特征

（1）单击状态栏中的【绘图平面】按钮绘图平面:，将绘图平面切换为【仰视图】。

（2）使用【线框】选项卡中的【已知点画圆】和【连续线】命令绘制如图 5-105 所示的图形。

（3）单击【实体】→【创建】→【拉伸】按钮，设置拉伸类型为【切割主体】，拉伸距离为 20，结果如图 5-106 所示。

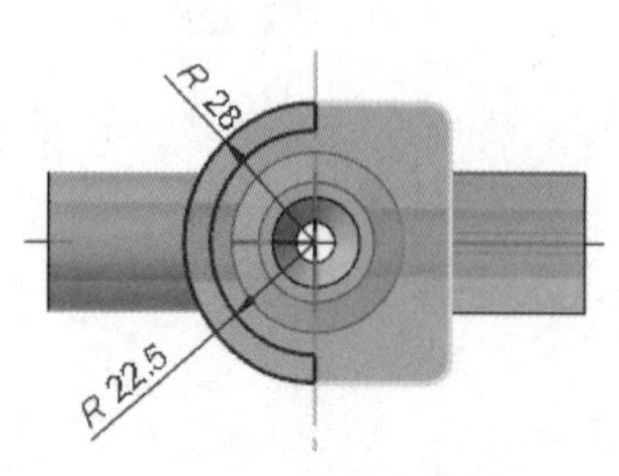

图 5-105　绘制拉伸截面

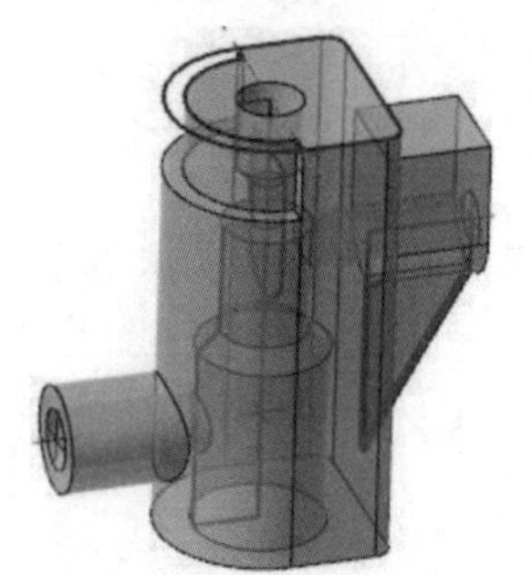

图 5-106　创建拉伸切除特征

9．创建拉伸特征

（1）单击【主页】→【规划】→Z 按钮Z，系统提示“为新的绘图深度选择点”，在绘图区拾取如图 5-107 所示的点。此时 Z 值显示为-14。

（2）单击【视图】→【屏幕视图】→【仰视图】按钮，将当前视角设置为【仰视图】。

（3）单击【线框】→【形状】→【矩形】按钮，绘制角点坐标为（28,5,0），宽度和高度分别为 24 和 5 的矩形，结果如图 5-108 所示。

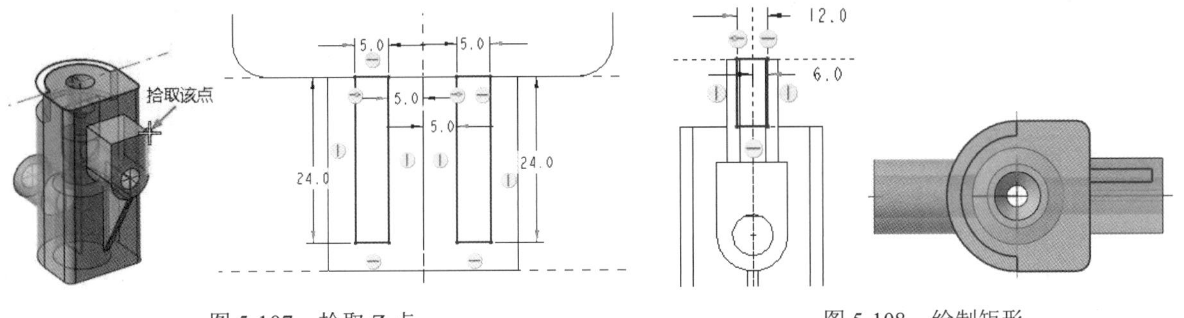

图 5-107　拾取 Z 点

图 5-108　绘制矩形

（4）单击【转换】→【位置】→【镜像】按钮，对上一步创建的矩形进行 X 轴镜像，结果如图 5-109 所示。

（5）单击【实体】→【创建】→【拉伸】按钮，设置拉伸高度为 40，创建拉伸实体，如图 5-110 所示。

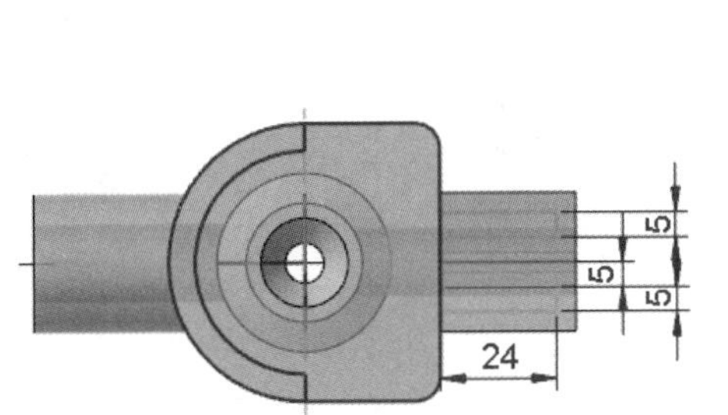

图 5-109　镜像矩形

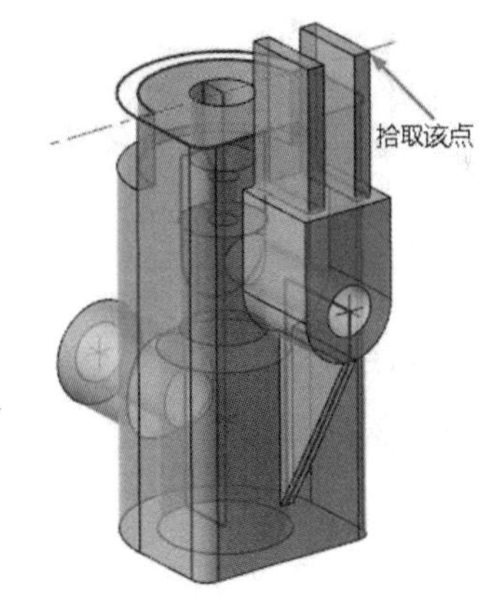

图 5-110　拉伸实体

10．创建拉伸切割特征

（1）单击【主页】→【规划】→Z 按钮Z，系统提示“为新的绘图深度选择点”，在绘图区拾取如图 5-110 所示的点。此时 Z 值显示为 26。

（2）单击【线框】→【形状】→【矩形】按钮，绘制角点坐标为（28,-6,0），宽度和高度分别为 24 和 12 的矩形，结果如图 5-111 所示。

（3）单击【实体】→【创建】→【拉伸】按钮，设置拉伸类型为【切割主体】，拉伸距离为 26，结果如图 5-112 所示。

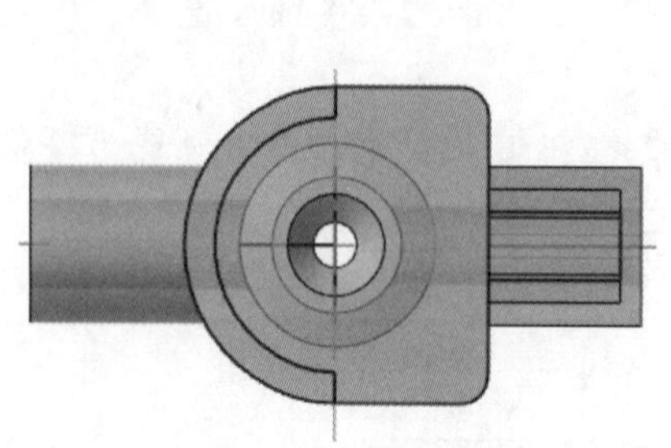
图 5-111　绘制矩形

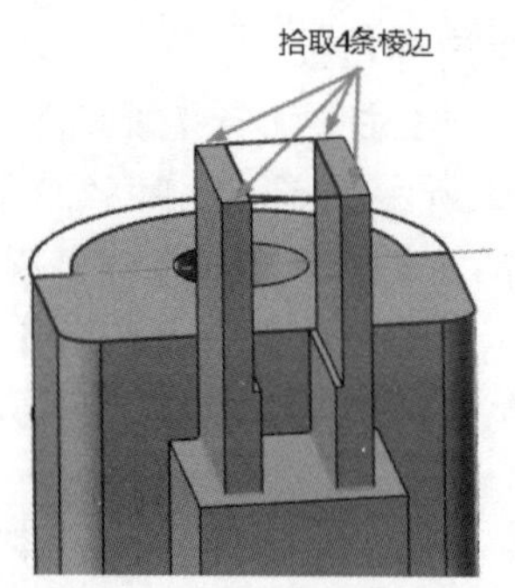

图 5-112　创建拉伸切割特征

11. 倒圆角

单击【实体】→【修剪】→【固定半径倒圆角】按钮，设置圆角半径为 12，拾取如图 5-112 所示的 4 条棱边进行圆角，结果如图 5-113 所示。

12. 布尔运算

单击【实体】→【创建】→【布尔运算】按钮，将上一步圆角后的实体与主体进行合并。

13. 创建孔

单击【实体】→【创建】→【孔】按钮，拾取图 5-114 所示的孔位置，创建直径为 10、深度为【全部贯通】的孔，结果如图 5-115 所示。至此，阀体全部创建完毕。

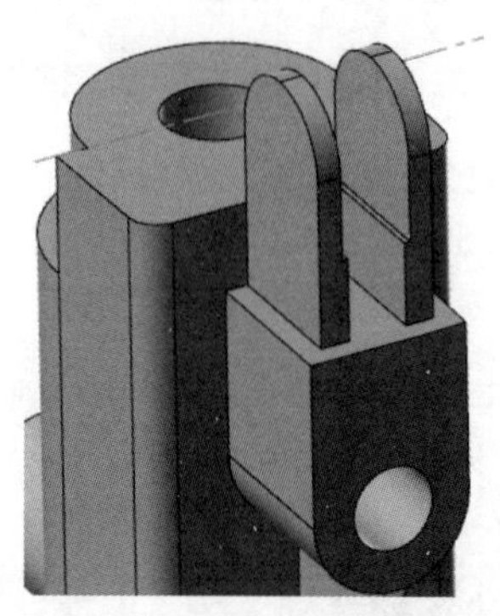
图 5-113　创建圆角

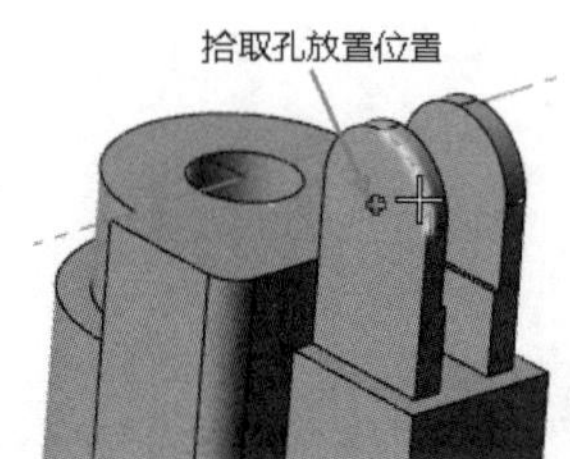

图 5-114　拾取孔放置位置

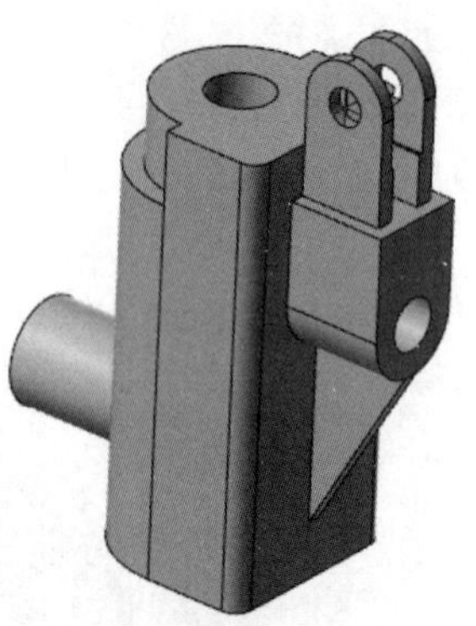
图 5-115　阀体

第 6 章　曲面、曲线的创建与编辑

曲面、曲线是构成模型的重要元素。Mastercam 软件的曲面、曲线功能灵活多样，不仅可以生成基本的曲面，还可以创建复杂的曲线、曲面。本章重点讲解基本三维曲面的创建；通过对二维图形进行拉伸、旋转、扫描等操作创建曲面；曲面的编辑以及空间曲线的创建。

知识点

- 基本曲面的创建
- 高级曲面的创建
- 曲面的编辑
- 空间曲线的创建
- 综合实例——绘制轮毂

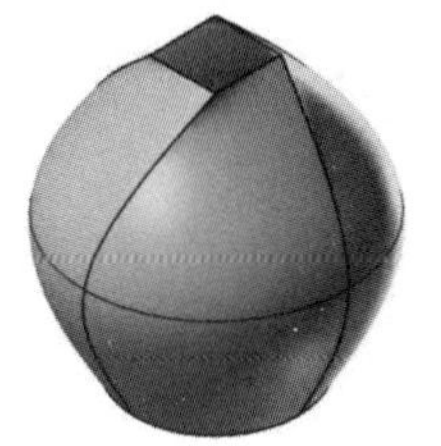
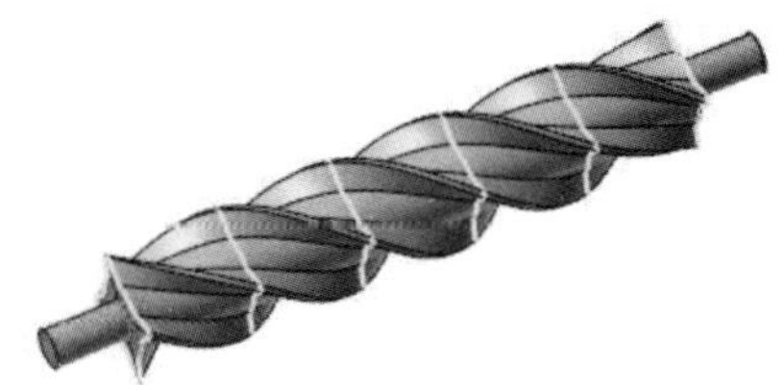

6.1　基本曲面的创建

所谓曲面，是以数学方程式表达物体的形状。通常一个曲面包含许多的断面（sections）和缀面（patches），在 Mastercam 中，将它们熔接在一起即可形成完整的曲面。由于现代计算机计算能力的迅速提高以及新曲面模型技术的应用开发，现在已经能够精确完整地描述复杂工件的外形；另外，也可以看到较复杂的工件外形是由多个曲面相互结合而构成的，这样的曲面一般称为复合曲面。

目前，可以用数学方程式计算得到的常用曲面有以下几种。

1. 网格曲面

网格曲面也常被称为昆氏缀面，单一网格曲面是以 4 个高阶曲线为边界熔接而成的曲面；多个网格所构成的昆氏缀面则是由数个独立的缀面很平顺地熔接在一起而得到的。其优点是穿过线结构曲线或数字化的点数据能够形成精确的平滑化曲面，也就是说，曲面必须穿过全部的控制点；缺点则是当要修改曲面的外形时，就需要修改控制的高阶边界曲线。

2. 贝塞尔（Bezier）曲面

贝塞尔曲面是通过熔接全部相连的直线和网状的控制点所形成的缀面创建出来的。多个缀面的贝塞尔曲面的成型方式与网格曲面类似，它可以把个别独立的贝塞尔曲面很平滑地熔接在一起。

贝塞尔曲面的优点是可以操控调整曲面上的控制点改变曲面的形状，缺点是整个曲面会因为使用者拉动某个控制点而进行改变，这将会使用户依照断面外形产生近似的曲面变得相当困难。

3．B-spline 曲面

B-spline 曲面具有网格曲面和贝塞尔曲面的重要特性，它类似于网格曲面。B-spline 曲面可以由一组断面曲线形成，它有点像贝塞尔曲面，也具有控制点，并可以操控点改变曲面的形状。B-spline 曲面可以拥有多个缀面，并且可以保证相邻缀面的连续性（没有控制点被移动）。

使用 B-spline 曲面的缺点是原始的基本曲面（如圆柱、球面体、圆锥等）都不能很精确地呈现，仅能以近似的方式显示。因此，当加工这些曲面时将会产生尺寸上的误差。

4．NURBS 曲面

NURBS 是 Non-Uniform Rational B-Spline 的缩写。有理化（Rational）曲面上的每个点都有权重的考虑。NURBS 曲面属于有理化曲面，并且具有 B-spline 曲面的全部特性，同时具有控制点权重的特性。当权重为常数时，NURBS 曲面就是一个 B-spline 曲面了。

NURBS 曲面克服了 B-spline 曲面在基本曲面模型上所遇到的问题，如圆柱、球面体、圆锥等实体都能很精确地以 NURBS 曲面显示，可以说 NURBS 曲面技术是现在最新的曲面数字化方程式。截至目前，NURBS 曲面是 CAD/CAM 软件公认的最理想造型工具，许多软件都使用它构造曲面模型。

基本曲面的创建与基本实体的创建相类似，这里我们不再重复介绍。

6.2　高级曲面的创建

Mastercam 不仅提供了创建基本曲面的功能，而且还允许由基本图素构成的一个封闭或开放的二维实体通过拉伸、旋转、举升等命令而创建复杂曲面。

6.2.1　创建拉伸曲面

拉伸曲面是将一个截面沿着指定方向移动而形成的曲面。

单击【曲面】→【创建】→【拉伸】按钮，弹出【线框串连】对话框，根据系统提示拾取串连，按 Enter 键后，弹出【拉伸曲面】对话框，如图 6-1 所示。

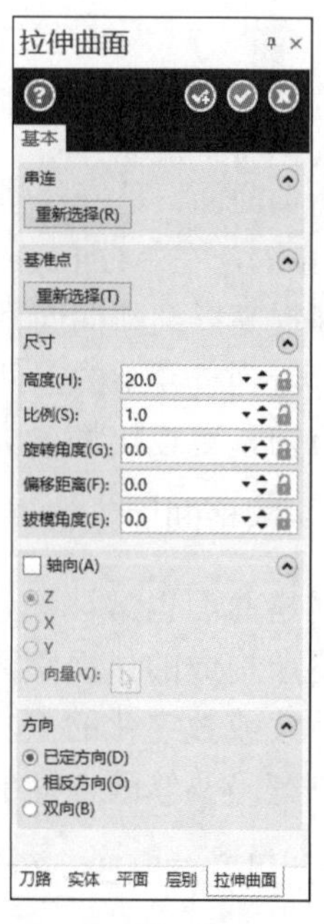

图 6-1　【拉伸曲面】对话框

扫一扫，看视频

实操练习 1　创建拉伸曲面

绘制过程

（1）单击快速访问工具栏中的【打开】按钮，在弹出的【打开】对话框中选择【源文件\原始文件\第 6 章\创建拉伸曲面】文件。

（2）执行【拉伸曲面】命令，创建过程如图 6-2 所示。

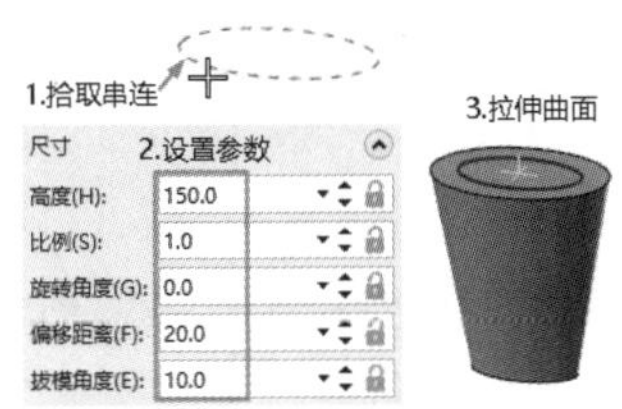

图 6-2　拉伸曲面的创建过程

6.2.2　创建旋转曲面

旋转曲面是将外形曲线沿着一条旋转轴旋转而产生的曲面，外形曲线的构成图素可以是由直线、圆弧等图素串连而成的。在创建该类曲面时，必须保证在生成曲面之前首先分别绘制出母线和轴线。

单击【曲面】→【创建】→【旋转】按钮，弹出【线框串连】对话框，根据系统提示拾取串连和旋转轴，按 Enter 键后弹出【旋转曲面】对话框，如图 6-3 所示。

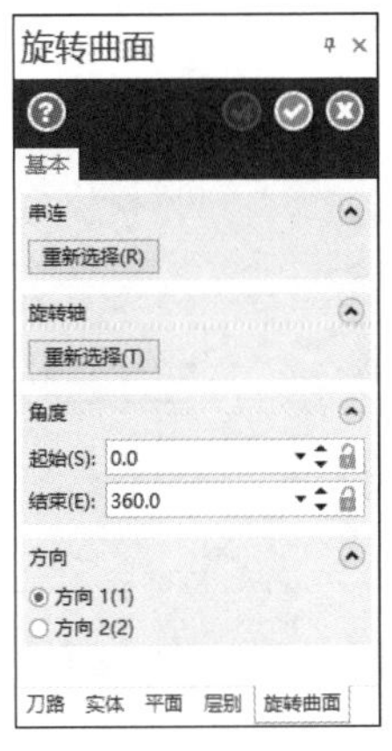

图 6-3　【旋转曲面】对话框

实操练习 2　创建沙漏

绘制过程

（1）单击快速访问工具栏中的【打开】按钮，在弹出的【打开】对话框中选择【源文件\原始文件\第 6 章\创建沙漏】文件。

（2）执行【旋转曲面】命令，创建过程如图 6-4 所示。

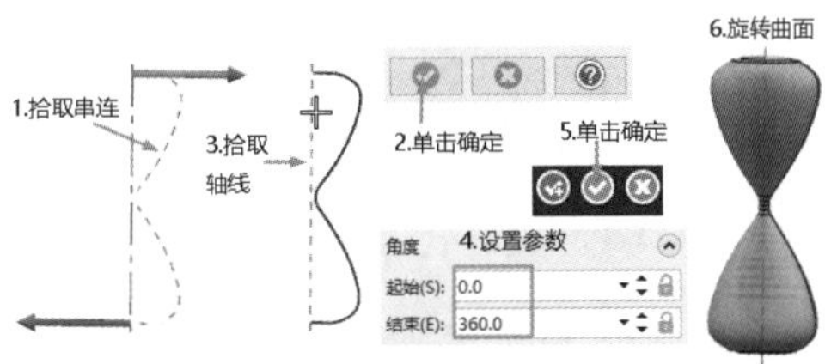

图 6-4　旋转曲面的创建过程

如果不需要旋转一周，可以在起始角度和结束角度输入指定的值，并在旋转时指定旋转方向即可。

6.2.3 创建扫描曲面

扫描曲面是指用一条截面线沿着轨迹线移动而产生的曲面。截面线包含截面和线框，既可以是封闭的，也可以是开放的。

按照截面线和轨迹线的数量，扫描操作可以分为两种情形：第一种是轨迹线为一条，而截面线为一条或多条，系统会自动进行平滑的过渡处理；另一种是截面线为一条，而轨迹线为一条或两条。

单击【曲面】→【创建】→【扫描】按钮，弹出【线框串连】对话框，根据系统提示拾取串连后，弹出【扫描曲面】对话框，如图 6-5 所示。

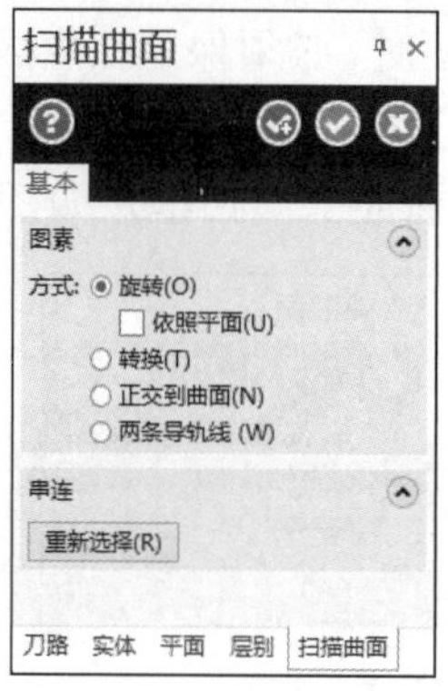

图 6-5 【扫描曲面】对话框

扫一扫，看视频

实操练习 3 创建扫描曲面

绘制过程

（1）单击快速访问工具栏中的【打开】按钮，在弹出的【打开】对话框中选择【源文件\原始文件\第 6 章\创建扫描曲面】文件。

（2）执行【扫描曲面】命令，创建过程如图 6-6 所示。

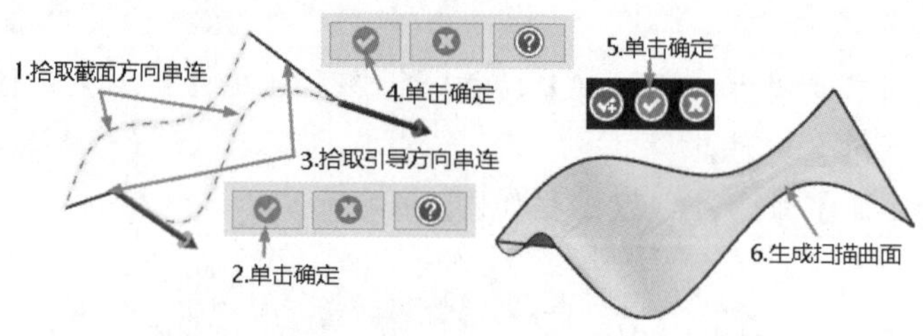

图 6-6 扫描曲面创建过程

6.2.4 创建直纹/举升曲面

可以将多个截面按照一定的算法顺序连接起来形成曲面，如图 6-7（a）所示；若每个截形之间用曲线相连，则称为举升曲面，如图 6-7（b）所示；若每个截形之间用直线相连，则称为直纹曲面，如图 6-7（c）所示。

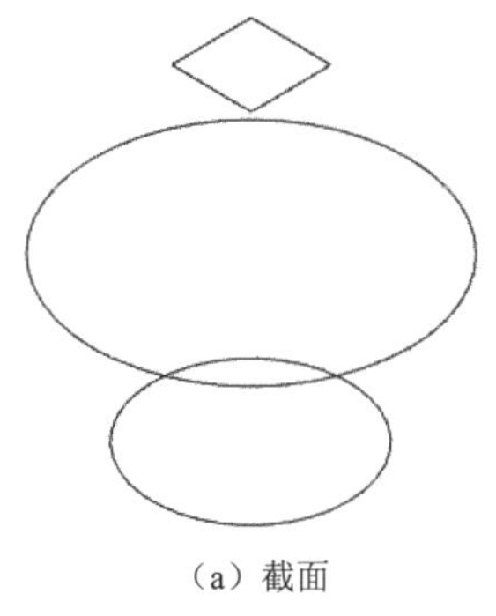

（a）截面

（b）举升曲面

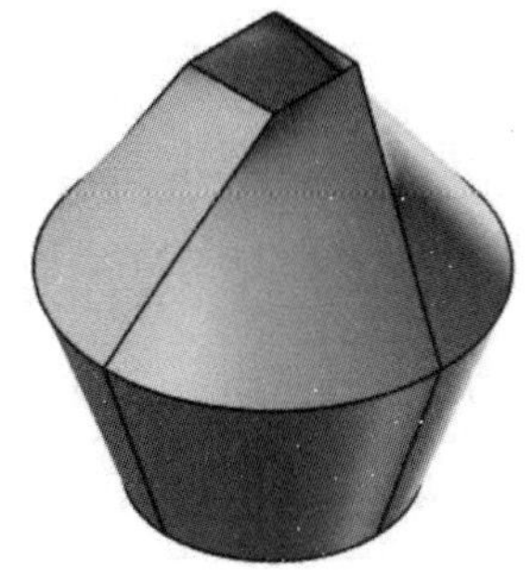

（c）直纹曲面

图 6-7　直纹/举升曲面示意图

在 Mastercam 2022 中，创建直纹曲面和举升曲面由同一命令执行。

单击【曲面】→【创建】→【举升】按钮，弹出【线框串连】对话框，根据系统提示选取截面串连，弹出【直纹/举升曲面】对话框，如图 6-8 所示。

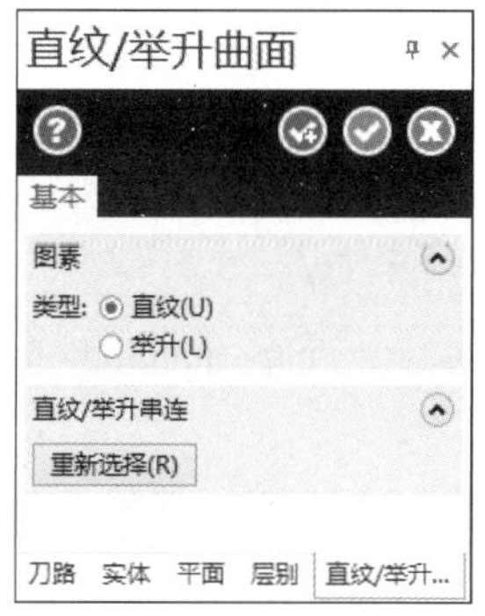

图 6-8　【直纹/举升曲面】对话框

值得注意的是，无论是直纹曲面还是举升曲面，在创建时必须注意图素的外形起始点是否相对，否则会产生扭曲的曲面；而且拾取时全部外形的串连方向必须朝向一致，否则容易产生错误的曲面。下面我们就以实例介绍如何创建不扭曲的曲面。

实操练习 4　创建举升直纹曲面

扫一扫，看视频

绘制过程

（1）单击【视图】→【屏幕视图】→【俯视图】按钮，将当前视角设置为【俯视图】。同时，绘图平面也自动切换为【俯视图】。

（2）执行【线框】选项卡中的【已知点画圆】和【矩形】命令，绘制如图 6-9 所示的截面图形。

（3）单击【转换】→【位置】→【旋转】按钮，将矩形旋转 45°，结果如图 6-10 所示。

（4）单击【转换】→【位置】→【投影】按钮，投影方式设置为【移动】，分别拾取大圆和矩形并设置投影深度为 30 和 55，结果如图 6-11 所示。

（5）单击【线框】→【修剪】→【打断全圆】按钮，分别将大圆和小圆打成 4 段。

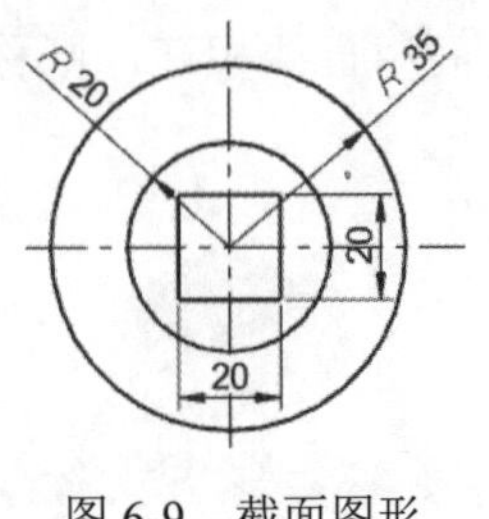

图 6-9　截面图形

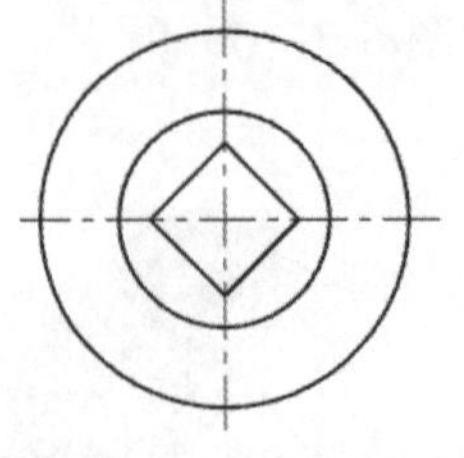

图 6-10　旋转矩形

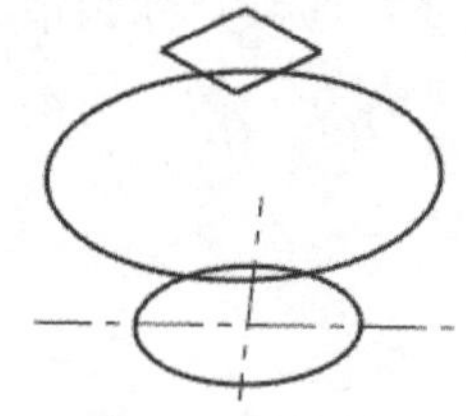

图 6-11　投影结果

（6）执行【举升】命令，创建过程如图 6-12 所示。

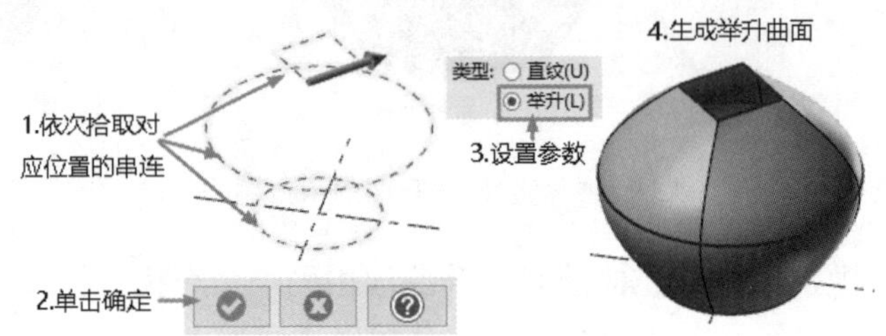

图 6-12　举升曲面的创建过程

（7）修改图 6-12 中的第 3 步参数为【直纹】，生成的直纹曲面如图 6-13 所示。

6.2.5　创建拔模曲面

拔模曲面是将一串连的图素沿着指定方向牵引而拉出的曲面。该命令常用于构建截面形状一致或带拔模斜角的模型。

单击【曲面】→【创建】→【拔模】按钮，根据系统提示拾取串连，弹出【曲面拔模】对话框，如图 6-14 所示。

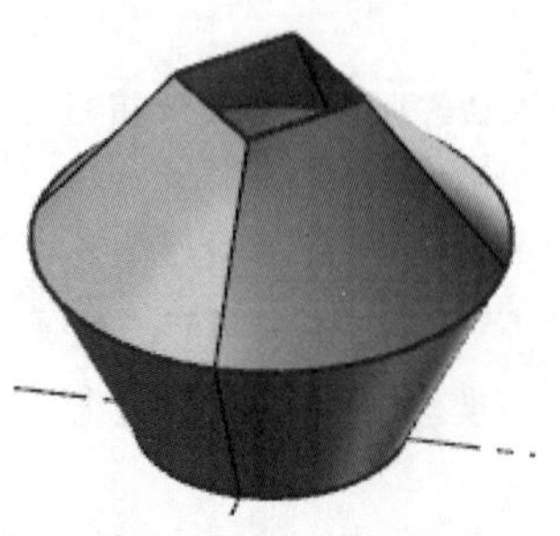

图 6-13　直纹曲面

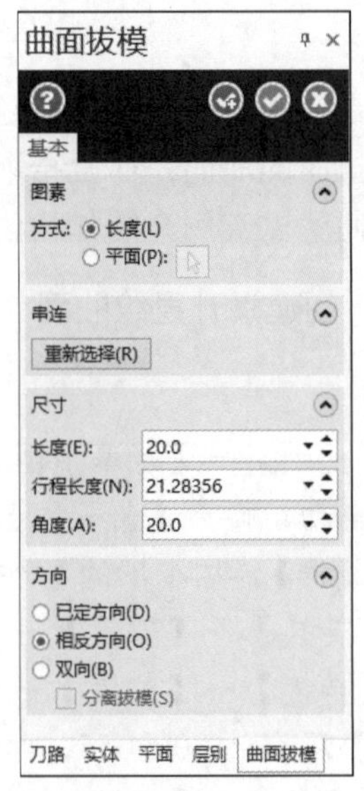

图 6-14　【曲面拔模】对话框

实操练习 5　创建拔模曲面

扫一扫，看视频

绘制过程

（1）单击快速访问工具栏中的【打开】按钮，在弹出的【打开】对话框中选择【源文件\原始文件\第 6 章\创建拔模曲面】文件。

（2）单击【曲面】→【创建】→【拔模】按钮，拔模曲面的创建过程如图 6-15 所示。

6.2.6　创建补正曲面

补正曲面是指将选定的曲面沿着其法线方向移动一定的距离。与平面图形的偏置一样，【补正曲面】命令在移动曲面的同时，也可以复制曲面。

单击【曲面】→【创建】→【补正】按钮，根据系统提示选择要补正的曲面后，弹出【曲面补正】对话框，如图 6-16 所示。

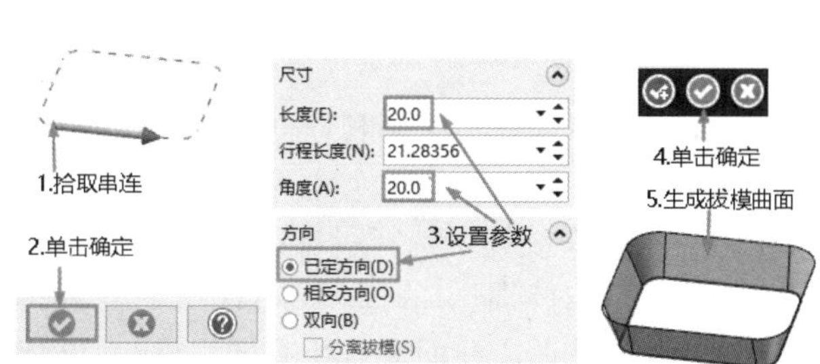

图 6-15　拔模曲面的创建过程

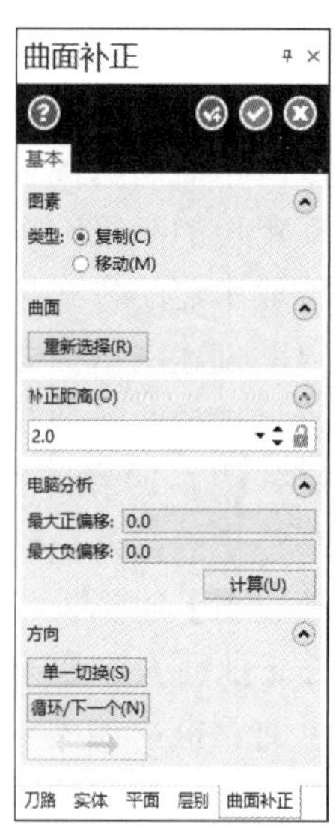

图 6-16　【曲面补正】对话框

实操练习 6　创建补正曲面

扫一扫，看视频

绘制过程

（1）单击快速访问工具栏中的【打开】按钮，在弹出的【打开】对话框中选择【源文件\原始文件\第 6 章\创建补正曲面】文件。

（2）执行【补正】命令，补正曲面的创建过程如图 6-17 所示。

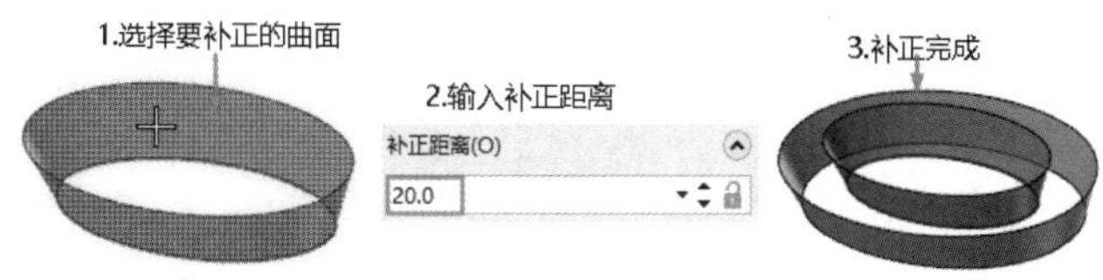

图 6-17　补正曲面的创建过程

6.2.7 创建网格曲面

网格曲面是指直接利用封闭的图素生成的曲面。在图 6-18（a）中，将 *AD* 曲线看作起始图素，*BC* 曲线看作终止图素，*AB*、*DC* 曲线看作轨迹图素，即可得到如图 6-18（b）所示的网格曲面。

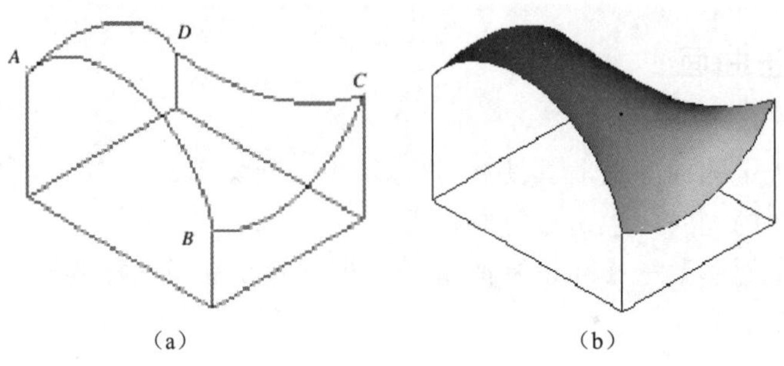

图 6-18 网格曲面

构成网格曲面的图素可以是点、线、曲线或截面外形。由多个单位网格曲面按行列式排列可以组成多单位的高级网格曲面。构建网格曲面有两种方式：自动串连方式和手动串连方式，它们是根据选取串连的方式划分的。对于大多数情况，需要使用手动方式创建网格曲面。

在自动创建网格曲面的状态下，系统允许选择 3 个串连图素定义网格曲面。首先在网格曲面的起点附近选择两条曲线，然后在这两条曲线的对角位置选择第 3 条曲线，即可自动得到网格曲面，结果如图 6-19 所示。

值得注意的是，自动选取串连可能因为分支点太多以致不能顺利地创建网格曲面，技巧是单击【串连设置】对话框中的【单体】按钮，接着依次选择 4 个边界串连图素。

单击【曲面】→【创建】→【网格】按钮，根据系统提示选择引导线和截断线后，弹出【平面修剪】对话框，如图 6-20 所示。此时【平面修剪】对话框中的选项为【引导方向】，也称为走刀方向，这表示曲面的深度是由引导线确定的，也就是说，曲面通过所有的引导线，也可以由截断方向或平均值确定曲线的深度。

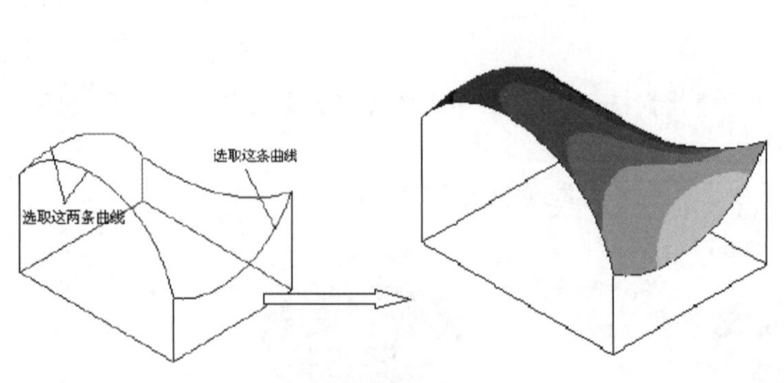

图 6-19 自动创建网格曲面

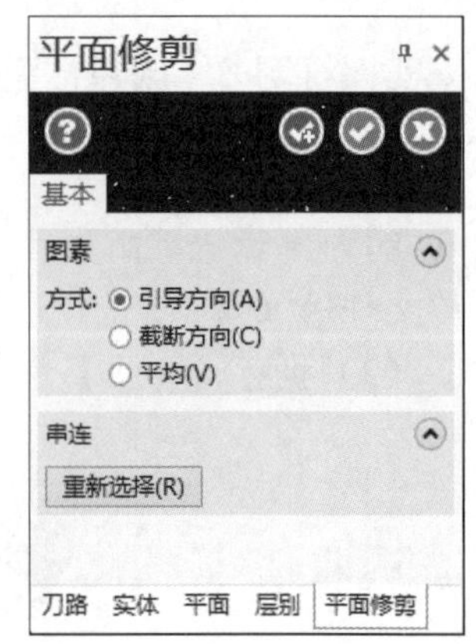

图 6-20 【平面修剪】对话框

实操练习 7　创建灯罩

绘制过程

（1）单击快速访问工具栏中的【打开】按钮，在弹出的【打开】对话框中选择【源文件\原始文件\第 6 章\创建灯罩】文件。

（2）执行【网格】命令，网格曲面的创建过程如图 6-21 所示。

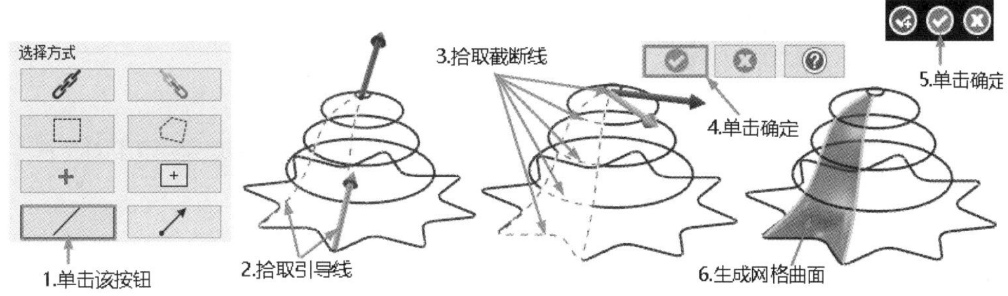

图 6-21　网格曲面的创建过程

（3）单击【转换】→【位置】→【旋转】按钮，在绘图区中拾取上一步创建的网格曲面，创建过程如图 6-22 所示。

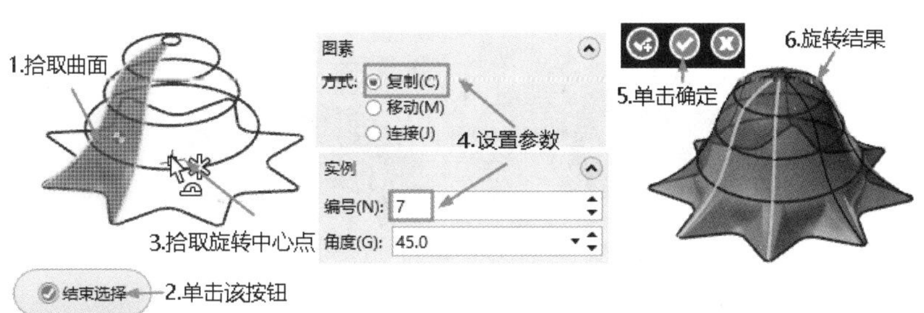

图 6-22　旋转网格曲面的创建过程

（4）新建图层 2，将所有曲面选中，单击【主页】→【属性】→【设置全部】按钮，弹出【属性】对话框；单击【层别】选项下的【选择】按钮，弹出【选择层别】对话框，选择图层 2，依次单击【确定】按钮，图层修改完毕。

（5）单击【层别】选项卡中【高亮】栏中的 X 按钮，关闭图层 1。修改灯罩颜色后，效果如图 6-23 所示。

6.2.8　平面修剪

平面修剪是指在由封闭的平面串连定义的边界内创建修剪的 NURBS 曲面。这项命令可以用矩形或任何具有封闭边界的平面形状快速生成平坦的曲面。

单击【曲面】→【创建】→【平面修剪】按钮，根据系统提示拾取串连后，弹出【恢复到边界】对话框，如图 6-24 所示。

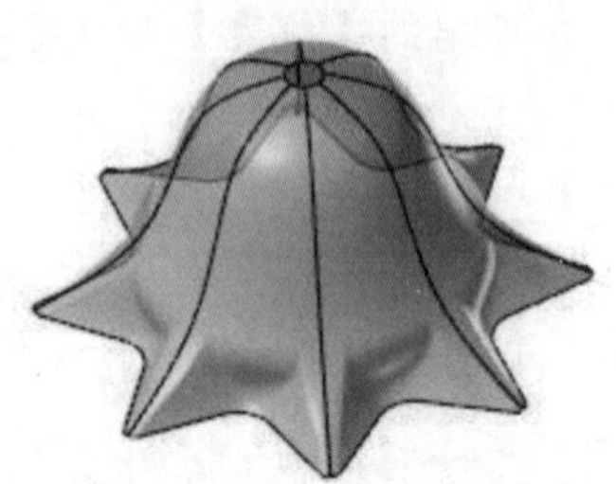

图 6-23　灯罩

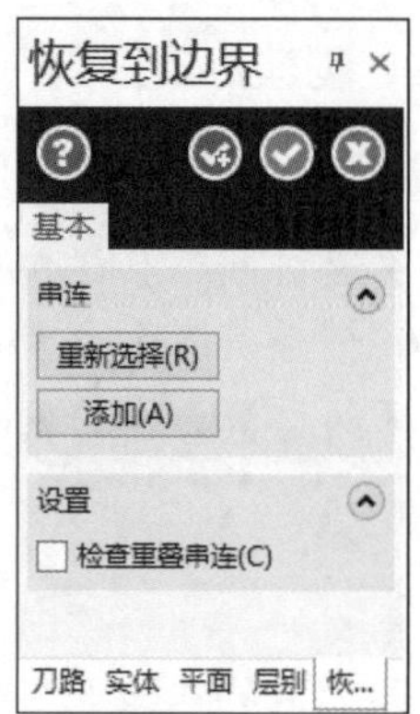

图 6-24　【恢复到边界】对话框

扫一扫，看视频

实操练习 8　平面修剪

绘制过程

（1）单击快速访问工具栏中的【打开】按钮，在弹出的【打开】对话框中选择【源文件\原始文件\第 6 章\平面修剪】文件。

（2）执行【平面修剪】命令，弹出【线框串连】对话框，设置选择方式为【串连】，创建过程如图 6-25 所示。

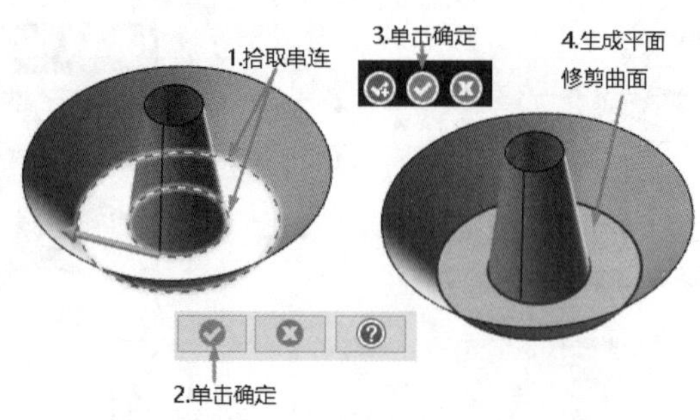

图 6-25　平面修剪曲面的创建过程

6.2.9　由实体生成曲面

由实体生成曲面是指由选择的实体或面创建 NURBS 曲面。

单击【曲面】→【创建】→【由实体生成曲面】按钮，根据系统提示拾取实体或面后，弹出【由实体生成曲面】对话框，如图 6-26 所示。

扫一扫，看视频

实操练习 9　由实体创建曲面

绘制过程

（1）单击快速访问工具栏中的【打开】按钮，在弹出的【打开】对话框中选择【源文件\原始文件\第 6 章\由实体创建曲面】文件。

（2）执行【由实体生成曲面】命令，根据系统提示拾取曲面，创建过程如图 6-27 所示。

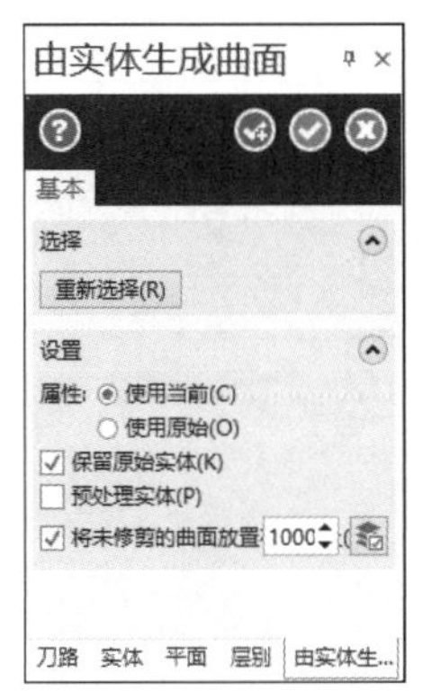

图 6-26　【由实体生成曲面】对话框

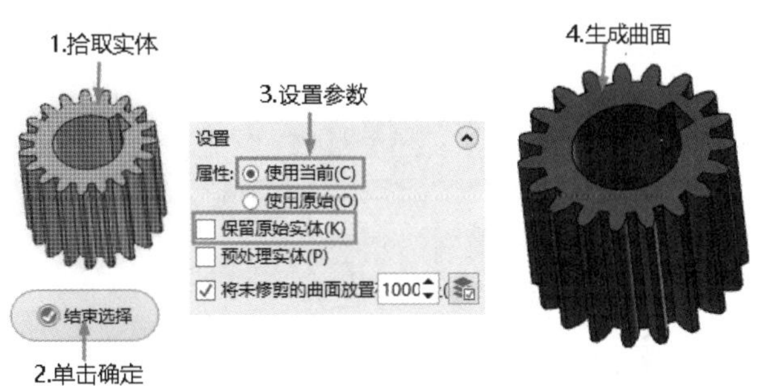

图 6-27　由实体生成曲面的创建过程

6.2.10　实例——创建周铣刀

首先绘制铣刀截面，并将铣刀截面进行投影；再将投影后的截面生成举升曲面；然后利用【平面修剪】命令创建两端的平端面；最后创建拉伸曲面形成周铣刀。

绘制过程

1. 绘制截面

（1）单击【视图】→【屏幕视图】→【俯视图】按钮，将当前视角设置为【俯视图】。同时，当前绘图平面也自动设置为【俯视图】。

（2）绘制如图 6-28 所示的截面图形。

2. 创建截面投影

（1）单击【转换】→【位置】→【投影】按钮，弹出【投影】对话框，投影的创建过程如图 6-29 所示。

（2）以同样的方法创建其他 4 个投影，投影深度分别为 60、90、120 和 150，结果如图 6-30 所示。

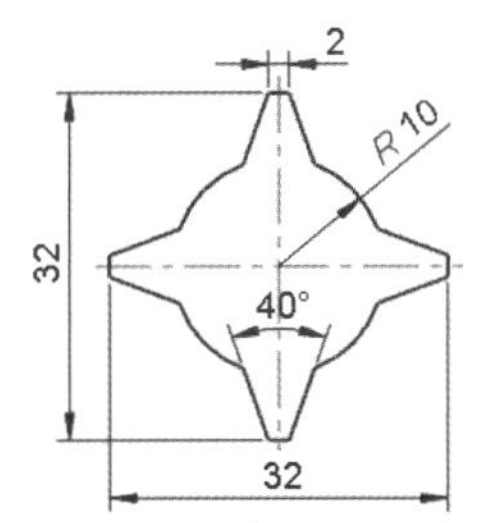

图 6-28　截面图形

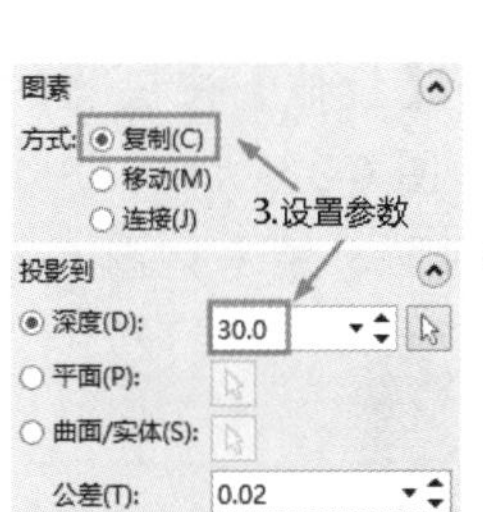

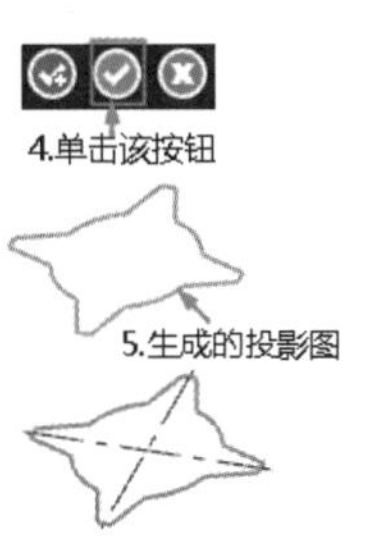

图 6-29　投影的创建过程

图 6-30　创建截面投影

3. 创建举升曲面

单击【曲面】→【创建】→【举升】按钮，弹出【线框串连】对话框，举升曲面的创建过程如图 6-31 所示。

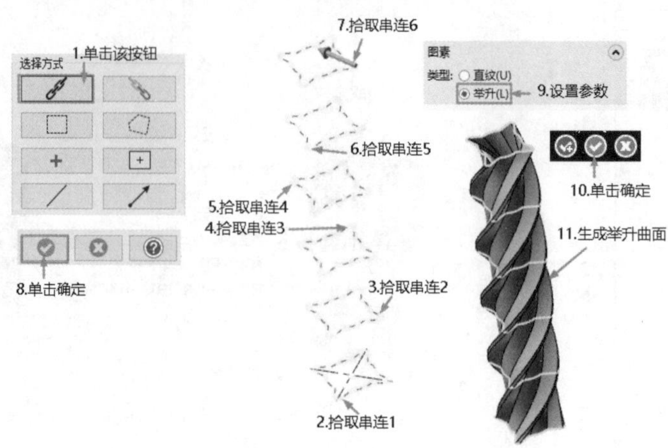

图 6-31 举升曲面的创建过程

4. 创建端面

（1）单击【曲面】→【创建】→【平面修剪】按钮，弹出【线框串连】对话框和【恢复到边界】对话框。根据系统提示拾取串连，创建过程如图 6-32 所示。

（2）同理，创建另一端的曲面，结果如图 6-33 所示。

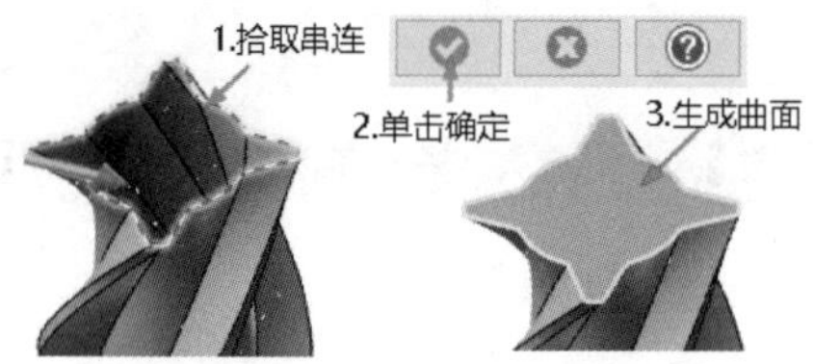

图 6-32 平面修剪的创建过程

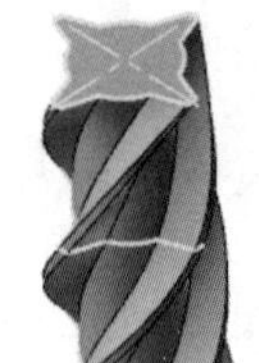

图 6-33 平面修剪结果

5. 拉伸曲面

（1）单击【视图】→【屏幕视图】→【俯视图】按钮，将当前视角设置为【俯视图】。同时，当前绘图平面也自动设置为【俯视图】。

（2）绘制如图 6-34 所示的拉伸截面图形。

（3）单击【曲面】→【创建】→【拉伸】按钮，弹出【拉伸曲面】对话框，根据系统提示拾取圆，设置拉伸高度为 20，结果如图 6-35 所示。

（4）同理，创建另一侧的拉伸曲面，结果如图 6-36 所示。

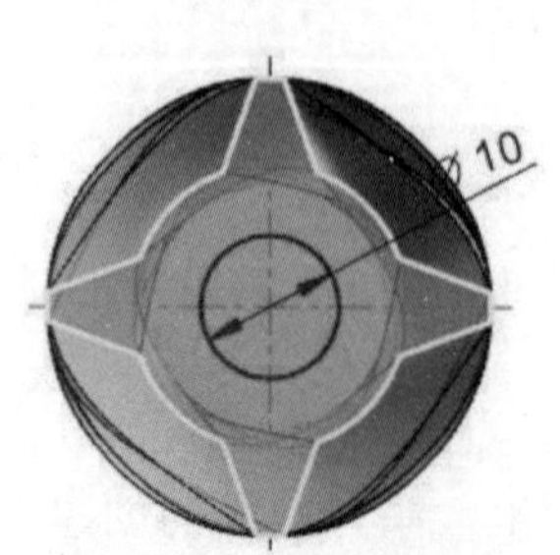

图 6-34 绘制拉伸截面

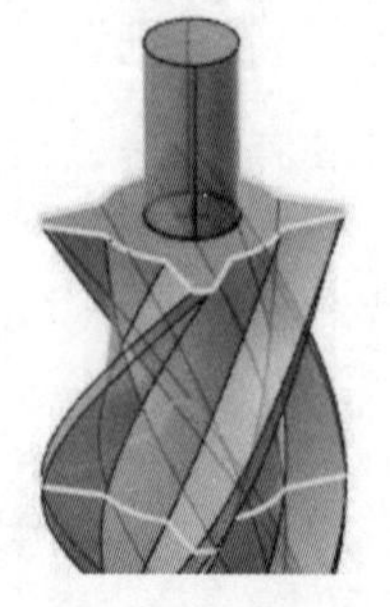

图 6-35 创建拉伸曲面

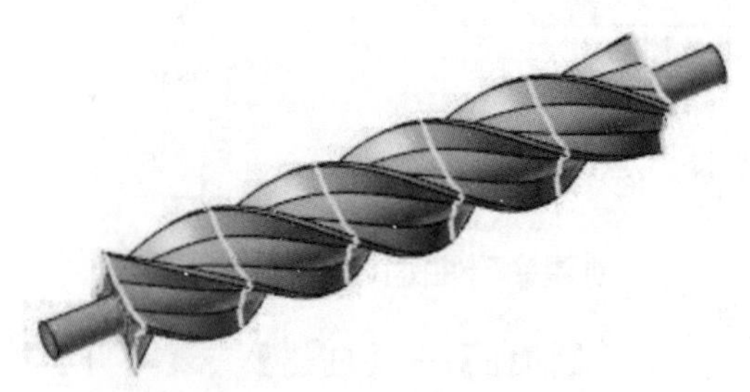

图 6-36 周铣刀

6.3　曲面的编辑

Mastercam 不仅提供了强大的曲面创建功能，还提供了灵活多样的曲面编辑功能，用户可以利用这些功能非常方便地完成曲面的编辑工作。图 6-37 所示为【曲面】面板。

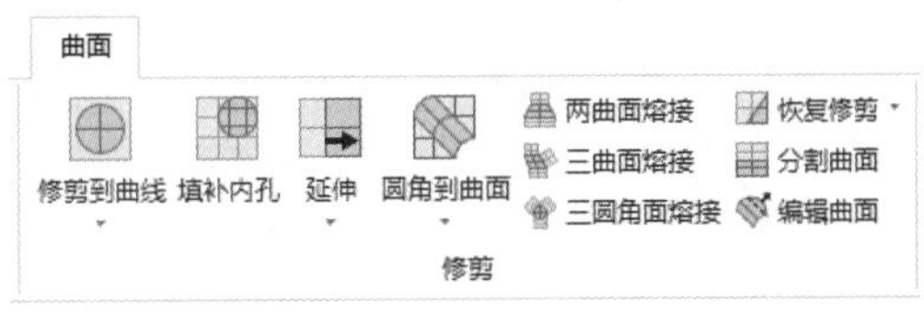

图 6-37　【曲面】面板

6.3.1　曲面倒圆

曲面倒圆就是在两组曲面之间产生平滑的圆弧过渡结构，从而将比较尖锐的交线变得圆滑平顺。曲面倒圆角包括 3 种操作，分别为圆角到曲面、圆角到平面和圆角到曲线。

1．圆角到曲面

圆角到曲面是指在两个曲面之间创建一个光滑过渡的曲面。

单击【曲面】→【修剪】→【圆角到曲面】按钮，根据系统提示依次选取第一个曲面和第二个曲面后，弹出【曲面圆角到曲面】对话框，如图 6-38 所示。

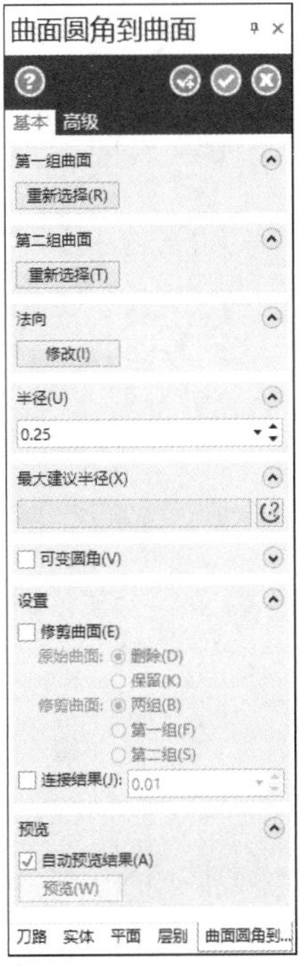

图 6-38　【曲面圆角到曲面】对话框

扫一扫，看视频

实操练习 10 圆角到曲面

绘制过程

（1）单击快速访问工具栏中的【打开】按钮，在弹出的【打开】对话框中选择【源文件\原始文件\第 6 章\圆角到曲面】文件。

（2）执行【圆角到曲面】命令，曲面倒圆角的创建过程如图 6-39 所示。

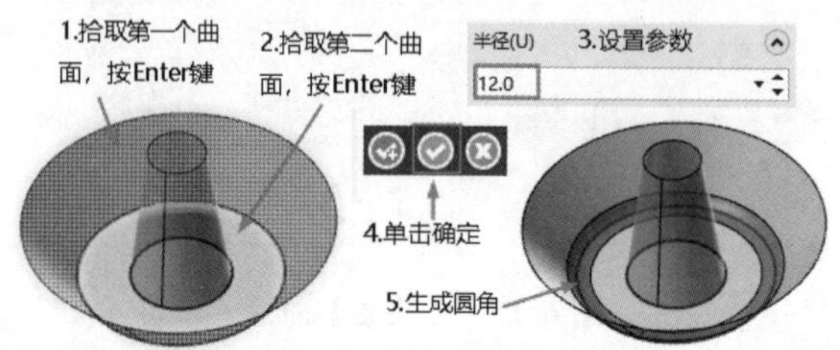

图 6-39 曲面倒圆角的创建过程

2．圆角到平面

圆角到平面是指在一个曲面与平面之间创建一个光滑过渡的曲面。

单击【曲面】→【修剪】→【圆角到曲面】→【圆角到平面】按钮，根据系统提示选取曲面，按 Enter 键，弹出【选择平面】对话框，如图 6-40 所示。选择平面后，弹出【曲面圆角到平面】对话框，如图 6-41 所示。

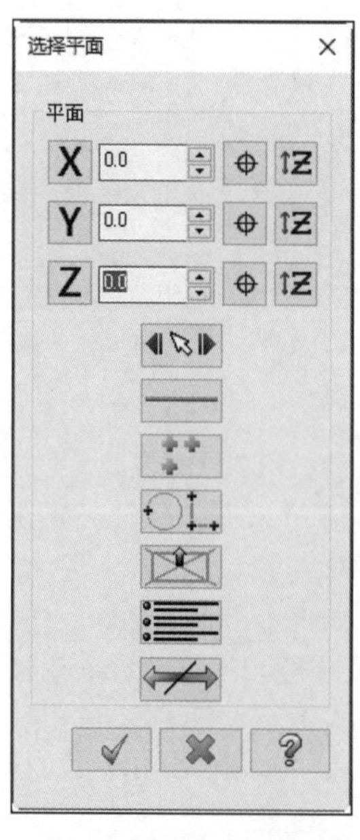

图 6-40 【选择平面】对话框

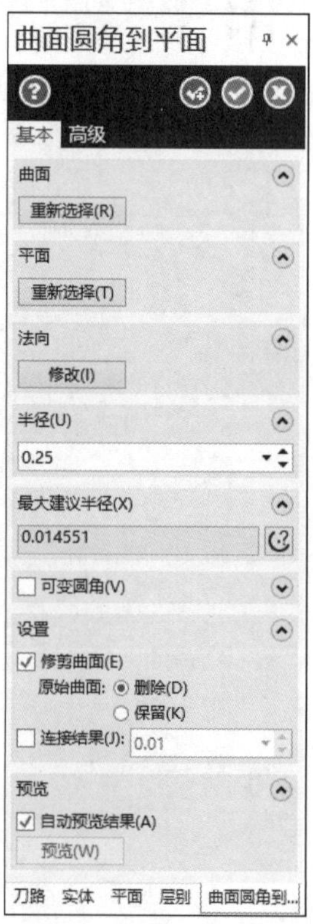

图 6-41 【曲面圆角到平面】对话框

实操练习 11　圆角到平面

绘制过程

（1）单击快速访问工具栏中的【打开】按钮，在弹出的【打开】对话框中选择【源文件\原始文件\第 6 章\圆角到平面】文件。

（2）执行【圆角到平面】命令，创建过程如图 6-42 所示。

对曲面进行倒圆角时，需要注意各曲面法线方向的指向，只有法线方向正确，才可能得到正确的圆角。一般而言，曲面的法线方向是指向各曲面完成倒圆角后的圆心方向。

3．圆角到曲线

圆角到曲线是指在一条曲线与曲面之间创建一个光滑过渡的曲面。

单击【曲面】→【修剪】→【圆角到曲面】→【圆角到曲线】按钮，根据系统提示，依次选取曲面、曲线，系统弹出【曲面圆角到曲线】对话框，如图 6-43 所示。

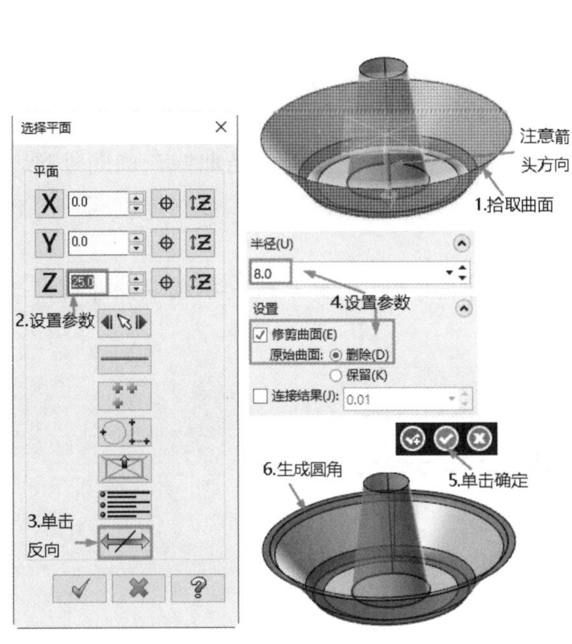

图 6-42　平面倒圆角的创建过程

图 6-43　【曲面圆角到曲线】对话框

实操练习 12　圆角到曲线

绘制过程

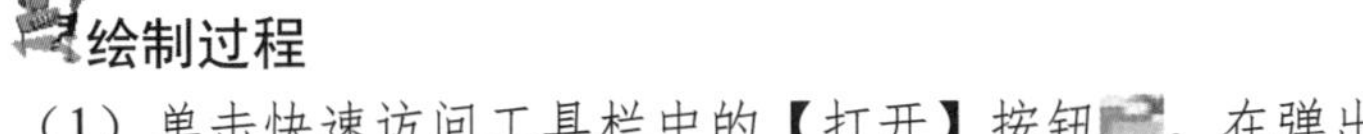

（1）单击快速访问工具栏中的【打开】按钮，在弹出的【打开】对话框中选择【源文件\原始文件\第 6 章\圆角到曲线】文件。

（2）执行【圆角到曲线】命令，创建过程如图 6-44 所示。

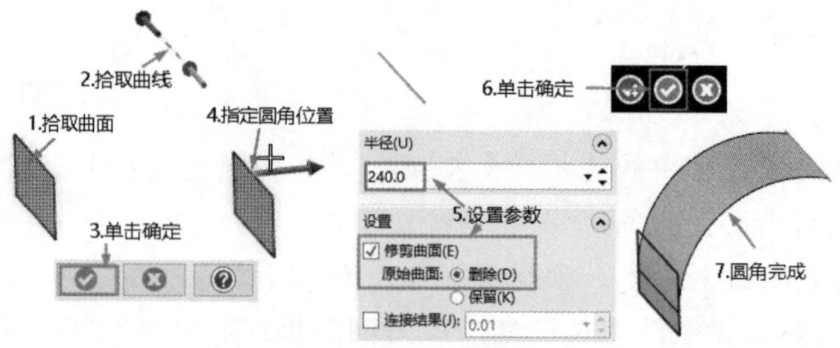

图 6-44　圆角到曲线的创建过程

6.3.2　修剪曲面

修剪曲面可以将所指定的曲面沿着选定边界进行修剪操作，从而生成新的曲面，这个边界可以是曲面、曲线或平面。

通常原始曲面被修整成两个部分，用户可以选择其中一个作为修剪后的新曲面，还可以保留、隐藏或删除原始曲面。

修剪曲面包括 3 种操作，分别为修剪到曲线、修剪到曲面和修剪到平面。

1．修剪到曲线

修剪到曲线实际上就是从曲面上剪去封闭曲线在曲面上的投影部分，因此需要通过对话框选择投影方向。

利用曲线修剪曲面时，曲线可以在曲面上，也可以在曲面外。当曲线在曲面外时，系统自动将曲线投影到曲面上，并利用投影曲线修剪曲面。曲线投影在曲面上有两种方式，一种是对绘图平面正交投影，另一种是对曲面法向正交投影。

单击【曲面】→【修剪】→【修剪到曲线】按钮，根据系统提示选取曲面和曲线后，弹出【修剪到曲线】对话框，如图 6-45 所示。

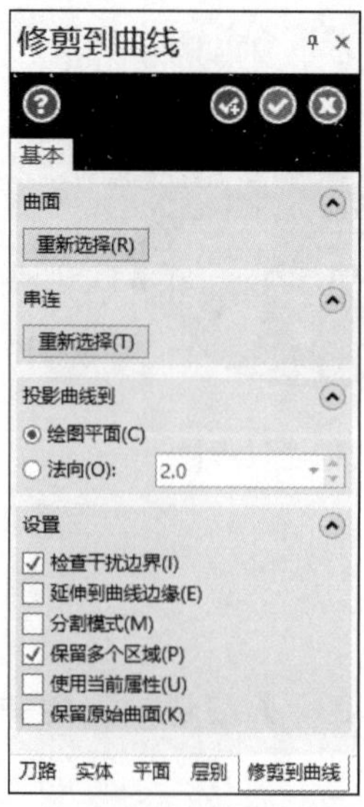

图 6-45 【修剪到曲线】对话框

扫一扫，看视频

实操练习 13　修剪到曲线

绘制过程

（1）单击快速访问工具栏中的【打开】按钮，在弹出的【打开】对话框中选择【源文件\原始文件\第 6 章\修剪到曲线】文件。

（2）执行【修剪到曲线】命令，修剪到曲线创建过程如图 6-46 所示。

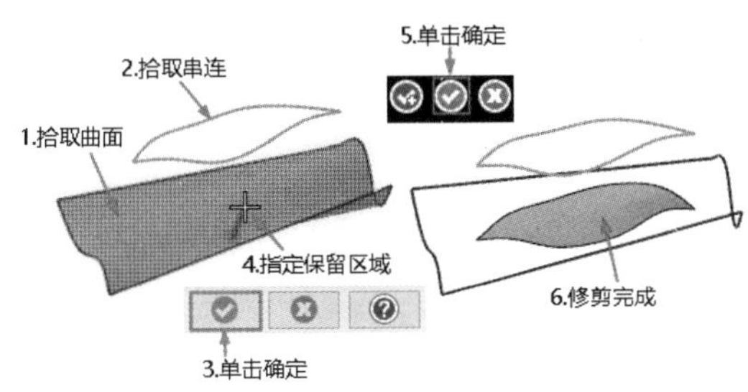

图 6-46　修剪到曲线的创建过程

2. 修剪到曲面

修剪到曲面就是修剪两组曲面之间相交部分的曲面，其中一组必须仅包含一个曲面，并且修剪两组曲面的一组或两组。

单击【曲面】→【修剪】→【修剪到曲线】→【修剪到曲面】按钮，根据系统提示选取曲面后，弹出【修剪到曲面】对话框，如图 6-47 所示。

扫一扫，看视频

实操练习 14　修剪到曲面

绘制过程

（1）单击快速访问工具栏中的【打开】按钮，在弹出的【打开】对话框中选择【源文件\原始文件\第 6 章\修剪到曲面】文件。

（2）执行【修剪到曲面】命令，创建过程如图 6-48 所示。

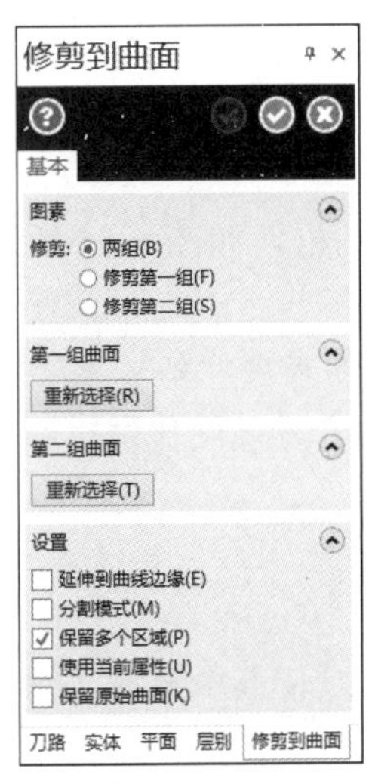

图 6-47 【修剪到曲面】对话框

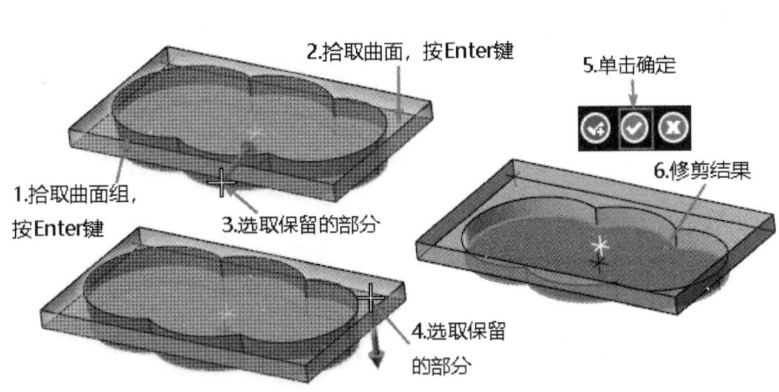

图 6-48　修剪到曲面的创建过程

3．修剪到平面

修剪到平面实际上就是曲面以平面为界，去除或分割部分曲面的操作。

单击【曲面】→【修剪】→【修剪到曲线】→【修剪到平面】按钮，根据系统提示选取曲面后，弹出【选择平面】对话框，设置参数后，弹出【修剪到平面】对话框，如图 6-49 所示。

扫一扫，看视频

实操练习 15　修剪到平面

绘制过程

（1）单击快速访问工具栏中的【打开】按钮，在弹出的【打开】对话框中选择【源文件\原始文件\第 6 章\修剪到平面】文件。

（2）执行【修剪到平面】命令，创建过程如图 6-50 所示。

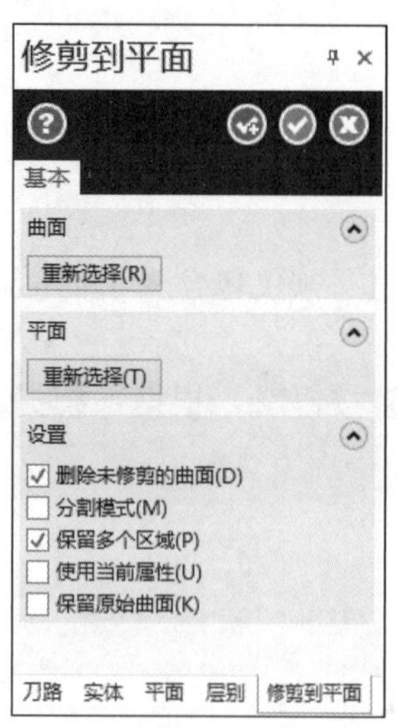

图 6-49　【修剪到平面】对话框

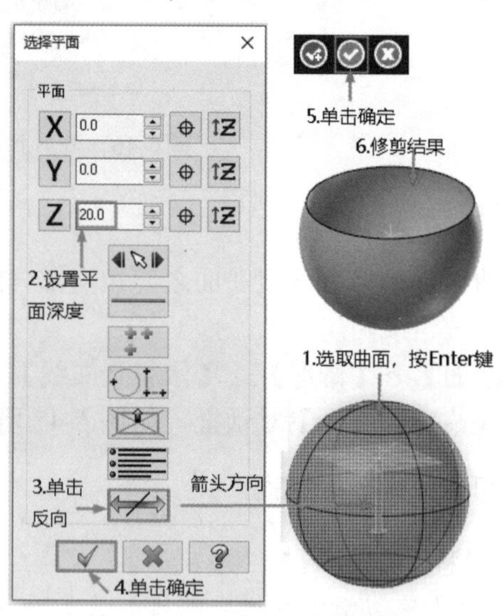

图 6-50　修剪到平面的创建过程

6.3.3　曲面延伸

曲面延伸就是将选定的曲面延伸指定的长度或延伸到指定的曲面。

单击【曲面】→【修剪】→【延伸】按钮，弹出【曲面延伸】对话框，如图 6-51 所示。

【曲面延伸】对话框中部分选项说明如下。

（1）线性：沿当前构图面的法线按指定距离进行线性延伸或以线性方式延伸到指定平面。

（2）到非线：按原曲面的曲率变化指定距离进行非线性延伸或以非线性方式延伸到指定平面。

扫一扫，看视频

实操练习 16　曲面延伸

绘制过程

（1）单击快速访问工具栏中的【打开】按钮，在弹出的【打开】对话框中选择【源文件\原始文件\第 6 章\曲面延伸】文件。

（2）执行【延伸】命令，曲面延伸的创建过程如图 6-52 所示。

图 6-51 【曲面延伸】对话框

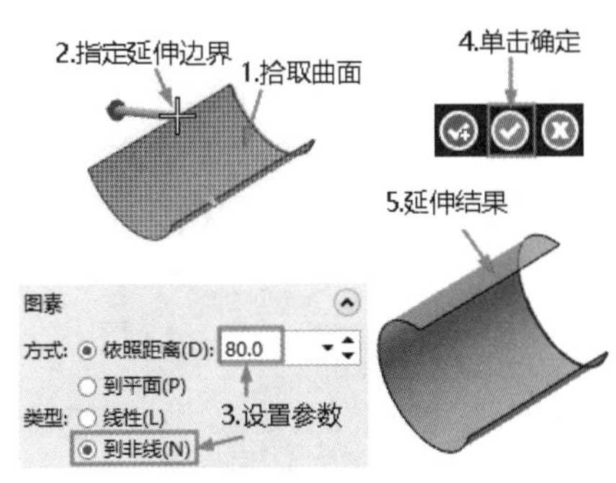

图 6-52 曲面延伸的创建过程

6.3.4 填补内孔

【填补内孔】命令可以在曲面的孔洞处创建一个新的曲面。

单击【曲面】→【修剪】→【填补内孔】按钮，弹出【填补内孔】对话框，如图 6-53 所示。

扫一扫，看视频

实操练习 17 填补内孔

绘制过程

（1）单击快速访问工具栏中的【打开】按钮，在弹出的【打开】对话框中选择【源文件\原始文件\第 6 章\填补内孔】文件。

（2）执行【填补内孔】命令，填补内孔的创建过程如图 6-54 所示。

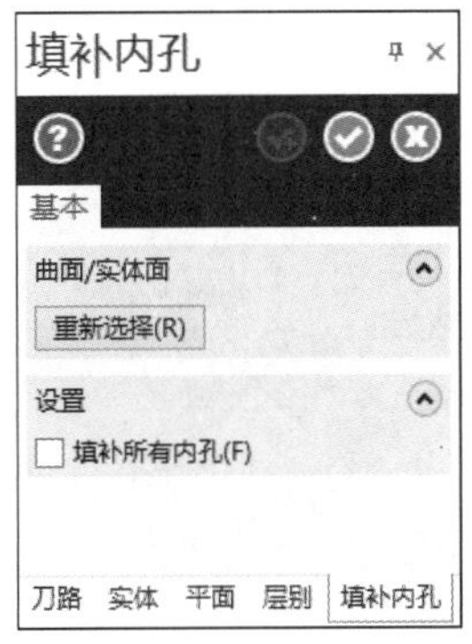

图 6-53 【填补内孔】对话框

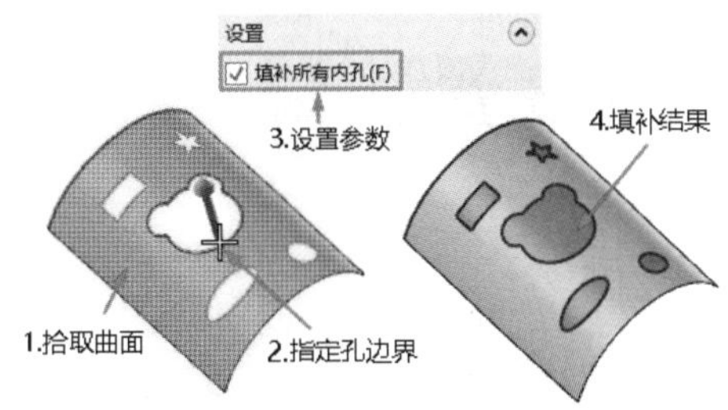

图 6-54 填补内孔的创建过程

6.3.5 恢复到修剪边界

恢复到修剪边界是指将曲面的边界曲线移除，它和填补内孔有点类似，只是填补的孔洞是以选取的边缘为边界的新建曲面，修剪曲面仍存在洞孔的边界；而恢复到修剪边界则没有产生新的曲面。

扫一扫，看视频

实操练习 18　恢复到修剪边界

绘制过程

（1）单击快速访问工具栏中的【打开】按钮，在弹出的【打开】对话框中选择【源文件\原始文件\第 6 章\恢复到修剪边界】文件。

（2）执行【恢复到修剪边界】命令，恢复到修剪边界的创建过程如图 6-55 所示。

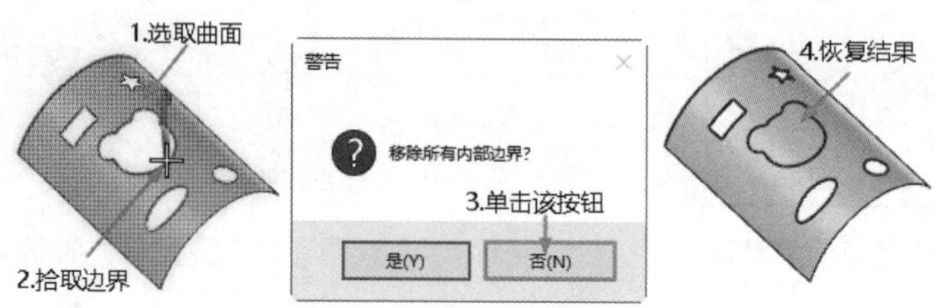

图 6-55　恢复到修剪边界的创建过程

6.3.6　分割曲面

分割曲面是指将曲面在指定的位置分割开，从而将曲面一分为二。

单击【曲面】→【修剪】→【分割曲面】按钮，弹出【分割曲面】对话框，如图 6-56 所示。

扫一扫，看视频

实操练习 19　分割曲面

绘制过程

（1）单击快速访问工具栏中的【打开】按钮，在弹出的【打开】对话框中选择【源文件\原始文件\第 6 章\分割曲面】文件。

（2）执行【分割曲面】命令，曲面分割的创建过程如图 6-57 所示。

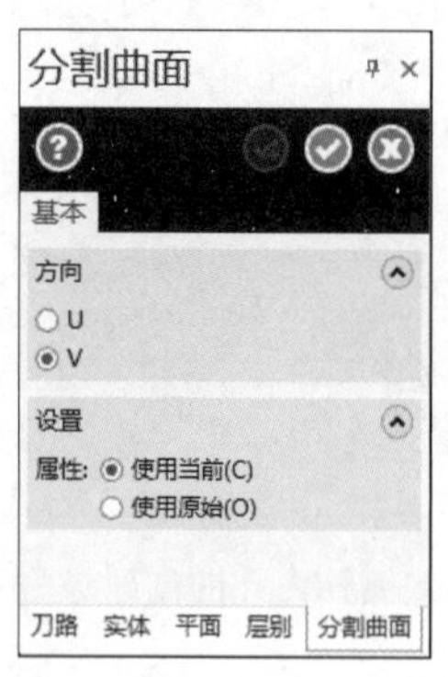

图 6-56　【分割曲面】对话框

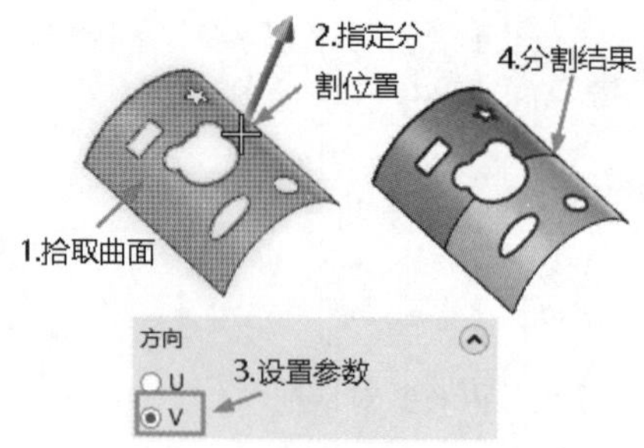

图 6-57　曲面分割的创建过程

6.3.7　曲面熔接

曲面熔接是指将两个或三个曲面通过一定的方式连接起来。Mastercam 提供了三种熔接方式：两曲面熔接、三曲面熔接和三圆角面熔接。

1．两曲面熔接

两曲面熔接是指在两个曲面之间产生与两个曲面相切的平滑曲面。

单击【曲面】→【修剪】→【两曲面熔接】按钮，弹出【两曲面熔接】对话框，如图 6-58 所示。

实操练习 20　两曲面熔接

绘制过程

（1）单击快速访问工具栏中的【打开】按钮，在弹出的【打开】对话框中选择【源文件\原始文件\第 6 章\两曲面熔接】文件。

（2）执行【两曲面熔接】命令，创建过程如图 6-59 所示。

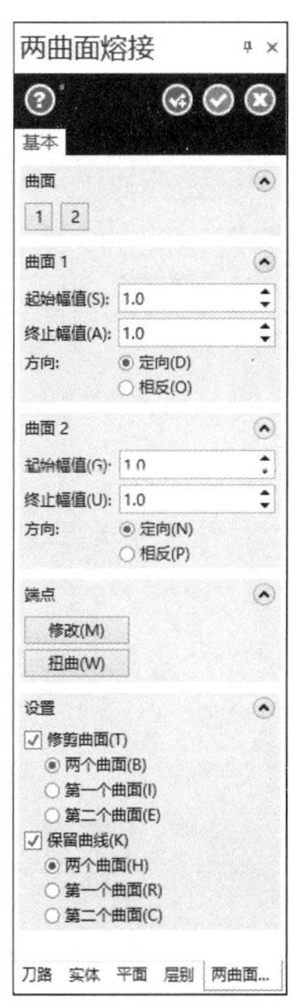

图 6-58　【两曲面熔接】对话框

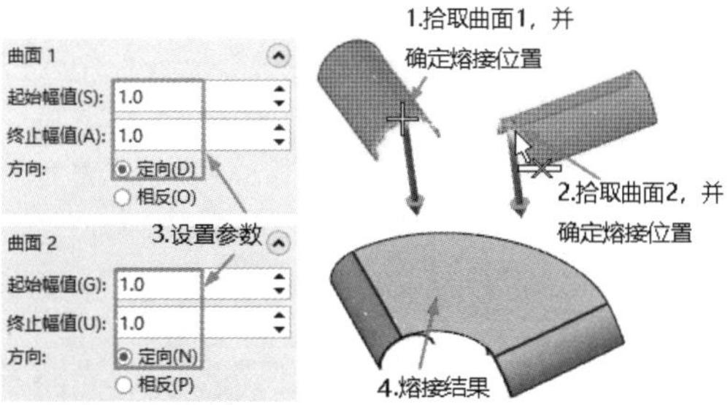

图 6-59　两曲面熔接的创建过程

（3）将【两曲面熔接】对话框中曲面 1 和曲面 2 的【方向】均设置为【相反】，结果如图 6-60 所示。

2．三曲面熔接

三曲面熔接是指在三个曲面之间产生与三曲面相切的平滑曲面。三曲面熔接与两曲面熔接的区别在于曲面数量的不同。三曲面熔接的结果是得到一个与三个曲面都相切的新曲面。

单击【曲面】→【修剪】→【三曲面熔接】按钮，弹出【三曲面熔接】对话框，如图 6-61 所示。

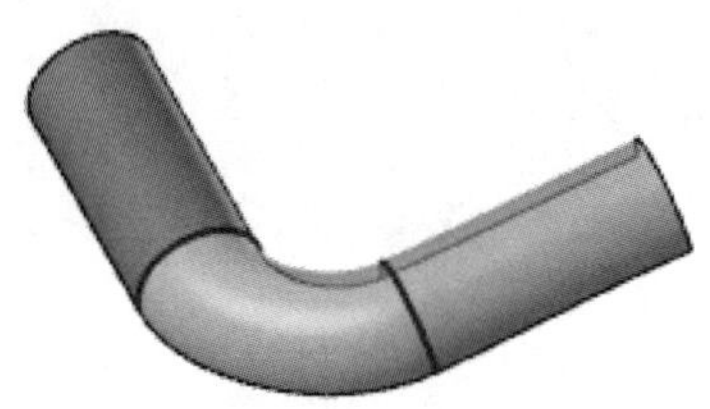

图 6-60　修改方向后熔接结果

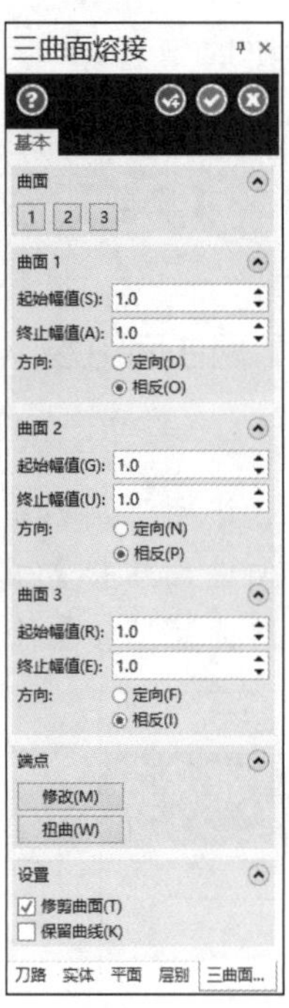

图 6-61　【三曲面熔接】对话框

扫一扫，看视频

实操练习 21　三曲面熔接

绘制过程

（1）单击快速访问工具栏中的【打开】按钮，在弹出的【打开】对话框中选择【源文件\原始文件\第 6 章\三曲面熔接】文件。

（2）执行【三曲面熔接】命令，创建过程如图 6-62 所示。

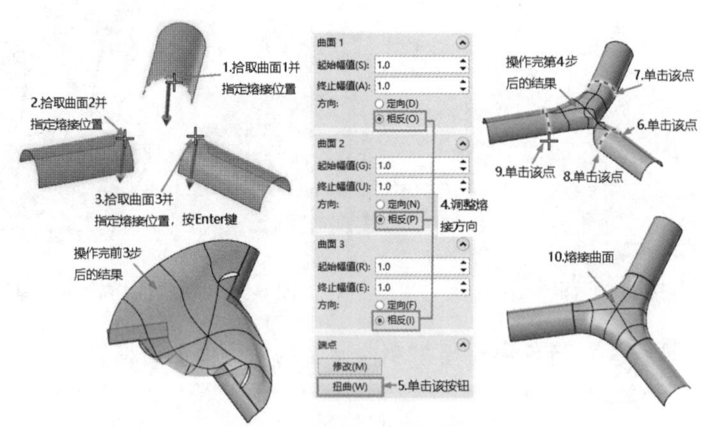

图 6-62　三曲面熔接的创建过程

技巧荟萃

在图 6-62 的所示第 4 步操作中，如果初始设置为【定向】，则调整为【相反】；如果初始设置为【相反】，则调整为【定向】即可。

3. 三圆角面熔接

三圆角面熔接是生成一个或多个与被选的三个相交倒角曲面相切的新曲面。该项命令类似于三曲面熔接操作，但三圆角面熔接能够自动计算出熔接曲面与倒角曲面的相切位置，这一点与三曲面熔接不同。

单击【曲面】→【修剪】→【三圆角面熔接】按钮，弹出【三圆角面熔接】对话框，如图 6-63 所示。操作示例如图 6-64 所示。

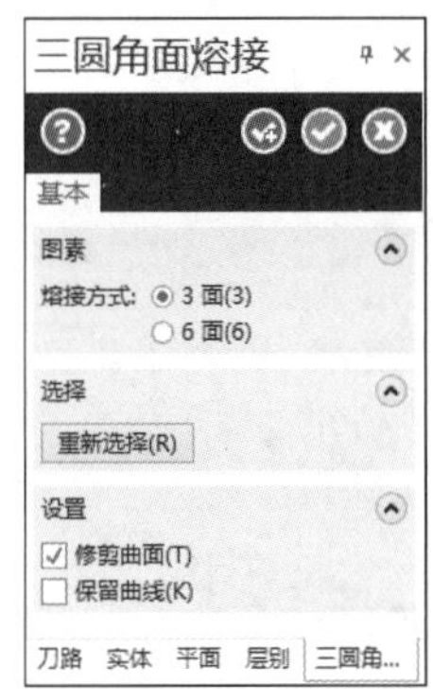

图 6-63　【三圆角面熔接】对话框

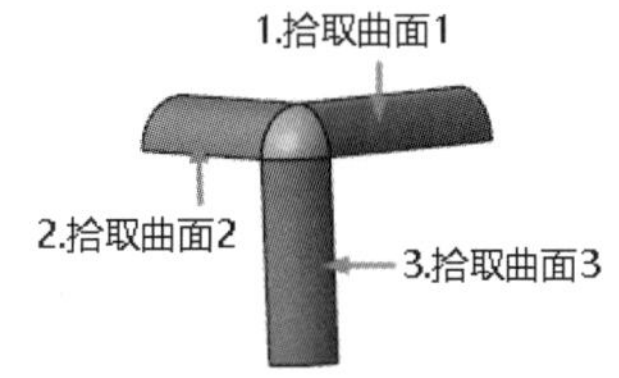

图 6-64　三圆角面熔接的操作示例

6.3.8　实例——创建矮凳

扫一扫，看视频

首先创建拉伸曲面，然后对曲面进行圆角和修剪，最后创建平面修剪曲面，结果如图 6-65 所示。

绘制过程

1. 创建拉伸曲面

（1）单击【线框】→【形状】→【矩形】按钮，弹出【矩形】对话框，绘制中心点在原点的矩形，如图 6-66 所示。

（2）单击【曲面】→【创建】→【拉伸】按钮，弹出【线框串连】对话框，根据系统提示拾取矩形串连后，弹出【拉伸曲面】对话框，参数设置如图 6-67 所示。

图 6-65　矮凳

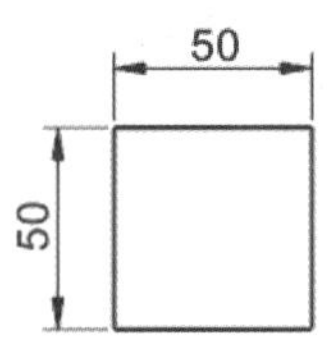

图 6-66　绘制矩形

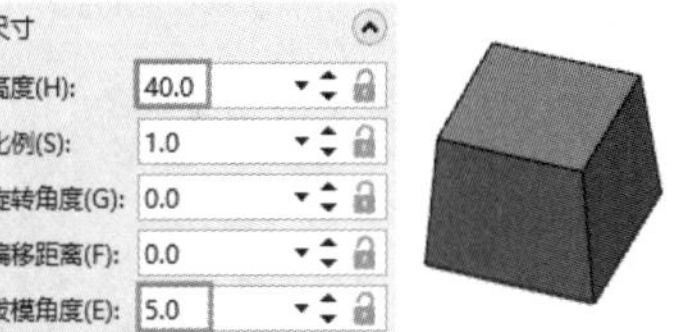

图 6-67　创建拉伸曲面

2. 曲面倒圆角

（1）单击【曲面】→【修剪】→【圆角到曲面】按钮，曲面倒圆角的创建过程如图 6-68 所示。

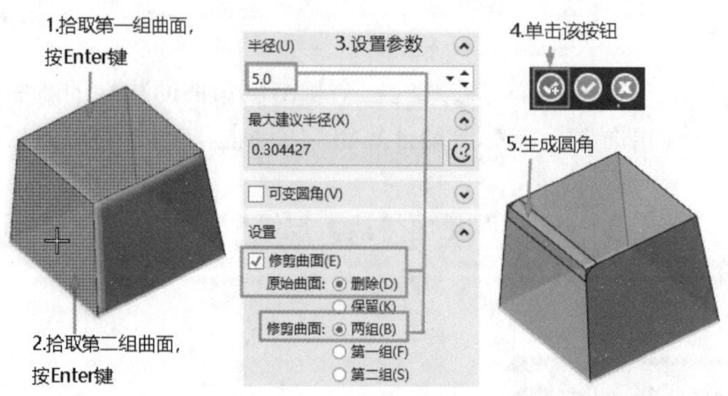

图 6-68　曲面倒圆角的创建过程

（2）同理，将其他三个侧面与顶面进行倒圆角，结果如图 6-69 所示。

（3）用同样的方法将侧面与侧面进行倒圆角，结果如图 6-70 所示。

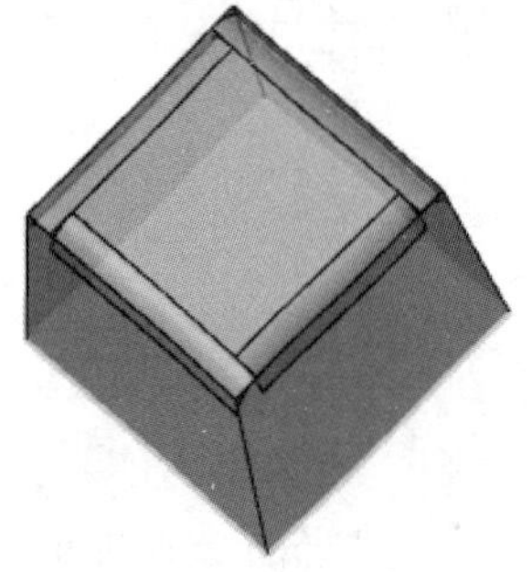

图 6-69　顶面与侧面倒圆角结果

图 6-70　侧面倒圆角

注意

因为曲面是倾斜的，所以修剪时不会自动进行修剪。

3. 曲面熔接

（1）单击【曲面】→【修剪】→【三圆角面熔接】按钮，弹出【三圆角面熔接】对话框，三圆角面熔接的创建过程如图 6-71 所示。

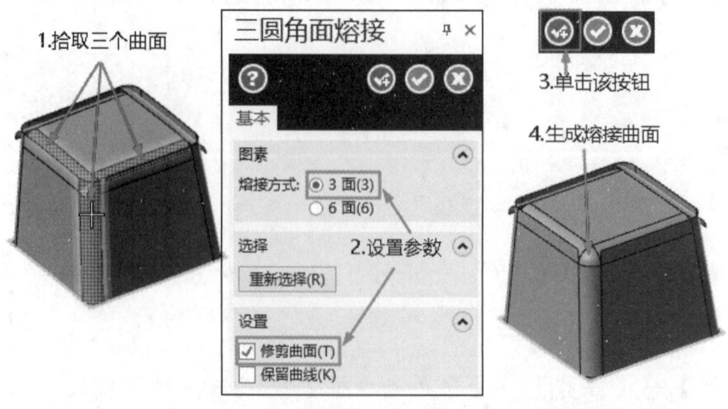

图 6-71　三圆角面熔接的创建过程

（2）同理，创建其他三个顶点处的三圆角面熔接，结果如图 6-72 所示。

4．创建边界曲线

（1）单击状态栏中的【绘图平面】按钮绘图平面，将当前绘图平面设置为【前视图】。绘图平面设置为 2D。

（2）单击【线框】→【曲线】→【单边缘曲线】按钮，弹出【单边缘曲线】对话框，边界曲线的创建过程如图 6-73 所示。

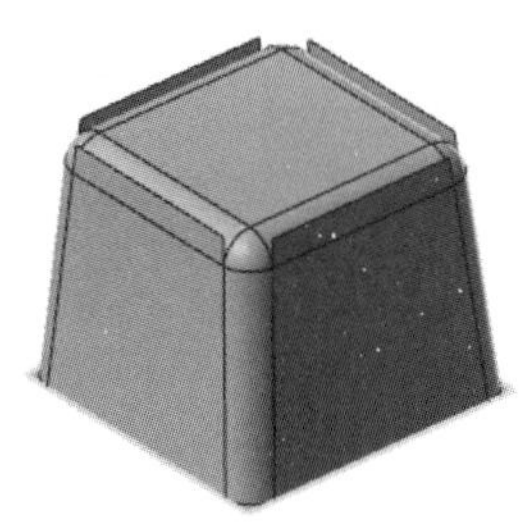

图 6-72　熔接结果

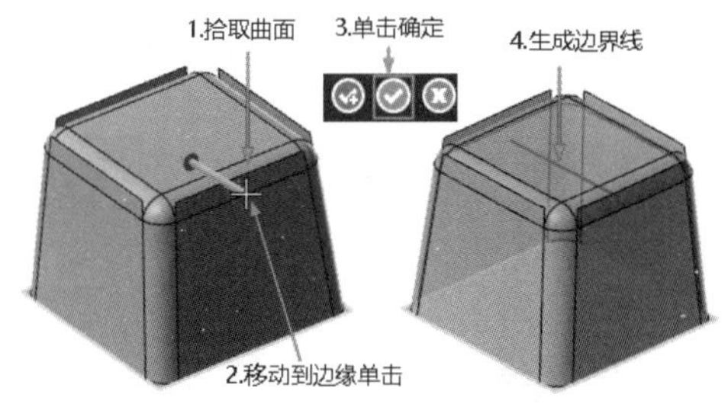

图 6-73　边界曲线的创建过程

5．曲面修剪 1

（1）单击【曲面】→【修剪】→【修剪到曲线】按钮，修剪曲面的创建过程如图 6-74 所示。

（2）将当前绘图平面切换为【左视图】，重复图 6-74 中的第 4 步和第 5 步，创建曲面曲线和修剪，结果如图 6-75 所示。

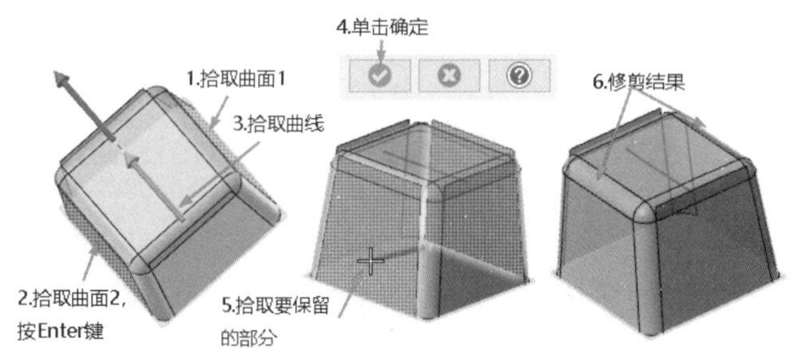

图 6-74　修剪曲面的创建过程

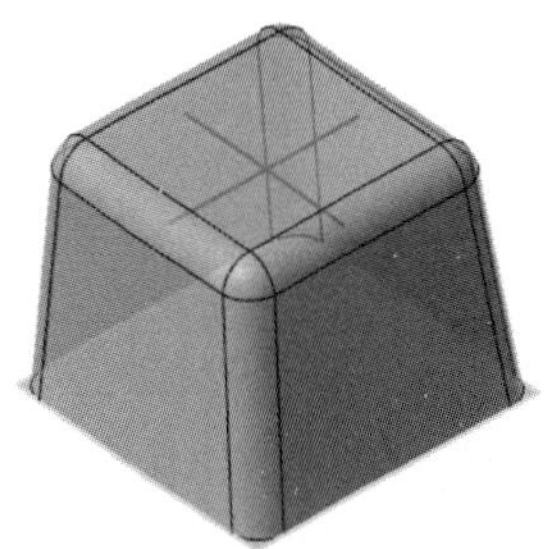

图 6-75　修剪曲面结果

6．曲面修剪 2

（1）单击【视图】→【屏幕视图】→【前视图】按钮，将当前视角设置为【前视图】。同时，当前绘图平面也自动切换为【前视图】。

（2）绘制如图 6-76 所示的修剪曲线 1 和曲线 2。

（3）单击【曲面】→【修剪】→【修剪到曲线】按钮，修剪曲面的创建过程如图 6-77 所示。

（4）用同样的方法，利用曲线 2 修剪曲面，删除底面后结果如图 6-78 所示。

（5）单击【转换】→【位置】→【转换到平面】按钮，转换到平面的创建过程如图 6-79 所示。

（6）单击【视图】→【屏幕视图】→【左视图】按钮，将当前视角设置为【左视图】。同时，当前绘图平面也自动切换为【左视图】。

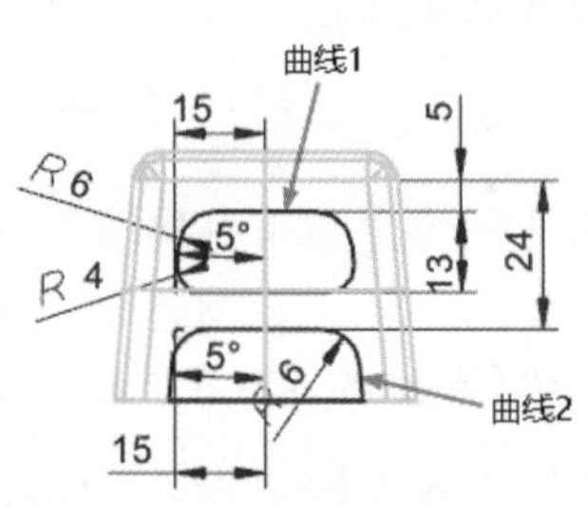

图 6-76　绘制修剪曲线

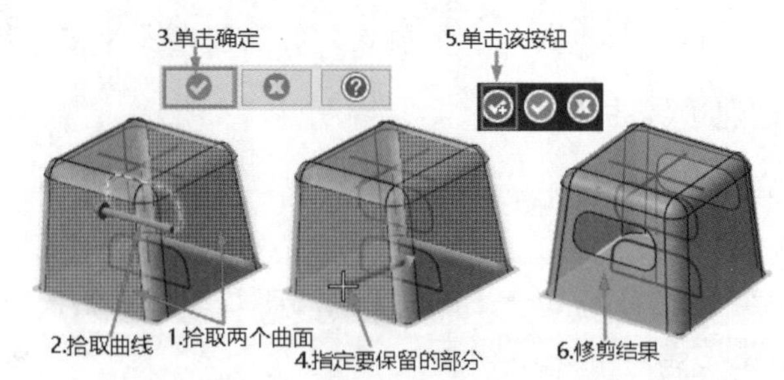

图 6-77　修剪曲面的创建过程

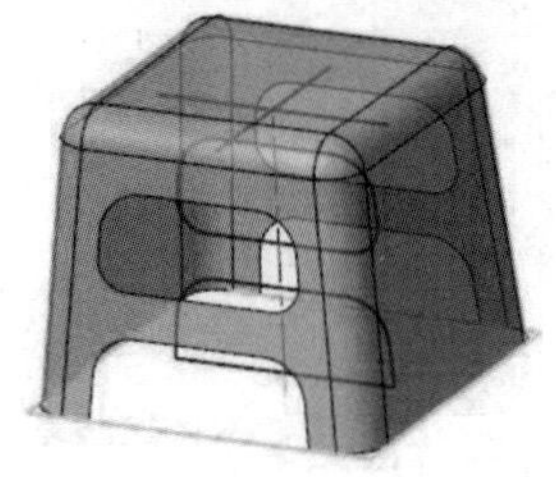

图 6-78　曲线 2 修剪曲面结果

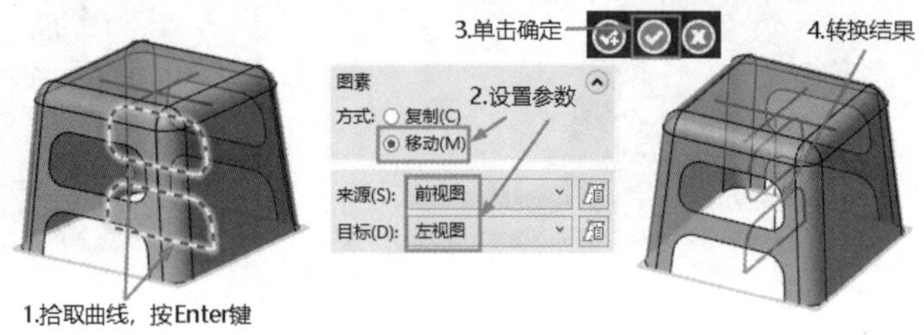

图 6-79　转换到平面的创建过程

（7）重复【修剪到曲线】命令，参照图 6-77 进行修剪。

（8）删除绘图过程中的曲线，结果如图 6-65 所示。

6.4　空间曲线的创建

空间曲线是在曲面或实体上创建曲线，绝大部分曲线是曲面上的曲线，如创建曲面上的单边缘曲线或所有曲线边缘、创建分模线等。

在创建空间曲线之前，要对绘图平面进行设置。单击状态栏中的绘图平面 2D/3D 转换开关，将绘图平面切换为 3D，这样创建出来的是曲面的边界线；如果绘图平面为 2D，创建出来的是边缘曲线的投影线。

6.4.1　创建单边缘曲线

【单边缘曲线】命令是在单个实体、曲面或网格边上创建曲线。

单击【线框】→【曲线】→【单边缘曲线】按钮，根据系统提示选择曲面和边界后，弹出【单边缘曲线】对话框，如图 6-80 所示。

扫一扫，看视频

实操练习 22　创建单边缘曲线

绘制过程

（1）单击快速访问工具栏中的【打开】按钮，在弹出的【打开】对话框中选择【源文件\原始文件\第 6 章\单一边界曲线】文件。

（2）执行【单边缘曲线】命令，单边缘曲线的创建过程如图 6-81 所示。

图 6-80　【单边缘曲线】对话框

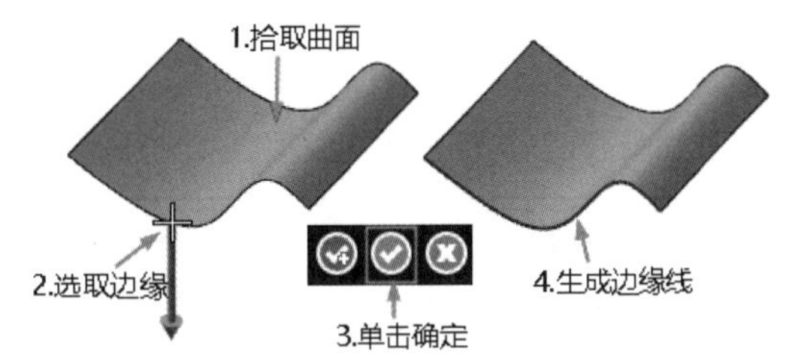

图 6-81　单边缘曲线的创建过程

6.4.2　创建所有曲线边缘

【所有曲线边缘】命令是指在曲面、实体主体或实体面的所有边缘上创建曲线。

单击【线框】→【曲线】→【所有曲线边缘】按钮，系统提示选取曲面，按 Enter 键，弹出【所有曲线边缘】对话框，如图 6-82 所示。

实操练习 23　创建所有曲线边缘

扫一扫，看视频

绘制过程

（1）单击快速访问工具栏中的【打开】按钮，在弹出的【打开】对话框中选择【源文件\原始文件\第 6 章\创建所有曲线边缘】文件。

（2）执行【所有曲线边缘】命令，所有曲线边缘的创建过程如图 6-83 所示。

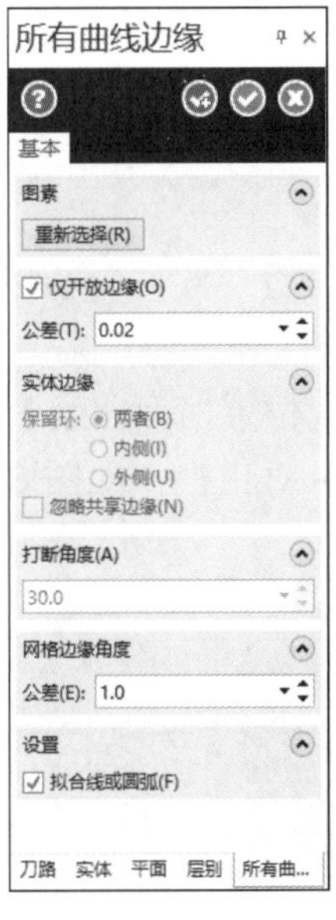

图 6-82　【所有曲线边缘】对话框

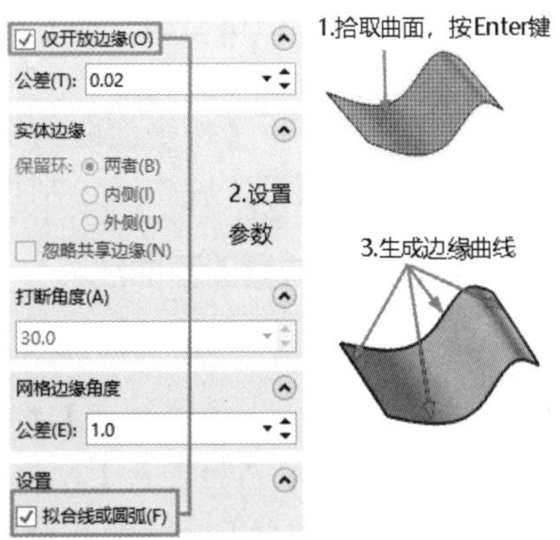

图 6-83　所有曲线边缘的创建过程

6.4.3 创建曲面交线

【曲面交线】命令是指在曲面、实体和网格的相交处创建曲线。

单击【线框】→【曲线】→【按平面曲线切片】→【曲面交线】按钮，根据系统提示拾取曲面后，弹出【曲面交线】对话框，如图 6-84 所示。

实操练习 24　创建曲面交线

绘制过程

（1）单击快速访问工具栏中的【打开】按钮，在弹出的【打开】对话框中选择【源文件\原始文件\第 6 章\创建曲面交线】文件。

（2）执行【曲面交线】命令，创建过程如图 6-85 所示。

图 6-84　【曲面交线】对话框

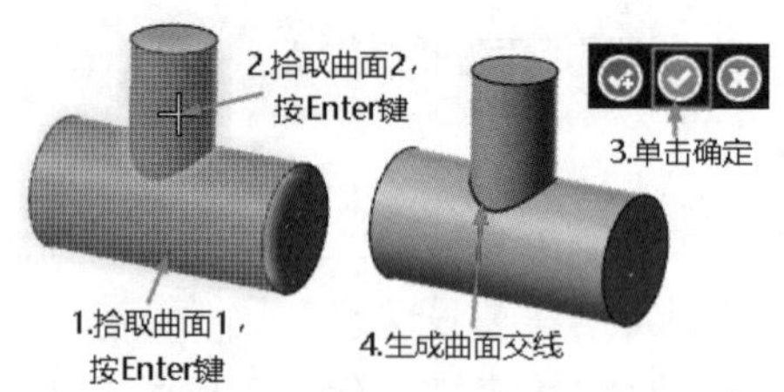

图 6-85　曲面交线的创建过程

6.4.4 绘制指定位置曲面曲线

绘制指定位置曲面曲线是指在曲面上沿着曲面的一个或两个常数参数方向的指定位置构建一条曲线。

单击【线框】→【曲线】→【按平面曲线切片】→【绘制指定位置曲面曲线】按钮，根据系统提示选取曲面并指定位置后，弹出【绘制指定位置曲面曲线】对话框，如图 6-86 所示。

实操练习 25　绘制指定位置曲面曲线

绘制过程

（1）单击快速访问工具栏中的【打开】按钮，在弹出的【打开】对话框中选择【源文件\原始文件\第 6 章\绘制指定位置曲面曲线】文件。

（2）单击【线框】→【曲线】→【按平面曲线切片】→【绘制指定位置曲面曲线】按钮，指定位置曲面曲线的创建过程如图 6-87 所示。

图 6-86　【绘制指定位置曲面曲线】对话框

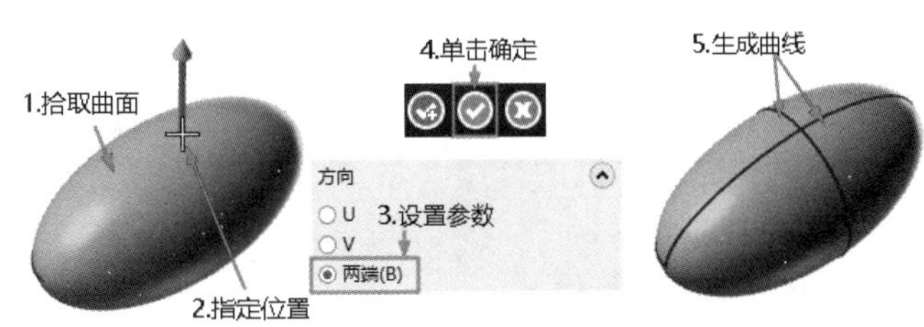

图 6-87　指定位置曲面曲线的创建过程

6.4.5　创建分模线

【分模线】命令用于制作分型模具的分模线。分模线将曲面（零件）分成两部分，上模和下模的型腔分别按零件分模线两侧的形状进行设计。简单地说，分模线就是指定构图面上最大的投影线。

单击【线框】→【曲线】→【按平面曲线切片】→【分模线】按钮，根据系统提示拾取曲面，按 Enter 键，弹出【分模线】对话框，如图 6-88 所示。

其中，【角度】选项是指创建分模线的倾斜角度，它是曲面的法向量与构图平面间的夹角。

实操练习 26　创建分模线

绘制过程

（1）单击快速访问工具栏中的【打开】按钮，在弹出的【打开】对话框中选择【源文件\原始文件\第 6 章\创建分模线】文件。

（2）执行【分模线】命令，创建过程如图 6-89 所示。

图 6-88　【分模线】对话框

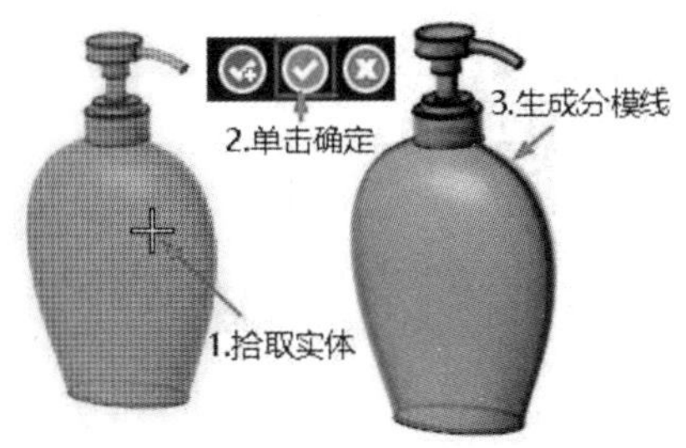

图 6-89　分模线的创建过程

扫一扫，看视频

6.5 综合实例——创建轮毂

本节以如图 6-90 所示的轮毂为例介绍曲面的创建过程，在模型制作过程中会用到扫描曲面、曲面修剪等功能。通过本例的介绍，希望用户能更好地掌握曲面的创建功能。

6.5.1 创建轮毂主体

1. 创建图层

单击【层别】管理器，在该管理器的【号码】文本框中输入 1，在【名称】文本框中输入【中心线】；用同样的方法创建【曲线】和【曲面】图层，如图 6-91 所示。

2. 设置绘图面及属性

（1）单击【视图】→【屏幕视图】→【前视图】按钮，设置【屏幕视角】为【前视图】；在状态栏中设置【绘图平面】为【前视图】。

（2）单击【主页】选项卡，在【规划】组中的 Z 文本框中输入 0，设置构图深度为 0，选择【层别】为 1；将【线型】设置为中心线，【线宽】为第一种。

（3）单击【主页】→【属性】→【线框颜色】下拉按钮，设置颜色为 9。

3. 绘制旋转截面草图

（1）单击【线框】→【绘线】→【连续线】按钮，绘制起点在原点、长度为 100、角度为 90°的竖直中心线。用同样的方法绘制起点在原点、长度为 300、角度为 0°的水平中心线，如图 6-92 所示。

图 6-90　轮毂

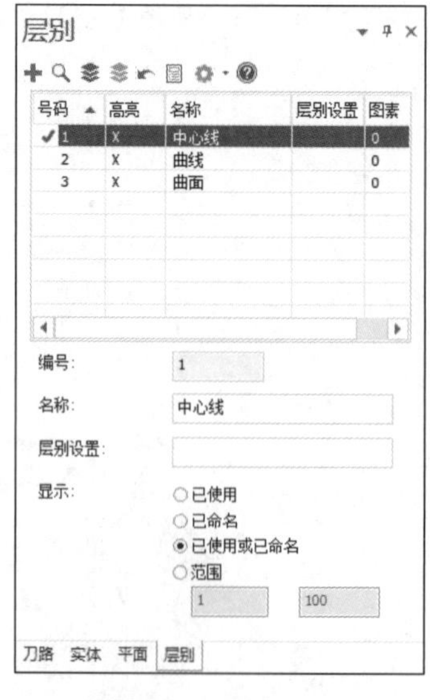

图 6-91　创建图层

图 6-92　绘制中心线

（2）单击【主页】选项卡，在【规划】面板中的【层别】选项框中选择【层别】为 2；将【线型】设置为实线,【线宽】为第二种。

（3）单击【转换】→【位置】→【单体补正】按钮，将竖直中心线依次向左偏移 240、245、260 和 268。同理，将水平中心线向上偏移 70 和 77。

（4）选中偏移后的直线，修改【线型】为实线,【线宽】为第二种，结果如图 6-93 所示。

（5）单击【线框】→【圆弧】→【两点画弧】按钮，分别以图 6-93 所示的点 1 和点 2 为端点，绘制半径为 500 的圆弧，结果如图 6-94 所示。

（6）单击【线框】→【修剪】→【修剪到图素】按钮，弹出【修剪到图素】对话框，设置修剪方式为【修剪单一物体】，删除辅助线，结果如图 6-95 所示。

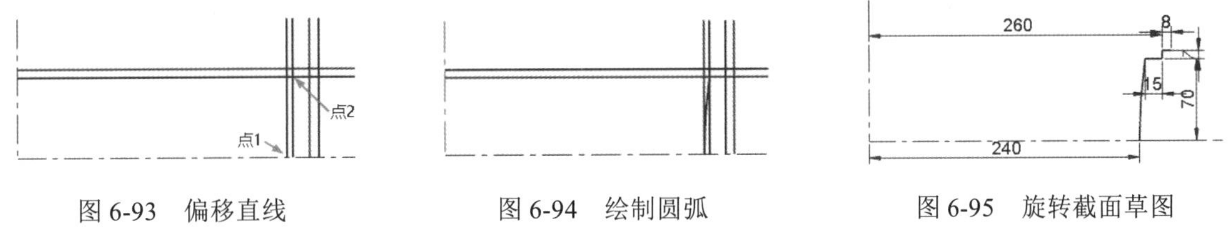

图 6-93　偏移直线　　图 6-94　绘制圆弧　　图 6-95　旋转截面草图

4．创建曲面主体

（1）单击【主页】选项卡，在【规划】面板中的【层别】选项框中选择【层别】为 3。

（2）单击【曲面】→【创建】→【旋转】按钮，创建过程如图 6-96 所示。

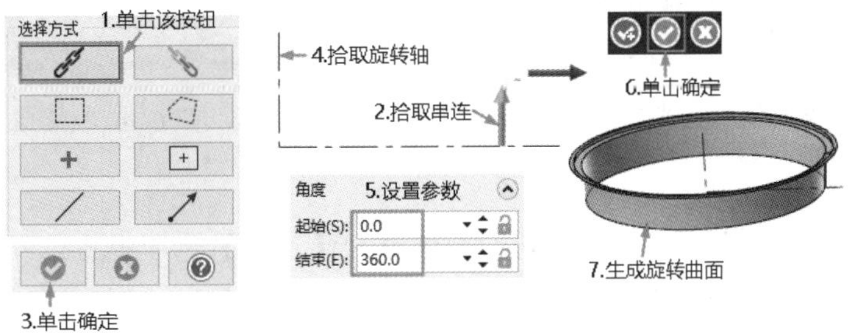

图 6-96　旋转曲面的创建过程

（3）单击【转换】→【位置】→【镜像】按钮，镜像曲面的创建过程如图 6-97 所示。

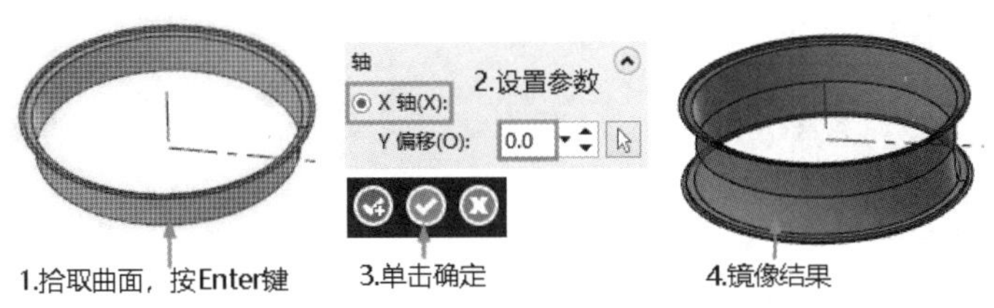

图 6-97　镜像曲面的创建过程

6.5.2　创建减重孔

1．绘制旋转截面

（1）单击【视图】→【屏幕视图】→【前视图】按钮；单击【主页】选项卡，在【规划】

面板中的【层别】选项框中选择【层别】为 2。

（2）单击【转换】→【位置】→【单体补正】按钮，将水平中心线依次向上偏移 50、62 和 120，结果如图 6-98 所示。

（3）单击【线框】→【圆弧】→【两点画弧】按钮，分别以图 6-98 所示的点 1 和点 2 为端点，绘制半径为 500 的圆弧，结果如图 6-99 所示。

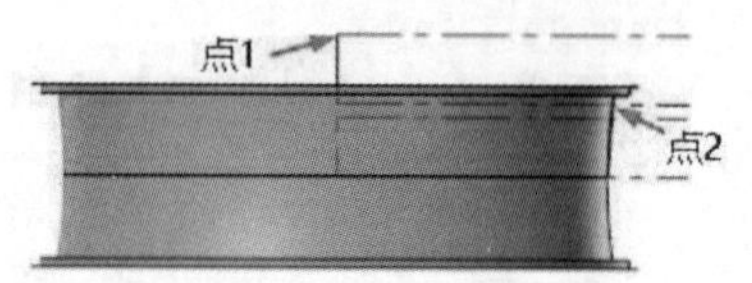

图 6-98　偏移直线

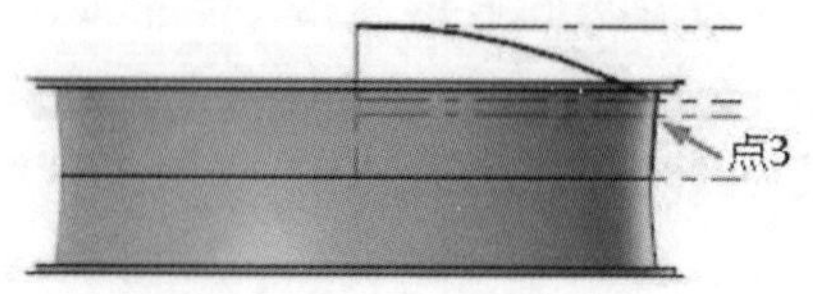

图 6-99　绘制圆弧

（4）单击【线框】→【绘线】→【连续线】按钮，以图 6-99 所示的点 3 为起点，绘制长度为 300、角度为 165° 的直线，结果如图 6-100 所示。

（5）单击【线框】→【修剪】→【修剪到图素】按钮，弹出【修剪到图素】对话框，设置修剪方式为【修剪单一物体】，删除辅助线，结果如图 6-101 所示。

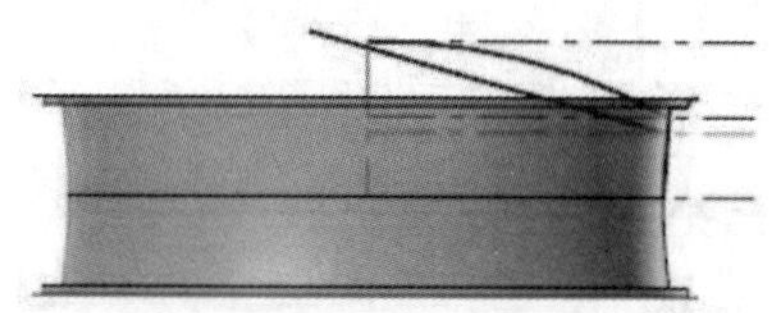

图 6-100　绘制直线

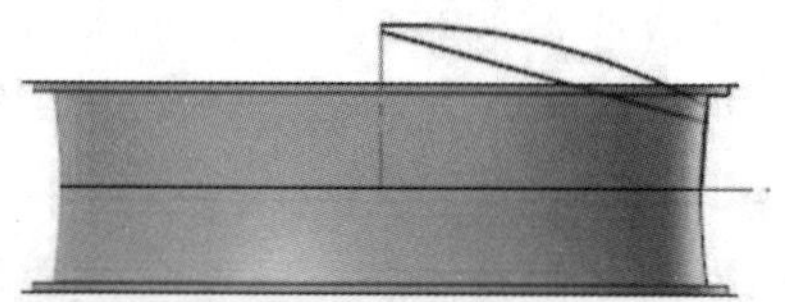

图 6-101　修剪直线

2．创建旋转曲面

（1）单击【主页】选项卡，在【规划】面板中的【层别】选项框中选择【层别】为 3。

（2）单击【曲面】→【创建】→【旋转】按钮，根据系统提示拾取图 6-100 所绘制的直线，以竖直中心线为旋转轴，创建旋转曲面，结果如图 6-102 所示。

（3）同理，拾取图 6-99 绘制的圆弧，以竖直中心线为旋转轴，创建旋转曲面，结果如图 6-103 所示。

图 6-102　创建旋转曲面 1

图 6-103　创建旋转曲面 2

3．创建投影曲线

（1）单击【视图】→【屏幕视图】→【俯视图】按钮；单击【主页】选项卡，在【规划】面板中的【层别】选项框中选择【层别】为 2；设置构图深度 Z 为 200。

（2）绘制如图 6-104 所示的曲线。

（3）单击【转换】→【位置】→【投影】按钮，在曲面 1 上创建投影曲线 1，创制过程如图 6-105 所示。

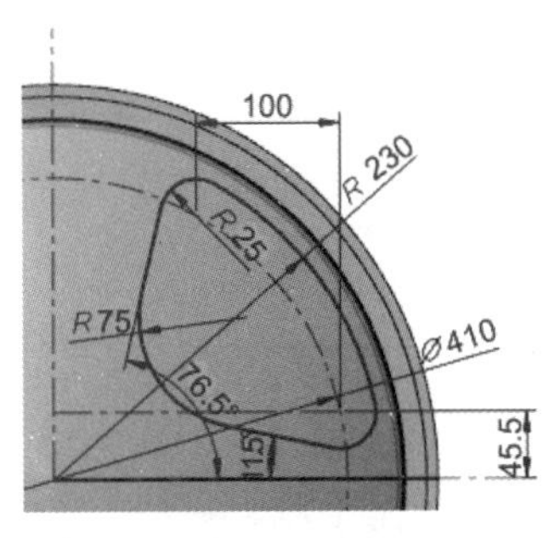

图 6-104　曲线

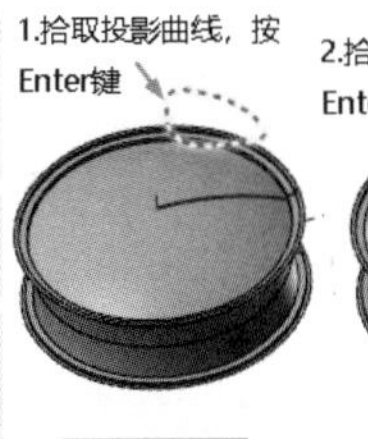

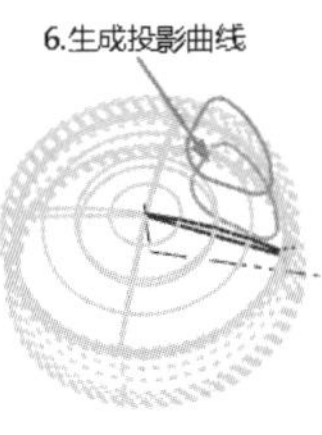

图 6-105　投影曲线的创建过程

（4）同理，设置投影方式为【移动】，将该曲线向图 6-106 所示的曲面 2 进行投影，创建投影曲线 2，结果如图 6-107 所示。

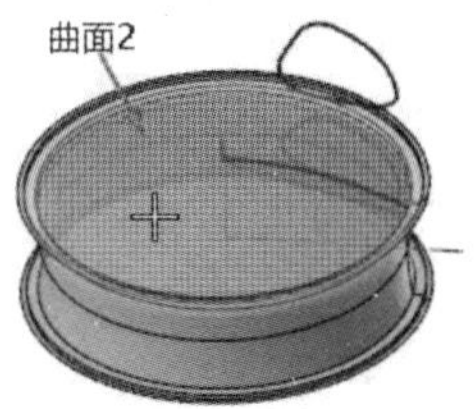

图 6-106　拾取曲面 2

图 6-107　生成投影曲线 2

（5）单击【曲面】→【修剪】→【修剪到曲线】按钮，修剪曲面 2，过程如图 6-108 所示。

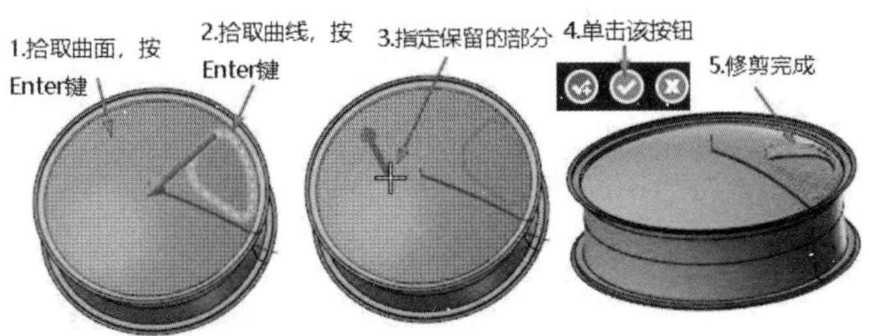

图 6-108　修剪曲面 2

（6）同理，修剪曲面 1，结果如图 6-109 所示。

4. 创建举升曲面

（1）单击【主页】选项卡，在【规划】面板中的【层别】选项框中选择【层别】为 3。

（2）单击【曲面】→【创建】→【举升】按钮，根据系统提示，拾取投影曲线 1 和投影曲线 2，单击【确定】按钮，生成举升曲面，如图 6-110 所示。

图 6-109　修剪曲面 1

图 6-110　举升曲面

（3）单击【转换】→【位置】→【旋转】按钮，对曲线 1、曲线 2 和举升曲面进行旋转复制，创建过程如图 6-111 所示。

（4）重复【修剪到曲线】命令，参照图 6-108 的绘制过程对曲面 1 和曲面 2 进行修剪，结果如图 6-112 所示。

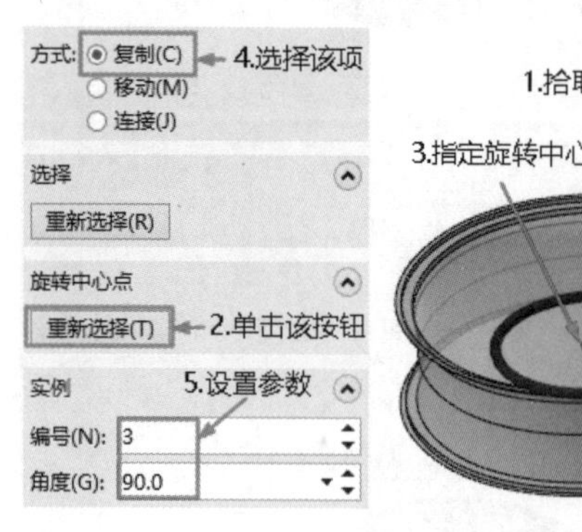

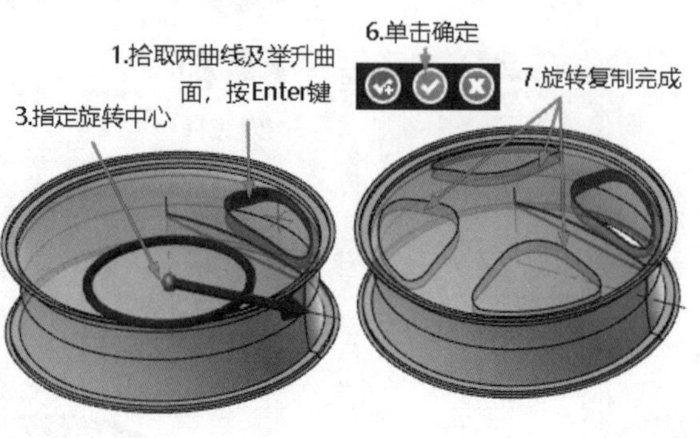

图 6-111 旋转复制的创建过程

图 6-112 修剪曲面结果

6.5.3 创建安装孔

（1）单击【视图】→【屏幕视图】→【俯视图】按钮，将当前视角及绘图平面均设置为【俯视图】，选择【层别】为 2，【线型】设置为实线，【线宽】为第二种。

（2）单击【线框】→【圆弧】→【已知点画圆】按钮，以坐标点（50,0,200）为圆心，绘制如图 6-113 所示的圆。

（3）单击【曲面】→【创建】→【拔模】按钮，根据系统提示拾取圆，设置拉伸长度为 150，拉伸方向为【相反方向】，结果如图 6-114 所示。

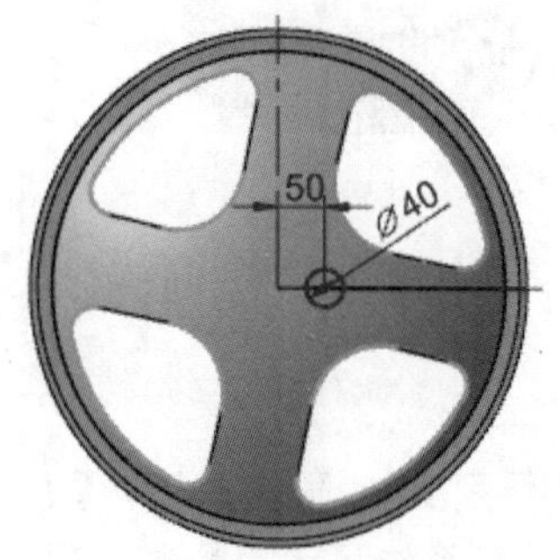

图 6-113 绘制圆

图 6-114 创建拔模曲面

（4）单击【转换】→【位置】→【旋转】按钮，拾取拔模曲面，设置参数和中心点，结果如图 6-115 所示。

（5）单击【曲面】→【修剪】→【修剪到曲面】按钮，根据系统提示拾取曲面 1 和曲面 2 为第一组曲面集，拾取拔模为第二组曲面集。第一组曲面集要保留的部分如图 6-116 所示，第二组曲面集要保留的部分如图 6-117 所示。

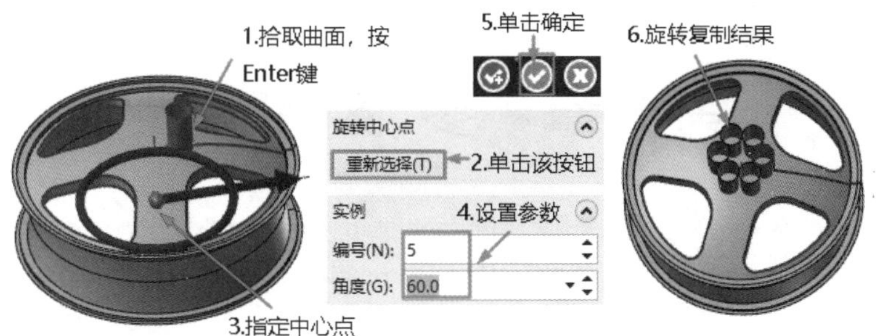

图 6-115　旋转复制拔模曲面的创建过程

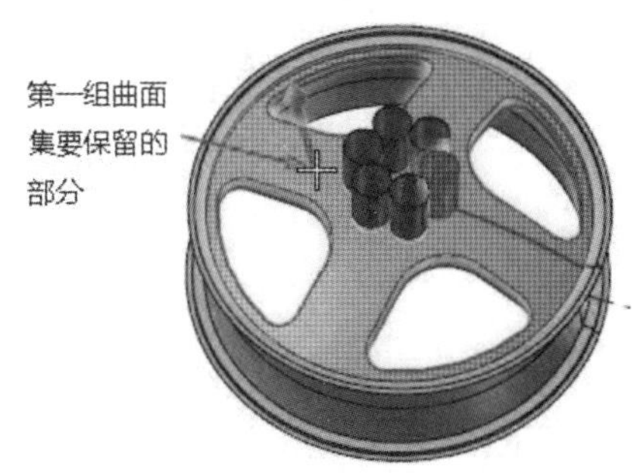

图 6-116　第一组曲面集要保留的部分

图 6-117　第二组曲面集要保留的部分

（6）单击对话框中的【确定并创建新操作】按钮，结果如图 6-118 所示。

（7）同理，对其他 5 个曲面进行修剪，结果如图 6-119 所示。

（8）关闭图层 1 和图层 2，结果如图 6-90 所示。

图 6-118　修剪曲面 1

图 6-119　曲面修剪 2

第 7 章　参 数 设 置

本章主要讲解数控铣削二维加工和三维加工通用参数的设置，包括加工毛坯设置、刀具设置和模拟加工以及三维加工特定参数的设置。用户要熟练掌握刀具的创建方法，并能够从刀库中选择刀具或直接创建新刀具。切削参数也是非常重要的内容，只有不断地积累经验，才能在设置这些参数时游刃有余。设置工件的方式有很多种，读者需要重点掌握采用边界盒方式和 STL 方式创建工件的方法。前面讲述的所有关于加工参数的设置都有助于对刀路进行模拟，读者只需根据需要了解刀路模拟功能即可。本章同时也是后面二维曲面和三维曲面加工的基础。

知识点

- 数据铣通用参数设置
- 数控铣三维加工参数设置

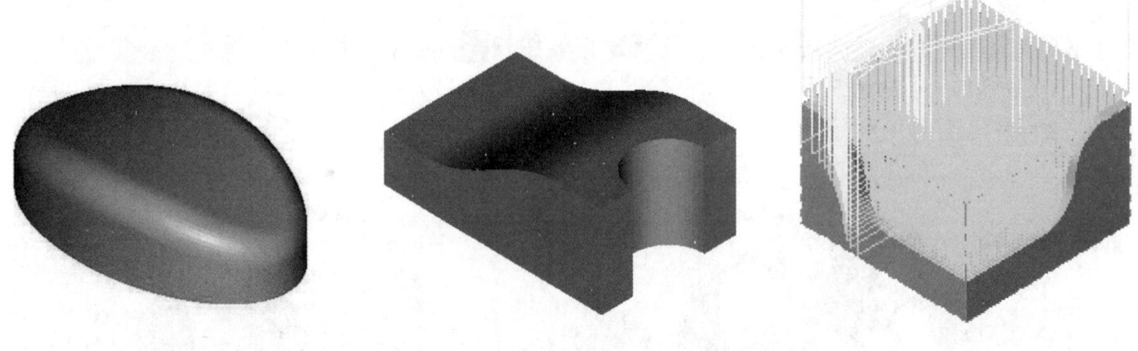

7.1　数控铣通用参数设置

在进行 Mastercam 模拟加工时，需对各参数进行设置，如正确地选择机床，进行毛坯设置、刀具设置及模拟仿真加工和后处理操作。本节将对二维加工和三维加工的通用参数设置进行介绍。

7.1.1　机床和控制系统的选择

在 Mastercam 中，不同的加工设备对应不同的加工方式和后处理文件，因此在编制刀路前需要选择正确的加工设备（加工模块），这样生成的程序才能满足机床加工的需要，且修改量相对较小。

Mastercam 机床定义允许用户使用多个 Mastercam 产品类型，如铣床、车床、线切割，不同的机床类型用不同的扩展名表示，例如，.MMD 表示铣床、.LMD 表示车床、.RMD 表示木雕、.WMD 表示线切割。用户可以方便地从【机床】选项卡的【机床类型】面板中选择不同类型的机床以供使用，如图 7-1 所示。由于铣削模块是应用最广、最有特色的模块，以下以铣床为例进行讲解。

对于具体的机床，如果需要使用的机床定义在子菜单列表中，可以直接选择它，其中立式铣床的主轴垂直于机床工作台，卧式铣床的主轴平行于机床工作台。4 轴、5 轴联动数控铣床比 3 轴联动数控铣床分别多了一个和两个旋转轴，从而加工范围更加广泛，一次装夹就可以完成多个面的加工任务，不仅提高了加工效率，也提高了加工精度。单击【机床列表管理】子菜单项，然后从弹出的对话框中选择需要定义的机床定义文件。对于初学者来说，选择默认铣床就可以了。

在 Mastercam 中，机床定义是【刀路】操作管理器中机床群组参数的一部分。当选择一种机床类型时，一个新的机床群组和刀具群组就被创建，相应的刀路菜单也随之改变，如图 7-2 所示。

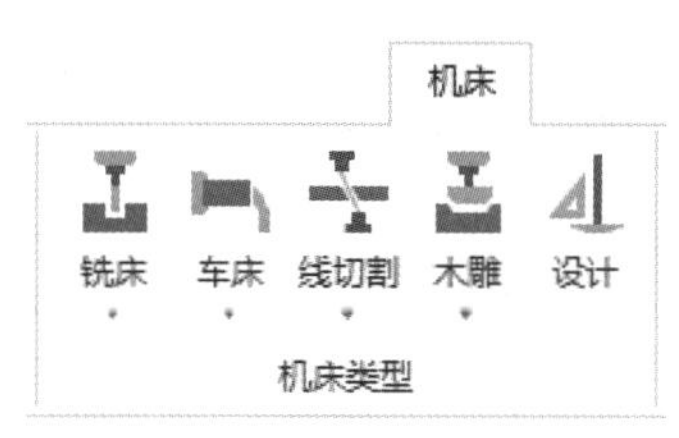

图 7-1　机床设备下拉菜单

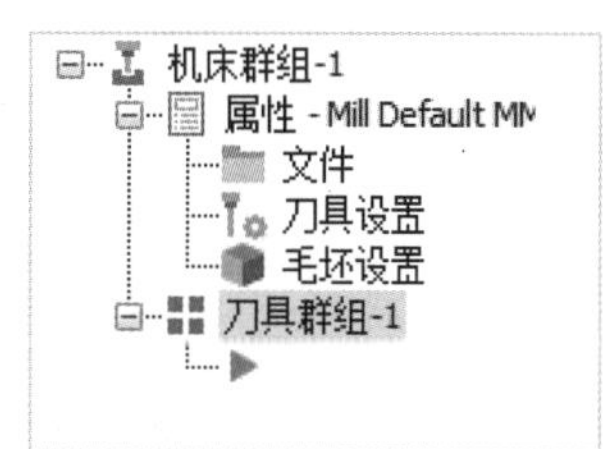

图 7-2　机床群组和刀具群组

7.1.2　毛坯设置

加工毛坯用来模拟实际加工中的加工材料。工件按类型可以分为立方体、圆柱体、实体/网格和 STL 文件 4 类，这 4 类都可以创建毛坯工件，但毛坯的形状不一样，创建的方式也就不一样。下面介绍工件的创建方式。

1. 设置工件形状

（1）立方体。在【刀路】操作管理器中执行【属性】→【毛坯设置】命令，弹出【机床群组属性】对话框，在【毛坯设置】选项卡的【形状】选项组中选中【立方体】单选按钮，对话框显示如图 7-3 所示。该选项主要用来设置立方体工件的参数，可以在立方体参数文本框中输入立方体的 X、Y、Z 值以及原点参数。

立方体工件的设置方式见表 7-1。

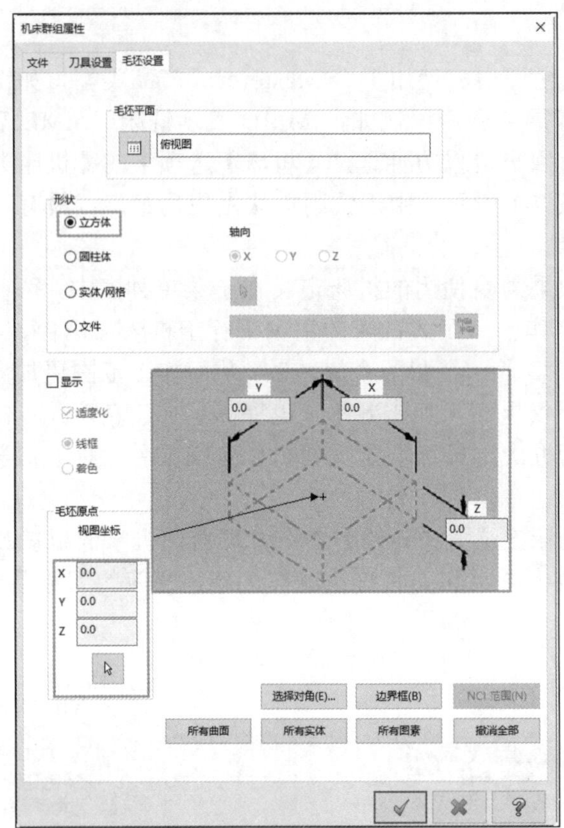

图 7-3 【机床群组属性】对话框

表7-1 立方体工件的设置方式

选 项	含 义
选择对角	选择平面上矩形的对角点定义立方体区域，给定 Z 值即可设置立方体工件
边界框	采用边界框将图素的最大边界包络起来形成工件
所有曲面	自动选择所有曲面，并以所有曲面的最大外边界形成立方体工件
所有实体	选择所有实体，并以所有实体的最大外边界形成立方体工件
所有图素	选择所有图素，并以所有图素的最大外边界形成立方体工件
取消全部	将前面所选取的工件全部取消

（2）圆柱体。在【机床群组属性】对话框下【毛坯设置】选项卡的【形状】选项组中选中【圆柱体】单选按钮，该选项主要用来设置圆柱体工件参数，可以在圆柱体参数文本框中输入圆柱体的高度、直径以及原点参数。设置圆柱体工件的方式与设置立方体一样，在此不再赘述。

（3）实体/网格。在很多加工过程中，所用加工材料的形状并不是非常规则的，往往不能采用立方体或圆柱体等方式设置工件，此时可以采用事先做好的实体作为工件。另外，当有些加工所用的材料是铸件时，也可以直接将实体做成铸件的形状。在【机床群组属性】对话框下【毛坯设置】选项卡的【形状】选项组中选中【实体/网格】单选按钮，该选项主要用来选择实体作为工件。在【形状】选项组中单击【实体/网格】复选框右侧的【选择】按钮，在绘图区选择所需的实体，单击【确定】按钮，完成选择。

（4）文件。这里是指 STL 文件，在加工过程中的应用较多。在加工过程中可以将上一步的加工结果保存为 STL 文件，再将此 STL 文件作为下一次加工的工件。另外，当某些工件只做精加工时，在实体模拟时可以不进行粗加工，直接采用 STL 文件加工即可。在【机床群组属性】对话框下【毛坯设置】选项卡的【形状】选项组中选中【文件】单选按钮，选择 STL 文件作为工件。可以在【形状】选项组的【文件】下拉列表中选择所需的 STL 文件；也可以单击【文件】按钮选择文件。选择文件完成后，单击对话框中的【确定】按钮完成设置。

2. 设置边界框

采用边界框的方式设置工件是 Mastercam 中设置工件最常用的方式，在立方体工件和圆柱体工件设置方式中都有边界框设置方式。设置边界框的方法有两种，一种是直接在菜单栏中调取命令；另一种是在【刀路】操作管理器中调取命令。下面介绍采用边界框设置立方体工件的方法。

在【机床群组属性】对话框下【毛坯设置】选项卡的【形状】选项组中选中【立方体】单选按钮，然后单击【边界框】按钮，弹出如图 7-4 所示的【边界框】对话框。该对话框用于设置边界框的参数，单击【确定】按钮，完成参数设置。

技巧荟萃

毛坯设置主要是便于以后进行实体模拟时对工件的观察，以检查刀路是否存在错误。一般利用边界框设置工件毛坯最为方便。

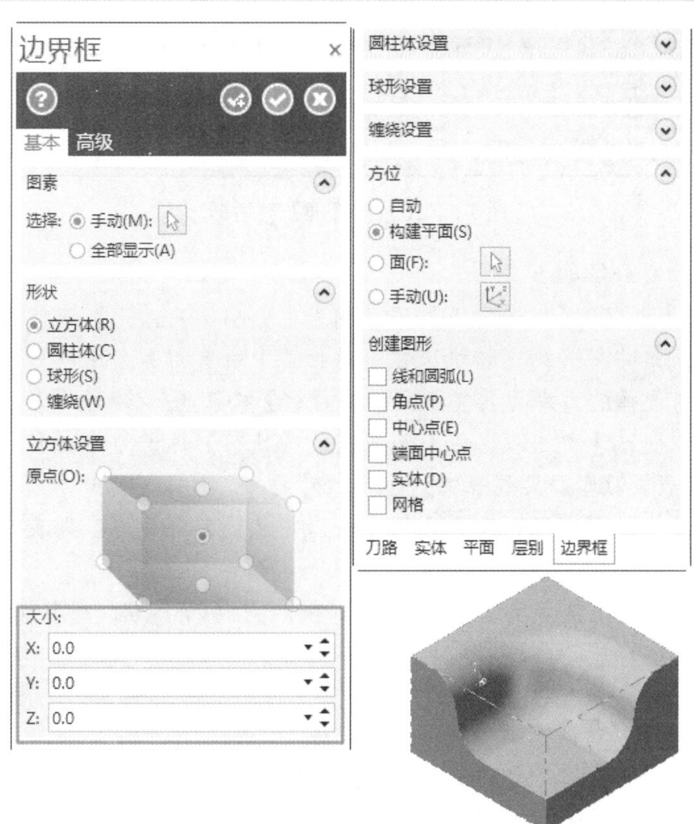

图 7-4　设置边界框

7.1.3 刀具设置

刀具的选择是机械加工中关键的环节之一，在设置每种加工方法时，首要的工作就是为此次加工选择一把合适的刀具。合理地选择刀具不仅需要有专业的知识，还要有丰富的经验，而选择得是否合理将会直接影响加工的成败和效率。

1. 从刀库选择刀具

Mastercam 提供的刀具管理器可以选择和管理加工中所有使用的刀具和刀库中的刀具，用户既可以根据需要选择相应的刀具类型，也可以将加工中使用的刀具保存到刀库中。

单击【刀路】→【工具】→【刀具管理】按钮，弹出【刀具管理】对话框，如图 7-5 所示。

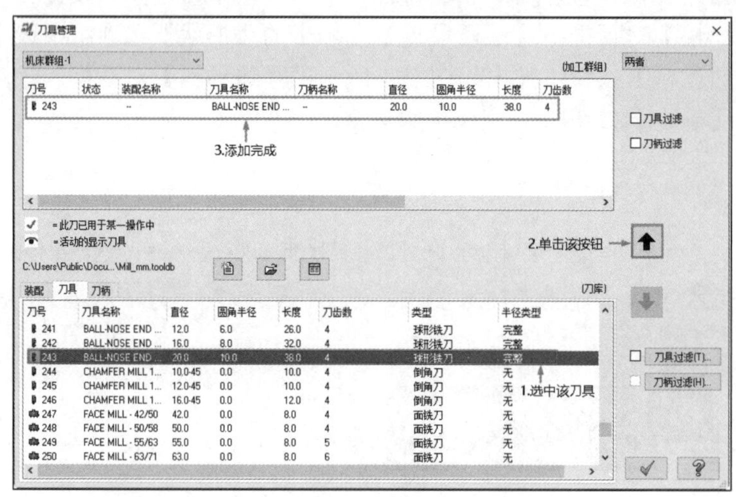

图 7-5 【刀具管理】对话框

对话框中各选项含义介绍如下。

（1）机床群组刀具列表。【机床群组】下拉列表中列出了当前刀路所使用的机床。选择任何一种机床，零件刀具列表中就会列出该机床在当前加工中所有刀具。用户只需要在刀库中选中某把刀具，然后单击【将选择的刀库刀具复制到机床群组】按钮，即可将刀具从刀库调到机床群组中。如果选中【刀具过滤】复选项，则系统只显示【状态】标识为✓的使用中的零件刀具。

（2）刀库刀具列表。刀库刀具列表中列出了所有刀库。选择任何一个刀库，则会在刀库刀具列表中显示该刀库中所有的刀具。单击按钮也可以将从机床群组刀具列表中选中的刀具复制到当前使用的刀库中。

（3）刀具过滤器。为了快速选择刀具，可以按照刀具的类型、材料或尺寸等条件过滤刀具。在【刀具管理】对话框中，还可以通过【刀具过滤】按钮 刀具过滤(T)... 对过滤规则进行设置，如图 7-6 所示。

【刀具过滤列表设置】对话框中各选项的含义如下。

① 刀具类型：提供 29 种形状的刀具，用户可以将鼠标移到刀具按钮上面，观察刀具的名称，可以设置【限定操作】（包括不限定操作、已使用于操作和未使用于操作 3 种选项）和【限定单位】（包括不限定单位、英制和公制 3 种选项）快速选择需要的刀具。

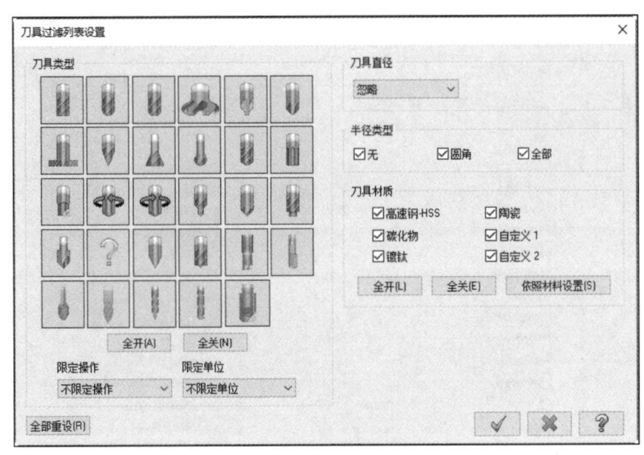

图 7-6　【刀具过滤列表设置】对话框

② 刀具直径：用户可以用刀具直径限制刀具列表显示某种类型的刀具。Mastercam 中，刀具直径过滤有 5 种情形，分别为忽略、等于、小于、大于和两者之间。对于后 4 种情形，其限定值由文本框输入值给定。

③ 半径类型：在 Mastercam 中，刀具的半径类型有 3 种，分别为无、圆角和全部。

④ 刀具材质：根据刀具材料限制刀具列表显示某种材料的刀具，用户可以选择下列的一种或多种材料，包括高速钢-HSS、碳化物、镀钛、陶瓷、自定义 1 和自定义 2。

2．编辑刀具

双击【刀具管理】对话框中的任何一个刀具，弹出如图 7-7 所示的【编辑刀具】对话框。利用该对话框可以设置选定刀具的具体参数，设置完毕单击【完成】按钮，即可完成编辑刀具的操作。

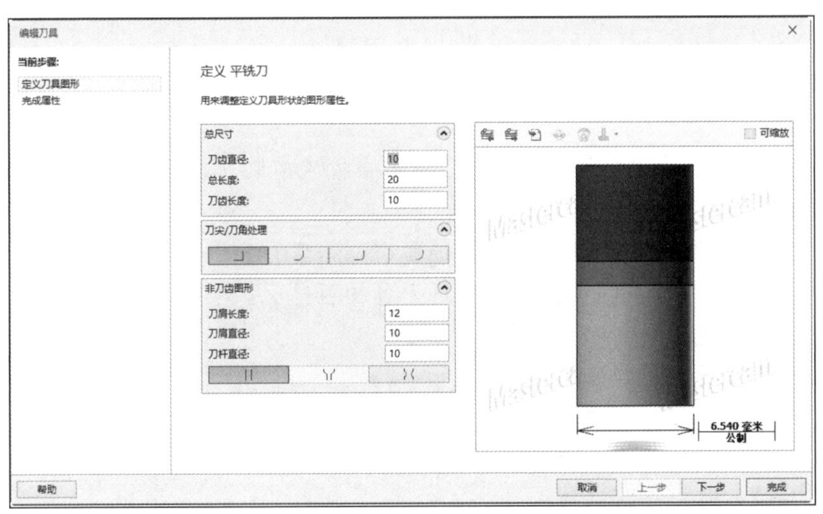

图 7-7　【编辑刀具-定义刀具图形】对话框

设置好刀具参数后，单击【下一步】按钮，弹出如图 7-8 所示的对话框，利用该对话框中的内容可以设置刀具在加工时的有关参数，其主要选项的含义如下。

（1）XY 轴粗切步进量（%）：设定粗加工时在 X、Y 轴方向的步距进给量，按照刀具直径的百分比设置该步进量。

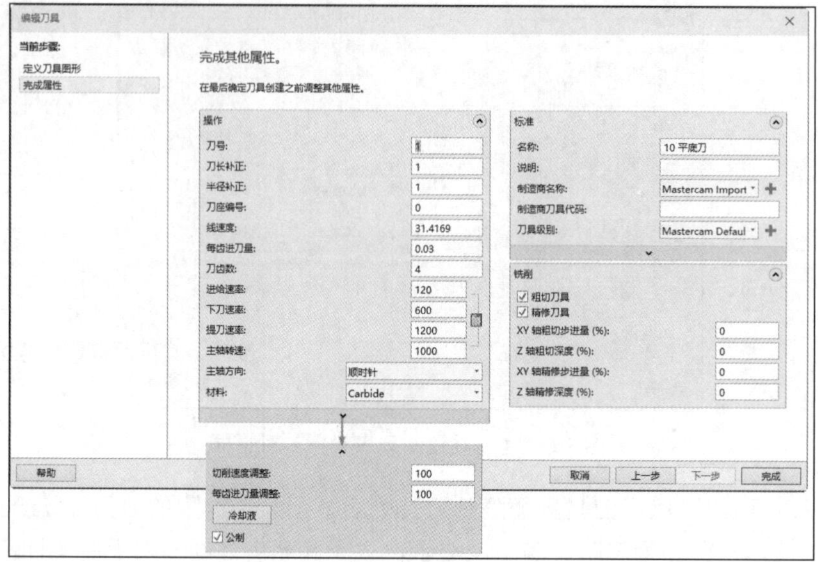

图 7-8 【编辑刀具-完成其他属性】对话框

（2）XY 轴精修步进量（%）：设定精加工时在 X、Y 轴方向的步距进给量，按照刀具直径的百分比设置该步进量。

（3）Z 轴粗切深度（%）：设定粗加工时在 Z 轴方向的步距进给量，按照刀具直径的百分比设置该步进量。

（4）Z 轴精修深度（%）：设定精加工时在 Z 轴方向的步距进给量，按照刀具直径的百分比设置该步进量。

（5）材料：提供 Carbide（硬质合金）、Ceramic（陶瓷）、HSS（高速钢）、Ti Coated（镀钛）、User Def1（自定义 1）和 User Def1（自定义 2）6 种材质。

（6）刀长补正：用于在机床控制器补正（又称补偿）时设置在数控机床中的刀具长度补正器号码。

（7）半径补正：此号码为使用 G41、G42 语句在机床控制器补正时，设置在数控机床中的刀具半径补正器号码。

（8）线速度：依据系统参数预设的建议平面切削速度百分比。

（9）每齿进刀量：依据系统参数预设的进刀量的百分比。

（10）刀齿数：设置刀具切削刃数。

（11）进给速率：设置进给速度。

（12）下刀速率：设置进刀速度。

（13）提刀速率：设置退刀速度。

（14）主轴转速：设定主轴转速。

（15）主轴方向：设定主轴旋转方向，包括顺时针和逆时针两种。

用户不需要指定所有的参数，只需要给定部分信息，然后单击【单击重新计算进给速率和主轴转速】按钮，系统就会自动计算出合适的其他参数。当然，如果用户对系统计算出的参数不满意，可以自行指定。

另外，单击【冷却液】按钮 冷却液 ，弹出【冷却液】对话框。利用该对话框可以设置加工时的冷却方式，包括柱状喷射切削液（Flood）、雾状喷射切削液（Mist）、从刀具喷出切削液（Thru-tool）3 种冷却方式。

3．创建新刀具

如果刀库中没有用户所需的刀具，也可以直接创建新刀具。在【刀具管理】对话框中的刀具列表框的空白处右击，在弹出的快捷菜单中选择【创建刀具】，弹出如图 7-9 所示的【定义刀具】对话框，【选择刀具类型】选项卡中的选项用来定义用户所需的刀具类型。

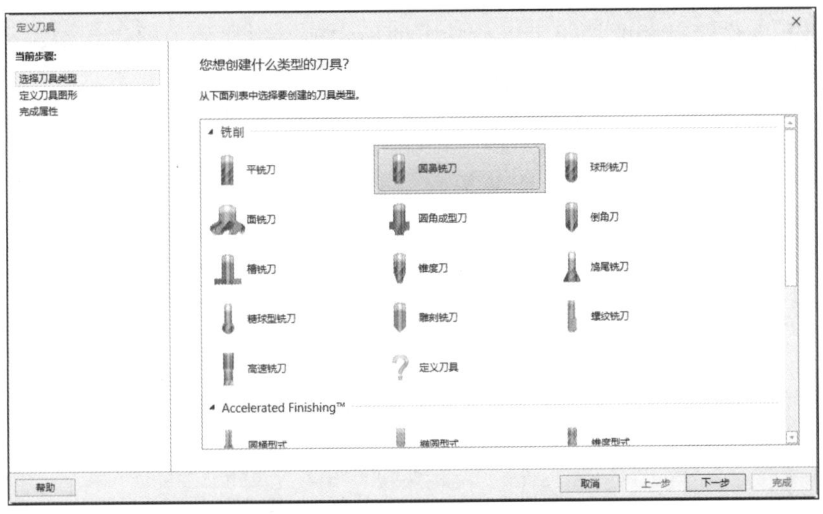

图 7-9　【定义刀具】对话框

在【选择刀具类型】选项卡中选择一种刀具，如【圆鼻铣刀】，单击【下一步】按钮 下一步 ，切换到【定义刀具图形】选项卡，如图 7-10 所示，该选项卡用来设置圆鼻铣刀的参数。注意：由于汉化原因，设置刀具参数时，大多显示为“定义平铣刀”。

当设置完圆鼻铣刀参数后，在选项卡中单击【下一步】按钮 下一步 ，切换到【完成属性】选项卡，其参数设置与图 7-8 相同，这里不再赘述。

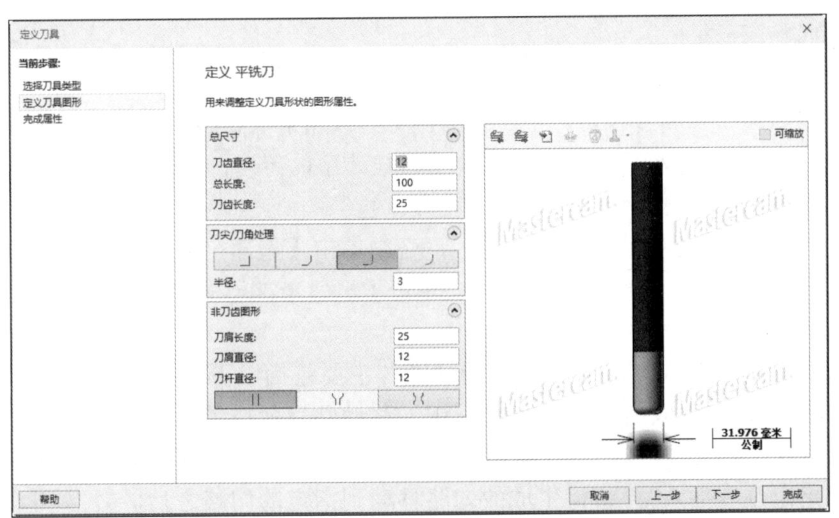

图 7-10　【圆鼻铣刀】选项卡

7.1.4 NC 仿真及后处理

生成刀路以后，需要进行刀路的模拟和加工模拟，以便验证刀路的正确性。Mastercam 提供了非常简便的操作管理方式——操作管理器，用户既可以用它完成刀路的模拟和加工模拟工作，也可以通过它编辑和修改刀路以及生成 CNC 可识别的 NC 代码。

1.【刀路】操作管理器的按钮功能

利用【刀路】操作管理器的按钮可以非常方便地实现对生成的刀路进行编辑、验证、加工模拟和后处理等操作。图 7-11 所示为操作管理器选项卡按钮。

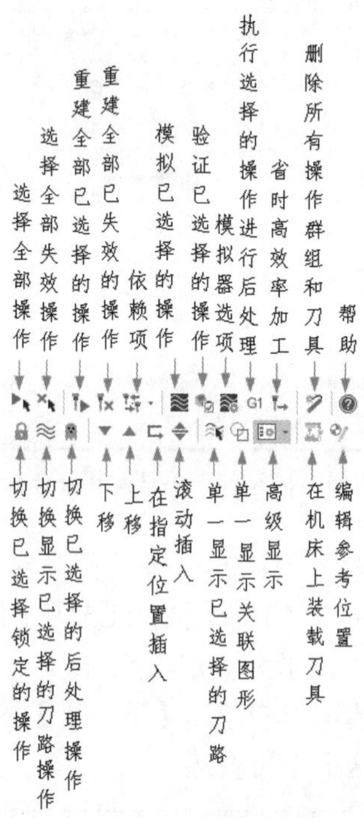

图 7-11　【刀路】操作管理器选项卡按钮

（1）刀路的选择、验证与移动。单击【选择全部操作】按钮，系统会选中模型中所有正确的刀路，被选中的操作以标识。如果要取消已经被选中的刀路，可以单击【选择全部失效操作】按钮，未被选中的操作以标识。

当用户对一个操作相应参数进行修改以后，必须单击【重建全部已选择的操作】按钮，验证其有效性（验证前必须保证该路径被选中）。单击【重建全部已失效的操作】按钮，则可以验证未被选中的操作。

同时，Mastercam 还提供了刀路移动编辑功能，主要包括以下 4 种方法。

① （下移）：将待生成的刀路（用标识）移动到目前位置的下一个刀路之后。

② （上移）：和下移操作相反，将待生成刀路移动到目前位置的上一个刀路前面。

③ （在指定位置插入）：将待生成的刀路移动到指定的刀路之后。

④ （滚动插入）：将待生成的刀路以滚动的方式插入指定位置。

（2）刀路模拟。对于数控加工来说，它是一个非常有用的工具，可以在机床真实加工之前进行刀路的检验，以便提前发现问题。

单击【模拟已选择的操作】按钮，弹出【路径模拟】对话框（见图 7-12）和【路径模拟播放】工具条（见图 7-13）。

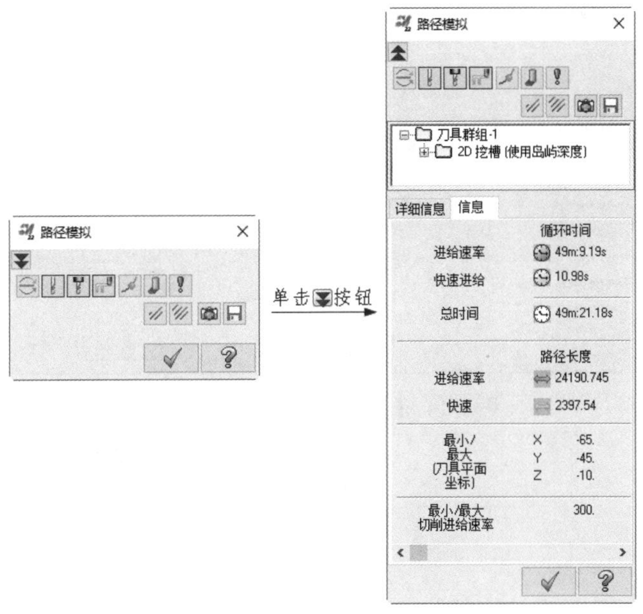

图 7-12 【路径模拟】对话框

图 7-13 【路径模拟播放】工具条

【路径模拟】对话框中各选项的含义如下。

① ：将刀路用各种颜色显示出来，从而便于用户更加直观地观察刀路。

② ：在刀路模拟过程中显示刀具，以便检验在加工过程中刀具是否与工件发生碰撞干涉。

③ ：在刀路模拟过程中显示夹头，以便检验在加工过程中刀具以及刀具的夹头是否与工件发生碰撞干涉。该选项只有在被选中时才能进行设置。

④ ：显示在加工过程中的快速进给路径。

⑤ ：显示刀路的节点。

⑥ ：快速校验刀路。

⑦ ：单击此按钮，系统弹出【刀路模拟选项】对话框，如图 7-14 所示。利用该对话框可以对刀路模拟过程中的一些参数进行设置，如刀路显示、步进模式等。

利用【路径模拟播放】工具条可以对模拟过程进行控制。单击【设置停止条件】按钮，弹出【暂停设定】对话框，如图 7-15 所示。利用该对话框可以对刀路模拟在某步加工、某步操作、换刀处以及具体坐标位置暂停模拟。

（3）加工模拟。单击【验证已选择的操作】按钮，弹出【Mastercam 模拟器】对话框，如图 7-16 所示。利用该对话框可以在绘图区观察加工过程和加工结果。

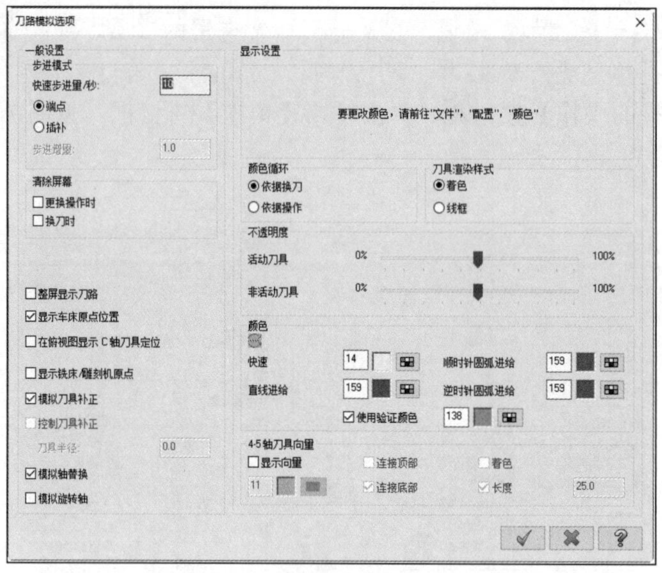

图 7-14 【刀路模拟选项】对话框

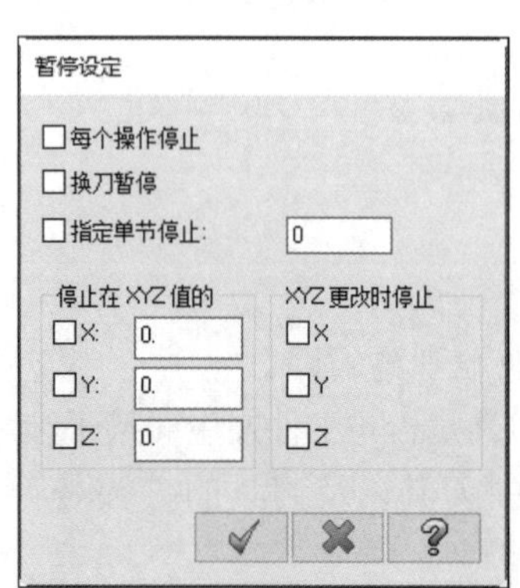

图 7-15 【暂停设定】对话框

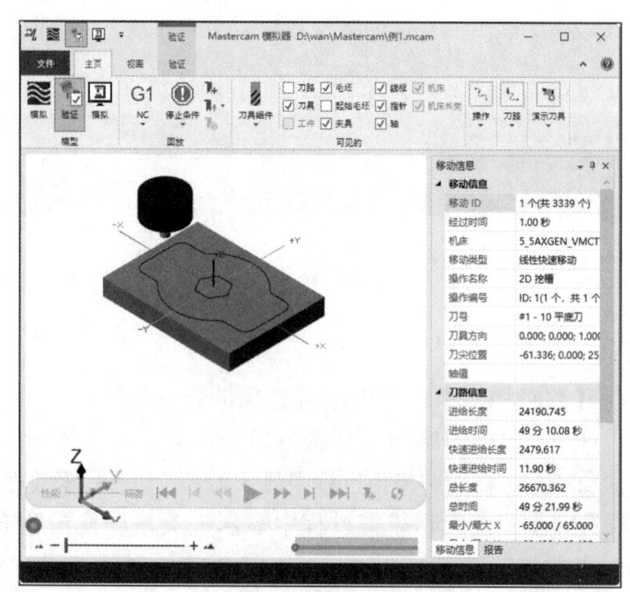

图 7-16 【Mastercam 模拟器】对话框

（4）后处理。刀路生成以后，经刀路验证无误后，就可以进行后处理操作了。后处理就是将刀路文件翻译成数控加工程序。单击【执行选择的操作进行后处理】按钮G1，弹出【后处理程序】对话框，如图 7-17 所示。

不同的数控系统所使用的加工程序的格式是不同的，用户应根据机床数控系统的类型选择相应的后处理器，系统默认的后处理器为日本 FANUC 数控系统控制器（MPFAN.PST）。若要使用其他的后处理器，可以单击【选择后处理】按钮，然后在弹出的对话框中选择与用户数控系统相对应的后处理器。

NCI 文件是一种过渡性质的文件，即刀路文件，而 NC 文件则是传递给机床的数控 G 代码程序文件，因此输出 NC 文件是非常有用的。

① 选中【覆盖】单选按钮，系统自动对原来的 NCI 或 NC 文件进行更新。

② 选中【询问】单选按钮，系统在更新 NCI 或 NC 文件前提示用户。

③ 选中【编辑】复选框，系统在生成 NCI 或 NC 文件后自动打开文件编辑器，用户可以查看或编辑 NCI 或 NC 文件。

④ 选中【传输到机床】复选框，在生成并存储 NC 文件的同时将 NC 文件通过串口或网络传输至机床设备的数控系统中。单击【传输】按钮 传输(M) ，弹出【传输】对话框，用户可以利用该对话框对 NC 文件的通信参数进行设置。传输参数设置如图 7-18 所示。

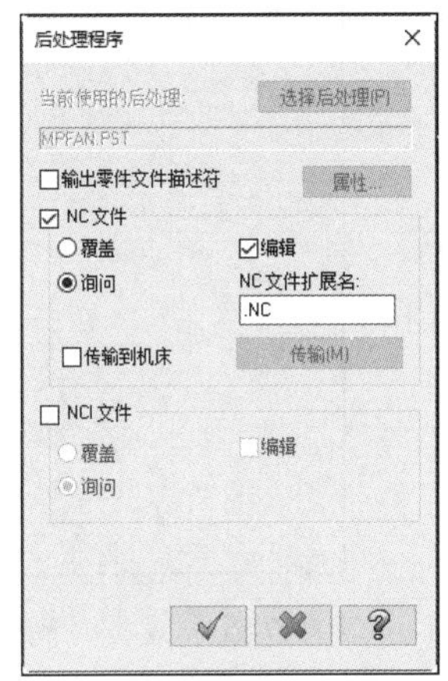

图 7-17　【后处理程序】对话框

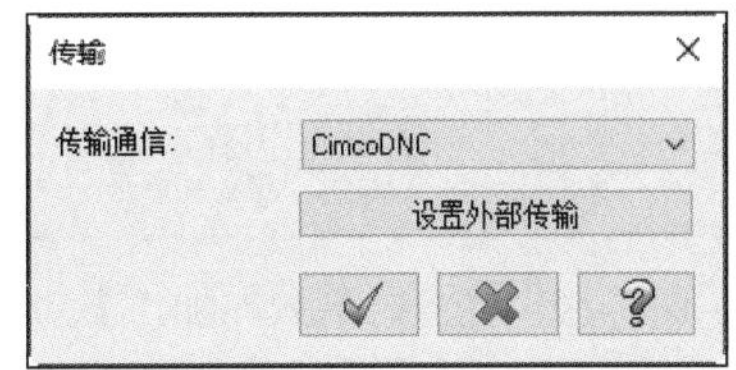

图 7-18　【传输】对话框

（5）快速进给。在输入加工参数时，同一步刀路一般采用同一种加工速度。但在具体加工过程中，同一步刀路中有时走直线，有时走圆弧或曲线，有时还是空行程，因此采用同一种加工速度会浪费很多的加工时间。用户可以通过【快速进给】命令调节加工速度，如在进行直线加工和空行程时加速而在圆弧加工时减速等，以提高加工速度，优化加工程序。

在【刀路】操作管理器中单击【省时高效率加工】按钮，弹出【省时高效率加工】对话框，如图 7-19 所示。该对话框包括两个选项卡，利用这两个选项卡可以优化参数、设置材料。

设置完成以后，单击【省时高效率加工】对话框中的【确定】按钮，弹出【省时高效加工】对话框，如图 7-20 所示，单击对话框中的【步进】按钮或【运行】按钮，系统会重新计算轨迹参数，并将优化后的效果进行汇报。注意：快速进给只对 G0～G03 的功能代码段有效。

（6）其他功能按钮。除了上述的功能按钮外，Mastercam 还提供了很多非常实用的功能按钮。

① （删除所有操作群组和刀具）：删除所有选中操作。

② （帮助）：提供相关的帮助信息。

③ （切换已选择锁定的操作）：锁定所有选中的操作，被锁定的操作不能被编辑修改。

④ （切换显示已选择的刀路操作）：隐藏或显示所有选中的刀路。

⑤ （切换已选择的后处理操作）：关闭所有选中的操作不生成后处理程序，当选中的操作被关闭后，再次单击该按钮即可恢复所有关闭操作。

⑥ （单一显示已选择的刀路操作）：单击该按钮，则只显示被选中的刀路。

⑦ （单一显示关联图形）：单击该按钮，则只显示被选中操作的关联图形。

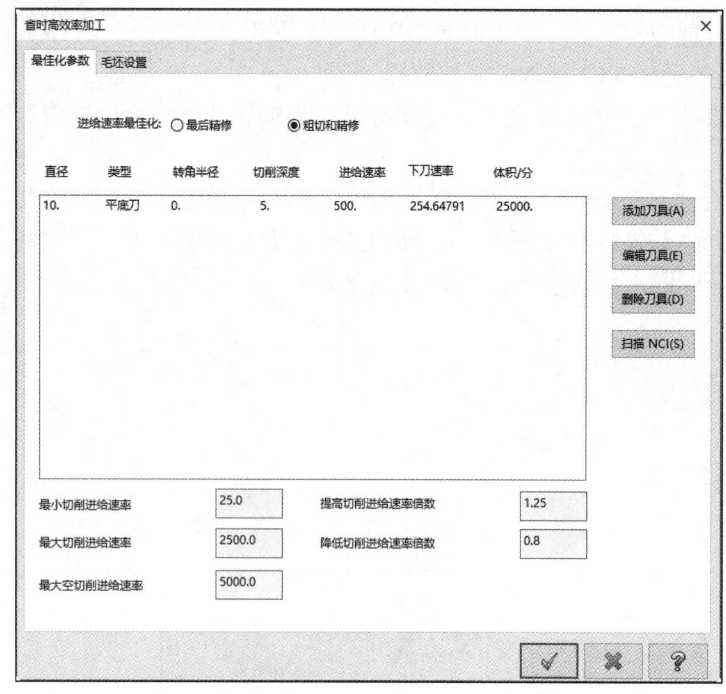

图 7-19 【省时高效率加工】对话框

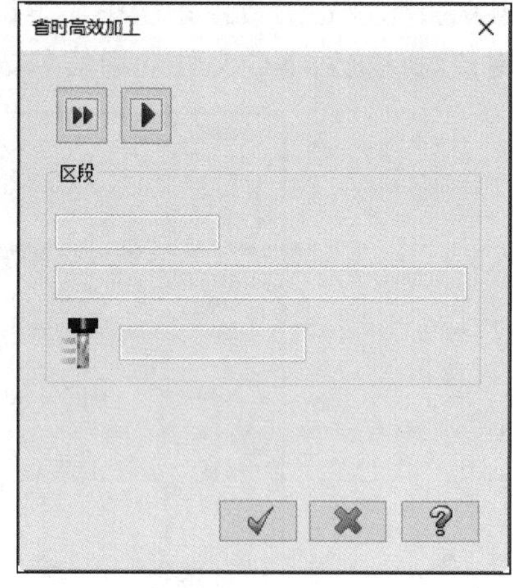

图 7-20 【省时高效加工】对话框

2.【刀路】操作管理器的树状图功能

为了方便用户进行各种操作，【刀路】操作管理器中的树状图显示了机床群组以及刀具群组的树状关系，单击其中的任何一个选项都会打开相应的对话框，如图 7-21 所示。

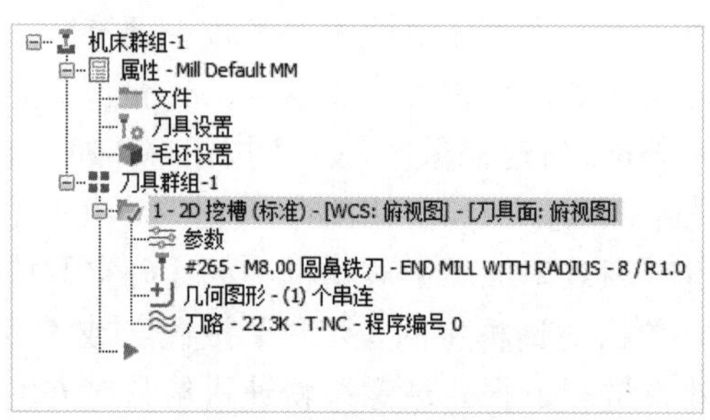

图 7-21 树状图示意

在【刀路】操作管理器的空白区域或每个选项上右击，也会弹出一个快捷菜单，如图 7-22 所示。该菜单包含了许多 CAM 功能，利用它可以方便快捷地完成刀路编辑、后处理等一系列操作。

（1）铣床刀路子菜单。选择树状图右键菜单中的【铣床刀路】选项，将弹出如图 7-23 所示的【铣床刀路】子菜单，该菜单包含了【刀路】主菜单中的主要内容，通过它可以完成铣削加工的各种刀路的创建。

如果选择其他功能模块，则对应类型的刀路选项将被激活，如选择线切割模块，则【线切割刀路】选项被激活。

（2）编辑选项操作。选择【编辑已经选择的操作】选项，弹出如图 7-24 所示的子菜单，用户可以利用它完成各选项的编辑工作。

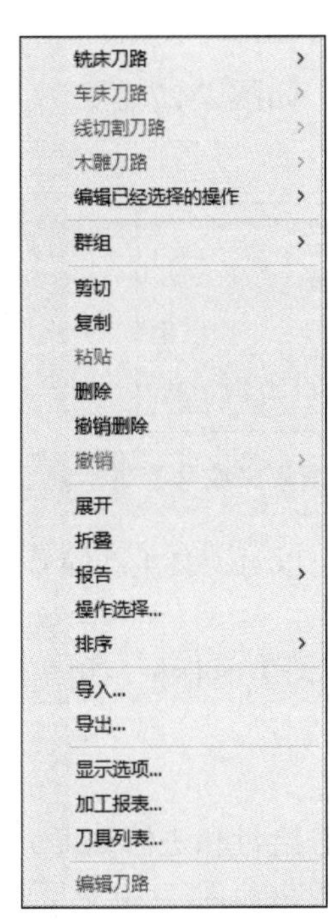

图 7-22　树状图右键菜单

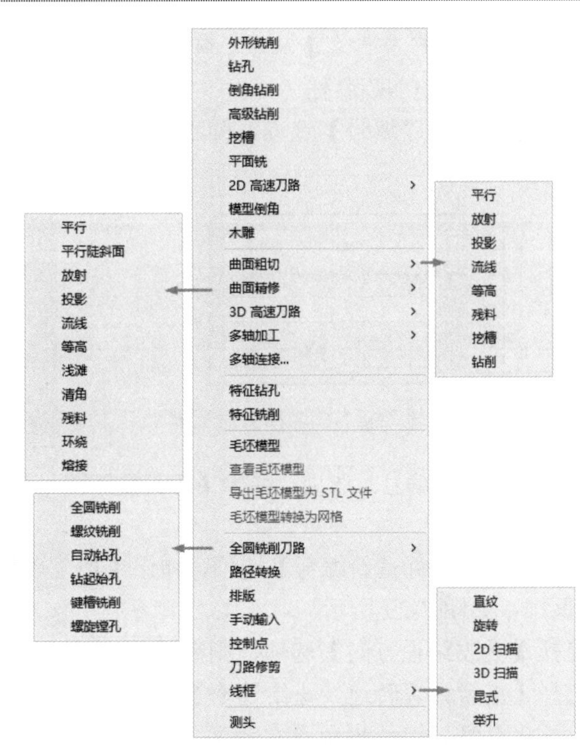

图 7-23　【铣床刀路】子菜单

① 选择【编辑共同参数】选项，弹出如图 7-25 所示的【编辑共同参数】对话框，该对话框默认的情况下，各选项都不能进行编辑，用户可以单击【启用全部设置】按钮，激活所有选项。由于该对话框各参数的含义大部分已经介绍过，这里不再赘述，读者可以结合相关内容自行体会。

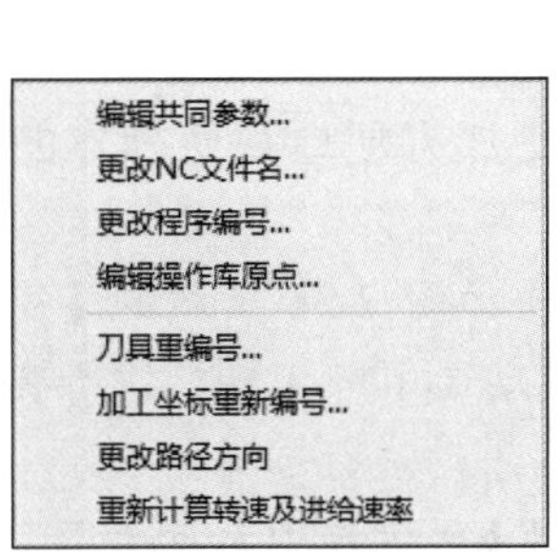

图 7-24　编辑已选择的操作子菜单

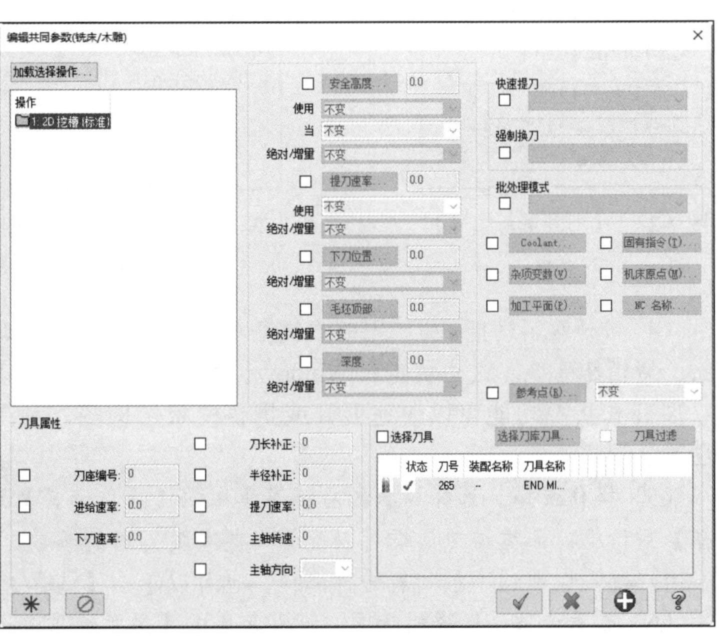

图 7-25　【编辑共同参数】对话框

② 选择【更改 NC 文件名】选项，弹出【输入新 NC 名称】对话框，如图 7-26 所示，用户可以在文本框中输入新的 NC 名称。

③ 选择【更改程序编号】选项，弹出【新程序编号】对话框，如图 7-27 所示，用户可以利用它更改程序的编号。

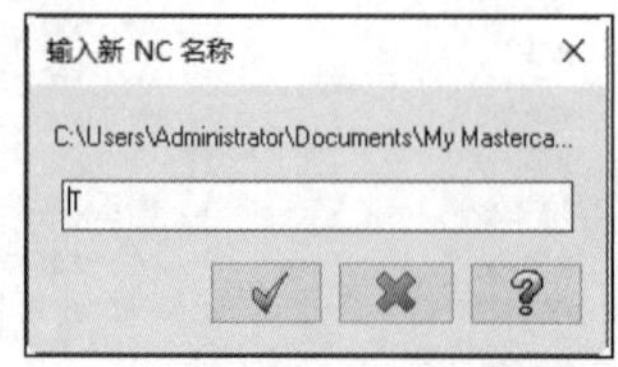
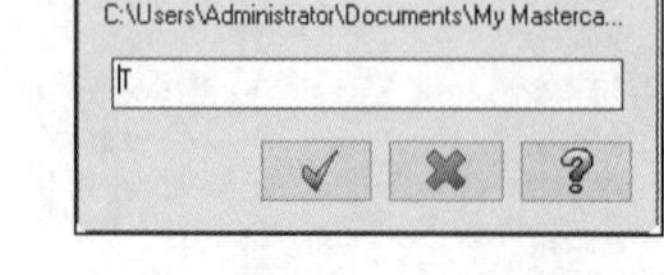

图 7-26 【输入新 NC 名称】对话框

图 7-27 【新程序编号】对话框

④ 选择【刀具重编号】选项，弹出【刀具重新编号】对话框，可以对刀具重新编号，如图 7-28 所示。

⑤ 选择【加工坐标重新编号】选项，弹出【加工坐标系重新编号】对话框，用户可以对加工坐标进行重排，如图 7-29 所示。

⑥ 选择【更改路径方向】选项，则系统将刀路头尾反过来。

⑦ 选择【重新计算转速及进给速率】选项，则系统重新计算进给量和进给速度。

（3）机床群组。选择树状图右键菜单中的【群组】选项，将弹出如图 7-30 所示的【新建机床群组】子菜单，通过它可以完成机床群组和刀具群组的创建、删除等操作。

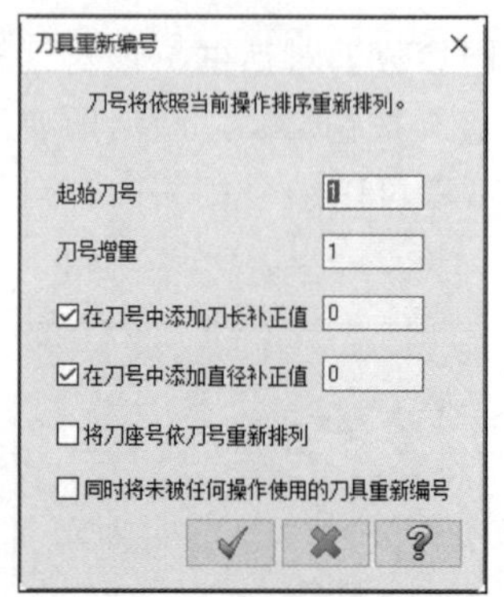

图 7-28 【刀具重新编号】对话框

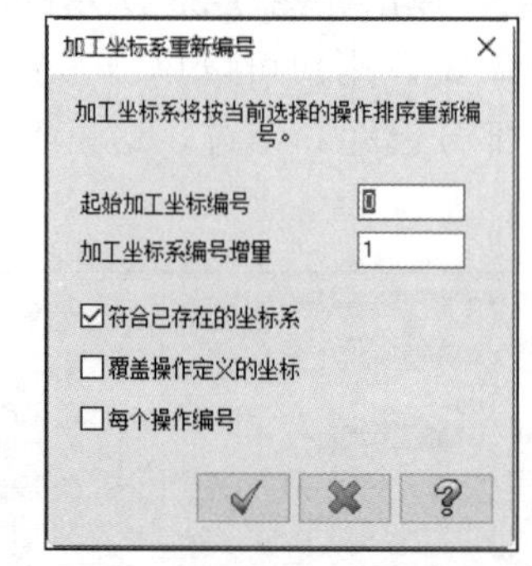

图 7-29 【加工坐标系重新编号】对话框

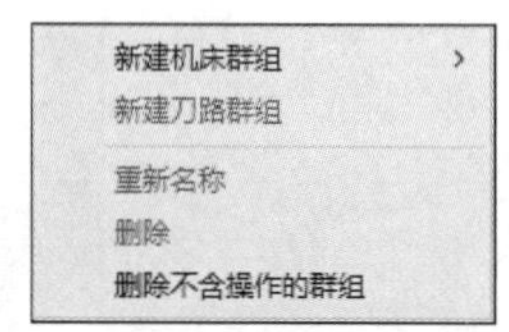

图 7-30 【新建机床群组】子菜单

（4）常规编辑功能。树状图的右键菜单还提供了一些常规的编辑功能，如剪切、复制、粘贴、删除、撤销删除等，这些功能和 Windows 的操作方法相同，不再赘述。

展开和折叠功能可以快速展开或折叠树状结构图，利用它可以更加方便地观察操作的结构层次。

（5）操作选择。选择树状图右键菜单中的【操作选择】选项，弹出如图 7-31 所示的【操作选择】对话框。通过该对话框可以设置一些有关刀路的参数，系统会自动选中符合要求的所有刀路。用户既可以通过下拉列表进行选择，也可以单击【选择】按钮，手动进行选择。

（6）显示选项。选择树状图右键菜单中的【显示选项】选项，弹出【显示选项】对话框，如图 7-32 所示，利用该对话框可以对树状图的显示方式进行设置。

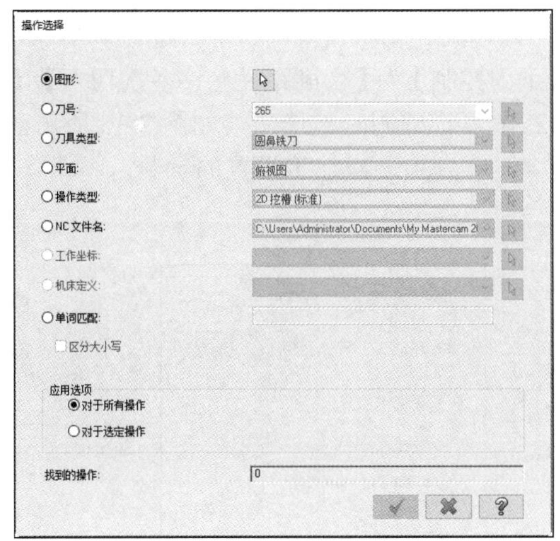

图 7-31 【操作选择】对话框

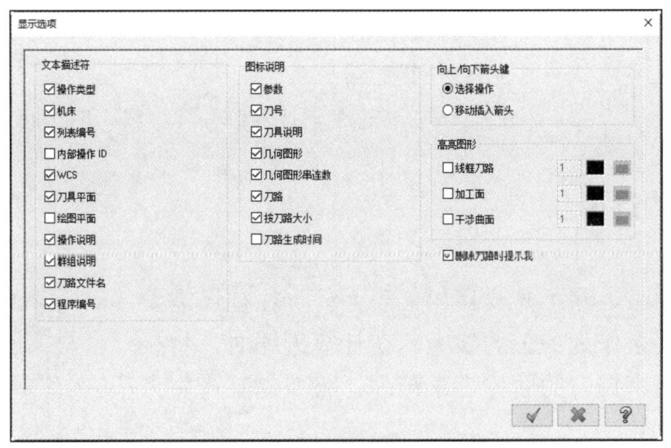

图 7-32 【显示选项】对话框

7.2 数控铣三维加工参数设置

区别于二维刀路规划的通用参数设置，对于三维加工，针对不同的曲面或实体，还需要对一些三维特定的参数进行设置，本节将对这些参数进行介绍。

7.2.1 曲面的类型

Mastercam 提供了 3 种曲面类型描述，包括凸、凹和未定义，如图 7-33 所示。这里所说的工件形状其实并不一定是工件实际的凸凹形状，其作用是自动调整一些加工参数。

【凸】表示不允许刀具在 Z 轴做负方向移动时进行切削。选择该选项时，则默认【切削方向】为【单向】,【下刀控制】为【双侧切削】,【允许沿面上升切削（+Z)】复选框被选中。如图 7-34 所示。

【凹】表示没有“不允许刀具在 Z 轴做负方向移动时进行切削”的限制。选择该选项时，则默认【切削方向】为【双向】，【下刀控制】为【切削路径允许多次切入】，【允许沿面下降切削（−Z）】和【允许沿面上升切削（+Z）】复选框同时被选中，如图 7-35 所示。

未定义则采用默认参数，一般为上一次加工设置的参数。

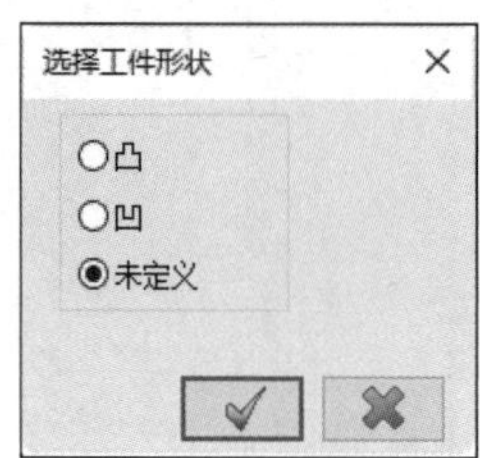

图 7-33　曲面类型

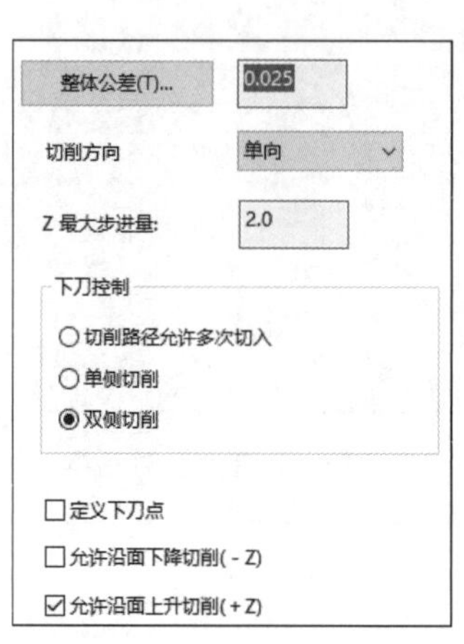

图 7-34　凸表面的默认参数

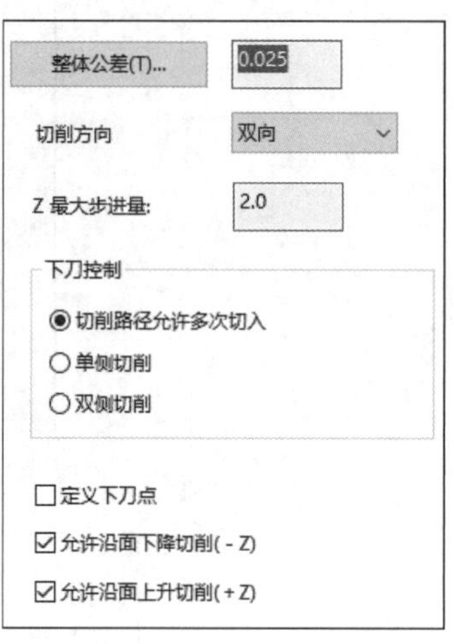

图 7-35　凹表面的默认参数

7.2.2　加工面的选择

在指定曲面加工面时，除了要选择加工表面外，往往还需要指定一些相关的图形要素作为加工的参考。在计算刀路时，将要系统保护不被过切而用来挡刀的面称为干涉面，将要加工产生刀路的曲面称为加工面。

图 7-36 所示为【刀路曲面选择】对话框，它可以设置加工面和干涉面等。其中，加工面既可以单击【选择】按钮，在绘图区直接选取，也可以单击【CAD 文件】按钮CAD 文件...，从 STL 文件中读取，而干涉面只提供了直接从绘图区选取的一种方式。

选择完加工面或干涉面后，该对话框会显示已经选取的加工面或干涉面的个数，单击【显示】按钮显示...，可以在绘图区高亮显示选取的加工面或干涉面，单击【移除】按钮，取消已经选择的加工面或干涉面。

该对话框还可以对切削加工的范围和下刀点进行设置。

图 7-36　【刀路曲面选择】对话框

7.2.3　加工参数设置

在各种三维加工方法参数设置对话框中的第二个选项卡为【曲面参数】选项卡，如图 7-37 所示。该选项卡中的内容有一部分是通用设置的加工参数，这些参数可以参考相关内容；还有一部分是三维加工特有的内容，下面将对这些参数进行介绍。

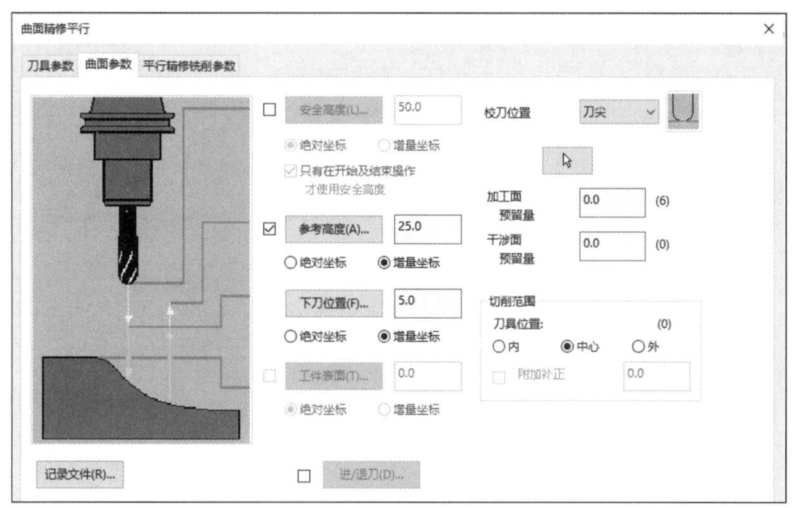

图 7-37 【曲面参数】选项卡

1．加工面/干涉面预留量

在加工曲面或实体时，为了提高曲面的表面质量，往往还需要精加工，为此粗加工曲面时必须预留一定的加工量。同样地，为了保证加工区域与干涉区域有一定的距离，从而避免干涉面被破坏，对于粗加工干涉面时也必须预留一定的距离。

在定义加工面或干涉面的预留量之前，必须预先定义加工面或干涉面。如果还没有定义，也可以单击【曲面参数】选项卡中的【选择】按钮，如图 7-37 所示，此时系统会弹出如图 7-36 所示的【刀路曲面选择】对话框，用户可以利用该对话框对加工面或干涉面进行选择或修改。

2．刀具切削范围

在加工曲面时，用户可以用切削范围来限制加工的范围，这样安排出来的刀路就不会超过指定的加工区域了。这个范围可以画在与曲面对应的不同构图深度的视图上，但必须保证该图形是封闭的。

在 Mastercam 中，刀具位置意味着 3 种情况。

（1）内：刀具在切削范围内，利用该方法意味着刀具绝不会切到切削范围外，如图 7-38（a）所示。

（2）中心：刀具中心在切削范围上，利用这种方法意味着单边会超出切削范围一个刀具的半径距离，如图 7-38（b）所示。

（3）外：刀具在切削范围外，利用这种方法意味着单边会超出切削范围一个刀具的直径距离，如图 7-38（c）所示。

当刀具与切削范围的位置关系设为【内】或【外】时，【附加补正】文本框被激活，用户可以输入一个补正量，从而将刀具运动的范围比设定的切削边界小（内关系时）或大（外关系时）一个补正量。

3．进/退刀向量

在曲面加工刀路中可以设置刀具的进刀和退刀动作。选中【曲面参数】选项卡中的【进/退刀】复选框并单击其按钮，弹出【方向】对话框，如图 7-39 所示。对话框中各选项的含义如下。

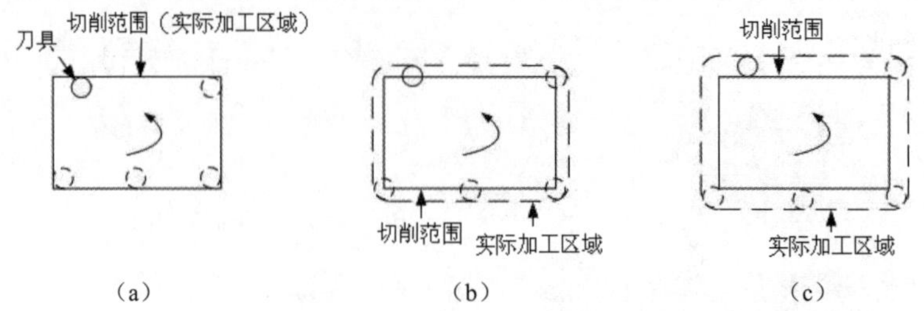

图 7-38　刀具切削范围示意图

（1）进刀角度：定义进刀或退刀时的刀路在 Z 方向（立式铣床的主轴方向）的角度。

（2）XY 角度：定义进刀或退刀时的刀路与 XY 平面的夹角。

（3）进刀引线长度：定义进刀或退刀时的刀路的长度。

（4）相对于刀具：定义以上定义的角度是相对于什么基准方向而言的，可以是：

① 切削方向，即定义 XY 角度是相对于切削方向而言的。

② 刀具平面 X 轴，即定义 XY 角度是相对于刀具平面 X 轴正方向而言的。

（5）向量(V)...：单击该按钮，弹出【向量】对话框，如图 7-40 所示，其中的【X 方向】、【Y 方向】和【Z 方向】文本框分别用于设置刀路向量的 3 个分量。

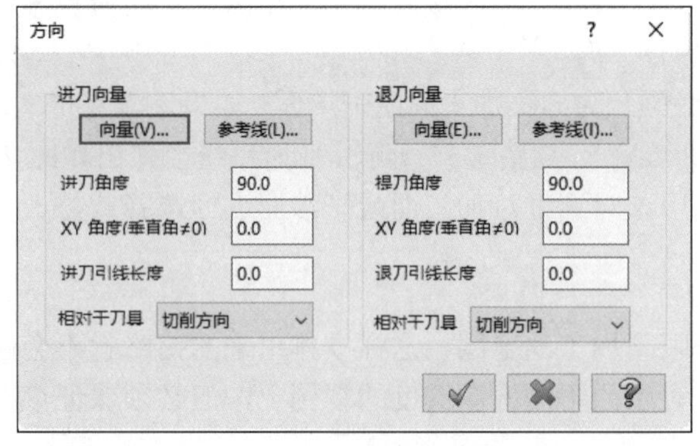

图 7-39　【方向】对话框

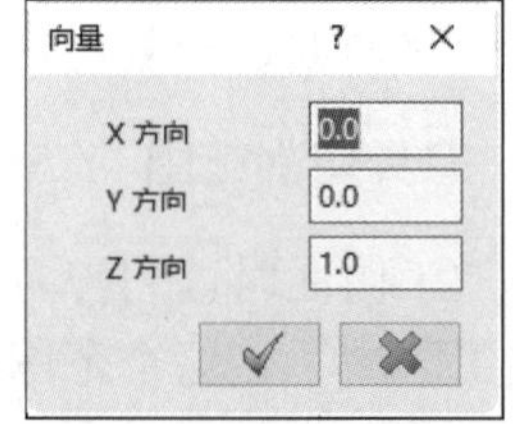

图 7-40　【向量】对话框

（6）参考线(L)...：单击该按钮，在绘图区选择一条已经存在的直线作为定义进刀和退刀的刀路方向。

4．记录文件

由于曲面刀路的规划和设计有时会耗时较长，为了可以快速刷新刀路，需在生成曲面加工刀路时设置一个记录该曲面加工刀路的文件，这个文件就是记录文件。

单击【记录文件】按钮 记录文件(R)...，弹出【打开】对话框，在该对话框中可以设置该记录文件的名称和保存位置。

第 8 章　传统二维加工

二维加工是指进行平面类工件的铣削加工。本章主要讲解传统铣削加工策略，包括外形铣削、挖槽、面铣、钻孔、全圆铣削、螺纹铣削等。

二维加工只需绘制出二维图形，而不需创建出立体几何体，其具体的形状和尺寸根据加工参数进行设定。

知识点

- 外形铣削加工
- 挖槽加工
- 面铣加工
- 钻孔加工
- 全圆铣削加工
- 螺纹铣削加工

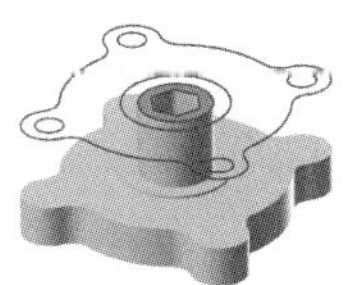
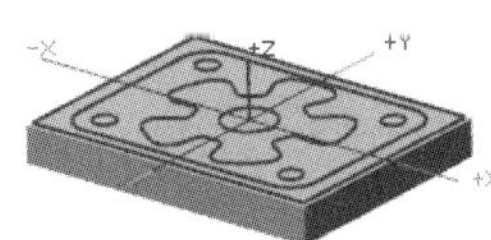

本章所介绍的二维加工命令均为二维铣削命令，要调出这些命令，需进行如下设置。

单击【机床】→【机床类型】→【铣床】按钮，选择【默认】选项，在【刀路】操作管理器中生成机床群组属性文件，同时弹出【刀路】选项卡，此选项卡中的 2D 面板提供了二维铣削命令，如图 8-1 所示。

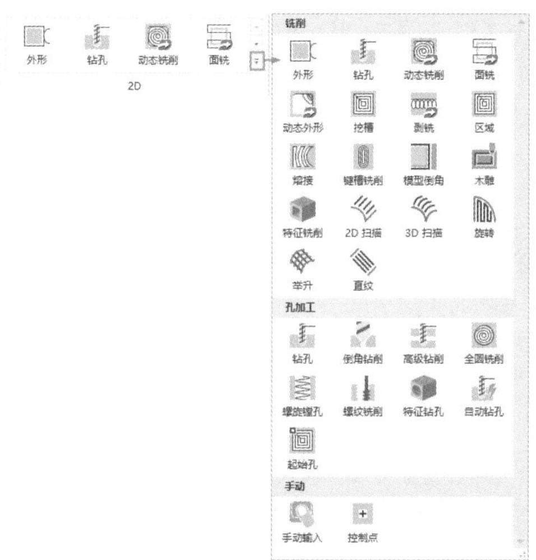

图 8-1　2D 面板

8.1 外形铣削加工

外形铣削主要是沿着所定义的形状轮廓加工，主要用于铣削轮廓边界、倒直角、清除边界残料等。其操作简单实用，在数控铣削加工中应用非常广泛，所使用的刀具通常有平铣刀、圆角刀、斜度刀等。

扫一扫，看视频

8.1.1 实例——连接盘外形粗加工

本实例讲解连接盘的外形铣削加工，首先打开已绘制好的二维图形，设置机床类型为默认【铣床】；然后执行【外形铣】命令，分别对串连 1、串连 2 和串连 3 进行加工，设置刀具和加工参数，生成刀具路径；最后进行模拟仿真加工及后处理操作，生成 NC 程序。

动画演示\第 8 章\ 8.1.1 实例——连接盘外形粗加工.MP4

绘制过程

1. 打开文件

单击快速访问工具栏中的【打开】按钮，在弹出的【打开】对话框中选择【源文件\原始文件\第 8 章\连接盘】文件，如图 8-2 所示。

2. 机床设置

单击【机床】→【机床类型】→【铣床】按钮，选择【默认】选项，在【刀路】操作管理器中生成机床群组属性文件，同时弹出【刀路】选项卡。

3. 创建外形铣削 1 刀具路径

（1）选取加工边界。单击【刀路】→2D→【外形】按钮，弹出【线框串连】对话框，根据系统提示选取加工边界，如图 8-3 所示。选取完加工边界后，单击【线框串连】对话框中的【确定】按钮。

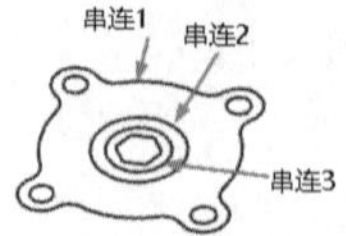

图 8-2 【连接盘】加工图

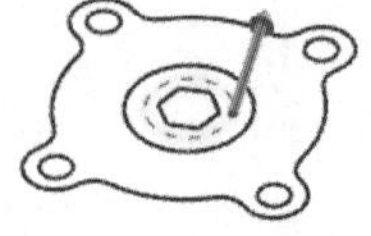

图 8-3 拾取加工边界

（2）设置刀具。

① 系统弹出【2D 刀路-外形铣削】对话框，单击该对话框中的【刀具】选项卡，在【刀具】选项卡中单击【选择刀库刀具】按钮，弹出【选择刀具】对话框，选择直径为 20 的平铣刀，单击【确定】按钮，返回【2D 刀路-外形铣削】对话框，可见到选择的平铣刀已进入对话框中。

② 双击平铣刀图标，弹出【编辑刀具】对话框。刀具参数设置如图 8-4 所示。单击【下一步】按钮 下一步 ，设置所有粗切步进量为 75%，所有精修步进量为 30%，单击【单击重新计算进给率和主轴转速】按钮。

③ 单击【完成】按钮 完成 ，系统返回【2D 刀路-外形铣削】对话框。

（3）设置加工参数。

① 单击【共同参数】选项卡，加工参数设置过程如图 8-5～图 8-10 所示。

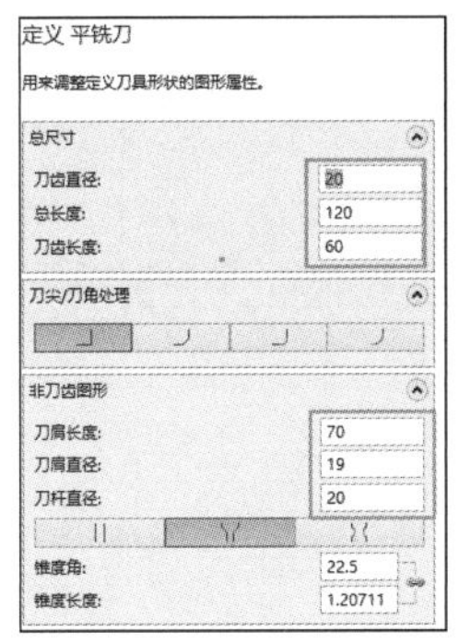

图 8-4　编辑刀具参数

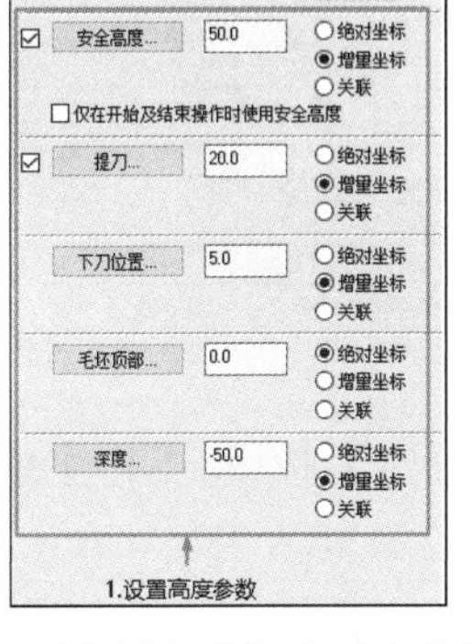

图 8-5　【共同参数】选项卡参数设置

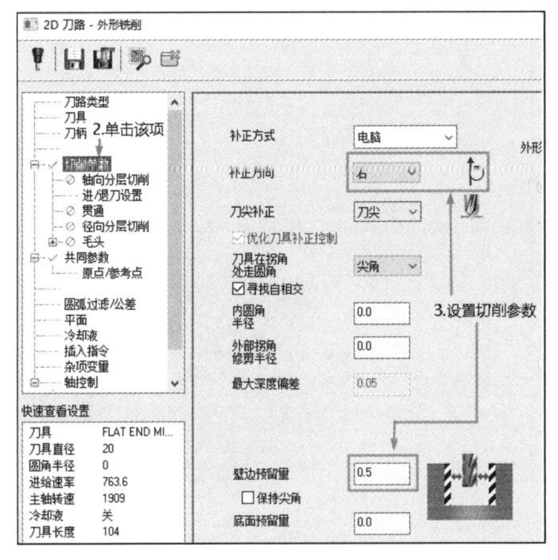

图 8-6　【切削参数】选项卡参数设置

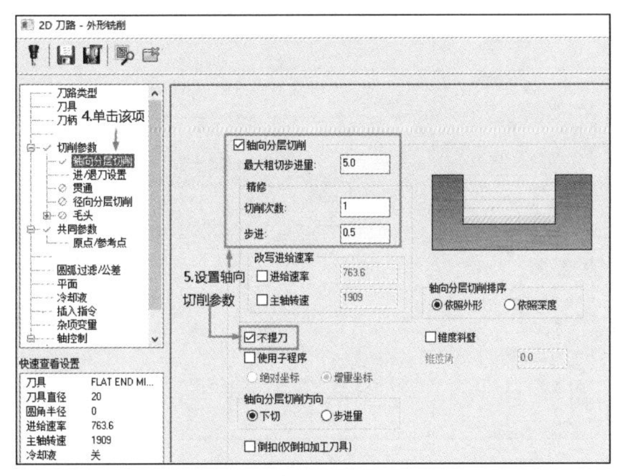

图 8-7　【轴向分层切削】选项卡参数设置

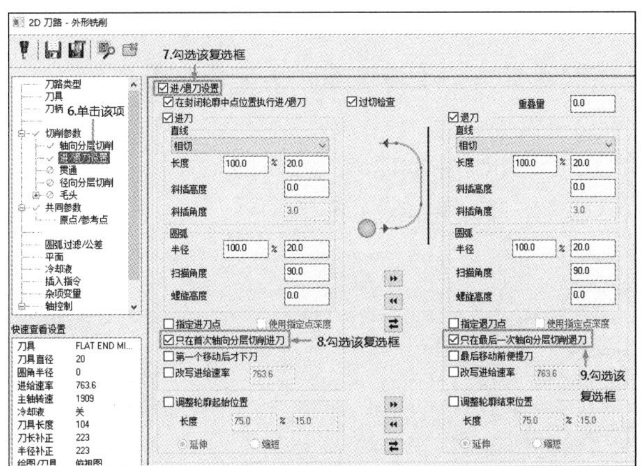

图 8-8　【进/退刀设置】选项卡参数设置

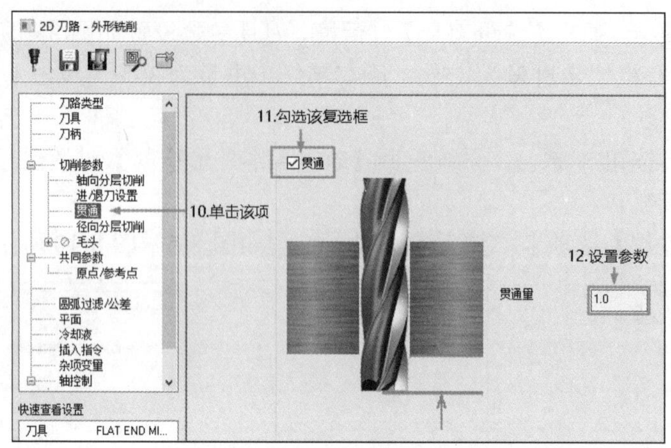

图 8-9 【贯通】选项卡参数设置

② 单击【确定】按钮，生成刀具路径，如图 8-11 所示。

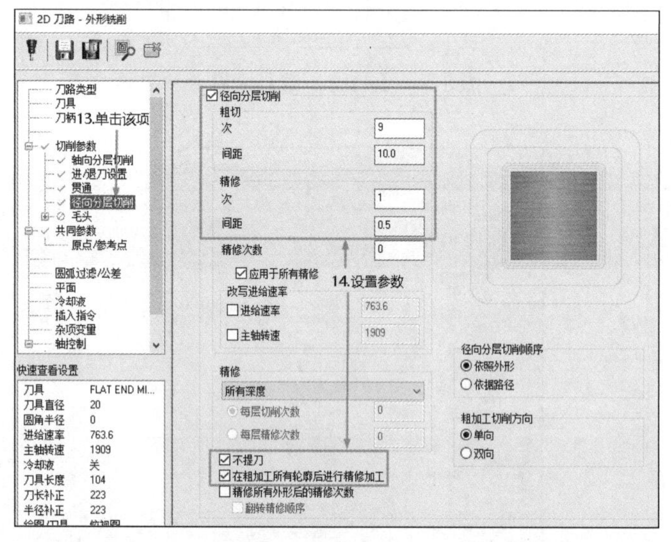

图 8-10 【径向分层切削】选项卡参数设置

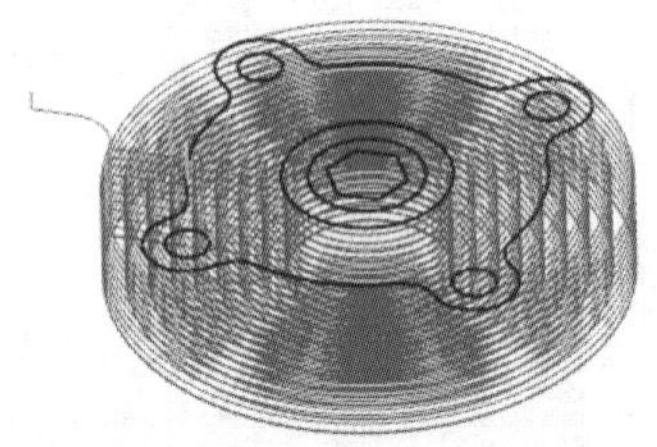

图 8-11 生成的刀具路径

4．创建外形铣削 2 刀具路径

（1）单击【刀路】操作管理器中的【切换显示所有操作】按钮，将上面创建的外形铣削刀路隐藏。

（2）重复【外形】命令，拾取如图 8-12 所示的外形作为加工边界，加工深度设置为−52，其他参数设置同外形铣削 1，刀具路径如图 8-13 所示。

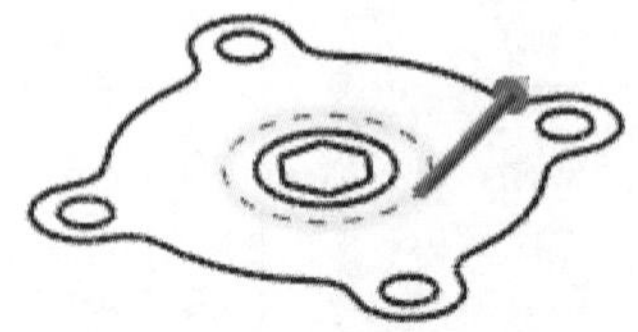

图 8-12 拾取加工边界 2

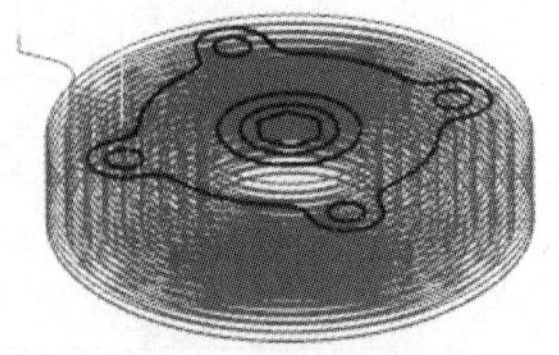

图 8-13 外形铣削 2 刀具路径

5．创建外形铣削 3 刀具路径

（1）单击【刀路】操作管理器中的【切换显示所有操作】按钮≋，将上面创建的两个外形铣削刀路隐藏。

（2）重复【外形】命令，拾取如图 8-14 所示的外形作为加工边界，加工深度设置为-82，其他参数设置同外形铣削 1，模拟结果如图 8-15 所示。

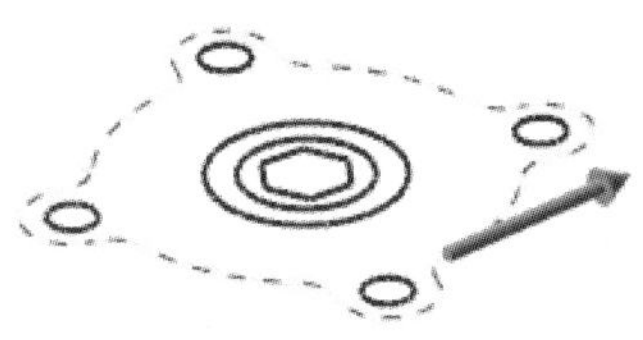

图 8-14　拾取加工边界 3

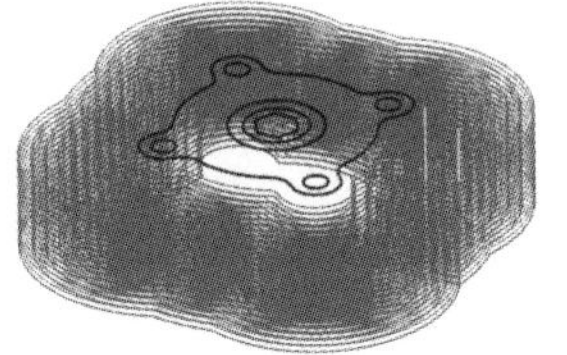

图 8-15　外形铣削 3 刀具路径

6．模拟仿真加工

为了验证外形铣削参数设置的正确性，可以通过 NC 仿真模拟外形铣削过程来观察工件外形是否有切削不到的地方或过切现象。

（1）毛坯设置。在【刀路】操作管理器中单击【毛坯设置】按钮 毛坯设置，弹出【机床群组属性】对话框，单击【边界框】按钮 边界框(B)，毛坯设置操作步骤如图 8-16 所示。单击【确定】按钮✓，毛坯创建完成，如图 8-17 所示。

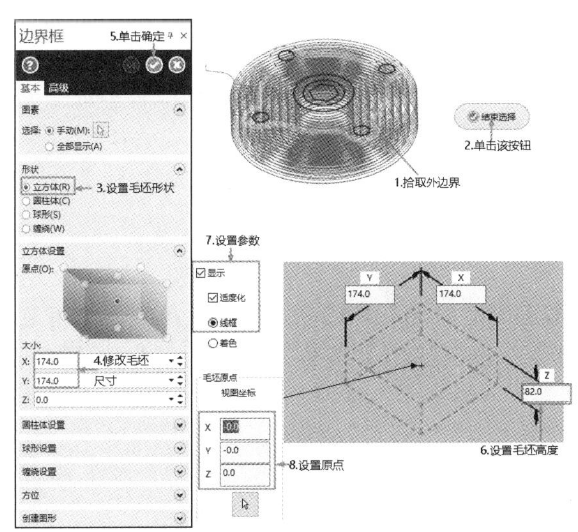

图 8-16　毛坯设置操作步骤

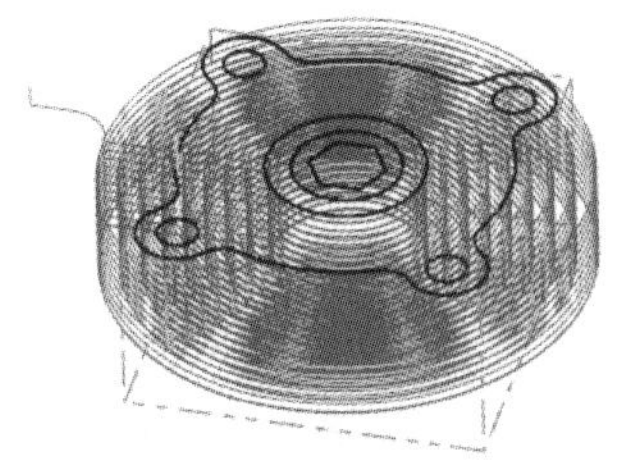

图 8-17　创建的毛坯

技巧荟萃

如果绘制平面图时没有将图形中心放置在原点，那么在进行毛坯设置时，不需要设置毛坯原点坐标。

（2）仿真加工。

① 单击【刀路】操作管理器中的【选择全部操作】按钮，将上面创建的铣削操作全部选中。

② 单击【刀路】操作管理器中的【验证已选择的操作】按钮，在弹出的【Mastercam 模拟】

对话框中单击【播放】按钮▶，进行仿真加工，如图 8-18 所示。

（3）NC 代码。

① 单击【刀路】操作管理器中的【选择全部操作】按钮，将上面创建的铣削操作全部选中。

② 单击【刀路】操作管理器中的【执行选择的操作进行后处理】按钮G1，弹出【后处理程序】对话框，单击【确定】按钮，弹出【另存为】对话框，输入文件名称为【连接盘外形】，单击【保存】按钮保存(S)，在编辑器中打开生成的 NC 代码，如图 8-19 所示。

图 8-18　仿真加工结果

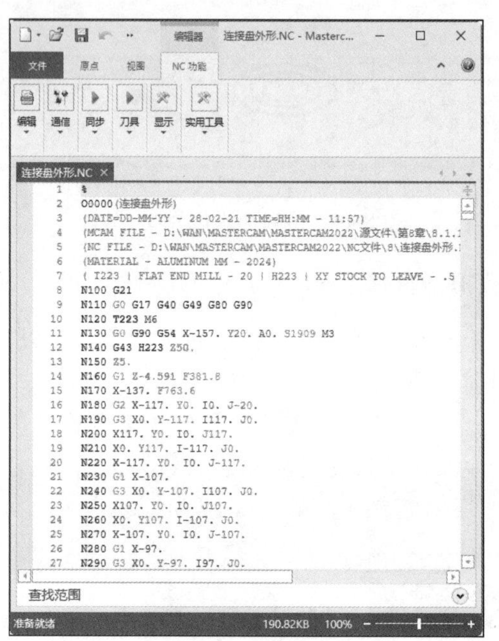

图 8-19　NC 代码

8.1.2　外形铣削参数介绍

单击【刀路】→2D→【外形】按钮，弹出【线框串连】对话框，根据系统提示选取加工边界。选取完加工边界后，单击【线框串连】对话框中的【确定】按钮。系统弹出【2D 刀路-外形铣削】对话框，如图 8-20 所示。

1.【切削参数】选项卡

单击【2D 刀路-外形铣削】对话框中的【切削参数】选项卡，如图 8-20 所示。

外形铣削方式包括 2D、2D 倒角、斜插、残料、摆线式 5 种类型。对话框中各选项的含义如下。

（1）2D 倒角：工件上的锐利边界经常需要倒角，利用倒角加工可以完成工件边界倒角工作。倒角加工必须使用倒角刀，倒角的角度由倒角刀的角度确定，倒角的宽度则通过对话框确定。

设置【外形铣削方式】为【2D 倒角】，如图 8-21 所示，在【倒角宽度】和【底部偏移】文本框中可以设置倒角的宽度和刀尖伸出的长度。

（2）斜插：是指刀具在 XY 平面走刀时，Z 轴方向也按照一定的方式进行进给，从而加工出一段斜坡面。

设置【外形铣削方式】为【斜插】，如图 8-22 所示。

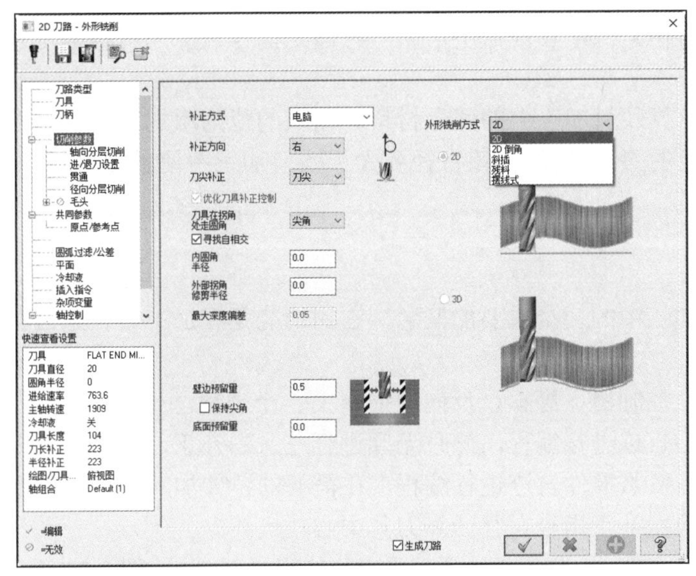

图 8-20 【2D 刀路-外形铣削】对话框

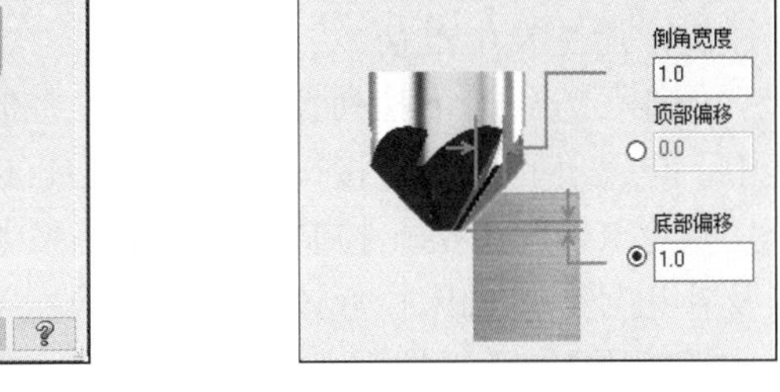

图 8-21 2D 倒角

斜插方式有角度、深度和垂直进刀 3 种方式。角度方式是指刀具沿设定的倾斜角度加工到最终深度，选择该选项，则【斜插角度】文本框被激活，可以在该文本框中输入倾斜的角度值；深度方式是指刀具在 XY 平面移动的同时，进刀深度逐渐增加，但刀具铣削深度始终保持设定的深度值，达到最终深度后刀具不再下刀，而是沿着轮廓铣削一周加工出轮廓外形；垂直进刀方式是指刀具先下到设定的铣削深度，再在 XY 平面内移动进行切削。选择后两种斜插方式，【斜插深度】文本框被激活，可以在该文本框中指定每一层铣削的总进刀深度。

（3）残料：为了提高加工速度，当铣削加工的铣削量较大时，可以先采用大直径的刀具和大进给刀量，然后采用残料加工来得到最终的加工形状。残料可以是以前加工中预留的部分，也可以是以前加工中由于采用大直径的刀具在转角处不能被铣削的部分。

设置【外形铣削方式】为【残料】，如图 8-23 所示。

剩余材料的计算的来源可以分为以下 3 种。

➢ 所有先前操作：通过计算在【刀路】操作管理器中先前所有加工操作去除的材料确定残料加工中的残余材料。

图 8-22 斜插

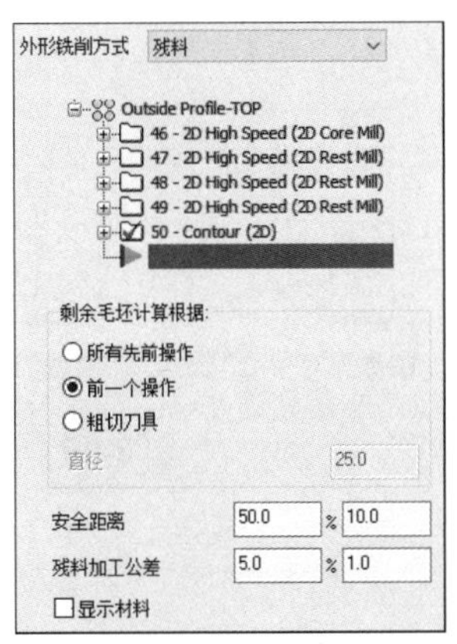

图 8-23 残料

➢ 前一个操作：通过计算在【刀路】操作管理器中前面一种加工操作去除的材料确定残料加工中的残余材料。
➢ 粗切刀具：根据粗加工刀具计算残料加工中的残余材料。输入的值为粗加工的刀具直径（框内显示的初始值为粗加工的刀具直径），该直径要大于残料加工中使用的刀具直径，否则残料加工无效。

2. 补正方式

刀具补正（或刀具补偿）是数控加工中的一个重要的概念，它的功能是在加工时补正刀具的半径值，避免发生过切。

【补正方式】下拉列表中有电脑、控制器、磨损、反向磨损和关 5 个选项，如图 8-24 所示。其中，电脑补正是指直接按照刀具中心轨迹进行编程，此时无须进行左、右补正，程序中无刀具补正指令 G41、G42；控制器补正是指按照零件轨迹进行编程，在需要的位置加入刀具补正指令以及补正号码，机床执行该程序时，根据补正指令自行计算刀具中心轨迹线。

【补正方向】下拉列表中有左、右两个选项，它用于设置刀具半径补正的方向，如图 8-25 所示。

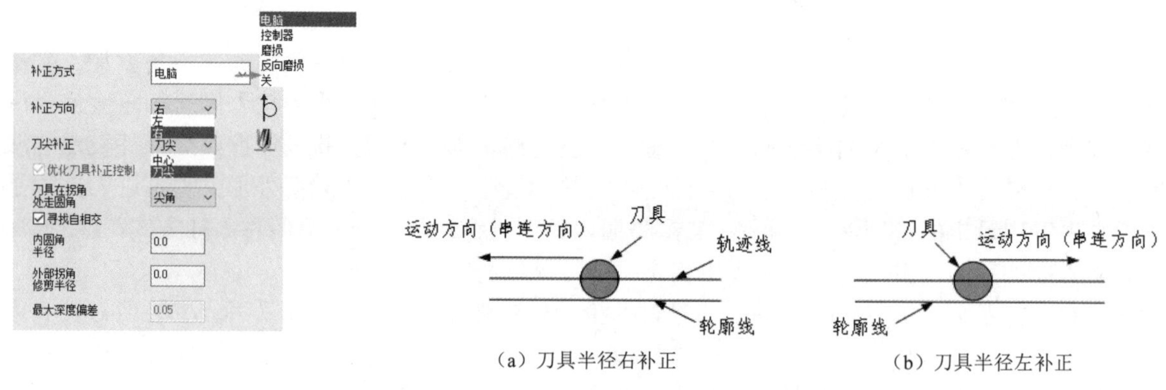

（a）刀具半径右补正　（b）刀具半径左补正

图 8-24　补正方式　　图 8-25　刀具半径补正方向示意图

【刀尖补正】下拉列表中有中心和刀尖两个选项，它用于设定刀具长度补正时的相对位置。对于端铣刀或圆鼻刀，两种补正位置没有什么区别，但对于球头刀则需要注意两种补正位置的不同，如图 8-26 所示。

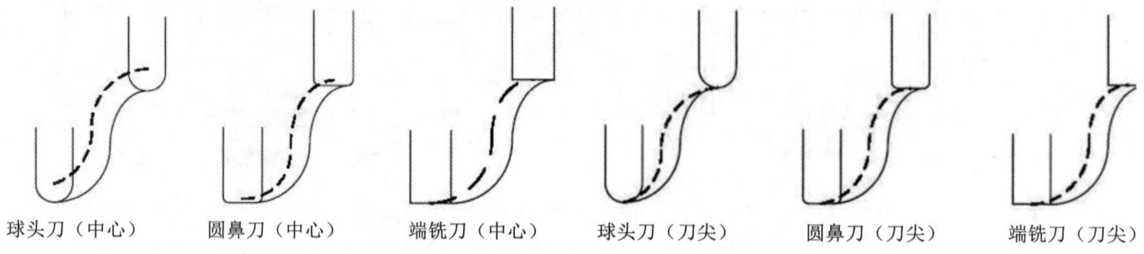

图 8-26　刀具长度补正相对位置示意图

3. 预留量

为了兼顾加工精度和加工效率，一般把加工分为粗加工和精加工，如果工件精度过高，还有半精加工。在进行粗加工或半精加工时，必须为半精加工或精加工留出加工预留量。预留量包括

XY 平面内的预留量和 Z 方向的预留量两种，其值可以分别在【壁边预留量】和【底面预留量】文本框中指定，如图 8-20 所示，其值的大小一般根据加工精度和机床精度而定。

4．拐角过渡处理

刀具路径在拐角处，机床的运动方向会发生突变，切削力也会发生很大的变化，对刀具不利，因此要求在拐角处进行圆弧过渡。

在 Mastercam 中，拐角处圆弧过渡方式可以通过【刀具在拐角处走圆角】下拉列表设置，共有以下 3 种方式。

（1）无：系统在拐角过渡处不进行处理，即不采用弧形刀具路径。

（2）尖角：系统只在尖角处（两条线的夹角小于 135°）时采用弧形刀具路径。

（3）全部：系统在所有拐角处都进行处理。

5．【共同参数】选项卡

Mastercam 铣削的各加工方式中，都会存在高度参数的设置问题。【2D 刀路-外形铣削】对话框中的【共同参数】选项卡如图 8-27 所示，高度参数设置包括安全高度、提刀、下刀位置、毛坯顶部和深度。

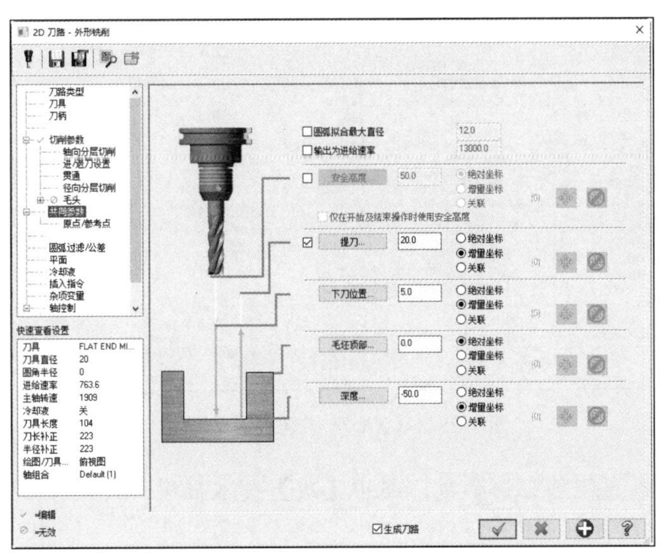

图 8-27 【共同参数】选项卡

（1）安全高度：刀具在此高度以上可以随意运动而不会发生碰撞。这个高度一般设置得较高，加工时如果每次提刀至安全高度，将会浪费加工时间，为此可以仅在开始和结束时使用安全高度选项。

（2）提刀：提刀即退刀高度，它是指开始下一个刀具路径之前刀具回退的位置。设置退刀高度时一般考虑两点：①保证提刀安全，不会发生碰撞；②为了缩短加工时间，在保证安全的前提下退刀高度不要设置得太高，因此退刀高度的设置应低于安全高度并高于进给下刀位置。

（3）下刀位置：刀具从安全高度或退刀高度下刀铣削工件时，下刀速度由 G00 速度变为进给速度的平面高度。加工时为了使刀具安全切入工件，需设置一个进给高度保证刀具安全切入工件，但为了提高加工效率，进给高度也不要设置太高。

（4）毛坯顶部：工件毛坯顶面在坐标系 Z 轴的坐标值。

（5）深度：最终的加工深度值。

值得注意的是，每个高度值均可以用绝对坐标或增量坐标进行输入，绝对坐标是相对于工件坐标系而定的，而增量坐标则是相对于工件表面的高度来设置的。

6.【XY 分层切削】选项卡

如果要切除的材料较厚，刀具在直径方向切入量将较多，可能超过刀具的许可切削深度，这时宜将材料分多层依次切除。

【2D 刀路-外形铣削】对话框中的【XY 分层切削】选项卡如图 8-28 所示。该选项卡中主要选项的含义如下。

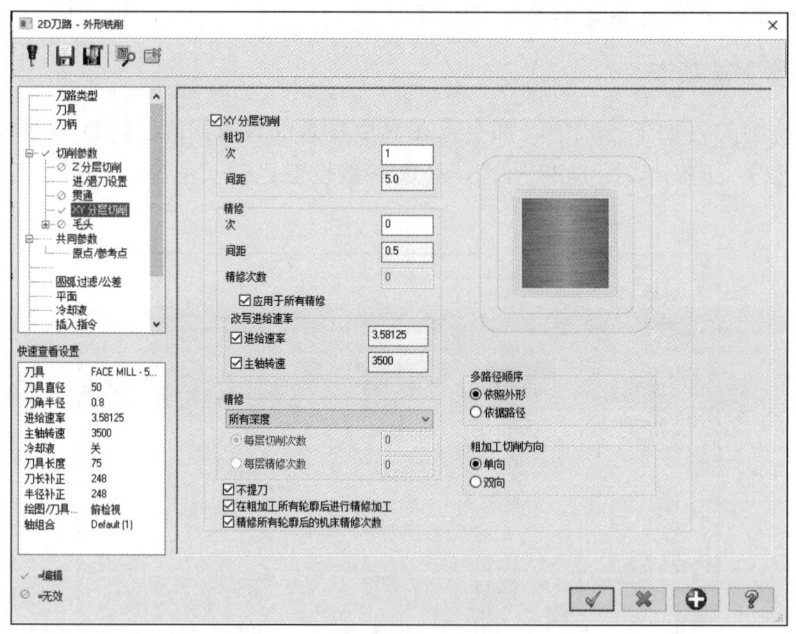

图 8-28 【XY 分层切削】选项卡

（1）粗切：用于设置粗加工的参数，其中【次】文本框用于设定粗加工的次数，【间距】文本框用于设置粗加工的间距。

（2）精修：用于设置精加工的参数，其中【次】文本框用于设定精加工的次数，【间距】文本框用于设置精加工的间距。

（3）精修：用于设置是在最后深度进行精加工还是每层深度进行精加工。选择【最终深度】，则在最后深度进行精加工；选择【所有深度】，则在每层深度都进行精加工；选择【依照粗车轴向分层切削定义】，则根据粗车参数定义进行精加工。

（4）不提刀：设置刀具在一次切削后，是否退回到下刀位置。若选中，则在每层切削完毕后不退刀，直接进入下一层切削；否则刀具在切削每层后退回到下刀位置，然后才移动到下一个切削深度进行加工。

7.【轴向分层切削】选项卡

如果要切除的材料较深，刀具在轴向切削的长度会过大，为了保护刀具，应将材料分多次依次切除。

【2D 刀路-外形铣削】对话框中的【Z 分层切削】选项卡如图 8-29 所示。利用该选项卡可以完成轮廓加工中分层轴向铣削深度的设定。

该选项卡主要选项的含义如下。

（1）最大粗切步进量：用于设定每层去除材料在 Z 轴方向的最大铣削深度。

（2）精修次数：用于设定精加工的次数。

（3）精修量：设定每次精加工时，去除材料在 Z 轴方向的深度。

（4）不提刀：设置刀具在一次切削后，是否退回到下刀位置。若选中，则在每层切削完毕后不退刀，直接进入下一层切削；否则，刀具在切削每层后退回到下刀位置，然后才移动到下一个切削深度进行加工。

（5）使用子程序：选择该选项，可以在 NCI 文件中生成子程序。

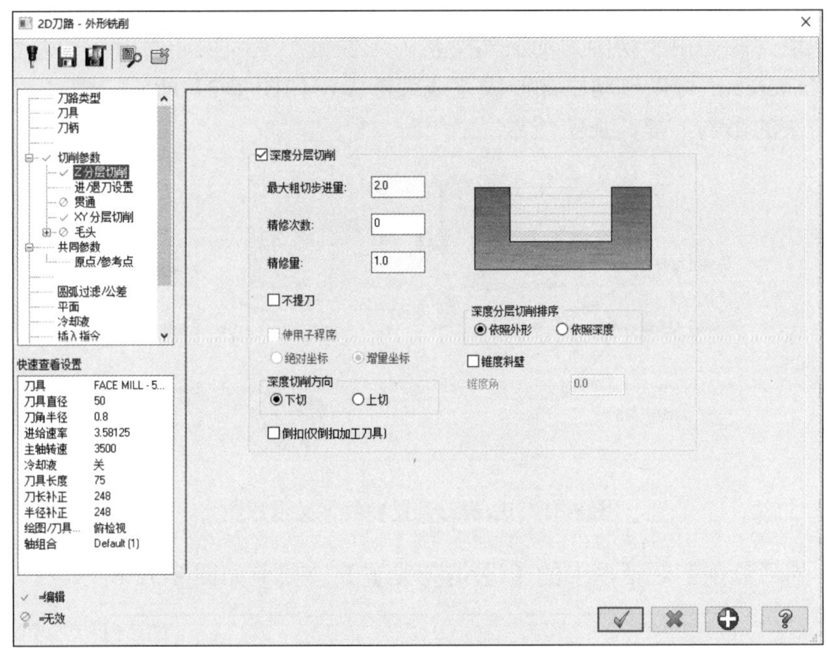

图 8-29 【Z 分层切削】选项卡

（6）深度分层切削排序：用于设置深度铣削的次序。选择【依照外形】，则先在一个外形边界铣削设定的深度，再进行下一个外形边界的铣削；选择【依照深度】，则先在一个深度上铣削所有的外形边界，再进行下一个深度的铣削。

（7）锥度斜壁：选择该选项，【锥度角】文本框被激活，铣削加工从工件表面按照【锥度角】文本框中的设定值切削到最后的深度。

8.【贯通】选项卡

贯通设置用来指定刀具完全穿透工件后的伸出长度，这有利于清除加工的余量。系统会自动在进给深度上加入这个贯穿距离。

【2D 刀路-外形铣削】对话框中的【贯通】选项卡如图 8-30 所示。利用该选项卡可以设置贯通距离。

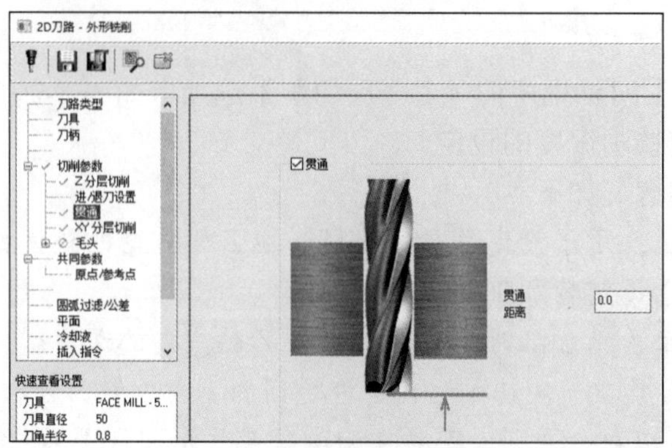

图 8-30 【贯通】选项卡

9.【进/退刀设置】选项卡

刀具进刀或退刀时，由于切削力的突然变化，工件将产生因振动而留下的刀迹。因此，在进刀和退刀时，Mastercam 可以自动添加一段直线或圆弧，如图 8-31 所示，使之与轮廓平滑过渡，从而消除振动带来的影响，提高加工质量。

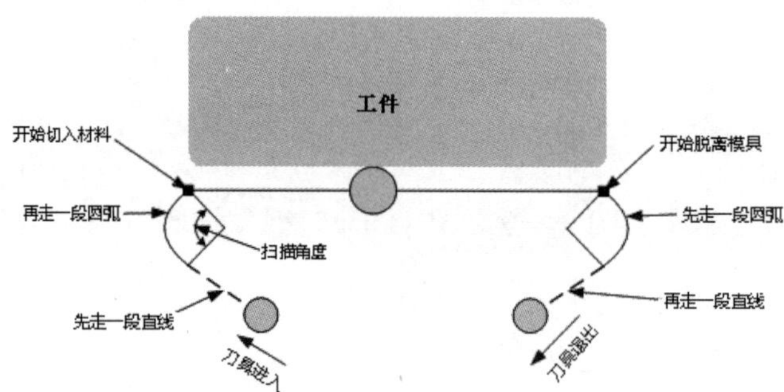

图 8-31 进/退刀设置参数含义示意图

【2D 刀路-外形铣削】对话框中的【进/退刀设置】选项卡如图 8-32 所示。

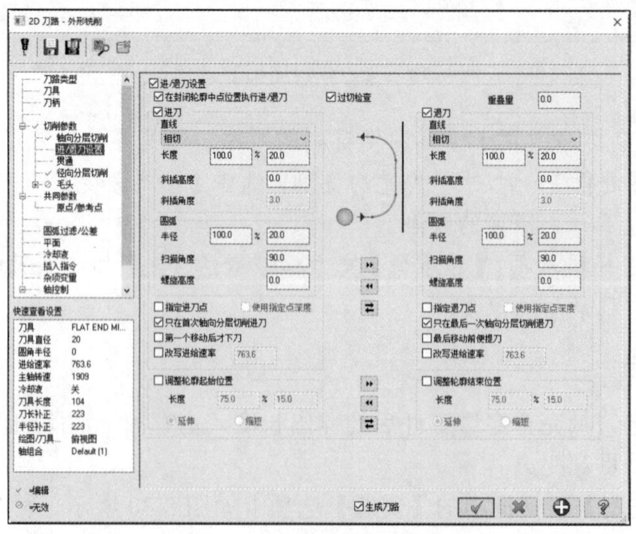

图 8-32 【进/退刀设置】选项卡

10.【圆弧过滤/公差】选项卡

过滤设置是通过删除共线的点和不必要的刀具移动优化刀具路径，简化 NCI 文件。

【2D 刀路-外形铣削】对话框中的【圆弧过滤/公差】选项卡如图 8-33 所示，其主要选项的含义如下。

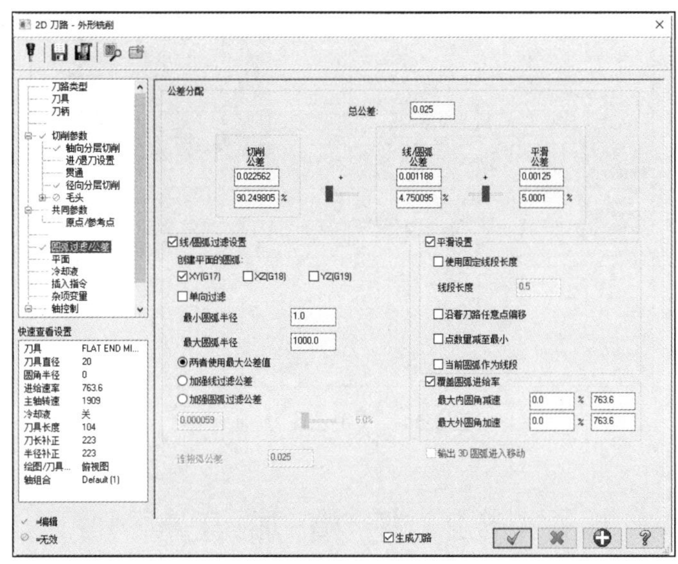

图 8-33　【圆弧过滤/公差】选项卡

（1）切削公差：设定在进行过滤时的公差值，当刀具路径中的某点与直线或圆弧的距离不大于该值时，则系统将自动删除到该点的移动。

（2）线/圆弧过滤设置：设定每次过滤时可删除点的最大数量，数值越大，过滤速度越快，但优化效果越差，建议该值应小于 100。

（3）创建平面的圆弧-XY：选择该选项，使后置处理器配置适用于处理 XY 平面上的圆弧，通常在 NC 代码中指定为 G17。

（4）创建平面的圆弧-XZ：选择该选项，使后置处理器配置适用于处理 XZ 平面上的圆弧，通常在 NC 代码中指定为 G18。

（5）创建平面的圆弧-YZ：选择该选项，使后置处理器配置适用于处理 YZ 平面上的圆弧，通常在 NC 代码中指定为 G19。

（6）最小圆弧半径：用于设置在过滤操作过程中圆弧路径的最小圆弧半径，但圆弧半径小于该输入值时，用直线代替。注意：只有在产生 XY、XZ、YZ 平面的圆弧中至少一项被选中时才激活。

（7）最大圆弧半径：用于设置在过滤操作过程中圆弧路径的最大圆弧半径，但圆弧半径大于该输入值时，用直线代替。注意：只有在产生 XY、XZ、YZ 平面的圆弧中至少一项被选中时才激活。

11.【毛头】选项卡

在加工时，可以指定刀具在一定阶段脱离加工面一段距离，以形成一个台阶，即跳跃切削。在特殊情况下，这是一项非常重要的功能，如在加工路径中有一段凸台需要跨过。

【2D 刀路-外形铣削】对话框中的【毛头】选项卡如图 8-34 所示。

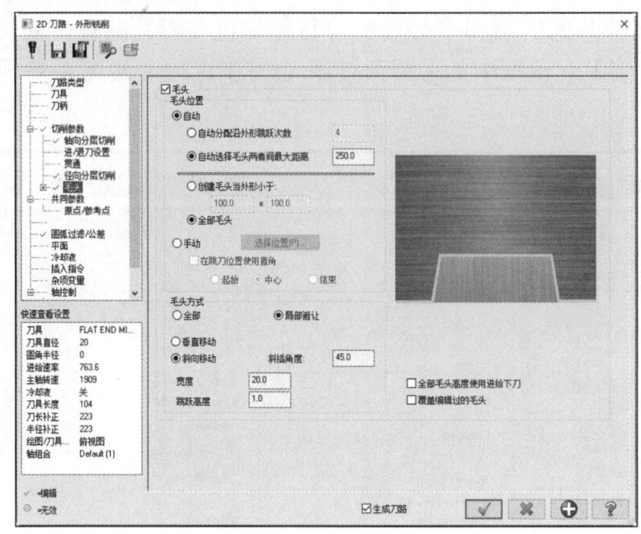

图 8-34 【毛头】选项卡

8.2 挖 槽 加 工

挖槽加工一般又称为口袋型加工，它是由点、直线、圆弧或曲线组合而成的封闭区域，其特征为上下形状均为平面，而剖面形状则有垂直边、推拔边、垂直边（含 *R* 角）和推拔边（含 *R* 角）4 种。一般在加工时多半选择与所要切削的断面边缘具有相同外形的铣刀，如果选择不同形状的刀具，可能会产生过切或切削不足的现象。进、退刀的方法与外形铣削相同，不过附带提一下，一般端铣刀刀刃中心可以分为中心有切刃与中心无切刃两种。中心无切刃的端铣刀不适用于直接进刀，宜先在工件上钻小孔或以螺旋方式进刀。当材料较硬时，中心有切刃者也不宜直接垂直铣入工件。

扫一扫，看视频

8.2.1 实例——连接盘挖槽粗加工

本实例将在外形铣削的基础上创建挖槽加工，加工之前首先要将前面创建的刀具路径进行隐藏，以方便拾取加工串连；然后执行【挖槽】命令，根据提示拾取挖槽边界，设置刀具和加工参数，生成刀具路径；最后进行模拟仿真加工及后处理操作，生成 NC 程序。

动画演示\第 8 章\ 8.2.1 实例——连接盘挖槽粗加工.MP4

绘制过程

1. 选取加工边界

（1）单击【刀路】操作管理器中的【选择全部操作】按钮，将上面创建的铣削操作全部选中。

（2）单击【刀路】操作管理器中的【切换显示已选择的刀路操作】按钮≋，隐藏刀具路径。

（3）承接外形铣削示例结果，单击【刀路】→2D→【2D 铣削】→【挖槽】按钮，弹出【线框串连】对话框，选取图 8-35 所示的六边形内孔作为挖槽边界，单击【确定】按钮。

2. 设置刀具

（1）系统弹出【2D 刀路-2D 挖槽】对话框，单击该对话框中的【刀具】选项卡，在该选项卡中单击【选择刀库刀具】按钮，弹出【选择刀具】对话框，选取直径为 10 的平铣刀。单击【确定】按钮，返回【2D 刀路-2D 挖槽】对话框，可以看见选择的平铣刀已显示在对话框中。

（2）双击平铣刀图标，弹出【编辑刀具】对话框。刀具参数设置如图 8-36 所示。单击【下一步】按钮，设置所有粗切步进量为 75%，所有精修步进量为 30%，单击【单击重新计算进给率和主轴转速】按钮，单击【完成】按钮，系统返回【2D 刀路-2D 挖槽】对话框。

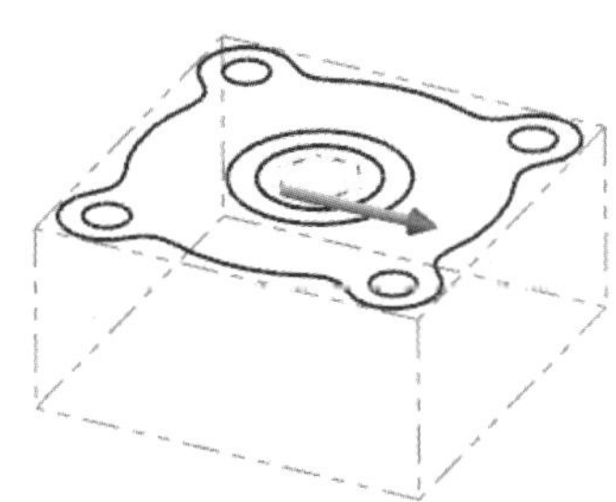

图 8-35 拾取挖槽边界

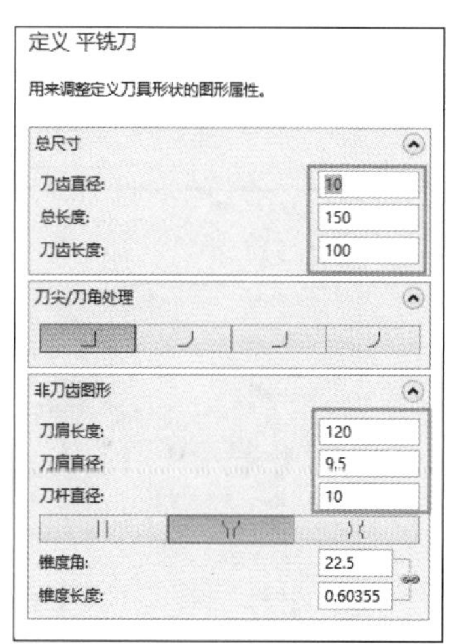

图 8-36 编辑刀具参数

3. 创建挖槽加工刀具路径

（1）单击【切削参数】选项卡，加工参数设置过程如图 8-37～图 8-42 所示。

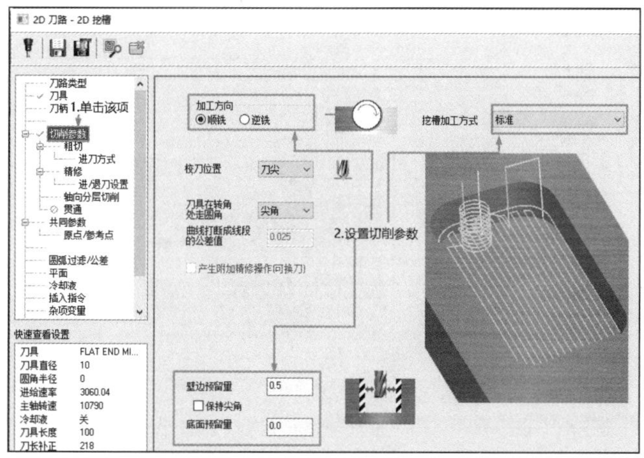

图 8-37 【切削参数】选项卡参数设置

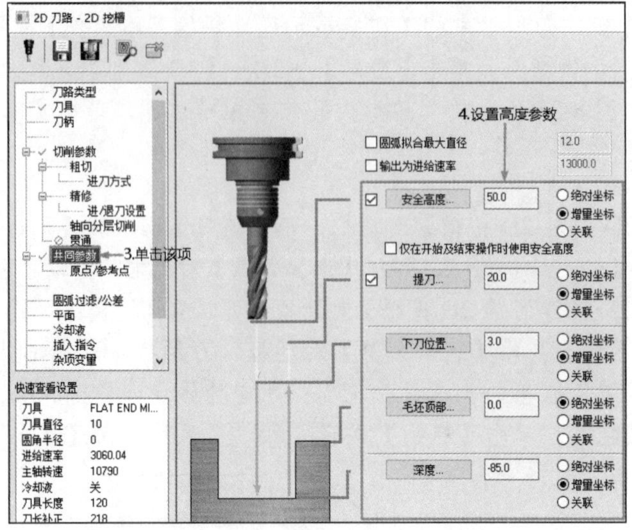

图 8-38　【共同参数】选项卡参数设置

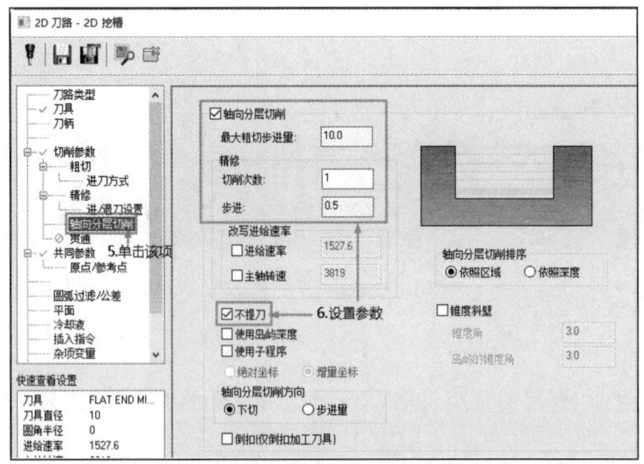

图 8-39　【轴向分层切削】选项卡参数设置

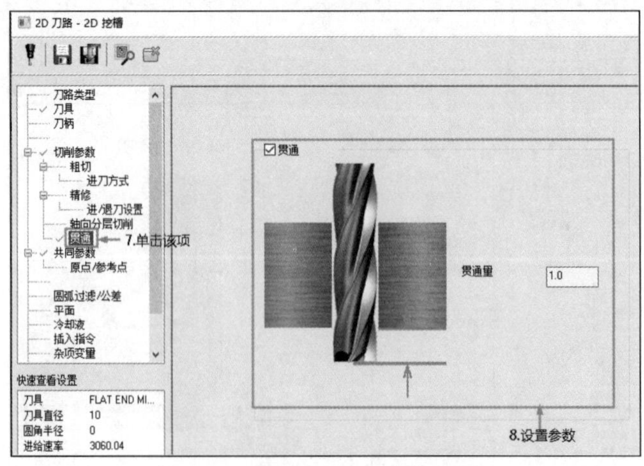

图 8-40　【贯通】选项卡参数设置

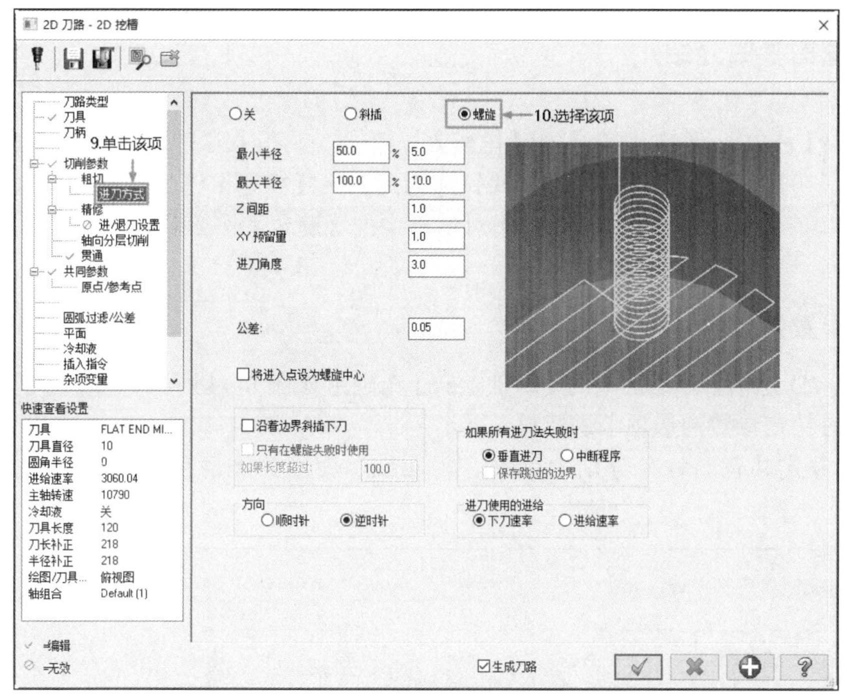

图 8-41　【进刀方式】选项卡参数设置

（2）单击【确定】按钮，生成刀具路径，如图 8-42 所示。

4．模拟仿真加工

为了验证挖槽铣削参数设置的正确性，可以通过模拟挖槽过程观察工件在切削过程中的下刀方式和路径的正确性。

（1）仿真加工。

① 单击【刀路】操作管理器中的【选择全部操作】按钮，选中所有操作。

② 单击【刀路】操作管理器中的【验证已选择的操作】按钮，在弹出的【Mastercam 模拟】对话框中单击【播放】按钮▶，得到如图 8-43 所示的仿真加工结果。

（2）NC 代码。单击【刀路】操作管理器中的【执行选择的操作进行后处理】按钮G1，弹出【后处理程序】对话框，单击【确定】按钮，弹出【另存为】对话框，输入文件名称【连接盘挖槽】，单击【保存】按钮保存(S)，在编辑器中打开生成的 NC 代码，见随书电子文件。

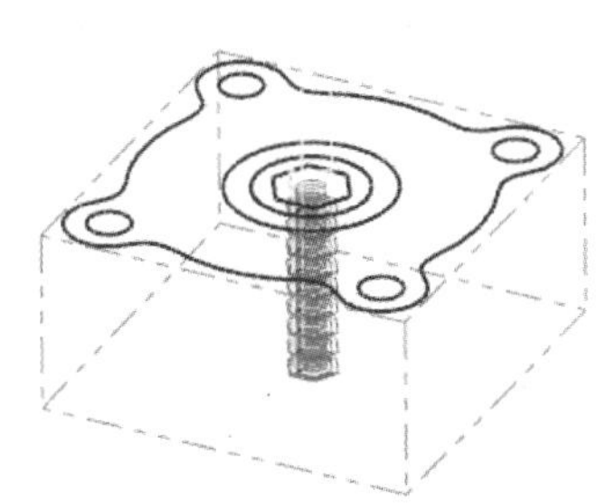

图 8-42　挖槽刀具路径

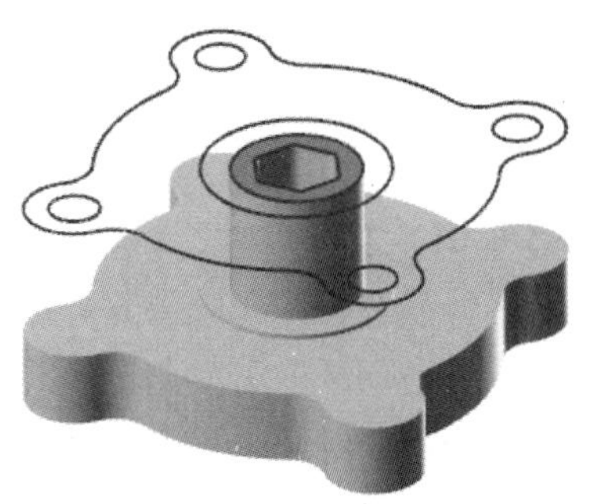

图 8-43　挖槽仿真结果

8.2.2 挖槽参数介绍

单击【刀路】→2D→【2D 铣削】→【挖槽】按钮，或在【刀具】操作管理器的树状结构图空白区域右击，在弹出的快捷菜单中选择【铣床刀路】→【挖槽】选项，然后在绘图区采用串连方式，对几何模型串连后单击【线框串连】对话框中的【确定】按钮，弹出【2D 刀路-2D 挖槽】对话框。

1.【切削参数】选项卡

【2D 刀路-2D 挖槽】对话框中的【切削参数】选项卡如图 8-44 所示。大部分选项与外形铣削相同，这里只对特定参数的选项卡进行讨论。

挖槽加工方式共有 5 种，分别为标准、平面铣、使用岛屿深度、残料和开放式挖槽，如图 8-45 所示。

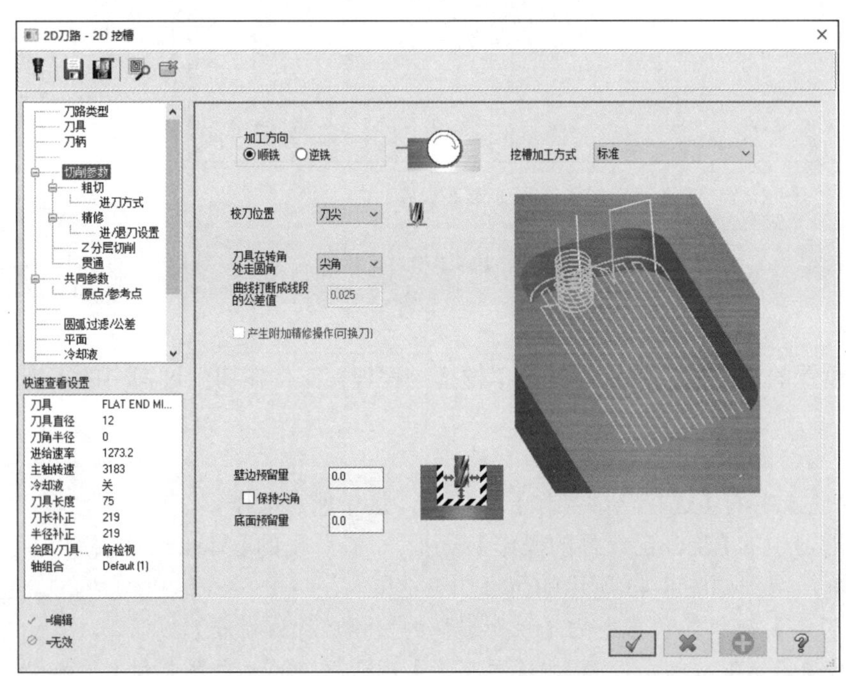

图 8-44 【2D 刀路-2D 挖槽】对话框

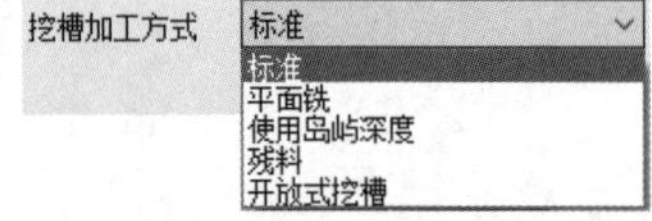

图 8-45 挖槽方式

（1）当选取的所有串连均为封闭串连时，可以选择前 4 种加工方式。

① 选择【标准】选项时，系统采用标准的挖槽方式，即仅铣削定义凹槽内的材料，而不会对边界外或岛屿的材料进行铣削。

② 选择【平面铣】选项时，相当于面铣削模块（Face）的功能，在加工过程中只保证加工出选择的表面，而不考虑是否会对边界外或岛屿的材料进行铣削。

③ 选择【使用岛屿深度】选项时，不会对边界外进行铣削，但可以将岛屿铣削至设置的深度。

④ 选择【残料】选项时，进行残料挖槽加工，其设置方法与残料外形铣削加工中参数设置相同。

（2）当选取的串连中包含有未封闭串连时，只能选择【开放式挖槽】加工方式。在采用【开放式挖槽】加工方式时，实际上系统是将未封闭的串连先进行封闭处理，再对封闭后的区域进行挖槽加工。

（3）当选择【平面铣】或【使用岛屿深度】加工方式时，【2D 刀路-2D 挖槽】对话框如图 8-46 所示，各选项的含义如下。

① 重叠量：用于设置基于刀具直径与超出比例的超出量。例如，刀具直径为 4mm，设定的超出比例为 50%，则超出量为 2mm。它与超出比例的大小有关，等于超出比例乘以刀具直径。

② 进刀引线长度：用于设置下刀点到有效切削点的距离。

③ 退刀引线长度：用于设置退刀点到有效切削点的距离。

④ 岛屿上方预留量：用于设置岛屿的最终加工深度，该值一般要高于凹槽的铣削深度。只有挖槽加工方式为【使用岛屿深度】时，该选项才被激活。

（4）当选择【开放式挖槽】加工方式时，如图 8-47 所示。选中【使用开放轮廓切削方式】复选框时，采用开放轮廓加工的走刀方式；否则采用【粗切】/【精修】选项卡中的走刀方式。

对于其他选项，其含义和外形铣削参数相关内容相同，读者可以结合外形铣削加工参数自行领会。

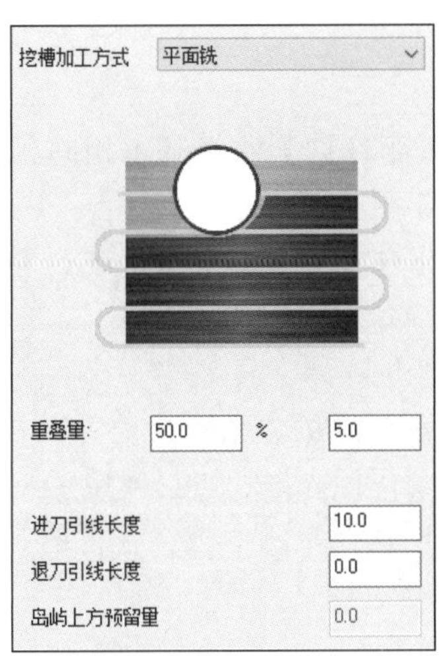

图 8-46　平面铣方式

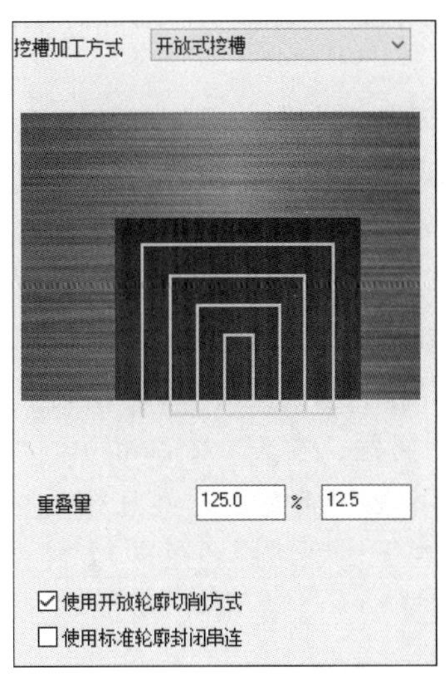

图 8-47　开放式挖槽方式

2. 【粗切】选项卡

在挖槽加工中加工余量一般都比较大，因此，可以通过设置粗切的参数提高加工精度。【2D 刀路-2D 挖槽】对话框中的【粗切】选项卡如图 8-48 所示。

（1）【切削方式】设置：选中【粗切】选项卡中的【粗切】复选框，可以进行粗切削设置。Mastercam 提供了 8 种粗切削的走刀方式：双向、等距环切、平行环切、平行环切清角、渐变环切、高速切削、单向和螺旋切削。这 8 种方式又可以分为直线切削和螺旋切削两大类。

① 直线切削包括双向和单向两种方式。

- 双向：产生一组平行切削路径且来回都进行切削，切削路径的方向取决于切削路径的角度的设置。
- 单向：产生的刀路与双向切削基本相同，不同的是，单向切削只按同一个方向进行切削。

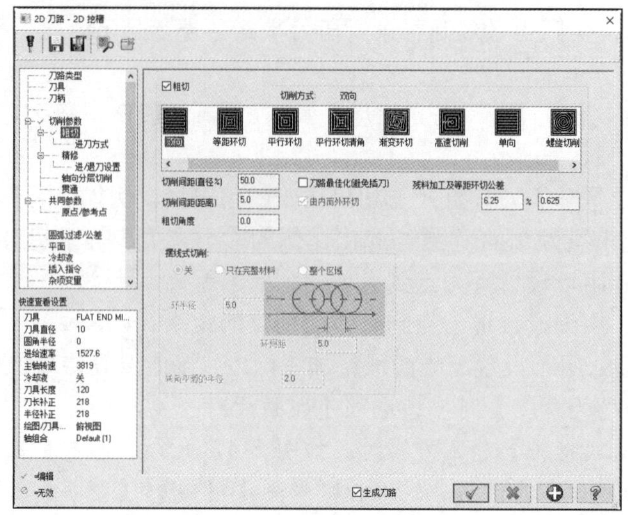

图 8-48　【粗切】选项卡

② 螺旋切削是从挖槽中心或特定挖槽起点开始进刀，并沿着挖槽壁螺旋切削。螺旋切削有以下 5 种方式。

- 等距环切：产生一组螺旋式间距相等的切削路径。
- 平行环切：产生一组平行螺旋式切削路径，与【等距环切】路径基本相同。
- 平行环切清角：产生一组平行螺旋且清角的切削路径。
- 渐变环切：根据轮廓外形产生螺旋式切削路径，此方式至少有一个岛屿，且生成的刀路比其他模式生成的刀路要长。
- 螺旋切削：以圆形、螺旋方式产生切削路径。

（2）切削间距：在 Mastercam 中，提供了两种输入切削间距的方法：一是可以在【切削间距（直径%)】文本框中指定占刀具直径的百分比间接指定切削间距，此时切削间距=百分比×刀具直径；二是可以在【切削间距（距离)】文本框中直接输入切削间距数值。值得注意的是，该参数和【切削间距（直径%)】是相关联的，更改任何一个，另一个也随之改变。

3.【进刀方式】选项卡

在【2D 刀路–2D 挖槽】对话框下【进刀方式】选项卡的挖槽粗加工路径中有以下 3 种进刀方式。

- 关：刀具从零件上方垂直进刀。
- 斜插：以斜线方式向工件进刀。
- 螺旋：以螺旋下降的方式向工件进刀。

单击【进刀方式】选项卡，选中【螺旋】单选按钮或【斜插】单选按钮，如图 8-49 和图 8-50 所示，分别用于设置螺旋进刀和斜插进刀的相关参数。这两个选项卡中的内容基本相同，下面对主要的选项进行介绍。

（1）最小半径/长度：进刀螺旋线的最小半径或斜插刀路的最小长度。可以输入与刀具直径的百分比或者直接输入半径值。

（2）最大半径/长度：进刀螺旋线的最大半径或斜插刀路的最大长度。可以输入与刀具直径的百分比或者直接输入半径值。

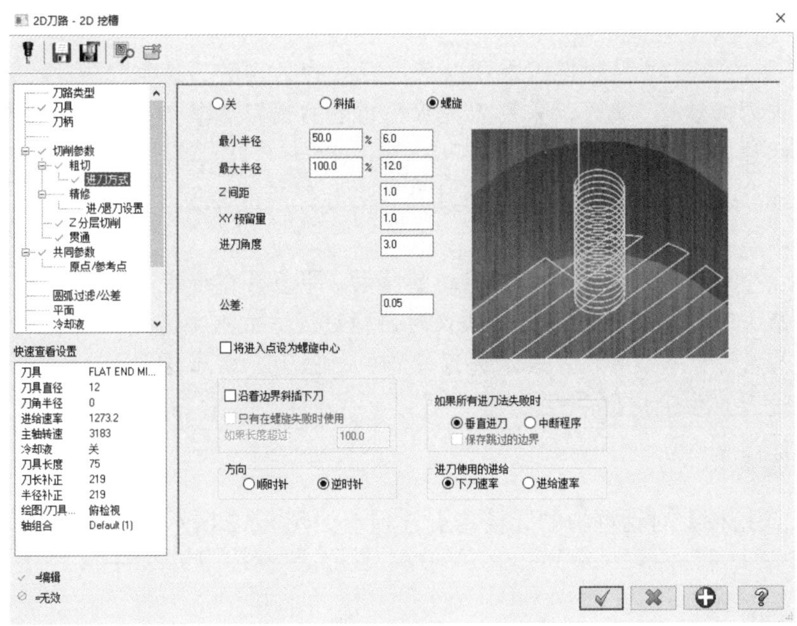

图 8-49 【螺旋】进刀方式选项卡

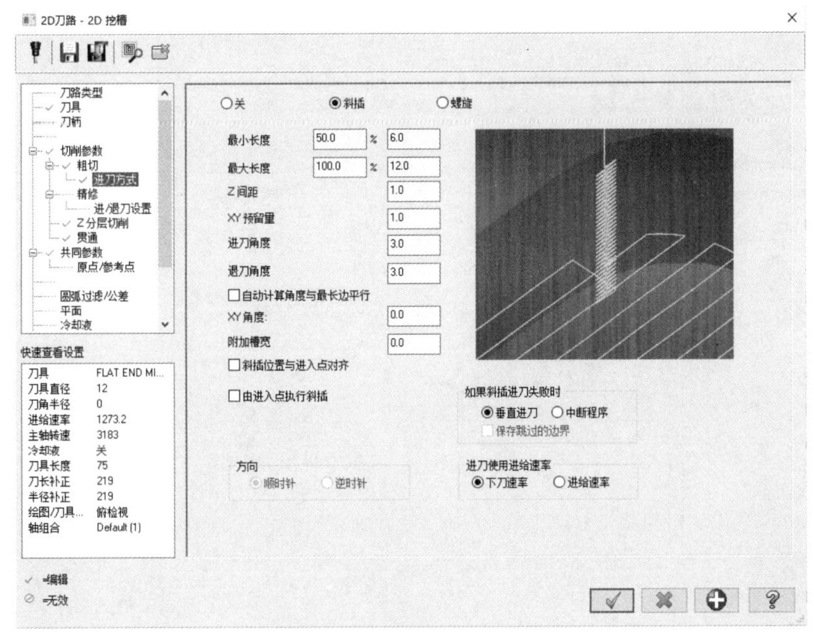

图 8-50 【斜插】进刀方式选项卡

（3）Z 间距：指定开始螺旋或斜插进刀时距离工件表面的高度。

（4）XY 预留量：指定螺旋槽或斜线槽与凹槽在 X 向和 Y 向的安全距离。

（5）进刀角度：对于螺旋进刀，只有进刀角度，该值为螺旋线与 XY 平面的夹角，角度越小，螺旋线的圈数越多，一般设置为 5°～20°。对于斜插进刀，该值为刀具切入或切出角度，如图 8-51 所示，通常选择 30°。

（6）如果所有进刀法/斜插进刀失败时：设置螺旋或斜插进刀失败时的处理方式，既可以为

【垂直进刀】也可以【中断程序】。

（7）进刀使用的进给/进给速率：既可以采用刀具的 Z 向进刀速率作为进刀或斜插进刀的速率，也可以采用刀具水平切削的进刀速率作为进刀或斜插进刀的速率。

（8）方向：指定螺旋进刀的方向，有顺时针和逆时针两个选项，该选项仅对螺旋进刀方式有效。

（9）由进入点执行斜插：设定刀具沿着边界移动，即刀具在给定高度，沿着边界逐渐下降刀路的起点，该选项仅对斜插进刀方式有效。

（10）将进入点设为螺旋中心：表示进刀螺旋中心位于刀路起始点（进刀点）处，进刀点位于挖槽中心。

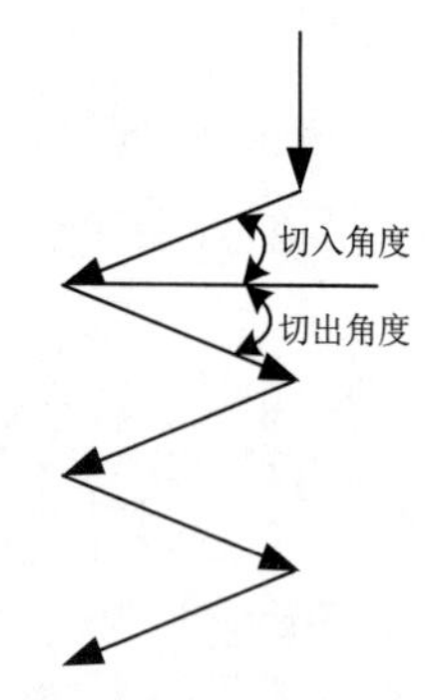

图 8-51　切入/切出角度示意图

4.【精修】选项卡

【2D 刀路-2D 挖槽】对话框中的【精修】选项卡如图 8-52 所示。

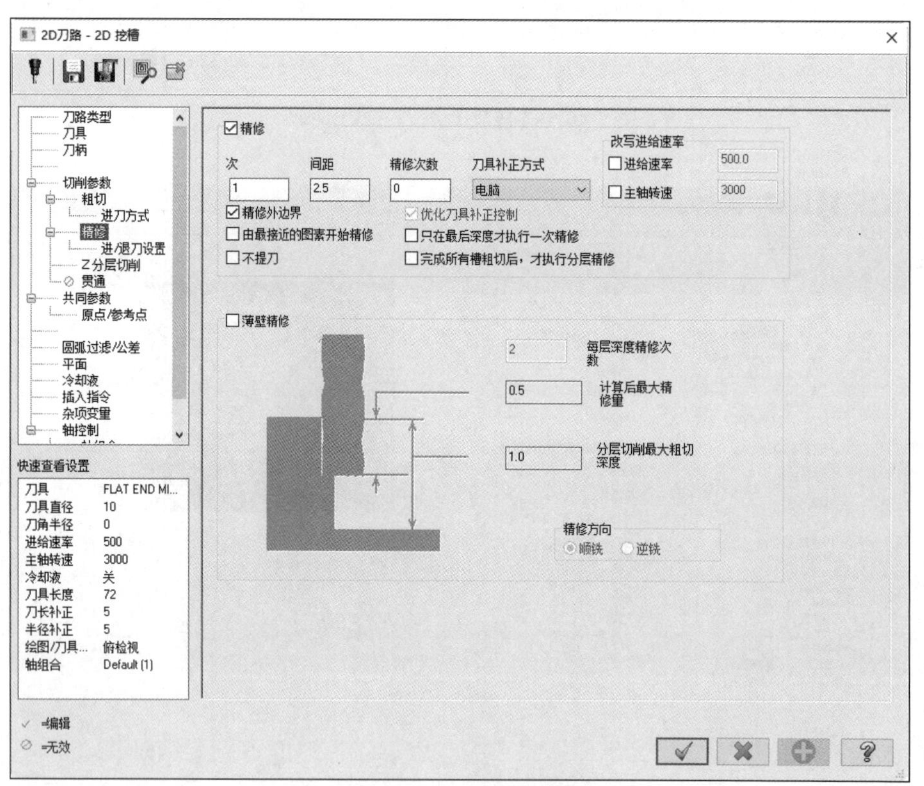

图 8-52　【精修】选项卡

【改写进给速率】选项用于重新设置精加工进给速度，它有以下两种方式。

（1）进给速率：在精切削阶段，由于去除的材料通常较少，所以可能希望增加进给速率以提高加工效率。该文本框可输入一个与粗切削阶段不同的精切削进给速率。

（2）主轴转速：该文本框可输入一个与粗切削阶段不同的精切削主轴转速。

【精修】选项卡中还可以完成其他参数的设定，如精加工次数、进/退刀方式、切削补正等。对于这些参数有些已经在前面叙述过，有些比较容易理解，这里不再赘述。

8.3 面铣加工

零件材料一般都是毛坯，故顶面不是很平整，因此加工的第一步常常是将顶面铣平，从而提高工件的平面度、平行度以及降低工件表面的粗糙度。

面铣削为快速移除工件表面的一种加工策略，当所要加工的工件具有大面积时，使用该指令可以节省加工时间，使用时要注意刀具偏移量必须大于刀具直径 50%以上，才不会在工件边缘留下残料。

扫一扫，看视频

8.3.1 实例——花盘粗加工

本实例讲解平面铣削加工，首先打开或绘制二维图形，设置机床类型为【铣床】；然后执行【面铣】命令，进行刀具及加工参数设置，生成刀具路径；最后进行模拟仿真加工及后处理操作，生成 NC 程序。

动画演示\第 8 章\ 8.3.1 实例——花盘粗加工.MP4

绘制过程

1. 打开文件

单击快速访问工具栏中的【打开】按钮，在弹出的【打开】对话框中选择【原始文件\ 第 8 章\花盘】文件，如图 8-53 所示。

2. 设置机床

单击【机床】→【机床类型】→【铣床】按钮，选择【默认】选项，在【刀路】操作管理器中生成机床群组属性文件，同时弹出【刀路】选项卡。

3. 创建面铣加工刀具路径

（1）选取加工边界。单击【刀路】→2D→【2D 铣削】→【面铣】按钮，弹出【线框串连】对话框，同时提示【选择面铣串连 1】，拾取图 8-54 所示的外边作为加工边界，单击【线框串连】对话框中的【确定】按钮。

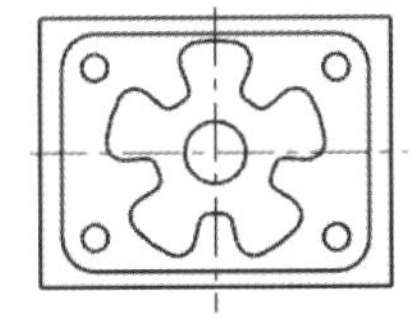
图 8-53 【花】加工图

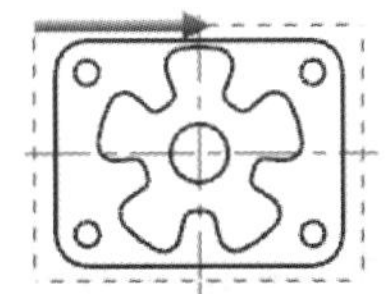
图 8-54 拾取加工边界

（2）设置刀具参数。

① 系统弹出【2D 刀路-平面铣削】对话框，单击该对话框中的【刀具】选项卡，在该选项卡

中单击【选择刀库刀具】按钮，弹出【刀具管理】对话框，选取直径为 50 的面铣刀，单击对话框中的【确定】按钮，返回到【2D 刀路-平面铣削】对话框，可以看到选择的面铣刀已进入刀具列表框中。

② 双击面铣刀图标，弹出【编辑刀具】对话框，刀具参数设置如图 8-55 所示。单击【下一步】按钮，设置【XY 轴粗切步进量】为 75，【Z 轴粗切深度】为 60，【XY 轴精修步进量】为 30。单击【单击重新计算进给率和主轴转速】按钮，单击【完成】按钮，系统返回到【2D 刀路-平面铣削】对话框。

（3）设置加工参数

① 单击【共同参数】选项卡，设置参数如图 8-56 所示。

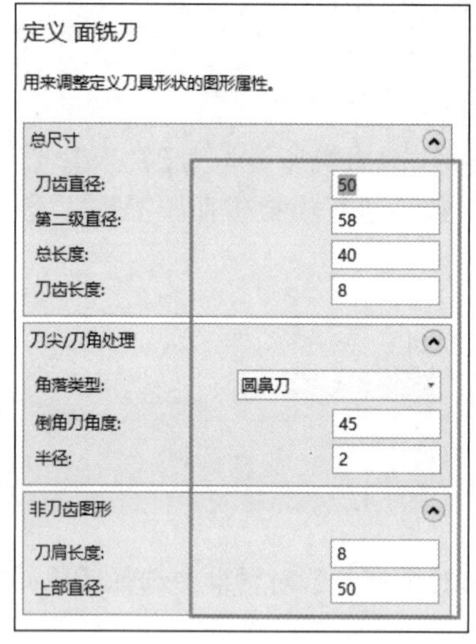

图 8-55 设置面铣刀参数

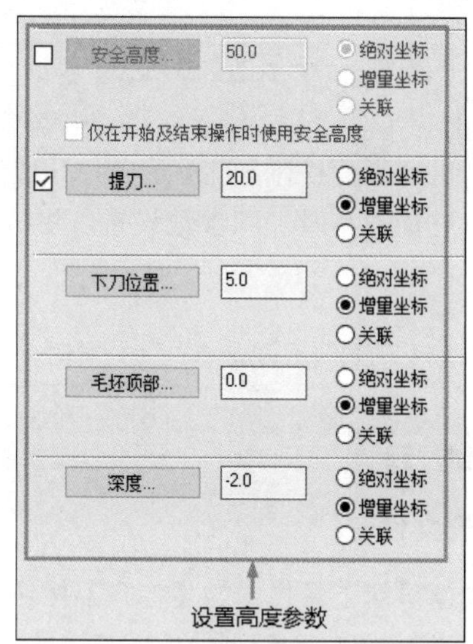

图 8-56 【共同参数】选项卡

② 单击【确定】按钮，生成刀具路径，如图 8-57 所示。

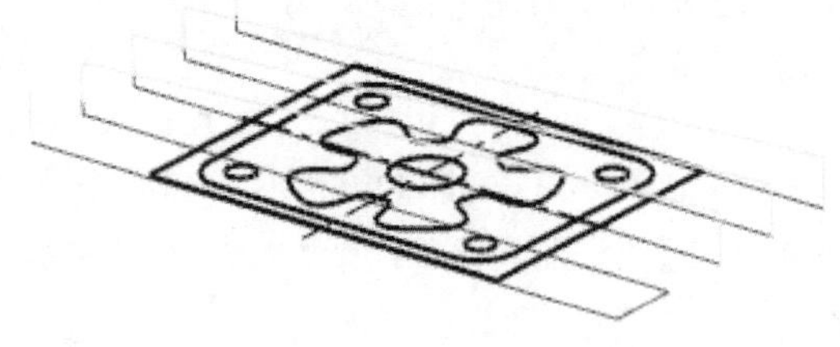

图 8-57 面铣刀具路径

4．模拟仿真加工

为了验证面铣参数设置的正确性，可以通过模拟平面铣削过程来观察工件表面是否有切削不到的地方。

（1）毛坯设置。在【刀路】操作管理器中单击【毛坯设置】按钮 毛坯设置，弹出【机床群组属性】对话框，单击【边界框】按钮，毛坯设置操作步骤如图 8-58 所示。单击【确定】按钮，毛坯创建完成，如图 8-59 所示。

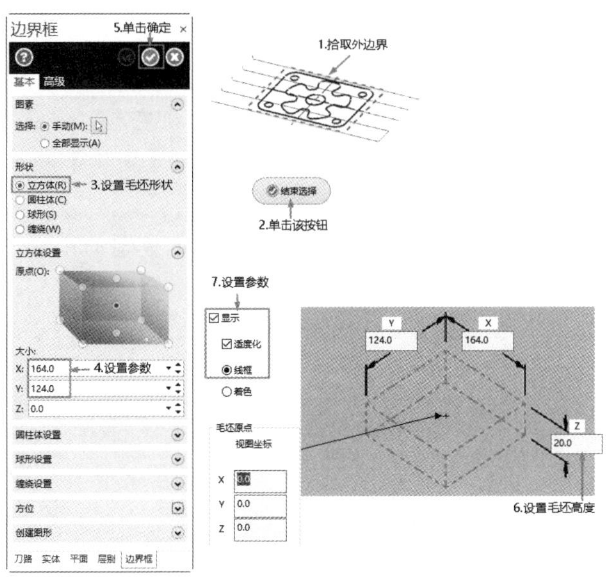

图 8-58　毛坯设置操作步骤

（2）仿真加工。

① 单击【刀路】操作管理器中的【验证已选择的操作】按钮，系统弹出【Mastercam 模拟】对话框。

② 单击对话框中的【播放】按钮，则系统进行切削模拟仿真。切削模拟结果如图 8-60 所示。

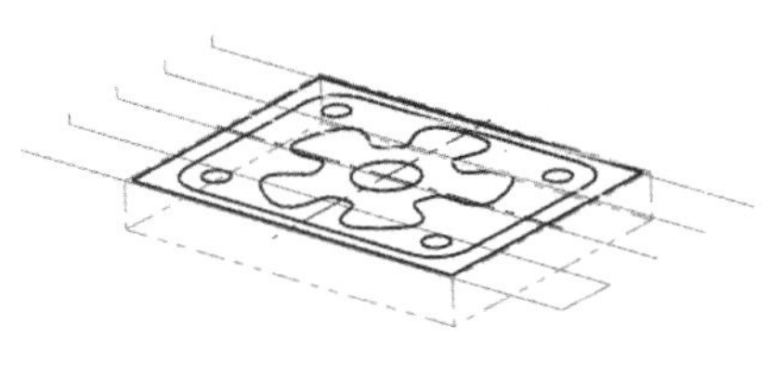

图 8-59　毛坯

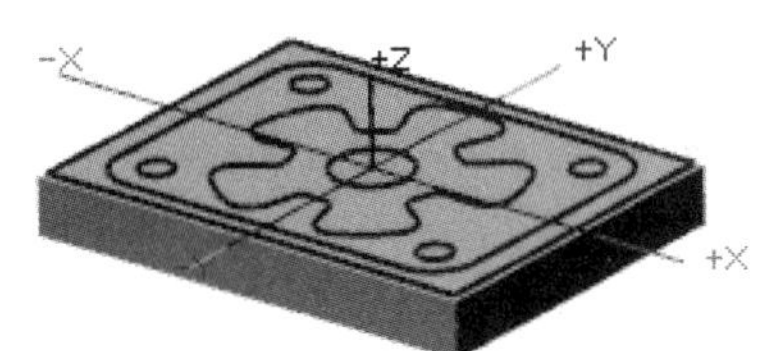

图 8-60　模拟结果

（3）NC 代码。单击【刀路】操作管理器中的【执行选择的操作进行后处理】按钮，弹出【后处理程序】对话框，单击【确定】按钮，弹出【另存为】对话框，输入文件名称【花盘】，并进行保存，弹出程序界面，见随书电子文件。

8.3.2　面铣参数介绍

单击【刀路】→2D→【2D 铣削】→【面铣】按钮，弹出【线框串连】对话框，同时提示【选择面铣串连 1】，选取串连后，单击【线框串连】对话框中的【确定】按钮，弹出【2D 刀路-平面铣削】对话框。

【2D 刀路-平面铣削】对话框中的【切削参数】选项卡如图 8-61 所示。

1. 切削方式

在进行面铣加工时，可以根据需要选取不同的铣削方式，在 Mastercam 中，可以通过【切削方式】下拉列表选择不同的铣削方法，包括以下 4 项。

（1）双向：刀具在加工中可以往复走刀，来回均进行铣削。

（2）单向：刀具沿着一个方向走刀，进时切削，回时走空程，当选中【顺铣】单选按钮时，切削加工中刀具旋转的方向与刀具移动的方向相反；当选中【逆铣】单选按钮时，切削加工中刀具旋转的方向与刀具移动的方向相同。

（3）一刀式：仅进行一次铣削，刀具路径的位置为几何模型的中心位置，使用这种方式，刀具的直径必须大于铣削工件表面的宽度才可以。

（4）动态：刀具在加工中可以沿自定义路径自由走刀。

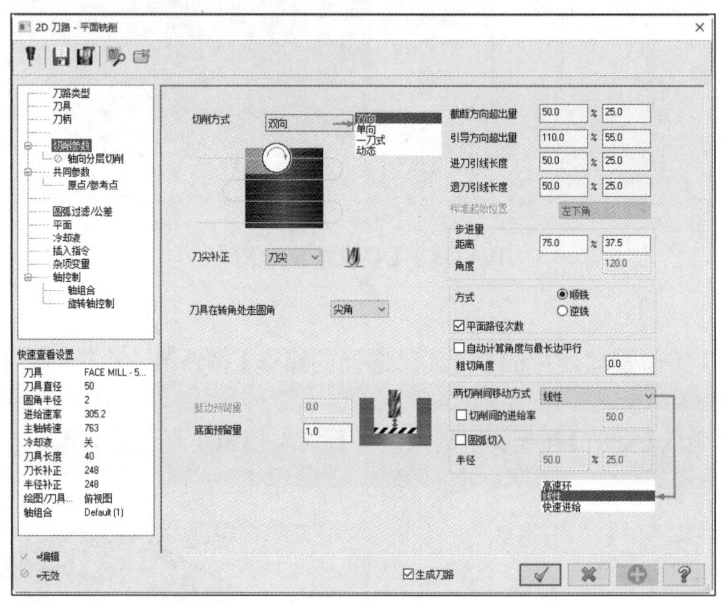

图 8-61 【切削参数】选项卡

2. 刀具移动方式

当选择【切削方式】为【双向】时，可以设置刀具在两次铣削间的过渡方式，在【两切削间移动方式】下拉列表中，系统提供了以下 3 种刀具的移动方式。

（1）高速环：选择该选项时，刀具按照圆弧的方式移动到下一个铣削的起点。

（2）线性：选择该选项时，刀具按照直线的方式移动到下一个铣削的起点。

（3）快速进给：选择该选项时，刀具以直线的方式快速移动到下一次铣削的起点。

同时，如果选中【切削间的进给率】复选框，则可以在后面的文本框中设定两切削间的位移进给率。

3. 粗切角度

所谓粗切角度，是指刀具前进方向与 X 轴方向的夹角，它决定了刀具是平行于工件的某边切削还是倾斜一定的角度切削。为了改善面加工的表面质量，通常编制两个加工角度互为 90° 的刀具路径。

在 Mastercam 中，粗切角度有自动计算和手工输入两种设置方法，默认为手工输入方式，而使用自动计算方式时，则手工输入角度将不起作用。

4. 开始和结束间隙

面铣削开始和结束间隙设置包括 4 项内容，分别为截断方向超出量、引导方向超出量、进刀引线长度和退刀引线长度，各选项的含义如图 8-62 所示。为了兼顾工件表面质量和加工效率，进刀引线长度和退刀引线长度一般不宜太大。

其他参数的含义可以参考外形铣削、挖槽加工的内容，这里不再赘述。

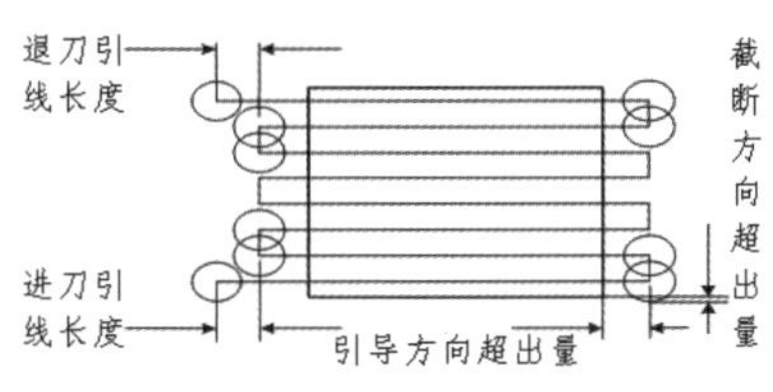

图 8-62 开始和结束间隙含义示意图

8.4 钻孔加工

孔加工是机械加工中使用较多的一个工序，孔加工的方法也很多，包括钻孔、镗孔、攻螺纹、铰孔等。Mastercam 提供了丰富的钻孔方法，可以自动输出对应的钻孔固定循环。

8.4.1 实例——连接盘钻孔加工

扫一扫，看视频

本实例将在挖槽加工的基础上进行钻孔加工。首先将前面创建的外形铣削加工和挖槽加工的刀具路径进行隐藏；然后执行【钻孔】命令，根据系统提示拾取要进行钻孔的圆，设置钻头参数和加工参数，生成刀具路径；最后进行模拟仿真加工及后处理操作，生成 NC 程序。

动画演示\第 8 章\ 8.4.1 实例——连接盘钻孔加工.MP4

绘制过程

1. 选取加工边界

（1）单击【刀路】操作管理器中的【选择全部操作】按钮，将上面创建的铣削操作全部选中。

（2）单击【刀路】操作管理器中的【切换显示已选择的刀路操作】按钮≋，隐藏刀具路径。

（3）承接挖槽加工步骤，单击【刀路】→2D→【2D 铣削】→【钻孔】按钮，弹出【刀路孔定义】对话框，按顺序拾取如图 8-63 所示的 4 个圆，然后单击对话框中的【确定】按钮。

技巧荟萃

在拾取钻孔图素时，可以拾取圆或圆弧的圆心点，也可以拾取圆或圆弧，切记不要拾取圆或圆弧的象限点。

2. 设置刀具参数

（1）系统弹出【2D 刀路-钻孔/全圆铣削 深孔钻-无啄孔】对话框，单击该对话框中的【刀具】选项卡，在该选项卡中单击【选择刀库刀具】按钮 选择刀库刀具...，选取直径为 20 的【SOLID CARBIDE

DRILL 5×Dc.20（硬质合金钻头）】，单击对话框中的【确定】按钮，返回到【2D 刀路-钻孔/全圆铣削 深孔钻-无啄孔】对话框。

（2）双击钻头图标，钻头参数设置如图 8-64 所示。单击【下一步】按钮，设置其他参数，如图 8-65 所示。单击【单击重新计算进给率和主轴转速】按钮。单击【完成】按钮，返回【2D 刀路-钻孔/全圆铣削 深孔钻-无琢孔】对话框。

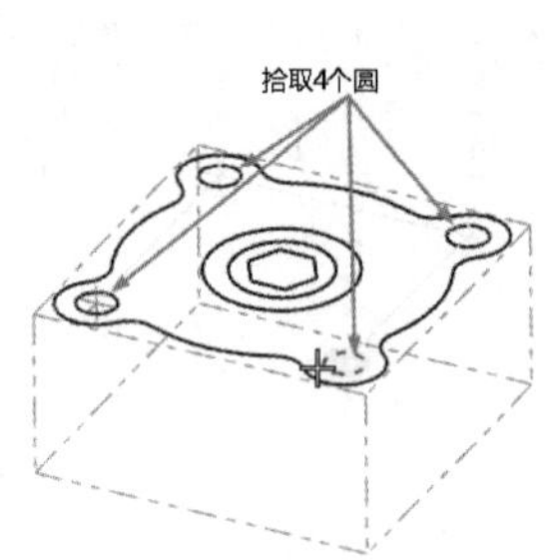

图 8-63 拾取的钻孔边界

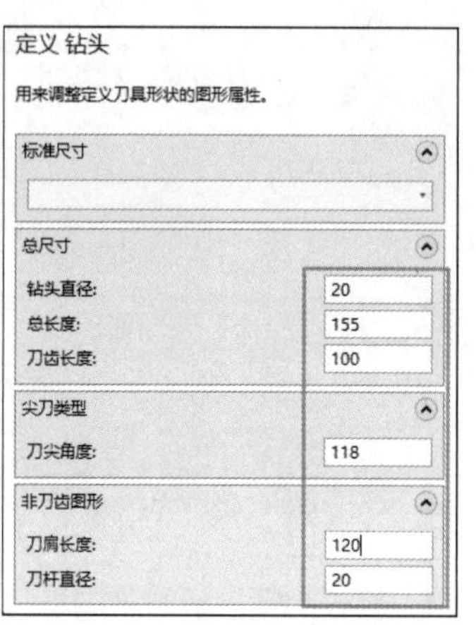

图 8-64 设置钻头参数

3. 创建钻孔加工刀具路径

（1）单击【共同参数】选项卡，参数设置过程如图 8-66 所示。

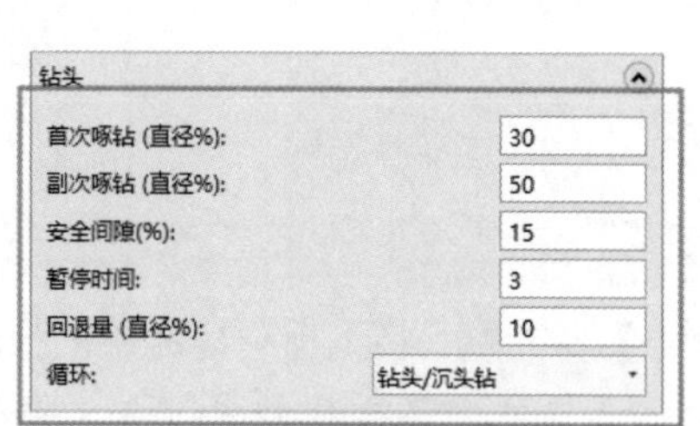

图 8-65 设置参数

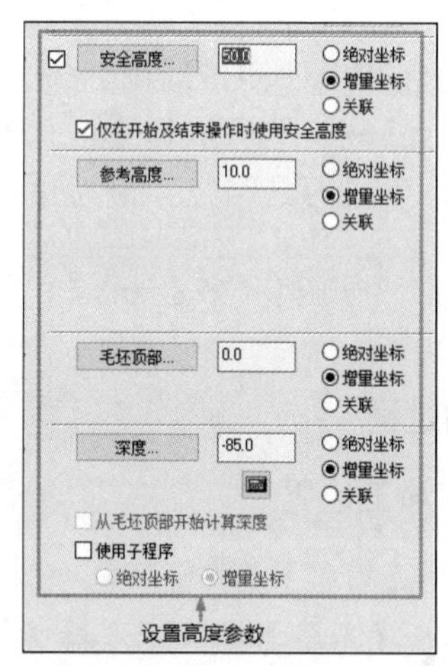

图 8-66 【共同参数】选项卡

（2）单击【确定】按钮，生成刀具路径，如图 8-67 所示。

4. 模拟仿真加工

为了验证钻孔参数设置的正确性，可以通过模拟钻孔加工过程来观察工件在钻孔过程中走刀路径的正确性。

（1）仿真加工。

① 单击【刀路】操作管理器中的【选择全部操作】按钮，选中所有刀路。

② 单击【刀路】操作管理器中的【验证已选择的操作】按钮，在弹出的【Mastercam 模拟】对话框中单击【播放】按钮，得到如图 8-68 所示的模拟结果。

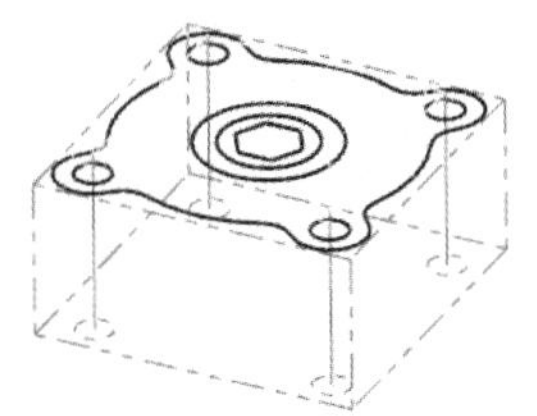

图 8-67　钻孔加工刀具路径

图 8-68　钻孔加工模拟结果

（2）NC 代码。单击【刀路】操作管理器中的【执行选择的操作进行后处理】按钮 G1，弹出【后处理程序】对话框。单击【确定】按钮，弹出【另存为】对话框，输入文件名称【连接盘钻孔】，进行保存，弹出程序界面，见随书电子文件。

8.4.2　钻孔参数介绍

单击【刀路】→2D→【2D 铣削】→【钻孔】按钮或在【刀具】管理器的树状结构图空白区域右击，在弹出的快捷菜单中选择【铣床刀路】→【钻孔】选项，弹出【定义刀路孔】对话框，在绘图区采用手动方式选取定义钻孔位置，然后单击【定义刀路孔】对话框中的【确定】按钮，系统弹出【2D 刀路-钻孔/全圆铣削 深孔钻-无啄孔】对话框。

1.【刀具】选项卡

【2D 刀路-钻孔/全圆铣削 深孔钻-无啄孔】对话框中的【刀具】选项卡如图 8-69 所示。对于【刀具】选项卡，已经在前面章节介绍过，这里就不再赘述。

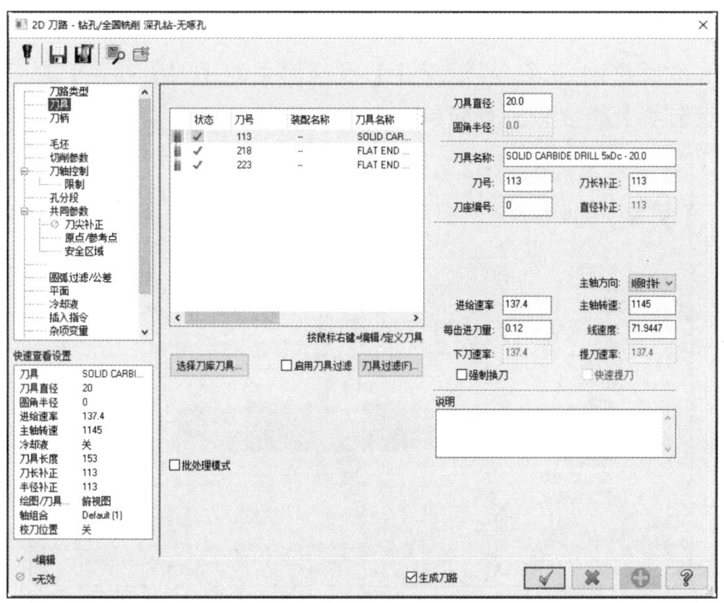

图 8-69　【刀具】选项卡

2.【切削参数】选项卡

在【2D 刀路-钻孔/全圆铣削 深孔钻-无啄孔】对话框中的【切削参数】选项卡中，Mastercam 提供了 20 种钻孔方式，其中 7 种为标准形式，另外 13 种为自定义形式，如图 8-70 所示。

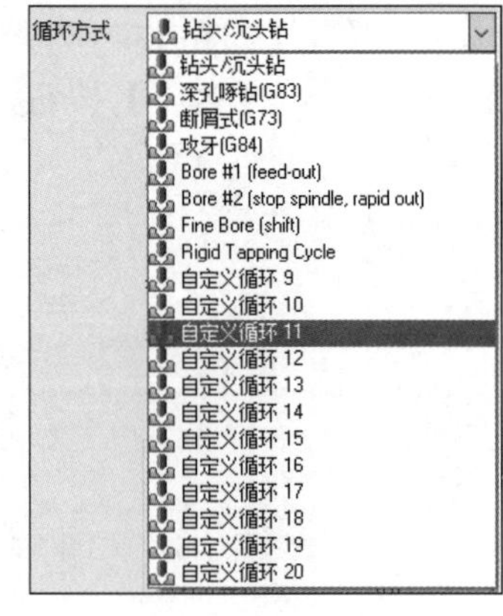

图 8-70　钻孔方式列表

（1）钻头/沉头钻：钻头从起始高度快速下降至提刀，然后以设定的进给量钻孔，到达孔底后，暂停一定时间后返回。钻通孔/镗孔常用于孔深小于 3 倍的刀具直径的浅孔。

从【循环方式】下拉列表中选择【钻头/沉头钻】选项后，则【暂留时间】文本框被激活，它用于指定暂停时间，默认为 0，即没有暂停时间。

（2）深孔啄钻：钻头从起始高度快速下降至提刀，以设定的进给量钻孔，钻到第一次步距后，快速退刀至起始高度以达到排屑的目的，然后再次快速下刀至前一次步距上部的一个步进间隙处，按照给定的进给量钻孔至下一次步距，如此反复，直至钻至目标深度。深孔啄钻一般用于孔深大于 3 倍刀具直径的深孔。

（3）断屑式：和深孔啄钻类似，也需要多次回缩以达到排屑的目的，只是回缩的距离较短。它适合于孔深大于 3 倍刀具直径的孔。设置参数和深孔啄钻类似。

（4）攻牙：可以攻左旋螺纹和右旋螺纹，左旋和右旋主要取决于选择的刀具和主轴旋向。

（5）Bore#1（feed-out）（镗孔#1-进给退刀）：用进给速率进行镗孔和退刀，该方法可以获得表面较光滑的直孔。

（6）Bore#2（stop spindle,rapid out）（镗孔#2-主轴停止-快速退刀）：用进给速率进行镗孔，至孔底主轴停止旋转，刀具快速退回。

（7）Fine Bore（shift）：镗孔至孔底时，主轴停止旋转，将刀具旋转一个角度（即让刀，它可以避免刀尖与孔壁接触）后再退刀。

3.【刀尖补正】选项卡

【2D 刀路-钻孔/全圆铣削 深孔钻-无啄孔】对话框中的【刀尖补正】选项卡如图 8-71 所示，用于设置补正量。该选项卡的含义比较简单，在此不再赘述。

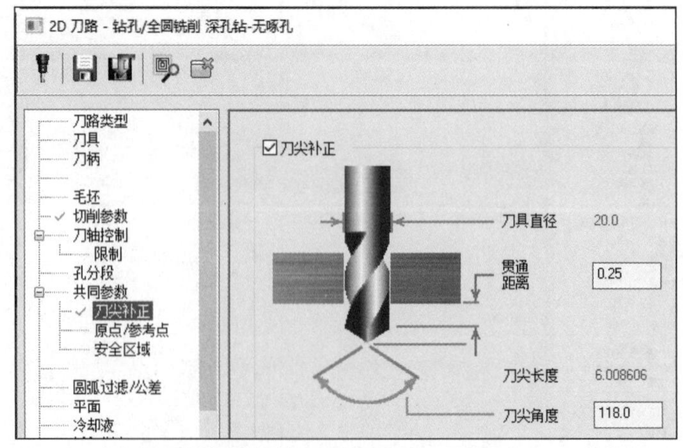

图 8-71　【刀尖补正】选项卡

8.5 全圆铣削加工

全圆铣削时刀具路径为从圆心移动到轮廓，然后绕圆轮廓移动。该策略一般用于扩孔（用铣刀扩孔，而不是用扩孔钻头扩孔）。

8.5.1 实例——烟灰缸粗加工

扫一扫，看视频

本实例讲解烟灰缸的全圆铣削加工，首先将当前视图设置为俯视图，对俯视图上的圆进行全圆铣削；然后分别将当前视图设置为前视图和左视图，对前视图和左视图的圆进行全圆铣削；最后创建实体毛坯，对其进行模拟加工，生成 NC 程序。本实例加工中一定要注意视图的切换。

动画演示\第 8 章\ 8.5.1 实例——烟灰缸粗加工.MP4

绘制过程

1. 打开文件

单击快速访问工具栏中的【打开】按钮，在弹出的【打开】对话框中选择【原始文件\第 8 章\烟灰缸】文件，如图 8-72 所示。

2. 设置机床

单击【机床】→【机床类型】→【铣床】按钮，选择【默认】选项，在【刀路】操作管理器中生成机床群组属性文件，同时弹出【刀路】选项卡。

3. 全圆铣削 1 加工参数设置

（1）选取加工边界。单击【刀路】→2D→【全圆铣削】按钮，弹出【刀路孔定义】对话框，然后在绘图区选择图 8-73 所示的圆作为加工边界，单击【确定】按钮。

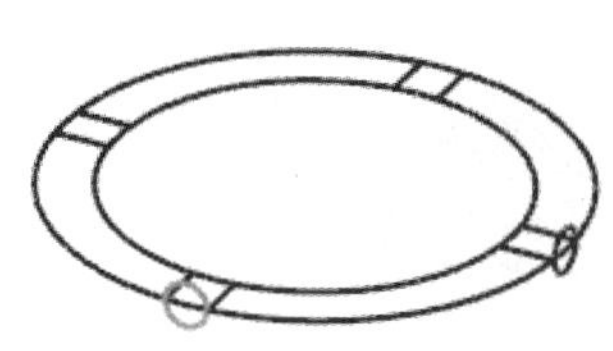

图 8-72 烟灰缸

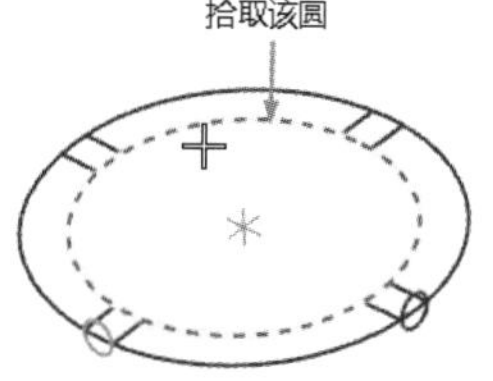

图 8-73 拾取加工边界 1

（2）设置刀具参数。

① 系统弹出【2D 刀路-全圆铣削】对话框。单击该对话框中的【刀具】选项卡，在该选项卡中单击【选择刀库刀具】按钮，弹出【选择刀具】对话框，选取直径为 20 的端铣刀（END MILL WITH RADUS-20/R4.0），单击对话框中的【确定】按钮，返回到【2D 刀具路径-全圆铣削】对话框，可以看到选择的端铣刀已进入【刀具】列表框中。

② 双击端铣刀图标，弹出【编辑刀具】对话框，刀具参数设置如图 8-74 所示。单击【下一步】按钮 下一步 ，设置所有粗切步进量为 75%，所有精修步进量为 30%，单击【单击重新计算进给率和主轴转速】按钮，单击【完成】按钮 完成 ，系统返回【2D 刀路-全圆铣削】对话框。

（3）创建全圆铣削加工刀具路径

① 单击【共同参数】选项卡，参数设置过程如图 8-75～图 8-79 所示。

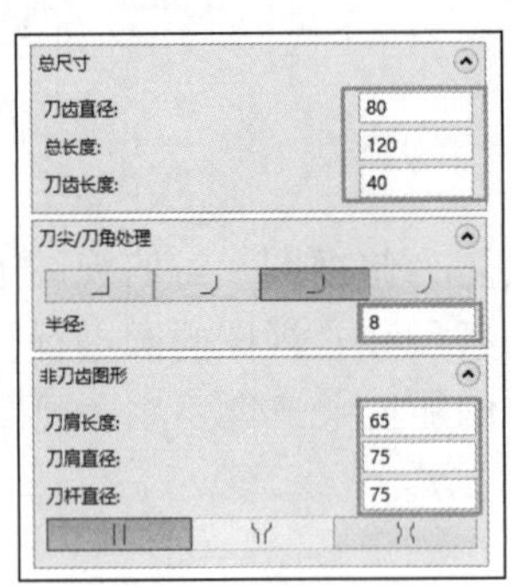

图 8-74　设置端铣刀参数

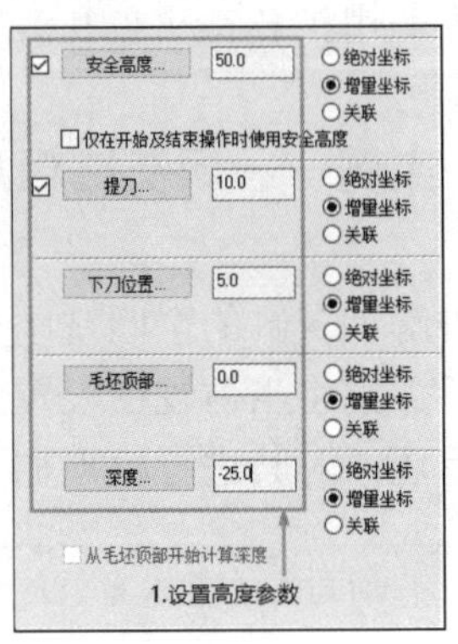

图 8-75　【共同参数】选项卡

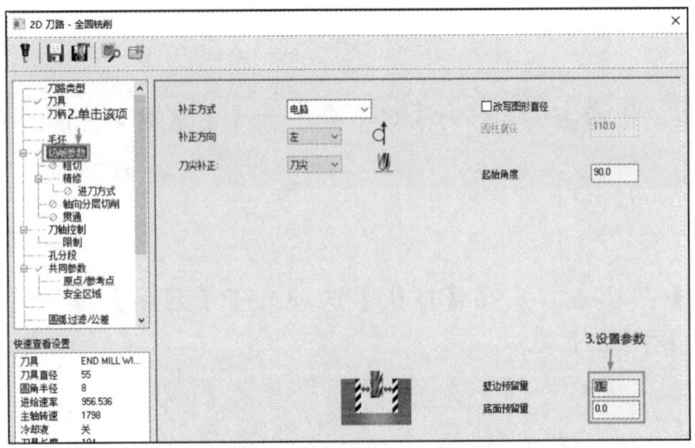

图 8-76　【切削参数】选项卡

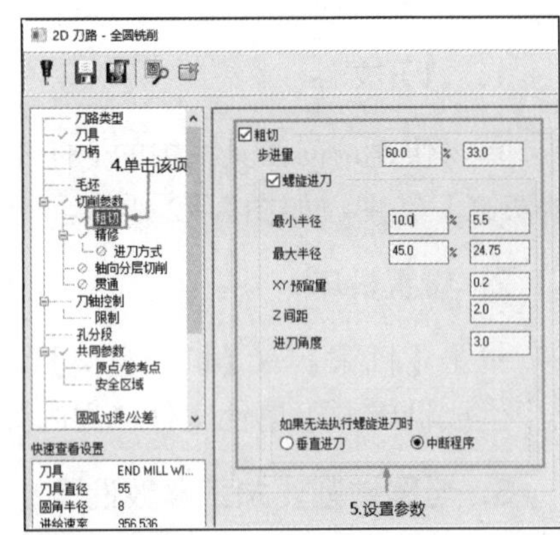

图 8-77　【粗切】选项卡

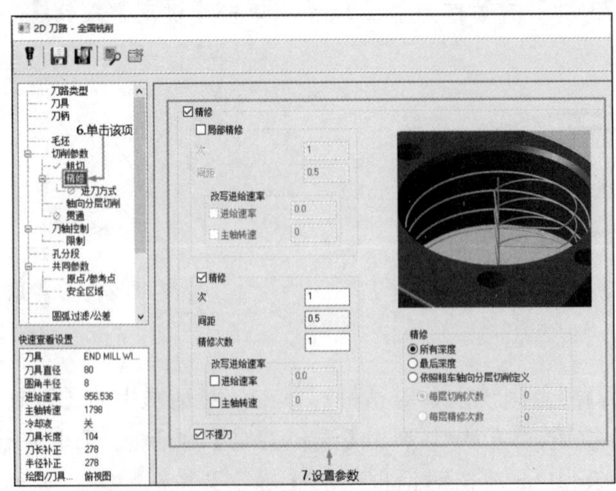

图 8-78　【精修】选项卡

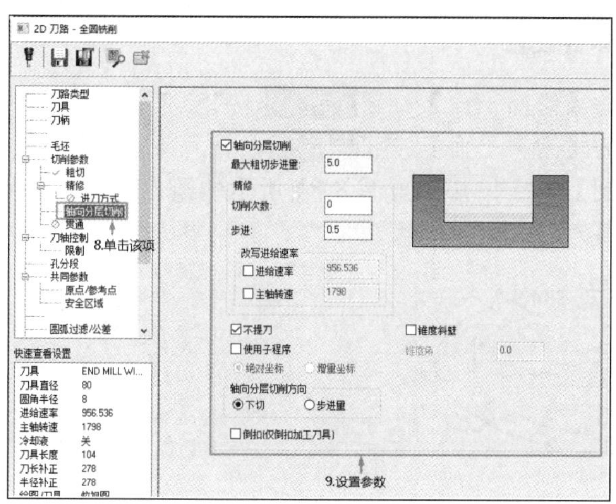

图 8-79　【轴向分层切削】选项卡

② 单击【确定】按钮，生成刀具路径，如图 8-80 所示。

4．全圆铣削 2 加工参数设置

（1）单击状态栏中的【绘图平面】按钮 绘图平面，将当前绘图平面切换为【前视图】。

（2）单击状态栏中的【刀具平面】按钮 刀具平面，将刀具平面切换为【前视图】。

（3）重复【全圆铣削】命令，拾取如图 8-81 所示的圆作为加工边界。选择直径为 10 的平铣刀，修改刀具参数，如图 8-82 所示。

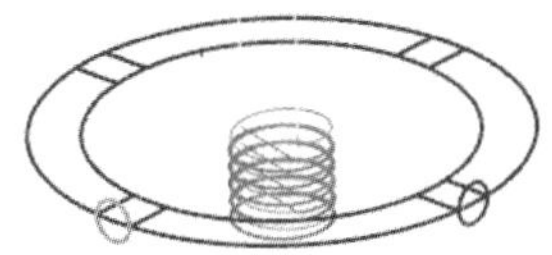

图 8-80　全圆铣削 1 刀具路径

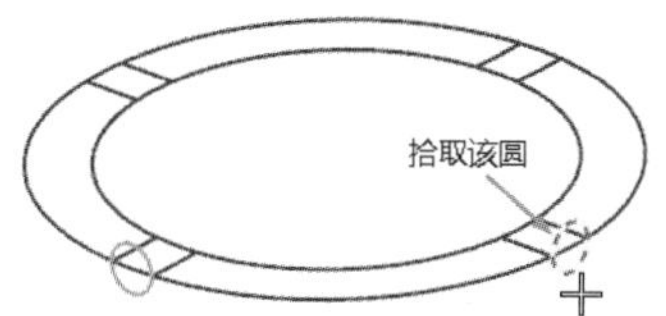

图 8-81　拾取加工边界 2

（4）单击【2D 刀路-全圆铣削】对话框中的【共同参数】选项卡，设置加工深度为-150。

（5）其他参数参照全圆铣削 1 的加工参数设置。

（6）单击【确定】按钮，生成刀具路径，如图 8-83 所示。

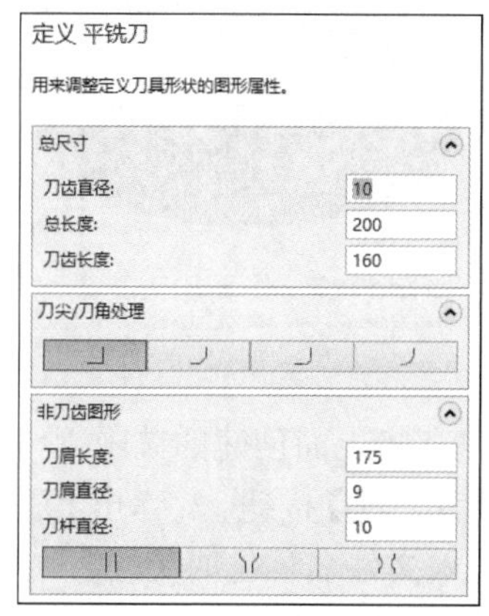

图 8-82　修改平铣刀参数

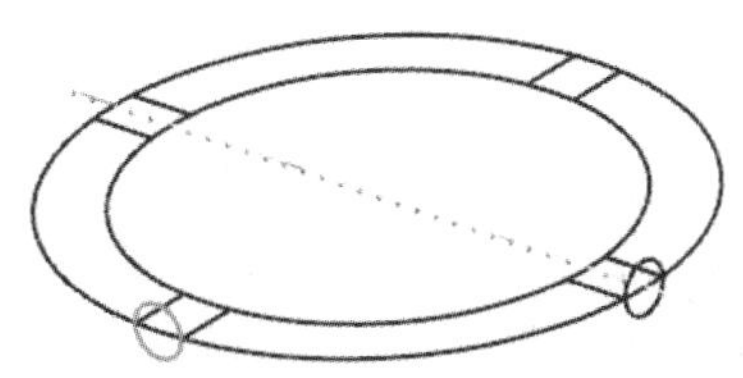

图 8-83　全圆铣削 2 刀具路径

5．全圆铣削 3 加工参数设置

（1）单击状态栏中的【绘图平面】按钮绘图平面，将当前绘图平面切换为【左视图】。

（2）单击状态栏中的【刀具平面】按钮刀具平面，将刀具平面切换为【左视图】。

（3）重复【全圆铣削】命令，拾取如图 8-84 所示的圆作为加工边界，参照全圆铣削 2 设置加工参数。生成的刀具路径如图 8-85 所示。

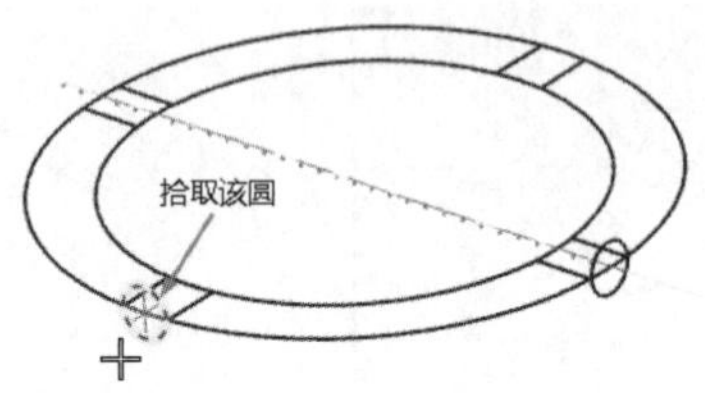

图 8-84　拾取加工边界 3

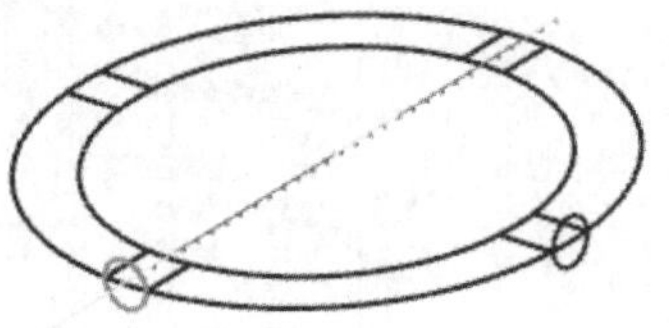

图 8-85　全圆铣削 3 刀具路径

6．模拟仿真加工

为了验证全圆铣削参数设置的正确性，可以通过 NC 仿真模拟外形铣削过程来观察工件是否有切削不到的地方或过切现象。

（1）毛坯设置。在【刀路】操作管理器中单击【毛坯设置】按钮毛坯设置，弹出【机床群组属性】对话框，进行毛坯设置。在【毛坯设置】选项卡的【形状】选项组中选中【文件】单选按钮，单击其后的按钮，弹出【打开】对话框，选择【烟灰缸.stl】文件，单击【打开】按钮打开(O)，返回【机床群组属性】对话框，选中【显示】复选框，单击【确定】按钮，毛坯创建完成，如图 8-86 所示。

（2）仿真加工。

① 单击【刀路】操作管理器中的【选择全部操作】按钮，将上面创建的铣削操作全部选中。

② 单击【刀路】操作管理器中的【验证已选择的操作】按钮，在弹出的【Mastercam 模拟】对话框中单击【播放】按钮，得到如图 8-87 所示的仿真加工结果。

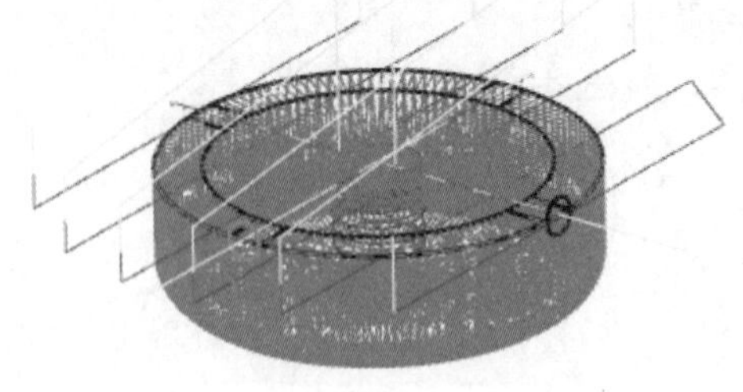

图 8-86　毛坯

图 8-87　仿真加工结果

（3）NC 代码。

① 单击【刀路】操作管理器中的【选择全部操作】按钮，将上面创建的铣削操作全部选中。

② 单击【刀路】操作管理器中的【执行选择的操作进行后处理】按钮G1，弹出【后处理程序】对话框。单击【确定】按钮，弹出【另存为】对话框，输入文件名称【烟灰缸】，单击【保存】按钮保存(S)，在编辑器中打开生成的 NC 代码，见随书电子文件。

8.5.2　全圆铣削参数介绍

单击【机床】→【机床类型】→【铣床】按钮，选择默认选项，在【刀路】操作管理器中生成机床群组属性文件，同时弹出【刀路】选项卡，在 2D 面板的【孔加工】组中单击【全圆铣削】按钮，弹出【刀路孔定义】对话框，然后在绘图区选择好需要加工的圆、圆弧或点，并单击【确定】按钮后，系统弹出【2D 刀路-全圆铣削】对话框。

【2D 刀路-全圆铣削】对话框中的【切削参数】选项卡如图 8-88 所示。

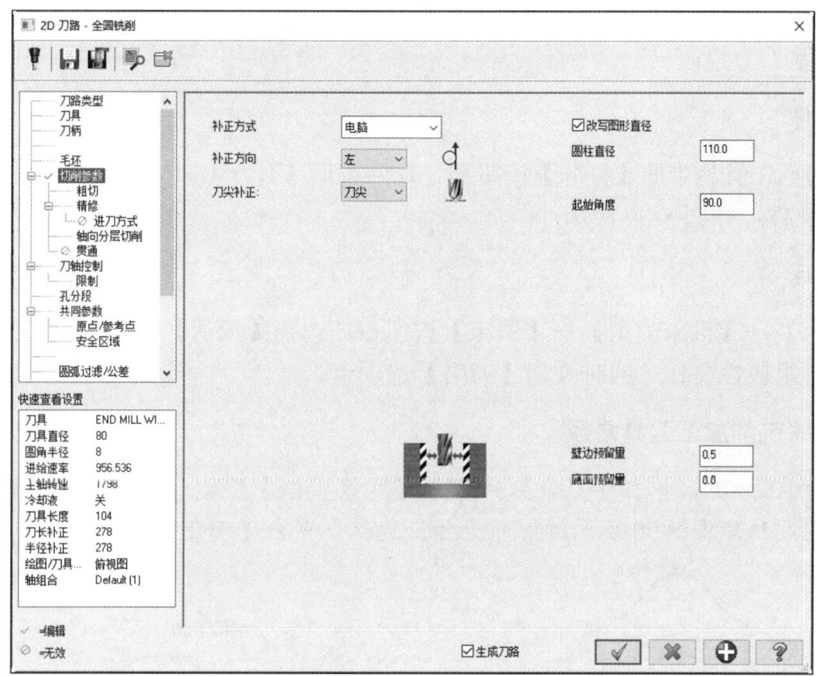

图 8-88　【2D 刀路-全圆铣削】对话框

参数说明如下。

（1）圆柱直径：如果在绘图区选择的图素是点时，则该项用于设置全圆铣削刀具路径的直径；如果在绘图区中选择的图素是圆或圆弧时，则采用选择的圆或圆弧直径作为全圆铣削刀具路径的直径。

（2）起始角度：用于设置全圆刀具路径的起始角度。

其他选项卡参数设置前面已经介绍过，这里不再赘述。

8.6　螺纹铣削加工

螺纹铣削孔加工的刀具路径是一系列的螺旋形刀具路径，因此如果选择的刀具是镗刀杆，其上装有螺纹加工的刀头，则这种刀具路径可用于加工内螺纹或外螺纹。

扫一扫，看视频

8.6.1 实例——梅花把手粗加工

本实例讲解梅花把手螺纹孔的加工，首先打开绘制好的二维图形，设置机床类型为【铣床】；然后启动【螺纹铣削】命令，根据系统提示拾取要进行螺纹加工的圆并设置刀具及加工参数，生成刀具路径；最后设置毛坯，进行模拟仿真加工及后处理操作，生成 NC 程序。

参见网盘　动画演示\第 8 章\ 8.6.1 实例——梅花把手粗加工.MP4

绘制过程

1. 打开文件

单击快速访问工具栏中的【打开】按钮，在弹出的【打开】对话框中选择【原始文件\ 第 8 章\梅花把手】文件，如图 8-89 所示。

2. 设置机床

单击【机床】→【机床类型】→【铣床】按钮，选择【默认】选项，在【刀路】操作管理器中生成机床群组属性文件，同时弹出【刀路】选项卡。

3. 创建螺纹铣削加工刀具路径

（1）选取加工边界。单击【刀路】→2D→【螺纹铣削】按钮，弹出【刀路孔定义】对话框，然后在绘图区拾取图 8-90 所示的圆作为加工边界，单击【确定】按钮。

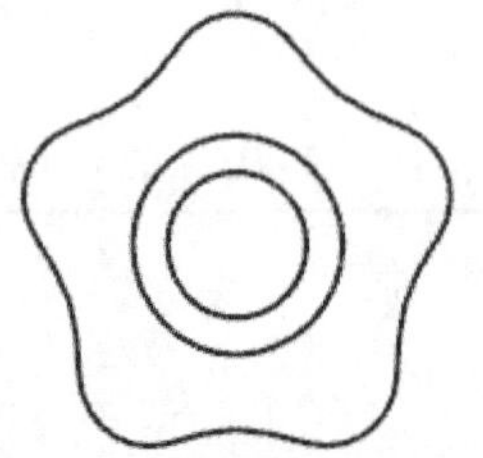

图 8-89　【梅花把手】加工图

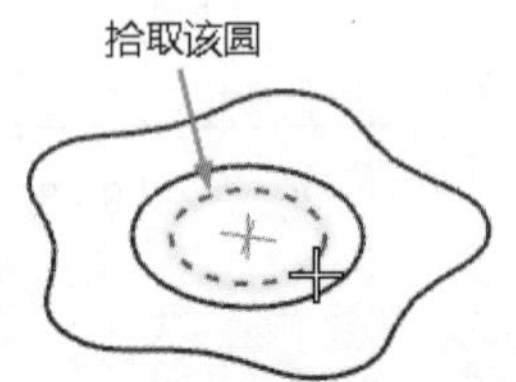

图 8-90　拾取加工边界

（2）设置刀具。系统弹出【2D 刀路-螺纹铣削】对话框，单击该对话框中的【刀具】选项卡，在【刀具】列表中右击，弹出右键快捷菜单，选择【创建刀具】选项，弹出【定义刀具】对话框，本实例选取【螺纹铣刀】，单击【下一步】按钮 下一步 ，设置螺纹铣刀参数，如图 8-91 所示。单击【下一步】按钮 下一步 ，设置所有粗切步进量为 75%，所有精修步进量为 30%，设置螺纹底径为 14。单击【完成】按钮 完成 ，返回【2D 刀路-螺纹铣削】对话框。

（3）设置加工参数。

① 在【2D 刀路-螺纹铣削】对话框中单击【共同参数】选项卡，参数设置过程如图 8-92～图 8-94 所示。

②单击【确定】按钮，生成刀具路径，如图 8-95 所示。

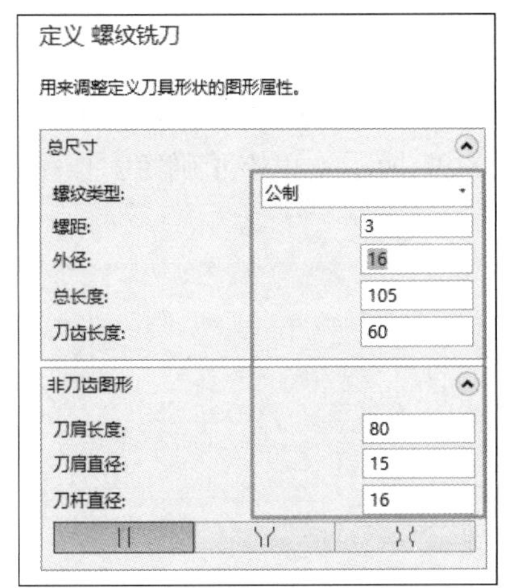

图 8-91　设置螺纹铣刀参数

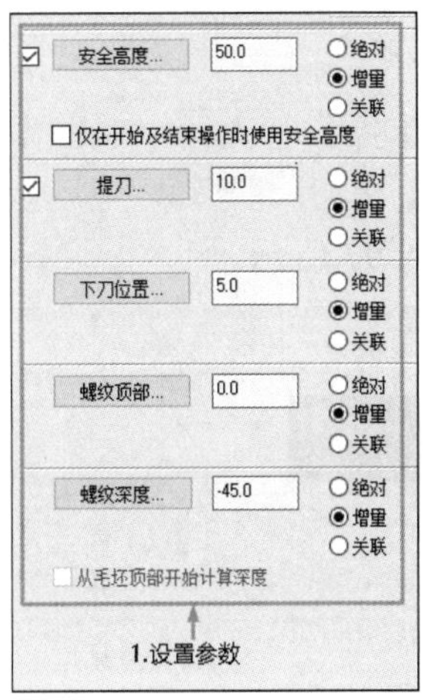

图 8-92　【共同参数】选项卡参数设置

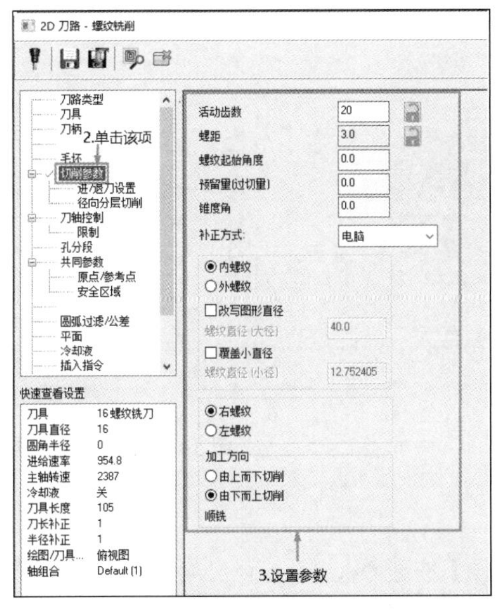

图 8-93　【切削参数】选项卡参数设置

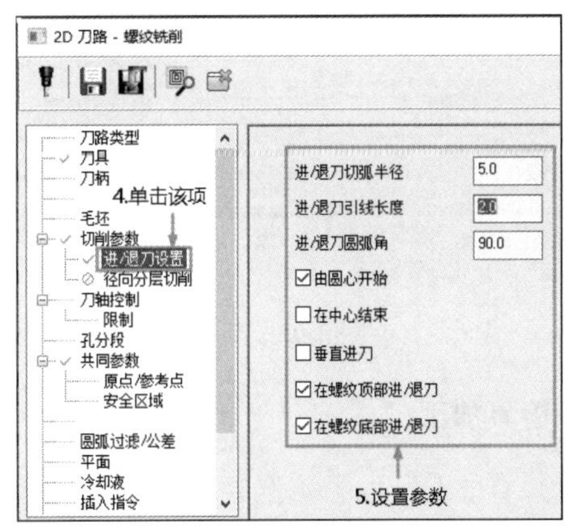

图 8-94　【进/退刀设置】选项卡参数设置

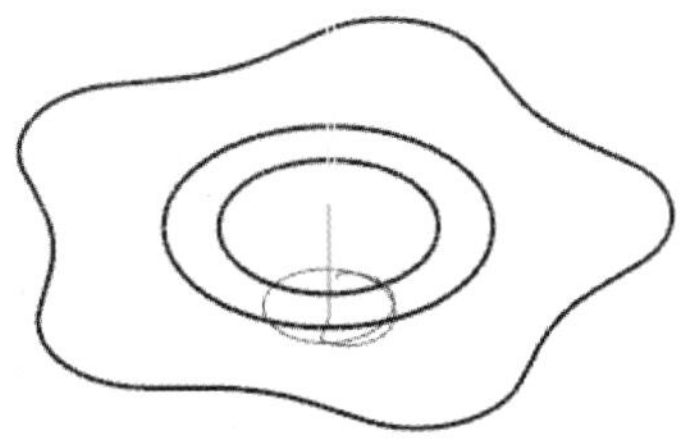

图 8-95　生成的刀具路径

4．螺纹铣削 NC 仿真编程

为了验证螺纹铣削参数设置的正确性，可以通过 NC 仿真模拟螺纹铣削过程来观察工件螺纹是否有切削不到的地方或过切现象。

5．设置毛坯

在【刀路】操作管理器中单击【毛坯设置】按钮 毛坯设置，弹出【机床群组属性】对话框，单击【边界框】按钮 边界框(B)，毛坯设置操作步骤如图 8-96 所示。单击【确定】按钮，毛坯创建完成，如图 8-97 所示。

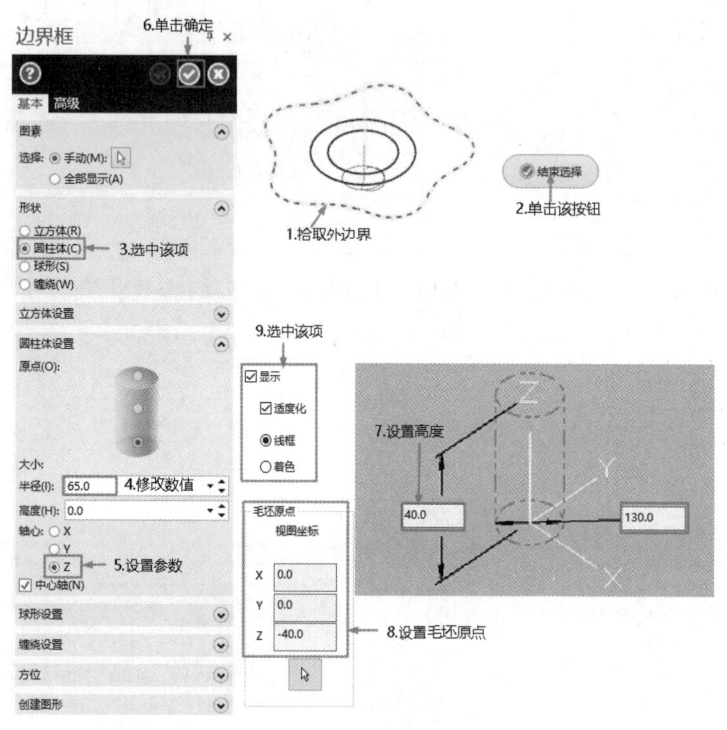

图 8-96　毛坯设置操作步骤

图 8-97　创建的毛坯

6．仿真加工

（1）单击【刀路】操作管理器中的【选择全部操作】按钮，将上面创建的操作全部选中。

（2）单击【刀路】操作管理器中的【验证已选择的操作】按钮，在弹出的【Mastercam 模拟】对话框中单击【播放】按钮，得到如图 8-98 所示的仿真加工结果。

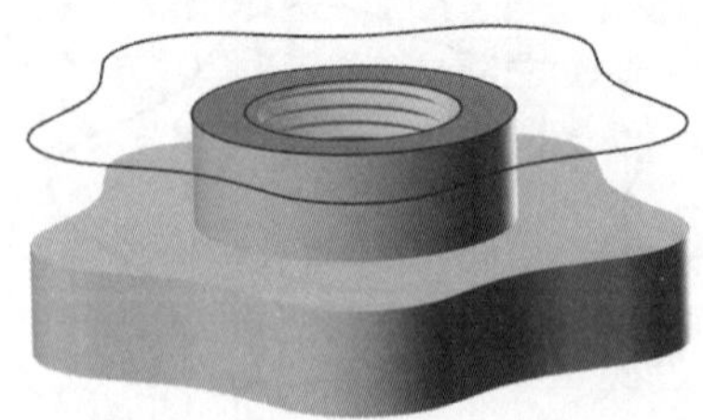

图 8-98　仿真加工结果

7．NC 代码

（1）单击【刀路】操作管理器中的【选择全部操作】按钮，将上面创建的 3 个外形铣削操作全部选中。

（2）单击【刀路】操作管理器中的【执行选择的操作进行后处理】按钮G1，弹出【后处理程序】对话框。单击【确定】按钮，弹出【另存为】对话框，输入文件名称【梅花把手】，单击【保存】按钮保存(S)，在编辑器中打开生成的 NC 代码，见随书电子文件。

8.6.2　螺纹铣削参数介绍

单击【机床】→【机床类型】→【铣床】按钮，选择默认选项，在【刀路】操作管理器中生成机床群组属性文件，同时弹出【刀路】选项卡。单击【刀路】→2D→【孔加工】→【螺纹铣削】按钮，弹出【刀路孔定义】对话框，然后在绘图区选择好需要加工的圆、圆弧或点，并单击【确定】按钮后，弹出【2D 刀路-螺纹铣削】对话框。

1.【切削参数】选项卡

【2D 刀路-螺纹铣削】对话框中的【切削参数】选项卡如图 8-99 所示。

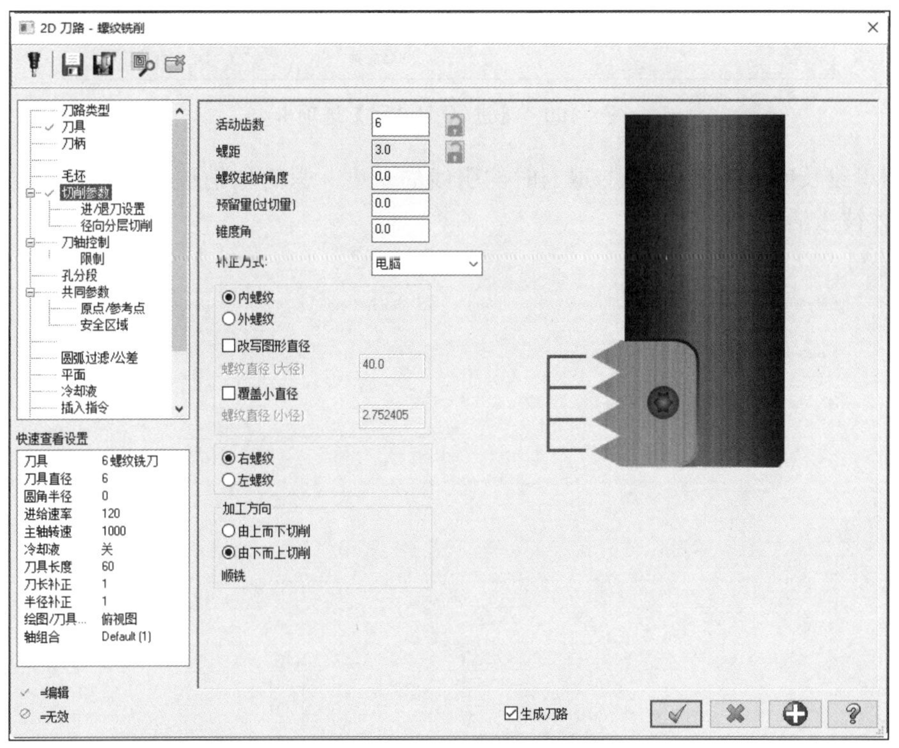

图 8-99　【切削参数】选项卡

（1）活动齿数：该值由设置的刀具【刀齿长度】和【螺距】来确定。刀齿长度除以螺距就等于活动齿数，遵循四舍五入的原则。

（2）预留量（过切量）：用于设置允许的过切值。

（3）改写图形直径：选中该复选框可以修改螺纹的直径尺寸。

2.【进/退刀设置】选项卡

【2D 刀路-螺纹铣削】对话框中的【进/退刀设置】选项卡如图 8-100 所示。

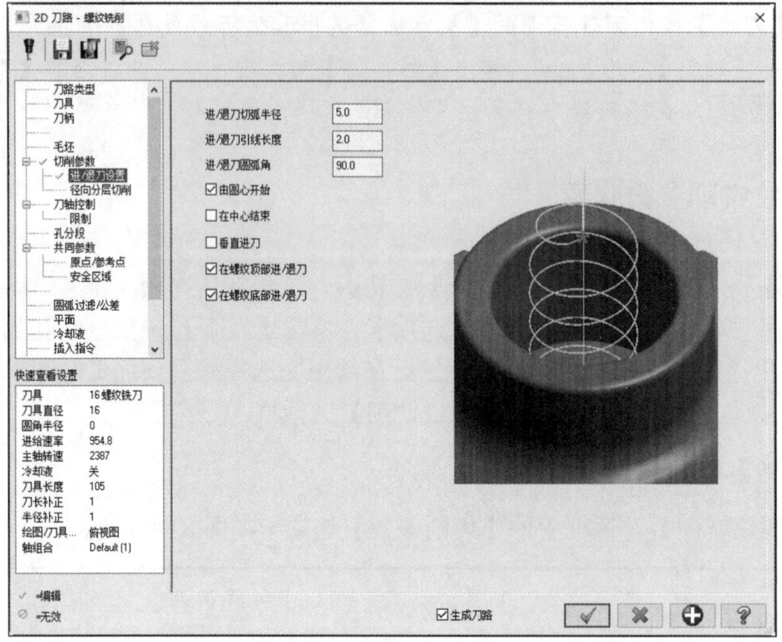

图 8-100　【进/退刀设置】选项卡

进/退刀引线长度：用于设置进/退刀时的引线的长度。只有取消选中【在中心结束】复选框时，该选项才被激活。

第 9 章　高速二维加工

高速二维加工是指进行平面类工件的高速铣削加工。本章主要讲解高速铣削加工中经常用到的一些加工策略，包括剥铣加工、动态外形加工、动态铣削加工、区域加工。

知识点

- 剥铣加工
- 动态外形加工
- 动态铣削加工
- 区域加工
- 综合实例——基体二维粗加工

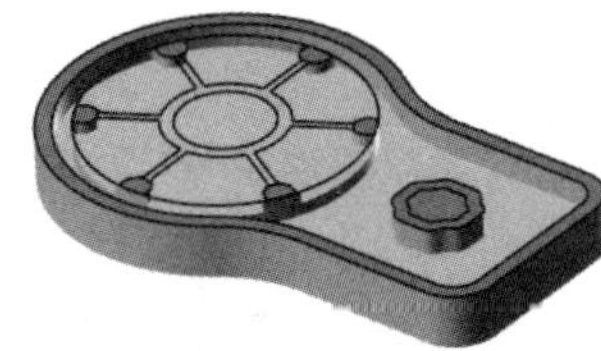
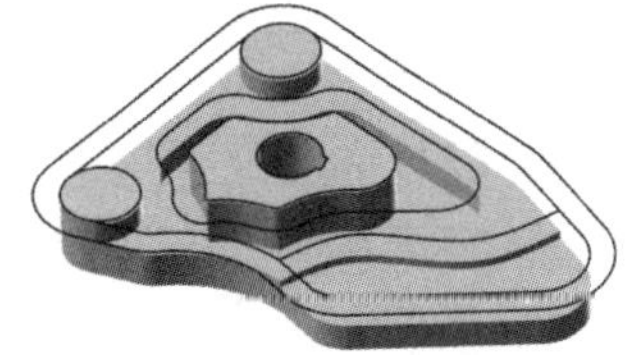

9.1　剥 铣 加 工

剥铣主要是在两条边界内或沿一条边界进行摆线式加工，主要用于通槽的加工。其操作简单实用，在数控铣削加工中应用非常广泛，所使用的刀具通常有平铣刀、圆角刀、端铣刀等。

9.1.1　实例——支座粗加工

扫一扫，看视频

本实例讲解支座的粗加工，因为要进行加工的串连不在同一视图中，所以就需要在创建刀具路径的过程中进行视图的切换。首先执行【剥铣】命令，进行俯视图上串连的加工；然后切换视图为前视图，再进行另外两个串连的加工；最后设置毛坯模拟加工，生成 NC 程序。

动画演示\第 9 章\ 9.1.1　实例——支座粗加工.MP4

绘制过程

1．打开文件

单击快速访问工具栏中的【打开】按钮，在弹出的【打开】对话框中选择【原始文件\ 第 9

章\支座】文件，如图 9-1 所示。

2. 剥铣 1 加工参数设置

（1）选取加工边界。

① 单击【视图】→【屏幕视图】→【俯视图】按钮，将当前视角切换为【俯视图】。同时，状态栏中的【绘图平面】和【刀具平面】也自动切换为【俯视图】。

② 单击【刀路】→2D→【剥铣】按钮，弹出【线框串连】对话框，根据系统提示拾取串连，如图 9-2 所示，单击【确定】按钮。

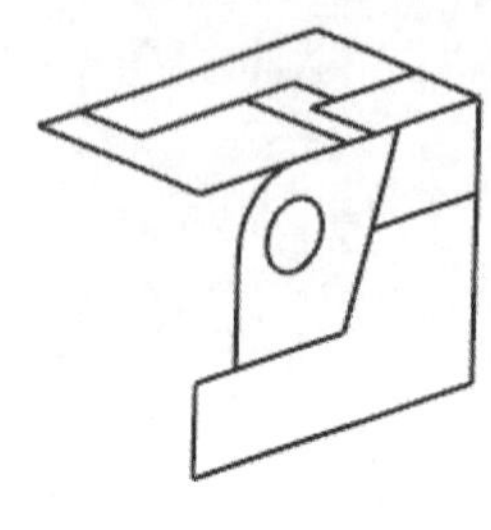

图 9-1　支座

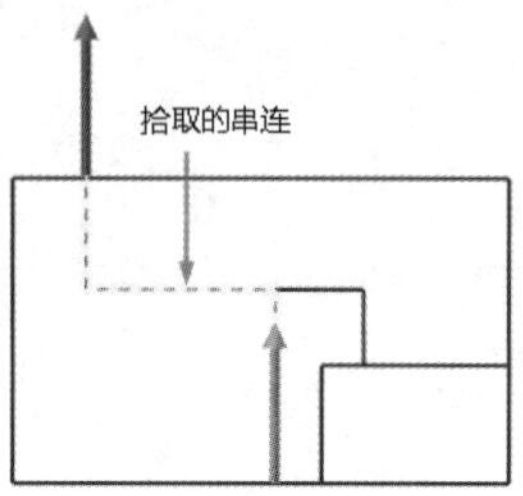

图 9-2　拾取串连 1

（2）设置刀具。

① 系统弹出【2D 高速刀路-剥铣】对话框，单击该对话框中的【刀具】选项卡，在【刀具】选项卡中单击【选择刀库刀具】按钮，弹出【选择刀具】对话框，选取直径为 16 的平铣刀，单击【确定】按钮，返回【2D 高速刀路-剥铣】对话框。

② 双击平铣刀图标，弹出【编辑刀具】对话框，修改刀具参数，如图 9-3 所示。单击【下一步】按钮，设置所有粗切步进量为 75%，所有精修步进量为 30%，单击【单击重新计算进给率和主轴转速】按钮，单击【完成】按钮，返回【2D 高速刀路-剥铣】对话框。

（3）创建剥铣加工刀具路径。

① 单击【2D 高速刀路-剥铣】对话框中的【共同参数】选项卡，参数设置如图 9-4～图 9-6 所示。

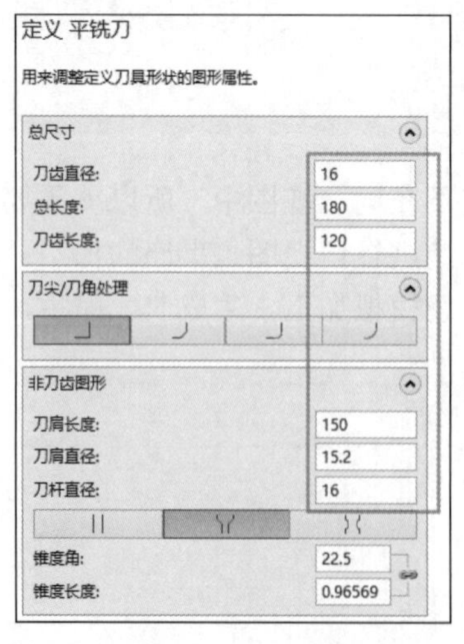

图 9-3　编辑刀具参数

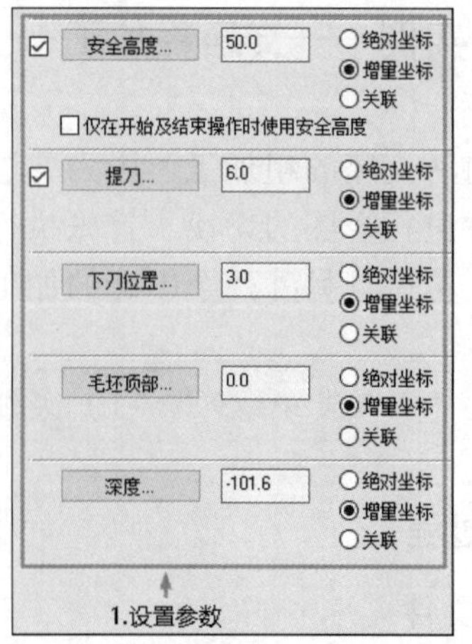

图 9-4　【共同参数】选项卡参数设置

技巧荟萃

如果在拾取串连时，拾取的是两条串连，则对话框中【切削范围】组是灰色的。

② 单击【确定】按钮，生成刀具路径，如图 9-7 所示。

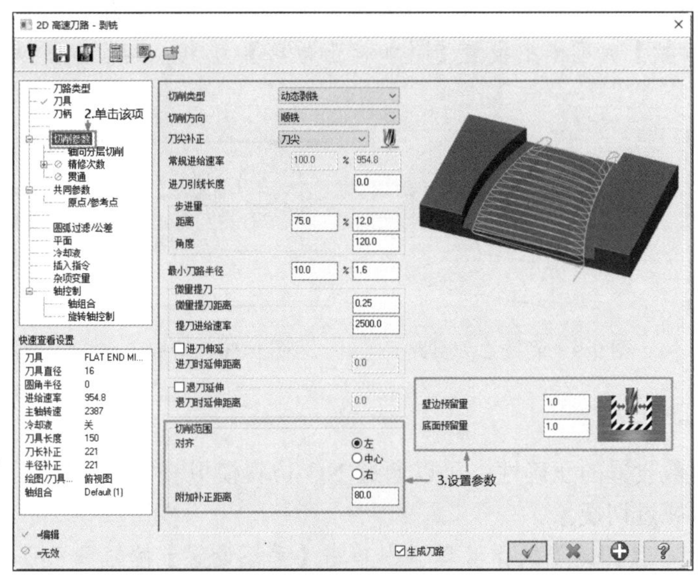

图 9-5 【切削参数】选项卡参数设置

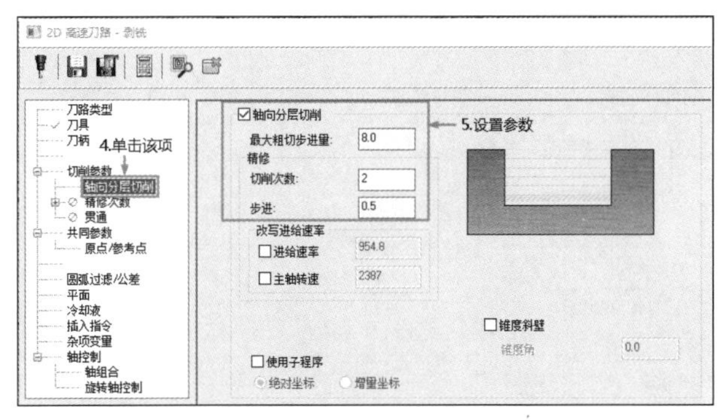

图 9-6 【轴向分层切削】选项卡参数设置

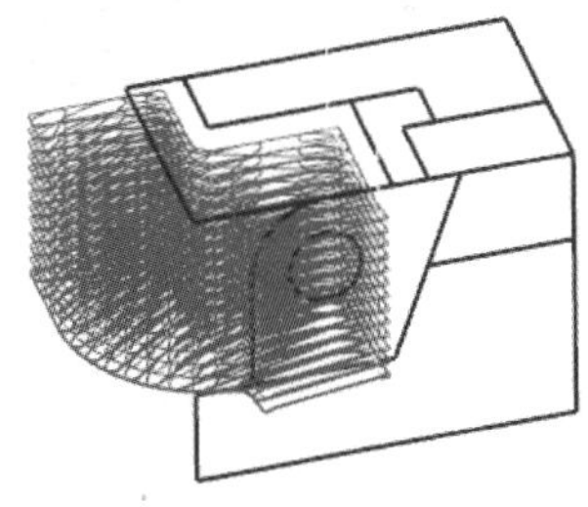

图 9-7 生成的刀具路径

3. 剥铣 2 加工参数设置

（1）单击【刀路】操作管理器中的【选择全部操作】按钮，将上面创建的操作全部选中。

（2）单击【刀路】操作管理器中的【切换显示已选择的刀路操作】按钮，将上面创建的所有刀路隐藏。

（3）单击【视图】→【屏幕视图】→【前视图】按钮，将当前视角切换为【前视图】。同时，状态栏中的【绘图平面】和【刀具平面】也自动切换为【前视图】。

（4）重复【剥铣】命令，拾取如图 9-8 所示的串连进行剥铣加工，加工深度设置为-76。

（5）在【切削参数】选项卡中设置【附加补正距离】为 60，其他参数设置同剥铣 1，刀具路径如图 9-9 所示。

4．剥铣 3 加工参数设置

（1）单击【刀路】操作管理器中的【选择全部操作】按钮，将上面创建的操作全部选中。

（2）单击【刀路】操作管理器中的【切换显示已选择的刀路操作】按钮≋，将上面创建的所有刀路隐藏。

（3）重复【剥铣】命令，拾取如图 9-10 所示的串连进行剥铣加工，加工深度设置为-46.4。

（4）在【切削参数】选项卡中设置【附加补正距离】为 50，其他参数设置同剥铣 1，模拟结果如图 9-11 所示。

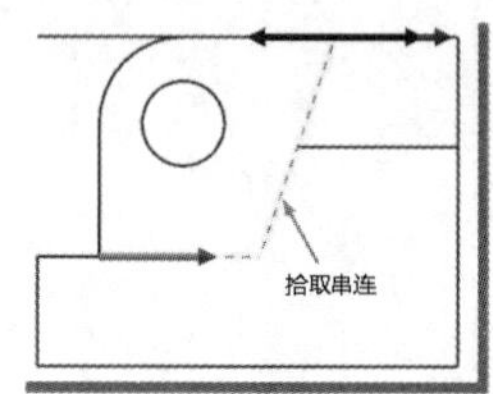

图 9-8　拾取串连 2

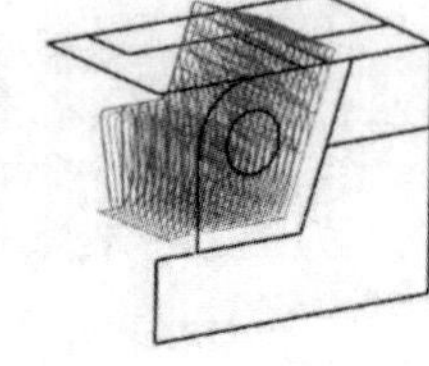

图 9-9　剥铣 2 刀具路径

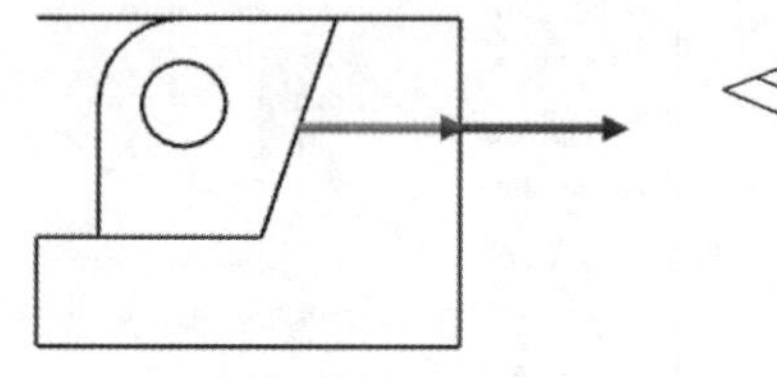

图 9-10　拾取串连 3

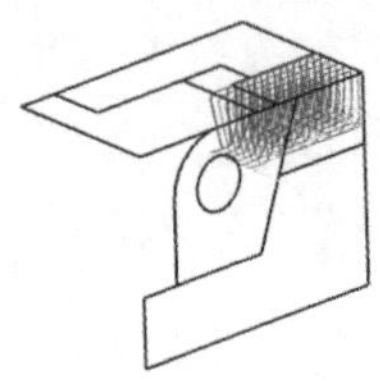

图 9-11　剥铣 3 刀具路径

5．模拟仿真加工

为了验证剥铣参数设置的正确性，可以通过 NC 仿真模拟剥铣加工过程来观察加工过程中是否有切削不到的地方或过切现象。

（1）毛坯设置。在【刀路】操作管理器中单击【毛坯设置】按钮 毛坯设置，弹出【机床群组属性】对话框，单击【边界框】按钮 边界框(B)，毛坯设置操作步骤如图 9-12 所示。单击【确定】按钮，毛坯创建完成，如图 9-13 所示。

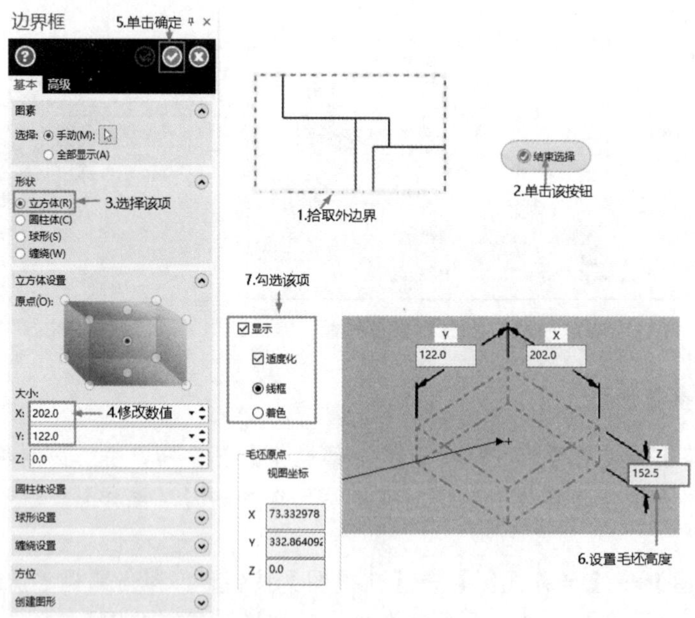

图 9-12　毛坯设置操作步骤

（2）仿真加工。

① 单击【刀路】操作管理器中的【选择全部操作】按钮，将上面创建的铣削操作全部选中。

② 单击【刀路】操作管理器中的【验证已选择的操作】按钮，在弹出的【Mastercam 模拟】对话框中单击【播放】按钮，得到如图 9-14 所示的仿真加工结果。

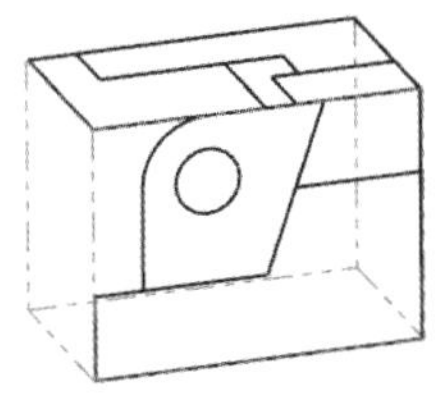

图 9-13　创建的毛坯

图 9-14　仿真加工结果

（3）NC 代码。

① 单击【刀路】操作管理器中的【选择全部操作】按钮，将上面创建的铣削操作全部选中。

② 单击【刀路】操作管理器中的【执行选择的操作进行后处理】按钮G1，弹出【后处理程序】对话框。单击【确定】按钮，弹出【另存为】对话框，输入文件名称【支座】，单击【保存】按钮保存(S)，在编辑器中打开生成的 NC 代码，见随书电子文件。

9.1.2　剥铣参数介绍

单击【机床】→【机床类型】→【铣床】按钮，选择【默认】选项，在【刀路】操作管理器中生成机床群组属性文件，同时弹出【刀路】选项卡。单击【刀路】→2D→【孔加工】→【剥铣】按钮，弹出【刀路孔定义】对话框，然后在绘图区选择好需要加工的圆、圆弧或点，并单击【确定】按钮，弹出【2D 高速刀路-剥铣】对话框。

【2D 高速刀路-剥铣】对话框中的【切削参数】选项卡如图 9-15 所示。

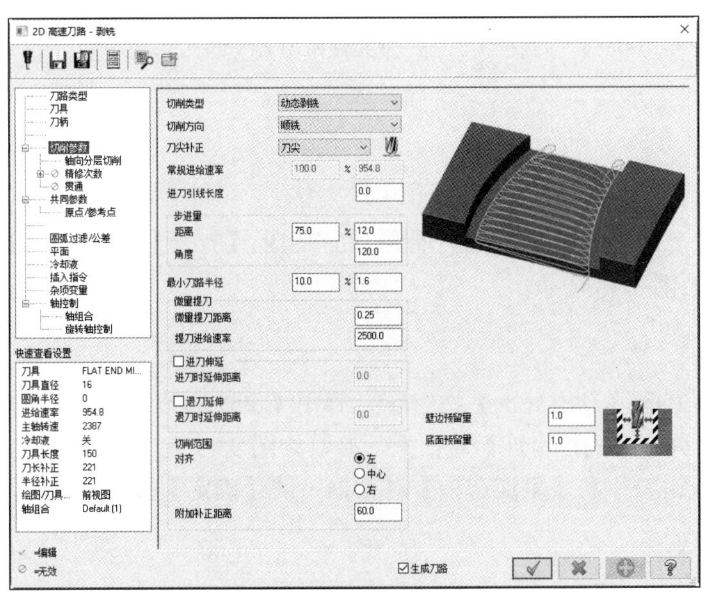

图 9-15　【切削参数】选项卡

（1）微量提刀距离：指刀具在完成切削退出切削范围时，与下一切削区域之间的距离路径，此时设置一个微量提刀距离，既可以避免划伤工件表面，又可以方便排屑和散热。

（2）对齐：该项包括以下 3 个选项。

① 左：指沿着串连方向看，刀具中心点位于串连的左侧。此时的刀具位置由串连方向是顺时针还是逆时针决定。

② 中心：指刀具中心点正好位于串连上。

③ 右：指沿着串连方向看，刀具中心点位于串连的右侧。此时的刀具位置由串连方向是顺时针还是逆时针决定。

（3）附加补正距离：该值用于设置剥铣的宽度。如果拾取的是两条串连，则该项为灰色，不需要设置。

9.2 动态外形加工

动态外形加工是利用刀刃长度进行切削，可以有效地铣掉材料及壁边，支持封闭或开放串连。这种加工方法与传统的外形铣削相比刀具轨迹更稳定，效率更高，对机床的磨损更小，是常用的高速切削方法之一，用于铸造毛坯和锻造毛坯的粗加工和精加工。

扫一扫，看视频

9.2.1 实例——分类盒粗加工

本实例讲解高速切削加工中的动态外形加工，首先打开源文件，执行【动态外形】命令；然后根据提示拾取串连，设置刀具和加工参数，并生成刀具路径；最后设置毛坯，进行加工模拟生成 NC 程序。

动画演示\第 9 章\ 9.2.1 实例——分类盒粗加工.MP4

绘制过程

1. 打开文件

单击快速访问工具栏中的【打开】按钮，在弹出的【打开】对话框中选择【原始文件\ 第 9 章\分类盒】文件，如图 9-16 所示。

2. 选取加工边界

单击【刀路】→2D→【动态外形】按钮，弹出【串连选项】对话框，单击【加工范围】的【选择】按钮，弹出【线框串连】对话框，拾取如图 9-17 所示的串连。单击【线框串连】对话框中的【确定】按钮和【串连选项】对话框中的【确定】按钮。

3. 设置刀具参数

（1）系统弹出【2D 高速刀路-动态外形】对话框，单击该对话框中的【刀具】选项卡，在【刀具】选项卡中单击【选择刀库刀具】按钮选择刀库刀具...，弹出【选择刀具】对话框，选取直径为 20 的平铣刀，单击【确定】按钮，返回【2D 高速刀路-动态外形】对话框。

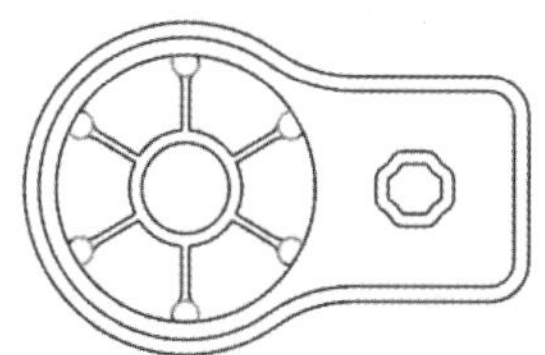

图 9-16 分类盒

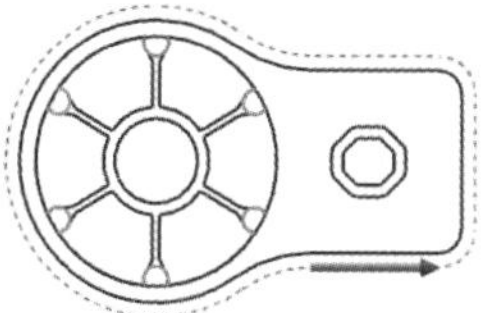

图 9-17 选取外形边界

（2）双击平铣刀图标，弹出【编辑刀具】对话框。修改刀具参数如图 9-18 所示。单击【下一步】按钮 下一步 ，设置所有粗切步进量为 75%，所有精修步进量为 30%，单击【单击重新计算进给率和主轴转速】按钮，单击【完成】按钮 完成 ，返回【2D 高速刀路-动态外形】对话框。

4．创建动态外形加工刀具路径

（1）单击【2D 高速刀路-动态外形】对话框中的【共同参数】选项卡，参数设置过程如图 9-19～图 9-23 所示。

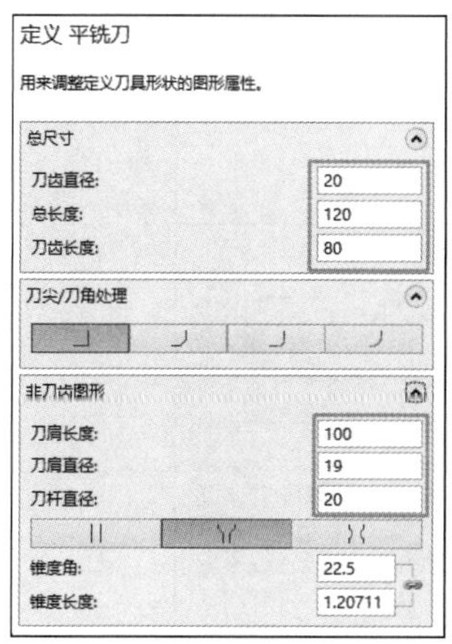

图 9-18 编辑刀具参数

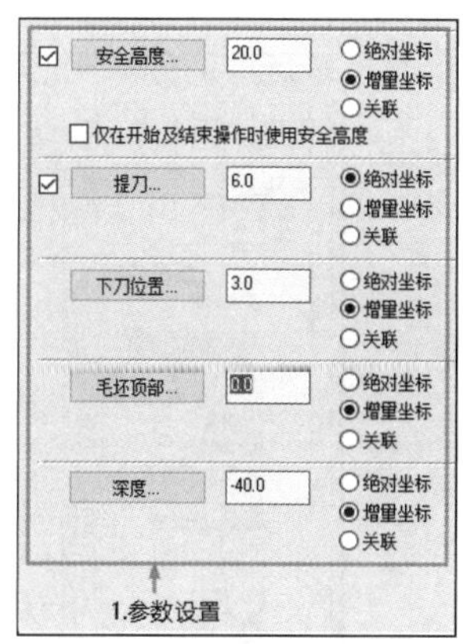

图 9-19 【共同参数】选项卡参数设置

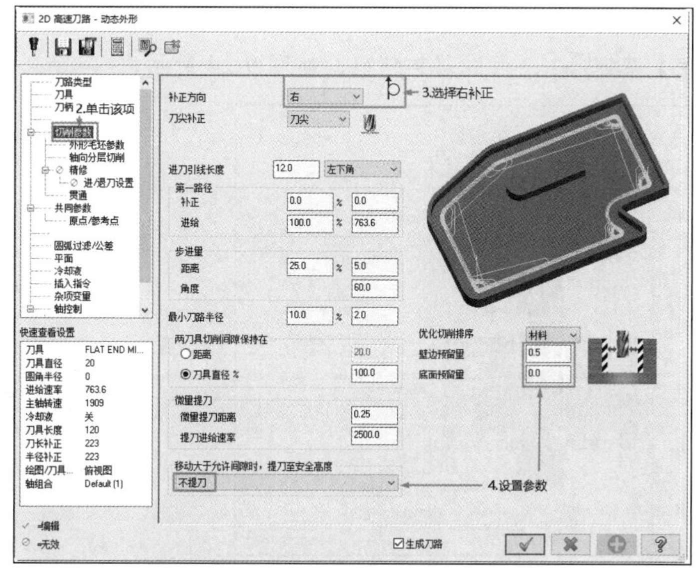

图 9-20 【切削参数】选项卡参数设置

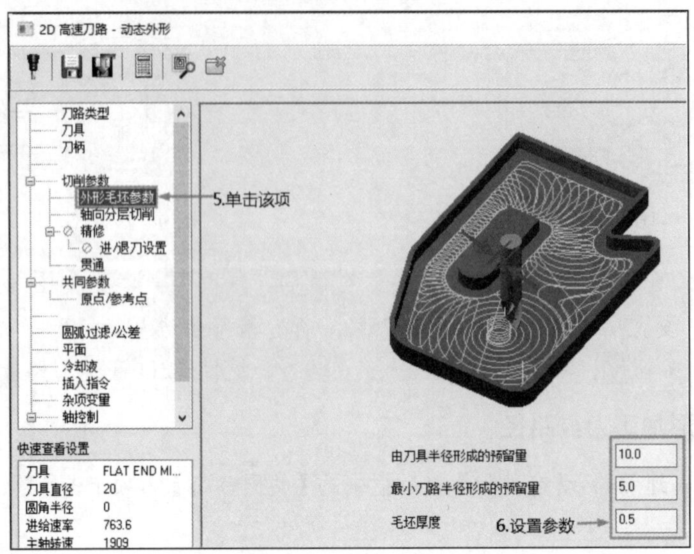

图 9-21 【外形毛坯参数】选项卡参数设置

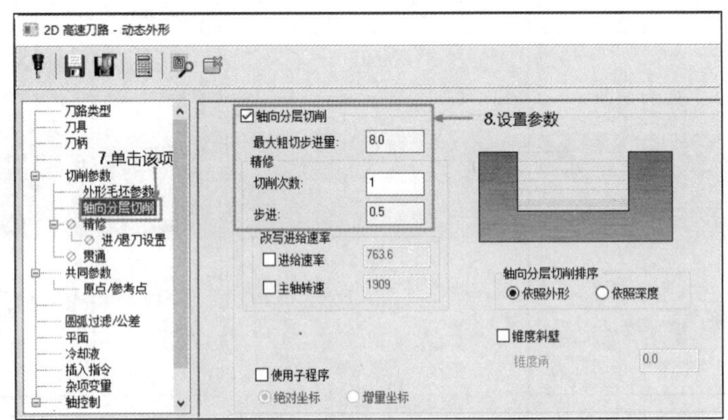

图 9-22 【轴向分层切削】选项卡参数设置

（2）单击【确定】按钮，生成刀具路径，如图 9-24 所示。

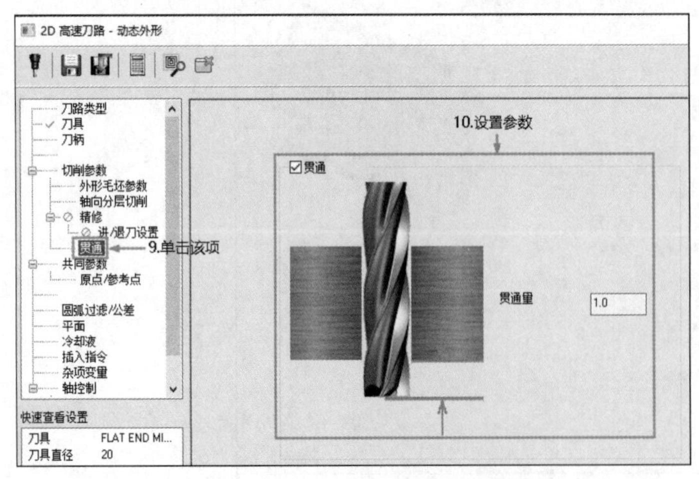

图 9-23 【贯通】选项卡参数设置

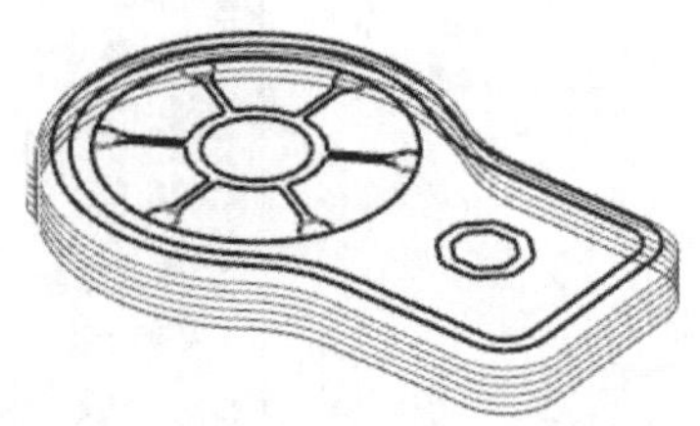

图 9-24 动态外形刀具路径

5．模拟仿真加工

为了验证动态外形铣削参数设置的正确性，可以通过 NC 仿真模拟动态外形铣削过程来观察工件外形是否有切削不到的地方或过切现象。

6．毛坯设置

在【刀路】操作管理器中单击【毛坯设置】按钮 毛坯设置，弹出【机床群组属性】对话框，在【形状】组中选中【实体/网格】单选按钮，单击【选择】按钮，进入绘图界面，单击【层别】管理器，打开【图层 2】，绘图区选取实体。返回【机床群组属性】对话框，选中【显示】复选框，单击【确定】按钮，毛坯创建完成，关闭【图层 2】，结果如图 9-25 所示。

注意

动态外形加工毛坯一般选用实体/网格、文件两种方式。

7．仿真加工

单击【刀路】操作管理器中的【验证已选择的操作】按钮，在弹出的【Mastercam 模拟】对话框中单击【播放】按钮▶，得到如图 9-26 所示的仿真加工结果。

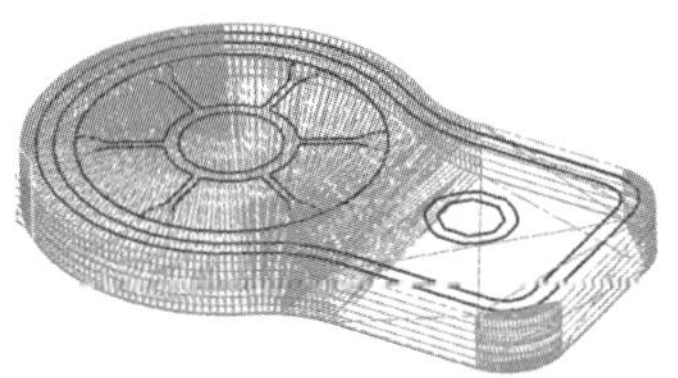

图 9-25　创建的毛坯

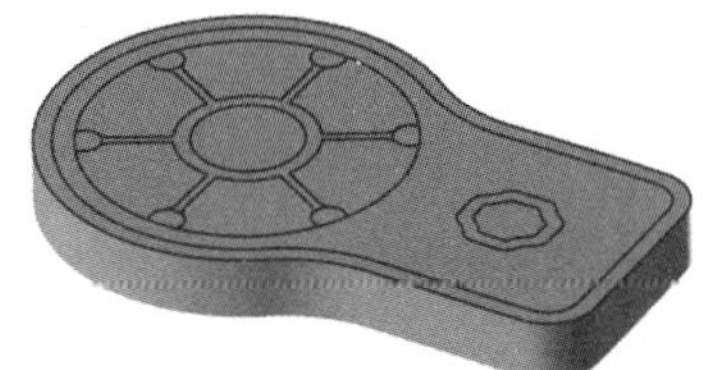

图 9-26　仿真加工结果

8．NC 代码

单击【刀路】操作管理器中的【执行选择的操作进行后处理】按钮G1，弹出【后处理程序】对话框。单击【确定】按钮，弹出【另存为】对话框，输入文件名称【分类盒】，单击【保存】按钮 保存(S)，在编辑器中打开生成的 NC 代码，见随书电子文件。

9.2.2　动态外形参数介绍

单击【刀路】→2D→【动态外形】按钮，弹出【串连选项】对话框，单击加工范围的【选择】按钮，弹出【线框串连】对话框，选取完加工边界后，单击【线框串连】对话框中的【确定】按钮和【串连选项】对话框中的【确定】按钮，系统弹出【2D 高速刀路-动态外形】对话框。

1.【切削参数】选项卡

【2D 高速刀路-动态外形】对话框中的【切削参数】选项卡如图 9-27 所示。

进刀引线长度：在第一次切削的开始处增加一个额外的距离，以刀具直径的百分比的形式输入距离值。其后的下拉列表框用于设置进刀位置。

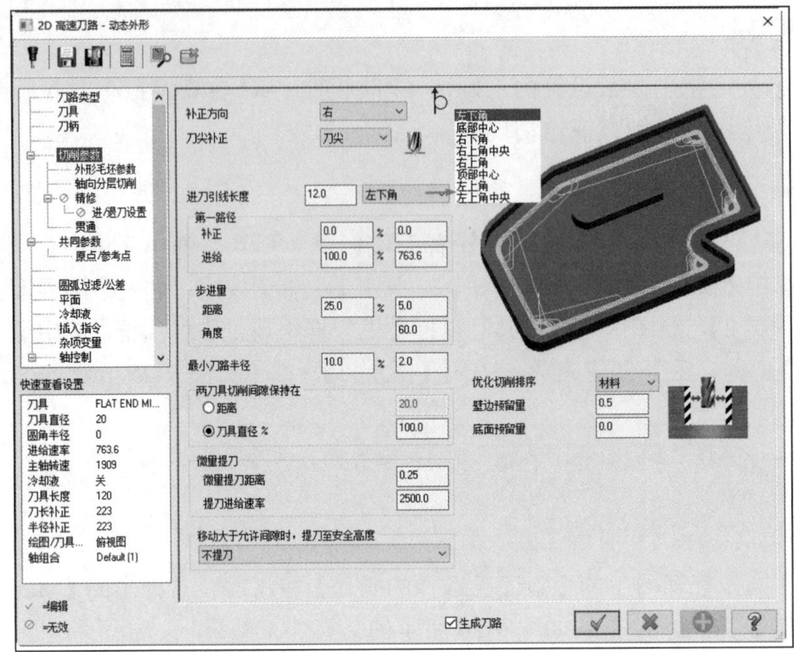

图 9-27 【2D 高速刀路-动态外形】对话框

2.【外形毛坯参数】选项卡

【2D 高速刀路-动态外形】对话框中的【外形毛坯参数】选项卡如图 9-28 所示，该对话框用于去除由先前操作形成的毛坯残料和粗加工的预留量。

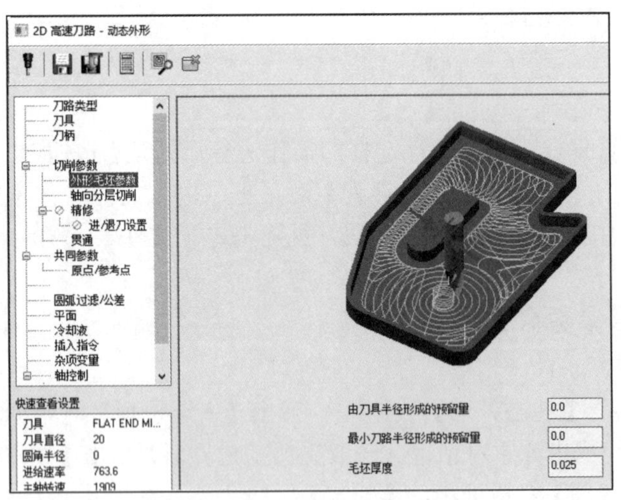

图 9-28 【外形毛坯参数】选项卡

（1）由刀具半径形成的预留量：如果轮廓毛坯已被另一条刀具路径切削，则输入该刀具路径中使用的刀具半径。

（2）最小刀路半径形成的预留量：如果轮廓毛坯已被另一条刀具路径切割，则输入用于去除残料所需的最小刀路半径的材料预留量。

（3）毛坯厚度：用于输入开粗所留余量。

9.3　动态铣削加工

动态铣削完全利用刀具刃长进行切削，快速加工封闭型腔、开放凸台或先前操作剩余的残料区域。这种加工方法可以进行凸台外形铣削、二维挖槽加工，还可以进行开放串连的阶梯铣。

扫一扫，看视频

9.3.1　实例——分类盒动态铣削粗加工

本实例将在动态外形加工的基础上进行动态铣削加工。首先将前面创建的刀具路径和毛坯隐藏，以方便进行串连的选取；然后执行【动态铣削】命令，根据系统提示拾取加工范围串连和避让范围串连，进行刀具和加工参数设置；最后进行模拟加工，生成 NC 程序。

动画演示\第 9 章\ 9.3.1 实例——分类盒动态铣削粗加工.MP4

绘制过程

1．选取加工边界

（1）在【刀路】操作管理器中单击【毛坯设置】按钮 毛坯设置，取消选中【显示】复选框，单击【确定】按钮，关闭毛坯显示。

（2）单击【刀路】操作管理器中的【选择全部操作】按钮，将上面创建的铣削操作全部选中。

（3）单击【刀路】操作管理器中的【切换显示已选择的刀路操作】按钮≋，隐藏刀具路径。

（4）承接动态外形加工步骤，单击【刀路】→2D→【动态铣削】按钮，弹出【串连选项】对话框，单击【加工范围】的【选择】按钮，弹出【线框串连】对话框，拾取如图 9-29 所示的串连。单击【线框串连】对话框中的【确定】按钮，返回【串连选项】对话框，单击【避让范围】的【选择】按钮，弹出【线框串连】对话框，拾取如图 9-30 所示的串连。单击【线框串连】对话框中的【确定】按钮和【串连选项】对话框中的【确定】按钮。

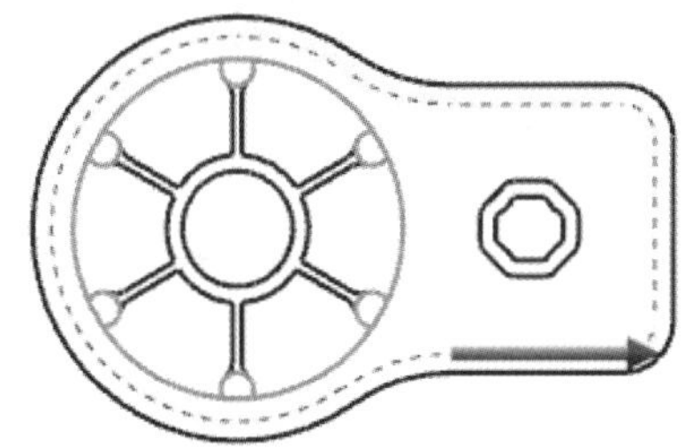
图 9-29　选取加工范围串连

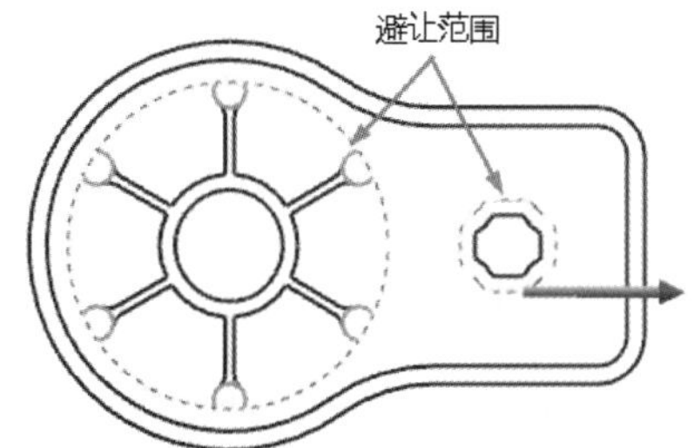

图 9-30　选取避让范围

2．设置刀具参数

（1）系统弹出【2D 高速刀路-动态铣削】对话框，单击该对话框中的【刀具】选项卡，在【刀具】选项卡中单击【选择刀库刀具】按钮选择刀库刀具...，弹出【选择刀具】对话框，选取直径为 10 的平铣刀，单击【确定】按钮✓，返回【2D 高速刀路-动态铣削】对话框。

（2）双击平铣刀图标，弹出【编辑刀具】对话框，修改刀具参数如图 9-31 所示。单击【下一步】按钮下一步，设置所有粗切步进量为 75%，所有精修步进量为 40%，单击【单击重新计算进给率和主轴转速】按钮，单击【完成】按钮完成，返回【2D 高速刀路-动态铣削】对话框。

3. 创建动态铣削 1 加工刀具路径

（1）单击【2D 高速刀路-动态铣削】对话框中的【共同参数】选项卡，参数设置过程如图 9-32～图 9-35 所示。

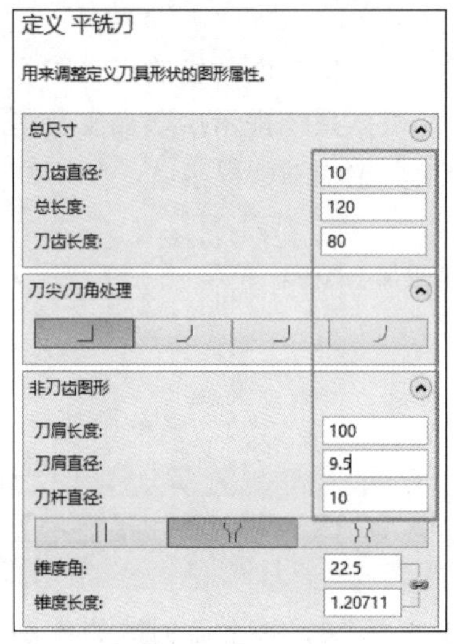

图 9-31　编辑刀具参数

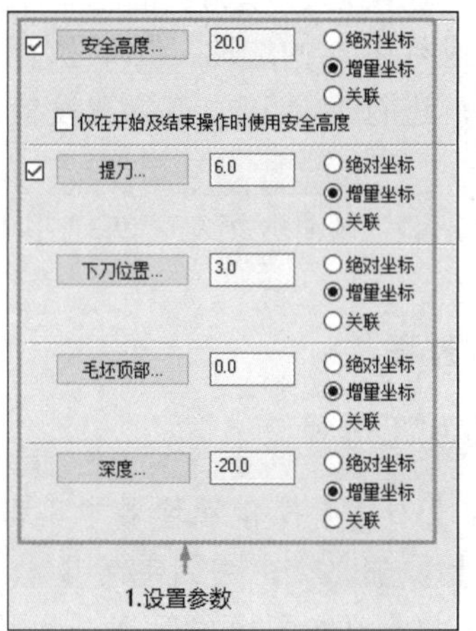

图 9-32　【共同参数】选项卡参数设置

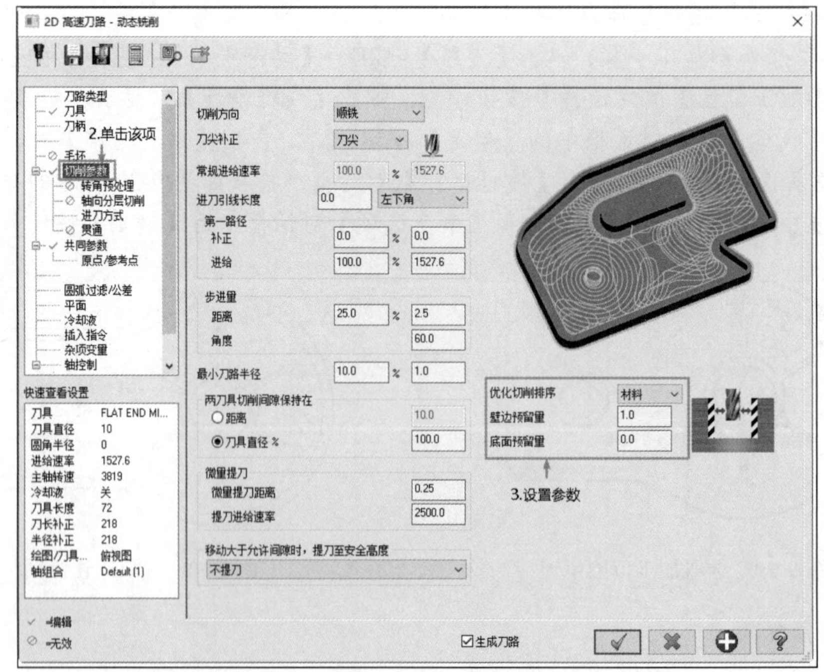

图 9-33　【切削参数】选项卡参数设置

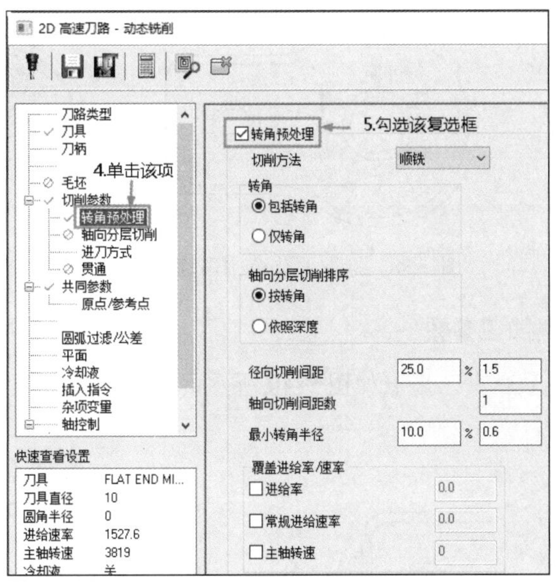

图 9-34　【转角预处理】选项卡参数设置

（2）单击【确定】按钮，生成刀具路径，如图 9-36 所示。

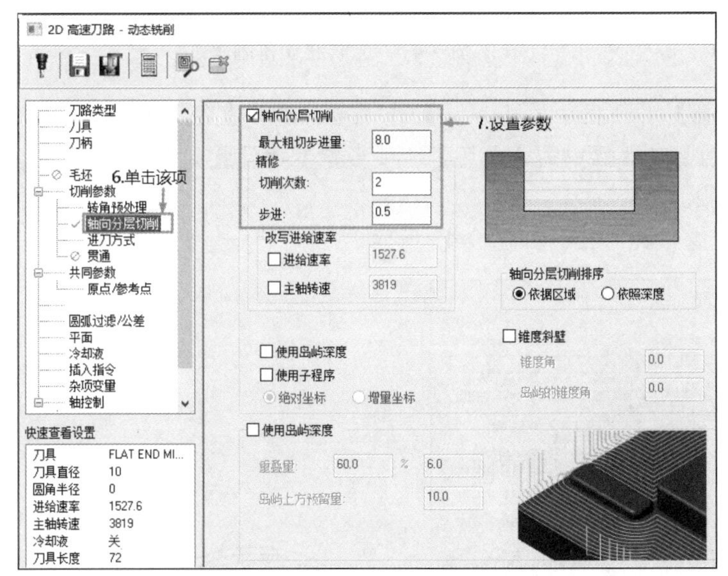

图 9-35　【轴向分层切削】选项卡参数设置

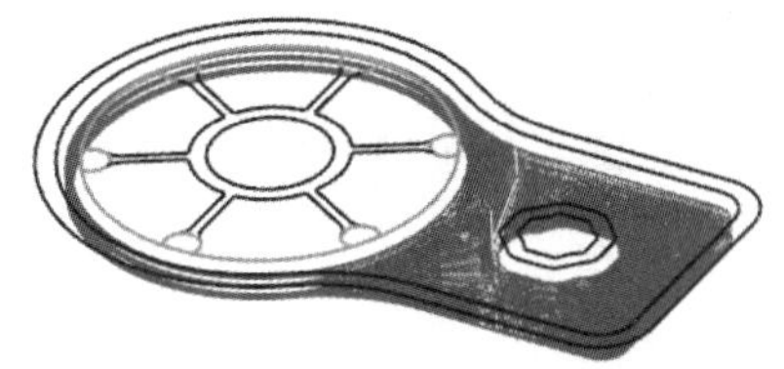

图 9-36　生成的刀具路径

4．设置动态铣削 2 加工参数

（1）重复【动态铣削】命令，选取如图 9-37 所示的加工范围串连和图 9-38 所示的避让范围串连。

（2）单击【2D 高速刀路-动态铣削】对话框中的【刀具】选项卡，选择直径为 10 的平铣刀。

（3）单击【2D 高速刀路-动态铣削】对话框中的【共同参数】选项卡，设置【深度】为-10。其他参数设置同动态铣削 1。

（4）单击【确定】按钮，生成刀具路径，如图 9-39 所示。

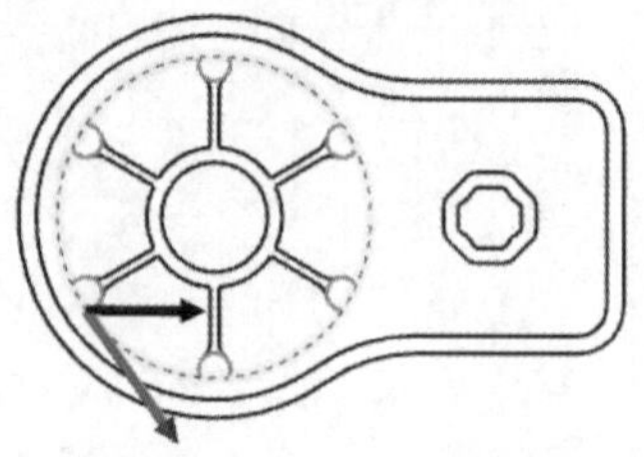

图 9-37　选取加工范围串连

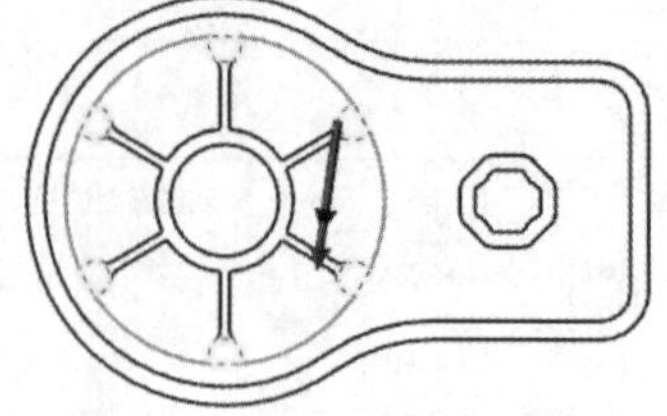

图 9-38　选取避让范围串连

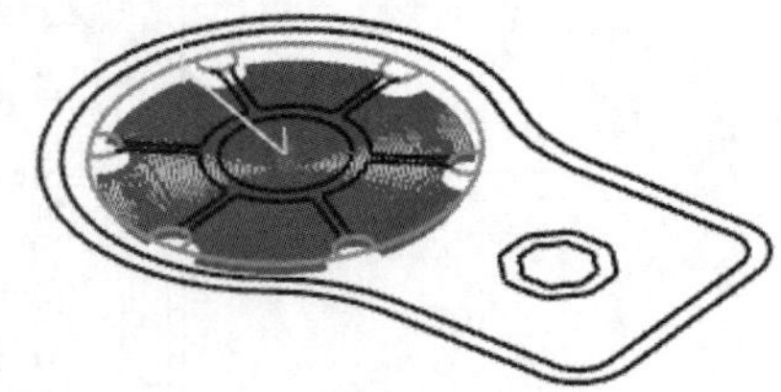

图 9-39　生成的刀具路径

5. 设置动态铣削-残料加工参数

（1）重复【动态铣削】命令，选取如图 9-40 所示的加工范围串连和图 9-41 所示的避让范围串连。

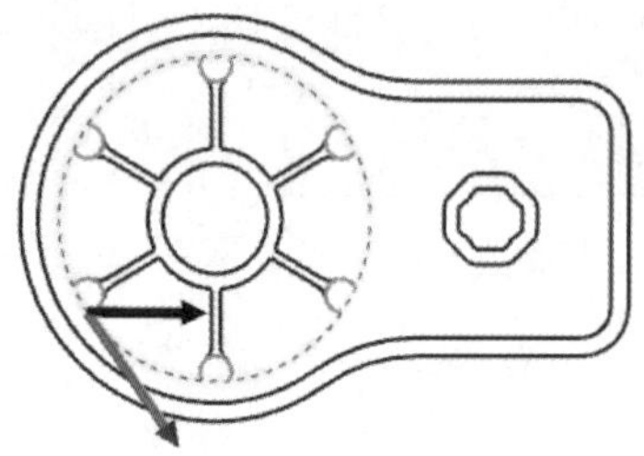

图 9-40　选取加工范围串连

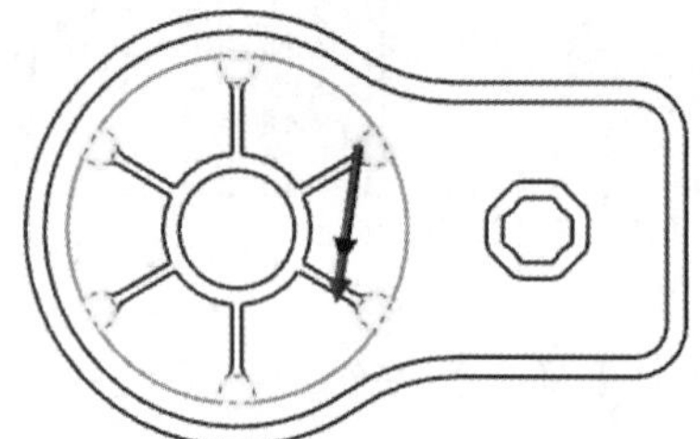

图 9-41　选取避让范围串连

（2）单击【2D 高速刀路-动态铣削】对话框中的【刀具】选项卡，选择直径为 6 的平铣刀。

（3）单击【2D 高速刀路-动态铣削】对话框中的【毛坯】选项卡，参数设置如图 9-42 所示。

（4）其他参数设置参照动态铣削 2。

（5）单击【确定】按钮，生成刀具路径，如图 9-43 所示。

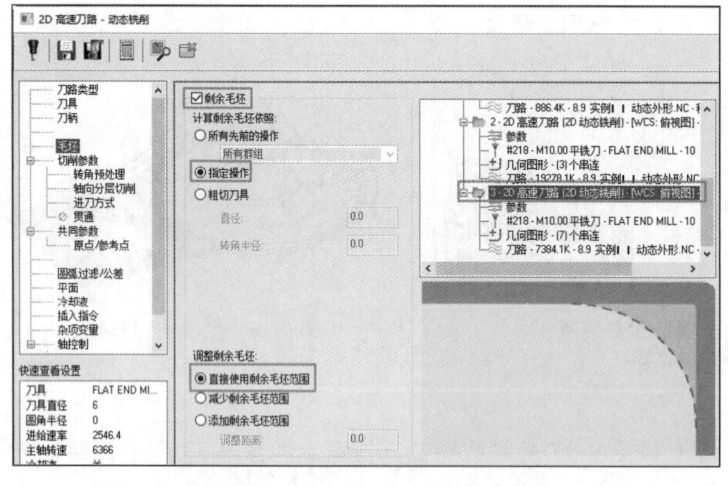

图 9-42　【毛坯】选项卡参数设置

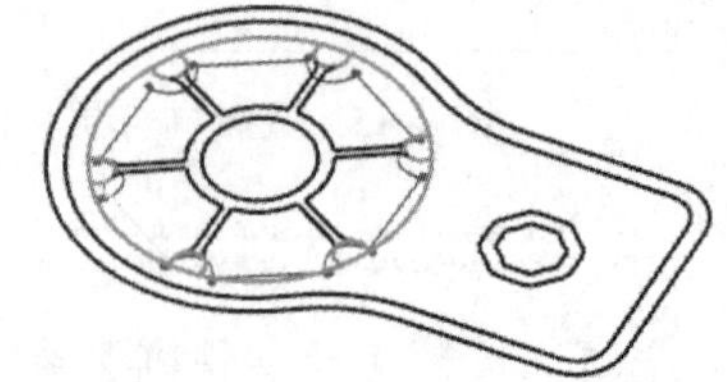

图 9-43　生成的刀具路径

6. 模拟仿真加工

为了验证动态铣削参数设置的正确性，可以通过 NC 仿真模拟动态铣削过程来观察工件加工区域是否有切削不到的地方或过切现象。

（1）显示毛坯。在【刀路】操作管理器中单击【毛坯设置】按钮毛坯设置，弹出【机床群组属性】对话框，选中【显示】复选框，单击【确定】按钮，结果如图 9-44 所示。

（2）仿真加工。

① 选择刀路 1 和刀路 2。

② 单击【刀路】操作管理器中的【验证已选择的操作】按钮，在弹出的【Mastercam 模拟】对话框中单击【播放】按钮，得到如图 9-45 所示的仿真加工结果。

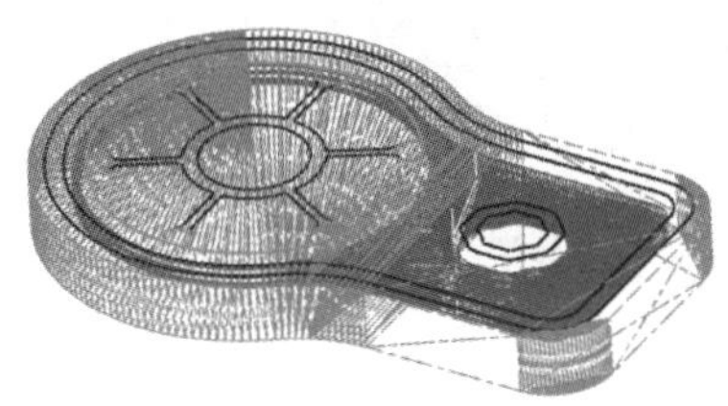

图 9-44　显示毛坯

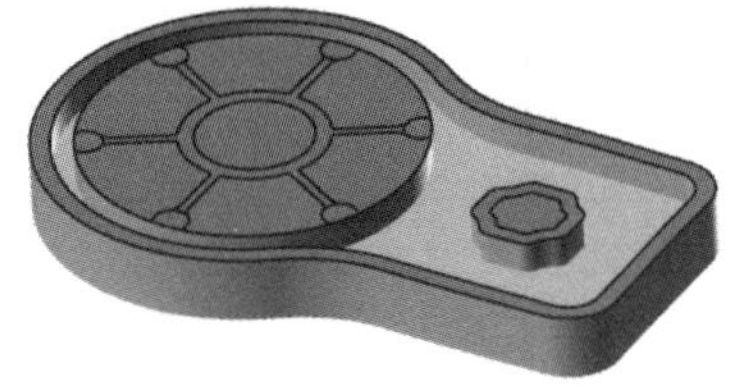

图 9-45　刀路 1 和刀路 2 的仿真加工结果

③ 选择刀路 1、刀路 2 和刀路 3。

④ 单击【刀路】操作管理器中的【验证已选择的操作】按钮，在弹出的【Mastercam 模拟】对话框中单击【播放】按钮，得到如图 9-46 所示的仿真加工结果。

⑤ 单击【刀路】操作管理器中的【选择全部操作】按钮，将上面创建的铣削操作全部选中。

⑥ 单击【刀路】操作管理器中的【验证已选择的操作】按钮，在弹出的【Mastercam 模拟】对话框中单击【播放】按钮，得到如图 9-47 所示的仿真加工结果。

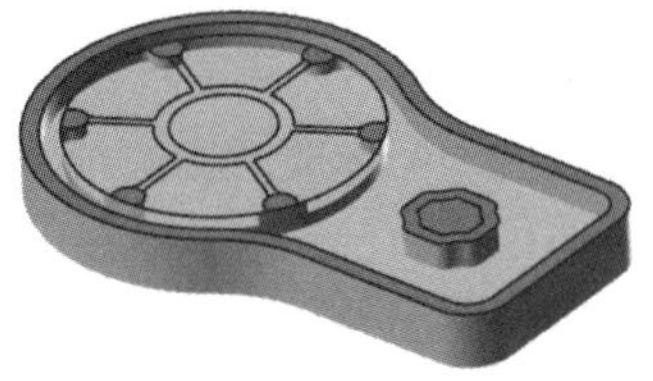

图 9-46　刀路 1、刀路 2 和刀路 3 的仿真加工结果

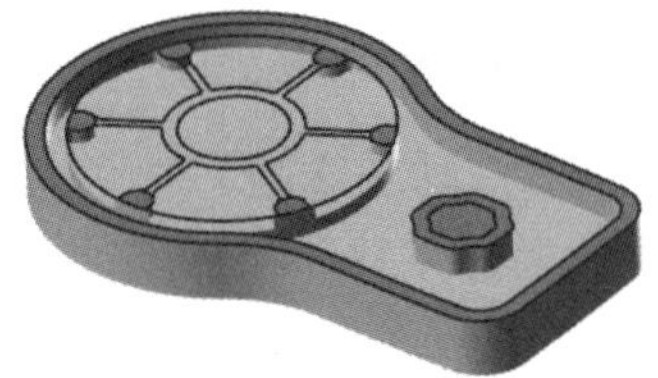

图 9-47　仿真加工结果

（3）NC 代码。

① 单击【刀路】操作管理器中的【选择全部操作】按钮，将上面创建的铣削操作全部选中。

② 单击【刀路】操作管理器中的【执行选择的操作进行后处理】按钮G1，弹出【后处理程序】对话框。单击【确定】按钮，弹出【另存为】对话框，输入文件名称【分类盒动态铣削】，单击【保存】按钮保存(S)，在编辑器中打开生成的 NC 代码，见随书电子文件。

9.3.2　动态铣削参数介绍

单击【刀路】→2D→【动态铣削】按钮，弹出【串连选项】对话框，单击【加工范围】的【选择】按钮，弹出【线框串连】对话框，选取完加工边界后，单击【线框串连】对话框中的【确定】按钮和【串连选项】对话框中的【确定】按钮，弹出【2D 高速刀路-动态铣削】对话框。

1.【切削参数】选项卡

【2D 高速刀路-动态铣削】对话框中的【切削参数】选项卡如图 9-48 所示。

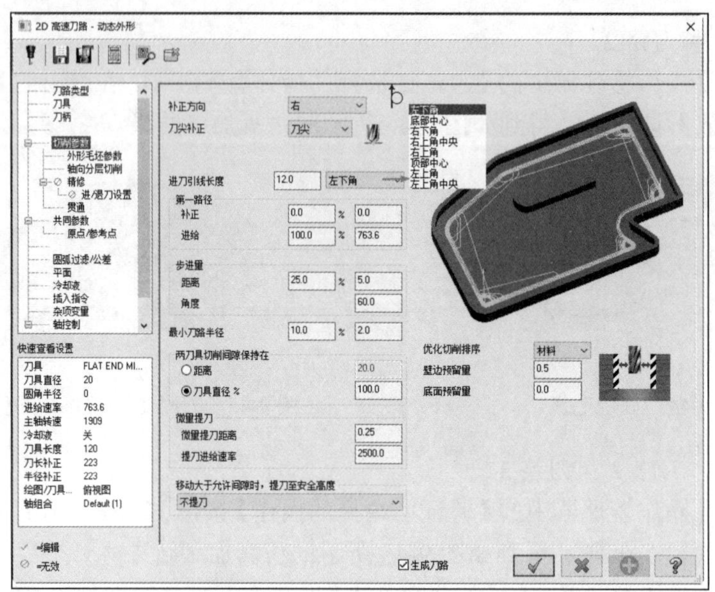

图 9-48 【2D 高速刀路-动态外形】对话框

该选项卡与【动态外形】的【切削参数】选项卡相似，这里不再进行介绍。

2.【毛坯】选项卡

【2D 高速刀路-动态铣削】对话框中的【毛坯】选项卡如图 9-49 所示，该选项卡用于去除由先前操作形成的毛坯残料和粗加工的预留量。

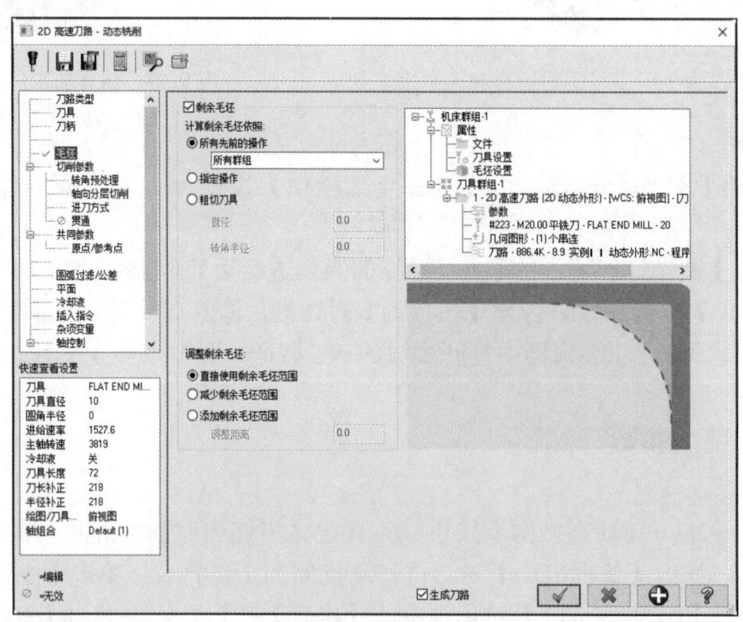

图 9-49 【毛坯】选项卡

（1）剩余毛坯：选中该复选框，则会对前面操作剩余的毛坯进行加工处理。

（2）计算剩余毛坯依照：计算剩余毛坯的方法有以下 3 种。

① 所有先前的操作：选择该选项，会对先前所有操作的残留进行加工处理。此时【调整剩余毛坯】选项组被激活。剩余毛坯的调整方法有 3 种，分别为直接使用剩余毛坯范围、减少剩余毛坯范围和添加剩余毛坯范围。

② 指定操作：选择该选项，则会对指定的操作进行残料加工。此时，右侧的【刀路】列表框被激活，在列表框中可以选择要进行残料加工的操作。

③ 粗切刀具：选择该选项，则会依照粗切刀具的直径和转角半径计算残料。

3.【转角预处理】选项卡

【2D 高速刀路-动态铣削】对话框中的【转角预处理】选项卡如图 9-50 所示。该选项卡用于在动态铣削刀具路径加工零件的其余部分之前为选定加工区域中的转角设置加工参数。

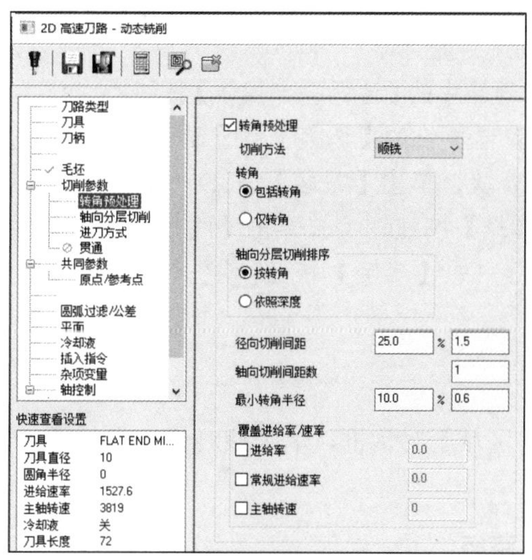

图 9-50 【转角预处理】选项卡

（1）【转角】选项组包括以下选项。

① 包括转角：加工所有选定的几何体，包括角。

② 仅转角：仅加工选定几何体的角。

（2）【轴向分层切削排序】选项组包括以下选项。

① 按转角：在移动到下一个拐角之前，在拐角处执行所有深度切削。

② 依照深度：在每个轮廓或区域中创建相同级别的深度切割，然后下降到下一个深度切割级别。此选项可用于使用铝或石墨等软材料的薄壁零件。

9.4 区 域 加 工

区域加工完全利用刀具刃长进行切削，快速加工封闭型腔、开放凸台或先前操作剩余的残料区域。这种加工方法的主要特点是最大限度地提供材料去除率并降低刀具磨损率。

扫一扫，看视频

9.4.1 实例——分类盒区域粗加工

本实例将在动态铣削加工的基础上进行区域加工。首先将前面创建的刀具路径和毛坯隐藏，以方便进行串连的选取；然后执行【区域】命令，根据系统提示拾取要进行加工的区域串连，设置刀具和加工参数；最后模拟加工，生成NC程序。

动画演示\第9章\9.4.1 实例——分类盒区域粗加工.MP4

绘制过程

1. 选取加工边界

（1）在【刀路】操作管理器中单击【毛坯设置】按钮 毛坯设置，取消选中【显示】复选框，单击【确定】按钮，关闭毛坯显示。

（2）单击【刀路】操作管理器中的【选择全部操作】按钮，将上面创建的铣削操作全部选中。

（3）单击【刀路】操作管理器中的【切换显示已选择的刀路操作】按钮≋，隐藏刀具路径。

（4）承接动态外形加工步骤，单击【刀路】→2D→【区域】按钮，弹出【串连选项】对话框，单击【加工范围】的【选择】按钮，弹出【线框串连】对话框，拾取如图9-51所示的串连。单击【线框串连】对话框中的【确定】按钮，返回【串连选项】对话框，单击【确定】按钮。

2. 设置刀具参数

系统弹出【2D高速刀路-区域】对话框，单击该对话框中的【刀具】选项卡，选择【刀具】列表框中直径为6的平铣刀。

3. 创建区域1加工刀具路径

（1）单击【2D高速刀路-区域】对话框中的【共同参数】选项卡，参数设置如图9-52～图9-55所示。

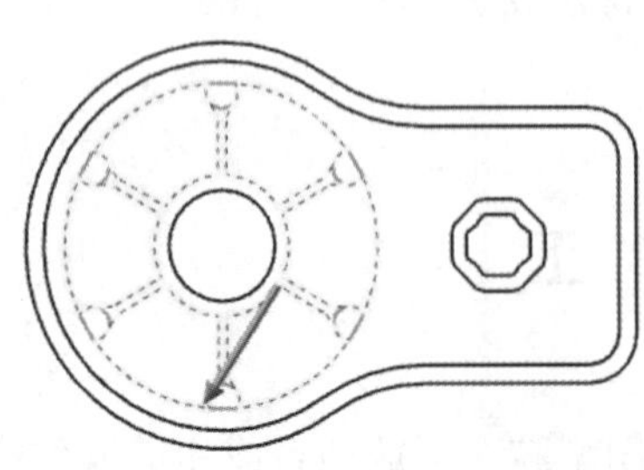

图9-51 选取加工范围串连

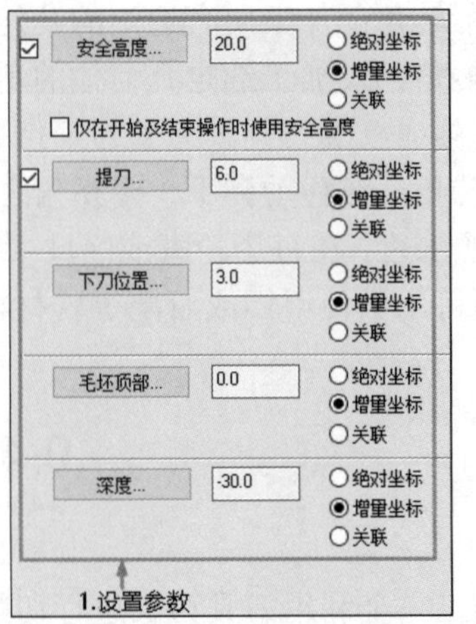

图9-52 【共同参数】选项卡参数设置

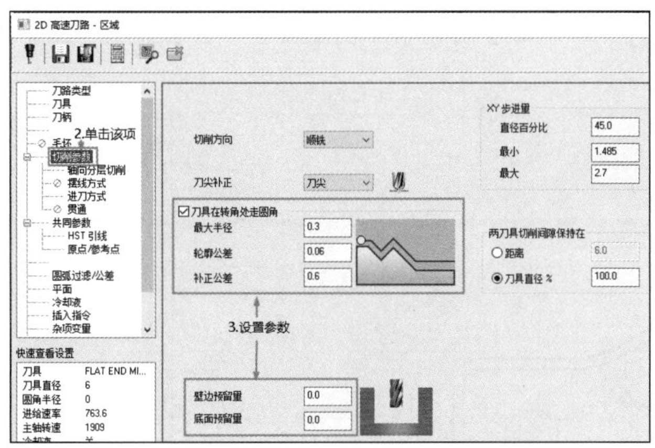

图 9-53　【切削参数】选项卡参数设置

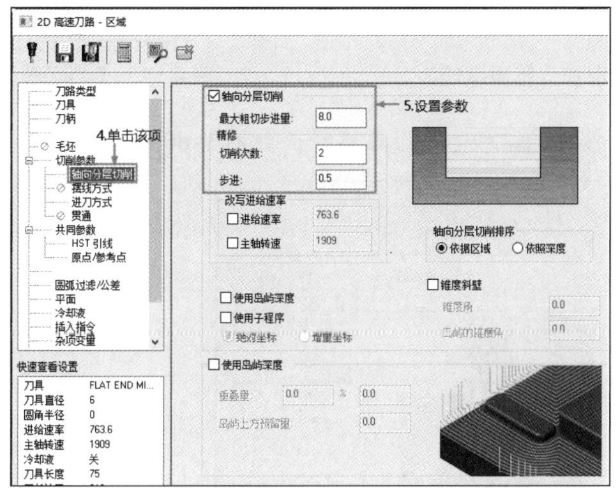

图 9-54　【轴向分层切削】选项卡参数设置

（2）单击【确定】按钮，生成刀具路径，如图 9-56 所示。

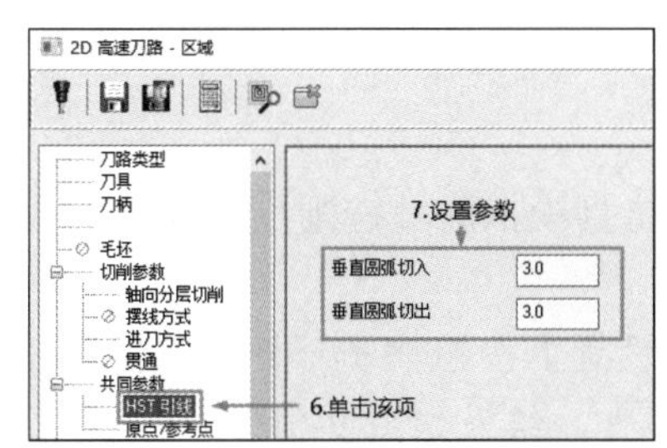

图 9-55　【HST 引线】选项卡

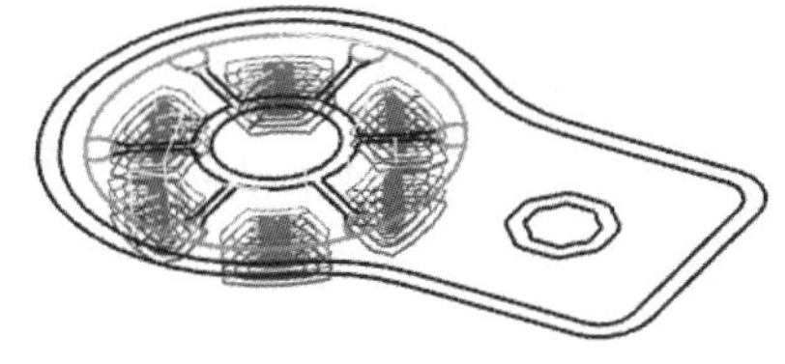

图 9-56　生成的刀具路径 1

4．设置区域 2 加工参数

（1）单击【刀路】操作管理器中的【切换显示已选择的刀路操作】按钮≈，隐藏上面创建的刀具路径。

（2）重复【区域】命令，选取如图 9-57 所示的加工范围串连。

（3）单击【2D 高速刀路-区域】对话框中的【刀具】选项卡，选择直径为 6 的平铣刀。

（4）单击【2D 高速刀路-区域】对话框中的【共同参数】选项卡，参数设置过程如图 9-58 和图 9-59 所示。

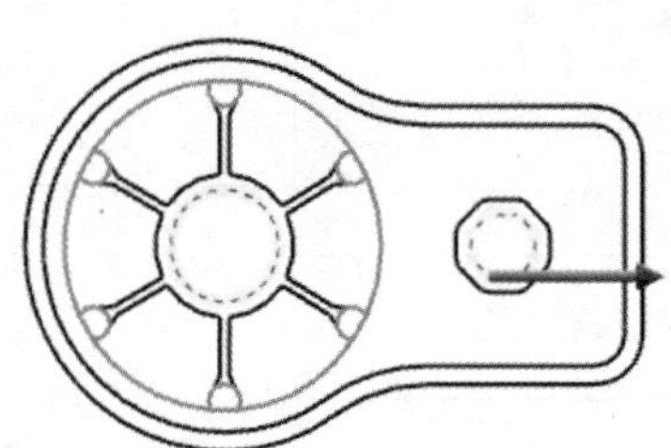

图 9-57　选取加工范围串连

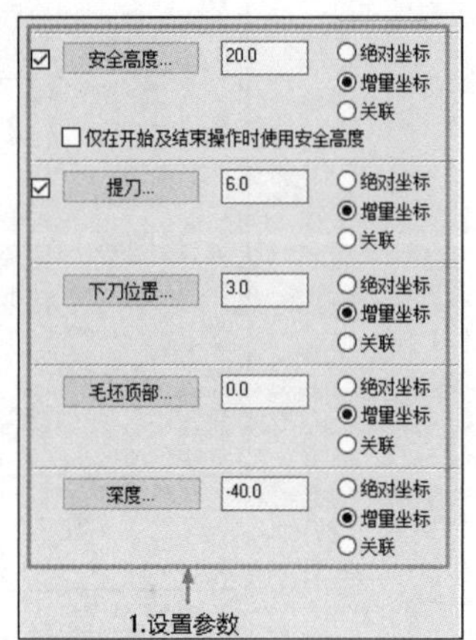

图 9-58　【共同参数】选项卡参数设置

（5）单击【确定】按钮，生成刀具路径，如图 9-60 所示。

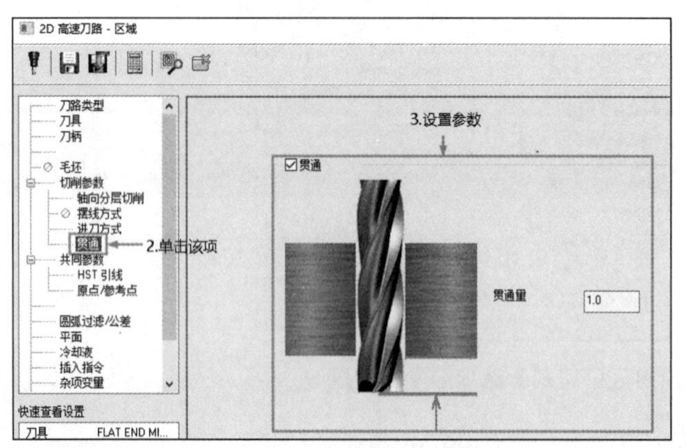

图 9-59　【贯通】选项卡参数设置

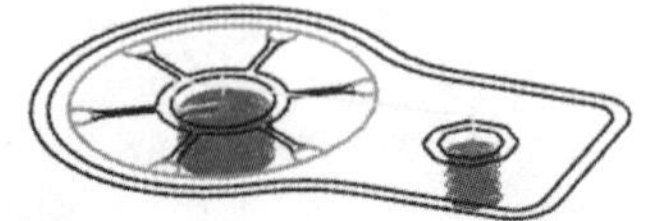

图 9-60　生成的刀具路径

5．模拟仿真加工

为了验证区域加工参数设置的正确性，可以通过 NC 仿真模拟区域铣削过程来观察工件进行区域加工的过程中是否有切削不到的地方或过切现象。

（1）显示毛坯。在【刀路】操作管理器中单击【毛坯设置】按钮 毛坯设置，弹出【机床群组属性】对话框，选中【显示】复选框，单击【确定】按钮，结果如图 9-61 所示。

（2）仿真加工。

① 选择刀路 1～刀路 5。

② 单击【刀路】操作管理器中的【验证已选择的操作】按钮，在弹出的【Mastercam 模拟】对话框中单击【播放】按钮，得到如图 9-62 所示的仿真加工结果。

③ 单击【刀路】操作管理器中的【选择全部操作】按钮，选中上面创建的全部操作。

④ 单击【刀路】操作管理器中的【验证已选择的操作】按钮，在弹出的【Mastercam 模拟】对话框中单击【播放】按钮，得到如图 9-63 所示的仿真加工结果。

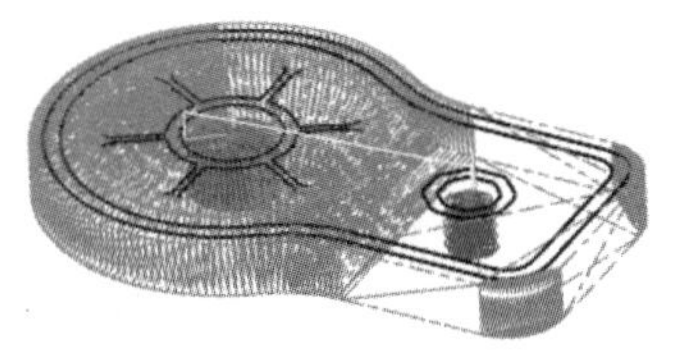

图 9-61 显示毛坯

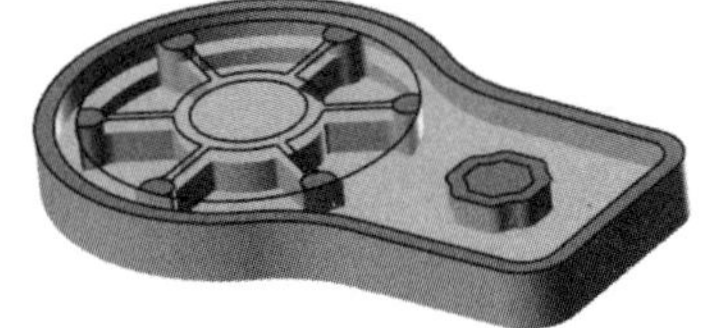

图 9-62 刀路 1~刀路 5 的仿真加工结果

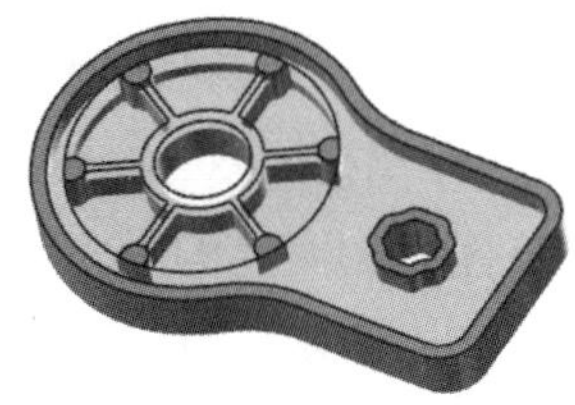

图 9-63 仿真加工结果

（3）NC 代码。

① 单击【刀路】操作管理器中的【选择全部操作】按钮，选中上面创建的全部操作。

② 单击【刀路】操作管理器中的【执行选择的操作进行后处理】按钮G1，弹出【后处理程序】对话框。单击【确定】按钮，弹出【另存为】对话框，输入文件名称【分类盒区域】，单击【保存】按钮保存(S)，在编辑器中打开生成的 NC 代码，见随书电子文件。

9.4.2 区域加工参数介绍

单击【刀路】→2D→【区域】按钮，弹出【串连选项】对话框，单击【加工范围】的【选择】按钮，弹出【线框串连】对话框，选取完加工边界后，单击【线框串连】对话框中的【确定】按钮和【串连选项】对话框中的【确定】按钮，弹出【2D 高速刀路-区域】对话框。

1.【摆线方式】选项卡

【2D 高速刀路-区域】对话框中的【摆线方式】选项卡如图 9-64 所示。Mastercam 的高速刀具路径专为高速加工和硬铣削应用而设计，特别是区域粗加工和水平区域刀具路径。因此，重要的是要检测并避免刀具不切削或过切的情况。

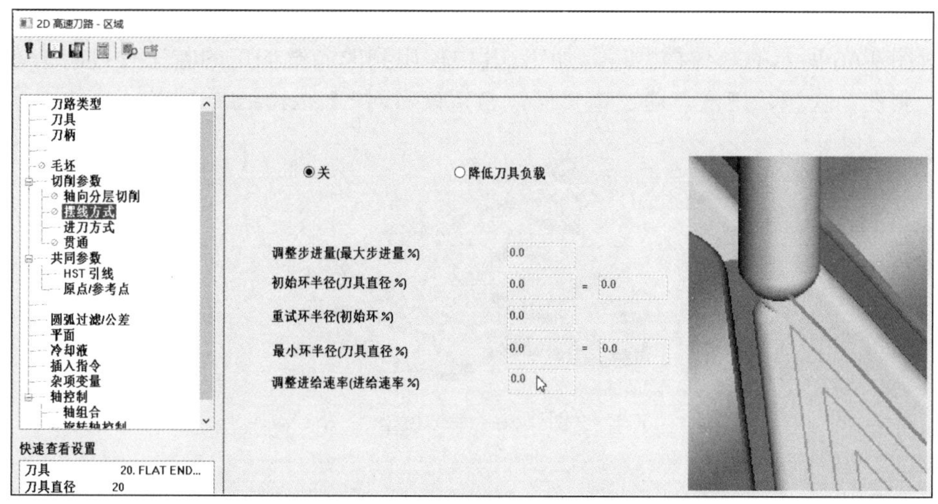

图 9-64 【摆线方式】选项卡

（1）关：不使用摆线方式。

（2）降低刀具负载：在刀具接近两个凸台之间的区域时采用摆线方式， Mastercam 计算出更小的循环。

2.【HST 引线】选项卡

【2D 高速刀路-区域】对话框中的【HST 引线】选项卡如图 9-65 所示，该选项卡用于指定二维高速面铣刀路径的进入和退出圆弧半径值。垂直创建圆弧以引导和切断材料。这些值可以不同，以满足加工要求为宜。

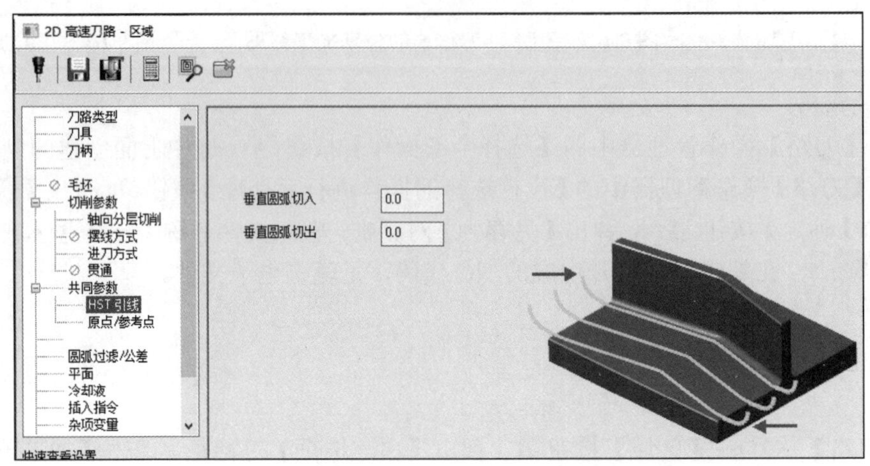

图 9-65 【HST 引线】选项卡

（1）垂直圆弧切入：用于设置切入圆弧的长度。

（2）垂直圆弧切出：用于设置切出圆弧的长度。

扫一扫，看视频

9.5 综合实例——基体二维粗加工

本节对图 9-66 所示的基体模型进行加工。其中使用到的二维加工的方法有：面铣、动态外形、动态铣削、剥铣、区域、挖槽。通过本实例，希望读者对 Mastercam 二维加工有进一步的认识。

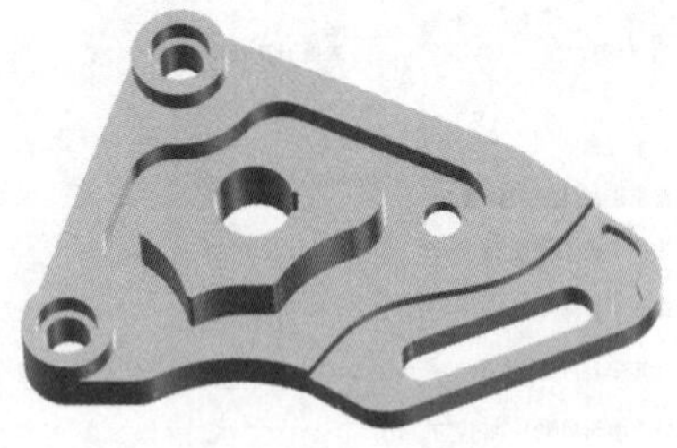

图 9-66 基体模型

9.5.1 工艺分析

为了保证加工精度，选择零件毛坯为铸件实体，根据模型情况，加工工艺如下。

（1）面铣：利用【面铣】命令对模型的上端面进行找平，加工余量为 2。采用直径为 42 的面铣刀。

（2）外形铣：利用【动态外形】命令对模型的外轮廓进行铣削，加工深度为毛坯的高度，即-50（增量坐标，下同）。采用直径为 30 的平铣刀。

（3）铣平台：利用【动态铣削】命令对串连 2 和串连 3、串连 10、串连 14 之间的部分进行铣削，加工深度为-20。保留串连 3、串连 10、串连 14 不加工。采用直径为 8 的平铣刀。

（4）铣台阶：利用【剥铣】命令对串连 4 右侧的台阶进行铣削，加工深度为-28。采用直径为 20 的平铣刀。

（5）铣环形槽：利用【区域】命令对串连 3 和串连 9 之间的区域进行挖槽，加工深度为 40。采用直径为 8 的平铣刀。

（6）挖槽：利用【挖槽】命令对串连 13 进行挖槽加工，挖槽深度为-50。采用直径为 5 的平铣刀。

（7）钻孔：利用【自动钻孔】命令对串连 12 和串连 16 进行钻孔，加工深度为-50。采用直径为 6 的定位钻进行定位加工，采用直径为 10 的钻头进行预钻，采用直径为 30 的钻头进行钻孔。

（8）扩孔：利用【全圆铣削】命令对串连 11 和串连 15 进行铣削，加工深度为-18。采用直径为 20 的平铣刀。

（9）钻螺纹孔：利用【螺纹铣削】命令对串连 8 进行攻丝，加工深度为-50。采用直径为 20 的螺纹铣刀。

9.5.2 创建刀具路径及 NC 仿真

动画演示\第 9 章\ 9.5 综合实例——基体二维粗加工.MP4

绘制过程

1. 打开文件

单击快速访问工具栏中的【打开】按钮，在弹出的【打开】对话框中选择【原始文件\ 第 9 章\基体】文件，如图 9-67 所示。

2. 选择机床

单击【机床】→【机床类型】→【铣床】按钮，选择【默认】选项即可。

3. 面铣

（1）单击【刀路】→2D→【面铣】按钮，弹出【线框串连】对话框，在绘图区选择外圆图素，如图 9-68 所示。然后单击【确定】按钮，弹出【2D 刀路-平面铣削】对话框。

（2）单击【2D 刀路-平面铣削】对话框中的【刀具】选项卡，单击【选择刀库刀具】按钮选择刀库刀具...，选择直径为 42 的面铣刀。

（3）双击面铣刀图标，弹出【编辑刀具】对话框，参数采用默认设置，单击【下一步】按钮下一步，设置所有粗切步进量为 75%，所有精加工步进量为 30%，单击【单击重新计算进给率和主轴转速】按钮。

单击【完成】按钮完成，返回【2D 刀路-平面铣削】对话框。

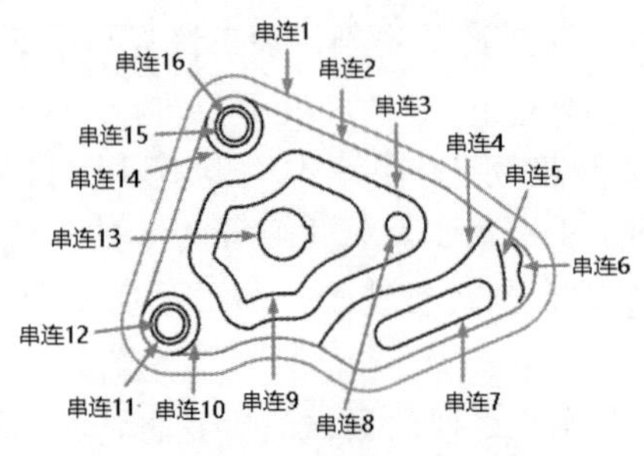

图 9-67　基体二维图

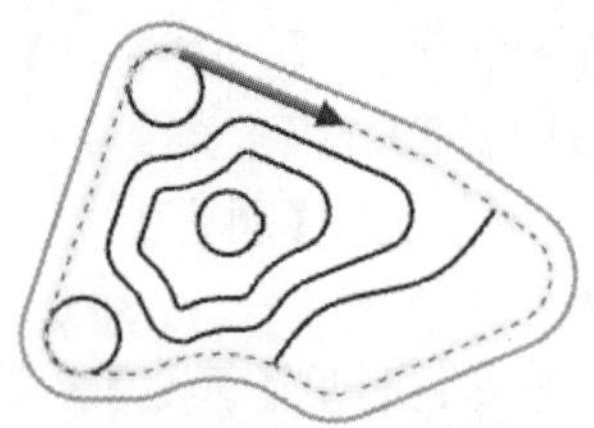

图 9-68　选择串连

（4）单击【2D 刀路-平面铣削】对话框中的【共同参数】选项卡，参数设置过程如图 9-69 所示。

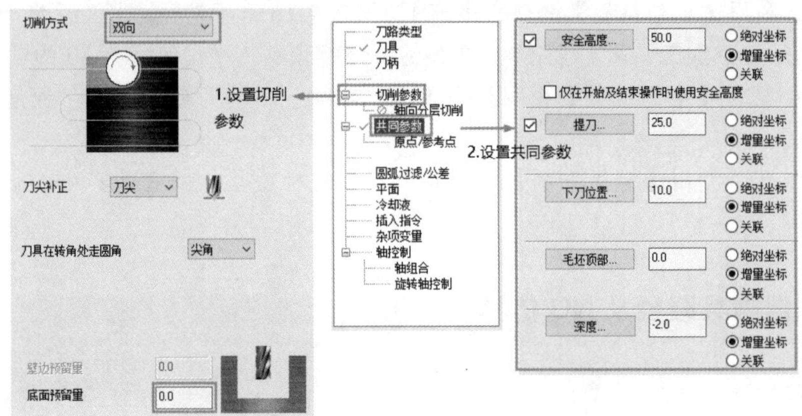

图 9-69　【共同参数】选项卡参数设置

（5）单击对话框中的【确定】按钮，生成刀具路径，如图 9-70 所示。

4．外形铣

（1）为了方便操作，单击【刀路】操作管理器中的【切换显示已选择的刀路操作】按钮，可以将上面生成的刀具路径隐藏（后续各步均有类似操作，不再赘述）。

（2）单击【刀路】→2D→【动态外形】按钮，弹出【串连选项】对话框，单击【加工范围】的【选择】按钮，弹出【线框串连】对话框，拾取如图 9-71 所示的串连。单击【线框串连】对话框中的【确定】按钮和【串连选项】对话框中的【确定】按钮。

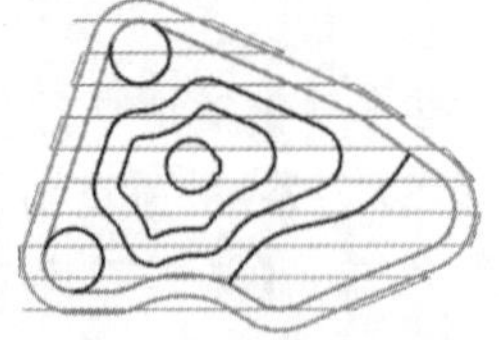

图 9-70　面铣刀具路径

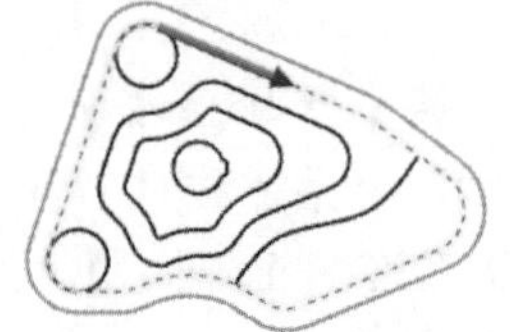

图 9-71　选取串连

（3）系统弹出【2D 高速刀路-动态外形】对话框，单击该对话框中的【刀具】选项卡，在【刀具】选项卡中单击【选择刀库刀具】按钮 选择刀库刀具...，弹出【选择刀具】对话框，选择直径为 30 的平铣刀，单击【确定】按钮，返回【2D 高速刀路-动态外形】对话框。

（4）双击平铣刀图标，弹出【编辑刀具】对话框。修改刀具【总长度】为 120、【刀齿长度】为 65，其他采用默认设置；单击【下一步】按钮 下一步 ，设置所有粗切步进量为 75%，所有精加工步进量为 30%，参数设置完后，单击【单击重新计算进给率和主轴转速】按钮。

（5）单击【完成】按钮 完成 ，返回【2D 高速刀路-动态外形】对话框，参数设置过程如图 9-72 所示。

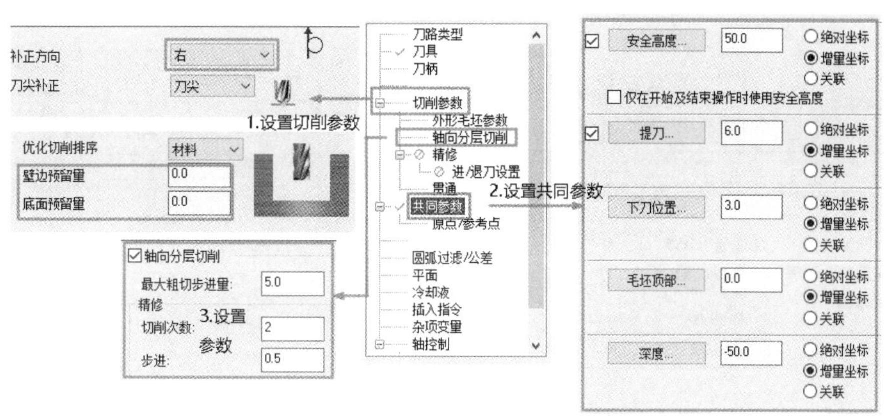

图 9-72 【共同参数】选项卡参数设置

（6）单击【确定】按钮，生成刀具路径，如图 9-73 所示。

5. 铣平台

（1）单击【刀路】→2D→【动态铣削】按钮，弹出【串连选项】对话框，单击【加工范围】的【选择】按钮，弹出【线框串连】对话框，拾取如图 9-74 所示的串连。单击【线框串连】对话框中的【确定】按钮，返回【串连选项】对话框，单击【避让范围】的【选择】按钮，弹出【线框串连】对话框，拾取如图 9-75 所示的串连。单击【线框串连】对话框中的【确定】按钮和【串连选项】对话框中的【确定】按钮。

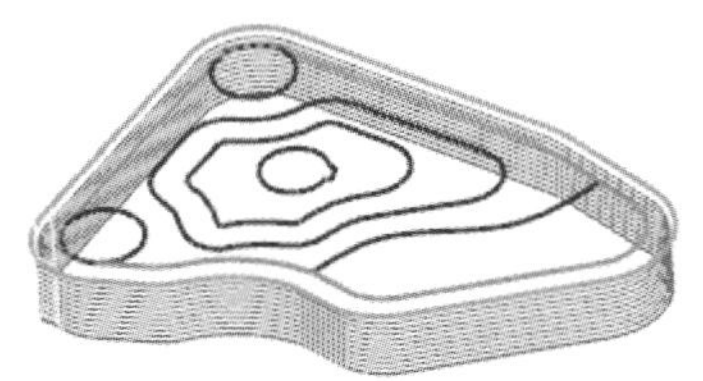

图 9-73 动态外形刀具路径

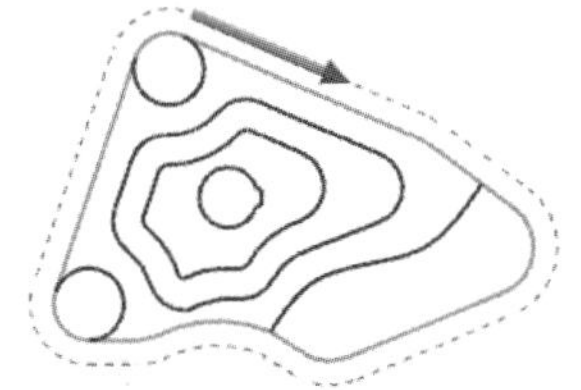

图 9-74 拾取加工范围串连

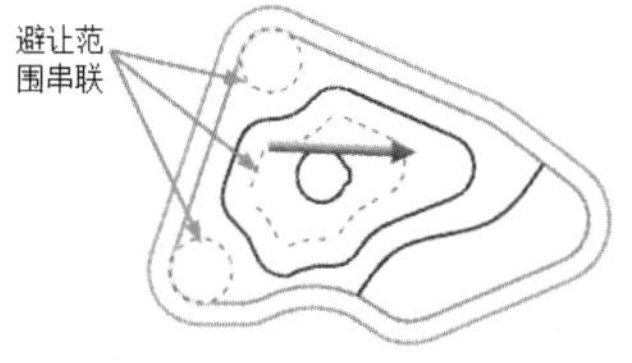

图 9-75 拾取避让范围串连

（2）系统弹出【2D 高速刀路-动态铣削】对话框，单击该对话框中的【刀具】选项卡，在【刀具】选项卡中单击【选择刀库刀具】按钮 选择刀库刀具... ，弹出【选择刀具】对话框，选择直径为 8 的平铣刀，单击【确定】按钮，返回【2D 高速刀路-动态铣削】对话框。

（3）双击平铣刀图标，弹出【编辑刀具】对话框。修改刀具【总长度】为 120，【刀齿长度】为 60，其他采用默认设置；单击【下一步】按钮 下一步 ，设置所有粗切步进量为 75%，所有精加工步进量为 30%，然后单击【单击重新计算进给率和主轴转速】按钮。

（4）单击【完成】按钮 完成 ，返回【2D 高速刀路-动态铣削】对话框，参数设置过程如

图 9-76 所示。

（5）单击【确定】按钮，生成刀具路径，如图 9-77 所示。

6. 铣台阶

（1）单击【刀路】→2D→【剥铣】按钮，弹出【线框串连】对话框，根据系统提示拾取串连，如图 9-78 所示，单击【确定】按钮。

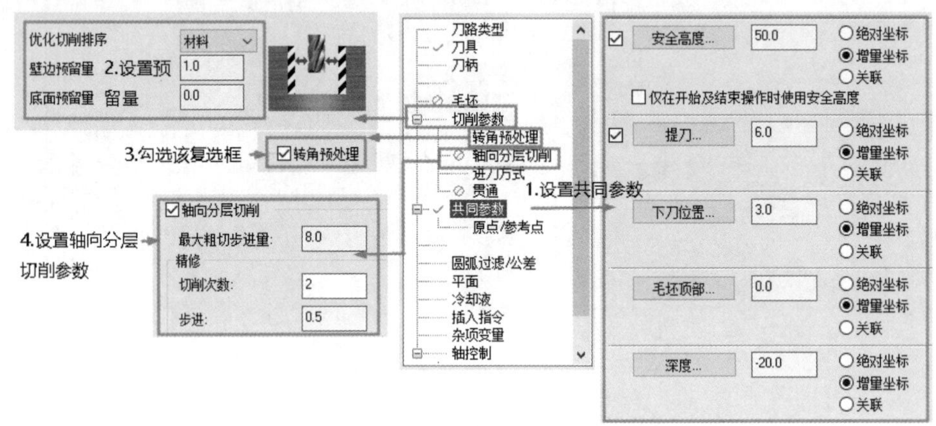

图 9-76　加工参数设置过程

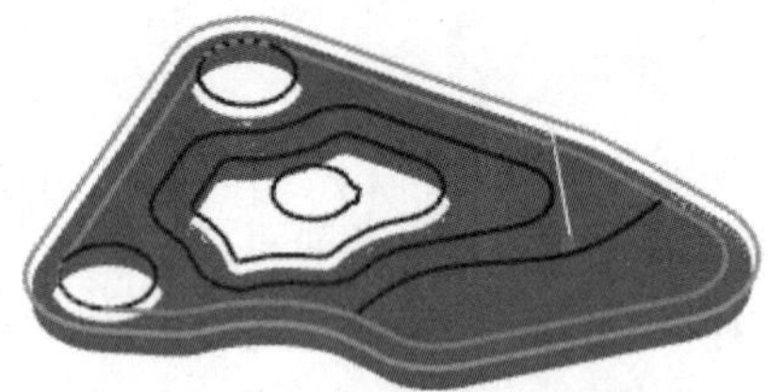

图 9-77　动态铣削刀具路径

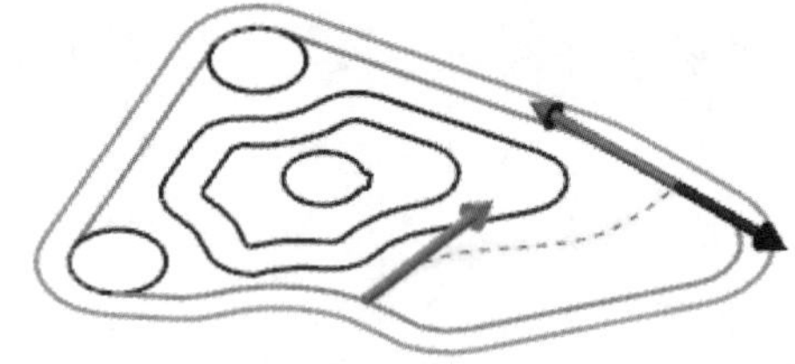

图 9-78　拾取串连

（2）系统弹出【2D 高速刀路-剥铣】对话框，单击该对话框中的【刀具】选项卡，在【刀具】选项卡中单击【选择刀库刀具】按钮选择刀库刀具...，弹出【选择刀具】对话框，选择直径为 20 的平铣刀。单击【确定】按钮，返回【2D 高速刀路-剥铣】对话框。

（3）双击平铣刀图标，弹出【编辑刀具】对话框。修改刀具【总长度】为 104，【刀齿长度】为 45，其他采用默认设置；单击【下一步】按钮下一步，设置所有粗切步进量为 75%，所有精加工步进量为 30%，单击【单击重新计算进给率和主轴转速】按钮。

（4）单击【完成】按钮完成，返回【2D 高速刀路-剥铣】对话框，参数设置如图 9-79 所示。

（5）单击【确定】按钮，生成刀具路径，如图 9-80 所示。

7. 铣环形槽

（1）单击【刀路】→2D→【区域】按钮，弹出【串连选项】对话框，单击【加工范围】的【选择】按钮，弹出【线框串连】对话框，拾取如图 9-81 所示的串连。单击【确定】按钮，返回【串连选项】对话框。同理，单击【避让范围】的【选择】按钮，拾取如图 9-82 所示的串连，单击【确定】按钮。

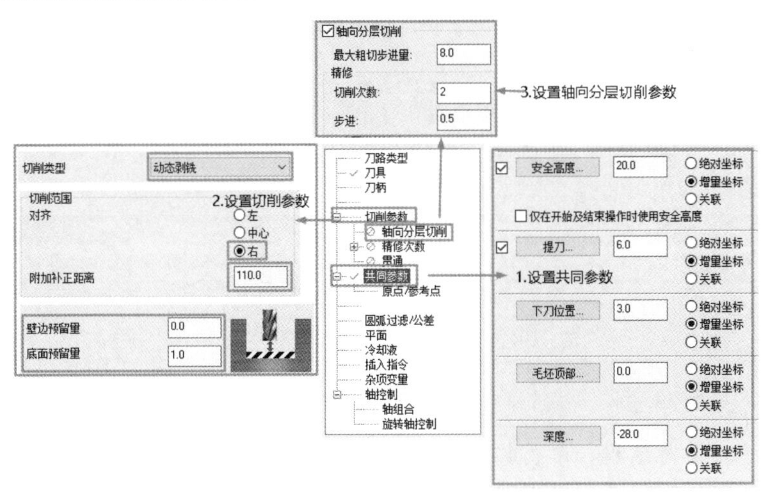

图 9-79　加工参数设置过程

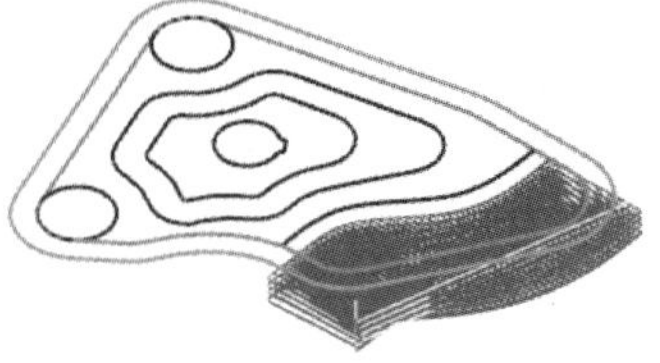

图 9-80　剥铣刀具路径

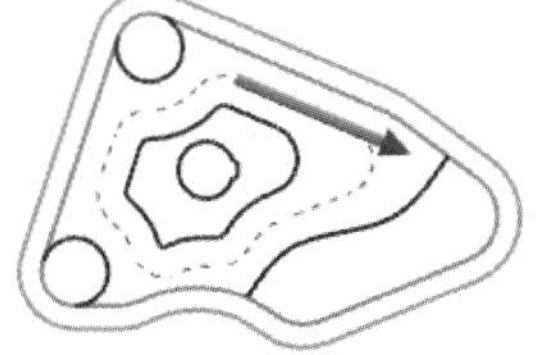

图 9-81　拾取加工范围串连

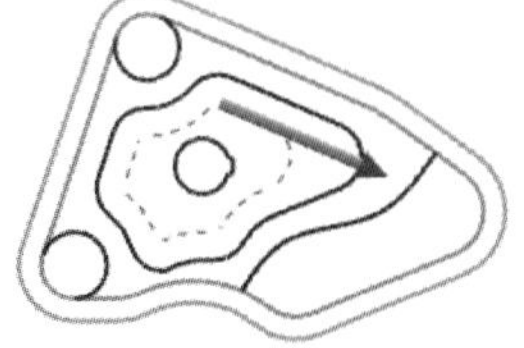

图 9-82　拾取避让范围串连

（2）系统弹出【2D 高速刀路-区域】对话框，单击该对话框中的【刀具】选项卡，选择直径为 8 的平铣刀。

（3）单击【2D 高速刀路-区域】对话框中的【共同参数】选项卡，参数设置过程如图 9-83 所示。

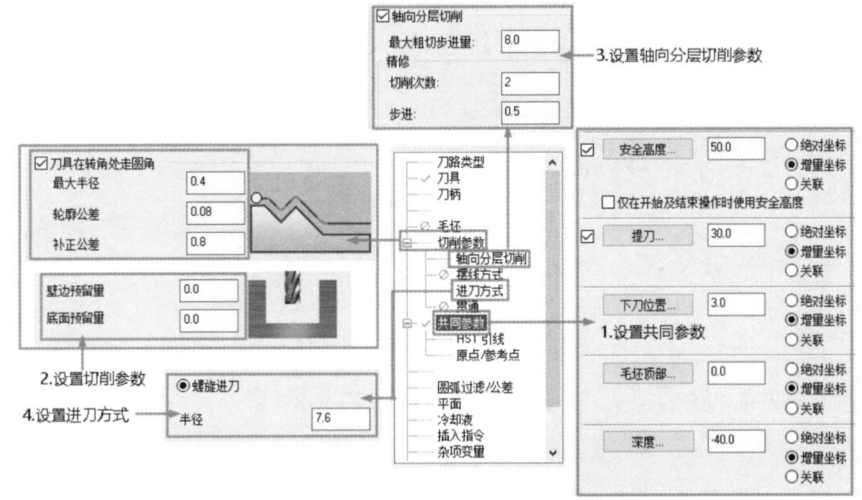

图 9-83　加工参数设置过程

（4）单击【确定】按钮，生成刀具路径，如图 9-84 所示。

8．挖槽

（1）单击【刀路】→2D→【2D 铣削】→【挖槽】按钮，弹出【线框串连】对话框，拾取图 9-85 所示的六边形内孔边界作为挖槽边界，单击【确定】按钮。

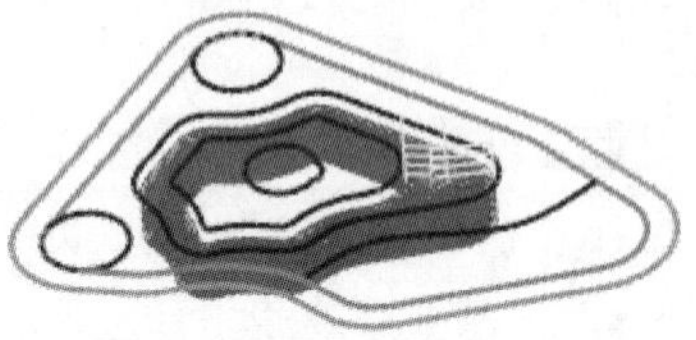

图 9-84　区域刀具路径

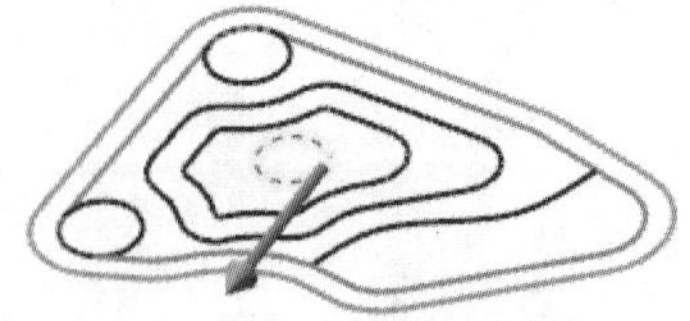

图 9-85　拾取挖槽边界

（2）系统弹出【2D 刀路-2D 挖槽】对话框，单击该对话框中的【刀具】选项卡，在该选项卡中单击【选择刀库刀具】按钮 选择刀库刀具... ，弹出【选择刀具】对话框，选择直径为 5 的平铣刀。单击【确定】按钮，返回【2D 刀路-2D 挖槽】对话框。

（3）双击平铣刀图标，弹出【编辑刀具】对话框。修改刀具【总长度】为 120，【刀齿长度】为 66，其他采用默认设置；单击【下一步】按钮 下一步 ，设置所有粗切步进量为 75%，所有精加工步进量为 30%，单击【单击重新计算进给率和主轴转速】按钮。

（4）单击【完成】按钮 完成 ，返回【2D 刀路-2D 挖槽】对话框，参数设置如图 9-86 所示。

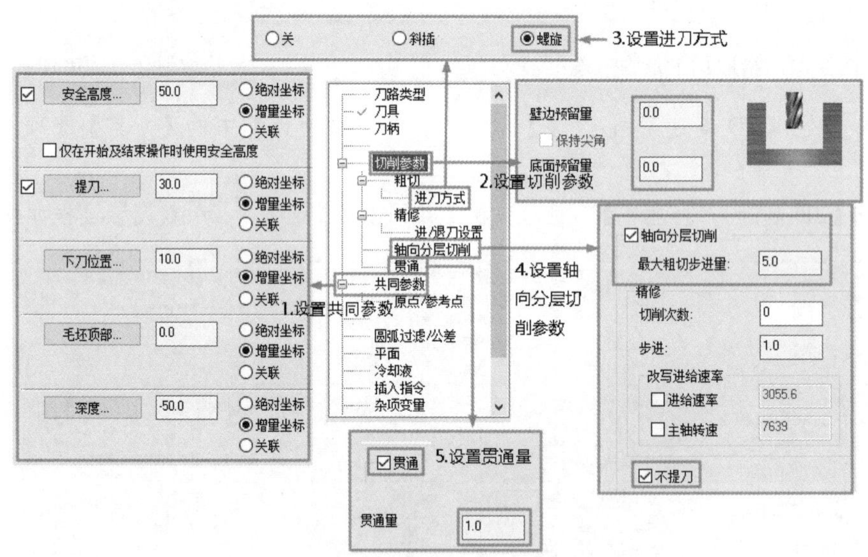

图 9-86　加工参数设置过程

（5）单击【确定】按钮，生成刀具路径，如图 9-87 所示。

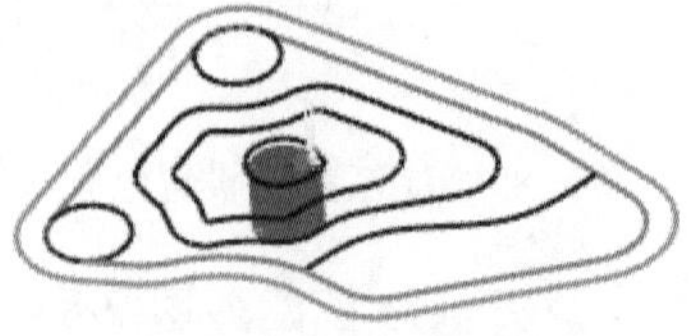

图 9-87　挖槽刀具路径

9.5.3　模拟仿真加工

1．毛坯设置

单击【毛坯设置】选项卡，弹出【机床群组属性】对话框。在【形状】组中选中【实体/网格】单选按钮，单击其后的【选择】按钮，打开【图层 2】，在绘图区拾取实体，选中【显示】复选框，单击对话框中的【确定】按钮，关闭【图层 2】，毛坯设置完成。

2．仿真加工

（1）单击【刀路】操作管理器中的【选择全部操作】按钮，选中【刀路操作管理器】中的刀路 1～刀路 12。

（2）单击【刀路】操作管理器中的【验证已选择的操作】按钮，在弹出的【Mastercam 模拟】对话框中单击【播放】按钮，得到如图 9-88 所示的仿真加工结果。

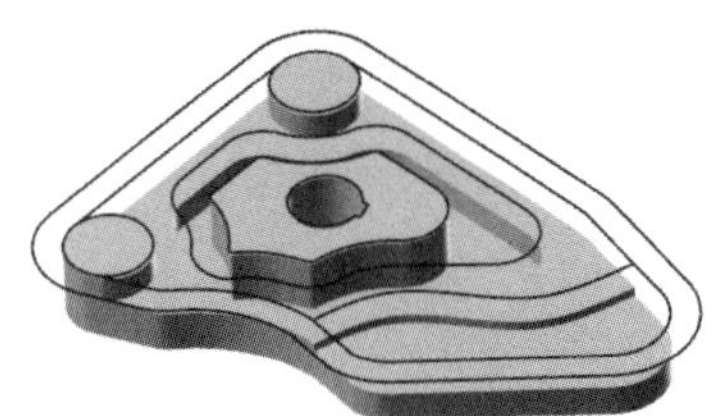

图 9-88　仿真加工结果

3．NC 代码

（1）单击【刀路】操作管理器中的【选择全部操作】按钮，将上面创建的铣削操作全部选中。

（2）单击【刀路】操作管理器中的【执行选择的操作进行后处理】按钮G1，弹出【后处理程序】对话框。单击【确定】按钮，弹出【另存为】对话框，输入文件名称【基体】，单击【保存】按钮保存(S)，在编辑器中打开生成的 NC 代码，见随书电子文件。

第 10 章　传统曲面粗加工

曲面粗加工就是快速去除大量的毛坯余量，为精加工曲面做准备。本章介绍 6 种传统曲面粗加工策略。三维刀具路径用于加工空间曲面和三维实体表面，是一种更复杂、效率更高的加工策略。与二维刀具路径不同，三维刀具路径中刀具的行进轨迹为空间曲线，因而对加工精度的要求更高。

知识点

- 平行粗加工
- 挖槽粗加工
- 投影粗加工
- 放射粗加工
- 流线粗加工
- 等高外形粗加工
- 综合实例——熨斗三维粗加工

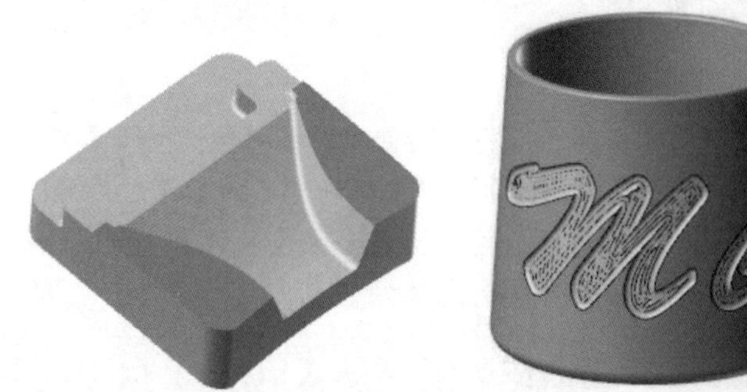

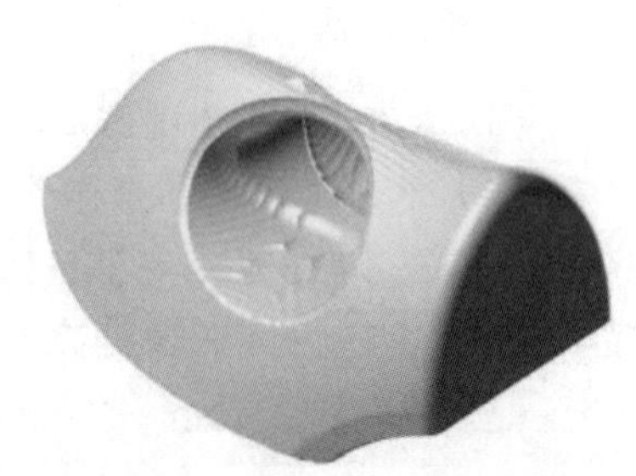

本章所介绍的曲面粗加工命令，均为三维铣削命令，要调出这些命令，需进行如下设置。

单击【机床】→【机床类型】→【铣床】按钮，选择【默认】选项，在【刀路】操作管理器中生成机床群组属性文件，同时弹出【刀路】选项卡，此选项卡中的 3D 面板提供了三维铣削命令，如图 10-1 所示。此面板中列出了 4 种传统粗加工策略，另外还有 4 种传统粗加工策略没有显示在列表中，如想调用这几种加工策略，就需要进行如下设置。

执行【文件】→【选项】菜单命令，打开【选项】对话框，选择【自定义功能区】命令，然后在右侧的【定义功能区】下拉列表中选择【全部选项卡】，在列表框中选中【铣床】和【刀路】选项卡下的 3D 面板，执行【新建组】命令，创建一个新组，重命名为【粗切】，选中左侧列表中不在功能区的粗切命令【粗切残料加工】，单击【添加】按钮添加(A)>>，将其添加到右侧的新建组中。同理，添加【粗切等高外形加工】、【粗切放射刀路】和【粗切流线加工】命令。单击【确定】按钮确定，关闭对话框。新建面板，如图 10-2 所示。

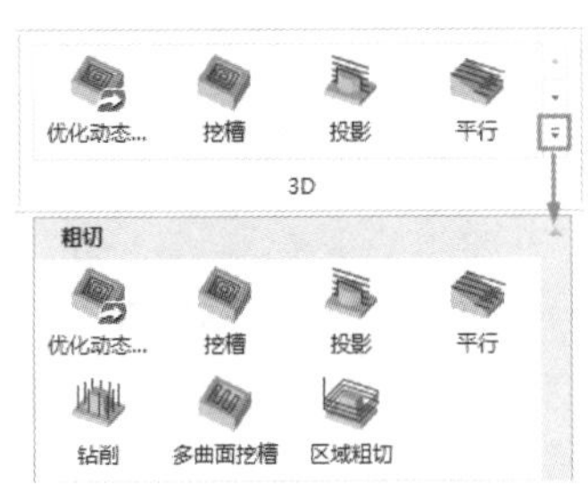

图 10-1　3D 面板

图 10-2　新建【粗切】面板

10.1　平行粗加工

平行粗加工利用相互平行的刀路逐层进行加工。对于平坦曲面的铣削加工效果比较好；对于凸凹程度比较小的曲面，也可以采用平行粗加工的方式进行铣削加工。

平行粗加工是一种通用、简单且有效的加工策略，适合各种形态的曲面加工。其特点是刀具沿着指定的进给方向进行切削，生成的刀具路径相互平行。

10.1.1　实例——料槽粗加工

扫一扫，看视频

本实例讲解粗加工中的【平行】命令，首先打开源文件，源文件中已经对零件进行了外形铣削加工；然后执行【平行】命令，根据系统提示拾取要加工的曲面，设置刀具和加工参数；最后设置毛坯，模拟加工，生成 NC 程序。

动画演示\第 10 章\ 10.1.1 实例——料槽粗加工.MP4

绘制过程

1. 打开文件

单击快速访问工具栏中的【打开】按钮，在弹出的【打开】对话框中选择【原始文件\ 第 10 章\料槽】文件，单击【打开】按钮 打开(O) ，完成文件的调取，加工零件如图 10-3 所示。

2. 设置机床

单击【机床】→【机床类型】→【铣床】按钮，选择【默认】选项，在【刀路】操作管理器中生成机床群组属性文件，同时弹出【刀路】选项卡。

3. 创建平行粗加工刀具路径

（1）单击【刀路】→3D→【粗切】→【平行】按钮，弹出【选择工件形状】对话框，选中【凹】单选按钮。单击【确定】按钮✓，根据系统提示拾取加工曲面，如图 10-4 所示。单击【结束选择】按钮 结束选择 ，弹出【刀路曲面选择】对话框，单击【确定】按钮✓，弹出【曲面粗切平行】对话框。

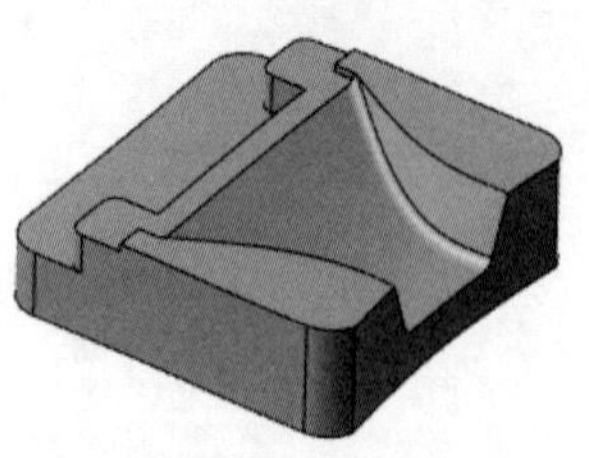

图 10-3　平行粗加工零件

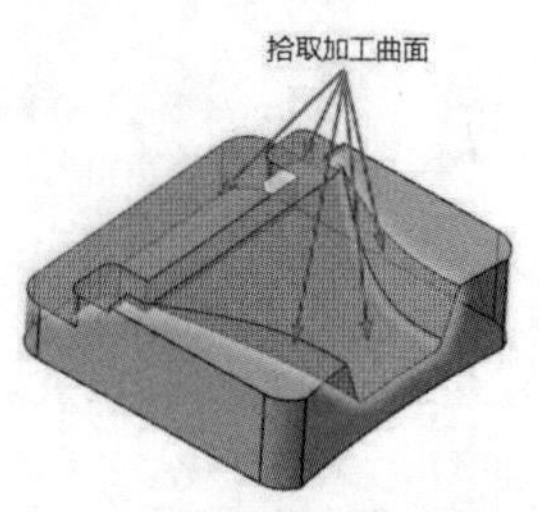

图 10-4　拾取加工曲面

（2）单击【选择刀库刀具】按钮 选择刀库刀具... ，选择直径为 8 的球形铣刀，单击【确定】按钮 ✓ ，返回【曲面粗切挖槽】对话框。

（3）双击球形铣刀图标，设置刀具【总长度】为 100，【刀齿长度】为 50。单击【下一步】按钮 下一步 ，设置所有粗切步进量为 75%，所有精加工步进量为 30%，单击【单击重新计算进给率和主轴转速】按钮，重新生成切削参数。单击【完成】按钮 完成 ，返回【曲面粗切平行】对话框。

（4）单击【曲面粗切平行】对话框中的【曲面参数】选项卡，参数设置如图 10-5 和图 10-6 所示。

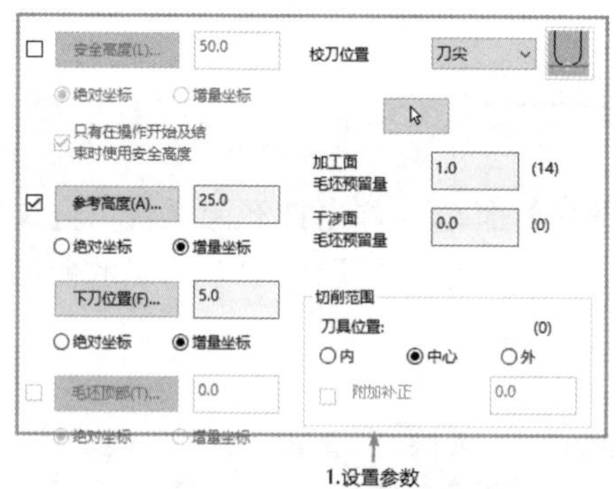

图 10-5　【曲面参数】选项卡参数设置

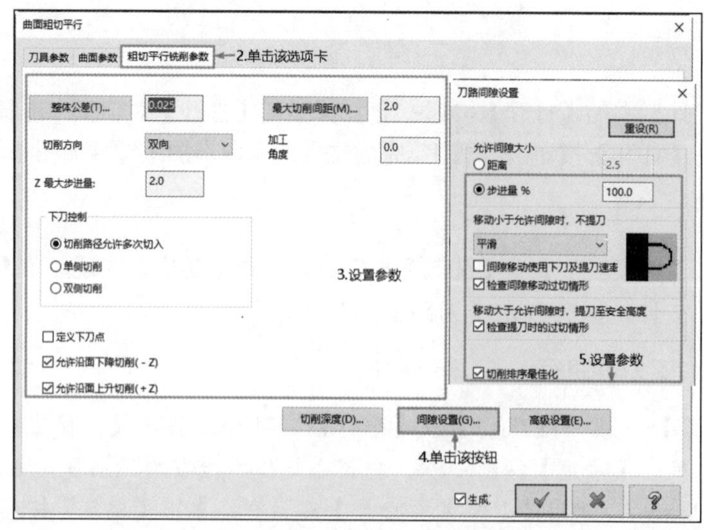

图 10-6　【粗切平行铣削参数】选项卡参数设置

（5）单击【确定】按钮，系统根据所设置的参数生成平行粗加工刀具路径，如图 10-7 所示。

4．模拟仿真加工

为了验证平行粗加工参数设置的正确性，可以通过模拟平行加工过程来观察工件在切削过程中的下刀方式和路径的正确性。

（1）毛坯设置。在【刀路】操作管理器中单击【毛坯设置】按钮 毛坯设置，弹出【机床群组属性】对话框，选择工件形状为【立方体】，单击【所有实体】按钮 所有实体，修改立方体的长宽高为（204,204,60）选中【显示】复选框，单击【确定】按钮，生成的毛坯如图 10-8 所示。

（2）仿真加工。

① 单击【刀路】操作管理器中的【选择全部操作】按钮，将上面创建的铣削操作全部选中。

② 单击【刀路】操作管理器中的【验证已选择的操作】按钮，在弹出的【验证】对话框中单击【播放】按钮，系统开始进行模拟，得到如图 10-9 所示的仿真加工结果。

（3）NC 代码。模拟检查无误后，在【刀路】操作管理器中单击【执行选择的操作进行后处理】按钮G1，弹出【后处理程序】对话框，单击【确定】按钮，弹出【另存为】对话框，输入文件名称【料槽】，单击【保存】按钮 保存(S)，在编辑器中打开生成的 NC 代码，见随书电子文件。

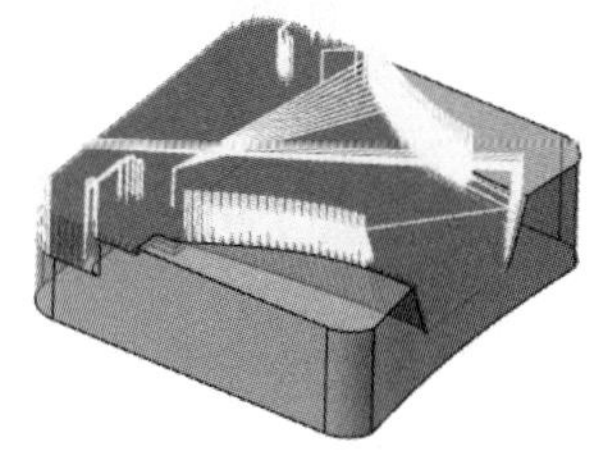

图 10-7　平行粗加工刀具路径

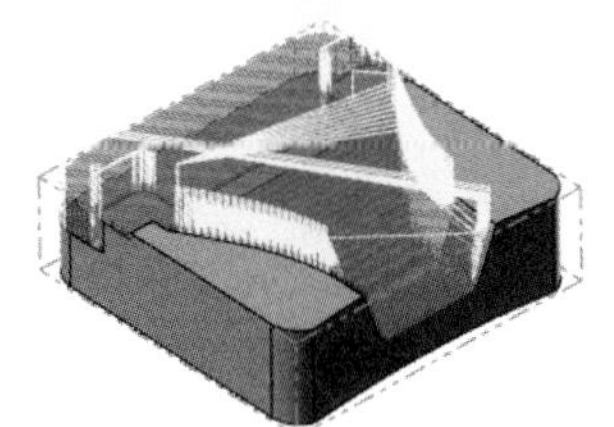

图 10-8　生成的毛坯

图 10-9　仿真加工结果

10.1.2　平行铣削粗加工参数介绍

单击【机床】→【机床类型】→【铣床】按钮，选择【默认】选项，在【刀路】操作管理器中生成机床群组属性文件，同时弹出【刀路】选项卡。单击【刀路】→3D→【粗切】→【平行】按钮，系统会依次弹出【选择工件形状】和【刀路曲面选择】对话框，根据需要设定相应的参数和选择相应的图素后，单击【确定】按钮，此时系统会弹出【曲面粗切平行】对话框，该对话框有 3 个选项卡，其中【刀具参数】和【曲面参数】选项卡已经在前面叙述过，这里将详细介绍【粗切平行铣削参数】选项卡中的内容，如图 10-10 所示。该选项卡中的各选项含义如下。

（1）整体公差：【整体公差】按钮后的文本框可以设定刀具路径的精度公差。公差值越小，加工得到曲面就越接近真实曲面，当然加工时间也就越长。在粗加工阶段，可以设定较大的公差值以提高加工效率。

（2）切削方向：在【切削方向】下拉列表中，有双向和单向两种方式可选。其中，双向是指刀具在完成一行切削后随即转向下一行进行切削；单向是指加工时刀具仅沿一个方向进给，完成一行后，需要提刀返回到起始点再进行下一行的加工。

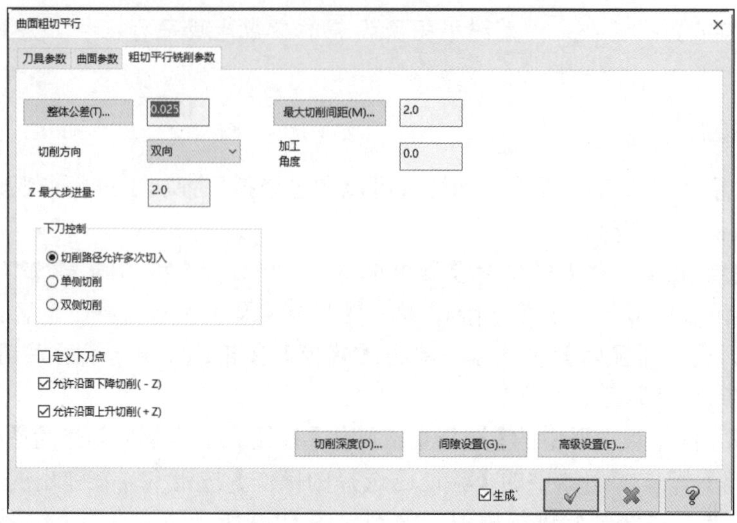

图 10-10 【粗切平行铣削参数】选项卡

双向切削有利于缩短加工时间、提高加工效率，而单向切削则可以保证一直采用顺铣或逆铣加工，进而获得良好的加工质量。

（3）Z 最大步进量：该选项定义在 Z 方向上最大的切削厚度。

（4）下刀控制：下刀方式决定了刀具在下刀和退刀时在 Z 方向上的运动方式，包含以下 3 种方式。

① 切削路径允许多次切入：加工过程中，可顺着工件曲面的起伏连续进刀或退刀，如图 10-11（a）所示，其中上图为刀具路径轨迹图，下图为成形效果图。

② 单侧切削：沿工件的一边进刀或退刀，如图 10-11（b）所示，其中上图为刀具路径轨迹图，下图为成形效果图。

③ 双侧切削：沿工件的两个外边向内进刀或退刀，如图 10-11（c）所示，其中上图为刀具路径轨迹图，下图为成形效果图。

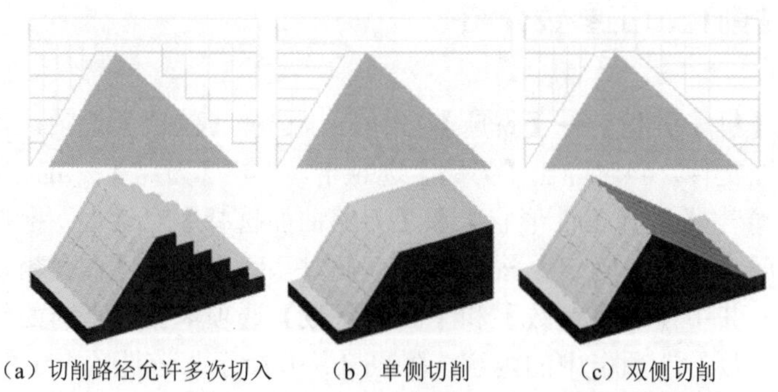

（a）切削路径允许多次切入　（b）单侧切削　（c）双侧切削

图 10-11 下刀控制方式刀路示意图

（5）最大切削间距：最大切削间距可以设定同一层相邻两条刀具路径之间的最大距离，即 XY 方向上两刀具路径之间的最大距离。用户可以直接在【最大切削间距】文本框中输入指定值。如果要对切削间距进行更为详细的设置，可以单击【最大切削间距】按钮，弹出【最大切削间距】对话框，如图 10-12 所示，其选项参数如下。

① 最大步进量：和最大跨距参数相同。

② 平板上近似扇形高度：如设定此值，表示平坦面上的残脊高度。

③ 在平板上近似扇形高度 45 度：如设定此值，表示 45°等距环切高度。

（6）切削深度：单击【切削深度】按钮，弹出【切削深度设置】对话框。利用该对话框可以控制曲面粗加工的切削深度以及首次切削深度等，如图 10-13 所示。

该对话框用于设置粗加工的切削深度。如果选中【绝对坐标】，则要求输入最高点和最低点的位置，或者利用鼠标直接在图形上进行选择；如果选中【增量坐标】，则需要输入顶部预留量和切削边界的距离，同时输入其他部分的切削预留量。

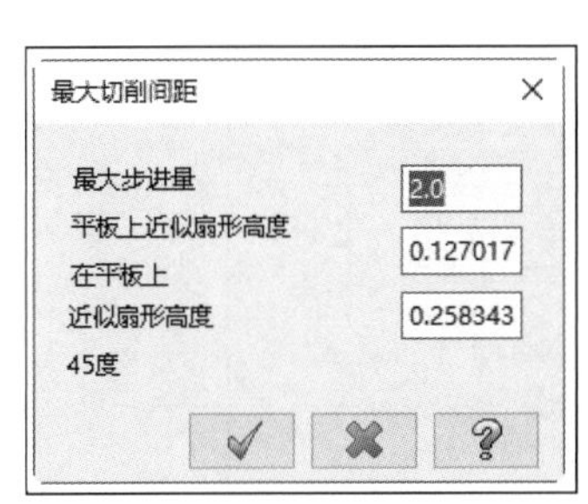

图 10-12 【最大切削间距】对话框

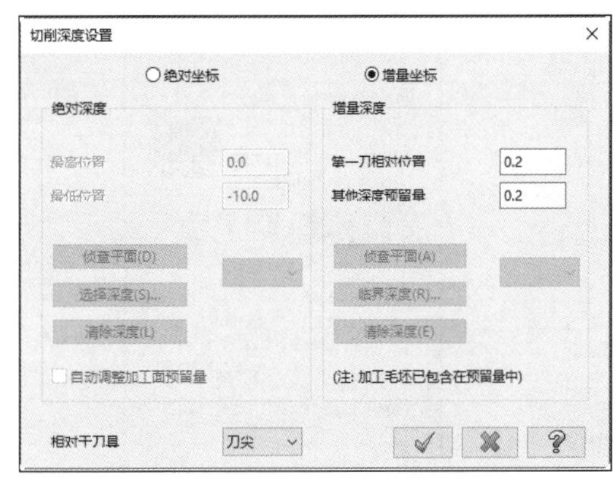

图 10-13 【切削深度设置】对话框

（7）间隙设置：间隙是指曲面上有缺口或曲面有断开的地方，它一般由 3 个方面的原因造成：一是相邻曲面间没有直接相连，二是曲面修剪，三是删除过切区。

单击【间隙设置】按钮，弹出【刀路间隙设置】对话框，如图 10-14 所示，利用该对话框可以设置不同间隙时的刀具运动方式，下面对该对话框中各选项的含义进行说明。

① 允许间隙大小：用来设置系统容许的间隙，主要有两种方法：一是直接在【距离】文本框中输入，二是通过输入步进量的百分比间接输入。

② 移动小于允许间隙时，不提刀：用于设置当移动量小于允许间隙时，可以不进行提刀而直接跨越间隙，Mastercam 提供了以下 4 种跨越方式。

- 不提刀：将刀具从间隙一边的刀具路径的终点以直线的方式移动到间隙另一边刀具路径的起点。
- 打断：将移动距离分成 Z 方向和 XY 方向两部分来移动，即刀具从间隙一边的刀具路径的终点在 Z 方向上上升或下降到间隙另一边的刀具路径的起点高度，然后再从 XY 平面内移动到所处的位置。
- 平滑：刀具路径以平滑的方式越过间隙，常用于高速加工。
- 沿着曲面：刀具根据曲面的外形变化趋势，在间隙两侧的刀具路径间移动。

③ 移动大于允许间隙时，提刀至安全高度：用于设置当移动量大于允许间隙时，系统自动提刀，且检查返回时是否过切。

④ 切削排序最佳化：选中该复选框，刀具路径将会被分成若干区域，在完成一个区域的加工后，才对另一个区域进行加工。

同时，为了避免刀具切入边界太突然，还可以采用与曲面相切圆弧或直线设置刀具进刀/退刀动作。设置为圆弧时，圆弧的半径和扫描角度可分别在【切弧半径】和【切弧扫描角度】文本框中给定；设置为直线时，直线的长度可由【切线长度】文本框指定。

（8）高级设置：主要是设置刀具在曲面边界的运动方式。单击【高级设置】按钮，弹出【高级设置】对话框，如图 10-15 所示。该对话框中各选项的含义如下。

① 刀具在曲面（实体面）边缘走圆角：用于设置刀具在曲面或实体面的边缘是否走圆角，它有以下 3 个选项。

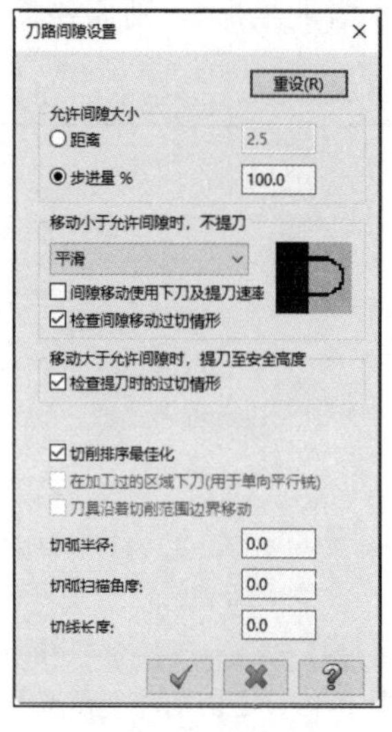

图 10-14 【刀路间隙设置】对话框

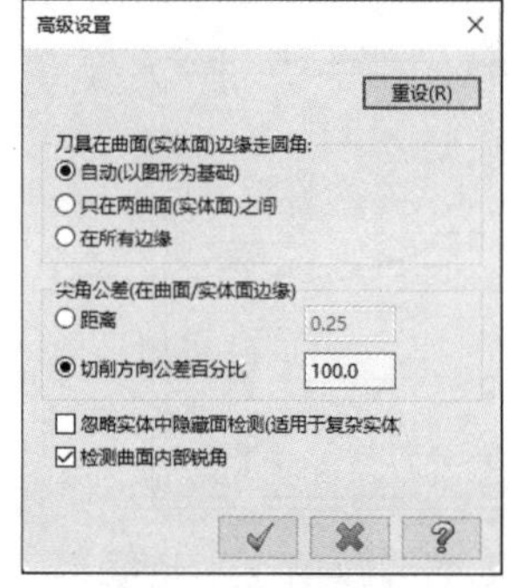

图 10-15 【高级设置】对话框

- 自动（以图形为基础）：选中该单选按钮时，允许系统自动根据刀具边界及几何图素决定是否在曲面或实体面边缘走圆角。
- 只在两曲面（实体面）之间：选中该单选按钮时，刀具在曲面或实体面相交处走圆角。
- 在所有边缘：选中该单选按钮时，刀具在所有边缘都走圆角。

② 尖角公差（在曲面/实体面边缘）：用于设置刀具在走圆弧时移动量的误差，值越大，则生成的锐角越平缓。系统提供了以下两种设置方法。

- 距离：它将圆角打断成很多小直线，直线长度为设定值，因此距离越短，生成直线的数量越多；反之，生成直线的数量越少。
- 切削方向公差百分比：用切削误差的百分比表示直线长度值。

（9）其他参数设定。

① 加工角度：指定刀具路径与 X 轴的夹角，该角度定向使用逆时针方向。

② 定义下刀点：要求输入一个下刀点。注意：下刀点要在一个封闭的角上，且要相对于加工方向。

③ 允许沿面下降切削/允许沿面上升切削：用于指定刀具是在下降时进行切削还是在上升时进行切削。

技巧荟萃

一般在加工时将粗加工和精加工的刀路相互错开，这样铣削的效果要好一些。

10.2　挖槽粗加工

挖槽加工是按用户指定的高度值一个切面一个切面地逐层向下加工等高切面，直到零件轮廓。该命令可以根据曲面的形态（凸面或凹面）自动选取不同的刀具运动轨迹去除材料，它主要用于加工凹槽曲面，加工质量不太高，如果是加工凸面，还需要创建一个切削的边界。

扫一扫，看视频

10.2.1　实例——鼠标凹模粗加工

本实例对如图 10-16 所示的鼠标凹模进行挖槽粗加工。首先打开源文件；然后执行【挖槽】命令，根据系统提示拾取要加工的曲面，设置刀具和加工参数；最后设置毛坯，模拟加工，生成 NC 程序。

动画演示\第 10 章\ 10.2.1 实例——鼠标凹模粗加工.MP4

绘制过程

1．打开文件

单击快速访问工具栏中的【打开】按钮，在弹出的【打开】对话框中选择【原始文件\ 第 10 章\鼠标凹模】文件，如图 10-16 所示。

2．选择机床

为了生成刀具路径，首先必须选择一台实现加工的机床，本次加工用系统默认的铣床，单击【机床】→【机床类型】→【铣床】按钮，选择默认选项，在【刀路】操作管理器中生成机床群组属性文件，同时弹出【刀路】选项卡。

3．创建挖槽粗加工刀具路径

（1）选择加工曲面。单击【刀路】→3D→【粗切】→【挖槽】按钮，根据系统的提示在绘图区中选择如图 10-17 所示的加工曲面后按 Enter 键，弹出【刀路曲面选择】对话框，此时显示有 5 个面被选中。单击【加工范围】的【选择】按钮，拾取图 10-18 所示的串连作为加工边界，单击【确定】按钮，返回【刀路曲面选择】对话框，单击【确定】按钮，弹出【曲面粗切挖槽】对话框。

图 10-16　挖槽粗加工模型

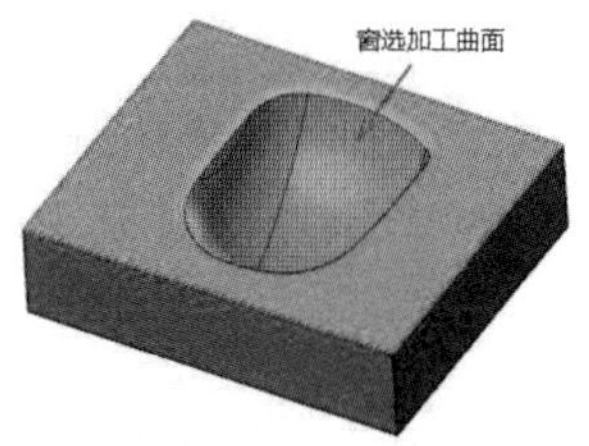

图 10-17　加工曲面的选取

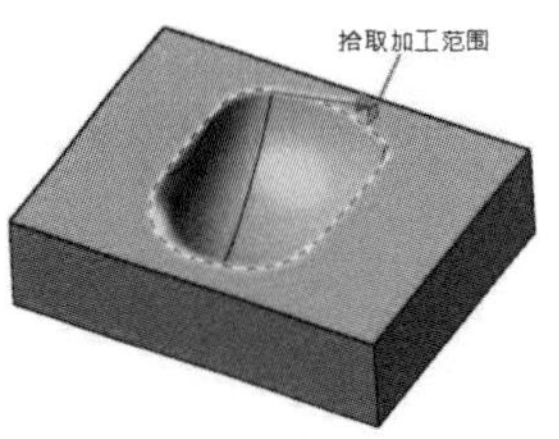

图 10-18　拾取加工范围

（2）设置刀具参数。

① 单击【曲面粗切挖槽】对话框中的【刀具参数】选项卡，进入刀具参数设置区。单击【选择刀库刀具】按钮<选择刀库刀具...>，选择直径为 20 的球形铣刀，单击【确定】按钮，返回【曲面粗切挖槽】对话框。

② 双击球形铣刀图标，弹出【编辑刀具】对话框。修改刀具【总长度】为 180、【刀齿长度】为 120，其他参数采用默认设置。单击【下一步】按钮<下一步>，设置所有粗切步进量为 60%，所有精修步进量为 30%，单击【单击重新计算进给率和主轴转速】按钮，重新生成切削参数。

③ 单击【完成】按钮<完成>，系统返回【曲面粗切挖槽】对话框。

（3）设置曲面加工参数。

① 单击【曲面粗切挖槽】对话框中的【曲面参数】选项卡，参数设置过程如图 10-19～图 10-21 所示。

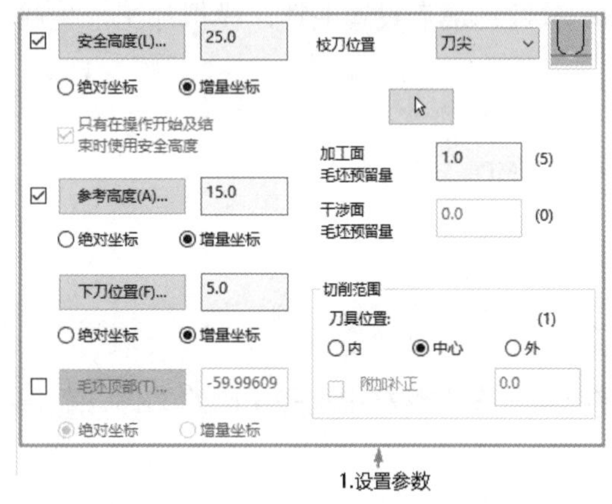

图 10-19 【曲面参数】选项卡参数设置　　图 10-20 【粗切参数】选项卡参数设置

② 单击【曲面粗切挖槽】对话框中的【确定】按钮，系统立即在绘图区生成刀具路径，如图 10-22 所示。

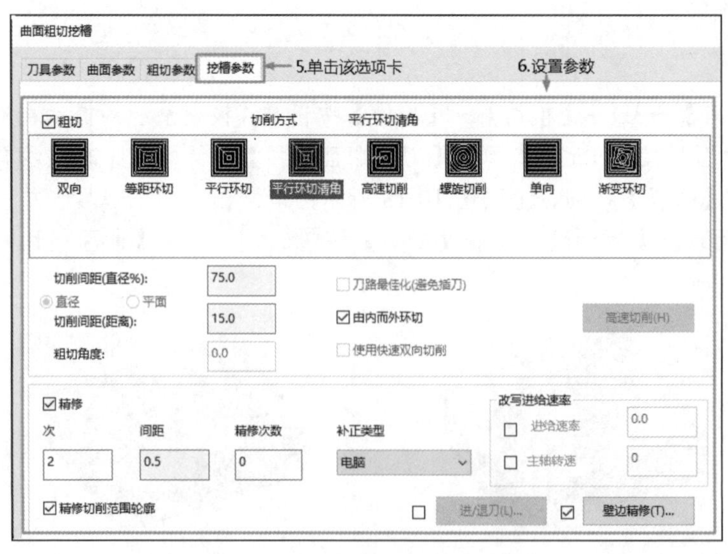

图 10-21 【挖槽参数】选项卡

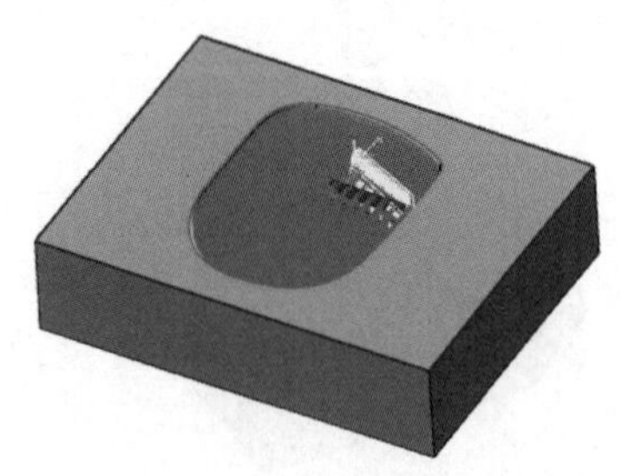

图 10-22 挖槽粗加工刀具路径

4．模拟仿真加工

为了验证挖槽粗加工参数设置的正确性，可以通过模拟挖槽加工过程来观察工件在切削过程中的下刀方式和路径的正确性。

5．毛坯设置

在【刀路】操作管理器中单击【毛坯设置】按钮 毛坯设置，弹出【机床群组属性】对话框，选择工件形状为【立方体】，单击【所有实体】按钮 所有实体，选中【显示】复选框，单击【确定】按钮，生成的毛坯如图 10-23 所示。

6．模拟仿真加工

完成刀具路径设置以后，就可以通过刀具路径模拟观察刀具路径是否设置得合适。单击【刀路】操作管理器中的【验证已选择的操作】按钮，在弹出的【Mastercam 模拟】对话框中单击【播放】按钮，进行真实加工模拟，得到如图 10-24 所示的仿真加工效果。

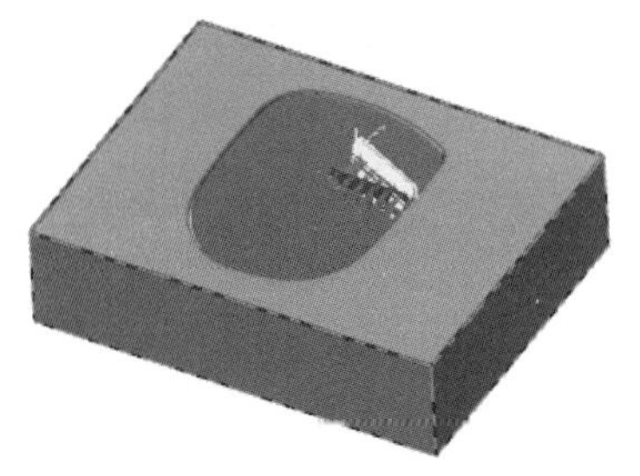

图 10-23　生成的毛坯

图 10-24　仿真加工结果

7．NC 代码

在确认加工设置无误后，即可以生成 NC 加工程序了。单击【执行选择的操作进行后处理】按钮G1，单击【确定】按钮，弹出【另存为】对话框，输入文件名称【鼠标凹模粗加工】，单击【保存】按钮 保存(S)，在编辑器中打开生成的 NC 代码，见随书电子文件。

10.2.2　挖槽粗加工参数介绍

单击【机床】→【机床类型】→【铣床】按钮，选择【默认】选项，在【刀路】操作管理器中生成机床群组属性文件，同时弹出【刀路】选项卡。单击【刀路】→3D→【粗切】→【挖槽】按钮，选取加工曲面之后，弹出【刀路曲面选择】对话框，根据需要设定相应的参数和选择相应的图素后，单击【确定】按钮，此时会弹出【曲面粗切挖槽】对话框。

1．【粗切参数】选项卡

【曲面粗切挖槽】对话框中的【粗切参数】选项卡如图 10-25 所示。

（1）进刀选项：用来设置刀具的进刀方式，有以下 3 种方式。

① 指定进刀点：系统在加工曲面前，以指定的点作为切入点。

② 由切削范围外下刀：刀具将从指定边界以外下刀。

③ 下刀位置对齐起始孔：表示下刀位置会跟随起始孔排序而定位。

（2）铣平面：选中该复选框，单击【铣平面】按钮 铣平面(F)...，弹出【平面铣削加工参数】对话框，如图 10-26 所示。

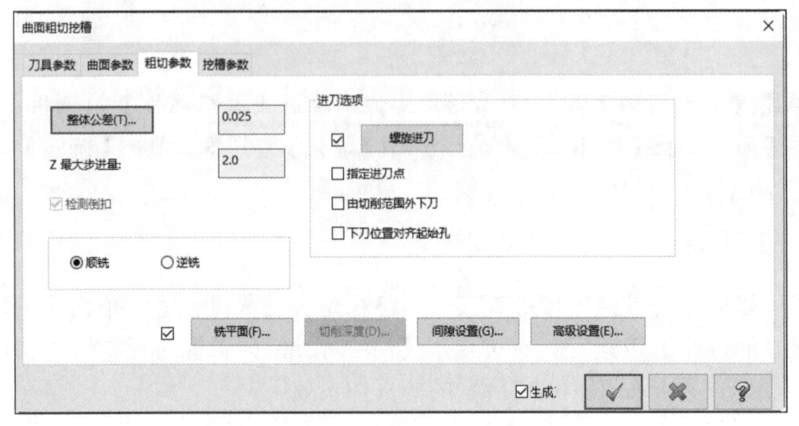

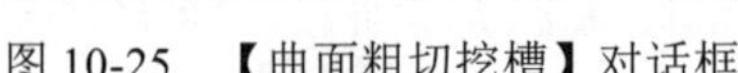
图 10-25 【曲面粗切挖槽】对话框

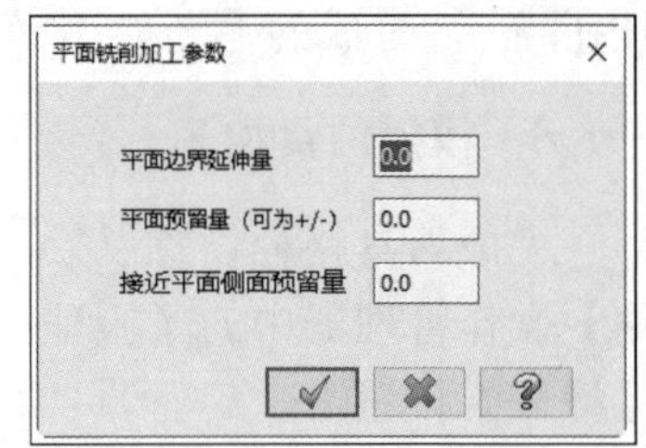

图 10-26 【平面铣削加工参数】对话框

① 平面边界延伸量：一种二维偏移，将刀具路径从平面延伸出来，以允许刀具刚好从零件开放区域中的平面开始。

② 平面预留量（可为+/-）：额外的 Z 轴偏移量（正或负），以升高平面（正）或将它们凹入零件（负）。

③ 接近平面侧面预留量：X 和 Y 方向与零件壁表面的额外间隙（二维偏移）。

2.【挖槽参数】选项卡

【曲面粗切挖槽】对话框中的【挖槽参数】选项卡如图 10-27 所示。

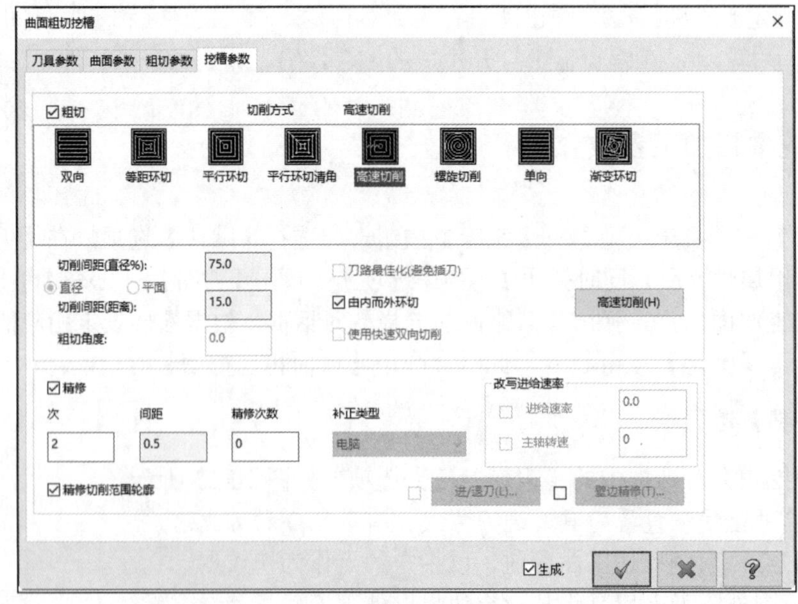

图 10-27 【挖槽参数】选项卡

切削方式：系统为挖槽粗加工提供了 8 种走刀方式，选择任意一种，对话框中相应的参数就会被激活。例如，选择【双向】，则对话框中的【粗切角度】文本框就会被激活，用户可以输入角度值，此值代表切削方向与 X 轴的角度。对话框中其他参数都比较直观，前面已介绍过。

10.3　投影粗加工

投影粗加工是指将已有的刀具路径、线条或点投影到曲面上进行加工的方法。投影粗加工的对象，不仅仅可以是一些几何图素，也可以是一些点组成的点集，甚至可以将一个已有的 NCI 文件进行投影。

10.3.1　实例——字母投影粗加工

扫一扫，看视频

本实例讲解对如图 10-28 所示的杯子进行投影粗加工。首先打开源文件，该文件中已经创建好了曲面挖槽粗加工刀具路径；然后利用【投影】命令，对挖槽粗加工刀具路径进行投影粗加工；最后设置毛坯，模拟加工，生成 NC 程序。

动画演示\第 10 章\ 10.3.1 实例——字母投影粗加工.MP4

绘制过程

1. 打开文件

单击快速访问工具栏中的【打开】按钮，在弹出的【打开】对话框中选择【原始文件\ 第 10 章\字母】文件，如图 10-28 所示。

2. 创建投影加工刀具路径

（1）选择加工曲面及投影曲线。

① 为了方便拾取曲面及曲线，可以将挖槽粗加工刀具路径隐藏。选中【刀路】操作管理器中的【曲面粗切挖槽】刀路，单击【切换显示已选择的刀路操作】按钮≈，隐藏刀具路径。

② 单击【刀路】→3D→【粗切】→【投影】按钮，在弹出的【选择工件形状】对话框中设置曲面的形状为【未定义】，并单击【确定】按钮。

③ 根据系统的提示在绘图区中选择如图 10-29 所示的加工曲面，按 Enter 键，弹出【刀路曲面选择】对话框。

图 10-28　投影粗加工模型示意图

图 10-29　选择加工曲面

④ 单击【选择曲线】按钮，弹出【线框串连】对话框，根据系统提示选择图 10-30 所示的曲线，单击【确定】按钮，返回【刀路曲面选择】对话框，单击【确定】按钮，弹出【曲面粗切投影】对话框。

（2）设置刀具参数。

① 单击【曲面粗切投影】对话框中的【刀具参数】选项卡，进行刀具参数设置。单击【选择刀库刀具】按钮选择刀库刀具...，选择直径为 3 的球形铣刀。单击【确定】按钮，返回【曲面粗切投影】对话框。

② 双击【球形铣刀】图标，弹出【编辑刀具】对话框，设置刀具【总长度】为 60、【刀齿长度】为 25，其他参数采用默认。单击【下一步】按钮下一步，设置所有粗切步进量为 60%，所有精修步进量为 30%，单击【单击重新计算进给率和主轴转速】按钮，重新生成切削参数。单击【完成】按钮完成，返回【曲面粗切投影】对话框。

（3）设置曲面加工参数。

① 单击【曲面粗切投影】对话框中的【曲面参数】选项卡，参数设置过程如图 10-31～图 10-33 所示。

图 10-30　选择要投影的曲线

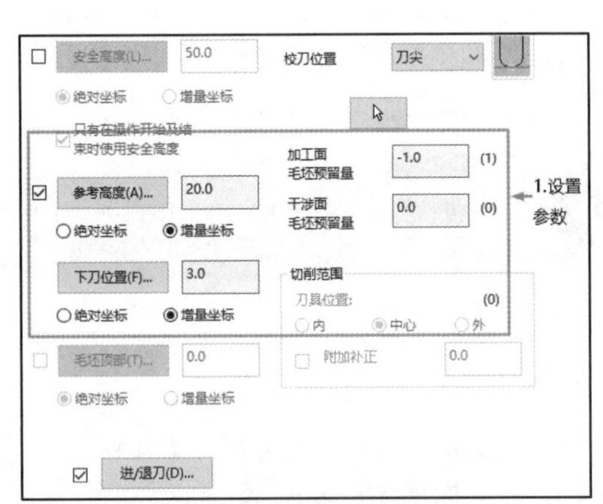

图 10-31　【曲面参数】选项卡

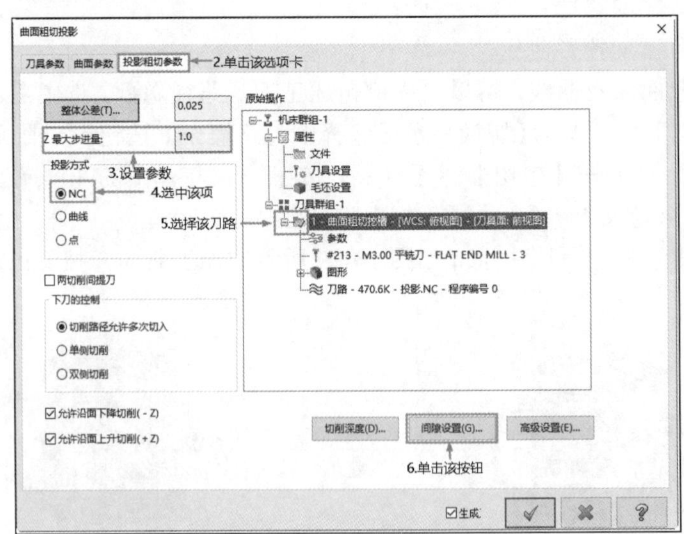

图 10-32　【投影粗切参数】选项卡

② 设置完后，单击【曲面粗切投影】对话框中的【确定】按钮，生成刀具路径，如图 10-34 所示。

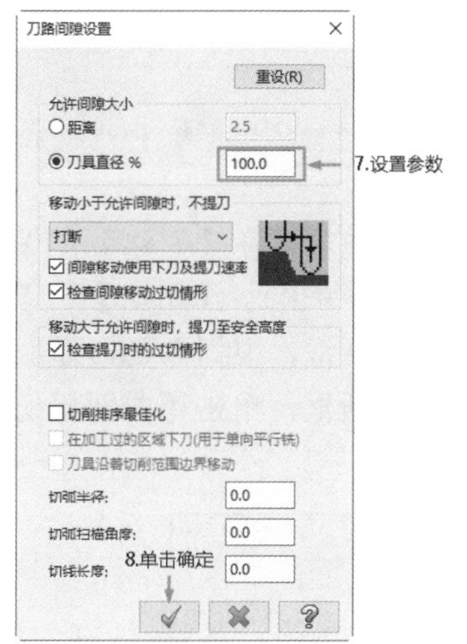

图 10-33 【刀路间隙设置】对话框

图 10-34 投影粗切刀具路径

3．模拟仿真加工

为了验证投影粗加工参数设置的正确性，可以通过模拟投影加工过程来观察工件在切削过程中的下刀方式和路径的正确性。

（1）毛坯设置。在【刀路】操作管理器中单击【毛坯设置】按钮 毛坯设置，弹出【机床群组属性】对话框，在【形状】组中选中【实体/网格】单选按钮，单击【选择】按钮，进入绘图界面，绘图区选取杯子实体。返回【机床群组属性】对话框，选中【显示】复选框，单击【确定】按钮，生成的毛坯如图 10-35 所示。

（2）模拟仿真加工。完成刀具路径设置以后，就可以通过刀具路径模拟来观察刀具路径是否设置合适。

① 单击【刀路】操作管理器中的【选择全部操作】按钮，选中所有操作。

② 单击【刀路】操作管理器中的【验证已选择的操作】按钮，在弹出的【Mastercam 模拟】对话框中单击【播放】按钮，进行真实加工模拟，得到如图 10-36 所示的仿真加工结果。

图 10-35 生成的毛坯

图 10-36 仿真加工结果

（3）NC 代码。

① 单击【刀路】操作管理器中的【选择全部操作】按钮，选中所有操作。

② 在确认加工设置无误后，即可以生成 NC 加工程序了。单击【执行选择的操作进行后处理】

按钮，弹出【后处理程序】对话框，单击【确定】按钮，弹出【另存为】对话框，输入文件名称【字母投影粗加工】，单击【保存】按钮，在编辑器中打开生成的 NC 代码，见随书电子文件。

10.3.2 投影粗加工参数介绍

单击【机床】→【机床类型】→【铣床】按钮，选择默认选项，在【刀路】操作管理器中生成机床群组属性文件，同时弹出【刀路】选项卡。单击【刀路】→3D→【粗切】→【投影】按钮，系统会依次弹出【选择工件形状】和【刀路曲面选择】对话框，根据需要选择加工曲面和相应的图素，单击【确定】按钮，弹出【曲面粗切投影】对话框，单击【曲面粗切投影】对话框中的【投影粗切参数】选项卡，如图 10-37 所示。

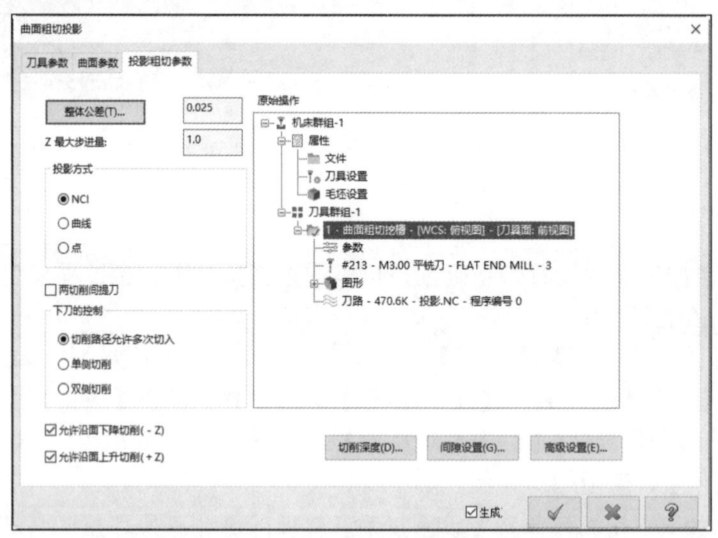

图 10-37 【投影粗切参数】选项卡

针对投影加工的参数主要有【投影方式】和【原始操作】两个。其中，投影方式用于设置投影粗加工对象的类型。在 Mastercam 中，可用于投影对象的类型包括以下 3 种。

（1）NCI：选择已有的 NCI 文件投影到所选实体上。选择该类型，可以在【原始操作】列表栏中选择 NCI 文件。

（2）曲线：将一条曲线或一组曲线投影到选定的实体上。输入刀具路径参数后系统会提示选择曲线。

（3）点：将一个点或一组点投影到选定的实体上。输入刀具路径参数后系统会提示选择点。

10.4 放射粗加工

放射粗加工是指以指定点为径向中心，放射状分层切削加工工件。加工完成后的工件表面刀具路径呈放射状，刀具在工件径向中心密集，刀具路径重叠较多，工件周围刀具间距大，由于该策略提刀次数较多，加工效率低，因此较少采用。

10.4.1　实例——灯罩粗加工

对如图 10-38 所示的灯罩模型进行放射粗切加工。首先打开网盘，用户可以使用网盘中给定的加工范围串连，也可以自行设置；然后设置机床类型为【铣床】，启动【粗切放射刀路】命令，根据系统提示拾取要进行加工的曲面，加工范围和放射中心点，并进行刀具及加工参数设置，生成刀具路径；最后设置毛坯，进行模拟仿真加工及后处理操作，生成 NC 程序。

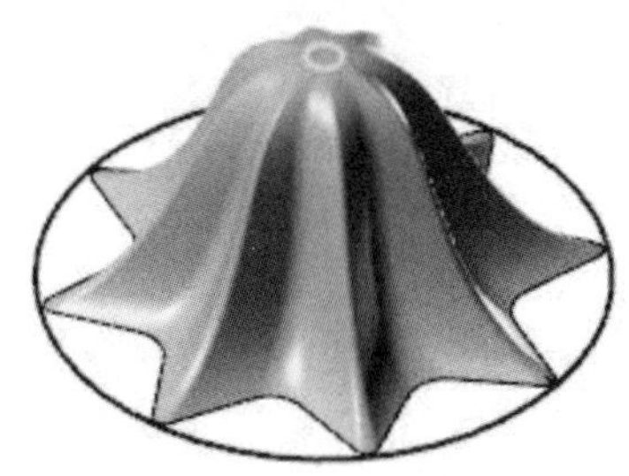

图10-38　灯罩模型示意图

动画演示\第 10 章\10.4.1 实例——灯罩粗加工.MP4

绘制过程

1．打开文件

单击快速访问工具栏中的【打开】按钮，在弹出的【打开】对话框中选择【原始文件\ 第 10 章\灯罩】文件，如图 10-38 所示。

2．选择机床

为了生成刀具路径，首先必须选择一台实现加工的机床，本次加工用系统默认的铣床，单击【机床】→【机床类型】→【铣床】按钮，选择默认选项，在【刀路】操作管理器中生成机床群组属性文件，同时弹出【刀路】选项卡。

3．创建放射粗加工刀具路径

（1）选择加工曲面。

① 单击【刀路】选项卡中新建的【粗切】面板中的【粗切放射刀路】按钮，弹出【选择工件形状】对话框，设置曲面的形状为【未定义】，并单击【确定】按钮。根据系统的提示在绘图区中选择如图 10-39 所示的加工曲面，按 Enter 键，弹出【刀路曲面选择】对话框。

② 单击切削范围【选择】按钮，弹出【线框串连】对话框，拾取切削范围串连，如图 10-40 所示。单击【确定】按钮，返回【刀路曲面选择】对话框。

③ 单击放射中心的【选择】按钮，在绘图区拾取如图 10-41 所示的放射中心，按 Enter 键，单击【确定】按钮，完成加工曲面的选取，弹出【曲面粗切放射】对话框。

（2）设置刀具参数。

① 单击【曲面粗切放射】对话框中的【刀具参数】选项卡，进行刀具参数设置。单击【选择刀库刀具】按钮选择刀库刀具...，选择直径为 6 的球形铣刀，单击【确定】按钮，返回【曲面粗切放射】对话框，可见到选择的球形铣刀已进入对话框中。

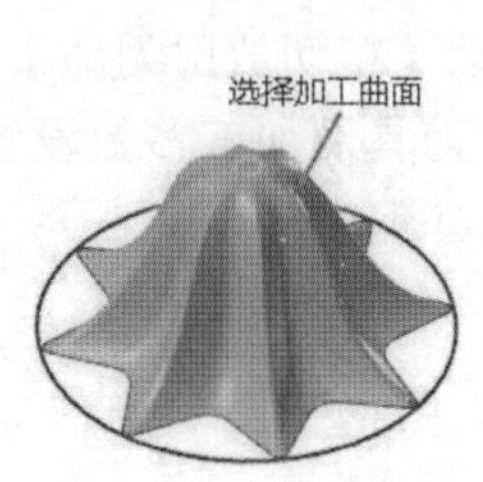

图 10-39　选择加工曲面

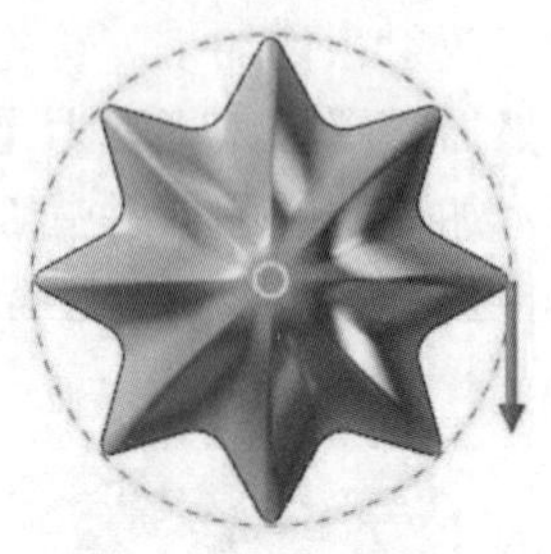

图 10-40　拾取切削范围串连

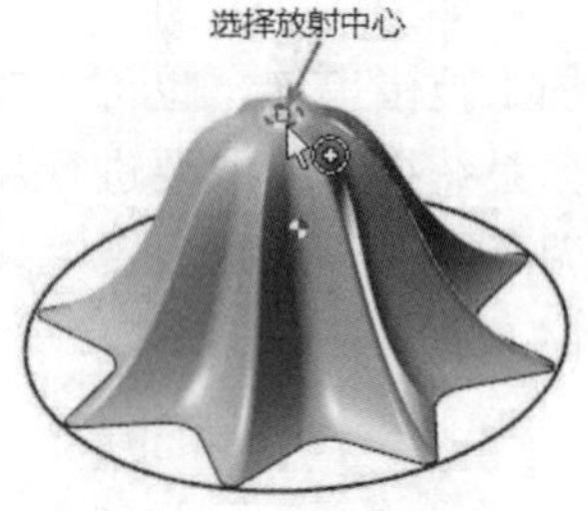

图 10-41　选择放射中心

② 双击球形铣刀图标，弹出【编辑刀具】对话框。设置刀具【总长度】为 160，【刀齿长度】为 120。单击【下一步】按钮下一步，设置所有粗切步进量为 60%，所有精修步进量为 30%，单击【单击重新计算进给率和主轴转速】按钮，重新生成切削参数。

③ 单击【完成】按钮完成，系统返回【曲面粗切放射】对话框。

（3）设置曲面加工参数。

① 单击【曲面粗切放射】对话框中的【曲面参数】选项卡，参数设置过程如图 10-42 和图 10-43 所示。

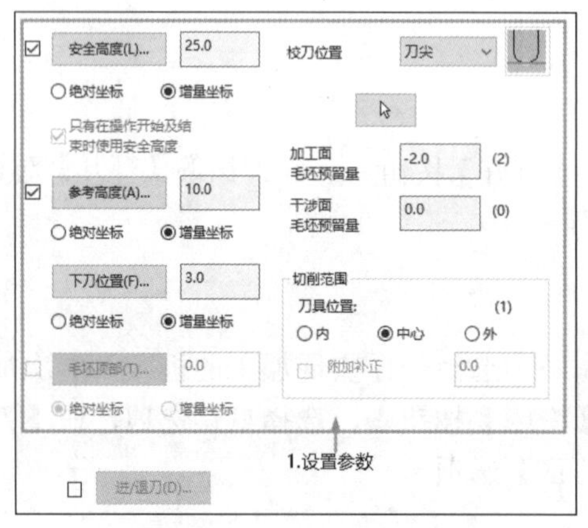

图 10-42　【曲面参数】选项卡

② 单击【确定】按钮，在绘图区会生成刀具路径，如图 10-44 所示。

4．模拟仿真加工

为了验证放射粗加工参数设置的正确性，可以通过模拟放射加工过程来观察工件在切削过程中的下刀方式和路径的正确性。

（1）毛坯设置。在【刀路】操作管理器中单击【毛坯设置】按钮毛坯设置，弹出【机床群组属性】对话框，单击【边界框】按钮，毛坯设置过程如图 10-45 所示，单击【确定】按钮，生成的毛坯如图 10-46 所示。

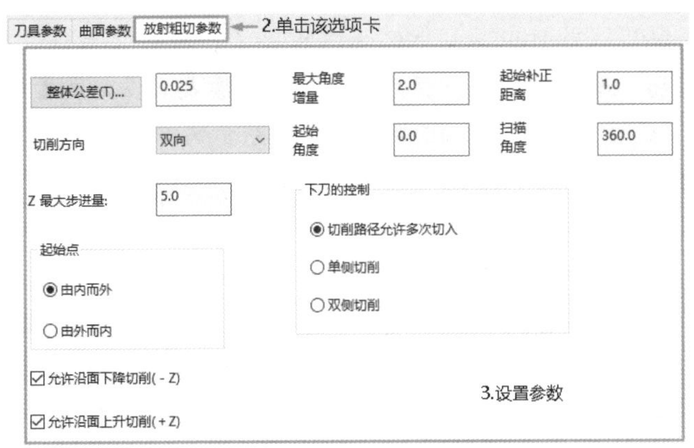

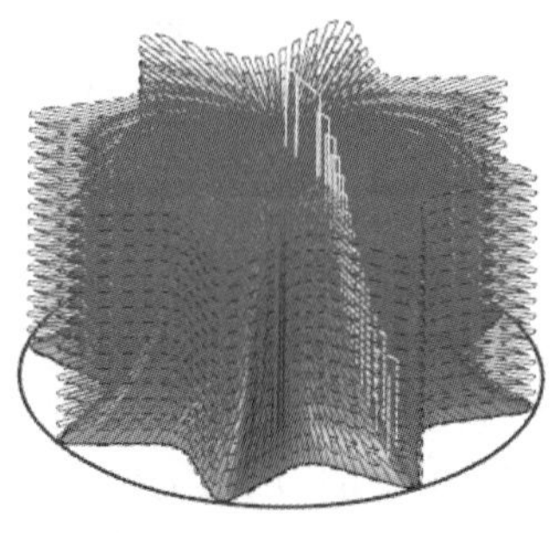

图 10-43 【放射粗切参数】选项卡

图 10-44 放射粗切刀具路径

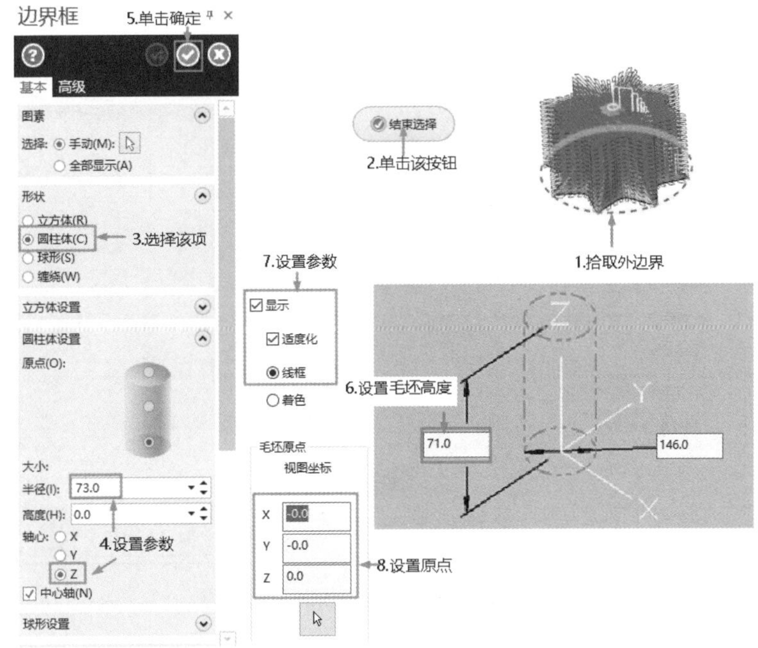

图 10-45 【毛坯设置】选项卡参数设置

（2）仿真加工。单击【刀路】操作管理器中的【验证已选择的操作】按钮，在弹出的【验证】对话框中单击【播放】按钮，系统开始进行模拟，得到如图 10-47 所示的仿真加工结果。

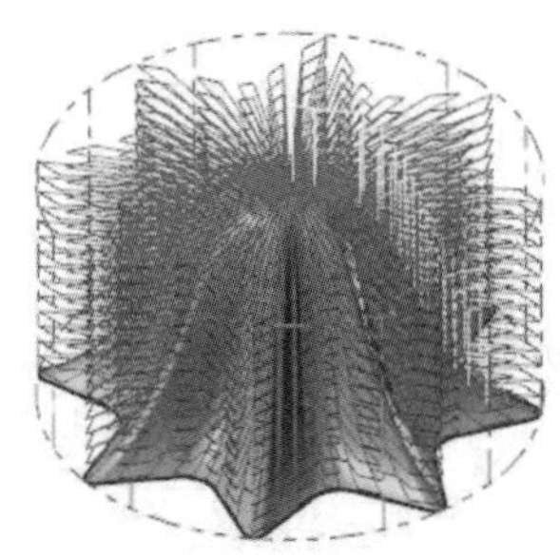

图 10-46 生成的毛坯

图 10-47 仿真加工结果

（3）NC 代码。在确认加工设置无误后，就可以生成 NC 加工程序了。单击【执行选择的操作进行后处理】按钮G1，单击【确定】按钮，弹出【另存为】对话框，输入文件名称【灯罩】，单击【保存】按钮保存(S)，在编辑器中打开生成的 NC 代码，见随书电子文件。

10.4.2 放射粗加工参数介绍

单击【机床】→【机床类型】→【铣床】按钮，选择【默认】选项，在【刀路】操作管理器中生成机床群组属性文件，同时弹出【刀路】选项卡。单击【刀路】选项卡中新建的【粗切】面板中的【粗切放射刀路】按钮，系统会依次弹出【选择工件形状】和【刀路曲面选择】对话框，根据需要选择加工曲面，确定切削范围和放射中心后，单击【确定】按钮，此时系统会弹出【曲面粗切放射】对话框。

【曲面粗切投影】对话框中的【放射粗切参数】选项卡如图 10-48 所示。

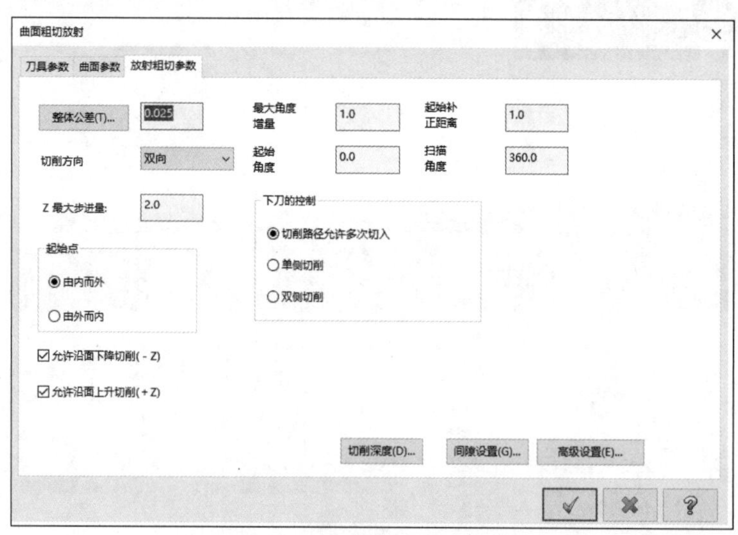

图 10-48 【曲面粗切放射】对话框

下面主要介绍针对放射状加工的专用参数，如图 10-49 所示。

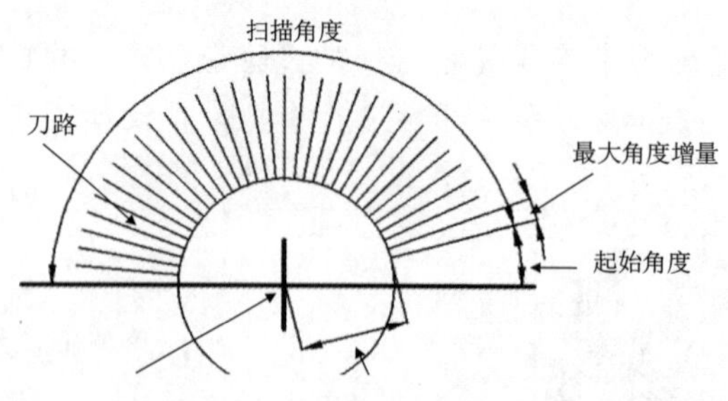

图 10-49 放射状刀路参数示意图

（1）最大角度增量：该值是指相邻两条刀具路径之间的距离。由于刀具路径是放射状的，因此，往往在中心部分刀具路径过密，而在外围则比较分散。工件越大，如果最大角度增量值设得较大时，则越可能发生工件外围有些地方加工不到的情形；反过来，如果最大角度值设得较小，则刀具往复次数又太多，从而加工效率低。因此，必须综合考虑工件大小、表面质量要求和加工效率 3 方面因素选择最大角度增量。

（2）起始补正距离：是指刀具路径开始点距离刀具路径中心的距离。由于中心部分刀具路径集中，所以要留下一段距离不进行加工，可以防止中心部分刀痕过密。

（3）起始角度：是指起始刀具路径的角度，以与 X 轴的角度为准。

（4）扫描角度：是指起始刀具路径与终止刀具路径之间的角度。

10.5　流线粗加工

流线粗加工是指依据构成曲面的横向或纵向网格线方向进行加工。由于该策略是顺着曲面的流线方向，且可以控制残留高度（它直接影响加工表面的残留面积，而这正是导致表面粗糙度的主要原因），因而可以获得较好的表面加工质量。该策略常用于曲率半径较大曲面或某些复杂且表面质量要求较高的曲面加工。

10.5.1　实例——钥匙扣粗加工

对如图 10-51 所示的钥匙扣模型进行粗切流线加工。本实例要进行两个方向的曲面加工，首先设置当前视图为【俯视图】，执行【粗切流线加工】命令，生成刀具路径；然后将当前视图设置为【仰视图】，再次执行【粗切流线加工】命令，生成刀具路径；最后设置毛坯进行模拟仿真加工，生成 NC 程序。

动画演示\第 10 章\ 10.5.1 实例——钥匙扣粗加工.MP4

绘制过程

1. 打开文件

单击快速访问工具栏中的【打开】按钮，在弹出的【打开】对话框中选择【原始文件\ 第 10 章\钥匙扣】文件，如图 10-50 所示。

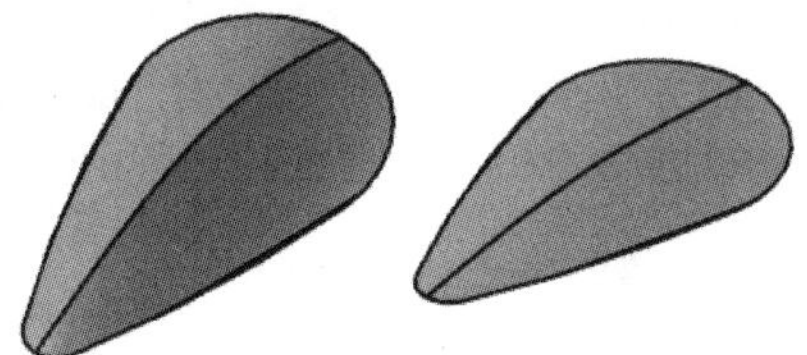

图 10-50　钥匙扣模型示意图

2. 选择机床

为了生成刀具路径，首先必须选择一台实现加工的机床，本次加工用系统默认的铣床，单击【机床】→【机床类型】→【铣床】按钮，选择【默认】选项，在【刀路】操作管理器中生成机床群组属性文件，同时弹出【刀路】选项卡。

3. 创建流线粗加工刀具路径 1

（1）选择加工曲面。

① 单击【视图】→【屏幕视图】→【俯视图】按钮，将当前视图设置为【俯视图】，同时，状态栏中的【绘图平面】和【刀具平面】也自动切换为【俯视图】。

② 单击【刀路】选项卡中新建的【粗切】面板中的【粗切流线加工】按钮，弹出【选择工件形状】对话框，设置曲面的形状为【未定义】，并单击【确定】按钮，然后根据系统的提示在绘图区中选择如图 10-51 所示的加工曲面，按 Enter 键，弹出【刀路曲面选择】对话框，最后单击该对话框中的【确定】按钮，完成加工曲面的选取。

③ 单击【刀路曲面选择】对话框中的【流线参数】按钮，弹出【曲面流线设置】对话框，如图 10-52 所示。单击该对话框中的【切削方向】按钮切削方向，调整曲面流线如图 10-53 所示，然后单击该对话框中的【确定】按钮，完成曲面流线的设置。返回【刀路曲面选择】对话框，单击该对话框中的【确定】按钮，弹出【曲面粗切流线】对话框。

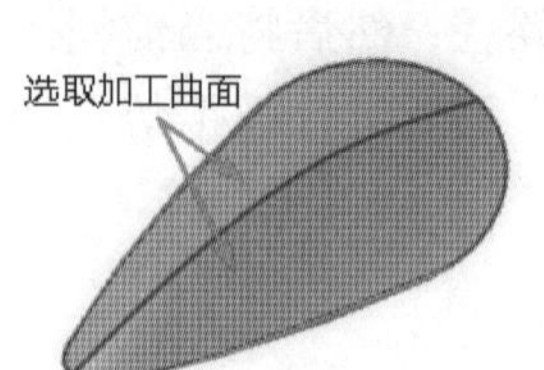

图 10-51　选取加工曲面

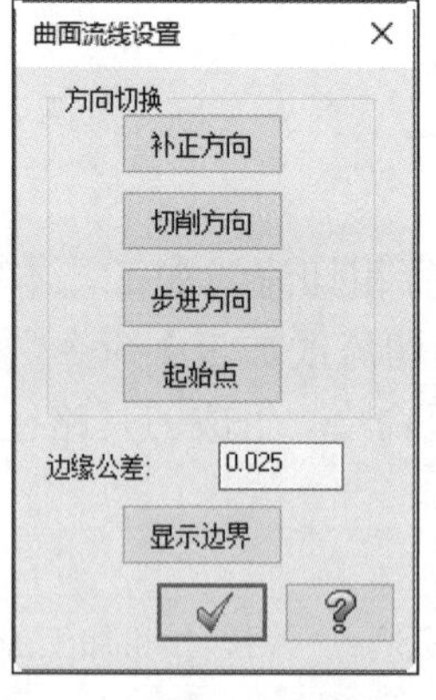

图 10-52　【曲面流线设置】对话框

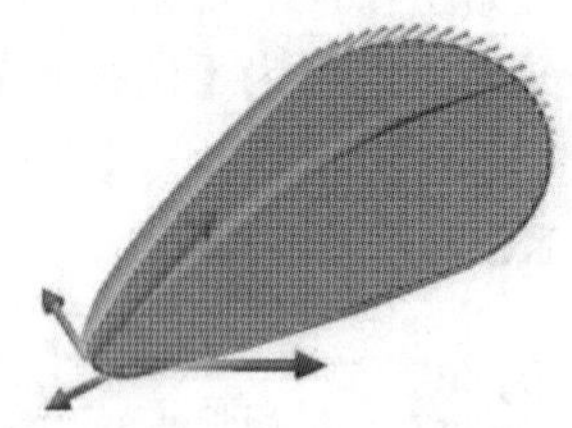

图 10-53　曲面流线设置示意

（2）设置刀具参数。

① 单击【曲面粗切流线】对话框中的【刀具参数】选项卡，进入刀具参数设置区。单击【选择刀库刀具】按钮选择刀库刀具...，选择直径为 6 的球形铣刀。单击【确定】按钮，返回【曲面粗切流线】对话框。

② 双击球形铣刀图标，弹出【编辑刀具】对话框。刀具参数采用默认设置。单击【下一步】按钮下一步，设置所有粗切步进量为 60%，所有精修步进量为 30%，单击【单击重新计算进给率和主轴转速】按钮，重新生成切削参数。

③ 单击【完成】按钮完成，返回【曲面粗切流线】对话框。

（3）设置曲面加工参数。

① 单击【曲面粗切流线】对话框中的【曲面参数】选项卡，参数设置过程如图 10-54～图 10-56 所示。

② 设置完后，单击【曲面粗切流线】对话框中的【确定】按钮，系统立即在绘图区生成刀具路径，如图 10-57 所示。

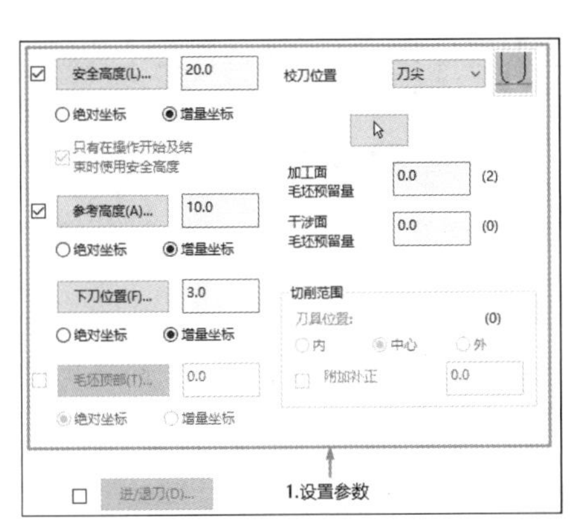

图 10-54　【曲面参数】选项卡

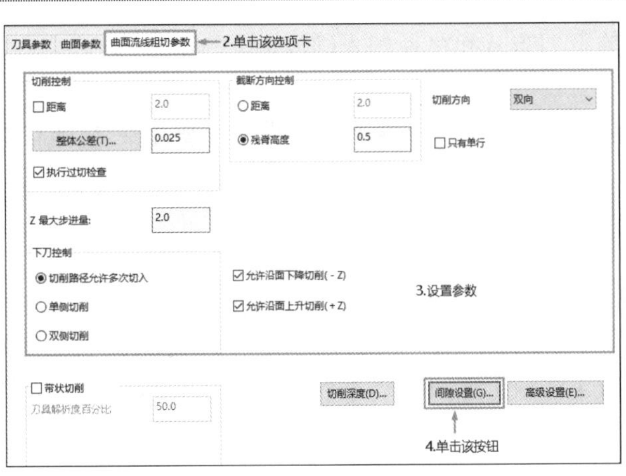

图 10-55　【曲面流线粗切参数】选项卡

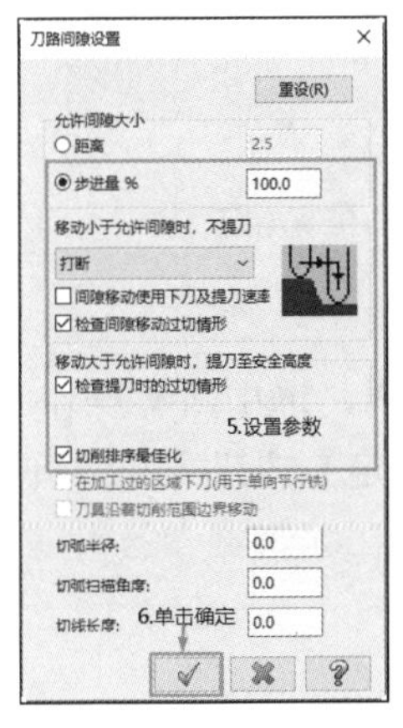

图 10-56　【刀路间隙设置】对话框

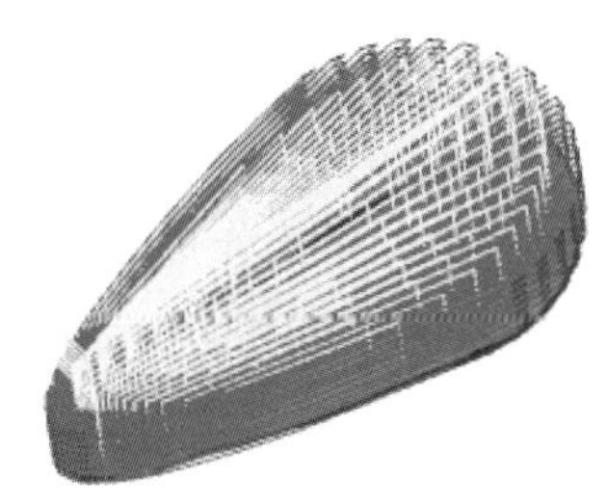

图 10-57　流线粗加工刀具路径 1

4. 创建流线粗加工刀具路径 2

（1）单击【视图】→【屏幕视图】→【仰视图】按钮，将当前视图设置为【仰视图】，同时，状态栏中的【绘图平面】和【刀具平面】也自动切换为【仰视图】。

（2）执行【粗切流线加工】命令，选择如图 10-58 所示的曲面作为加工曲面。其他参数设置同上，生成的刀具路径如图 10-59 所示。

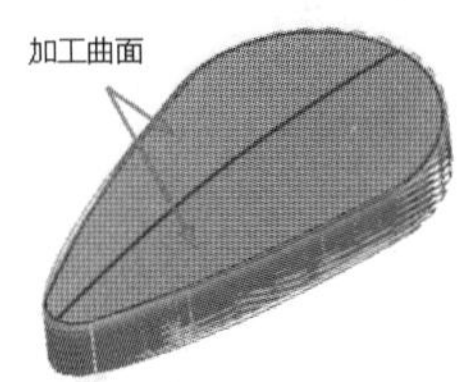

图 10-58　拾取加工曲面

图 10-59　流线粗加工刀具路径 2

5. 模拟仿真加工

为了验证流线粗加工参数设置的正确性，可以通过模拟流线加工过程来观察工件在切削过程中的下刀方式和路径的正确性。

（1）毛坯设置。在【刀路】操作管理器中单击【毛坯设置】按钮 毛坯设置，弹出【机床群组属性】对话框，在【形状】组中选中【实体/网格】单选按钮，单击【选择】按钮，进入绘图界面，绘图区选取杯子实体。返回【机床群组属性】对话框，选中【显示】复选框，单击【确定】按钮，生成的毛坯如图 10-60 所示。

（2）模拟仿真加工。

① 单击【刀路】操作管理器中的【选择全部操作】按钮，选中所有操作。

② 单击【刀路】操作管理器中的【验证已选择的操作】按钮，在弹出的【验证】对话框中单击【播放】按钮，系统开始进行模拟，得到如图 10-61 所示的仿真加工结果。

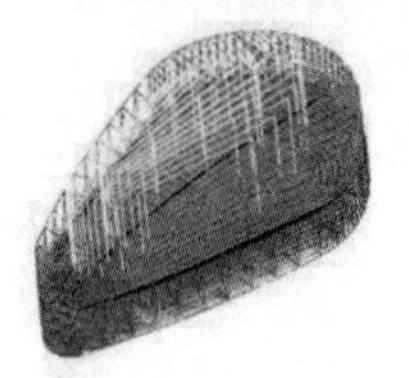

图 10-60　生成的毛坯

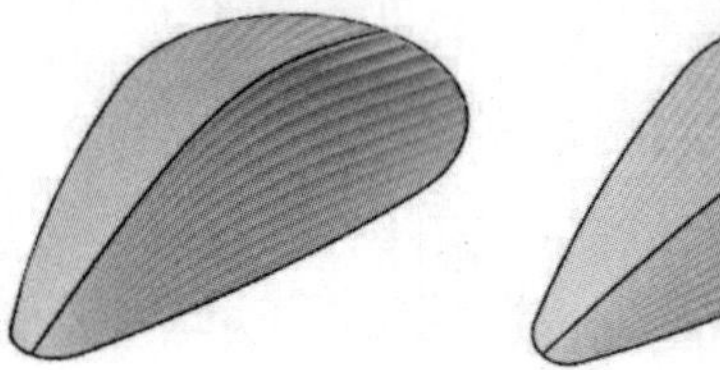

图 10-61　仿真加工结果

（3）NC 代码。

① 单击【刀路】操作管理器中的【选择全部操作】按钮，选中所有操作。

② 单击【执行选择的操作进行后处理】按钮G1，单击【确定】按钮，弹出【另存为】对话框，输入文件名称【钥匙扣】，单击【保存】按钮保存(S)，在编辑器中打开生成的 NC 代码，见随书电子文件。

10.5.2　流线粗加工参数介绍

单击【机床】→【机床类型】→【铣床】按钮，选择默认选项，在【刀路】操作管理器中生成机床群组属性文件，同时弹出【刀路】选项卡。单击【刀路】选项卡中新建的【粗切】面板中的【粗切流线加工】按钮，系统会依次弹出【选择工件形状】和【刀路曲面选择】对话框，根据需要设定相应的参数和选择相应的图素后，单击【确定】按钮，此时系统会弹出【曲面粗切流线】对话框。

【曲面粗切流线】对话框中的【曲面流线粗切参数】选项卡如图 10-62 所示。

（1）切削控制：刀具在流线方向上切削的进刀量有两种设置方法：一种是在【距离】文本框中直接指定，另一种是按照要求的整体公差进行计算。

（2）执行过切检查：选中该复选项，则系统将检查可能出现的过切现象，并自动调整刀具路径以避免过切。如果刀具路径移动量大于设定的整体公差值，则会通过自动提刀的方法避免过切。

（3）截断方向控制：与切削方向控制类似，只不过它控制的是刀具在垂直于切削方向的切削进刀量。它也有两种方法：一种是直接在【距离】文本框中输入一个指定值，作为截断方向的进刀量；另一种是在【残脊高度】文本框中设置刀具的残脊高度，然后由系统自动计算该方向的进刀量。

（4）只有单行：在相邻曲面的一行（而不是一个小区域）的上方创建流线加工刀具路径。

（5）带状切削：选择此选项可创建单程流线刀具路径，并在曲面中间进行一次切割。

（6）刀具解析度百分比：输入用于计算带状切割的刀具直径百分比。计算值控制垂直于工具运动的表面上切片之间的间距。切片在它们的中点连接以创建工具要遵循的路径。较小的百分比会创建更多的切片，从而生成更精细的刀具路径。

图 10-62　【曲面粗切流线】对话框

10.6　等高外形粗加工

等高外形加工是沿工件外形的等高线走刀，加工完一层后，采用多种层到层的移动方式进行 Z 方向的进给，进入下一层继续加工。简单来说，等高外形就是将复杂的三维图形分为许多层简单的二维图形来加工。

10.6.1　实例——显示器壳体粗加工

扫一扫，看视频

对如图 10-63 所示的显示器壳体进行粗切等高外形加工。在进行等高加工之前，需要先进行面铣加工，去除端面多余的材料；然后执行【粗切等高外形加工】命令，选择加工曲面和加工范围串连，设置刀具和曲面加工参数，进行参数设置时，要注意生成刀具路径；最后进行毛坯设置和模拟仿真加工，生成 NC 程序。

动画演示\第 10 章\ 10.6.1　实例——显示器壳体粗加工.MP4

绘制过程

1. 打开文件

单击快速访问工具栏中的【打开】按钮，在弹出的【打开】对话框中选择【原始文件\ 第 10 章\显示器壳体】文件，如图 10-63 所示。

2．创建粗切等高外形加工刀具路径

（1）选择加工曲面及切削范围。

① 单击【刀路】选项卡中新建的【粗切】面板中的【粗切等高外形加工】按钮。根据系统的提示在绘图区中选择如图 10-64 所示的加工曲面，按 Enter 键，弹出【刀路曲面选择】对话框。

② 单击【切削范围】的【选择】按钮，弹出【实体串连】对话框，拾取切削范围串连，如图 10-65 所示。单击【确定】按钮，返回【刀路曲面选择】对话框，单击【确定】按钮，完成加工曲面的选取，弹出【曲面粗切等高】对话框。

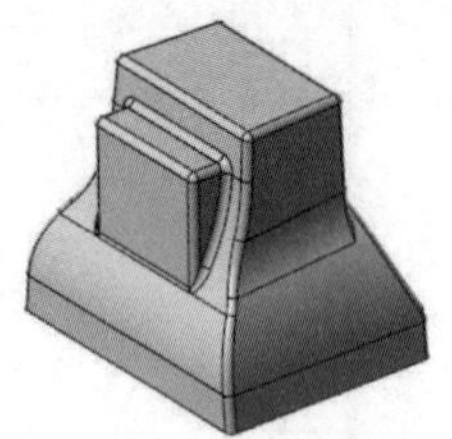

图 10-63　粗切等高外形加工模型

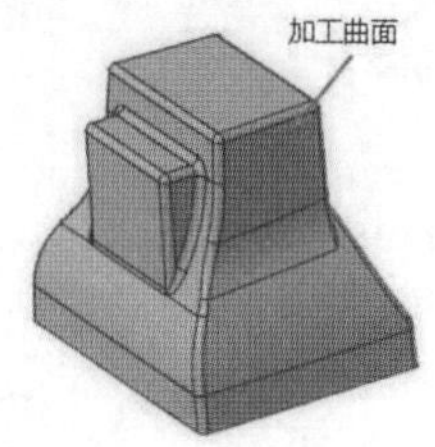

图 10-64　选择加工曲面

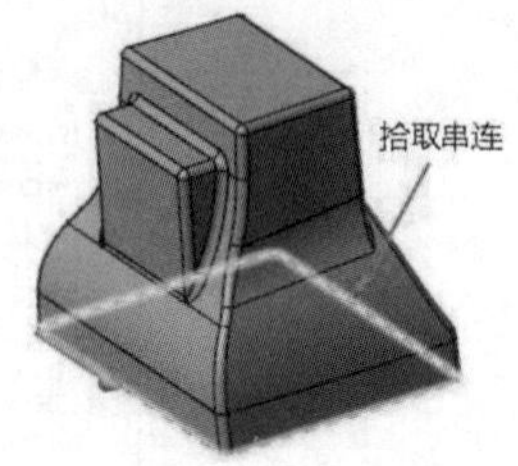

图 10-65　拾取切削范围串连

（2）设置刀具参数。

① 单击【曲面粗切等高】对话框中的【刀具参数】选项卡，进行刀具参数设置。单击【选择刀库刀具】按钮，选择直径为 20 的球形铣刀，单击【确定】按钮，返回【曲面粗切等高】对话框。

② 双击球形铣刀图标，弹出【编辑刀具】对话框。设置刀具【总长度】为 220，【刀齿长度】为 180。单击【下一步】按钮，设置所有粗切步进量为 60%，所有精修步进量为 30%，单击【单击重新计算进给率和主轴转速】按钮，重新生成切削参数。

③ 单击【完成】按钮，系统返回【曲面粗切等高】对话框。

（3）设置曲面加工参数。

① 单击【曲面粗切等高】对话框中的【曲面参数】选项卡，参数设置过程如图 10-66～图 10-68 所示。

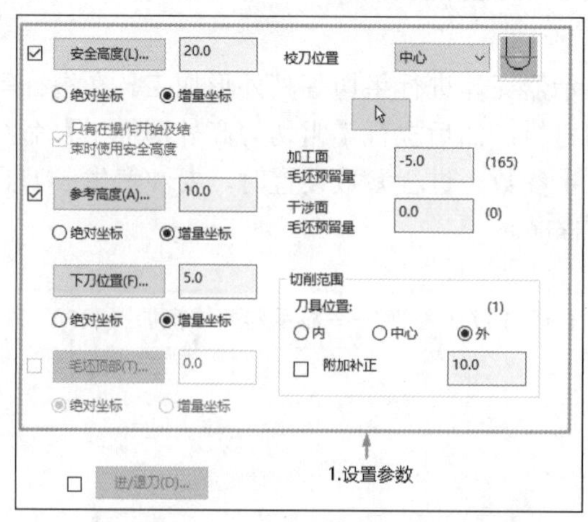

图 10-66　【曲面参数】选项卡参数设置

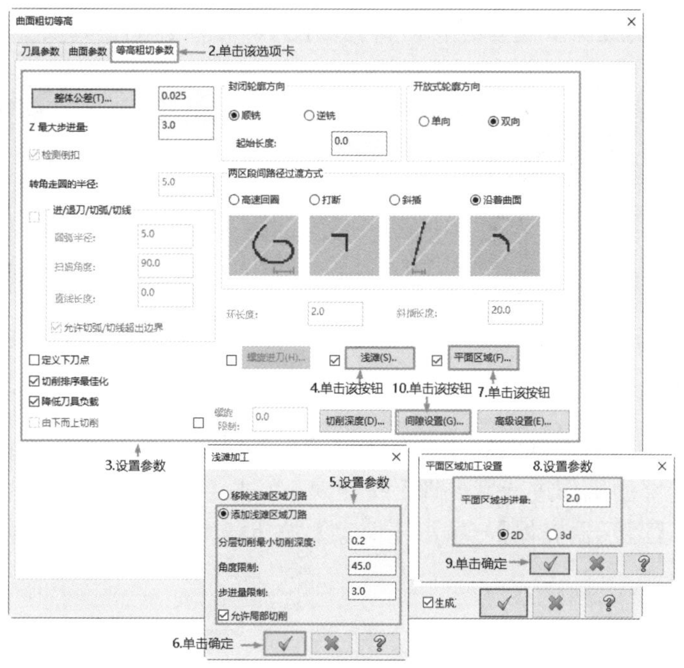

图 10-67 【等高粗切参数】选项卡参数设置

② 设置完后，单击【曲面粗切等高】对话框中的【确定】按钮，系统立即在绘图区生成刀具路径，如图 10-69 所示。

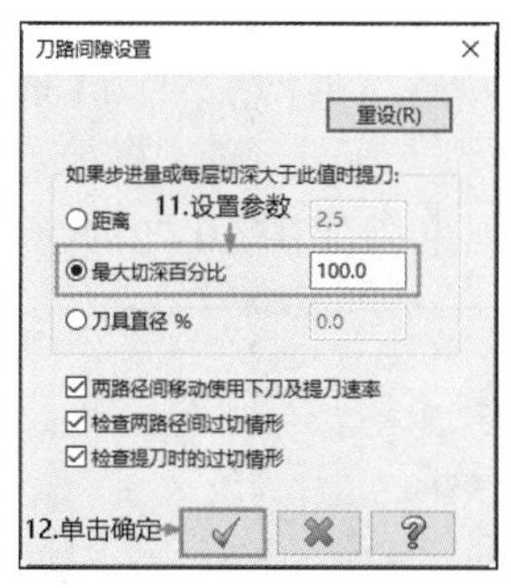

图 10-68 【刀路间隙设置】对话框参数设置

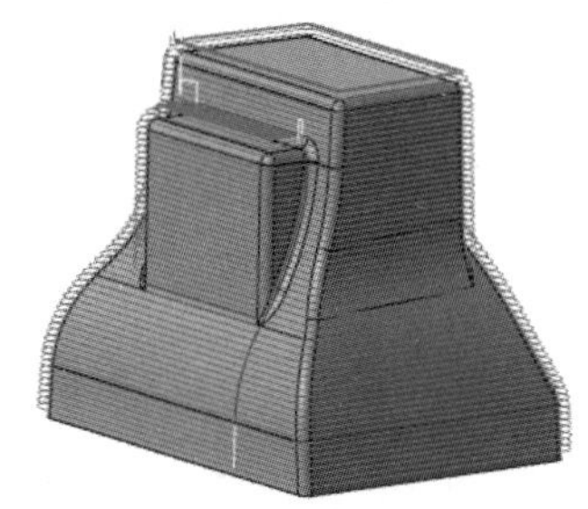

图 10-69 等高外形加工刀具路径

3. 模拟仿真加工

为了验证等高粗加工参数设置的正确性，可以通过模拟等高加工过程来观察工件在切削过程中的下刀方式和路径的正确性。

（1）毛坯设置。在【刀路】操作管理器中单击【毛坯设置】按钮 毛坯设置，弹出【机床群组属性】对话框，在【形状】组中选中【实体/网格】单选按钮，单击【选择】按钮，进入绘图界面，绘图区选取坯子实体。返回【机床群组属性】对话框，选中【显示】复选框，单击【确定】按钮，生成的毛坯如图 10-70 所示。

（2）模拟仿真加工。

① 单击【刀路】操作管理器中的【选择全部操作】按钮，选中所有操作。

② 单击【刀路】操作管理器中的【验证已选择的操作】按钮，在弹出的【验证】对话框中

单击【播放】按钮▶，系统开始进行模拟，得到如图 10-71 所示的仿真加工结果。

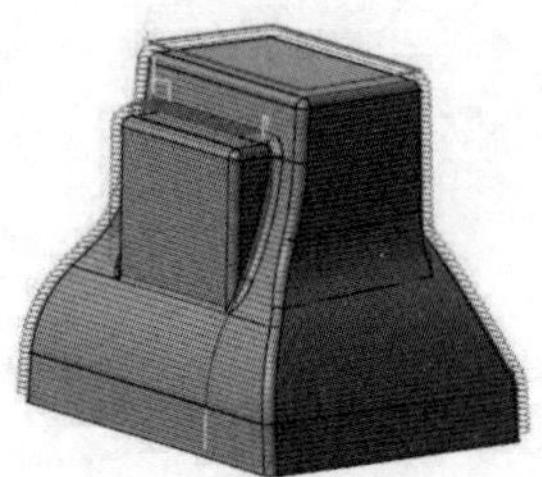

图 10-70　生成的毛坯

图 10-71　仿真加工结果

（3）NC 代码。

① 单击【刀路】操作管理器中的【选择全部操作】按钮，选中所有操作。

② 单击【执行选择的操作进行后处理】按钮G1，单击【确定】按钮✓，弹出【另存为】对话框，输入文件名称【显示器壳体】，单击【保存】按钮保存(S)，在编辑器中打开生成的 NC 代码，见随书电子文件。

10.6.2　等高外形粗加工参数介绍

单击【机床】→【机床类型】→【铣床】按钮，选择默认选项，在【刀路】操作管理器中生成机床群组属性文件，同时弹出【刀路】选项卡。单击【刀路】选项卡中新建的【粗切】面板中的【粗切等高外形加工】按钮，选取加工曲面之后，会弹出【刀路曲面选择】对话框，根据需要设定相应的参数和选择相应的图素后，单击【确定】按钮✓，此时会弹出【曲面粗切等高】对话框。

单击【曲面粗切等高】对话框中的【等高粗切参数】选项卡，如图 10-72 所示。

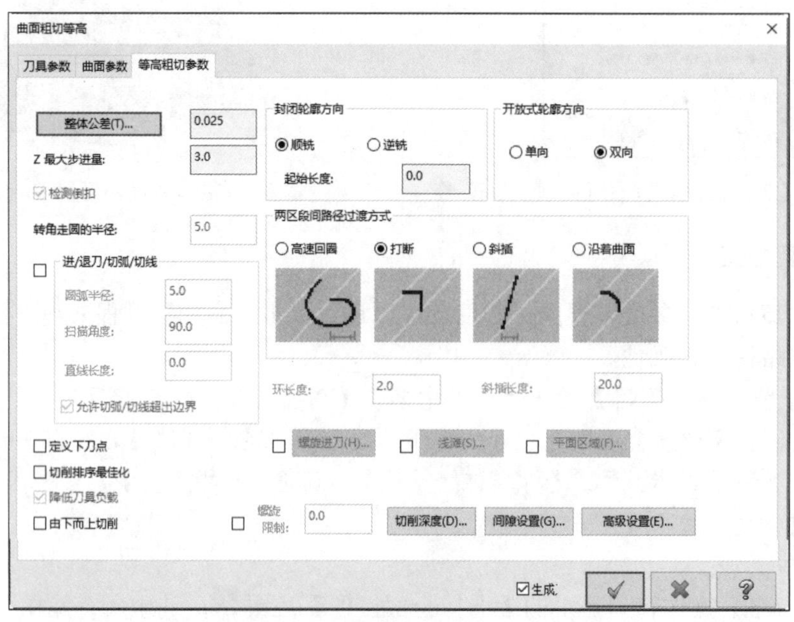

图 10-72　【曲面粗切等高】对话框

（1）封闭轮廓方向：用于设置封闭式轮廓外形加工时，加工方式是顺铣还是逆铣。同时【起始长度】文本框还可以设置加工封闭式轮廓的下刀时的起始长度。

（2）开放式轮廓方向：加工开放式轮廓时，因为没有封闭，所以加工到边界时刀具就需要转弯以避免在无材料的空间做切削动作，Mastercam 提供了以下两种动作方式。

① 单向：刀具加工到边界后，提刀，快速返回到另一头，再下刀沿着下一条刀具路径进行加工。

② 双向：刀具在顺方向和反方向都进行切削，即来回切削。

（3）两区段间路径过渡方式：当要加工的两个曲面相距很近时或一个曲面因某种原因被隔开一个距离时，就需要考虑刀具如何从这个区域过渡到另一个区域。【两区段间路径过渡方式】选项就是用于设置当刀具移动量小于设定的间隙时，刀具如何从一条路径过渡到另一条路径上。Mastercam 提供了以下 4 种过渡方式。

① 高速回圈：刀具以平滑的方式从一条路径过渡到另一条路径上。

② 打断：将移动距离分成 Z 方向和 XY 平面方向两部分来移动，即刀具从间隙一边的刀具路径的终点在 Z 方向上上升或下降到间隙另一边的刀具路径的起点高度，然后再从 XY 平面内移动到所处的位置。

③ 斜插：将刀以直线的方式从一条路径过渡到另一条路径上。

④ 沿着曲面：刀具根据曲面的外形变化趋势，从一条路径过渡到另一条路径上。

当选择【高速回圈】或【斜插】方式，则【回圈长度】或【斜插长度】文本框被激活，具体含义可参考对话框中红线标识。

（4）螺旋进刀：该功能可以实现螺旋进刀功能，选中【螺旋进刀】复选框并单击其按钮，弹出【螺旋进刀设置】对话框，如图 10-73 所示。

（5）浅滩：是指曲面上的较为平坦的部分。单击【浅滩】按钮，弹出【浅滩加工】对话框，如图 10-74 所示，利用该对话框可以在等高外形加工中增加或去除浅滩刀具路径，从而保证曲面上浅滩的加工质量。

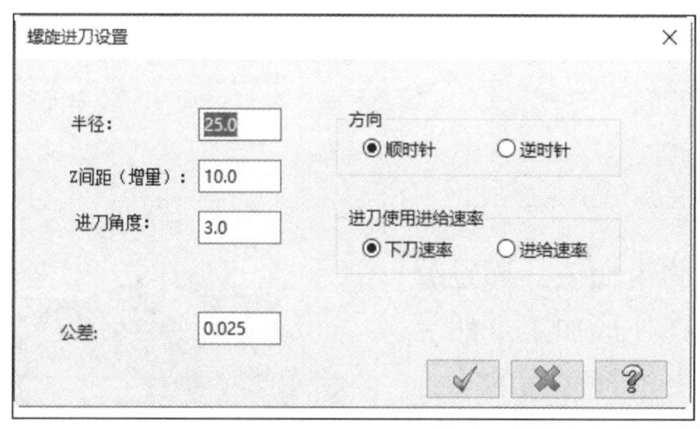

图 10-73　【螺旋进刀设置】对话框

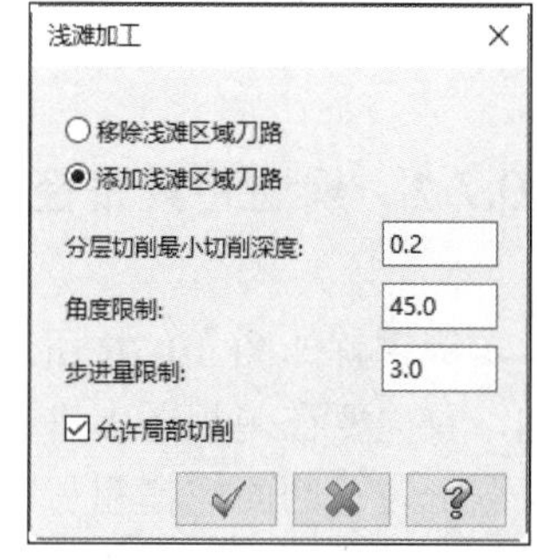

图 10-74　【浅滩加工】对话框

【浅滩加工】对话框中各选项含义如下。

① 移除浅滩区域刀路：选中该单选按钮，系统去除曲面浅滩区域中的道路。

② 添加浅滩区域刀路：选中该单选按钮，系统将根据设置在曲面浅滩区域中增加道路。

③ 分层切削最小切削深度：该文本框中设置限制刀具 Z 方向移动的最小值。

④ 角度限制：在此文本框中定义曲面浅滩区域的角度（默认值为 45°）。系统去除或增加从 0°到该设定角度之间曲面浅滩区域中的刀路。

⑤ 步进量限制：该文本框中的值在向曲面浅滩区域增加刀路时，作为刀具的最小进刀量；去除曲面浅滩区域的刀路时，作为刀具的最大进刀量。如果输入 0，曲面的所有区域都被视为曲面浅滩区域，此值与加工角度极限相关联，二者设置一个即可。

⑥ 允许局部切削：该复选框与【移除浅滩区域刀路】和【添加浅滩区域刀路】单选按钮配合使用，如图 10-74 所示。选中该复选框，则在曲面浅滩区域中增加刀路时，不产生封闭的等 Z 值切削；未选中该复选框，曲面浅滩区域中增加刀路时，可产生封闭的等 Z 值切削。

（6）平面区域：单击【平面区域】按钮，弹出【平面区域加工设置】对话框，如图 10-75 所示。选择 3d 方式时，则切削间距为刀具路径在二维平面的投影。

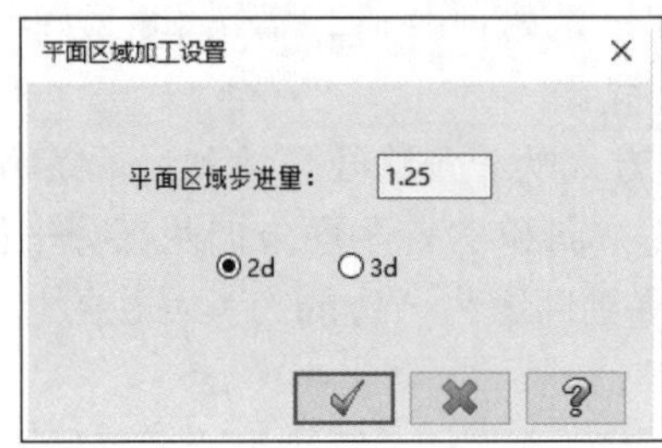

图 10-75 【平面区域加工设置】对话框

（7）螺旋限制：螺旋限制功能可以将一系列的等高切削转换为螺旋斜坡切削，从而消除切削层之间移动带来的刀痕，对于陡斜壁加工效果尤为明显。

扫一扫，看视频

10.7 综合实例——熨斗三维粗加工

本节将以实例说明以上所讲的三维粗加工相互之间进行混用，在 6 种粗加工中，实际常用的也只有两三种，其他几种很少用到，而且常用的这几种基本上能满足实际的需要。

10.7.1 规划刀具路径

本实例讲解如图 10-76 所示的电熨斗模型的粗加工，通过分析可知，首先要在俯视图上进行熨斗的顶面等高外形加工，然后在前视图上进行侧面挖槽粗加工，再在仰视图上进行底面的平行粗加工。毛坯开粗加工完成后，需要进行残料粗加工。具体加工方案如下。

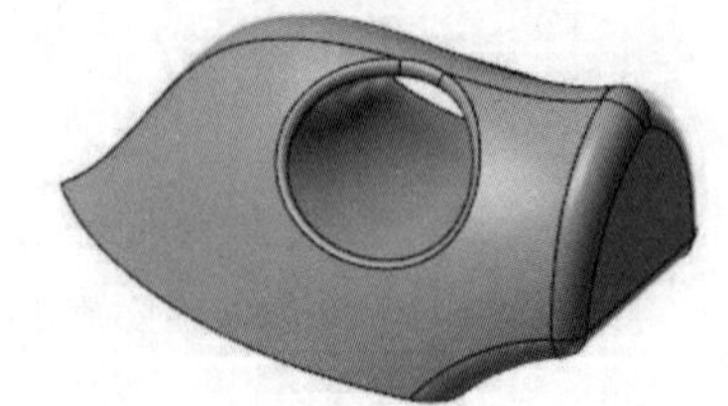

图 10-76 加工图形

（1）使用直径为 20 的球形铣刀，采用【粗切等高外形加工】策略，在俯视图上进行曲面粗加工。

（2）使用直径为 20 的球形铣刀，采用【挖槽】策略，在前视图上进行曲面挖槽粗加工。

（3）使用直径为 6 的球形铣刀，采用【平行】策略，在仰视图上进行曲面平行粗加工。

（4）使用直径为 10 的球形铣刀，采用【粗切残料加工】策略，在俯视图上进行曲面残料粗加工。

10.7.2　刀具路径编制

动画演示\第 10 章\ 10.7 综合实例——熨斗三维粗加工.MP4

绘制过程

1．曲面等高外形粗加工

（1）单击【机床】→【机床类型】→【铣床】按钮，选择【默认】选项，在【刀路】操作管理器中生成机床群组属性文件，同时弹出【刀路】选项卡。

（2）单击【视图】→【屏幕视图】→【俯视图】按钮，将当前视图设置为【俯视图】，同时，绘图平面和刀具平面也自动切换为【俯视图】。

（3）单击【刀路】选项卡中新建的【粗切】面板中的【粗切等高外形加工】按钮。根据系统的提示在绘图区中拾取如图 10-77 所示的加工曲面，按 Enter 键，弹出【刀路曲面选择】对话框。

（4）单击【切削范围】的【选择】按钮，弹出【实体串连】对话框，单击【边缘】按钮，拾取切削范围串连，如图 10-78 所示。单击【确定】按钮，返回【刀路曲面选择】对话框，单击【确定】按钮，完成加工曲面的选取，弹出【曲面粗切等高】对话框。

（5）单击【曲面粗切等高】对话框中的【选择刀库刀具】按钮选择刀库刀具...，选择直径为 20 的球形铣刀，单击【确定】按钮，返回【曲面粗切等高】对话框。

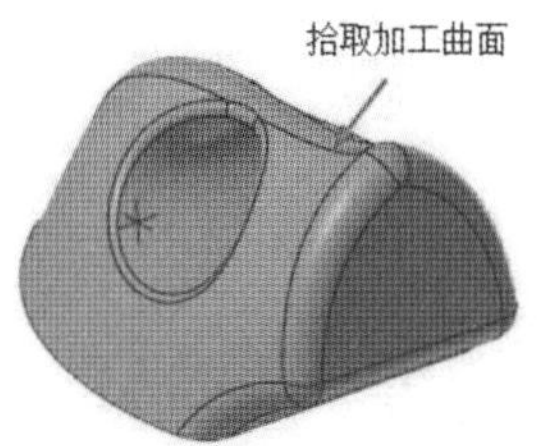

图10-77　拾取加工曲面

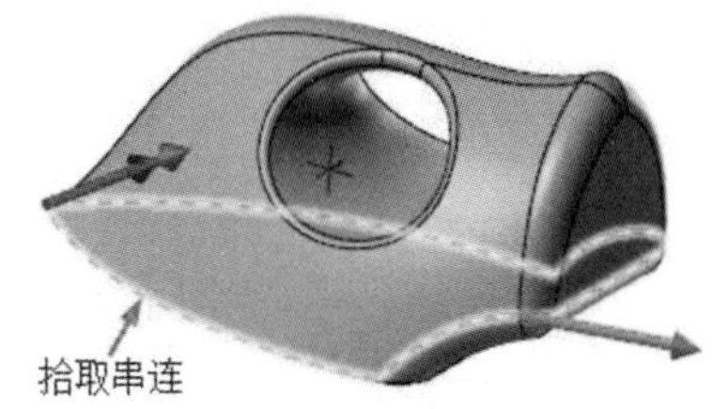

图10-78　拾取加工范围串连

（6）双击球形铣刀图标，弹出【编辑刀具】对话框。设置刀具【总长度】为 180，【刀齿长度】为 155。单击【下一步】按钮下一步，设置所有粗切步进量为 60%，所有精修步进量为 30%，单击【单击重新计算进给率和主轴转速】按钮，重新生成切削参数。单击【完成】按钮完成，返回【曲面粗切等高】对话框。

（7）单击【曲面粗切等高】对话框中的【曲面参数】选项卡，参数设置过程如图 10-79～图 10-81 所示。

（8）设置完后，单击【曲面粗切等高】对话框中的【确定】按钮，系统立即在绘图区生成刀具路径，如图 10-82 所示。

2．曲面粗切挖槽加工

（1）为了方便拾取曲面及曲线，可以将挖槽粗加工刀具路径隐藏。选中【刀路】操作管理器中的【曲面粗切等高】刀路，单击【切换显示已选择的刀路操作】按钮≋，隐藏刀具路径。

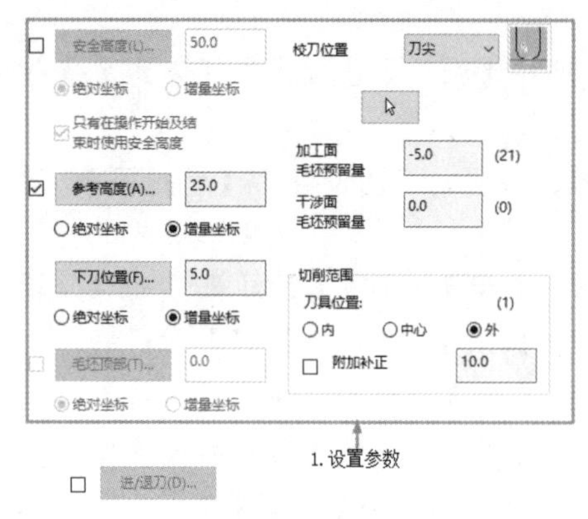

图 10-79 【曲面参数】选项卡参数设置

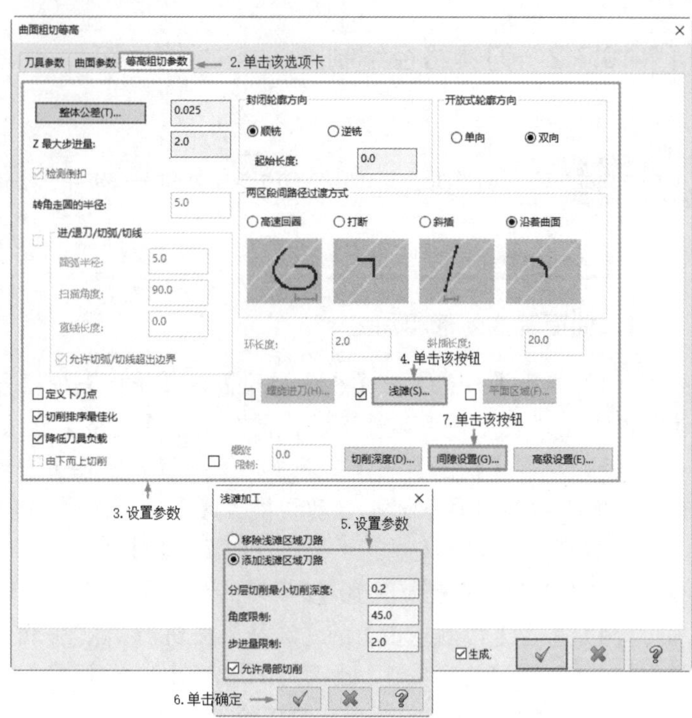

图 10-80 【等高粗切参数】选项卡参数设置

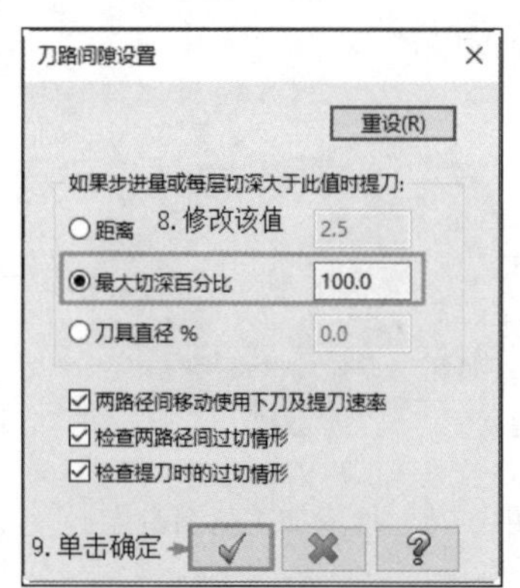

图 10-81 【刀路间隙设置】对话框参数设置

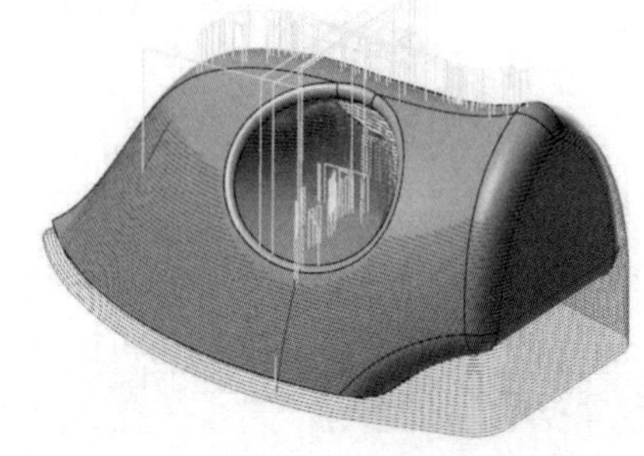

图 10-82 等高外形粗加工刀具路径

（2）单击【视图】→【屏幕视图】→【前视图】按钮，将当前视图设置为【前视图】，同时，绘图平面和刀具平面也自动切换为【前视图】。

（3）单击【刀路】→3D→【粗切】→【挖槽】按钮，根据系统的提示在绘图区中选择如图 10-83 所示的加工曲面，按 Enter 键，弹出【刀路曲面选择】对话框，此时显示有 5 个面被选中。单击【加工范围】的【选择】按钮，拾取图 10-84 所示的串连，单击【确定】按钮，返回【刀路曲面选择】对话框，单击【确定】按钮，弹出【曲面粗切挖槽】对话框。

（4）单击【曲面粗切挖槽】对话框中的【选择刀库刀具】按钮选择刀库刀具...，选择直径为 20 的球形铣刀，单击【确定】按钮，返回【曲面粗切挖槽】对话框。

（5）单击【曲面粗切挖槽】对话框中的【曲面参数】选项卡，参数设置过程如图 10-85～图 10-87 所示。

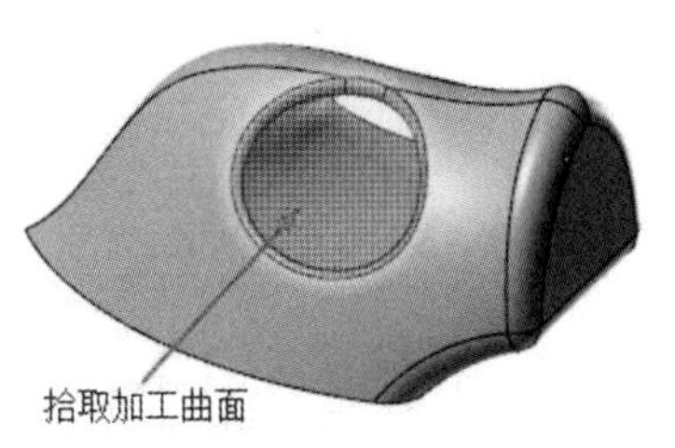

图 10-83 拾取加工曲面

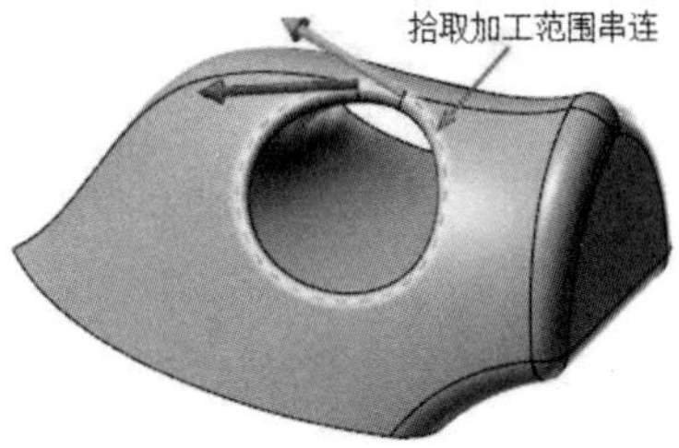

拾取加工范围串连

图 10-84 拾取加工范围串连

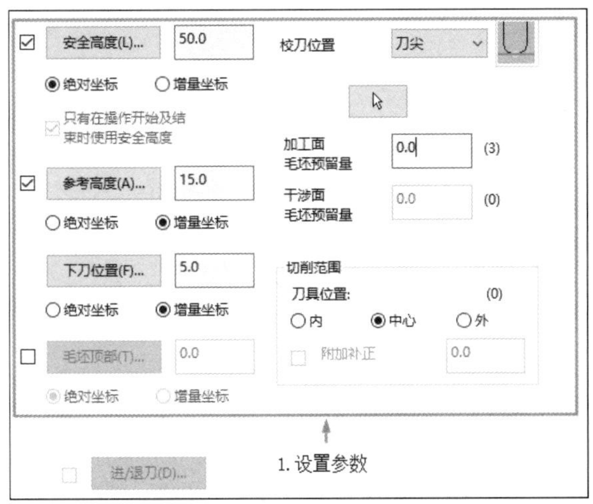

图 10-85 【曲面参数】选项卡参数设置

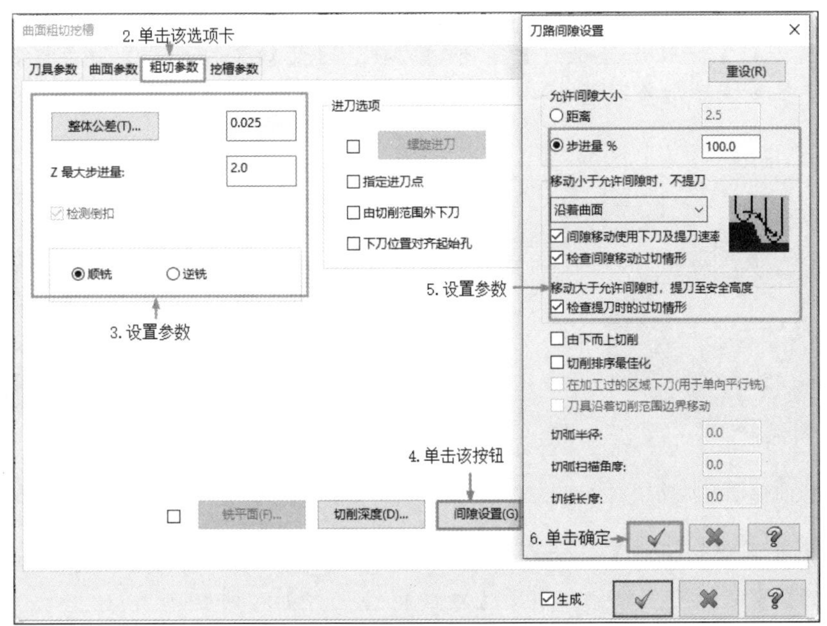

图 10-86 【粗切参数】选项卡参数设置

（6）单击【曲面粗切挖槽】对话框中的【确定】按钮，系统立即在绘图区生成刀具路径，如图 10-88 所示。

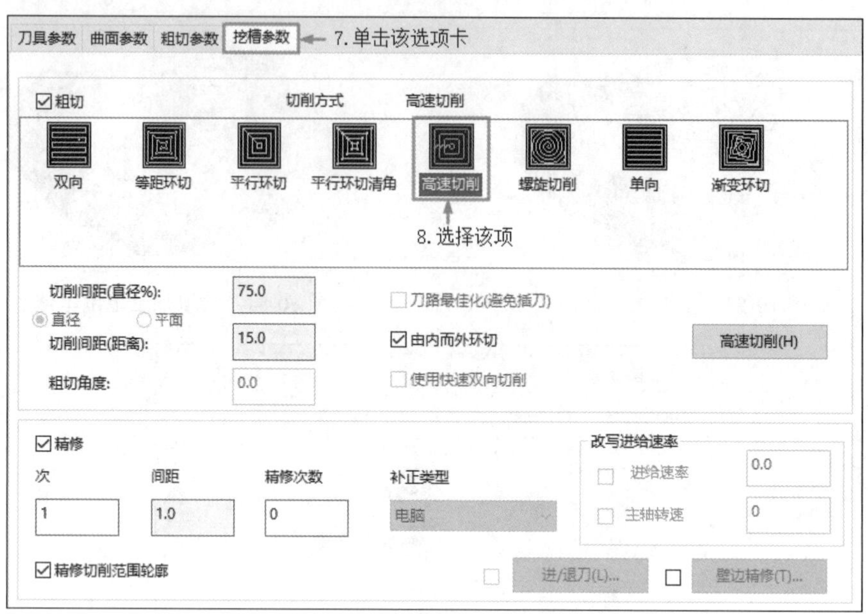

图 10-87 【挖槽参数】选项卡参数设置

3. 曲面粗切平行加工

（1）为了方便拾取曲面及曲线，可以将挖槽粗加工刀具路径隐藏。选中【刀路】操作管理器中的所有刀路，单击【切换显示已选择的刀路操作】按钮≋，隐藏刀具路径。

（2）单击【视图】→【屏幕视图】→【仰视图】按钮，将当前视图设置为【仰视图】，同时，绘图平面和刀具平面也自动切换为【仰视图】。

（3）单击【刀路】→3D→【平行】按钮，弹出【选择工件形状】对话框。选择工件形状为【未定义】，根据系统提示拾取图 10-89 所示的加工曲面和图 10-90 所示的串连，最后单击【确定】按钮。

图 10-88 曲面挖槽刀具路径

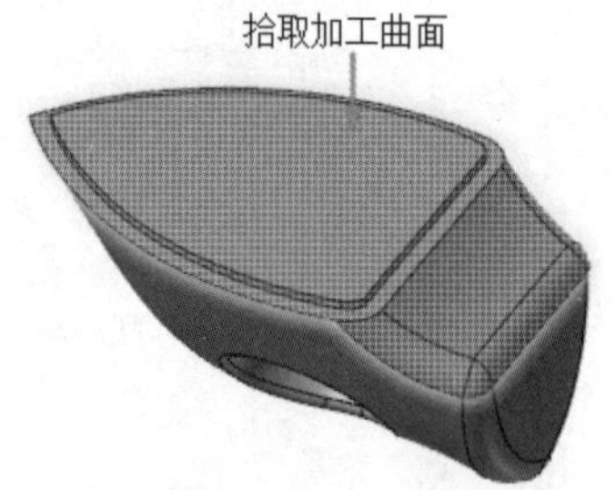

图 10-89 拾取加工曲面

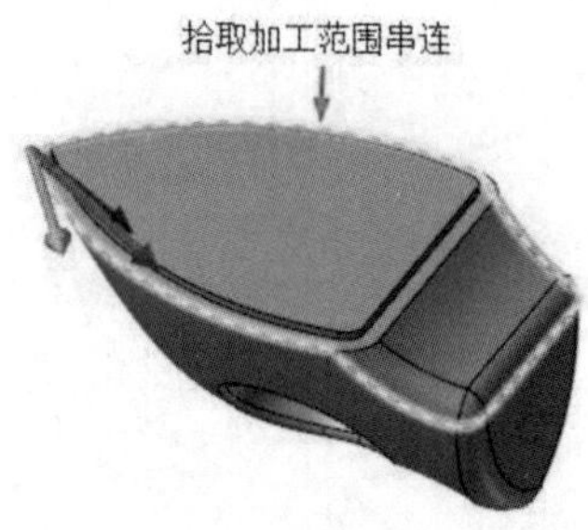

图 10-90 拾取加工范围串连

（4）弹出【曲面粗切平行】对话框，单位【选择刀库刀具】按钮 选择刀库刀具... ，选择直径为 6 的球形铣刀，单击【确定】按钮，返回【曲面粗切平行】对话框。

（5）单击【曲面粗切平行】对话框中的【曲面参数】选项卡，参数设置如图 10-91 和图 10-92 所示。

（6）单击【确定】按钮，系统根据所设置的参数生成平行粗加工刀路，如图 10-93 所示。

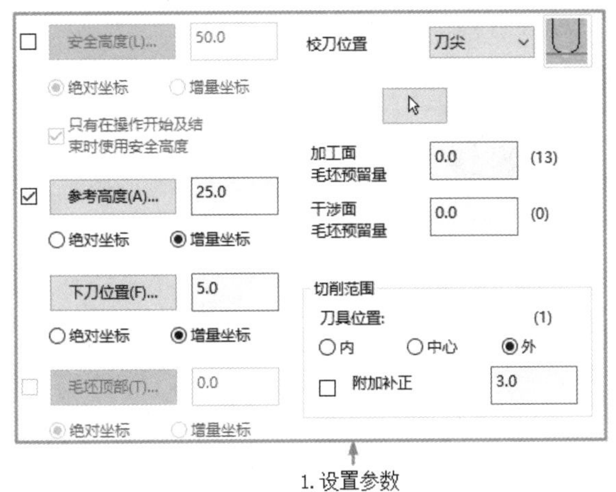

图 10-91　【曲面参数】选项卡参数设置

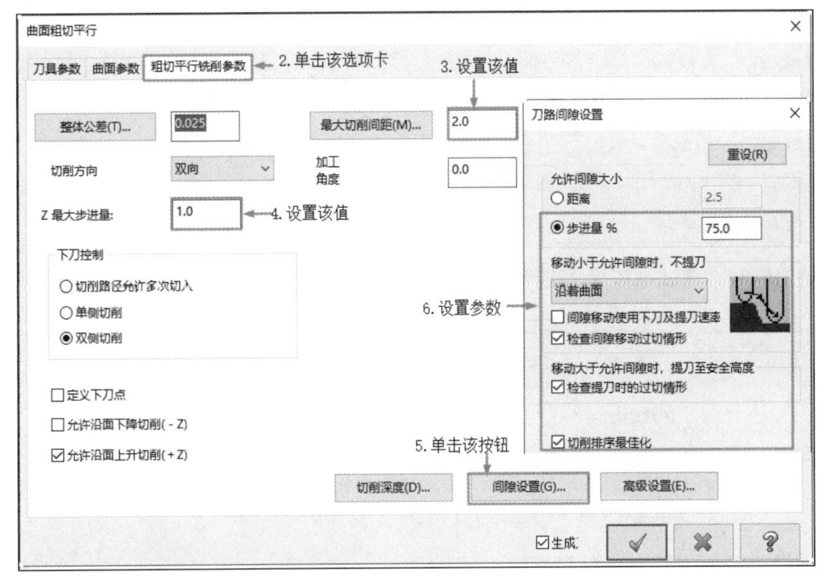

图 10-92　【粗切平行铣削参数】选项卡参数设置

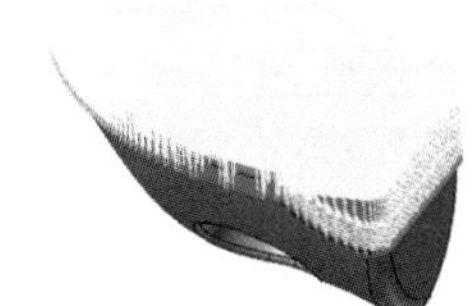

图 10-93　平行粗加工刀具路径

4．曲面粗切残料加工

（1）为了方便拾取曲面及曲线，可以将挖槽粗加工刀具路径隐藏。单击【刀路】操作管理器中的【选择全部操作】按钮，选中【刀路】操作管理器中的所有刀路，单击【切换显示已选择的刀路操作】按钮≋，隐藏刀具路径。

（2）单击【视图】→【屏幕视图】→【俯视图】按钮，将当前视图设置为【俯视图】，同时，绘图平面和刀具平面也自动切换为【俯视图】。单击【刀路】选项卡中新建的【粗切】面板中的【粗切残料加工】按钮。根据系统的提示在绘图区中拾取如图 10-94 所示的加工曲面和图 10-95 所示的串连，单击【确定】按钮，弹出【曲面残料粗切】对话框。

（3）单击【曲面残料粗切】对话框中的【选择刀库刀具】按钮选择刀库刀具...，选择直径为 10 的球铣刀，设置刀具【总长度】为 180、【刀齿长度】为 160。单击【完成】按钮完成，返回【曲面残料粗切】对话框。

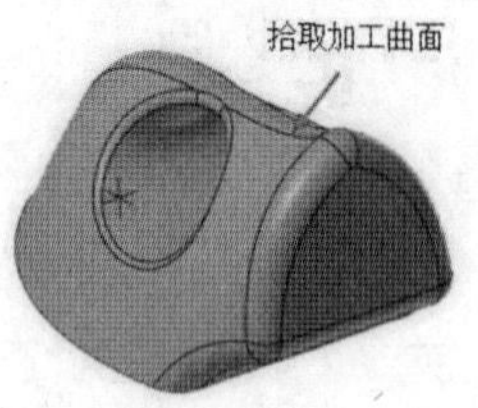

图 10-94　拾取加工曲面

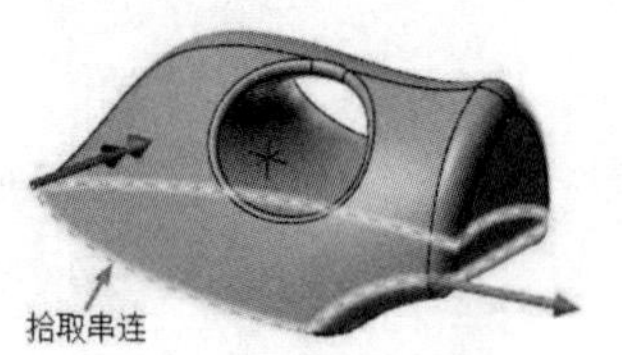

图 10-95　拾取加工范围串连

（4）单击【曲面残料粗切】对话框中的【曲面参数】选项卡，参数设置过程如图 10-96～图 10-99 所示。

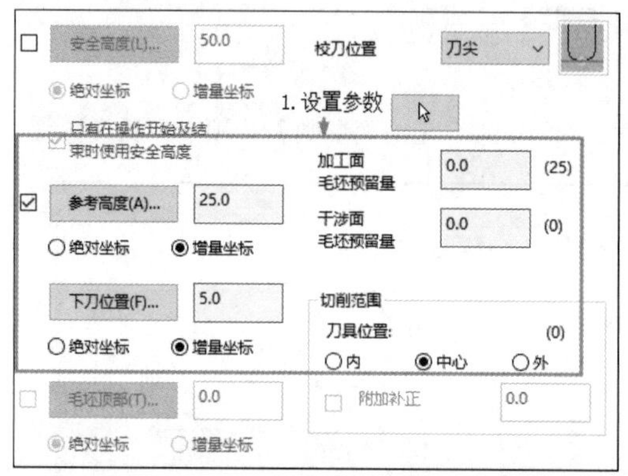

图 10-96　【曲面参数】选项卡参数设置

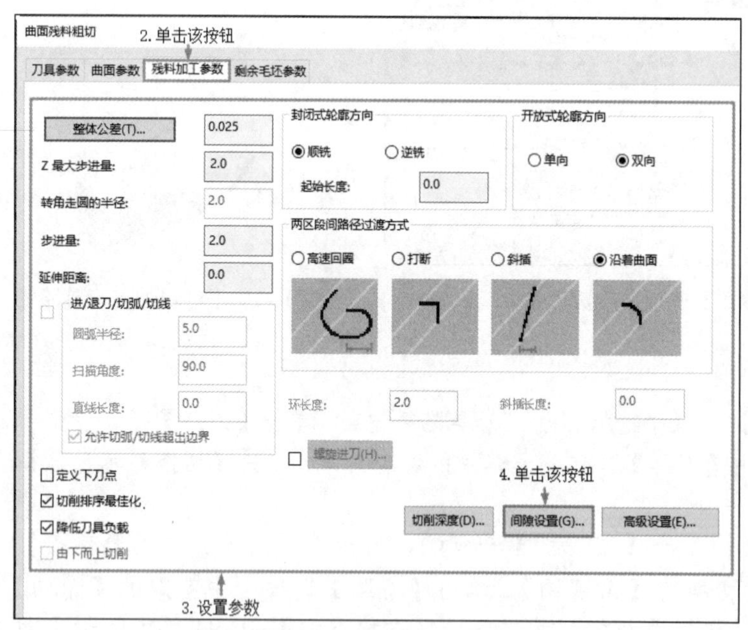

图 10-97　【残料加工参数】选项卡参数设置

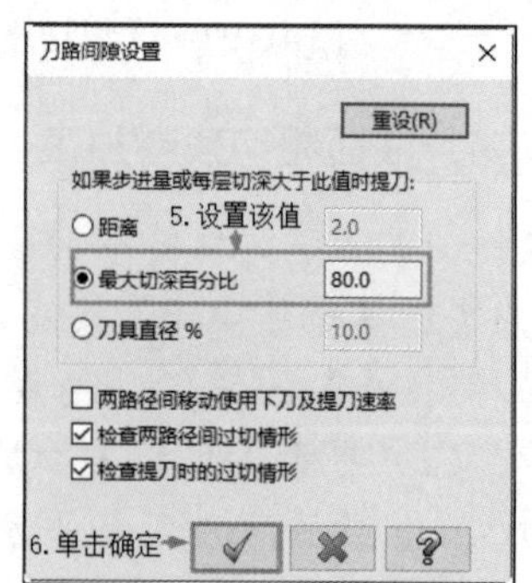

图 10-98　【刀路间隙设置】对话框参数设置

（5）设置完后，单击【曲面残料粗切】对话框中的【确定】按钮 ✓，系统立即在绘图区生成刀具路径，如图 10-100 所示。

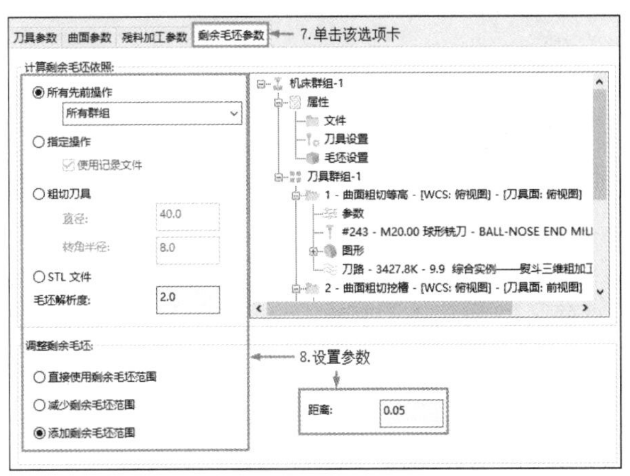

图 10-99　【剩余毛坯参数】选项卡参数设置

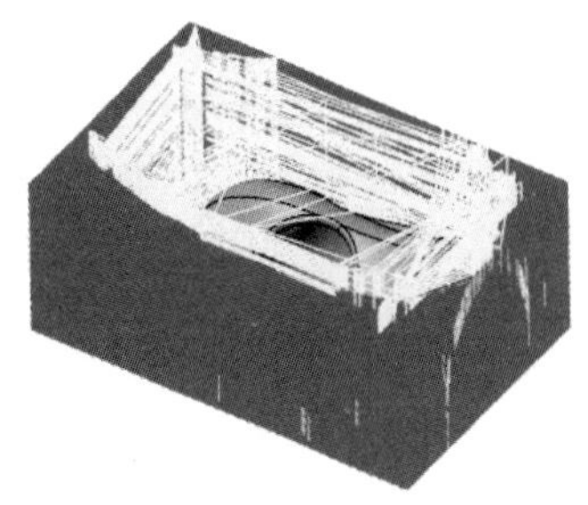

图 10-100　残料粗加工刀具路径

10.7.3　模拟仿真加工

为了验证粗切等高外形加工参数设置的正确性，可以通过模拟等高加工过程来观察工件在切削过程中的下刀方式和路径的正确性。

1. 毛坯设置

在【刀路】操作管理器中单击【毛坯设置】按钮 毛坯设置，弹出【机床群组属性】对话框，在【形状】组中选中【实体/网格】单选按钮，单击【选择】按钮，进入绘图界面，打开【图层3】，绘图区选取实体毛坯。返回【机床群组属性】对话框，选中【显示】复选框，单击【确定】按钮，生成的毛坯如图 10-101 所示。

2. 仿真加工

（1）单击【刀路】操作管理器中的【选择全部操作】按钮，选中【刀路】操作管理器中的所有刀路。

（2）单击【刀路】操作管理器中的【验证已选择的操作】按钮，在弹出的【验证】对话框中单击【播放】按钮，系统开始进行模拟，得到如图 10-102 所示的仿真加工结果。

3. NC 代码

在确认加工设置无误后，即可以生成 NC 加工程序了。单击【执行选择的操作进行后处理】按钮G1，单击【确定】按钮，弹出【另存为】对话框，输入文件名称【熨斗】，单击【保存】按钮 保存(S) ，在编辑器中打开生成的 NC 代码，见随书电子文件。

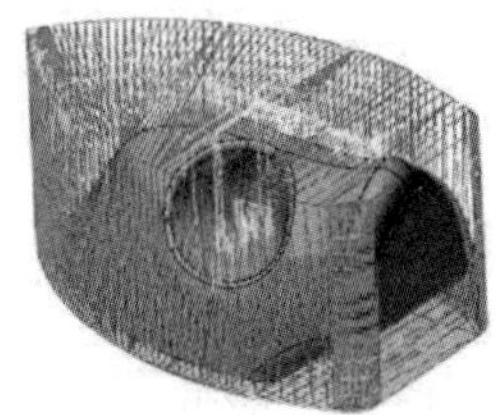

图 10-101　生成的毛坯

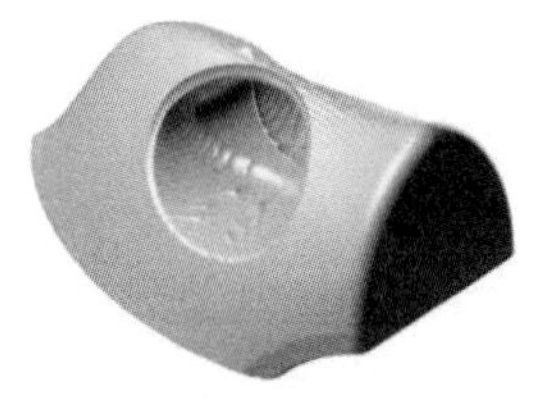

图 10-102　仿真加工结果

第 11 章　高速曲面粗加工

高速曲面粗加工是最常用的三维加工策略，与传统曲面加工相比有不少的优点，当然也有一些缺点。本章主要讲解的高速曲面加工策略有区域粗切加工和优化动态粗切加工两种方式。

知识点

- 区域粗切加工
- 优化动态粗切加工

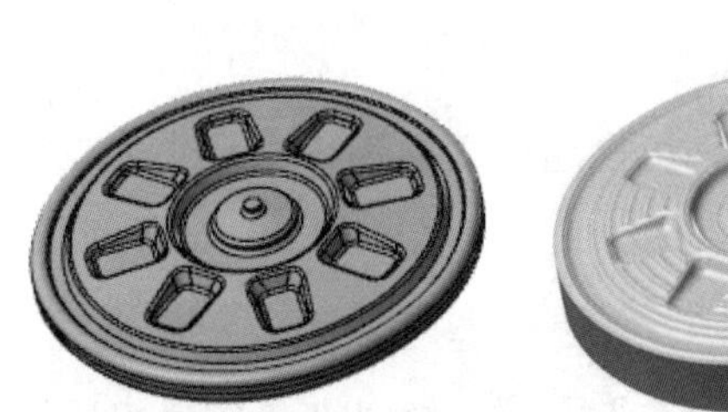

11.1　区域粗切加工

区域粗切加工用于快速加工封闭型腔、开放凸台或先前操作剩余的残料区域，实现粗铣或精铣加工，是一种动态高速铣削刀路。

扫一扫，看视频

11.1.1　实例——转盘模具粗加工

本实例讲解高速曲面粗加工中的【区域粗切】命令，首先打开源文件，执行【区域粗切】命令；然后根据系统提示拾取要加工的曲面，设置刀具和加工参数；最后设置毛坯，模拟加工，生成 NC 程序。

动画演示\第 11 章\ 11.1.1 实例——转盘模具粗加工.MP4

绘制过程

1．打开文件

单击快速访问工具栏中的【打开】按钮，在弹出的【打开】对话框中选择【原始文件\第 11 章\转盘模具】文件，单击【打开】按钮 打开(O) ，完成文件的调取，加工零件如图 11-1 所示。

2．设置机床

单击【机床】→【机床类型】→【铣床】按钮，选择【默认】选项，在【刀路】操作管理器中生成机床群组属性文件，同时弹出【刀路】选项卡。

3．创建区域粗加工刀具路径

单击【刀路】→3D→【区域粗切】按钮，弹出【3D 高速曲面刀路-区域粗切】对话框，进行如下参数设置。

（1）选择加工曲面和加工范围。

① 单击【模型图形】→【加工图形】→【选择图素】按钮，拾取加工曲面，如图 11-2 所示。【壁边预留量】和【底面预留量】均设置为 0。

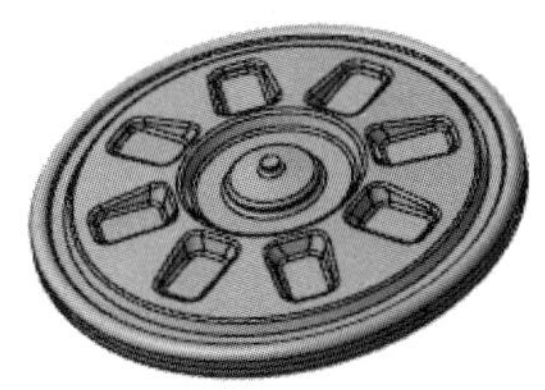

图 11-1　加工图形

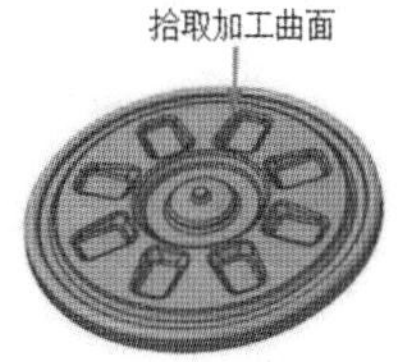

图 11-2　拾取加工曲面

② 单击【刀路控制】选项卡中的【边界范围】按钮，拾取加工范围串连，如图 11-3 所示。【补正】参数设置为【外部】，补正距离为 5。

（2）设置刀具参数。

① 单击【刀具】选项卡中的【选择刀库刀具】按钮选择刀库刀具...，选择直径为 10 的圆鼻铣刀。单击【确定】按钮，返回【3D 高速曲面刀路-区域粗切】对话框。

② 双击圆鼻铣刀图标，弹出【编辑刀具】对话框，刀具参数设置如图 11-4 所示。单击【下一步】按钮下一步，设置所有粗切步进量为 60%，所有精修步进量为 30%，单击【单击重新计算进给率和主轴转速】按钮，重新生成切削参数。单击【完成】按钮完成。

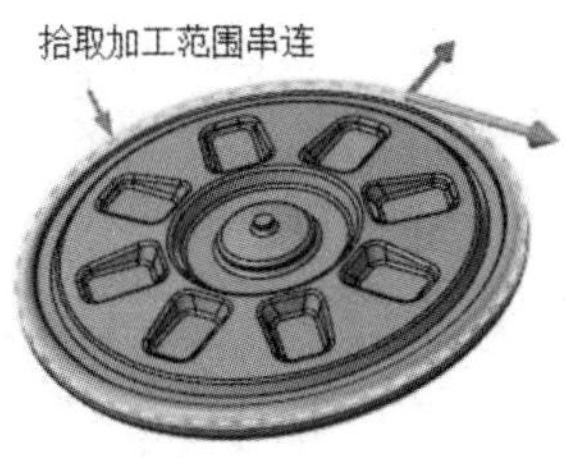

图 11-3　拾取加工范围串连

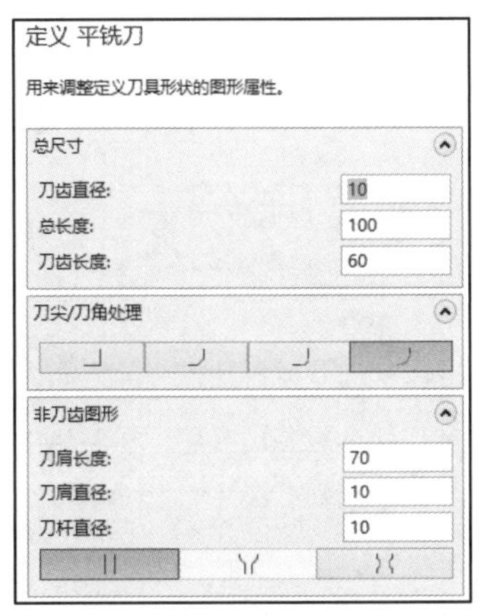

图 11-4　修改刀具参数

（3）设置区域粗切加工参数。

① 系统返回【3D 高速曲面刀路-区域粗切】对话框。单击【切削参数】选项卡，参数设置如

图 11-5～图 11-8 所示。

② 单击【确定】按钮 ，系统根据所设置的参数生成区域粗加工刀路，如图 11-9 所示。

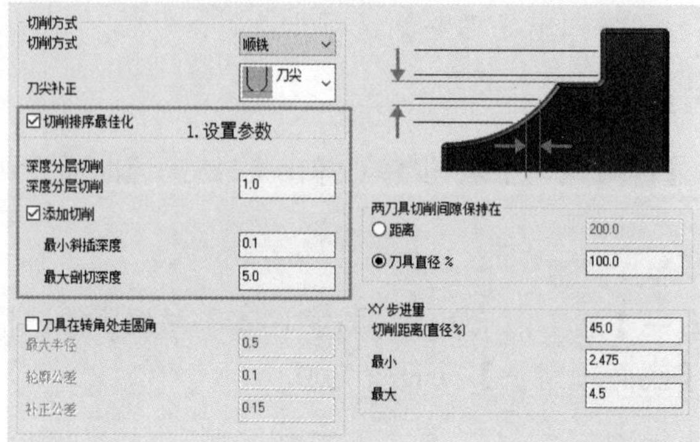

图 11-5 【切削参数】选项卡参数设置

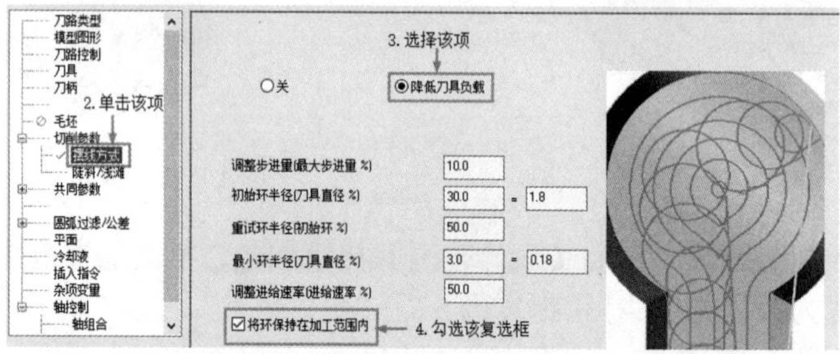

图 11-6 【摆线方式】选项卡参数设置

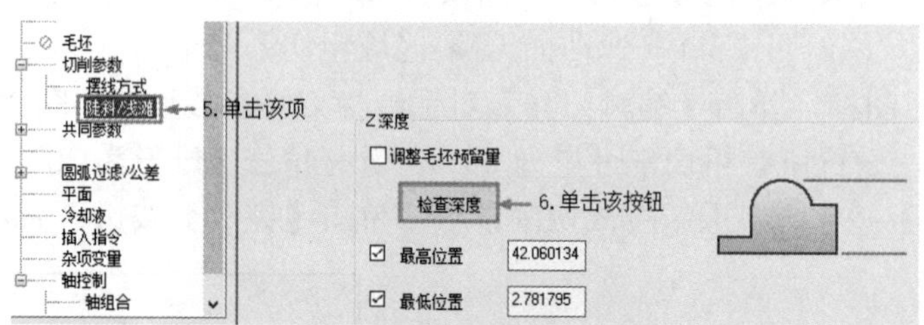

图 11-7 【陡斜/浅滩】选项卡参数设置

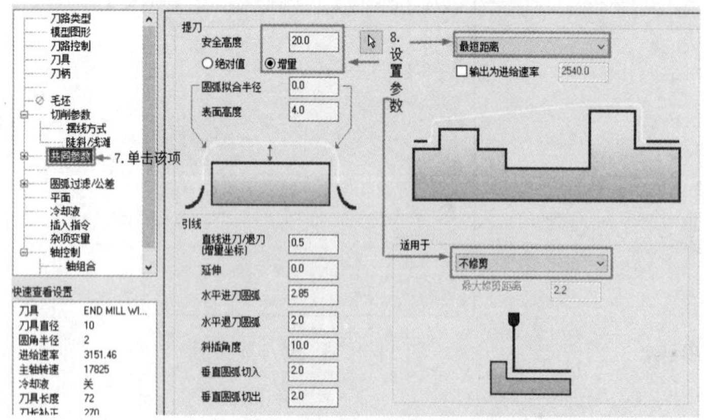

图 11-8 【共同参数】选项卡参数设置

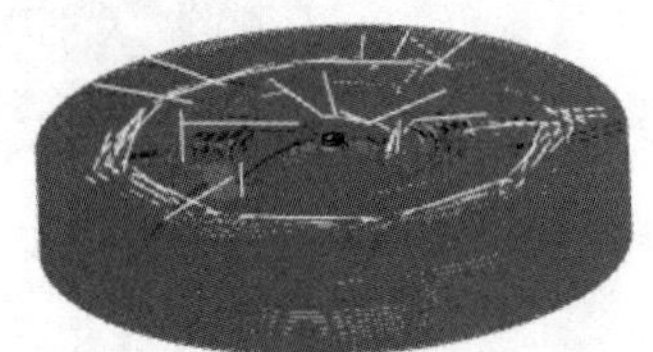

图 11-9 区域粗加工刀具路径

4. 模拟仿真加工

为了验证区域粗加工参数设置的正确性，可以通过模拟区域加工过程来观察工件在切削过程中的进刀方式和路径的正确性。

（1）毛坯设置。在【刀路】操作管理器中单击【毛坯设置】按钮毛坯设置，弹出【机床群组属性】对话框，选择毛坯形状为【圆柱体】，轴向为Z轴，单击【所有图素】按钮所有图素，选中【显示】复选框，单击【确定】按钮✓，生成的毛坯如图11-10所示。

（2）仿真加工。单击【刀路】操作管理器中的【验证已选择的操作】按钮，在弹出的【验证】对话框中单击【播放】按钮▶，系统开始进行模拟，仿真加工结果如图11-11所示。

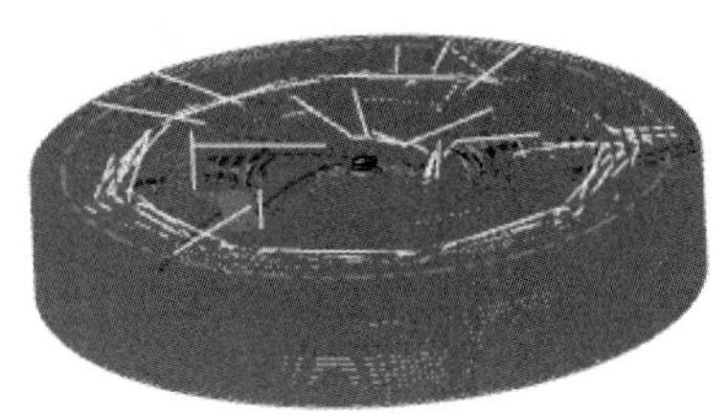

图11-10 生成的毛坯

图11-11 仿真加工结果

（3）NC代码。模拟检查无误后，在【刀路】操作管理器中单击【执行选择的操作进行后处理】按钮G1，弹出【后处理程序】对话框，单击【确定】按钮✓，弹出【另存为】对话框，输入文件名称【转盘模具】，单击【保存】按钮保存(S)，在编辑器中打开生成的NC代码，见随书电子文件。

11.1.2 区域粗切加工参数介绍

单击【机床】→【机床类型】→【铣床】按钮，选择【默认】选项，在【刀路】操作管理器中生成机床群组属性文件，同时弹出【刀路】选项卡。单击【刀路】→3D→【粗切】→【区域粗切】按钮，弹出【3D高速曲面刀路-区域粗切】对话框。

1.【模型图形】选项卡

【模型图形】选项卡如图11-12所示。该选项卡用于设置要加工和要避让的图形，以便形成三维高速刀具路径。

（1）加工图形：用于设置要加工的图形，可以单击其后的【选择图素】按钮进行选取。单击【添加新组】按钮+，可以创建多个加工组。

（2）避让图形：用于设置要避让的图形，可以单击其后的【选择图素】按钮进行选取。单击【添加新组】按钮+，可以创建多个避让组。动态外形、区域粗加工和水平区域使用回避几何作为加工几何。

2.【刀路控制】选项卡

【刀路控制】选项卡如图11-13所示。该选项卡用于创建切削范围边界，并为三维高速刀具路径设置其他包含参数。

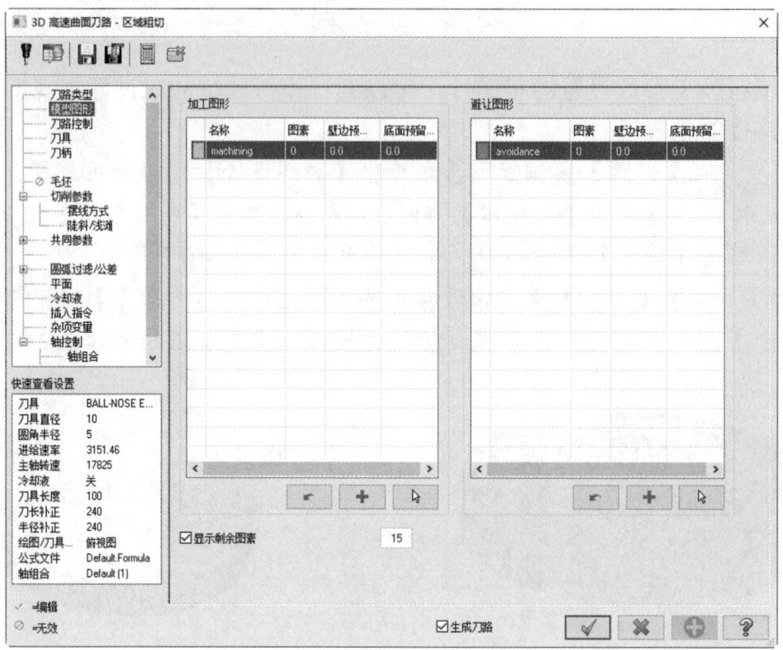

图 11-12 【模型图形】选项卡

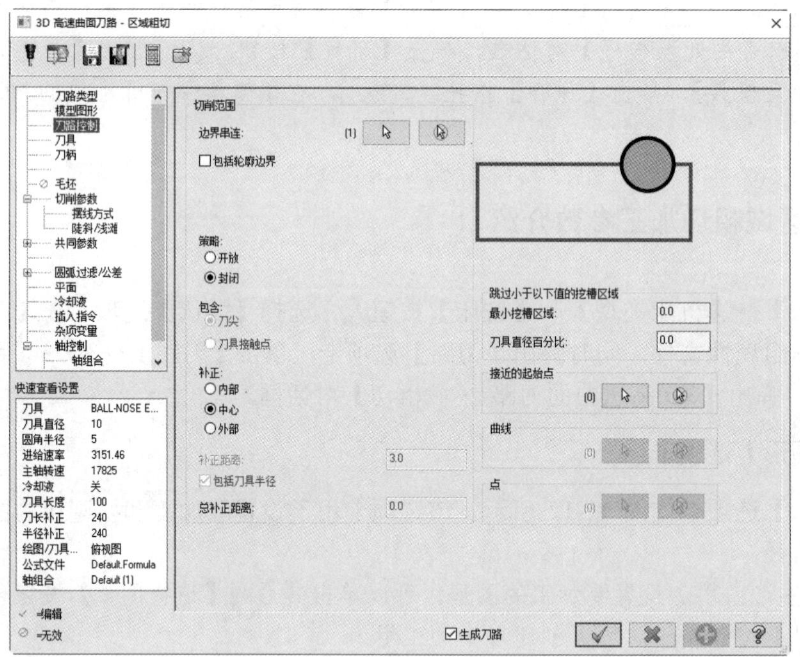

图 11-13 【刀路控制】选项卡

（1）边界串连：选择一个或多个限制刀具运动的闭合链。边界串连是一组封闭的线框曲线，包围要加工的区域。无论选定的切割面如何，Mastercam 都不会创建违反边界的刀具运动。它们可以是任何线框曲线，并且不必与加工的曲面相关联。用户可以创建自定义导向几何来精确限制刀具移动。曲线不必位于零件上，可以处于任何 Z 高度。

（2）包括轮廓边界：选中该复选框，则 Mastercam 将在选定的加工几何体周围创建轮廓边界，并将其用作除任何选定边界链之外的包含边界。轮廓边界是围绕一组曲面、实体或实体面的边界曲线。轮廓边界包含投影边界平滑容差选项、包含选项和补正选项。

（3）策略：用于设置要加工的图形是封闭图形还是开放图形，包括开放和封闭两个选项。

（4）跳过小于以下值的挖槽区域：用于设置要跳过的挖槽区域的最小值。

① 最小挖槽区域：指定用于创建切削走刀的最小挖槽尺寸。当槽的尺寸小于该值时，将不进行切削。

② 刀具直径百分比：输入最小型腔尺寸，以刀具直径的百分比表示。右侧字段会更新以将此值显示为最小挖槽尺寸。

3.【切削参数】选项卡

【切削参数】选项卡如图 11-14 所示。该选项卡用于配置区域粗加工刀具路径的切削参数。刀具路径在不同的 Z 高度创建多个走刀，并在每个 Z 高度创建多个轮廓。

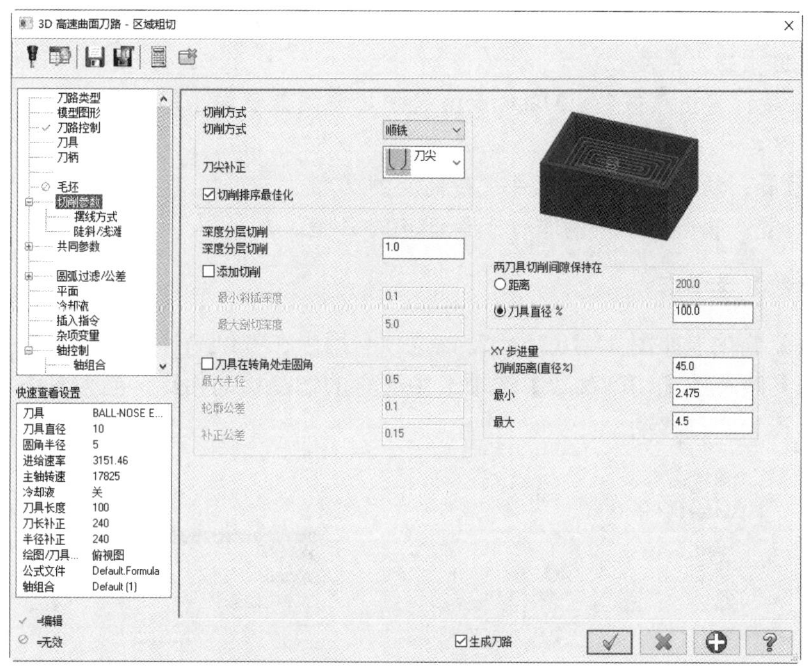

图 11-14　【切削参数】选项卡

（1）深度分层切削：确定相邻切削走刀之间的 Z 间距。

（2）添加切削：在轮廓的浅区域添加切削，以便刀具路径在切削走刀之间不会有过大的水平间距。

① 最小斜插深度：设置零件浅区域中添加的 Z 切割之间的最小距离。

② 最大剖切深度：确定两个相邻切削走刀的表面轮廓的最大变化。这表示两个轮廓上相邻点之间的最短水平距离的最大值。

4.【陡斜/浅滩】选项卡

【陡斜/浅滩】选项卡如图 11-15 所示。该选项卡用来限制加工驱动表面的数量。这些选项多用于在陡斜或浅滩区域创建加工路径，实际可用于许多不同的零件形状。

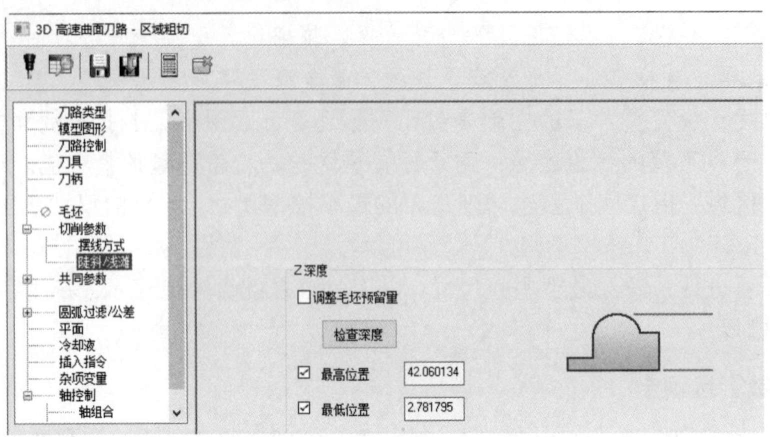

图 11-15 【陡斜/浅滩】选项卡

（1）调整毛坯预留量：选中该复选框，Mastercam 将根据在【模型图形】选项卡的【加工图形】列中输入的值调整刀具路径。

（2）检查深度：单击该按钮，Mastercam 将使用驱动器表面上的最高点和最低点自动填充最小深度和最大深度。

（3）最高位置：输入要切削的零件上最高点的 Z 值。

（4）最低位置：输入要切削的零件上最低点的 Z 值。

5.【共同参数】选项卡

【切削参数】选项卡如图 11-16 所示。该选项卡用于在三维高速刀具路径的切割路径之间创建链接。与在刀具路径的【切削参数】选项卡中配置的切割移动相比，当刀具不与零件接触时，可以将链接移动视为空气移动。

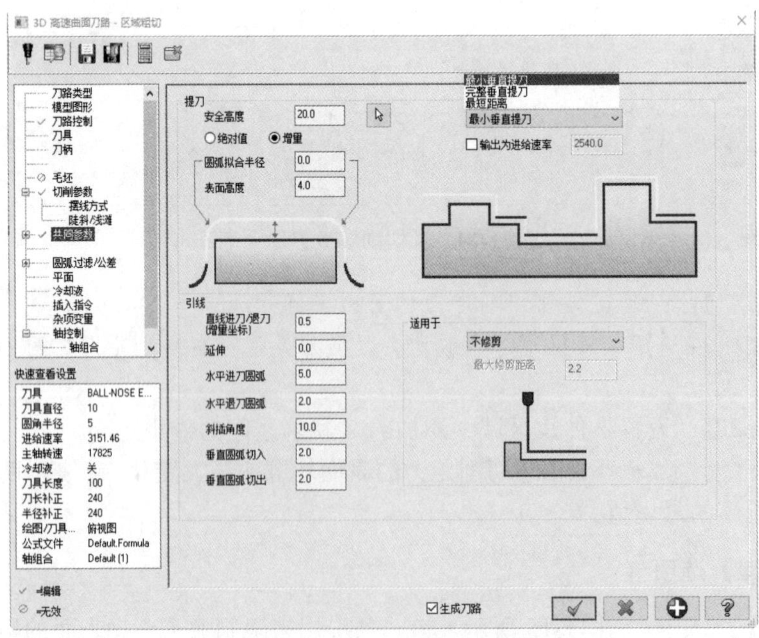

图 11-16 【共同参数】选项卡

（1）最短距离：Mastercam 计算从一个路径到下一个路径的直接路径，结合零件上/下和到/从缩回高度的曲线以加快进度。

（2）最小垂直提刀：刀具垂直移动到清除表面所需的最小 Z 高度。然后它沿着这个平面直线移动，并垂直下降到下一个通道的开始。缩回的最小高度由零件间隙设置。

（3）完整垂直提刀：刀具垂直移动到间隙平面。然后它沿着这个平面直线移动，并垂直下降到下一个通道的开始。退刀的高度由间隙平面设置。

11.2 优化动态粗切加工

优化动态粗切是完全利用刀具圆柱切削刃进行切削，并快速移除材料，是一种动态高速铣削刀路，可进行粗铣和精铣加工。

扫一扫，看视频

11.2.1 实例——瓶子凹模粗加工

本实例将对瓶子凹模进行优化动态粗切加工。首先打开源文件；然后执行【优化动态粗切】命令，根据系统提示拾取要加工的曲面，设置刀具和加工参数；最后设置毛坯，模拟加工，生成 NC 程序。

动画演示\第 11 章\ 11.2.1 实例——瓶子凹模粗加工.MP4

绘制过程

1. 打开文件

单击快速访问刀具栏中的【打开】按钮，在弹出的【打开】对话框中选择【原始文件\ 第 11 章\瓶子凹模】文件，进行如下参数设置。

2. 创建挖槽粗加工刀具路径

单击【刀路】→3D→【粗切】→【优化动态粗切】按钮，弹出【3D 高速曲面刀路-优化动态粗切】对话框。

（1）选择加工曲面。

① 单击【模型图形】→【加工图形】→【选择图素】按钮，拾取加工曲面，如图 11-17 所示。

② 单击【刀路控制】选项卡中的【边界范围】按钮，拾取加工范围串连，如图 11-18 所示。【补正到】设置为【中心】。

（2）设置刀具参数。

① 单击【刀具】选项卡中的【选择刀库刀具】按钮选择刀库刀具...，选择直径为 8 的球形铣刀。单击【确定】按钮，返回【3D 高速曲面刀路-区域粗切】对话框。

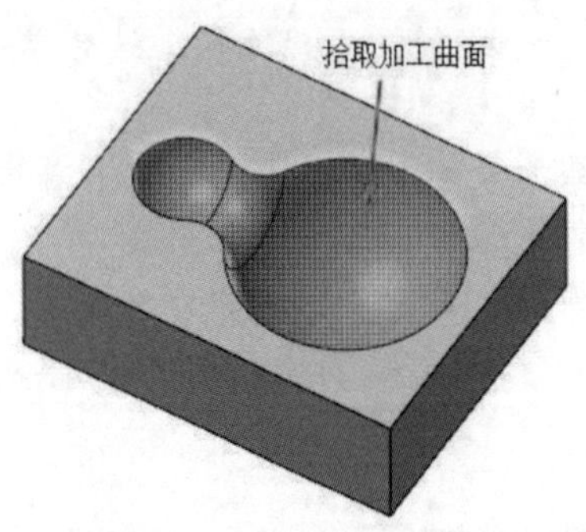

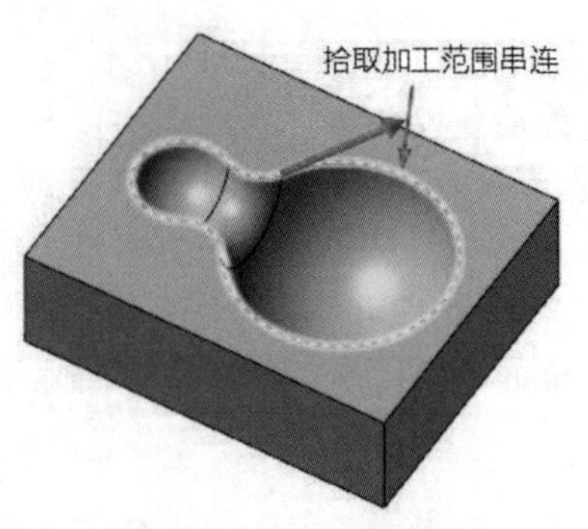

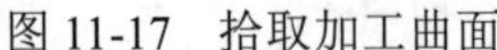
图 11-17　拾取加工曲面

图 11-18　拾取加工范围串连

② 双击球形铣刀图标，弹出【编辑刀具】对话框。刀具参数采用默认设置。单击【下一步】按钮 下一步 ，设置所有粗切步进量为 60%，所有精修步进量为 30%，单击【单击重新计算进给率和主轴转速】按钮，重新生成切削参数，单击【完成】按钮 完成 。

（3）设置区域粗切加工参数。

① 系统返回【3D 高速曲面刀路-区域粗切】对话框。单击【切削参数】选项卡，参数设置如图 11-19～图 11-21 所示。

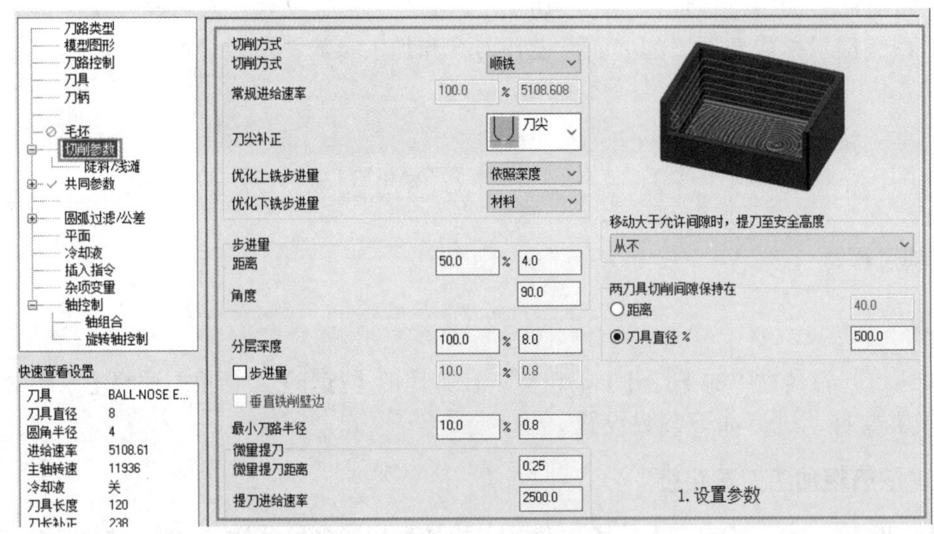

图 11-19　【切削参数】选项卡参数设置

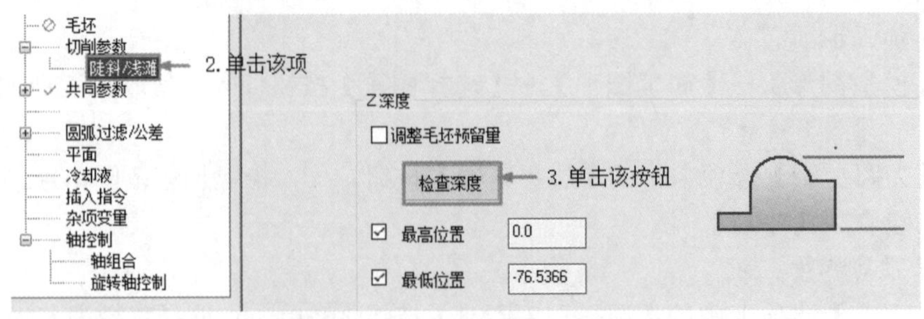

图 11-20　【陡斜/浅滩】选项卡参数设置

② 单击【确定】按钮，系统根据所设置的参数生成区域粗加工刀路，如图 11-22 所示。

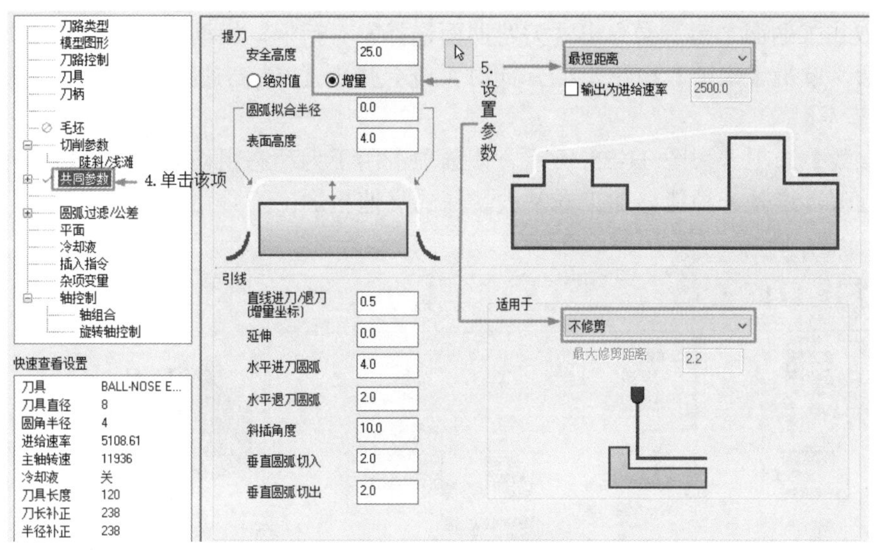

图 11-21　【共同参数】选项卡参数设置

3. 模拟仿真加工

为了验证优化动态粗加工参数设置的正确性，可以通过模拟优化动态加工过程来观察工件在切削过程中的下刀方式和路径的正确性。

（1）毛坯设置。在【刀路】管理器中单击【毛坯设置】按钮 毛坯设置，弹出【机床群组属性】对话框，选中【显示毛坯】复选框，单击【确定】按钮，生成的毛坯如图 11-23 所示。

（2）仿真加工。完成刀具路径设置以后，就可以通过刀具路径模拟来观察刀具路径是否设置合适。单击【刀路】操作管理器中的【验证已选择的操作】按钮，在弹出的【Mastercam 模拟】对话框中单击【播放】按钮，进行真实加工模拟，得到如图 11-24 所示的仿真加工结果。

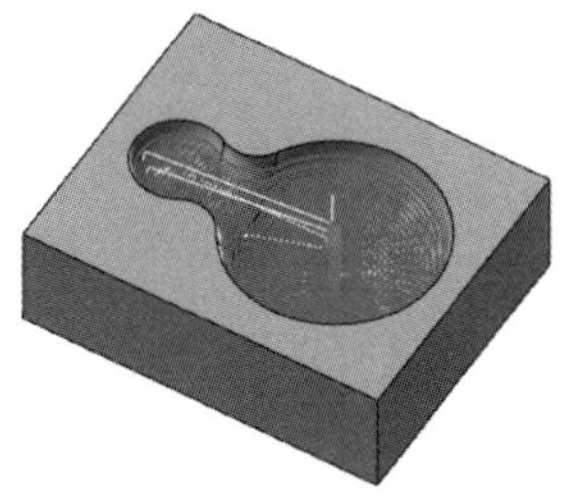

图 11-22　平行粗加工刀具路径

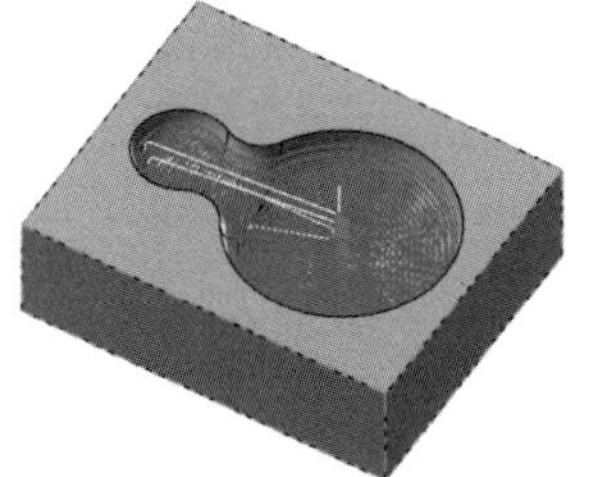

图 11-23　生成的毛坯

图 11-24　仿真加工结果

（3）NC 代码。在确认加工设置无误后，就可以生成 NC 加工程序了。单击【执行选择的操作进行后处理】按钮G1，单击【确定】按钮，弹出【另存为】对话框，输入文件名称【瓶子凹模】，单击【保存】按钮 保存(S)，在编辑器中打开生成的 NC 代码，见随书电子文件。

11.2.2　优化动态粗切加工参数介绍

单击【机床】→【机床类型】→【铣床】按钮，选择【默认】选项，在【刀路】操作管理器中生成机床群组属性文件，同时弹出【刀路】选项卡。单击【刀路】→3D→【粗切】→【挖槽】

按钮，选取加工曲面之后，会弹出【刀路曲面选择】对话框，根据需要设定相应的参数和选择相应的图素后，单击【确定】按钮，此时系统会弹出【3D 高速曲面刀路-优化动态粗切】对话框。

【切削参数】选项卡如图 11-25 所示。该选项卡用于为动态粗切刀具路径输入不同切削参数和补正选项的值，这是一种能够加工非常大切深的高速粗加工刀具路径。

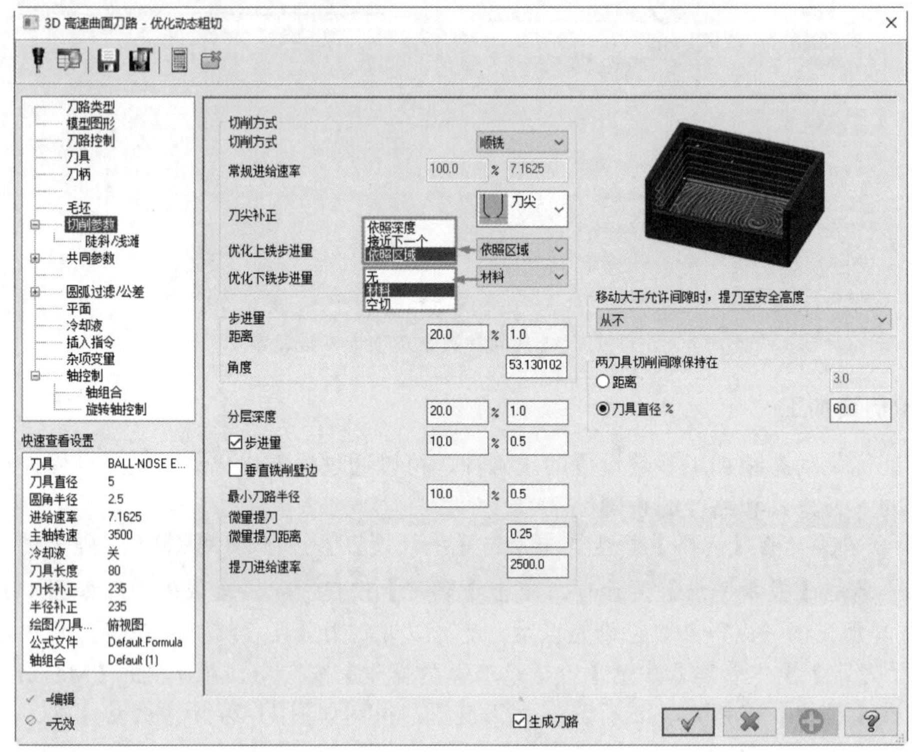

图 11-25 【切削参数】选项卡

（1）优化上铣步进量：定义 Mastercam 应用于刀具路径中不同切割路径的切割顺序。包括以下 3 个选项。

① 依照深度：Mastercam 所有切削通过 Z 深度切削顺序创建刀具路径。

② 接近下一个：Mastercam 从完成上一个切削的位置移动到最近的切削。使用最近的切割顺序创建的刀具路径。

③ 依照区域：Mastercam 首先加工所有的步进，从区域移动到区域。在 Z 深度上的所有阶梯加工完成后，Mastercam 以最安全的切割顺序加工下一个最接近的阶梯。

（2）优化下铣步进量：控制 Mastercam 应用于刀具路径中不同切削路径的切削顺序。 当刀具完成一个加工走刀时，它必须选择一个起点来继续。起点有以下 3 种设置方式。

① 无：从最近加工的材料开始。

② 材料：从最接近整个刀具的材料开始。

③ 空切：从离刀具最近的地方开始。

第 12 章　传统曲面精加工

本章主要讲解曲面精加工刀路的编制方法。曲面精加工的目的主要是获得产品所要求的精度和粗糙度。因此，通常要采用多种精加工方法进行操作。

知识点

- 平行铣削精加工
- 陡斜面精加工
- 放射精加工
- 投影精加工
- 流线精加工
- 等高精加工
- 环绕等距精加工
- 综合实例——飞机模型精加工

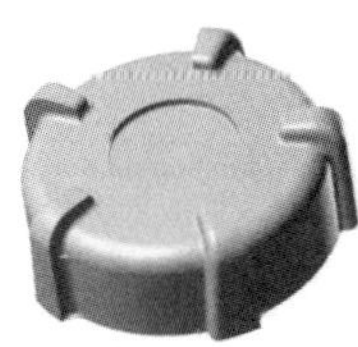

本章介绍传统的曲面精加工命令，传统的曲面精加工策略有 11 种，其中只有两种策略位于 3D 面板的【精切】组中，要想调用其他几种加工策略，就需要进行以下设置。

执行【文件】→【选项】菜单命令，打开【选项】对话框，选择【自定义功能区】命令，然后在右侧的【定义功能区】下拉列表中选择【全部选项卡】，在列表框中选中【铣床】和【刀路】选项卡下的 3D 面板，执行【新建组】命令，创建一个新组，重命名为【精修】，选中左侧列表中不在功能区的精修命令【环绕】，单击【添加】按钮 添加(A)>>> 将其添加到右侧的新建组中。同理，添加【混式加工】、【精修放射】、【精修平行陡斜面】、【精修平行铣削】、【精修浅滩加工】、【精修清角加工】、【精修熔接加工】和【精修投影加工】命令。单击【确定】按钮 确定 ，关闭对话框。【精修】面板如图 12-1 所示。

图 12-1　【精修】面板

12.1　平行铣削精加工

平行精加工与平行粗加工类似，不过平行精加工只加工一层，对于比较平坦的曲面加工效果比较好。另外，平行精加工的刀路相互平行，加工精度比其他加工方法要高，因此，常用于加工模具中比较平坦的曲面或重要的分型面。

扫一扫，看视频

12.1.1 实例——控制器平行精加工

本实例讲解精加工中的【精修平行铣削】命令，首先打开源文件，源文件中已经对零件进行了等高粗加工；然后执行【精修平行铣削】命令，根据系统提示拾取要加工的曲面，设置刀具和加工参数；最后设置毛坯，模拟加工，生成 NC 程序。

动画演示\第 12 章\12.1.1 实例——控制器平行精加工.MP4

绘制过程

1．打开文件

单击快速访问工具栏中的【打开】按钮，在弹出的【打开】对话框中选择【原始文件\第 12 章\控制器】文件，单击【打开】按钮 打开(O) ，完成文件的调取，加工零件如图 12-2 所示。

2．创建精修平行铣削刀具路径

（1）选择加工曲面。单击【刀路】→【精修】→【精修平行铣削】按钮，根据系统提示拾取图 12-3 所示的加工曲面，单击【结束选取】按钮 结束选取 ，弹出【刀路曲面选择】对话框。单击【确定】按钮 ✓ ，完成曲面选择。

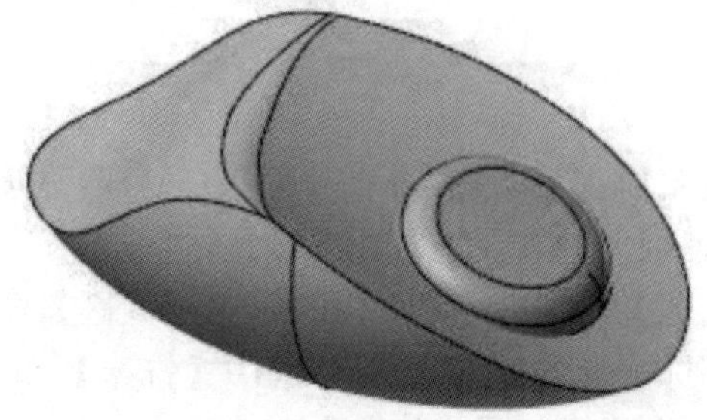
图 12-2　平行精加工图形

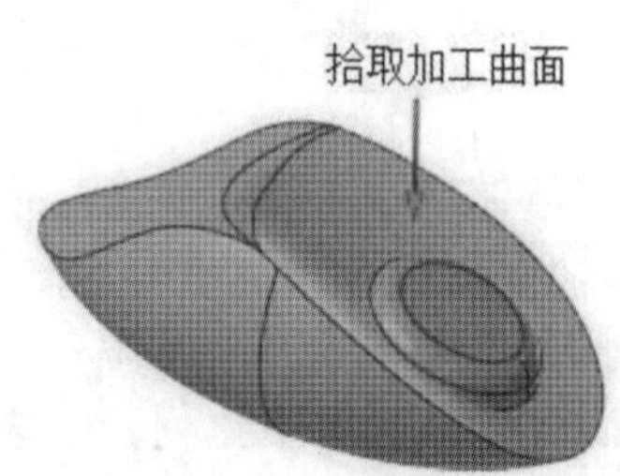

图 12-3　拾取加工曲面

（2）设置刀具参数。

① 系统弹出【曲面精修平行】对话框，在列表框中选择直径为 16 的球形铣刀。

② 双击球形铣刀图标，弹出【编辑刀具】对话框，刀具参数设置如图 12-4 所示。单击【下一步】按钮 下一步 ，设置所有粗切步进量为 75%，所有精修步进量为 40%，单击【单击重新计算进给率和主轴转速】按钮，重新生成切削参数，单击【完成】按钮 完成 。

（3）设置曲面加工参数。

① 系统返回【曲面精修平行】对话框，单击【曲面参数】选项卡，参数设置如图 12-5 和图 12-6 所示。

② 单击【确定】按钮 ✓ ，系统根据所设置的参数生成平行精修刀路，如图 12-7 所示。

3．模拟仿真加工

刀路编制完后需要进行模拟检查，如果检查无误即可进行后处理操作，生成 NC 代码。具体操作步骤如下。

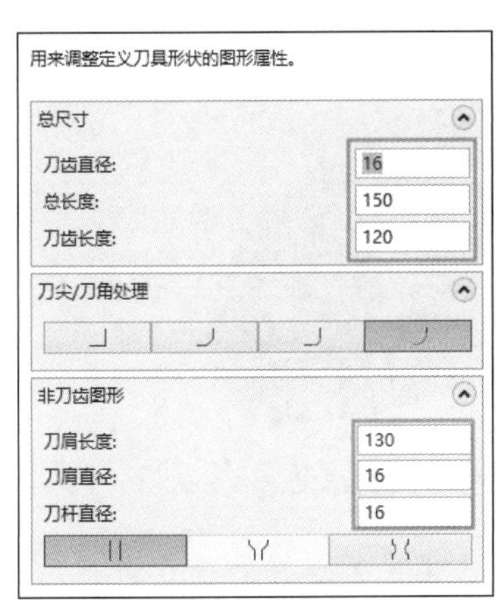

图 12-4　修改刀具参数

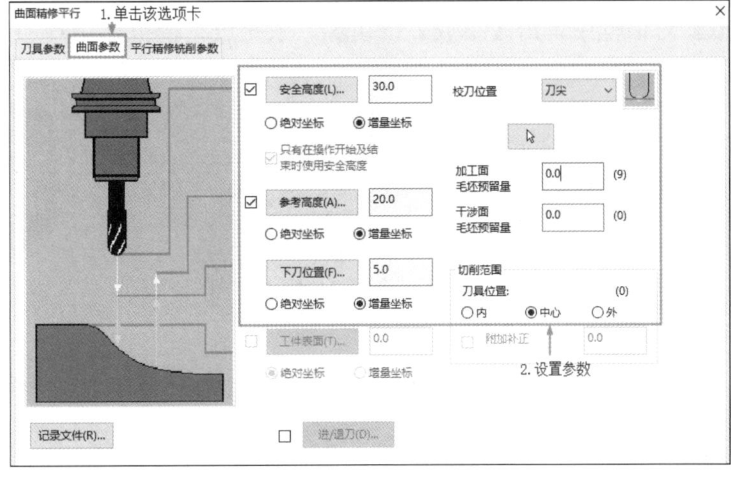

图 12-5　【曲面参数】选项卡参数设置

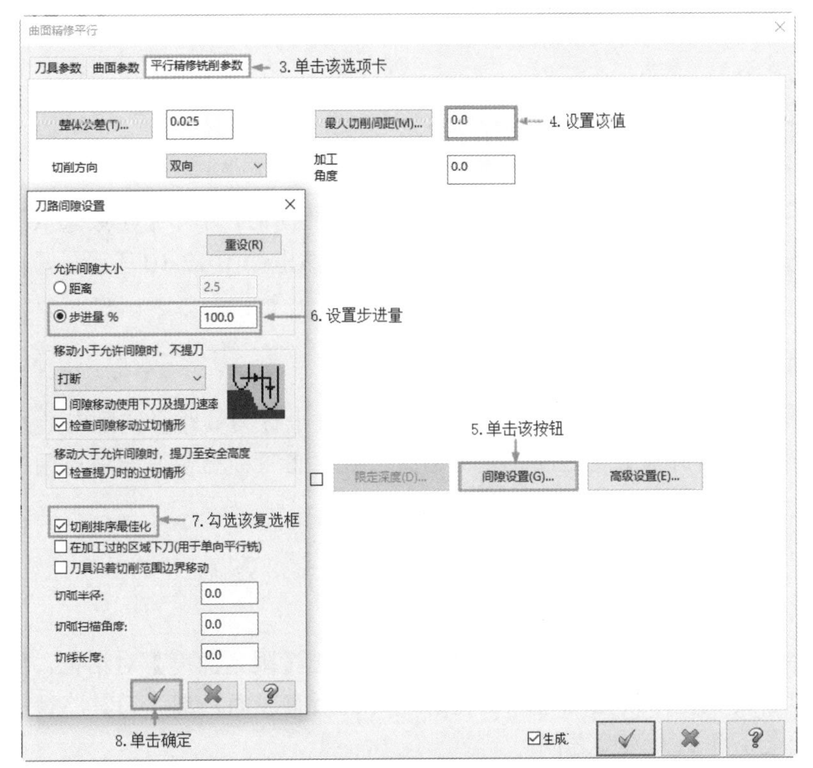

图 12-6　【平行精修铣削参数】选项卡参数设置

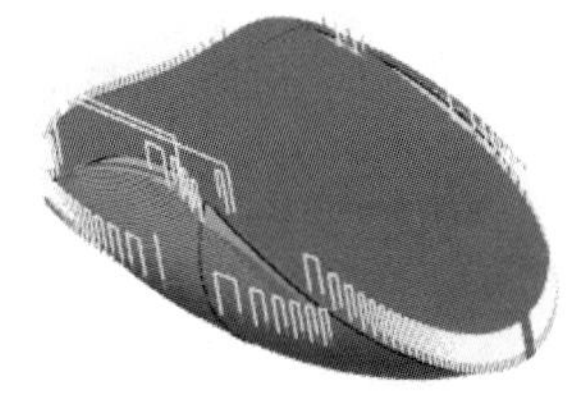

图 12-7　平行精修刀路

（1）毛坯设置。在【刀路】操作管理器中单击【毛坯设置】按钮 毛坯设置，弹出【机床群组属性】对话框，在【形状】组中选中【实体/网格】单选按钮，单击【选择】按钮，进入绘图界面，打开图层 3，绘图区选取实体。返回【机床群组属性】对话框。选中【显示】复选框，单击

【确定】按钮，完成工件参数设置，生成的毛坯如图 12-8 所示。

（2）仿真加工。

① 单击【刀路】操作管理器中的【选择全部操作】按钮，选中所有操作。

② 在【刀路】操作管理器中单击【验证已选择的操作】按钮，并在弹出的【Mastercam 模拟】对话框中单击【播放】按钮，系统进行模拟，仿真加工结果如图 12-9 所示。

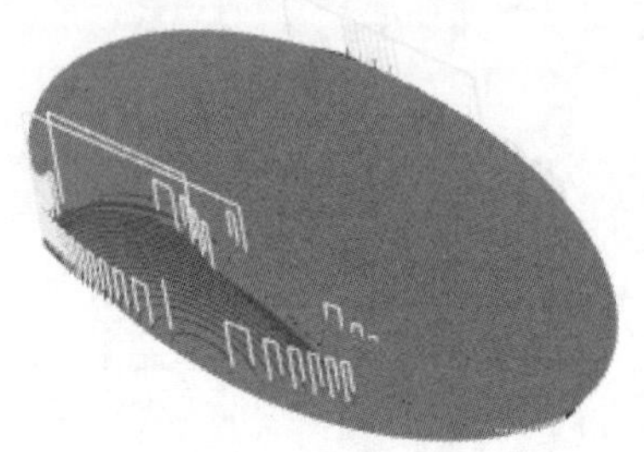

图 12-8　生成的毛坯

图 12-9　仿真加工结果

（3）NC 代码。模拟检查无误后，在【刀路】操作管理器中单击【执行选择的操作进行后处理】按钮G1，弹出【后处理程序】对话框，单击【确定】按钮，弹出【另存为】对话框，输入文件名称【控制器】，单击【保存】按钮，在编辑器中打开生成的 NC 代码，见随书电子文件。

12.1.2　平行精加工参数介绍

单击【刀路】→【新群组】→【精修平行铣削】按钮，选择加工曲面后，单击【结束选取】按钮，弹出【刀路曲面选择】对话框。单击【确定】按钮，弹出如图 12-10 所示的【曲面精修平行】对话框。

1.【平行精修铣削参数】选项卡

【平行精修铣削参数】选项卡如图 12-10 所示。该选项卡用于设置平行刀具路径铣削参数。

（1）最大切削间距：用于设置切削时最大间距值。较小的最大步距值可能需要更长的时间生成刀具路径。

（2）加工角度：设置刀具路径相对于当前构建平面的 X 轴的角度。

2.【限定深度】对话框

选中【限定深度】复选框并单击【限定深度】按钮，弹出【限定深度】对话框，如图 12-11 所示。使用【限定深度】对话框来确定除精加工轮廓之外的所有表面精加工刀具路径的 Z 轴切削位置。所有切口都位于最小和最大深度之间。

如果深度限制导致 Mastercam 删除刀具路径的部分，Mastercam 将使用间隙设置确定部分之间的刀具运动。对于这些刀具路径，间隙设置如果与深度限制冲突，间隙设置优先于深度限制。

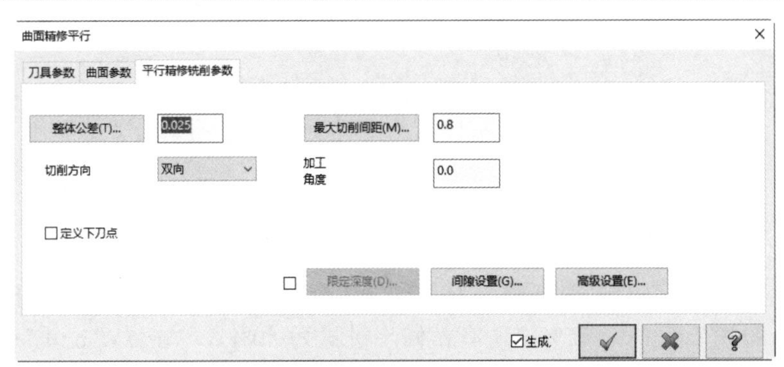

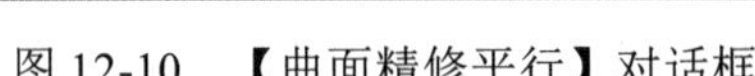
图 12-10 【曲面精修平行】对话框

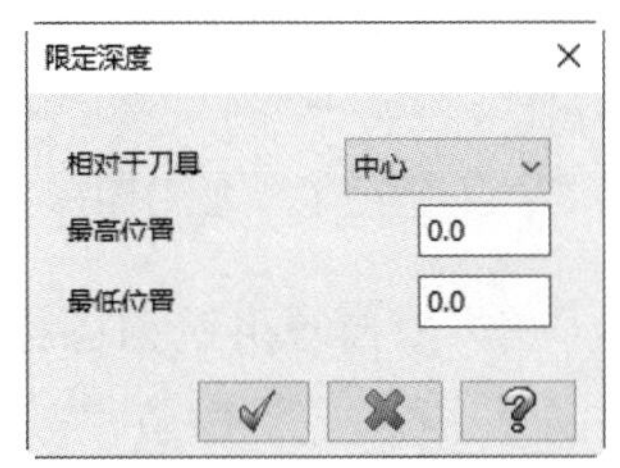

图 12-11 【限定深度】对话框

12.2 陡斜面精加工

陡斜面精加工主要用于对比较陡的曲面进行加工，加工刀路与平行精加工的刀路相似，用于弥补平行精加工只能加工比较浅的曲面这一缺陷。

12.2.1 实例——鞋底陡斜面精加工

扫一扫，看视频

本实例采用【精修平行陡斜面】策略对如图 12-12 所示的高跟鞋鞋底进行加工，首先打开源文件，源文件中已经对零件进行了等高粗加工；然后执行【精修平行陡斜面】命令，根据系统提示拾取要加工的曲面，设置刀具和加工参数；最后设置毛坯，模拟加工，生成 NC 程序。

动画演示\第 12 章\12.2.1 实例——鞋底陡斜面精加工.MP4

绘制过程

1. 打开文件

单击快速访问工具栏中的【打开】按钮，在弹出的【打开】对话框中选择【原始文件\第 12 章\鞋底】文件，单击【打开】按钮打开(O)，完成文件的调取，加工零件如图 12-12 所示。

2. 创建精修平行铣削刀具路径

（1）选择加工曲面。单击【刀路】选项卡中新建的【精修】面板中的【精修平行陡斜面】按钮，选择图 12-13 所示的加工曲面后，单击【结束选取】按钮结束选取，弹出【刀路曲面选择】对话框。选择切削范围串连，如图 12-14 所示，单击【确定】按钮，完成曲面和加工范围串连的选择。

（2）设置刀具。

① 系统弹出【曲面精修平行式陡斜面】对话框，利用对话框中的【刀具参数】选项卡设置刀具和切削参数。单击【选择刀库刀具】按钮选择刀库刀具...，弹出【选择刀具】对话框。在【选择刀具】对话框中选择直径为 12 的球形铣刀。

图 12-12　加工图形

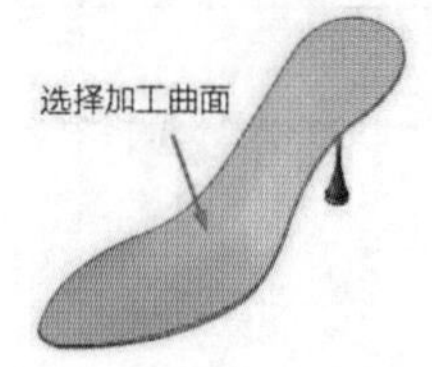

图 12-13　选择加工曲面

图 12-14　选择加工范围串连

② 双击球形铣刀图标，弹出【编辑刀具】对话框，刀具参数设置如图 12-15 所示。单击【下一步】按钮 下一步 ，设置所有粗切步进量为 75%，所有精修步进量为 40%，单击【单击重新计算进给率和主轴转速】按钮，重新生成切削参数，单击【完成】按钮 完成 。

（3）设置陡斜面精加工参数

① 返回【曲面精修平行式陡斜面】对话框，参数设置如图 12-16 和图 12-17 所示。

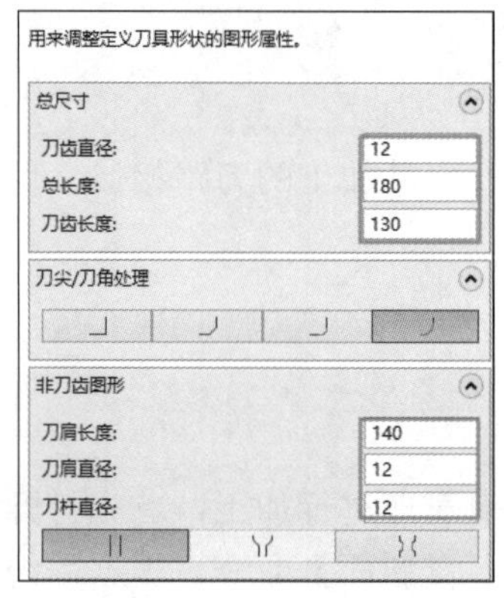

图 12-15　修改刀具参数

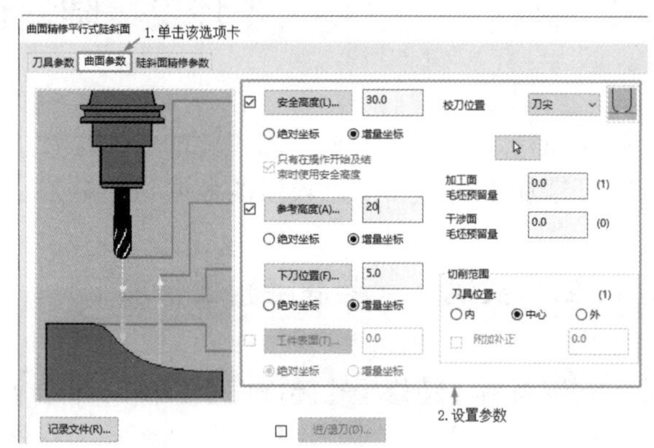

图 12-16　【曲面参数】选项卡

② 单击【确定】按钮，系统根据所设置的参数生成陡斜面精修刀路，如图 12-18 所示。

图 12-17　【陡斜面精修参数】选项卡

图 12-18　陡斜面精修刀路

3．模拟仿真加工

刀路编制完后需要进行模拟检查，如果检查无误即可进行后续处理操作，生成 NC 代码。具体操作步骤如下。

（1）毛坯设置。在【刀路】操作管理器中单击【毛坯设置】按钮 毛坯设置，弹出【机床群组属性】对话框，单击【所有图素】按钮 所有图素 ，选中【显示】复选框，单击【确定】按钮 ，完成工件参数设置，生成的毛坯如图 12-19 所示。

（2）仿真加工。

① 单击【刀路】操作管理器中的【选择全部操作】按钮 ，选中所有操作。

② 在【刀路】操作管理器中单击【验证已选择的操作】按钮 ，并在弹出的【Mastercam 模拟】对话框中单击【播放】按钮 ，系统进行模拟，仿真加工结果如图 12-20 所示。

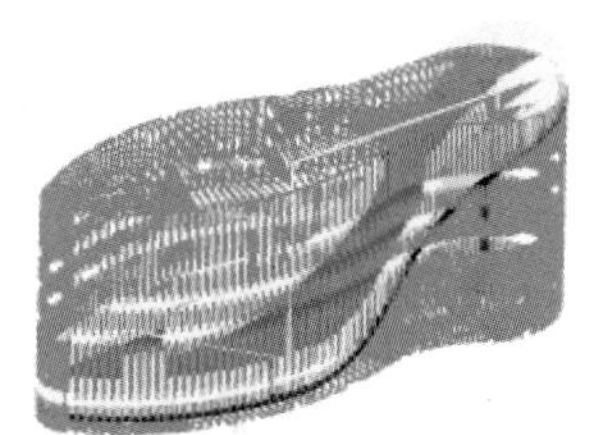

图 12-19　生成的毛坯

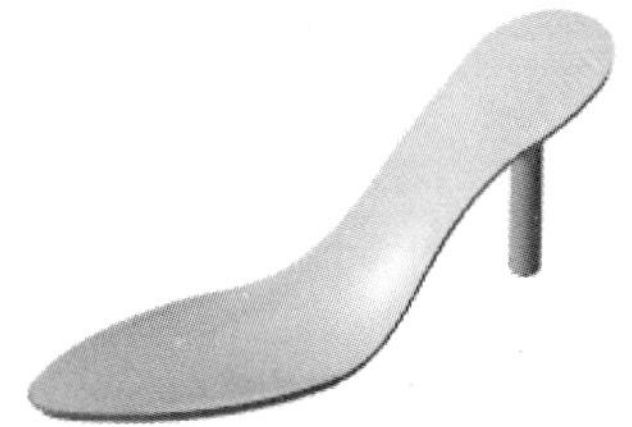

图 12-20　仿真加工结果

（3）NC 代码。模拟检查无误后，在【刀路】操作管理器中单击【执行选择的操作进行后处理】按钮 G1，弹出【后处理程序】对话框，单击【确定】按钮 ，弹出【另存为】对话框，输入文件名称【鞋底陡斜面】，单击【保存】按钮 保存(S) ，在编辑器中打开生成的 NC 代码，见随书电子文件。

12.2.2　陡斜面精加工参数

单击【刀路】选项卡中新建的【精修】面板中的【精修平行陡斜面】按钮 ，选择加工曲面后，单击【结束选取】按钮 结束选取 ，弹出【刀路曲面选择】对话框。单击【确定】按钮 ，弹出【曲面精修平行式陡斜面】对话框。

单击该对话框中的【陡斜面精修参数】选项卡，如图 12-21 所示。该选项卡用来设置陡斜面精加工参数。

（1）切削延伸：为切削增加额外的距离，因此刀具可以在加工陡斜区域之前切入先前切削的区域。该延伸被添加到刀具路径的两端并遵循曲面的曲率。

（2）从坡度角：设置曲面的最小倾斜角以确定零件的陡斜区域，仅加工从坡度角和到平坡度之间的区域。

（3）至坡度角：设置曲面的最大倾斜角以确定零件的陡斜区域，仅加工从坡度角和到平坡度之间的区域。

（4）包含外部切削：选择以剪切落在陡斜范围角之外的区域。选中该复选框，只加工与加工角度垂直的陡斜区域和浅滩区域，而避开与加工角度平行的陡斜区域。使用此方法可避免对同一区域进行两次切削。

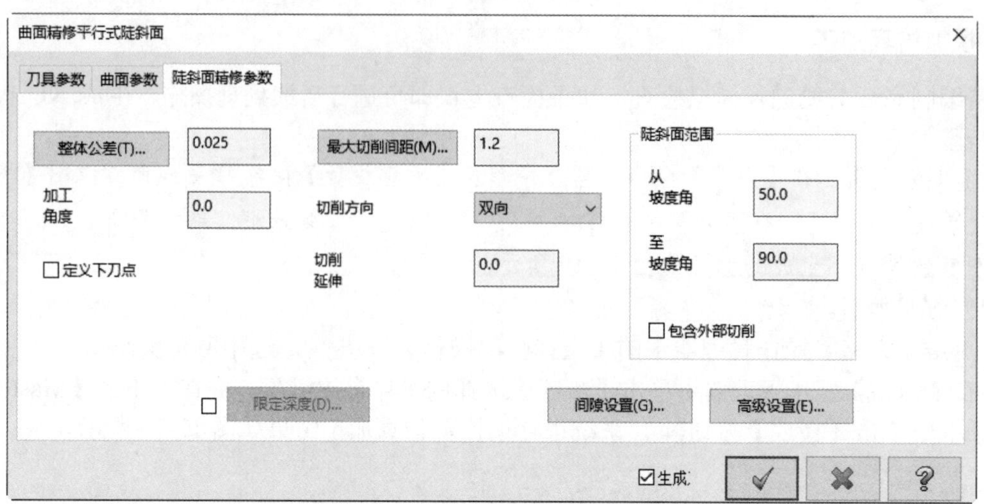

图 12-21 【陡斜面精修参数】选项卡

技巧荟萃

陡斜面精加工适合比较陡的斜面，对于陡斜面中间部分的浅滩，往往加工不到，在【陡斜面精修参数】选项卡中选中【包含外部切削】复选框，即可切削浅滩部分。

12.3 放射精加工

放射精加工是从中心点向四周发散的加工方式，也称为径向加工，主要用于对回转体或类似回转体进行精加工。放射精加工在实际应用过程中主要针对回转体工件进行加工，有时可用车床加工代替。

12.3.1 实例——茶壶放射精加工

本实例采用【精修放射】策略对茶壶进行加工，首先打开源文件，源文件中已经对零件进行了区域、等高、放射和挖槽粗加工；然后执行【精修放射】命令，根据系统提示拾取要加工的曲面，设置刀具和加工参数；最后设置毛坯，模拟加工，生成 NC 程序。

动画演示\第 12 章\12.3.1 实例——茶壶放射精加工.MP4

绘制过程

1. 打开文件

单击快速访问工具栏中的【打开】按钮，在弹出的【打开】对话框中选择【原始文件\第 12 章\茶壶】文件，单击【打开】按钮 打开(O)，完成文件的调取，加工零件如图 12-22 所示。

2. 创建放射精加工刀具路径

图 12-22　茶壶

（1）选择加工曲面。单击【刀路】选项卡中新建的【精修】面板中的【精修放射】按钮，根据系统提示选择所有曲面作为加工曲面，然后单击【结束选取】按钮，弹出【刀路曲面选择】对话框，单击【确定】按钮，完成曲面的选择。

（2）设置刀具。

① 系统弹出【曲面精修放射】对话框，利用对话框中的【刀具参数】选项卡设置刀具和切削参数。单击【选择刀库刀具】按钮，弹出【选择刀具】对话框。在【选择刀具】对话框中选择直径为 12 的球形铣刀。

② 双击球形铣刀图标，弹出【编辑刀具】对话框，刀具参数设置如图 12-23 所示。单击【下一步】按钮，设置所有粗切步进量为 75%，所有精修步进量为 40%，单击【单击重新计算进给率和主轴转速】按钮，重新生成切削参数，单击【完成】按钮。

（3）设置加工参数。

① 返回【曲面精修放射】对话框，参数设置如图 12-24 和图 12-25 所示。

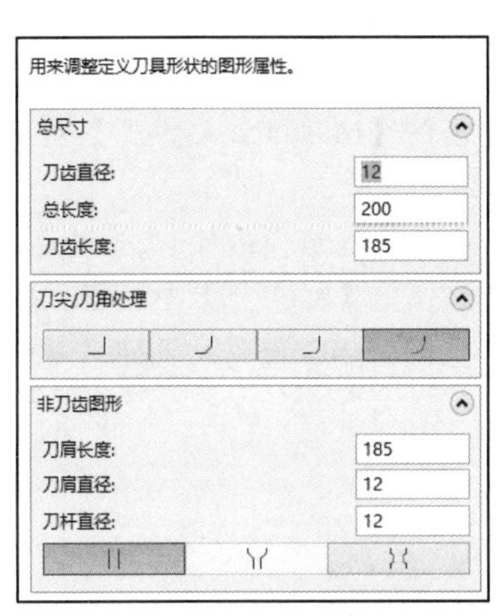

图 12-23　修改刀具参数

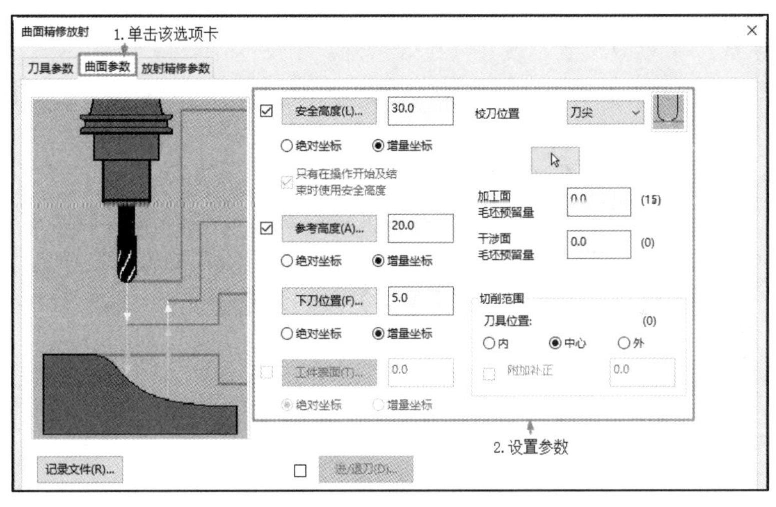

图 12-24　【曲面参数】选项卡参数设置

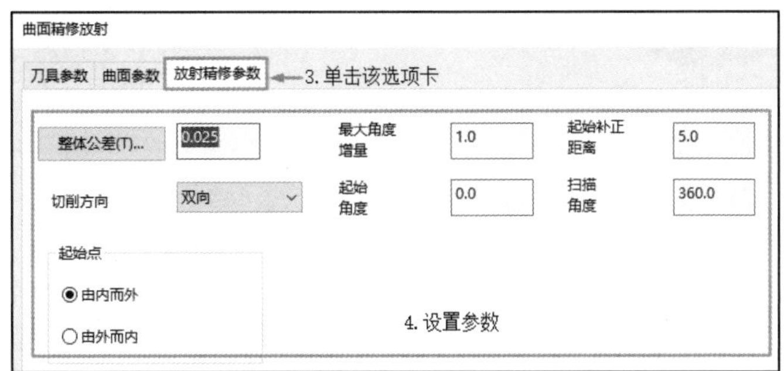

图 12-25　【放射精修参数】选项卡参数设置

② 单击【确定】按钮，系统提示“选择放射中心”，然后在绘图区域选择模型的中心点，如图 12-26 所示。系统根据所设置的参数生成曲面放射精修刀路，如图 12-27 所示。

图 12-26　拾取放射中心点

图 12-27　曲面放射精修刀路

3．模拟仿真加工

刀路编制完后需要进行模拟检查，如果检查无误，即可进行后续处理操作，生成 NC 代码。具体操作步骤如下。

（1）毛坯设置。在【刀路】操作管理器中单击【毛坯设置】按钮 毛坯设置，弹出【机床群组属性】对话框，单击【所有图素】按钮 所有图素 ，选中【显示】复选框，单击【确定】按钮 ，完成工件参数设置，如图 12-28 所示。

（2）仿真加工。单击【刀路】操作管理器中的【选择全部操作】按钮 ，选中所有操作。在【刀路】操作管理器中单击【验证已选择的操作】按钮 ，并在弹出的【Mastercam 模拟】对话框中单击【播放】按钮 ，系统进行模拟，仿真加工结果如图 12-29 所示。

（3）NC 代码。模拟检查无误后，在【刀路】操作管理器中单击【执行选择的操作进行后处理】按钮 G1，弹出【后处理程序】对话框，单击【确定】按钮 ，弹出【另存为】对话框，输入文件名称【茶壶】，单击【保存】按钮 保存(S) ，在编辑器中打开生成的 NC 代码，见随书电子文件。

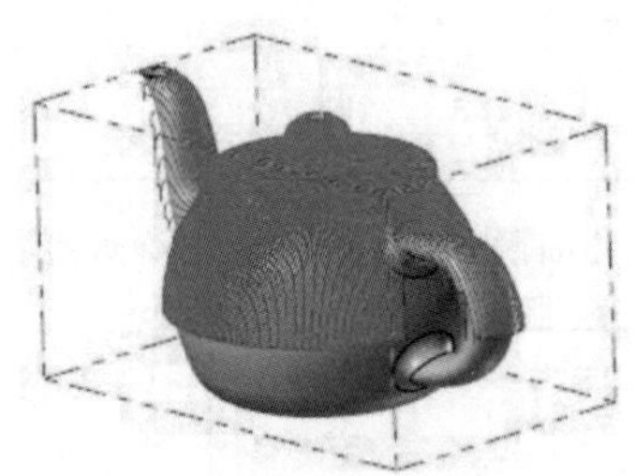

图 12-28　生成的毛坯

图 12-29　仿真加工结果

12.3.2　放射精加工参数介绍

单击【刀路】→【新群组】→【精修放射】按钮 ，选择加工曲面后，然后单击【结束选取】按钮 结束选取 ，弹出【曲面精修放射】对话框。单击 按钮，弹出【曲面精修放射】对话框。

【放射精修参数】选项卡如图 12-30 所示。该选项卡用来定义精加工径向刀具路径的切削区域。这些表面刀具路径通常从中心点向外切割，就像车轮的辐条一样。

该对话框的内容与【放射粗加工】对话框基本一致，这里不再赘述。

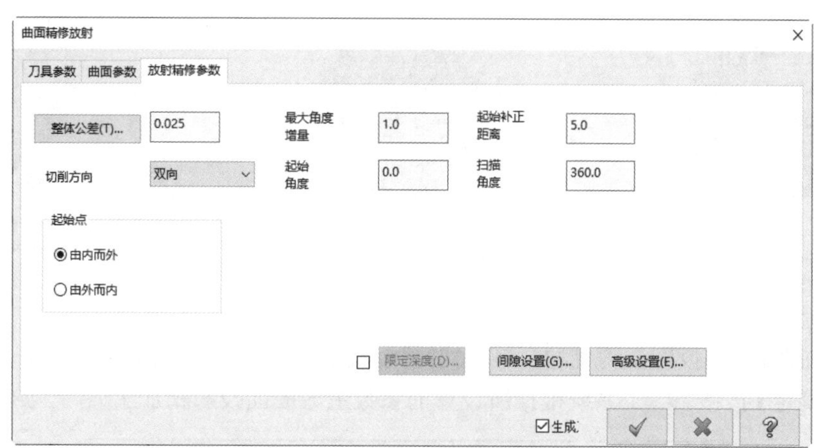

图 12-30 【放射精修参数】选项卡

12.4 投影精加工

投影精加工主要用于三维产品的雕刻、绣花等。投影精加工包括刀路投影（NCI 投影）、曲线投影和点投影 3 种形式。与其他精加工方法不同的是，投影精加工的预留量必须设为负值。

12.4.1 实例——图案投影精加工

本实例采用【精修投影加工】策略将如图 12-31 所示的图形曲线投影到圆球表面并进行加工。首先打开源文件；然后执行【精修投影加工】命令，根据系统提示拾取要加工的曲面，设置刀具和加工参数；最后设置毛坯，模拟加工，生成 NC 程序。

动画演示\第 12 章\12.4.1 实例——图案投影精加工.MP4

绘制过程

1. 打开文件

单击快速访问工具栏中的【打开】按钮，在弹出的【打开】对话框中选择【原始文件\第 12 章\图案】文件，单击【打开】按钮，完成文件的调取，加工零件如图 12-31 所示。

2. 创建投影精加工刀具路径

（1）选择加工曲面。单击【刀路】选项卡中新建的【精修】面板中的【精修投影加工】按钮，根据系统提示选择投影曲面，如图 12-32 所示。单击【结束选取】按钮，弹出【刀路曲面选择】对话框。选择投影曲线，如图 12-33 所示，单击【确定】按钮，完成投影曲线的选择。

（2）设置刀具参数。弹出【曲面精修投影】对话框，在【刀具参数】选项卡中单击【选择刀库刀具】按钮，弹出【选择刀具】对话框。选择直径为 3 的球形铣刀，单击【确定】按钮，完成刀具选择。

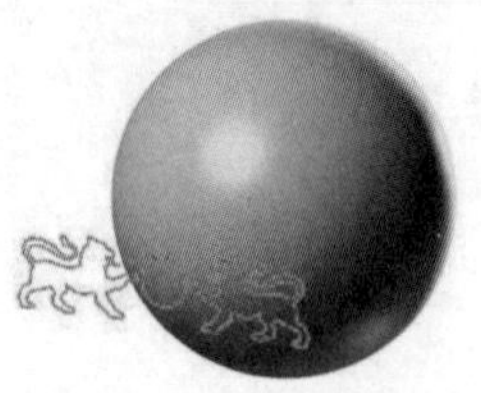

图 12-31 加工图形

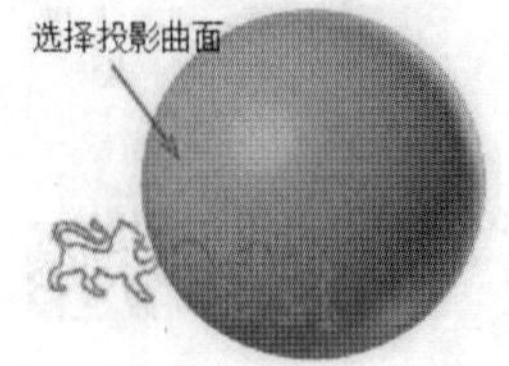

图 12-32 拾取加工曲面

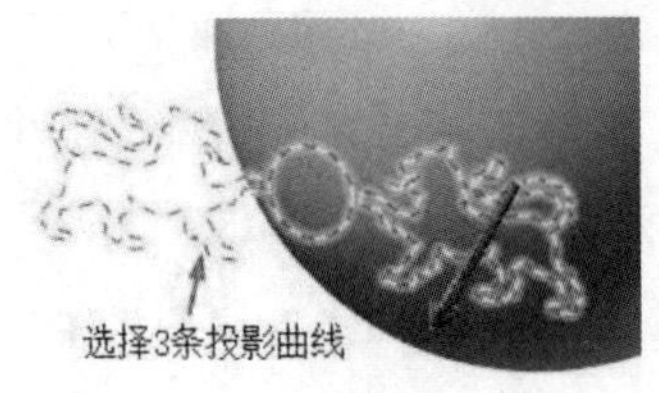

图 12-33 选择投影曲线

（3）设置加工参数。

① 返回【曲面精修投影】对话框，参数设置过程如图 12-34 和图 12-35 所示。

② 单击【确定】按钮，系统根据所设置的参数生成曲面投影精加工刀路，如图 12-36 所示。

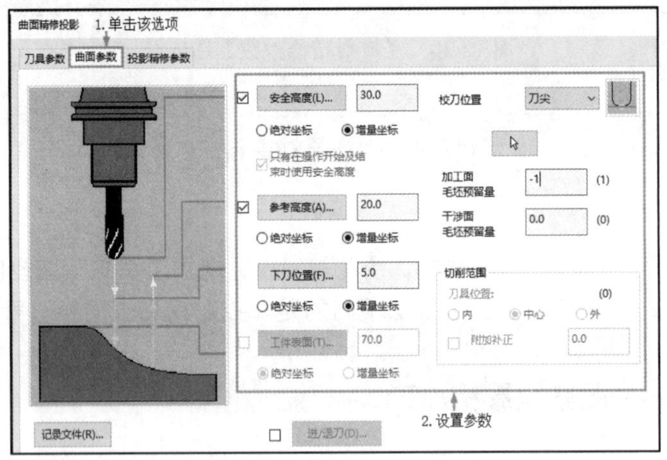

图 12-34 【曲面参数】选项卡

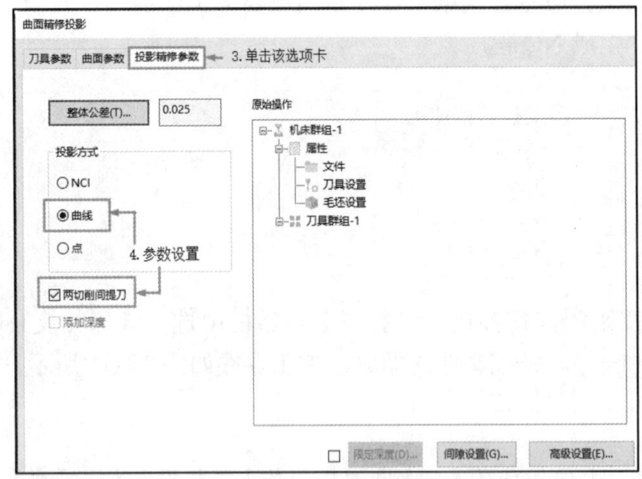

图 12-35 【投影精修参数】选项卡

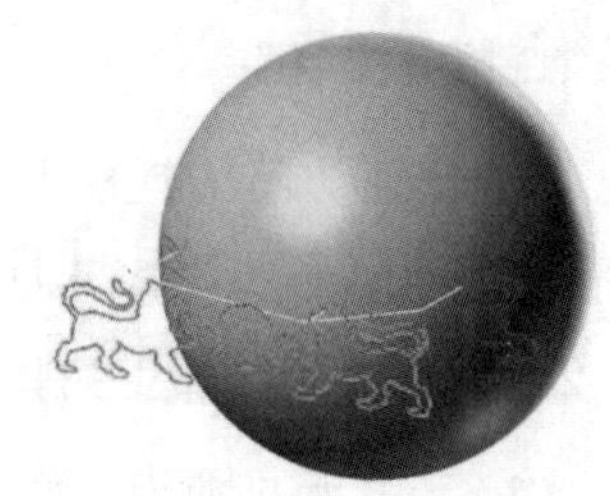

图 12-36 曲面投影精加工刀路

技巧荟萃

投影精加工中的预留量通常设为负值，因为精加工已经将产品加工到位，投影精修必须在此基础上再切削部分材料，因此需要设成负值。

3. 模拟仿加工

刀路编制完后需要进行模拟检查，如果检查无误，即可进行后处理操作，生成 NC 代码。具体操作步骤如下。

（1）毛坯设置。在【刀路】操作管理器中单击【毛坯设置】按钮 毛坯设置，弹出【机床群组属性】对话框，在【形状】组中选中【实体/网格】单选按钮，单击【选择】按钮，进入绘图界面，绘图区选取圆球实体。返回【机床群组属性】对话框，选中【显示】复选框，单击【确定】按钮，如图 12-37 所示。

（2）仿真加工。单击【刀路】操作管理器中的【选择全部操作】按钮，选中所有操作。在【刀路】操作管理器中单击【验证已选择的操作】按钮，并在弹出的【Mastercam 模拟】对话框中单击【播放】按钮，系统进行模拟，仿真加工结果如图 12-38 所示。

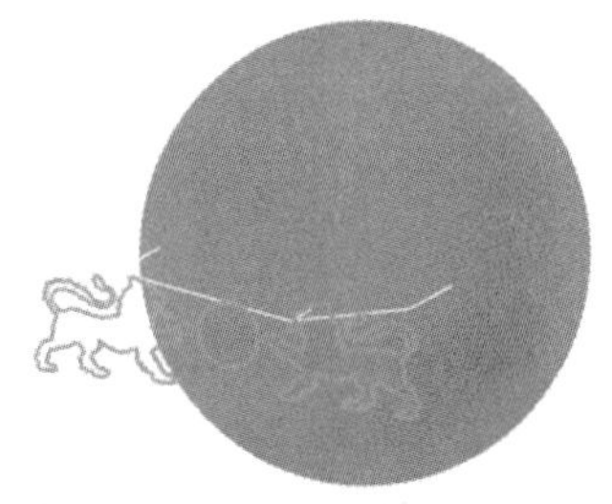

图 12-37　生成的毛坯

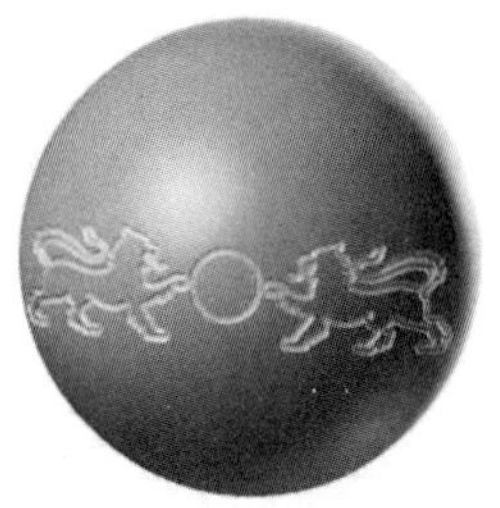

图 12-38　仿真加工结果

（3）NC 代码。模拟检查无误后，在【刀路】操作管理器中单击【执行选择的操作进行后处理】按钮G1，弹出【后处理程序】对话框，单击【确定】按钮，弹出【另存为】对话框，输入文件名称【图案投影】，单击【保存】按钮 保存(S) ，在编辑器中打开生成的 NC 代码，见随书电子文件。

12.4.2　投影精加工参数介绍

单击【刀路】选项卡中新建的【精修】面板中的【精修投影加工】按钮，选择加工曲面后，单击【结束选取】按钮 结束选取 ，弹出【刀路曲面选择】对话框。单击【确定】按钮，弹出【曲面精修投影】对话框。

单击该对话框中的【投影精修参数】选项卡，如图 12-39 所示。该选项卡主要用来将曲线、点或其他刀具路径（NCI 文件）投影到曲面或实体上。精加工项目刀具路径的一个常见应用是在曲面上雕刻文本或其他曲线。

（1）NCI：将 NCI 文件投影到所选实体上。

（2）曲线：将一条曲线或一组曲线投影到选定的实体。

（3）点：将一个点或一组点投影到选定的实体上。输入刀具路径参数后系统提示选择点。

（4）两切削间提刀：强制在切削之间进行缩回移动。取消选中时，工具在切削之间保持向下。

图 12-39 【投影精修参数】选项卡

12.5 流线精加工

流线精加工主要用于加工流线非常规律的曲面。对于多个曲面，当流线相互交错时，用曲面流线精加工方法加工不太适合。

扫一扫，看视频

12.5.1 实例——饭勺流线精加工

本实例采用【流线】策略将对饭勺模型进行精加工。首先打开源文件，源文件中已对饭勺进行了粗加工；然后执行【流线】命令，根据系统提示拾取要加工的曲面，设置刀具和加工参数；最后设置毛坯，模拟加工，生成 NC 程序。

动画演示\第 12 章\12.5.1 实例——饭勺流线精加工.MP4

绘制过程

1. 打开文件

单击快速访问工具栏中的【打开】按钮，在弹出的【打开】对话框中选择【原始文件\第 12 章\饭勺】文件，单击【打开】按钮 打开(O) ，完成文件的调取，加工零件如图 12-40 所示。

2．创建流线精加工刀具路径 1

（1）选择加工曲面。

① 单击【视图】→【屏幕视图】→【俯视图】按钮，将当前视图设置为【俯视图】。

② 单击【刀路】→3D→【精切】→【流线】按钮，根据系统提示选择如图 12-41 所示的加工曲面后，然后单击【结束选取】按钮，弹出【刀路曲面选择】对话框。单击【曲面流线】选项组中的【流线参数】按钮，弹出【曲面流线设置】对话框。单击【补正方向】按钮和【切削方向】按钮，设置补正方向和切削方向，如图 12-42 所示，单击【确定】按钮，完成流线选项设置。

图 12-40　加工图形

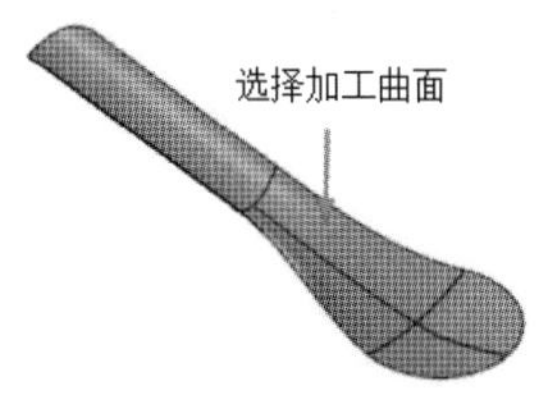

图 12-41　加工结果

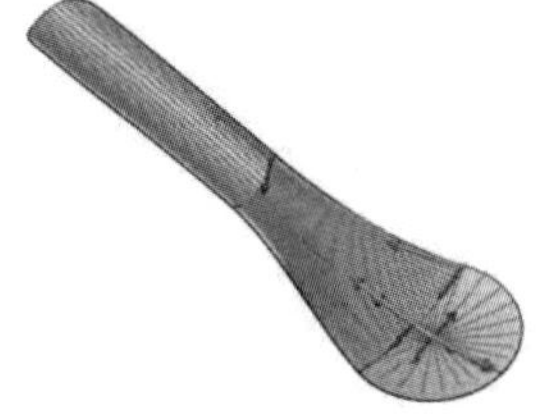

图 12-42　补正方向和切削方向

（2）设置刀具参数。

① 系统弹出【曲面精修流线】对话框，利用对话框中的【刀具参数】选项卡设置刀具和切削参数。在【刀具参数】选项卡中单击【选择刀库刀具】按钮，弹出【选择刀具】对话框。

② 在【选择刀具】对话框中选择直径为 3 的球形铣刀，单击【确定】按钮，完成刀具选择。

（3）设置加工参数。

① 返回【曲面精修流线】对话框，单击【曲面参数】选项卡，参数设置如图 12-43 和图 12-44 所示。

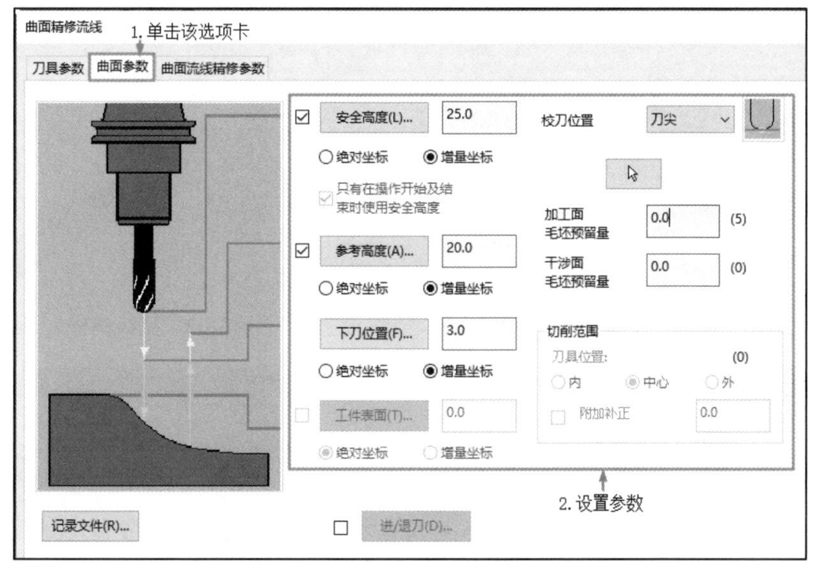

图 12-43　【曲面参数】选项卡参数设置

② 单击【确定】按钮，系统根据所设置的参数生成曲面流线精修刀路，如图 12-45 所示。

3．创建流线精加工刀具路径 2

（1）单击【视图】→【屏幕视图】→【仰视图】按钮，将当前视图设置为【仰视图】。

（2）执行【流线】命令，根据系统提示选择如图 12-46 所示的加工曲面，其他参数设置同上，生成的刀具路径如图 12-47 所示。

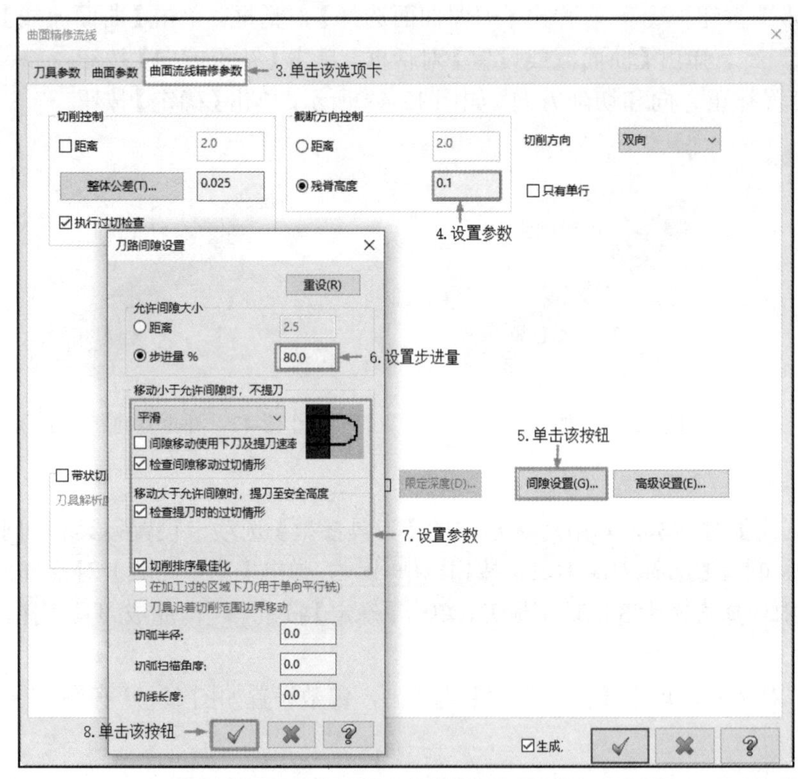

图 12-44　【曲面流线精修参数】选项卡参数设置

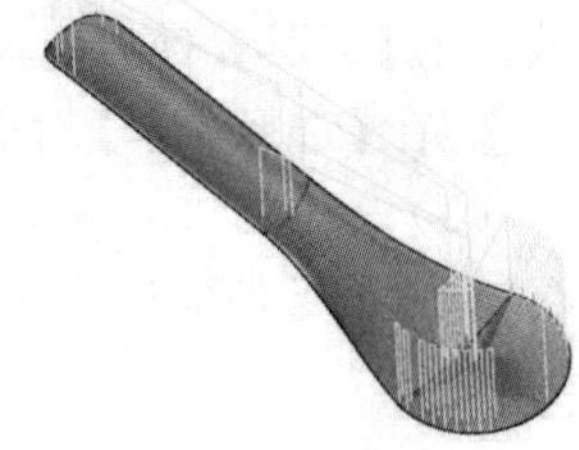

图 12-45　流线精修刀具路径 1

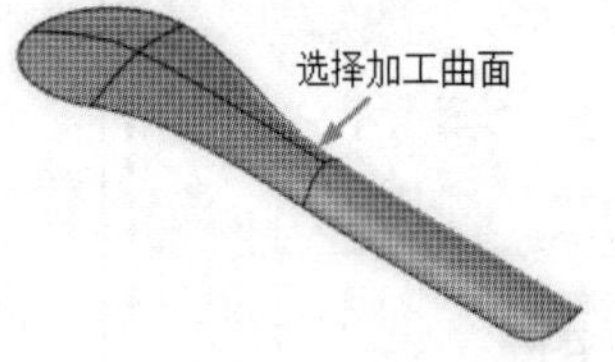

图 12-46　选择加工曲面

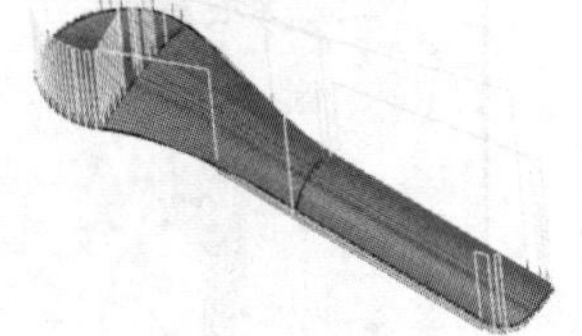

图 12-47　流线精修刀具路径 2

4．模拟仿真加工

刀路编制完后需要进行模拟检查，如果检查无误，即可进行后处理操作，生成 NC 代码。具体操作步骤如下。

（1）毛坯设置。在【刀路】操作管理器中单击【毛坯设置】按钮 毛坯设置，弹出【机床群组属性】对话框，在【形状】组中选中【实体/网格】单选按钮，单击【选择】按钮，进入绘图界面，打开图层 1，绘图区选取如图 12-48 所示的实体。返回【机床群组属性】对话框，选中【显示】复选框，单击【确定】按钮，如图 12-49 所示。

（2）仿真加工。

① 单击【刀路】操作管理器中的【选择全部操作】按钮，选中所有操作。

② 在【刀路】操作管理器中单击【验证已选择的操作】按钮，并在弹出的【Mastercam 模拟】对话框中单击【播放】按钮，系统进行模拟，仿真加工结果如图 12-50 所示。

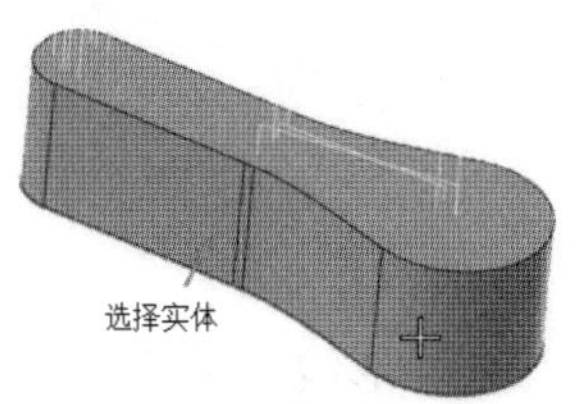

图 12-48 选择实体毛坯

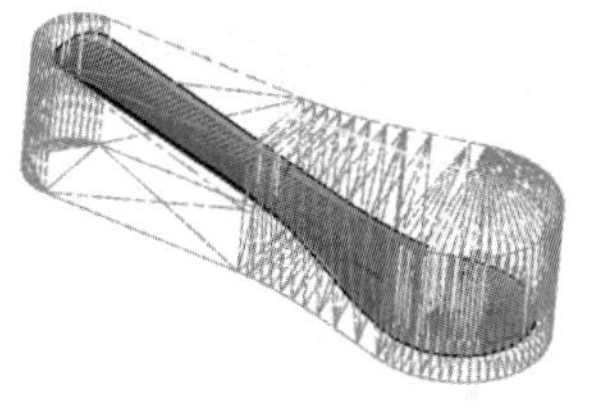

图 12-49 生成的毛坯

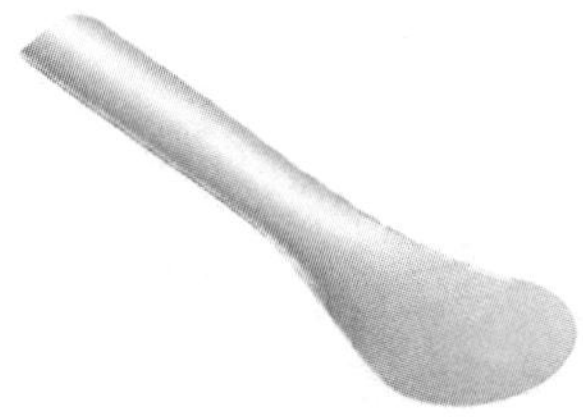

图 12-50 仿真加工结果

（3）NC 代码。模拟检查无误后，在【刀路】操作管理器中单击【执行选择的操作进行后处理】按钮，弹出【后处理程序】对话框，单击【确定】按钮，弹出【另存为】对话框，输入文件名称【饭勺】，单击【保存】按钮，在编辑器中打开生成的 NC 代码，见随书电子文件。

12.5.2 流线精加工参数介绍

单击【刀路】→【新群组】→【流线】按钮，选择加工曲面，然后单击【结束选取】按钮，弹出【刀路曲面选择】对话框。单击【确定】按钮，弹出【曲面精修流线】对话框。

【曲面流线精修参数】选项卡如图 12-51 所示。该选项卡用于设置精加工流线刀具路径参数。流线刀具路径可让用户精确控制留在零件上的余量，以实现受控的光洁度。

图 12-51 【曲面精修流线】对话框

流线精修参数主要包括切削控制和截断方向的控制。

（1）切削控制一般采用误差控制。机床一般将切削方向的曲线刀路转化成小段直线进行近似切削。误差设置得越大，转化成直线的误差就越大，计算也越快，加工结果与原曲面之间的误差越大；误差设置得越小，计算越慢，加工结果与原曲面之间的误差越小，一般给定为 0.025～0.15。

（2）截断方向的控制方式有两种：一种是距离，另一种是残脊高度。对于用球形铣刀铣削曲面时在两刀路之间生成的残脊，可以通过控制残脊高度来控制残料余量。另外，也可以通过控制两切削路径之间的距离来控制残料余量。采用距离控制刀路之间的残料余量更直接、更简单，因此一般通过距离来控制残料余量。

12.6 等高精加工

等高精加工采用等高线的方式进行逐层加工，包括沿 Z 轴等分和沿外形等分两种方式。沿 Z 轴等分等高精加工选择的是加工范围线；沿外形等分等高精加工选择的是外形线，并将外形线进行等分加工。等高精加工主要用于对比较陡的曲面进行精加工，加工效果较好，是目前应用比较广泛的加工方法之一。

扫一扫，看视频

12.6.1 实例——加热盘等高精加工

本实例采用【传统等高】策略对加热盘进行精加工。首先打开源文件，源文件中已对加热盘进行了粗加工；然后执行【传统等高】命令，根据系统提示拾取要加工的曲面，设置刀具和加工参数；最后设置毛坯，模拟加工，生成 NC 程序。

动画演示\第 12 章\ 12.6.1 实例——加热盘等高精加工.MP4

绘制过程

1. 打开文件

单击快速访问工具栏中的【打开】按钮，在弹出的【打开】对话框中选择【原始文件\第 12 章\加热盘】文件，单击【打开】按钮 打开(O)，完成文件的调取，加工零件如图 12-52 所示。

2. 创建等高精加工刀具路径

（1）选择加工曲面。单击【刀路】→3D→【传统等高】按钮，根据系统提示选择所有实体作为加工曲面，单击【结束选取】按钮 结束选取，弹出【刀路曲面选择】对话框，单击【确定】按钮。

（2）设置刀具参数。

① 弹出【曲面精修等高】对话框，单击【选择刀库刀具】按钮 选择刀库刀具...，弹出【选择刀具】对话框。选择直径为 6 的圆鼻铣刀，圆角半径为 1，单击【确定】按钮，完成刀具选择。

② 双击球形铣刀图标，弹出【编辑刀具】对话框，刀具参数设置如图 12-53 所示。单击【下一步】按钮 下一步，设置所有粗切步进量为 75%，所有精修步进量为 40%，单击【单击重新计算进给率和主轴转速】按钮，重新生成切削参数，单击【完成】按钮 完成。

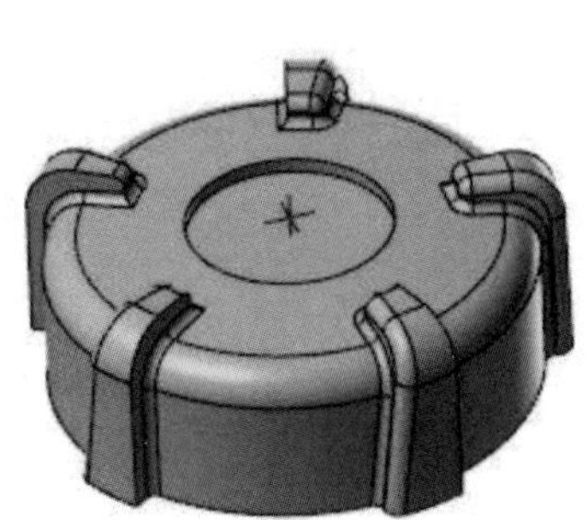

图 12-52　加工图形

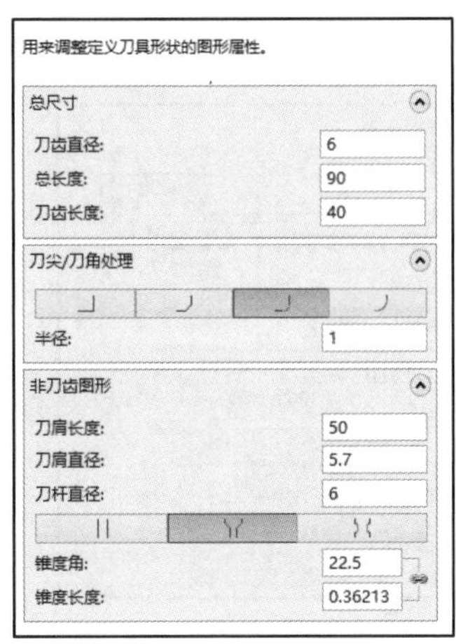

图 12-53　设置刀具参数

（3）设置加工参数。

① 返回【曲面精修等高】对话框，参数设置如图 12-54～图 12-56 所示。

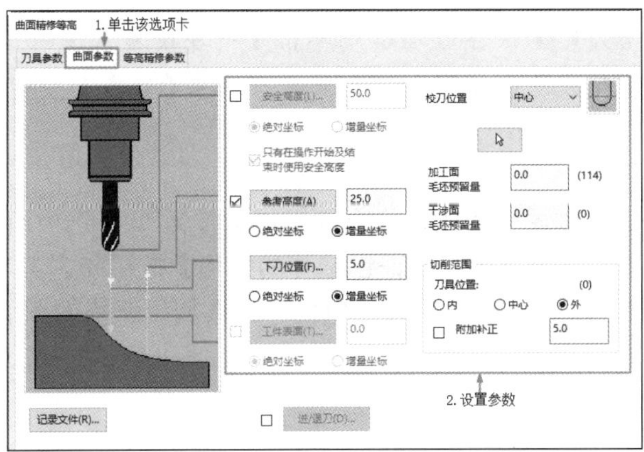

图 12-54　【曲面参数】选项卡

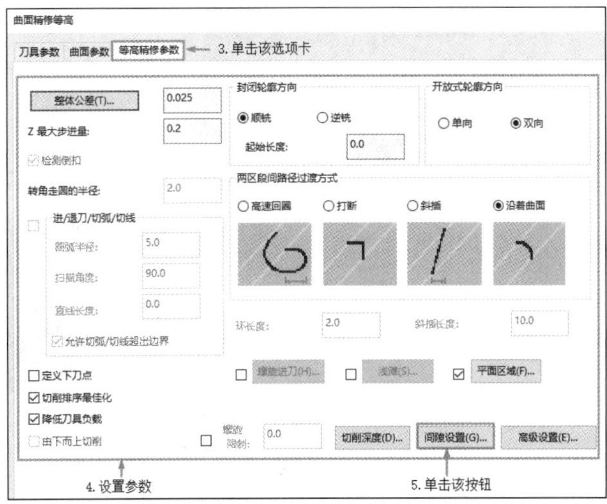

图 12-55　【等高精修参数】选项卡

② 单击【确定】按钮，系统根据所设置的参数生成曲面放射精修刀路，如图 12-57 所示。

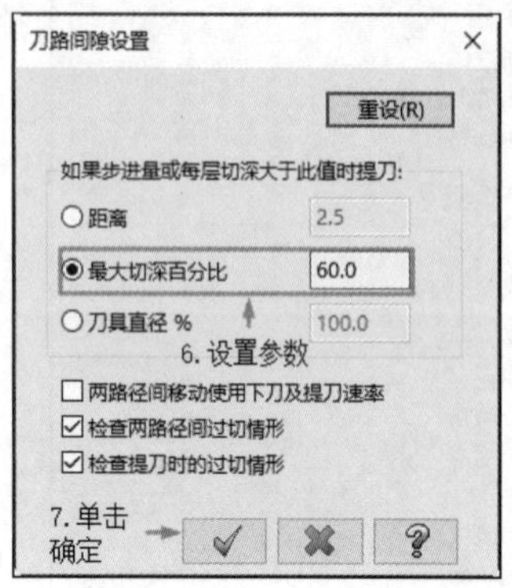

图 12-56　【刀路间隙设置】对话框

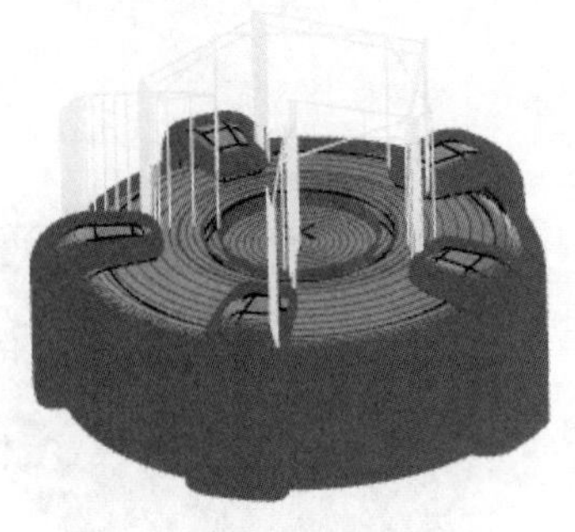

图 12-57　曲面精修等高刀路

3. 模拟仿真加工

刀路编制完后需要进行模拟检查，如果检查无误，即可进行后处理操作，生成 NC 代码。具体操作步骤如下。

（1）毛坯设置。在【刀路】操作管理器中单击【毛坯设置】按钮 毛坯设置，弹出【机床群组属性】对话框，毛坯参数设置如图 12-58 所示，单击【确定】按钮，完成工件参数设置，生成的毛坯如图 12-59 所示。

（2）仿真加工。

① 单击【刀路】操作管理器中的【选择全部操作】按钮，选中所有操作。

② 在【刀路】操作管理器中单击【验证已选择的操作】按钮，并在弹出的【Mastercam 模拟】对话框中单击【播放】按钮，系统进行模拟，仿真加工结果如图 12-60 所示。

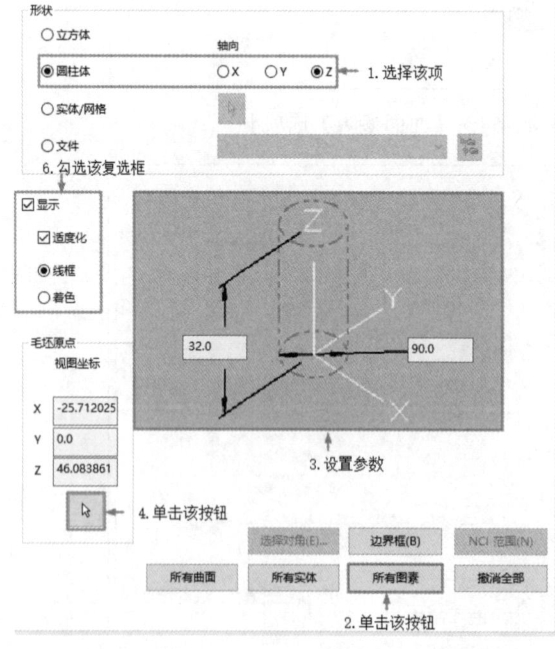

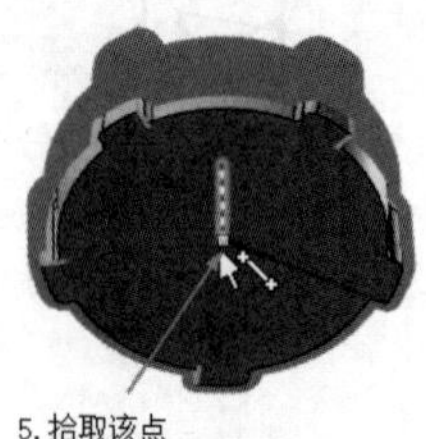

图 12-58　毛坯参数设置

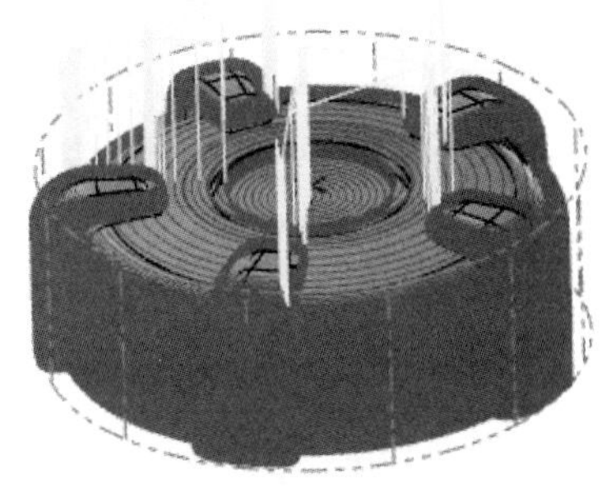

图 12-59　生成毛坯

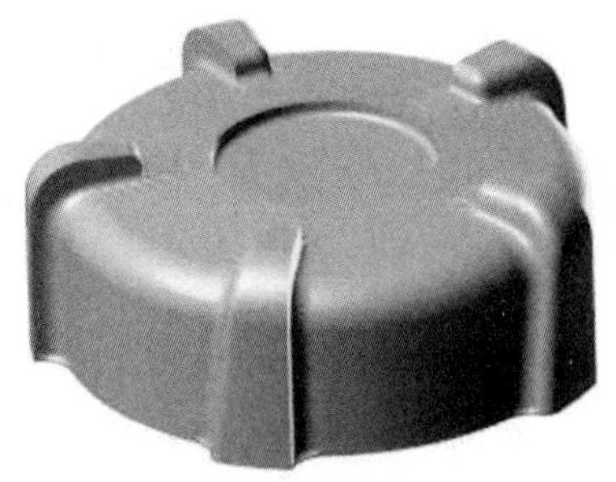

图 12-60　仿真加工结果

（3）NC 代码。模拟检查无误后，在【刀路】操作管理器中单击【执行选择的操作进行后处理】按钮G1，弹出【后处理程序】对话框，单击【确定】按钮，弹出【另存为】对话框，输入文件名称【加热盘】，单击【保存】按钮保存(S)，在编辑器中打开生成的 NC 代码，见随书电子文件。

12.6.2　等高精加工参数介绍

单击【刀路】→3D→【传统等高】按钮，选择加工曲面，然后单击【结束选取】按钮结束选取，弹出【刀路曲面选择】对话框。单击【确定】按钮，弹出如图 12-61 所示的【曲面精修等高】对话框，利用该对话框设置等高精加工的相关参数。

由于等高精修参数与等高粗切参数相同，在此不再赘述。

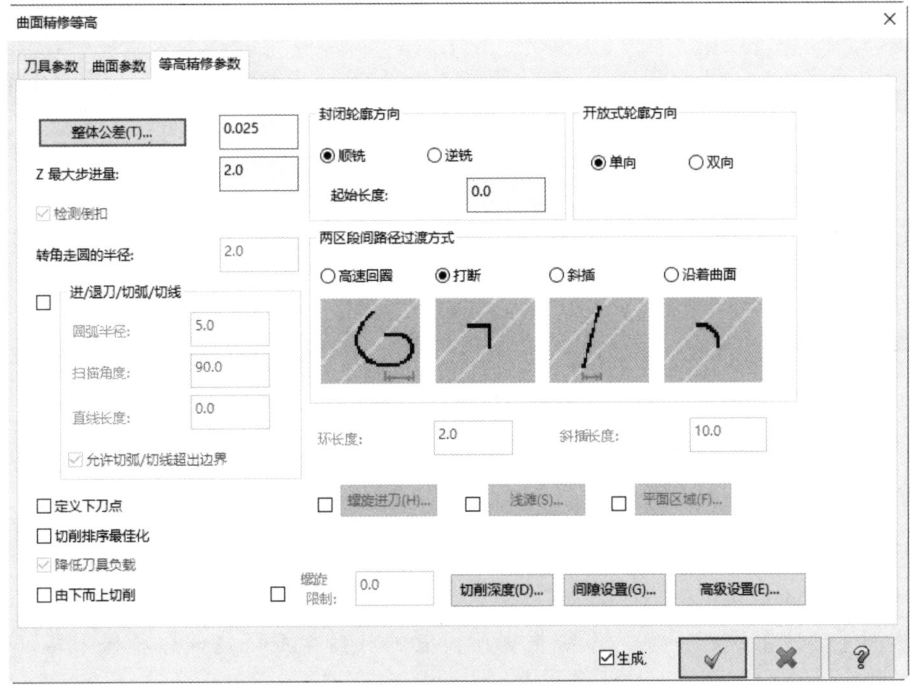

图 12-61　【曲面精修等高】对话框

12.7 环绕等距精加工

环绕等距精加工对陡斜面和浅滩都适合，刀路等间距排列，加工工件的精度较高，是非常好的精加工方法。

扫一扫，看视频

12.7.1 实例——凸台环绕等距精加工

本实例采用【精修环绕等距加工】策略对图 12-62 所示的凸台模型进行精加工。首先打开源文件，源文件中已对凸台进行了等高粗加工；然后启动【精修环绕等距加工】命令，根据系统提示拾取要加工的曲面，设置刀具和加工参数；最后设置毛坯，模拟加工，生成 NC 程序。

动画演示\第 12 章\12.7.1 实例——凸台环绕等距精加工.MP4

绘制过程

1．打开文件

单击快速访问工具栏中的【打开】按钮，在弹出的【打开】对话框中选择【原始文件\第 12 章\凸台】文件，单击【打开】按钮 打开(O)，完成文件的调取，加工零件如图 12-62 所示。

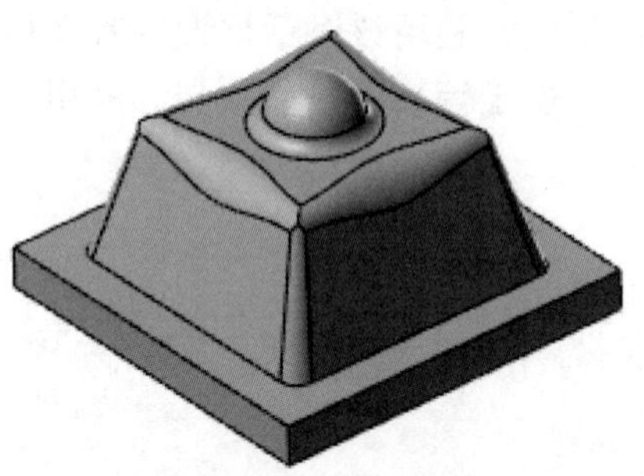

图 12-62　加工图形

2．创建环绕等距精加工刀具路径

单击【刀路】选项卡中新建的【精修】面板中的【精修环绕等距加工】按钮，根据系统提示选择所有实体作为加工面，单击【结束选取】按钮 结束选取，弹出【刀路曲面选择】对话框。单击【确定】按钮。

3．设置刀具参数

弹出【曲面精修环绕等距】对话框，单击【选择刀库刀具】按钮 选择刀库刀具...，弹出【选择刀具】对话框。选择直径为 6 的球形铣刀，单击【确定】按钮，完成刀具选择。

4．设置加工参数

（1）返回【曲面精修环绕等距】对话框，单击【环绕等距精修参数】选项卡，加工参数设置如图 12-63 和图 12-64 所示。

（2）单击【确定】按钮，系统根据所设置的参数生成环绕等距精修刀路，如图 12-65 所示。

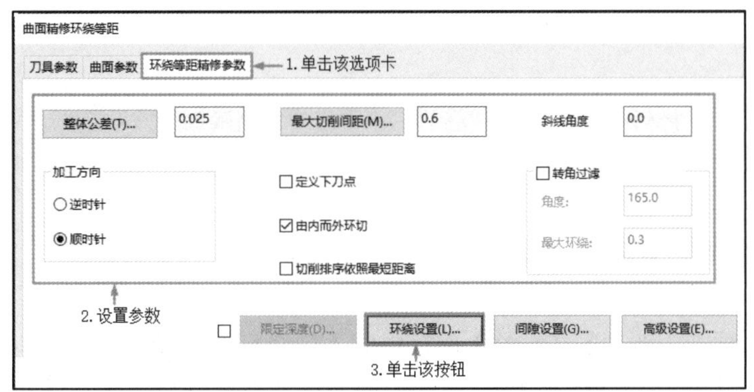

图 12-63 【环绕等距精修参数】选项卡参数设置

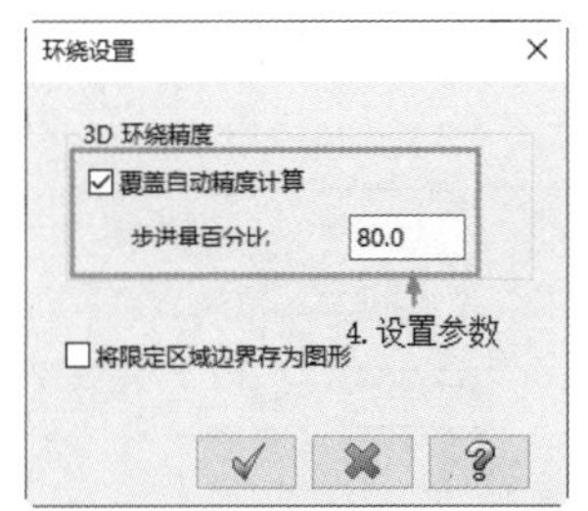

图 12-64 【环绕设置】对话框

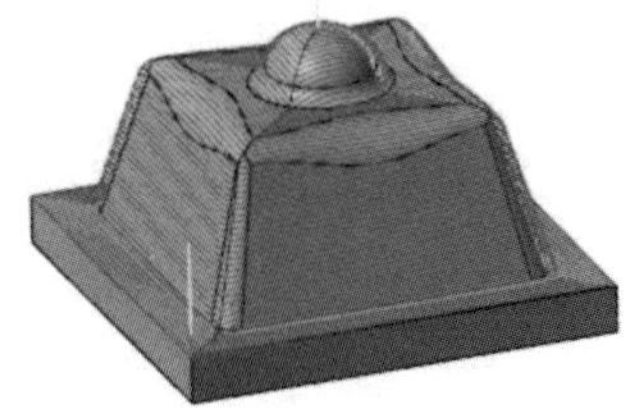

图 12-65 环绕等距精修刀路

5. 模拟仿真加工

刀路编制完后需要进行模拟检查，如果检查无误，即可进行后处理操作，生成 NC 代码。具体操作步骤如下。

（1）毛坯设置。在【刀路】操作管理器中单击【毛坯设置】按钮毛坯设置，弹出【机床群组属性】对话框，单击【所有图素】按钮所有图素，选中【显示】复选框，单击【确定】按钮，完成工件参数设置，生成的毛坯如图 12-66 所示。

（2）仿真加工。

① 单击【刀路】操作管理器中的【选择全部操作】按钮，选中所有操作。

② 在【刀路】操作管理器中单击【验证已选择的操作】按钮，并在弹出的【Mastercam 模拟】对话框中单击【播放】按钮，系统进行模拟，仿真加工结果如图 12-67 所示。

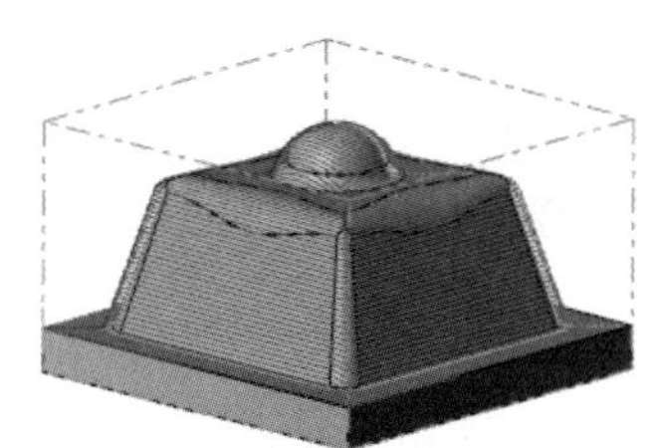

图 12-66 生成毛坯

图 12-67 仿真加工结果

（3）NC 代码。模拟检查无误后，在【刀路】操作管理器中单击【执行选择的操作进行后处理】按钮G1，弹出【后处理程序】对话框，单击【确定】按钮，弹出【另存为】对话框，输入文件名称【凸台】，单击【保存】按钮保存(S)，在编辑器中打开生成的 NC 代码，见随书电子文件。

技巧荟萃

环绕等距精加工可以加工有多个曲面的零件，刀路沿曲面环绕并且相互等距，即残留高度固定，适合曲面变化较大的零件，用于最后一刀的精加工操作。

12.7.2 环绕等距精加工参数介绍

单击【刀路】选项卡中新建的【精修】面板中的【精修环绕等距加工】按钮，选择加工曲面后，单击【结束选取】按钮，弹出【刀路曲面选择】对话框。单击【确定】按钮，弹出【曲面精修环绕等距】对话框。

【环绕等距精修参数】选项卡如图 12-68 所示。该选项卡用来定义刀具路径的切削方向、切削顺序、偏置角度、转角过滤和其他参数。

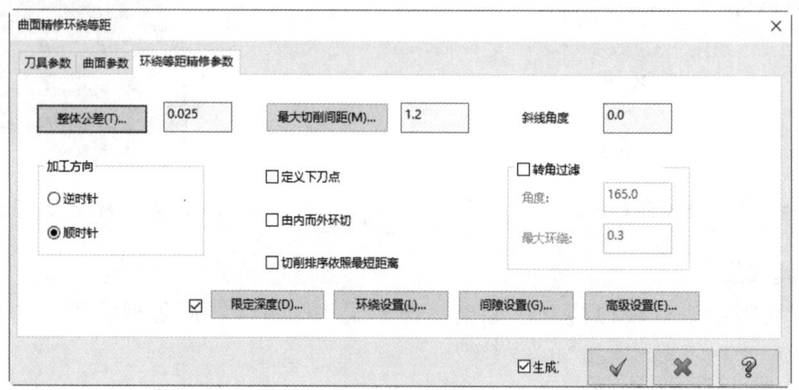

图 12-68 【曲面精修环绕等距】对话框

（1）最大切削间距：用来定义相邻两刀路之间的距离。

（2）切削排序依照最短距离：系统优化选项，用来优化刀路，提高加工效率。

（3）转角过滤：选中该复选框，可以平滑尖角并将其替换为曲线。消除方向的急剧变化，使刀具承受的负载更均匀，并始终保持更高的进给速率。

（4）角度：设置转角过滤的最大角度值。

（5）最大环绕：输入将应用的转角平滑量。

扫一扫，看视频

12.8 综合实例——飞机模型精加工

精加工的主要目的是将工件加工到接近或达到所要求的精度和粗糙度，因此，有时会牺牲效率来满足精度要求。加工时往往不是使用一种精加工方法，而是多种方法配合使用。下面通过实例说明精加工方法的综合运用。

动画演示\第 12 章\12.8 综合实例——飞机模型精加工.MP4

12.8.1 规划刀具路径

本实例是对粗加工后的飞机模型进行精加工，首先半精加工曲面，然后精加工曲面和平面，具体加工方案如下。

（1）使用直径为 10mm 的球形铣刀，采用等高精加工方法，分别在俯视图和仰视图上进行曲面半精加工。

（2）使用直径为 10mm 的球形铣刀，采用环绕等距精加工方法，分别在俯视图和仰视图上进行曲面精加工。

（3）使用直径为 3mm 的球形铣刀，采用残料精加工方法，分别在俯视图和仰视图上进行曲面精加工。

12.8.2 刀具路径编制

绘制过程

1. 打开文件

单击快速访问工具栏中的【打开】按钮，在弹出的【打开】对话框中选择【原始文件\第 12 章\飞机】文件，单击【打开】按钮打开(O)，完成文件的调取，粗加工后的图形如图 12 69 所示。

图 12-69 粗加工后的图形

2. 曲面精修等高半精加工 1

（1）设置视图。单击【视图】→【屏幕视图】→【俯视图】按钮，将当前视图设置为【俯视图】。

（2）选择加工曲面。单击【刀路】→3D→【传统等高】按钮，根据系统提示选择所有实体作为加工曲面，单击【结束选取】按钮结束选取，弹出【刀路曲面选择】对话框，单击【确定】按钮。

（3）设置刀具参数。

① 弹出【曲面精修等高】对话框，单击【选择刀库刀具】按钮选择刀库刀具...，弹出【选择刀具】对话框。选择直径为 6 的球形铣刀，单击【确定】按钮，完成刀具选择。

② 双击球形铣刀图标，弹出【编辑刀具】对话框，单击【下一步】按钮下一步，设置所有粗切步进量为 60%，所有精修步进量为 30%，单击【单击重新计算进给率和主轴转速】按钮，重新生成切削参数，单击【完成】按钮完成。

（4）设置等高精加工参数。

① 返回【曲面精修等高】对话框，参数设置过程如图 12-70～图 12-72 所示。

② 单击【确定】按钮，系统根据所设置的参数生成曲面等高精加工刀路，如图 12-73 所示。

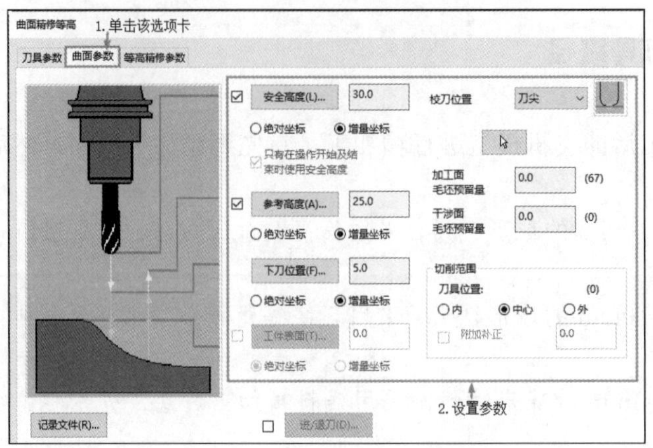

图 12-70 【曲面参数】选项卡

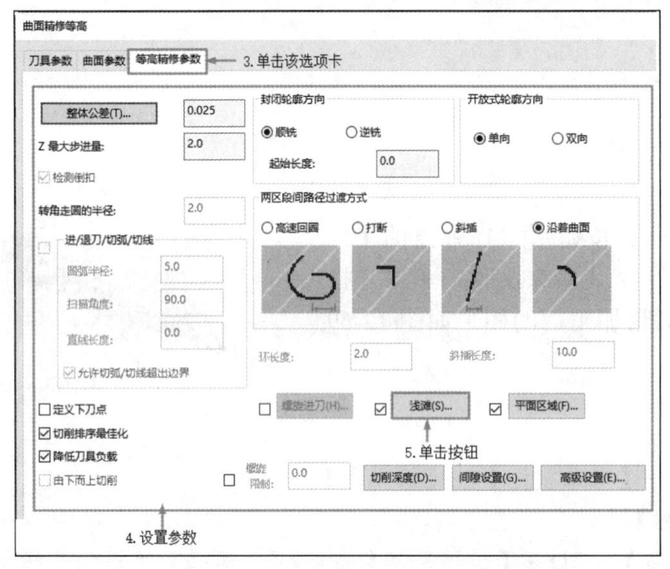

图 12-71 【等高精修参数】选项卡

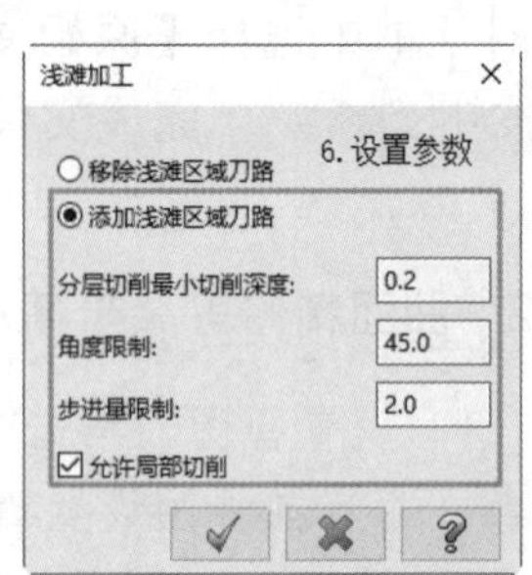

图 12-72 【浅滩加工】对话框

3．曲面精修等高半精加工 2

（1）设置视图。单击【视图】→【屏幕视图】→【仰视图】按钮，将当前视图设置为【仰视图】。

（2）创建刀路。执行【传统等高】命令，选择所要曲面作为加工曲面，其他参数设置同上，生成的刀具路径如图 12-74 所示。

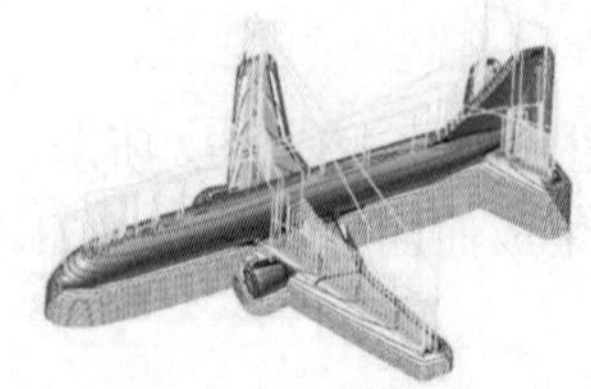

图 12-73 等高半精加工刀路 1

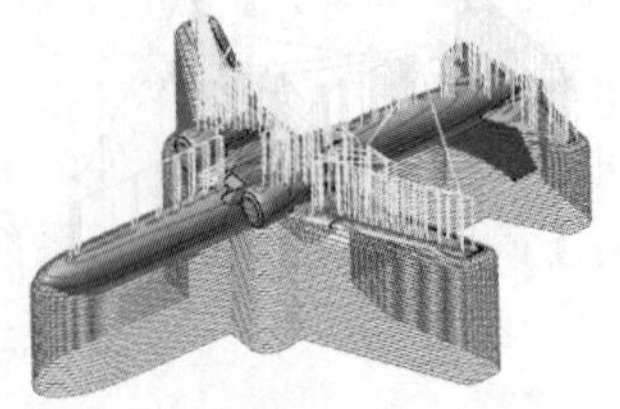

图 12-74 等高半精加工刀路 2

4．曲面精修环绕等距精加工 1

（1）设置视图。单击【视图】→【屏幕视图】→【俯视图】按钮，将当前视图设置为【俯视图】。

（2）选择加工曲面。单击【刀路】选项卡中新建的【精修】面板中的【精修环绕等距加工】按钮，根据系统提示选择所有曲面作为加工面，单击【结束选取】按钮，弹出【刀路曲面选择】对话框，单击【确定】按钮。

（3）设置刀具参数。

① 弹出【曲面精修环绕等距】对话框，单击【选择刀库刀具】按钮，弹出【选择刀具】对话框。选择直径为 5 的球形铣刀，单击【确定】按钮，完成刀具选择。

② 双击球形铣刀图标，弹出【编辑刀具】对话框，单击【下一步】按钮，设置所有粗切步进量为 60%，所有精修步进量为 30%，单击【单击重新计算进给率和主轴转速】按钮，重新生成切削参数，单击【完成】按钮。

（4）设置环绕等距精加工参数。

① 返回【曲面精修环绕等距】对话框，加工参数设置如图 12-75 和图 12-76 所示。

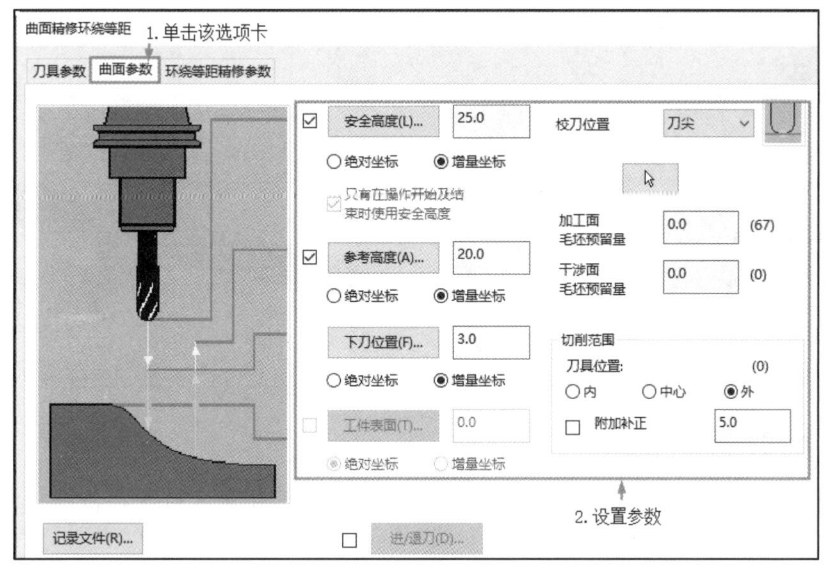

图 12-75 【曲面参数】选项卡参数设置

② 单击【确定】按钮，系统根据所设置的参数生成环绕等距精加工刀路，如图 12-77 所示。

5．曲面精修环绕等距精加工 2

（1）设置视图。单击【视图】→【屏幕视图】→【仰视图】按钮，将当前视图设置为【仰视图】。

（2）创建刀路。执行【精修环绕等距加工】命令，拾取所有曲面作为加工曲面，其他参数设置参照步骤 3，生成的刀具路径如图 12-78 所示。

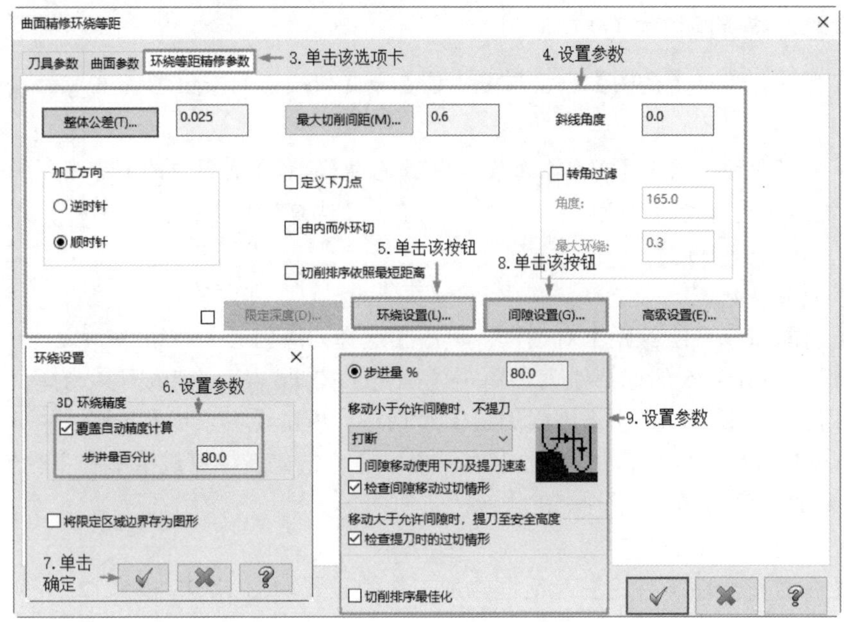

图 12-76 【环绕等距精修参数】选项卡参数设置

图 12-77 环绕等距精加工刀路 1

图 12-78 环绕等距精加工刀路 2

6．曲面精修残料清角精加工 1

（1）设置视图。单击【视图】→【屏幕视图】→【俯视图】按钮，将当前视图设置为【俯视图】。

（2）选择加工曲面。单击【刀路】选项卡中新建的【精修】面板中的【残料】按钮，根据系统提示选择所有曲面作为加工曲面，单击【结束选取】按钮，弹出【刀路曲面选择】对话框。选择矩形边界作为加工边界，单击【确定】按钮，完成曲面和边界的选择。

（3）设置刀具参数。

① 弹出【曲面精修残料清角】对话框，单击【选择刀库刀具】按钮，弹出【选择刀具】对话框。选择直径为 3 的球形铣刀，单击【确定】按钮，完成刀具选择。

② 双击球形铣刀图标，弹出【编辑刀具】对话框，单击【下一步】按钮，设置所有粗切步进量为 60%，所有精修步进量为 30%，单击【单击重新计算进给率和主轴转速】按钮，重新生成切削参数，单击【完成】按钮。

（4）设置残料精加工参数。

① 返回【曲面精修残料清角】对话框，加工参数设置如图 12-79～图 12-81 所示。

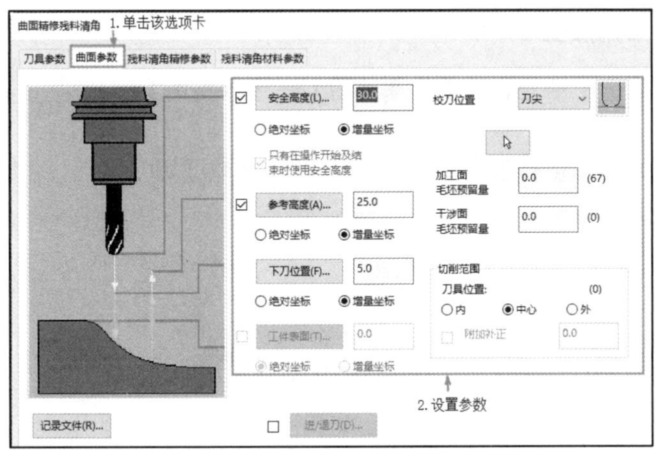

图 12-79 【曲面参数】选项卡参数设置

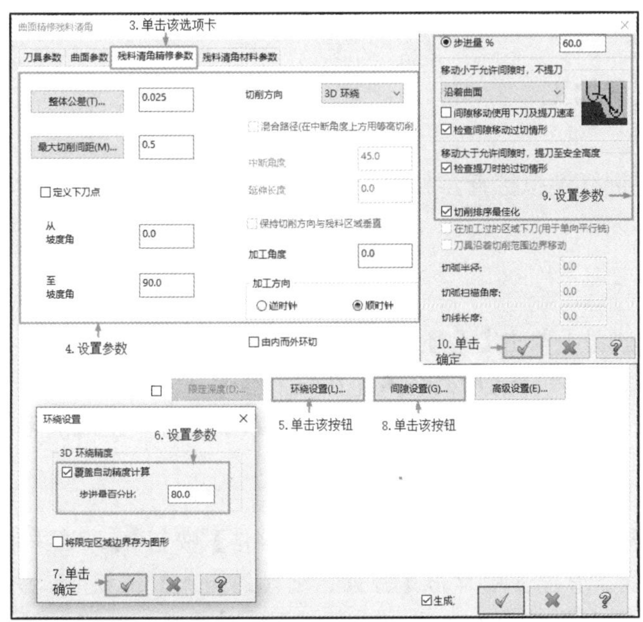

图 12-80 【残料清角精修参数】选项卡

② 单击【确定】按钮，系统根据所设置的参数生成残料清角精加工刀路，如图 12-82 所示。

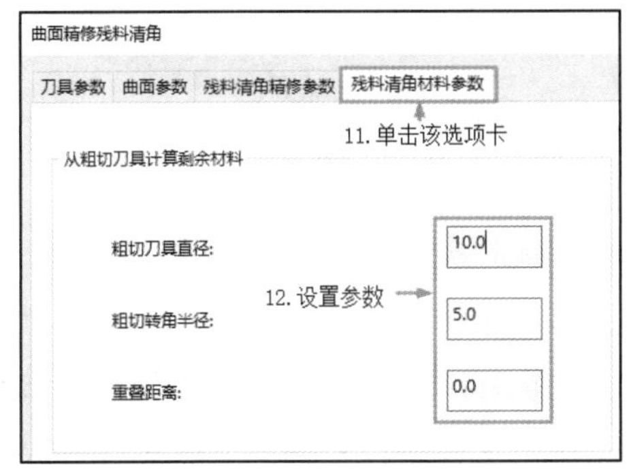

图 12-81 【残料清角材料参数】选项卡

图 12-82 残料清角精加工刀路 1

7．曲面精修残料清角加工 2

（1）设置视图。单击【视图】→【屏幕视图】→【仰视图】按钮，将当前视图设置为【仰视图】。

（2）创建刀路。执行【残料】命令，拾取所有曲面作为加工曲面，其他参数设置同上，生成的刀具路径如图 12-83 所示。

图 12-83　残料清角精加工刀路 2

12.8.3　模拟仿真加工

刀路编制完后需要进行模拟检查，如果检查无误即可进行后处理操作，生成 NC 代码。具体操作步骤如下。

1．毛坯设置

在【刀路】操作管理器中单击【毛坯设置】按钮 毛坯设置，弹出【机床群组属性】对话框，选择工件形状为【立方体】，单击【所有图素】按钮，修改立方体的长宽高为（240,190,70）。选中【显示】复选框，单击【确定】按钮，完成工件参数设置，生成的毛坯如图 12-84 所示。

2．仿真加工

（1）单击【刀路】操作管理器中的【选择全部操作】按钮，选中所有操作。

（2）在【刀路】操作管理器中单击【验证已选择的操作】按钮，并在弹出的【Mastercam 模拟】对话框中单击【播放】按钮，系统进行模拟，仿真加工结果如图 12-85 所示。

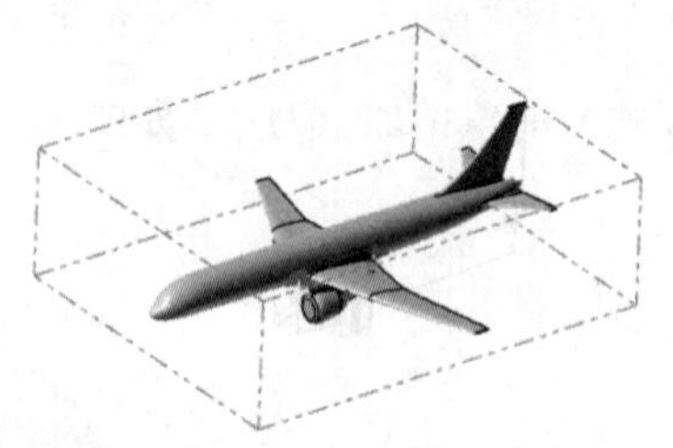

图 12-84　生成毛坯

图 12-85　仿真加工结果

3．NC 代码

模拟检查无误后，在【刀路】操作管理器中单击【执行选择的操作进行后处理】按钮G1，弹出【后处理程序】对话框，单击【确定】按钮，弹出【另存为】对话框，输入文件名称【飞机模型】，单击【保存】按钮 保存(S)，在编辑器中打开生成的 NC 代码，见随书电子文件。

第 13 章　高速曲面精加工

本章主要讲解高速曲面精加工策略，其刀具路径充分利用了刀具切削刃长度，实现刀具高速切削。本章主要介绍 7 种高速曲面精加工策略。Mastercam 高速曲面加工与传统曲面加工有一处显著的不同，就是高速曲面加工很多参数设定是基于刀具/步距/切深等的百分比计算，而传统曲面加工则是简单地输入一个特定数值。与传统切削命令相比，高速切削命令加工的时间更短，刀具及机床的磨损更小。

知识点

- 高速平行精加工
- 高速放射精加工
- 高速等高精加工
- 高速等距环绕精加工
- 高速混合精加工
- 高速水平区域精加工
- 高速熔接精加工
- 综合实例——上泵体高速三维精加工

本章介绍 11 种高速曲面精加工策略中的 7 种，这些命令位于 3D 面板的【精切】组中，如图 13-1 所示。

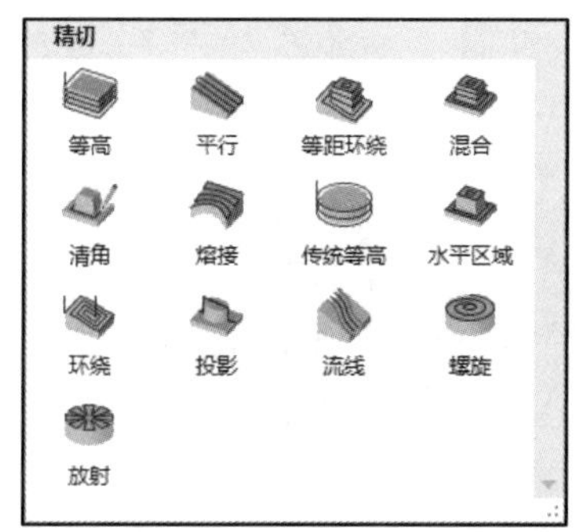

图 13-1　【精修】面板

13.1 高速平行精加工

高速平行精加工命令是指刀具沿设定的角度平行加工，适用于浅滩区域。

扫一扫，看视频

13.1.1 实例——控制器精加工

本实例讲解精加工中的【平行】命令，该命令为高速精加工命令，为了与传统加工进行对比，本实例在高速加工中设置的切削间距和高度参数与传统平行精加工的参数相同。

动画演示\第 13 章\ 13.1.1 实例——控制器精加工.MP4

绘制过程

1．打开文件

单击快速访问工具栏中的【打开】按钮，在弹出的【打开】对话框中选择【原始文件\ 第 13 章\控制器】文件，单击【打开】按钮 打开(O) ，完成文件的调取。

2．创建高速平行精加工刀具路径

单击【刀路】→3D→【平行】按钮，弹出【3D 高速曲面刀路-平行】对话框，进行如下参数设置。

（1）选择加工曲面及切削范围。

① 单击【模型图形】→【加工图形】→【选择图素】按钮，拾取加工曲面，如图 13-2 所示。【壁边预留量】和【底面预留量】均设置为 0。

② 单击【刀路控制】选项卡中的【边界串连】的【选择】按钮，拾取如图 13-3 所示的加工边界，其他参数设置如图 13-4 所示。

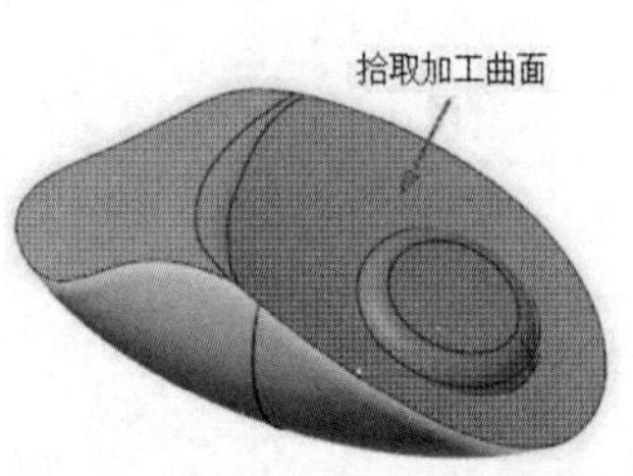

图 13-2　拾取加工曲面

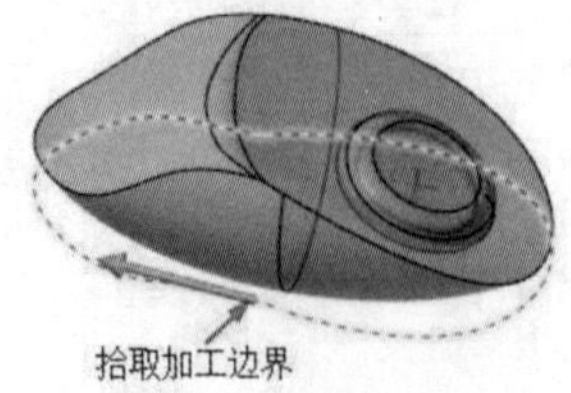

图 13-3　拾取加工边界

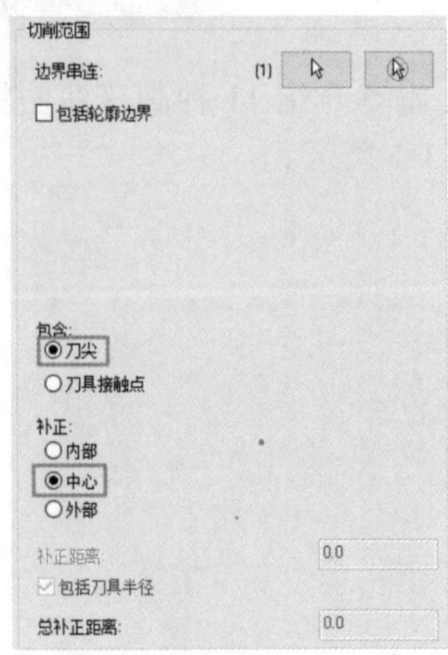

图 13-4　【刀路控制】选项卡

（2）设置刀具参数。

① 单击【刀具】选项卡中的【选择刀库刀具】按钮选择刀库刀具...，选择直径为 16 的球形铣刀。单击【确定】按钮✓，返回【3D 高速曲面刀路-平行】对话框。

② 双击球形铣刀图标，弹出【编辑刀具】对话框，刀具参数设置如图 13-5 所示。单击【下一步】按钮下一步，设置所有粗切步进量为 75%，所有精修步进量为 40%，单击【单击重新计算进给率和主轴转速】按钮，重新生成切削参数。单击【完成】按钮完成，返回【3D 高速曲面刀路-平行】对话框。此时，【刀具】选项卡参数设置如图 13-6 所示。

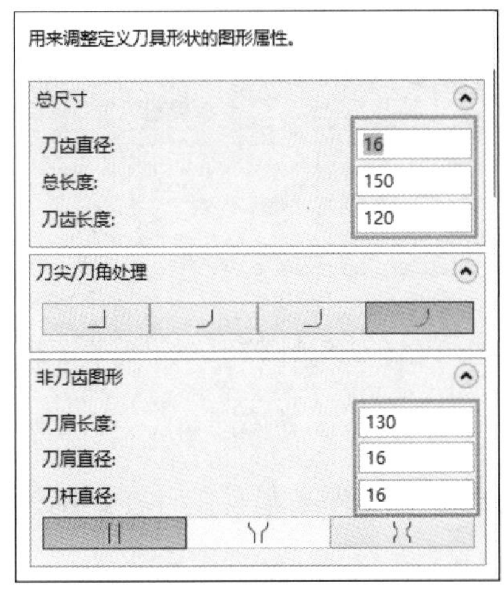

图 13-5 修改刀具参数

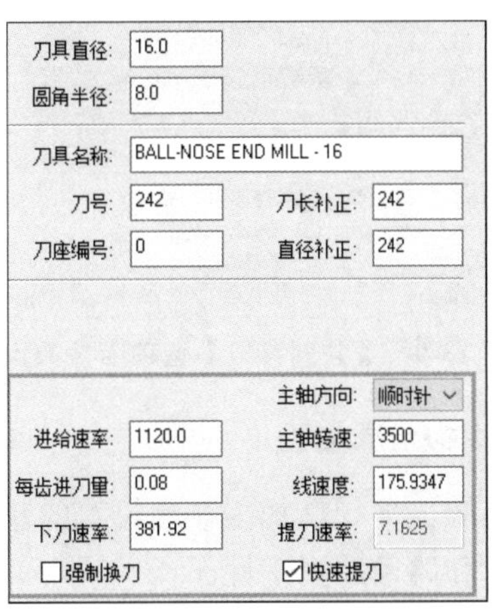

图 13-6 【刀具】选项卡

（3）设置高速平行精加工参数。

① 单击【切削参数】选项卡，后续参数设置如图 13-7～图 13-10 所示。

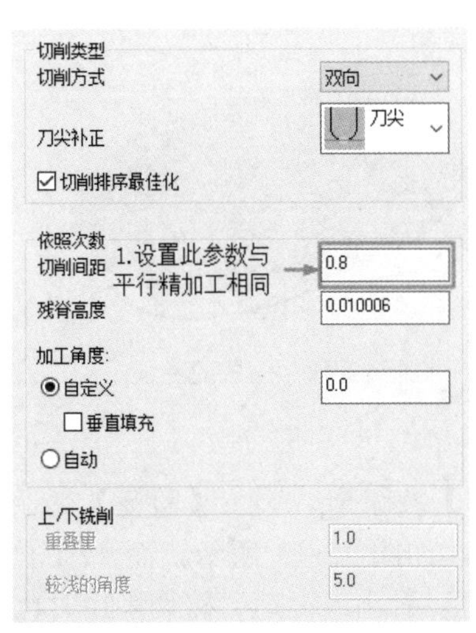

图 13-7 【切削参数】选项卡参数设置

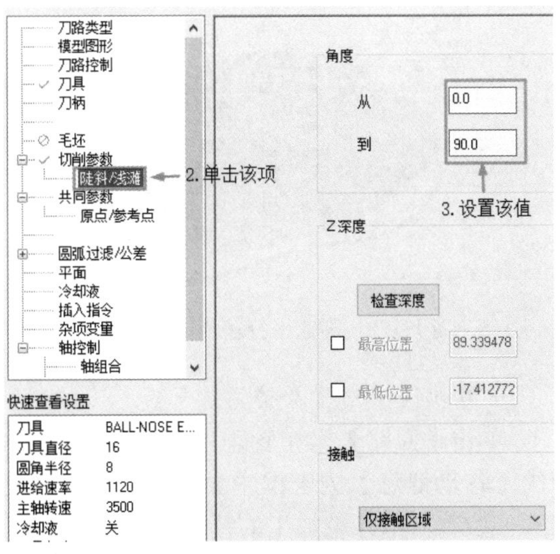

图 13-8 【陡斜/浅滩】选项卡参数设置

② 单击【确定】按钮✓，系统根据所设置的参数生成高速平行精加工刀具路径，如图 13-11 所示。

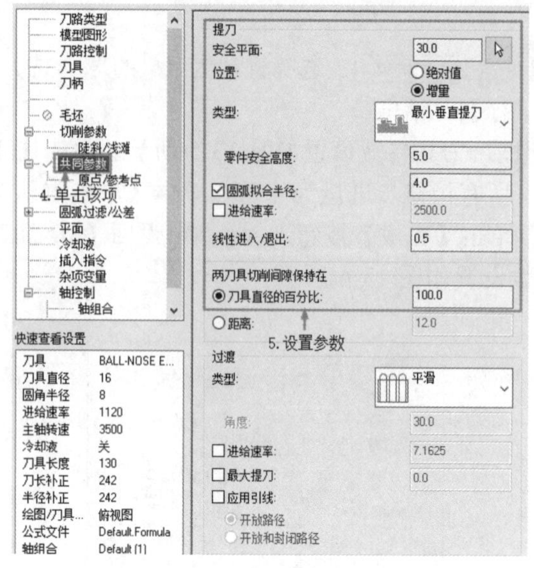

图 13-9 【共同参数】选项卡参数设置

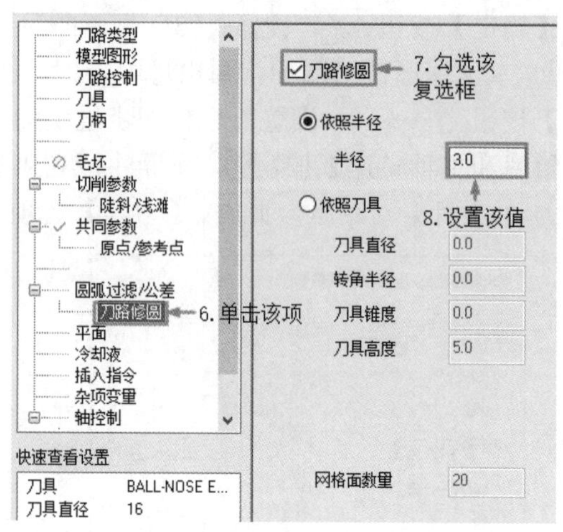

图 13-10 【刀路修圆】选项卡参数设置

3．模拟仿真加工

为了验证平行精加工参数设置的正确性，可以通过模拟加工过程来观察工件在切削过程中的下刀方式和路径的正确性。

（1）毛坯设置。在【刀路】操作管理器中单击【毛坯设置】按钮 毛坯设置，弹出【机床群组属性】对话框，在【形状】组中选中【实体/网格】单选按钮，单击【选择】按钮，进入绘图界面，打开图层 3，绘图区选取实体。返回【机床群组属性】对话框。选中【显示】复选框，单击【确定】按钮，完成工件参数设置，生成的毛坯如图 13-12 所示。

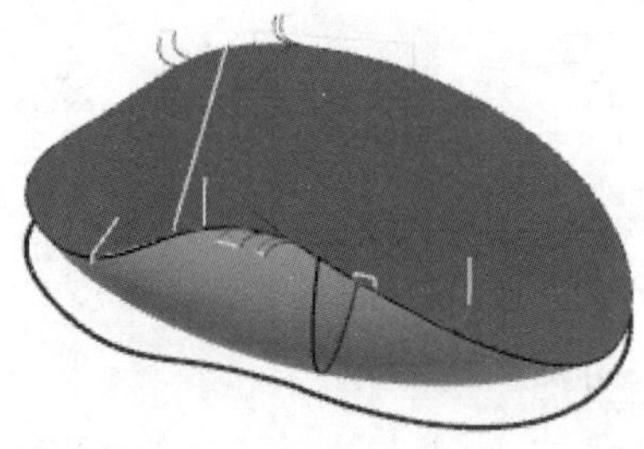

图 13-11 高速平行精加工刀具路径

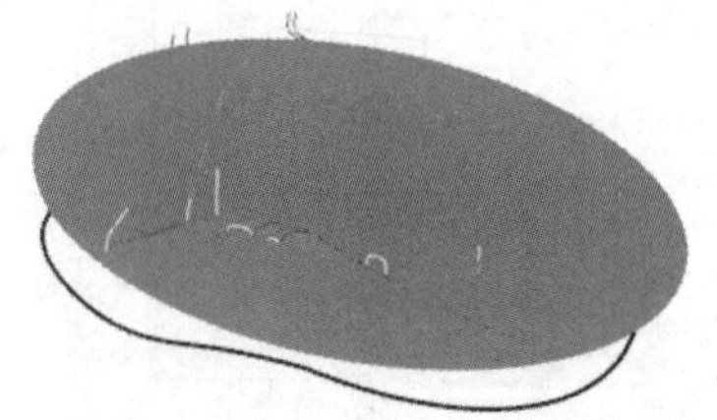

图 13-12 生成的毛坯

（2）切削时间对比及仿真加工。

① 单击【刀路】操作管理器中的【验证已选择的操作】按钮，弹出【验证】对话框，在右侧的【移动信息】列表框中显示了该刀路的进给总时间，如图 13-13 所示。而 12.1.1 小节的实例——控制器平行精加工的移动信息如图 13-14 所示。可以看出，高速刀路切削用时比传统刀路切削用时要短得多。关闭对话框，返回到操作界面。

② 单击【刀路】操作管理器中的【选择全部操作】按钮，选中所有操作。单击【刀路】操作管理器中的【验证已选择的操作】按钮，在弹出的【验证】对话框中单击【播放】按钮，系统开始进行模拟，仿真加工结果如图 13-15 所示。

刀路信息	
进给长度	39229.480
进给时间	35 分 20.18 秒
快速进给长度	379.285
快速进给时间	1.78 秒
总长度	39608.765
总时间	35 分 21.97 秒
最小/最大 X	-299.841 / -32.002
最小/最大 Y	-77.379 / 56.178
最小/最大 Z	14.417 / 116.377

图 13-13 高速平行精加工移动信息

刀路信息	
进给长度	44311.054
进给时间	59 分 12.95 秒
快速进给长度	7360.411
快速进给时间	35.28 秒
总长度	51671.464
总时间	59 分 48.23 秒
最小/最大 X	-299.567 / -29.287
最小/最大 Y	-84.880 / 65.105
最小/最大 Z	13.192 / 109.310

图 13-14 传统平行精加工移动信息

图 13-15 仿真加工结果

（3）NC 代码。模拟检查无误后，在【刀路】操作管理器中单击【执行选择的操作进行后处理】按钮G1，输入文件名称【控制器】，生成 NC 代码，见随书电子文件。

13.1.2 高速平行精加工参数介绍

单击【刀路】→3D→【平行】按钮，弹出【3D 高速曲面刀路-平行】对话框。该对话框中的大部分选项卡在前面已经介绍过了，下面对部分选项卡进行介绍。

1.【切削参数】选项卡

【切削参数】选项卡如图 13-16 所示。该选项卡用于配置平行精加工刀具路径的切削参数。使用此刀具路径创建具有恒定步距的平行精加工走刀，以用户输入的角度对齐。这使用户可以优化零件几何形状的切削方向，以实现最有效的切削。

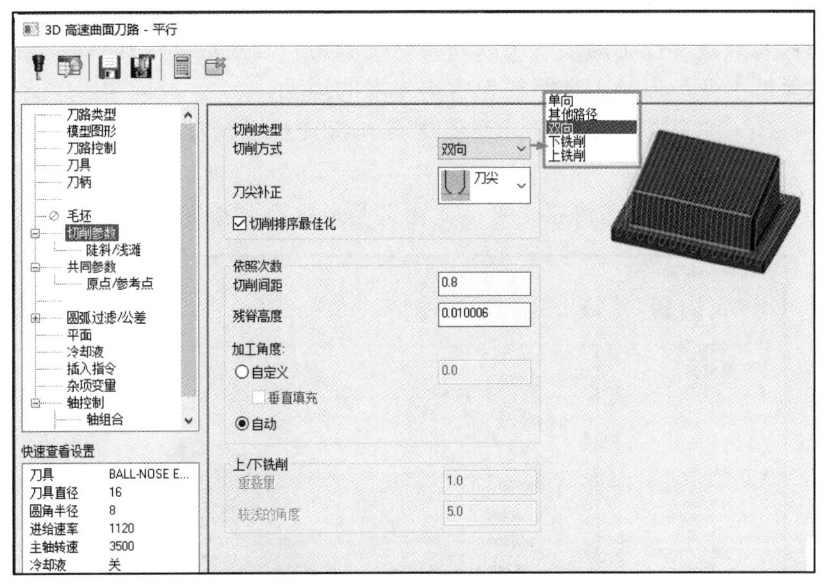

图 13-16 【切削参数】选项卡

（1）切削间距：确定相邻切削走刀之间的距离。

（2）残脊高度：不适用于转角半径为 0 的刀具。根据剩余残脊高度指定切削路径之间的间距。Mastercam 将根据用户在此处输入的值和所选工具计算步距。

注意

【切削间距】和【残脊高度】两个文本框相互关联，因此当用户在一个文本框中输入值时，另一个文本框会自动更新。这使用户可以根据【切削间距】或【残脊高度】指定切削路径之间的间距。残脊高度是根据平面计算的，除非【切削间距】足够大，否则球形刀具不会产生残脊高度。

（3）加工角度：用于定向切削路径，包括以下选项。

① 自定义：选择手动输入角度。当【自定义】设置为 0 时，切削走刀平行于 X 轴；设置为 90°时，平行于 Y 轴。输入一个中间角度以调整特定零件特征或几何形状的加工方向，实现最有效的加工操作。

② 垂直填充：当【加工角度】设置为【自定义】时可用。选择以限制相对于 1.4 倍【切削间距】的截止距离的刀具路径。垂直填充限制刀具路径，然后用垂直刀具路径填充有限区域以创建干净的结果。

③ 自动：选择让Mastercam自动设置不同的角度以最大化切削图案的长度或最小化连接移动。

（4）上/下铣削：只有【切削方式】选择【上铣削】或【下铣削】时，该选项才会被激活。在加工几何体几乎平坦的区域，向上或向下加工都没有优势。Mastercam 创建向下或向上铣削刀路。

① 重叠量：在此处输入距离以确保刀具路径不会在不同方向的走刀之间的过渡区域中留下不需要的圆弧或尖端。

② 较浅的角度：输入定义可能发生上/下铣削区域的角度。

2.【刀路修圆】选项卡

【刀路修圆】选项卡如图 13-17 所示。该选项卡可让 Mastercam 在高速刀具路径中自动生成圆角运动。刀具路径圆角允许圆弧在保持高进给率的同时创建平滑的刀具路径运动。根据简单的半径值或通过输入刀具信息控制圆角，生成刀具路径圆角。圆角运动仅在内角上生成。刀路修圆后零件几何形状保持不变，但是刀具路径包含更平滑的运动。

（1）依照半径：选中该单选按钮，可创建具有指定半径的圆角，而不是由工具形状形成的圆角。

（2）依照刀具：选中该单选按钮，可生成由工具形状而非指定圆角半径形成的圆角。

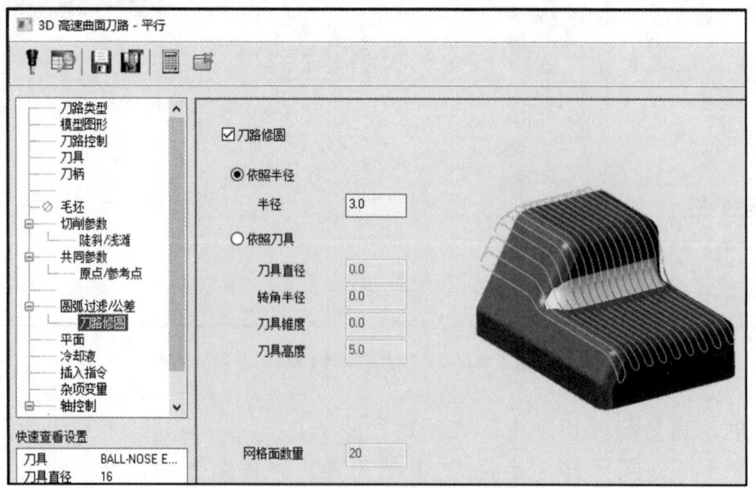

图 13-17 【刀路修圆】选项卡

13.2　高速放射精加工

与传统放射精加工相比，高速放射精加工采用有更短的进、退刀距离，更高的切削速度和进、退刀速度。

扫一扫，看视频

13.2.1　实例——茶壶精加工

本实例讲解精加工中的【放射】命令，该命令为高速精加工命令，为了方便与传统加工进行对比，在高速放射精加工中设置的切削间距和高度参数与传统放射精加工的参数相同。

动画演示\第 13 章\ 13.2.1 实例——茶壶精加工.MP4

绘制过程

1. 打开文件

单击快速访问工具栏中的【打开】按钮，在弹出的【打开】对话框中选择【原始文件\ 第 13 章\茶壶】文件，单击【打开】按钮，完成文件的调取，如图 13-18 所示。

2. 创建高速放射精加工刀具路径

单击【刀路】→3D→【放射】按钮，弹出【3D 高速曲面刀路-放射】对话框，进行以下参数设置。

（1）选择加工曲面及切削范围。

① 单击【模型图形】→【加工图形】→【选择图素】按钮，选择绘图区所有曲面作为加工曲面，【壁边预留量】和【底面预留量】均设置为 0。

② 单击【刀路控制】选项卡，参数设置如图 13-19 所示。

图 13-18　茶壶模型

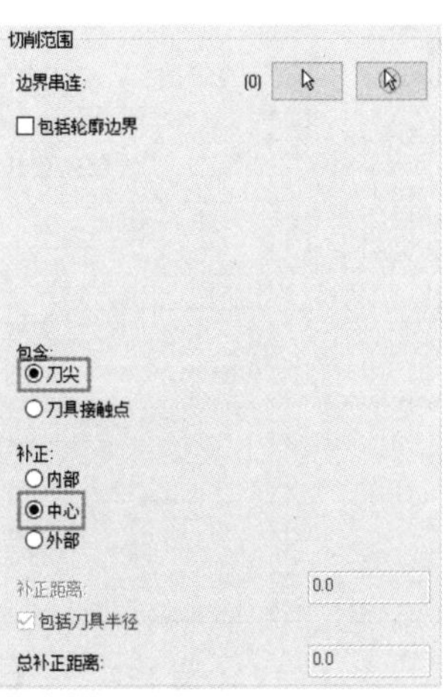

图 13-19　【刀路控制】选项卡参数设置

（2）设置刀具参数。

① 单击【刀具】选项卡中的【选择刀库刀具】按钮，选择直径为 12 的球形铣刀。单击【确定】按钮，返回【3D 高速曲面刀路-放射】对话框。

② 双击球形铣刀图标，弹出【编辑刀具】对话框，修改刀具参数，如图 13-20 所示。单击【下一步】按钮，设置所有粗切步进量为 75%，所有精修步进量为 40%，单击【单击重新计算进给率和主轴转速】按钮，重新生成切削参数。单击【完成】按钮，返回【3D 高速曲面刀路-放射】对话框。此时，【刀具】选项卡参数设置如图 13-21 所示。

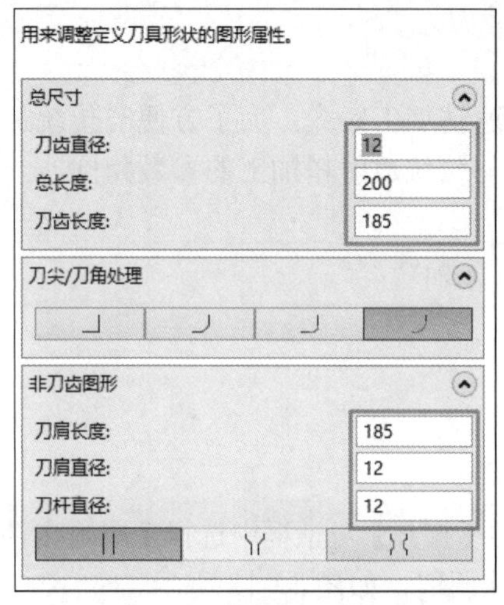

图 13-20　修改刀具参数

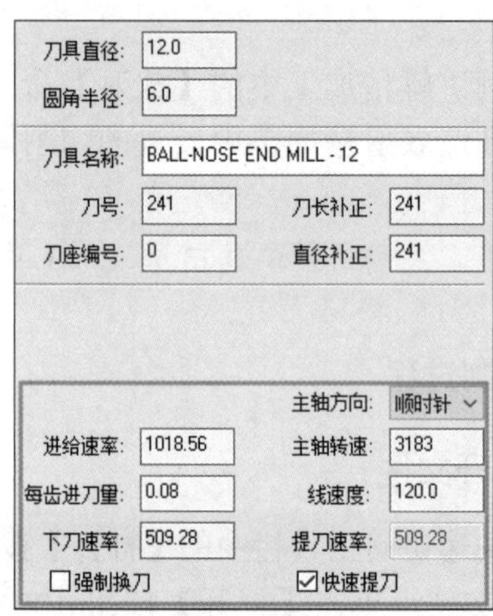

图 13-21　【刀具】选项卡

（3）设置高速平行精加工参数。

① 单击【切削参数】选项卡，后续参数设置如图 13-22～图 13-25 所示。

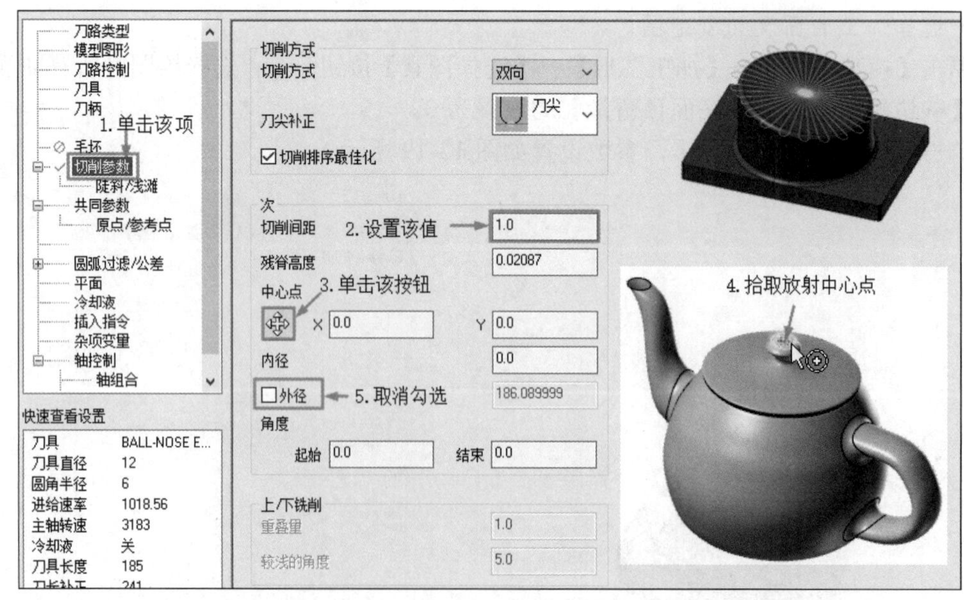

图 13-22　【切削参数】选项卡参数设置

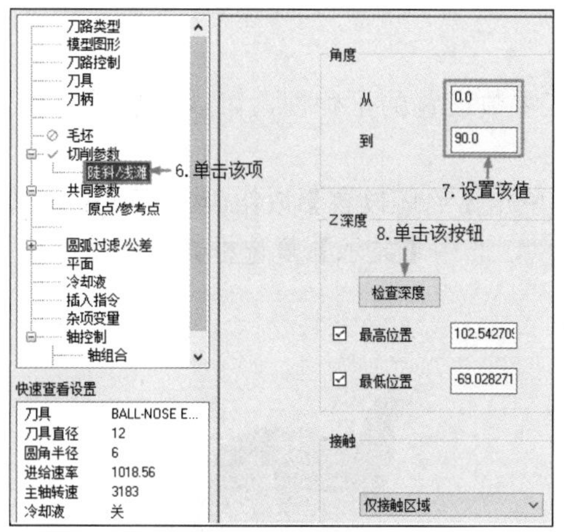

图 13-23　【陡斜/浅滩】选项卡参数设置

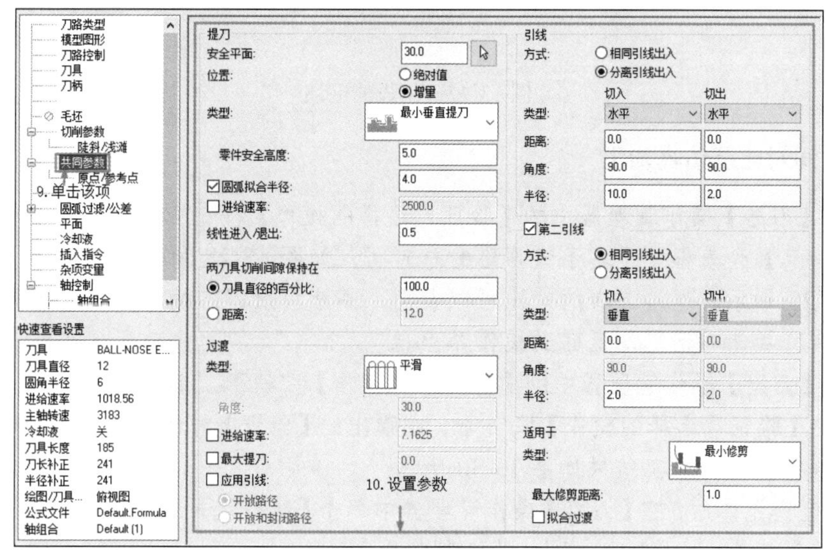

图 13-24　【共同参数】选项卡参数设置

② 单击【确定】按钮，系统根据所设置的参数生成高速放射精加工刀具路径，如图 13-26 所示。

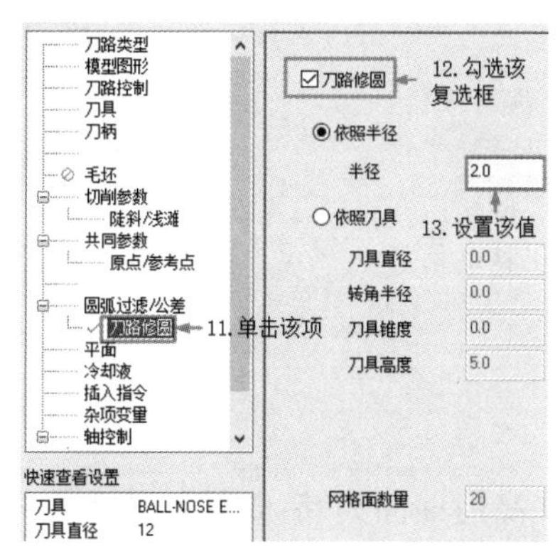

图 13-25　【刀路修圆】选项卡参数设置

图 13-26　高速放射精加工刀具路径

3．模拟仿真加工

为了验证高速放射精加工参数设置的正确性，可以通过模拟加工过程来观察工件在切削过程中的下刀方式和路径的正确性。

在【刀路】操作管理器中单击【毛坯设置】按钮 毛坯设置，弹出【机床群组属性】对话框，单击【所有图素】按钮 所有图素 ，选中【显示】复选框，单击【确定】按钮，完成工件参数设置，如图 13-27 所示。

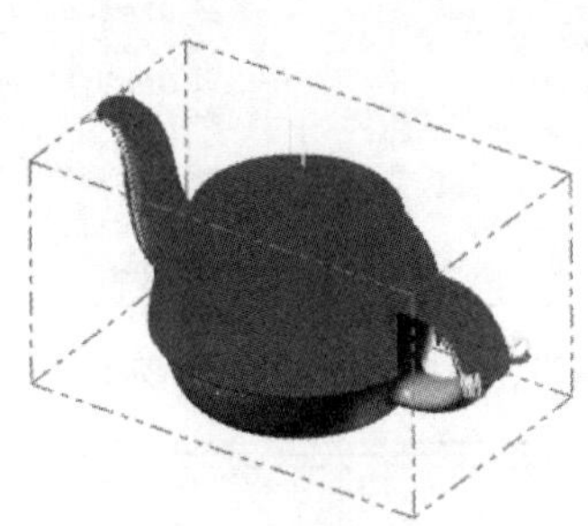

图 13-27　生成的毛坯

4．切削时间对比及仿真加工

（1）单击【刀路】操作管理器中的【验证已选择的操作】按钮，弹出【验证】对话框，在右侧的【移动信息】列表框中显示了该刀路的总时间，如图 13-28 所示。传统的平行精加工的移动信息如图 13-29 所示。通过二者的对比可以看出，高速放射刀路的切削用时比传统放射刀路切削用时要短得多。关闭对话框，返回到操作界面。

（2）单击【刀路】操作管理器中的【选择全部操作】按钮，选中所有操作。单击【刀路】操作管理器中的【验证已选择的操作】按钮，在弹出的【验证】对话框中单击【播放】按钮，系统开始进行模拟，仿真加工结果如图 13-30 所示。

（3）模拟检查无误后，在【刀路】操作管理器中单击【执行选择的操作进行后处理】按钮G1，输入文件名称【茶壶】，生成 NC 代码，见随书电子文件。

刀路信息	
进给长度	228696.676
进给时间	3 时 44 分 49.22 秒
快速进给长度	384.704
快速进给时间	1.84 秒
总长度	229081.380
总时间	3 时 44 分 51.06 秒
最小/最大 X	-161.039 / 170.056
最小/最大 Y	-101.083 / 101.083
最小/最大 Z	-16.508 / 133.501

图 13-28　高速放射精加工移动信息

刀路信息	
进给长度	65661.322
进给时间	21 时 53 分 21.89 秒
快速进给长度	55.000
快速进给时间	0.26 秒
总长度	65716.322
总时间	21 时 53 分 22.15 秒
最小/最大 X	-151.340 / 165.993
最小/最大 Y	-101.087 / 101.087
最小/最大 Z	-15.206 / 131.001

图 13-29　传统放射精加工移动信息

图 13-30　仿真加工结果

13.2.2　高速放射精加工参数介绍

单击【刀路】→3D→【放射】按钮，弹出【3D 高速曲面刀路-放射】对话框。对话框中大部分选项卡在前面已经介绍过了，下面对部分选项卡进行介绍。

【切削参数】选项卡如图 13-31 所示。该选项卡用于配置径向刀具路径的切削路径。使用径向刀具路径创建从中心点向外辐射的切削路径。

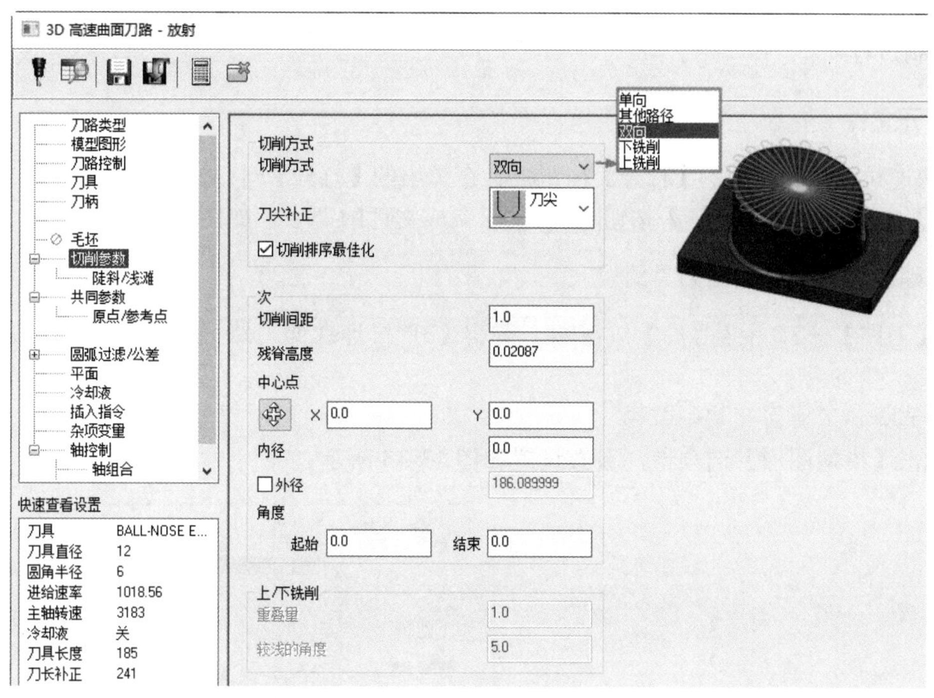

图 13-31　【切削参数】选项卡

（1）中心点：输入加工区中心点的 X 和 Y 坐标。Mastercam 将此点投影到驱动表面上以确定刀具路径的起点，因此不需要设置 Z 坐标。在每个字段中右击，从下拉列表中选择 X 或 Y 坐标。

（2）内径：在由内半径、外半径和中心点定义的圆中创建切削路径，并将它们投影到驱动表面上。输入 0，可以加工整个圆；输入非 0 值，仅加工两个半径之间的环。这可能是防止过度加工零件中心的有用技术。

（3）外径：在由内半径、外半径和中心点定义的圆中创建切削路径，并将它们投影到驱动表面上。Mastercam 会根据选定的几何形状自动计算外半径。

13.3　高速等高精加工

高速等高精加工是沿所选图形的轮廓创建一系列轴向切削。通常用于精加工或半精加工操作，最适合加工轮廓角度为 30°～90° 的图形。

13.3.1　实例——加热盘精加工

扫一扫，看视频

本实例讲解精加工中的【等高】命令，该命令为高速精加工命令，为了方便与传统加工进行对比，在高速等高精加工中设置的切削间距和高度参数与传统等高精加工的参数相同。

动画演示\第 13 章\ 13.3.1 实例——加热盘精加工.MP4

绘制过程

1. 打开文件

单击快速访问工具栏中的【打开】按钮，在弹出的【打开】对话框中选择【原始文件\ 第 13 章\加热盘】文件，单击【打开】按钮 打开(O) ，完成文件的调取，如图 13-32 所示。

2. 创建高速等高精加工刀具路径

单击【刀路】→3D→【等高】按钮，弹出【3D 高速曲面刀路-等高】对话框，进行以下参数设置。

（1）选择加工曲面及切削范围。

① 单击【模型图形】选项卡，参数设置如图 13-33 所示。

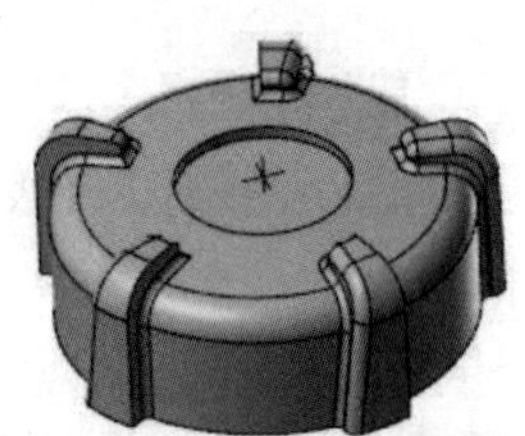

图 13-32　加工模型

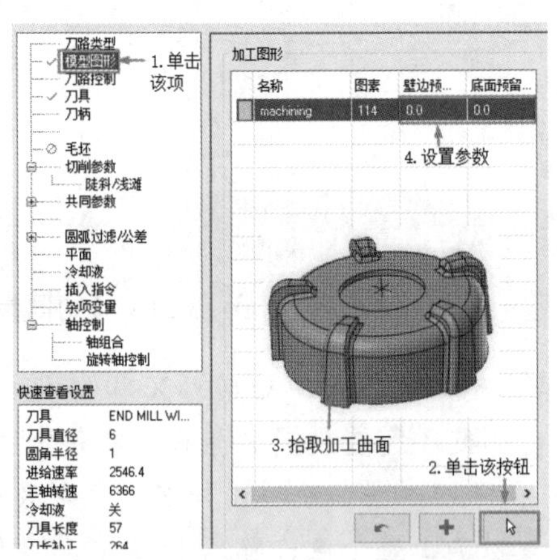

图 13-33　【模型图形】选项卡参数设置

② 单击【刀路控制】选项卡，参数设置如图 13-34 所示。

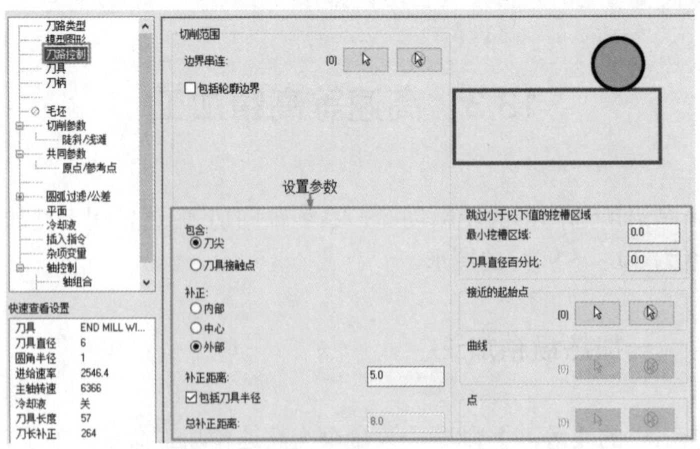

图 13-34　【刀路控制】选项卡参数设置

（2）设置刀具参数。

① 单击【刀具】选项卡中的【选择刀库刀具】按钮，选择直径为6的圆鼻铣刀。单击【确定】按钮，返回【3D高速曲面刀路-等高】对话框。

② 双击圆鼻铣刀图标，弹出【编辑刀具】对话框，刀具参数设置如图13-35所示。单击【下一步】按钮，设置所有粗切步进量为75%，所有精修步进量为40%，单击【单击重新计算进给率和主轴转速】按钮，重新生成切削参数。单击【完成】按钮，返回【3D高速曲面刀路-等高】对话框。此时，【刀具】选项卡参数设置如图13-36所示。

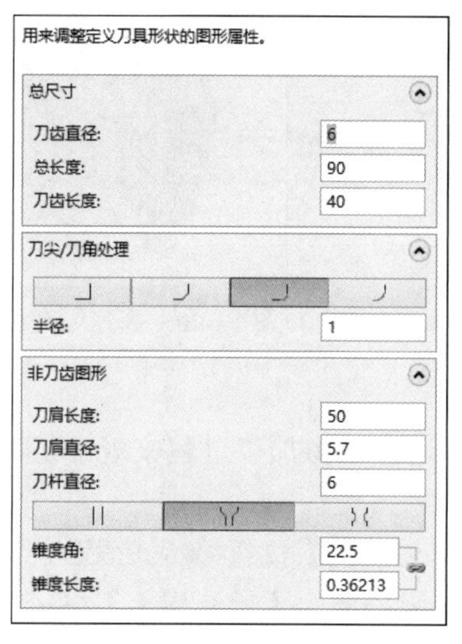

图13-35 修改刀具参数

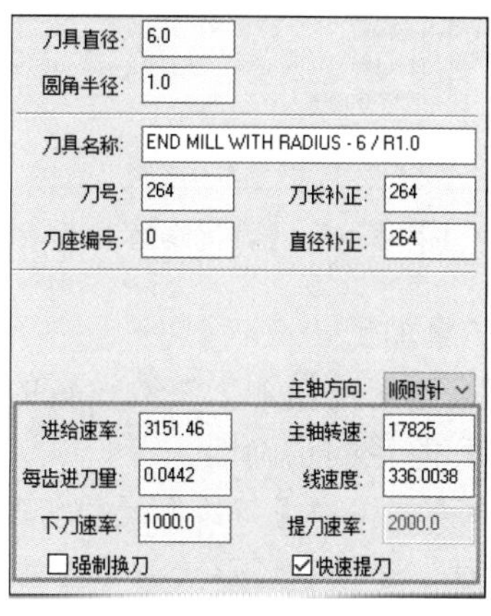

图13-36 【刀具】选项卡

（3）设置高速等高精加工参数。

① 单击【切削参数】选项卡，后续参数设置如图13-37～图13-39所示。

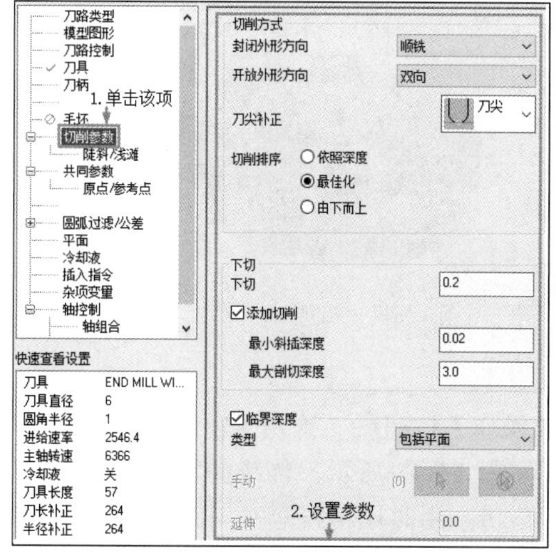

图13-37 【切削参数】选项卡参数设置

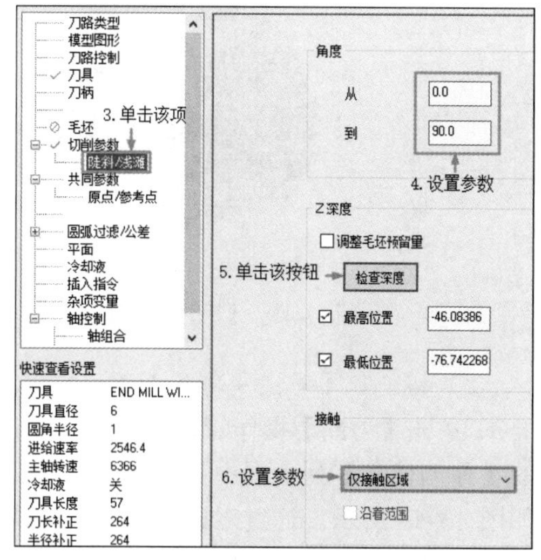

图13-38 【陡斜/浅滩】选项卡参数设置

② 单击【确定】按钮，系统根据所设置的参数生成高速等高精加工刀具路径，如图13-40所示。

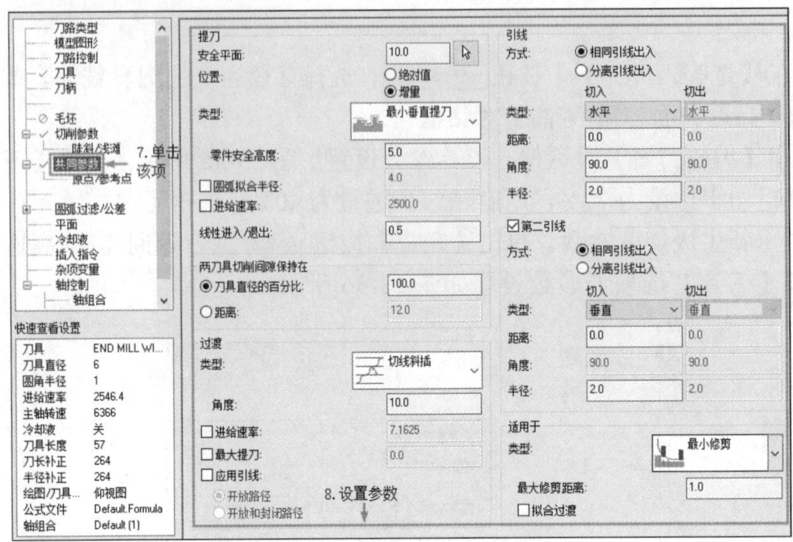

图 13-39 【共同参数】选项卡参数设置

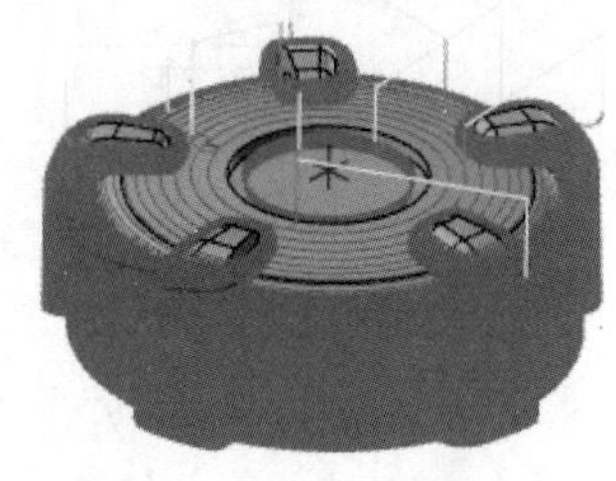

图 13-40 高速等高精加工刀具路径

3．模拟仿真加工

为了验证高速等高精加工参数设置的正确性，可以通过模拟加工过程来观察工件在切削过程中的下刀方式和路径的正确性。

（1）毛坯设置。在【刀路】操作管理器中单击【毛坯设置】按钮 毛坯设置，弹出【机床群组属性】对话框，选择毛坯形状为【圆柱体】，轴向为 Z 轴，单击【所有图素】按钮，设置圆柱体直径为 90，高度为 32。单击原点【选择】按钮，拾取如图 13-41 所示的点，单击【确定】按钮，完成工件参数设置，生成的毛坯如图 13-42 所示。

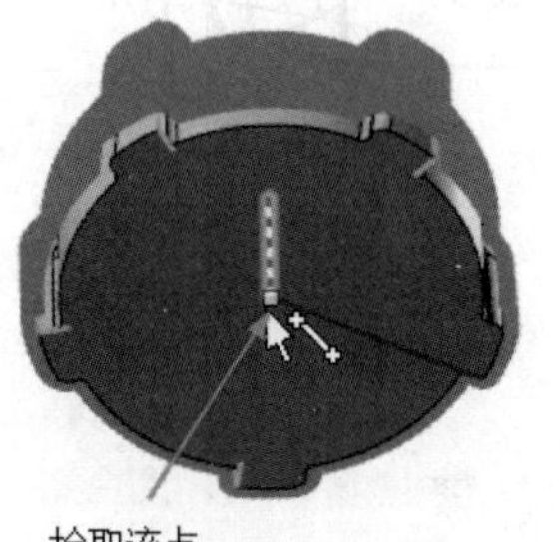

图 13-41 【毛坯设置】选项卡

图 13-42 生成的毛坯

（2）切削时间对比及仿真加工。

① 单击【刀路】操作管理器中的【验证已选择的操作】按钮，弹出【验证】对话框，在右侧的【移动信息】列表框中显示了该刀路的总时间，如图 13-43 所示。传统的等高精加工移动信息如图 13-44 所示。通过对比可以看出，高速等高刀路切削用时比传统等高刀路切削用时要短得多。关闭对话框，返回到操作界面。

② 单击【刀路】操作管理器中的【选择全部操作】按钮，选中所有操作。单击【刀路】操作管理器中的【验证已选择的操作】按钮，在弹出的【验证】对话框中单击【播放】按钮，系统开始进行模拟，仿真加工结果如图 13-45 所示。

刀路信息	
进给长度	47258.494
进给时间	15 分 3.98 秒
快速进给长度	334.295
快速进给时间	1.60 秒
总长度	47592.789
总时间	15 分 5.58 秒
最小/最大 X	-68.693 / 22.494
最小/最大 Y	-45.933 / 45.598
最小/最大 Z	46.084 / 89.044

图 13-43　高速等高精加工移动信息

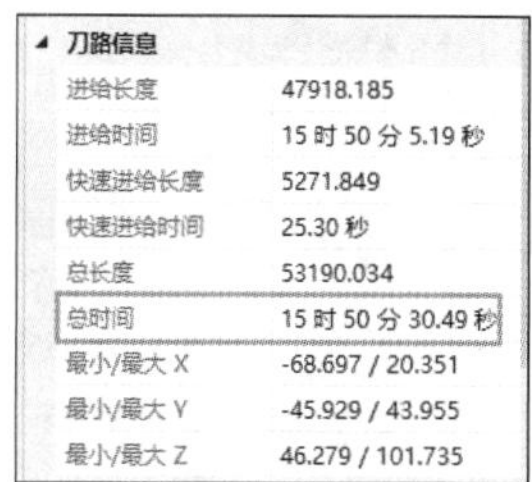

刀路信息	
进给长度	47918.185
进给时间	15 时 50 分 5.19 秒
快速进给长度	5271.849
快速进给时间	25.30 秒
总长度	53190.034
总时间	15 时 50 分 30.49 秒
最小/最大 X	-68.697 / 20.351
最小/最大 Y	-45.929 / 43.955
最小/最大 Z	46.279 / 101.735

图 13-44　传统等高精加工移动信息

（3）NC 代码。模拟检查无误后，在【刀路】操作管理器中单击【执行选择的操作进行后处理】按钮G1，输入文件名称【加热盘】，单击【保存】按钮 保存(S) ，生成的 NC 代码如图 13-46 所示。

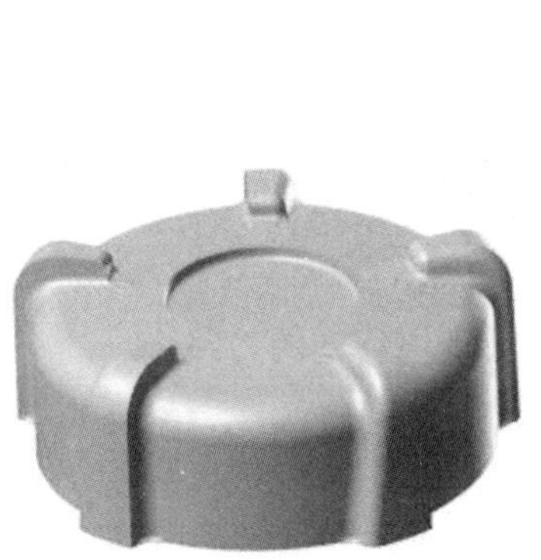

图 13-45　模拟结果

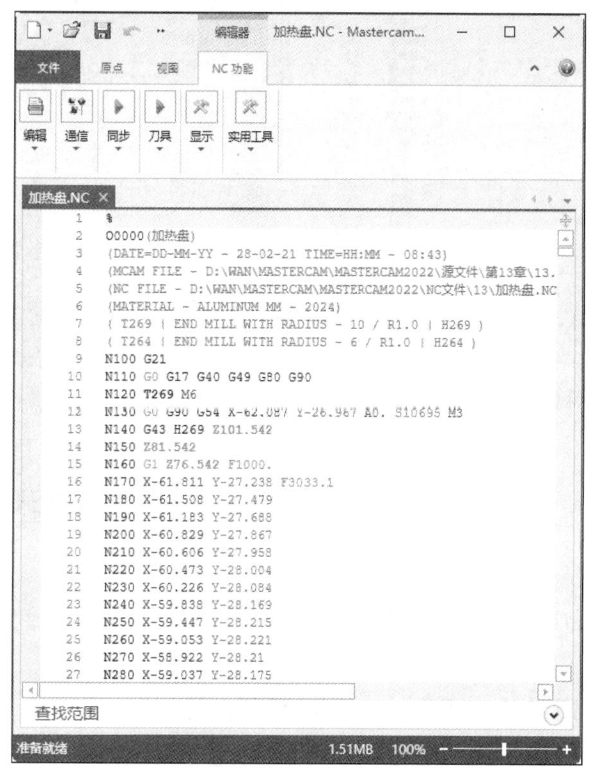

图 13-46　生成 NC 代码

13.3.2　高速等高精加工参数介绍

单击【刀路】→3D→【等高】按钮，弹出【3D 高速曲面刀路-等高】对话框。对话框中大部分选项卡在前面已经介绍过了，下面对部分选项卡进行介绍。

【切削参数】选项卡如图 13-47 所示。该选项卡用于配置等高刀具路径的切削参数设置。这是一个精加工刀具路径，它在驱动表面上以恒定的 Z 间距跟踪平行轮廓。

（1）下切：确定相邻切削走刀之间的 Z 间距。

（2）添加切削：在轮廓的浅区域添加切削，这样刀具路径在切削走刀之间不会有过大的水平间距。

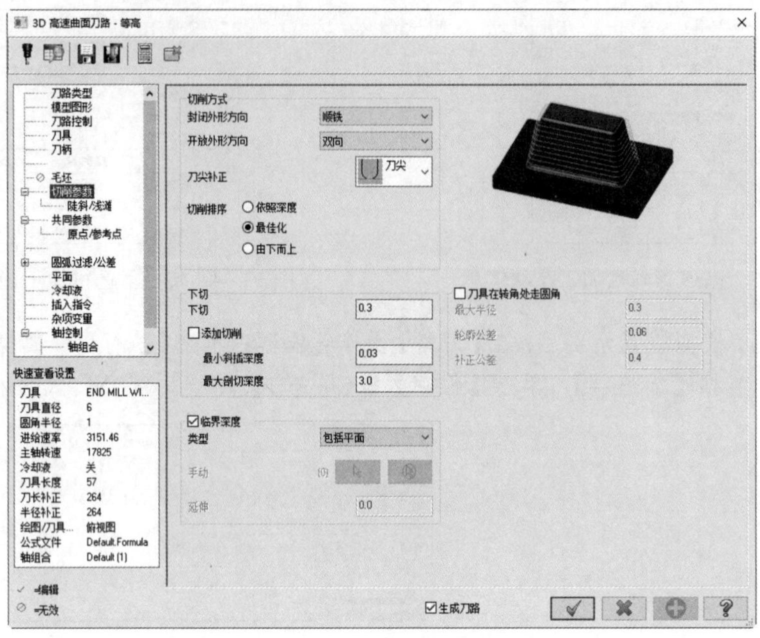

图 13-47 【切削参数】选项卡

（3）最小斜插深度：设置零件浅区域中添加的 Z 切削之间的最小距离。

（4）最大剖切深度：确定两个相邻切削走刀的表面轮廓的最大变化。这表示两个轮廓上相邻点之间的最短水平距离的最大值。

13.4 高速等距环绕精加工

高速等距环绕精加工用于创建相对于径向切削间距具有一致环绕移动的刀路。

扫一扫，看视频

13.4.1 实例——凸台精加工

本实例讲解精加工中的【等距环绕】命令，该命令为高速精加工命令，为了方便将传统加工与高速加工进行对比，在高速等距环绕精加工中设置的切削间距和高度参数与传统等距环绕精加工的参数相同。

动画演示\第 13 章\ 13.4.1 实例——凸台精加工.MP4

绘制过程

1. 打开文件

单击快速访问工具栏中的【打开】按钮，在弹出的【打开】对话框中选择【原始文件\ 第 13 章\凸台】文件，单击【打开】按钮打开(O)，完成文件的调取，如图 13-48 所示。

2．创建高速等距环绕精加工刀具路径

单击【刀路】→3D→【等距环绕】按钮，弹出【3D 高速曲面刀路-等距环绕】对话框，进行以下参数设置。

（1）选择加工曲面及切削范围。

① 单击【模型图形】选项卡，选择所有曲面作为加工曲面，【壁边预留量】和【底面预留量】均设置为 0。

② 单击【刀路控制】选项卡，参数设置如图 13-49 所示。

图 13-48　加工模型

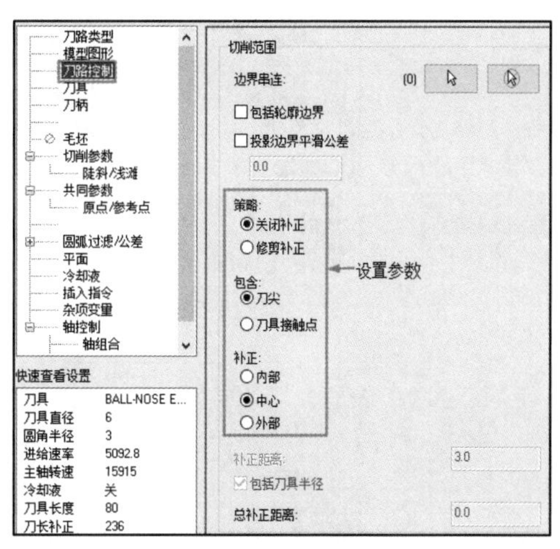

图 13-49　【刀路控制】选项卡参数设置

（2）设置刀具参数。

① 单击【刀具】选项卡中的【选择刀库刀具】按钮，选择直径为 6 的球形铣刀。单击【确定】按钮，返回【3D 高速曲面刀路-等距环绕】对话框。

② 双击球形铣刀图标，弹出【编辑刀具】对话框，刀具参数设置如图 13-50 所示。单击【下一步】按钮，设置所有粗切步进量为 75%，所有精修步进量为 40%，单击【单击重新计算进给率和主轴转速】按钮，重新生成切削参数。单击【完成】按钮，返回【3D 高速曲面刀路-等距环绕】对话框。此时，【刀具】选项卡参数设置如图 13-51 所示。

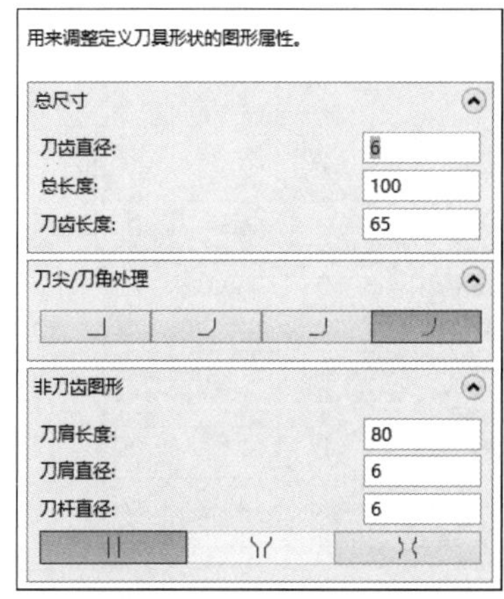

图 13-50　修改刀具参数

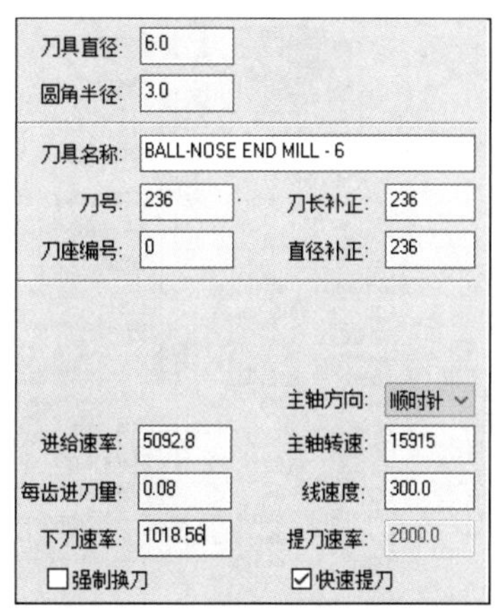

图 13-51　【刀具】选项卡参数设置

（3）设置高速等距环绕精加工参数。

① 单击【切削参数】选项卡，后续参数设置如图 13-52～图 13-54 所示。

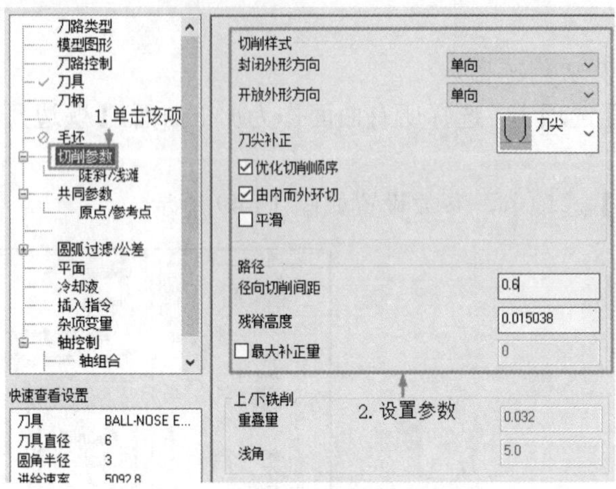

图 13-52 【切削参数】选项卡参数设置

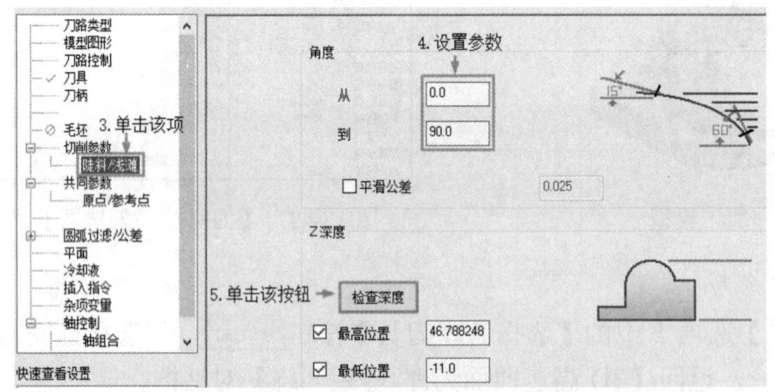

图 13-53 【陡斜/浅滩】选项卡参数设置

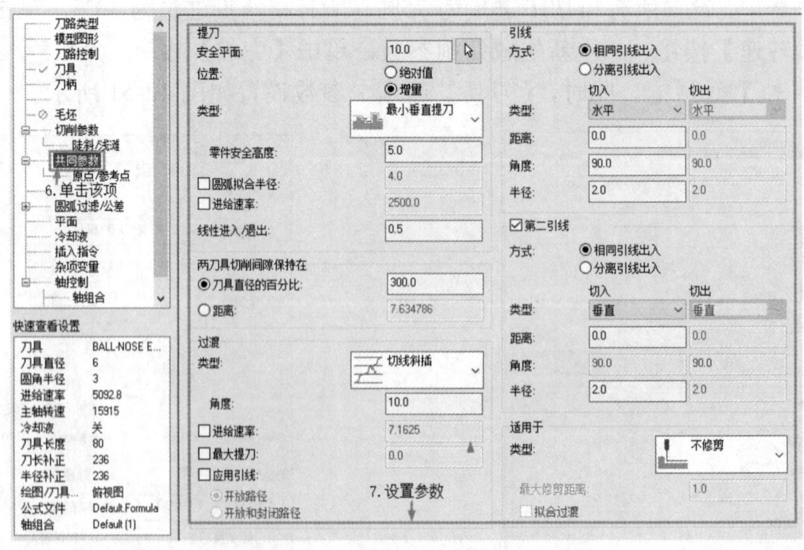

图 13-54 【共同参数】选项卡参数设置

② 单击【确定】按钮，系统根据所设置的参数生成高速等距环绕精加工刀具路径，如图 13-55 所示。

3. 模拟仿真加工

为了验证高速等距环境精加工参数设置的正确性，可以通过模拟加工过程来观察工件在切削过程中的下刀方式和路径的正确性。

（1）毛坯设置。在【刀路】操作管理器中单击【毛坯设置】按钮毛坯设置，弹出【机床群组属性】对话框，单击【所有图素】按钮，选中【显示】复选框，单击【确定】按钮，完成工件参数设置，生成的毛坯如图 13-56 所示。

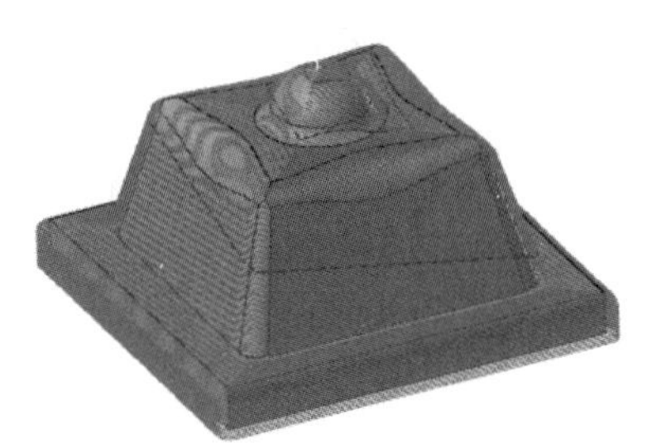

图 13-55　高速等距环绕精加工刀具路径

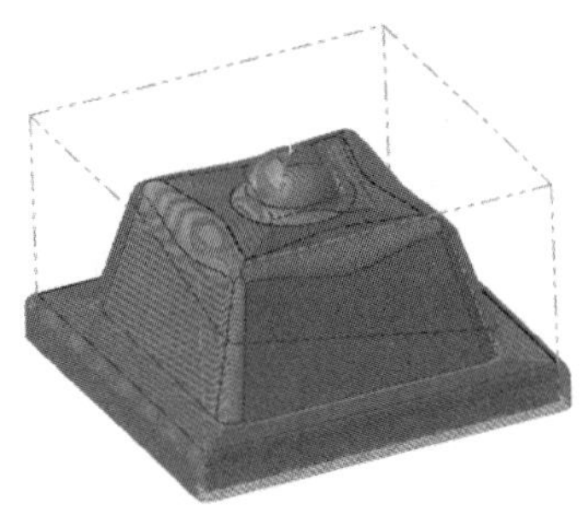

图 13-56　生成的毛坯

（2）切削时间对比及仿真加工。

① 单击【刀路】操作管理器中的【验证已选择的操作】按钮，弹出【验证】对话框，在右侧的【移动信息】列表框中显示了该刀路的总时间，如图 13-57 所示。传统的等距环绕精修移动信息如图 13-58 所示。通过对比可以看出，高速等距环绕刀路切削用时比传统等距环绕刀路切削用时要长，这是因为高速等距环绕精加工可以加工垂直面，而传统的等距环绕精加工不可以。关闭对话框，返回到操作界面。

② 单击【刀路】操作管理器中的【选择全部操作】按钮，选中所有操作。单击【刀路】操作管理器中的【验证已选择的操作】按钮，在弹出的【验证】对话框中单击【播放】按钮，系统开始进行模拟，仿真加工结果如图 13-59 所示。

（3）NC 代码。模拟检查无误后，在【刀路】操作管理器中单击【执行选择的操作进行后处理】按钮，输入文件名称【凸台】，单击【保存】按钮，生成 NC 代码，见随书电子文件。

刀路信息	
进给长度	35652.723
进给时间	7 分 1.71 秒
快速进给长度	19.500
快速进给时间	0.09 秒
总长度	35672.223
总时间	7 分 1.80 秒
最小/最大 X	-51.241 / 49.758
最小/最大 Y	29.999 / 134.995
最小/最大 Z	-11.000 / 58.771

图 13-57　高速等距环绕精加工移动信息

刀路信息	
进给长度	29815.561
进给时间	6 分 14.24 秒
快速进给长度	45.000
快速进给时间	0.22 秒
总长度	29860.561
总时间	6 分 14.45 秒
最小/最大 X	-51.242 / 49.758
最小/最大 Y	29.998 / 130.999
最小/最大 Z	-3.000 / 71.762

图 13-58　传统等距环绕精加工移动信息

图 13-59　仿真加工结果

13.4.2 高速等距环绕精加工参数介绍

单击【刀路】→3D→【等距环绕】按钮，弹出【3D 高速曲面刀路-等距环绕】对话框。对话框中大部分选项卡在前面已经介绍过了，下面对部分选项卡进行介绍。

【切削参数】选项卡如图 13-60 所示。该选项卡用于配置 3D 等距环绕刀具路径的切削参数。使用此刀具路径创建具有恒定步距的精加工走刀，其中步距沿曲面而不是平行于刀具平面进行测量。这样可以在刀具路径上保持恒定的残脊高度。

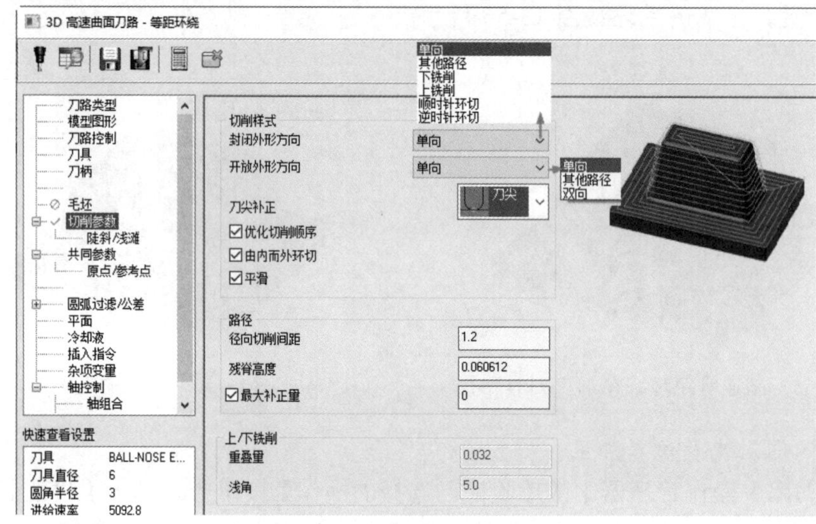

图 13-60 【切削参数】选项卡

（1）封闭外形方向：使用该选项确定闭合轮廓的切削方向。闭合轮廓包含连续运动，无须退回或反转方向，包含以下 6 种选项。

① 单向：在整个操作过程中保持爬升方向的切削。

② 其他路径：在整个操作过程中保持传统方向的切削。

③ 下铣削：仅向下切削。

④ 上铣削：仅向上切削。

⑤ 顺时针环切：沿顺时针方向以螺旋运动切削。

⑥ 逆时针环切：沿逆时针方向以螺旋运动切削。

（2）开放外形方向：使用该选项确定开放轮廓的切削方向，包含以下 3 种选项。

① 单向：通过走刀切削开放轮廓，向上移动到零件安全高度，移回切削起点，然后沿同一方向再走一遍，所有的运动都在同一个方向。

② 其他路径：在整个操作过程中保持传统方向的切削。

③ 双向：沿与前一个通道相反的方向切削每个通道，一个简短的链接运动将两端连接起来。

（3）径向切削间距：定义切削路径之间的间距。这是沿表面轮廓测量的三维值。它与残脊高度相关联，因此用户可以根据步距或残脊高度指定两切削路径之间的间距。当用户在一个字段中输入时，它会自动更新另一个残脊高度。

（4）最大补正量：选中该复选框，可以设置切削走刀的最大偏移量。

13.5　高速混合精加工

高速混合精加工是等高和环绕的组合方式，该命令兼具等高和环绕加工的优势，对陡斜区域进行等高精加工，对浅滩区域进行环绕精加工。

13.5.1　实例——底台精加工

本实例讲解精加工中的【混合】命令，该命令为高速精加工命令。首先打开已经进行了粗加工的零件模型文件；然后执行【混合】命令，设置刀具参数和加工参数，最后设置毛坯进行模拟仿真和 NC 后处理程序。

动画演示\第 13 章\ 13.5.1 实例——底台精加工.MP4

绘制过程

1. 打开文件

单击快速访问工具栏中的【打开】按钮，在弹出的【打开】对话框中选择【原始文件\ 第 13 章\底台】文件，单击【打升】按钮 打开(O)，完成文件的调取，如图 13-61 所示。

2. 创建高速混合精加工刀具路径

单击【刀路】→3D→【混合】按钮，弹出【3D 高速曲面刀路-混合】对话框，进行以下参数设置。

（1）选择加工曲面及切削范围。

① 单击【模型图形】选项卡，选择所有曲面作为加工曲面，【壁边预留量】和【底面预留量】均设置为 0。

② 单击【刀路控制】选项卡，参数设置如图 13-62 所示。

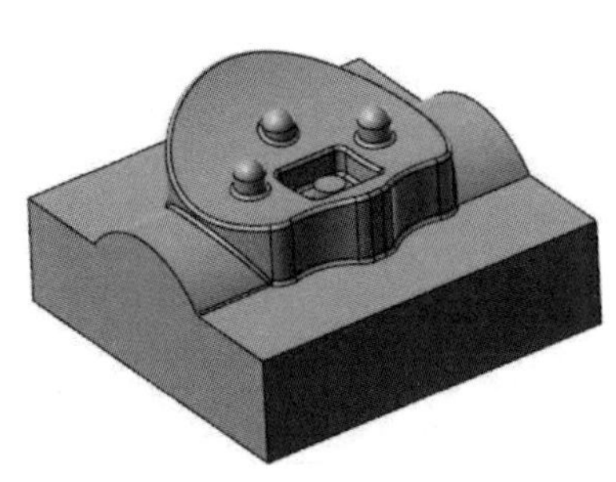

图 13-61　底台加工模型

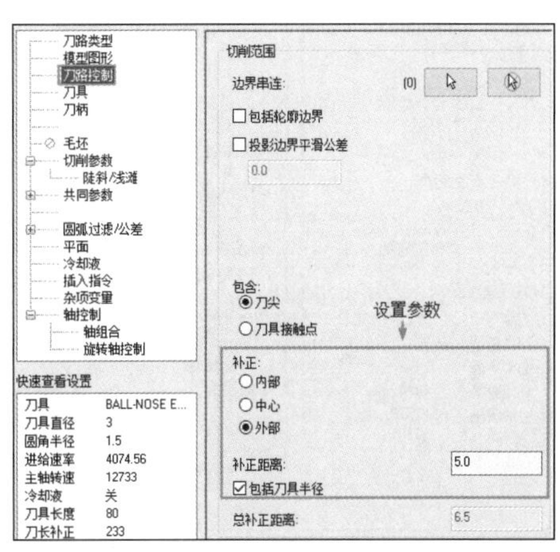

图 13-62　【刀路控制】选项卡参数设置

（2）设置刀具参数。

① 单击【刀具】选项卡中的【选择刀库刀具】按钮[选择刀库刀具...]，选择直径为 3 的球形铣刀。单击【确定】按钮[✓]，返回【3D 高速曲面刀路-混合】对话框。

② 双击球形铣刀图标，弹出【编辑刀具】对话框，刀具参数设置如图 13-63 所示。单击【下一步】按钮[下一步]，设置所有粗切步进量为 75%，所有精修步进量为 40%，单击【单击重新计算进给率和主轴转速】按钮[ ]，重新生成切削参数。单击【完成】按钮[完成]，返回【3D 高速曲面刀路-混合】对话框。此时，【刀具】选项卡参数设置如图 13-64 所示。

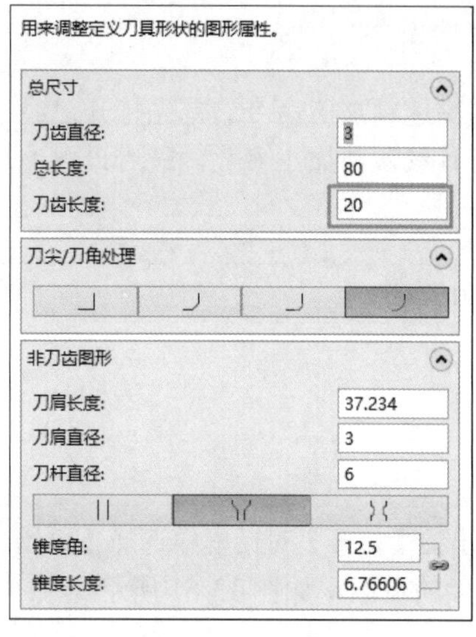

图 13-63　修改刀具参数

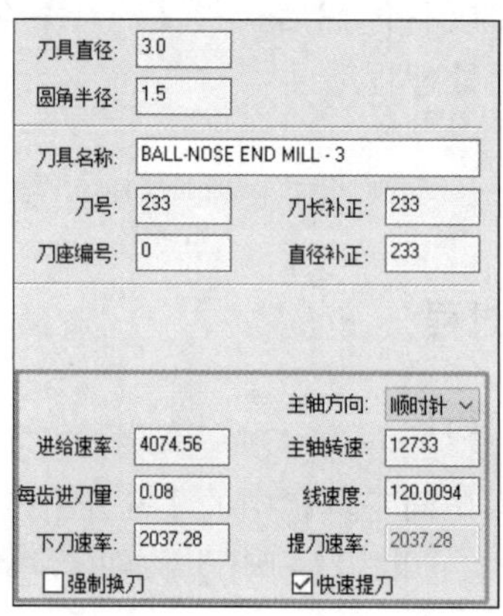

图 13-64　【刀具】选项卡

（3）设置高速混合精加工参数。

① 单击【切削参数】选项卡，后续参数设置如图 13-65～图 13-67 所示。

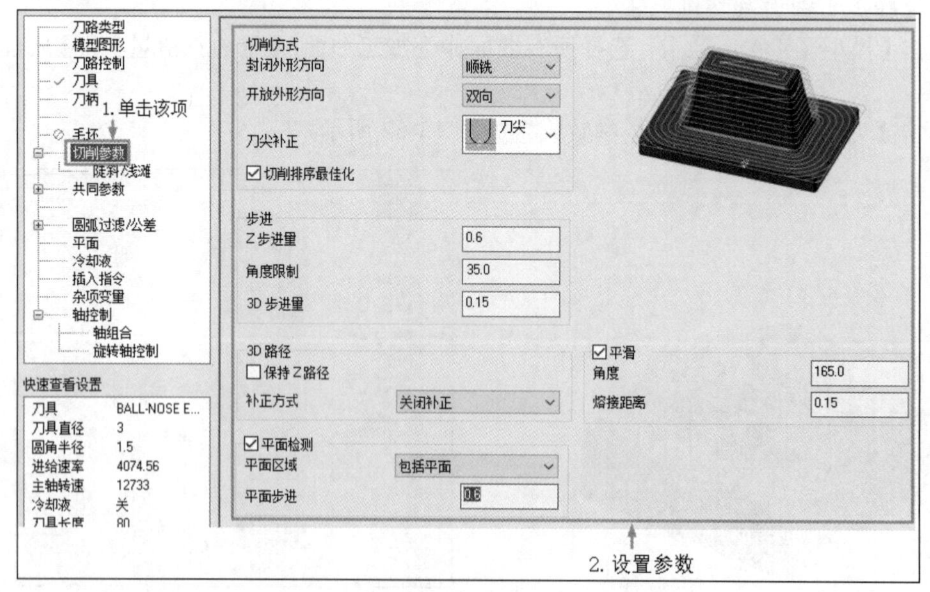

图 13-65　【切削参数】选项卡参数设置

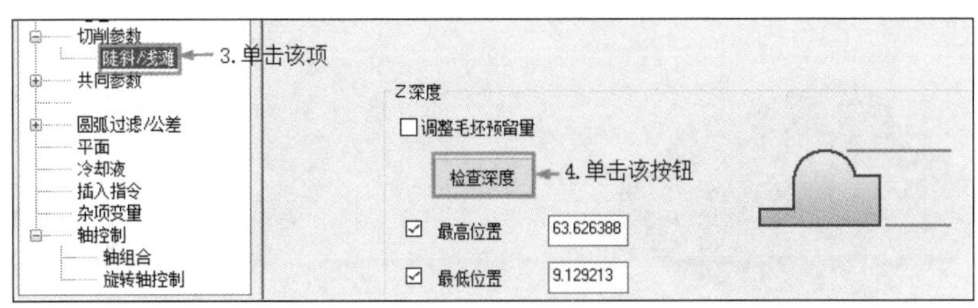

图 13-66　【陡斜/浅滩】选项卡参数设置

② 单击【确定】按钮 ✓，系统根据所设置的参数生成高速混合精加工刀具路径，如图 13-68 所示。

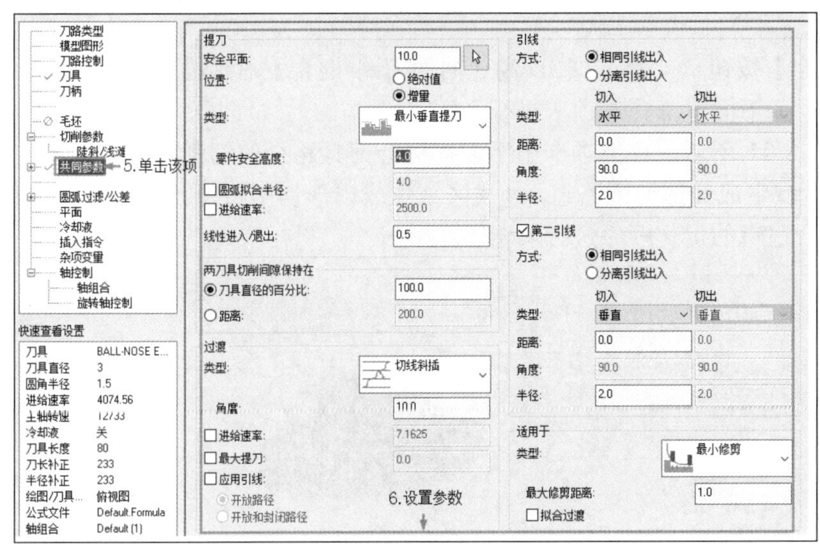

图 13-67　【共同参数】选项卡参数设置

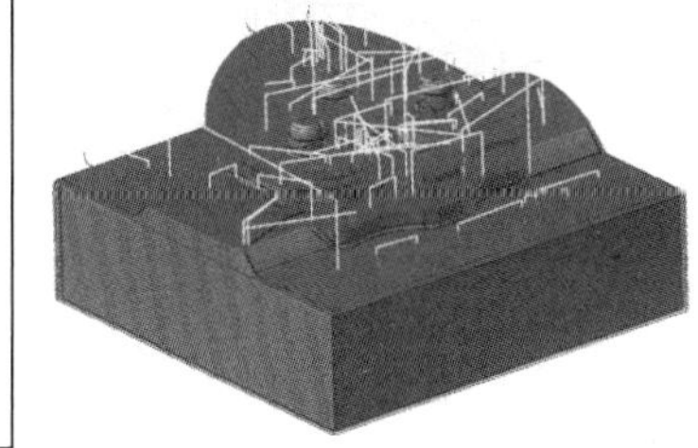

图 13-68　高速混合精加工刀具路径

3．模拟仿真加工

为了验证高速混合精加工参数设置的正确性，可以通过模拟加工过程来观察工件在切削过程中的下刀方式和路径的正确性。

（1）毛坯设置。在【刀路】操作管理器中单击【毛坯设置】按钮 毛坯设置，弹出【机床群组属性】对话框，单击【所有图素】按钮 所有图素，选中【显示】复选框，单击【确定】按钮 ✓，完成工件参数设置，生成的毛坯如图 13-69 所示。

（2）仿真加工。单击【刀路】操作管理器中的【选择全部操作】按钮，选中所有操作。单击【刀路】操作管理器中的【验证已选择的操作】按钮，在弹出的【验证】对话框中单击【播放】按钮▶，系统开始进行模拟，仿真加工结果如图 13-70 所示。

（3）NC 代码。模拟检查无误后，在【刀路】操作管理器中单击【执行选择的操作进行后处理】按钮G1，输入文件名称【底台】，生成 NC 代码，见随书电子文件。

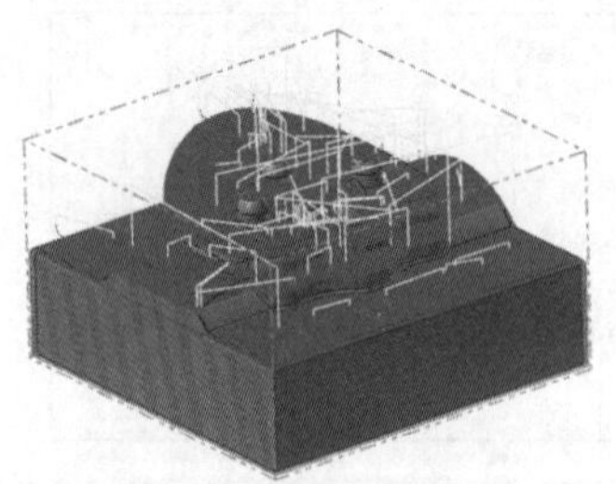

图 13-69　生成的毛坯

图 13-70　仿真加工结果

13.5.2　高速混合精加工参数介绍

单击【刀路】→3D→【混合】按钮，弹出【3D 高速曲面刀路-混合】对话框。对话框中大部分选项卡在前面已经介绍过了，下面对部分选项卡进行介绍。

【切削参数】选项卡如图 13-71 所示。该选项卡用于配置混合刀具路径的切削路径。这是一个精加工刀具路径，它为陡斜区域生成线形切削路径，为浅区域生成扇形切削路径。Mastercam 在两种风格之间平滑切换，以符合逻辑的优化顺序进行剪辑。

图 13-71　【切削参数】选项卡

（1）Z 步进量：定义相邻阶梯之间的恒定 Z 距离。Mastercam 将这些步距与限制角度和 3D 步距结合使用来计算混合刀具路径的切削路径。首先，Mastercam 将整个模型切成由 Z 步长距离定义的部分。然后，它会沿着指定的限制角度分析每个步进之间的驱动表面的斜率过渡。如果驱动表面在降压距离内的坡度过渡小于应用的限制角，则混合刀具路径认为它是陡斜的，并生成单个 2D 线形切削路径；否则定义为浅滩。Mastercam 使用 3D 步距沿浅坡创建 3D 扇形切削通道。

（2）角度限制：设置定义零件浅滩区域的角度，典型的极限角是 45°。Mastercam 在范围从零到限制角度的区域中添加或删除切削刀路。

（3）3D 步进量：定义浅滩区域步进中 3D 扇形切削通道之间的间距。

（4）保持 Z 路径：选中该复选框，则在陡斜区域保持 Z 通道。浅滩区域的路径是基于偏移方法计算的，否则在遇到浅滩区域时计算整个零件的运动。

（5）平面检测：用于设置是否控制刀具路径处理加工平面。

（6）平面区域：选中【平面检测】复选框时启用。选择平面加工类型有以下 3 种。

① 包括平面：选择该项，则在加工时包括平面，而不管限制角度如何，用户可以为平面设置单独的步距。

② 忽略平面：选择该项，则不加工任何平面。

③ 仅平面：选择该项，则仅加工平面。

（7）平滑：选中该复选框，则平滑尖角并用曲线替换它们。消除方向的急剧变化可以使刀具承受更均匀的负载，并始终保持更高的进给速率。

① 角度：设置用户希望 Mastercam 将其视为锐角的两个刀具路径段之间的最小角度。

② 熔接距离：设置 Mastercam 前后远离尖角的距离。

13.6　高速水平区域精加工

高速水平区域精加工是加工模型的平面区域，在每个区域的 Z 高度创建切削路径。

扫一扫，看视频

13.6.1　实例——矮凳模型精加工

本实例讲解精加工中的【水平区域】命令，该命令为高速精加工命令。首先打开源文件，源文件中已经对零件进行了粗加工；然后执行【水平区域】命令，拾取加工曲面，设置刀具和加工参数；最后设置毛坯，进行模拟仿真加工，生成 NC 后处理程序。

动画演示\第 13 章\ 13.6.1 实例——矮凳模型精加工.MP4

绘制过程

1．打开文件

单击快速访问工具栏中的【打开】按钮，在弹出的【打开】对话框中选择【原始文件\ 第 13 章\矮凳】文件，单击【打开】按钮打开(O)，完成文件的调取，如图 13-72 所示。

2．创建高速放射精加工刀具路径

单击【刀路】→3D→【水平区域】按钮，弹出【3D 高速曲面刀路-水平区域】对话框，进行以下参数设置。

（1）选择加工曲面及切削范围。

① 单击【模型图形】选项卡，参数设置如图 13-73 所示。

② 单击【刀路控制】选项卡，参数采用默认设置。

（2）设置刀具参数。

① 单击【刀具】选项卡中的【选择刀库刀具】按钮选择刀库刀具...，选择直径为 4 的圆鼻铣刀。单击【确定】按钮，返回【3D 高速曲面刀路-水平区域】对话框。

图 13-72　加工模型

图 13-73　【模型图形】选项卡参数设置

② 双击圆鼻铣刀图标，弹出【编辑刀具】对话框，刀具参数采用默认设置。单击【下一步】按钮 下一步 ，设置所有粗切步进量为 75%，所有精修步进量为 40%，单击【单击重新计算进给率和主轴转速】按钮 ，重新生成切削参数。单击【完成】按钮 完成 ，返回【3D 高速曲面刀路-水平区域】对话框。此时，【刀具】选项卡参数设置如图 13-74 所示。

（3）设置高速水平区域精加工参数。

① 单击【切削参数】选项卡，后续参数设置如图 13-75～图 13-78 所示。

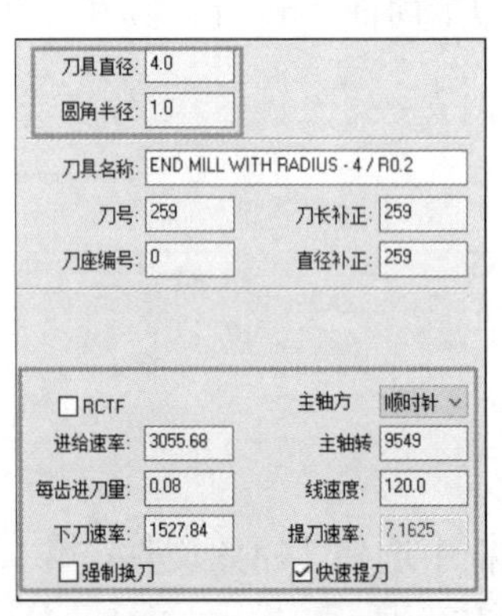

图 13-74 【刀具】选项卡

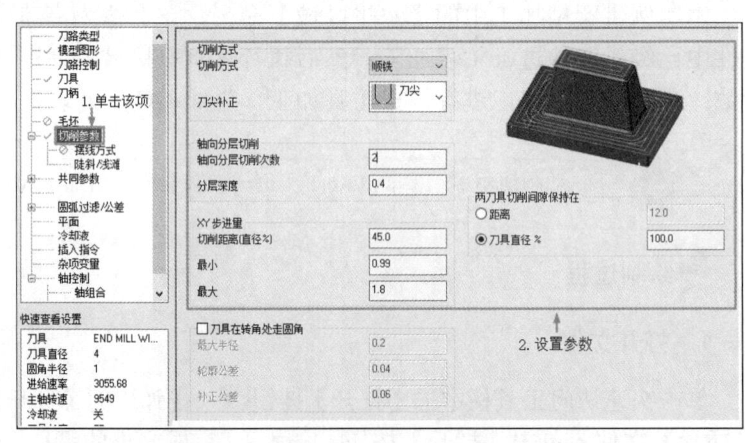

图 13-75　【切削参数】选项卡参数设置

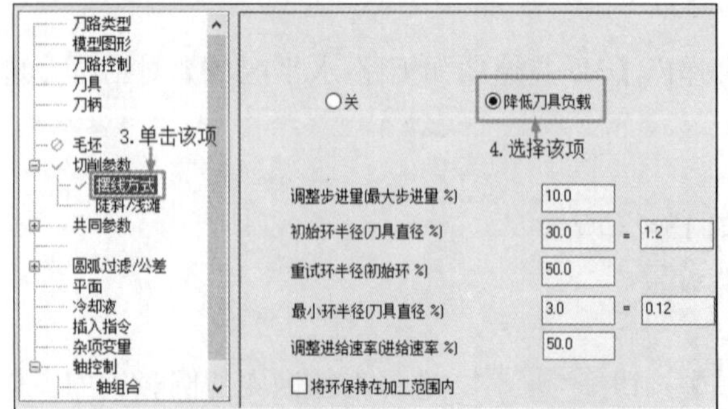

图 13-76　【摆线方式】选项卡参数设置

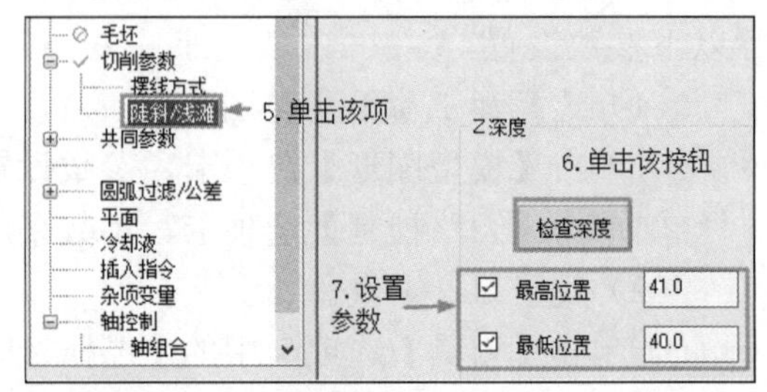

图 13-77　【陡斜/浅滩】选项卡参数设置

② 单击【确定】按钮，系统根据所设置的参数生成高速水平区域精加工刀具路径，如图 13-79 所示。

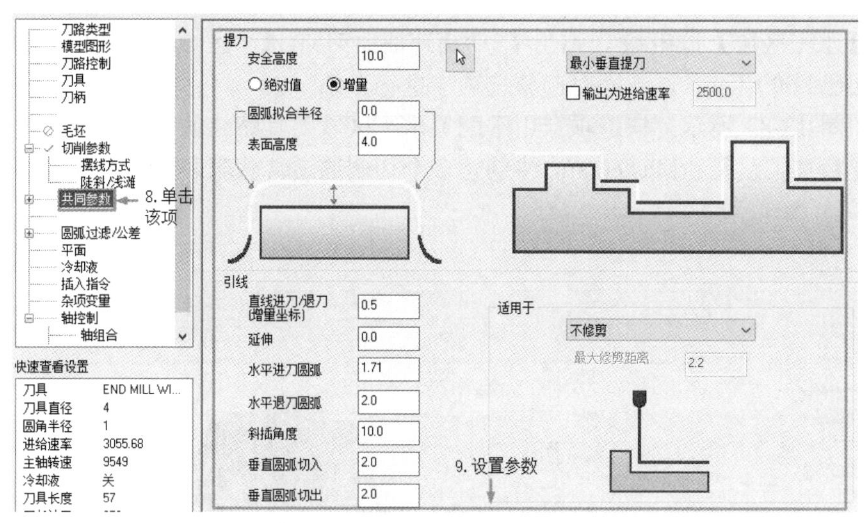

图 13-78　【共同参数】选项卡参数设置

图 13-79　高速水平区域精加工刀具路径

3. 模拟仿真加工

为了验证高速水平区域精加工参数设置的正确性，可以通过模拟加工过程来观察工件在切削过程中的下刀方式和路径的正确性。

（1）毛坯设置。在【刀路】操作管理器中单击【毛坯设置】按钮 毛坯设置，弹出【机床群组属性】对话框，单击【所有图素】按钮，毛坯参数设置如图 13-80 所示。选中【显示】复选框，单击【确定】按钮，完成工件参数设置，生成的毛坯如图 13-81 所示。

（2）仿真加工。单击【刀路】操作管理器中的【选择全部操作】按钮，选中所有操作。单击【刀路】操作管理器中的【验证已选择的操作】按钮，在弹出的【验证】对话框中单击【播放】按钮，系统开始进行模拟，仿真加工结果如图 13-82 所示。

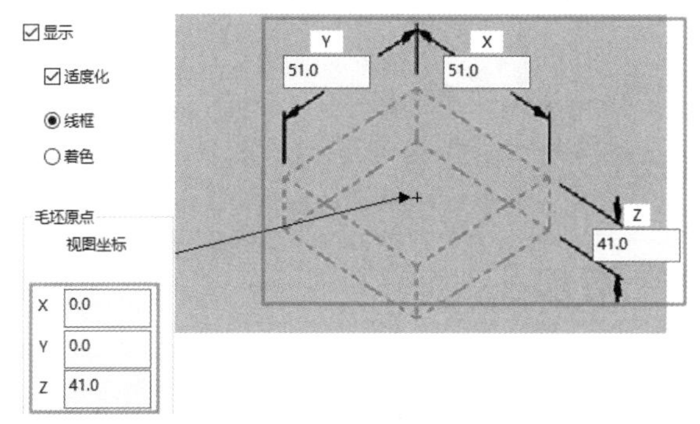

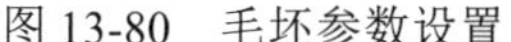

图 13-80　毛坯参数设置

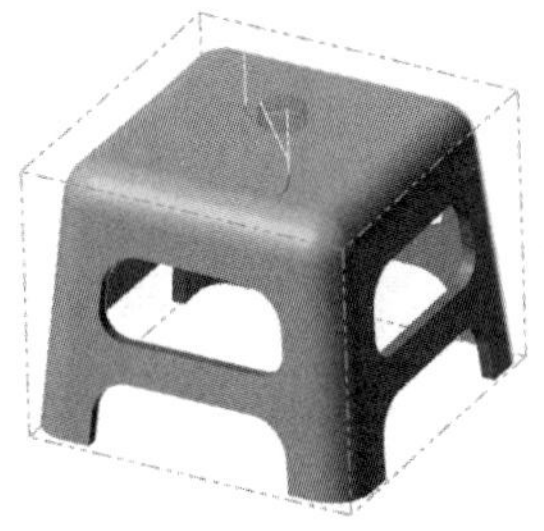

图 13-81　生成的毛坯

图 13-82　仿真加工结果

（3）NC 代码。模拟检查无误后，在【刀路】操作管理器中单击【执行选择的操作进行后处理】按钮G1，输入文件名称【矮凳】，单击【保存】按钮，生成 NC 代码，见随书电子文件。

13.6.2 高速水平区域精加工参数介绍

单击【刀路】→3D→【水平区域】按钮，弹出【3D 高速曲面刀路-水平区域】对话框。对话框中大部分选项卡在前面已经介绍过了，下面对部分选项卡进行介绍。

【切削参数】选项卡如图 13-83 所示。该选项卡用于配置水平区域刀具路径的切削路径。此刀具路径在平坦区域上创建精加工路径。Mastercam 将创建多个切削通道，代表表面边界偏移的步距值。

图 13-83 【切削参数】选项卡

（1）切削距离（直径%）：将最大 XY 步距表示为刀具直径的百分比。当在此文本框中输入值时，【最大】字段将自动更新。

（2）最小：用于设置两个切削路径之间的步距距离的最小可接受距离。

（3）最大：用于设置两个切削路径之间的步距距离的最大可接受距离。

13.7 高速熔接精加工

熔接精加工也称为混合精加工，在两条熔接曲线内部生成刀路，再投影到曲面上生成混合精加工刀路。

熔接精加工是由以前版本中的双线投影精加工演变而来，Mastercam 2022 将此功能单独列了出来。

13.7.1　实例——塑料盆模型精加工

本实例讲解精加工中的【熔接】命令，该命令为高速精加工命令，为了方便与传统加工进行对比，在高速熔接精加工中设置的切削间距和高度参数与传统熔接精加工的参数相同。

动画演示\第 13 章\ 13.7.1 实例——塑料盆模型精加工.MP4

绘制过程

1. 打开文件

单击快速访问工具栏中的【打开】按钮，在弹出的【打开】对话框中选择【原始文件\第 13 章\塑料盆模型】文件，单击【打开】按钮 打开(O) ，完成文件的调取，如图 13-84 所示。

2. 创建熔接曲线

（1）单击【视图】→【屏幕视图】→【俯视图】按钮，将当前视图设置为【俯视图】。

（2）单击【主页】→【规划】→Z 按钮 Z 后的文本框，设置构图深度为-5。

（3）单击【线框】→【圆弧】→【已知点画圆】按钮，以中心点为圆心，绘制直径为 3 的圆，如图 13-85 所示。

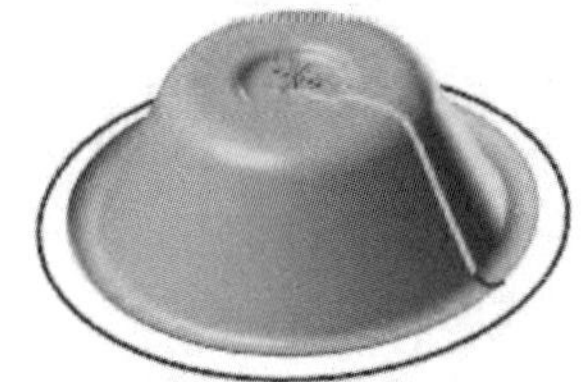

图 13-84　加工模型

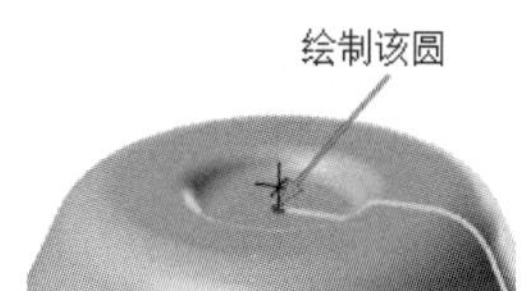

图 13-85　绘制圆

（4）单击【主页】→【规划】→Z 按钮 Z，拾取图 13-86 所示的曲线端点，设置 Z 值。

（5）单击【线框】→【曲线】→【单一边界线】按钮，创建如图 13-87 所示的边界线。

图 13-86　拾取点

图 13-87　创建边界线

3. 创建高速熔接精加工刀具路径

单击【刀路】→3D→【熔接】按钮，弹出【3D 高速曲面刀路-熔接】对话框，进行以下参数设置。

（1）选择加工曲面及切削范围。

① 单击【模型图形】选项卡，选择所有曲面作为加工曲面，【壁边预留量】和【底面预留量】均设置为 0。

② 单击【刀路控制】选项卡，参数设置如图 13-88 所示。

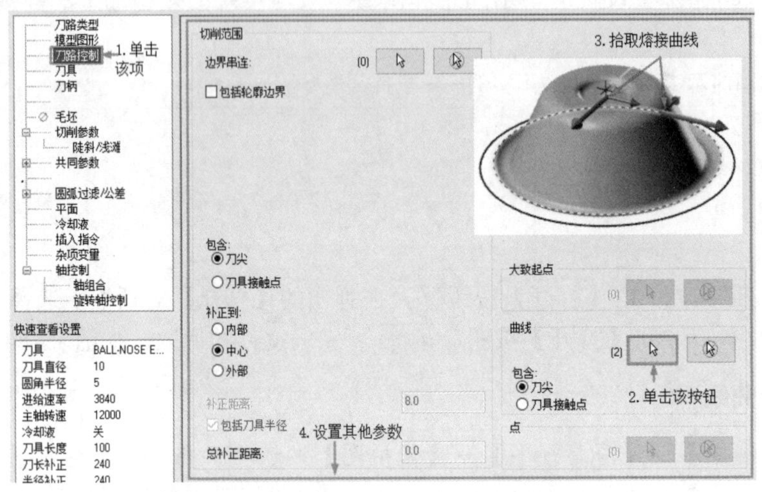

图 13-88 【刀路控制】选项卡参数设置

（2）设置刀具参数。

① 单击【刀具】选项卡中的【选择刀库刀具】按钮，选择直径为 10 的球形铣刀。单击【确定】按钮，返回【3D 高速曲面刀路-熔接】对话框。

② 双击球形铣刀图标，弹出【编辑刀具】对话框，修改刀具参数如图 13-89 所示。单击【下一步】按钮，设置所有粗切步进量为 75%，所有精修步进量为 40%，单击【单击重新计算进给率和主轴转速】按钮，重新生成切削参数。单击【完成】按钮，返回【3D 高速曲面刀路-熔接】对话框。此时，【刀具】选项卡参数设置如图 13-90 所示。

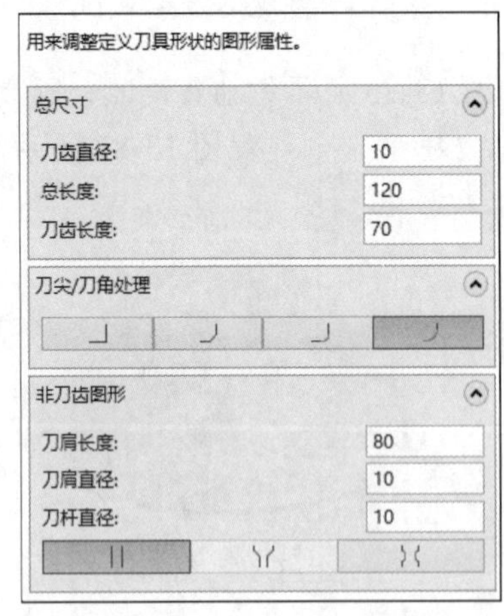

图 13-89 修改刀具参数

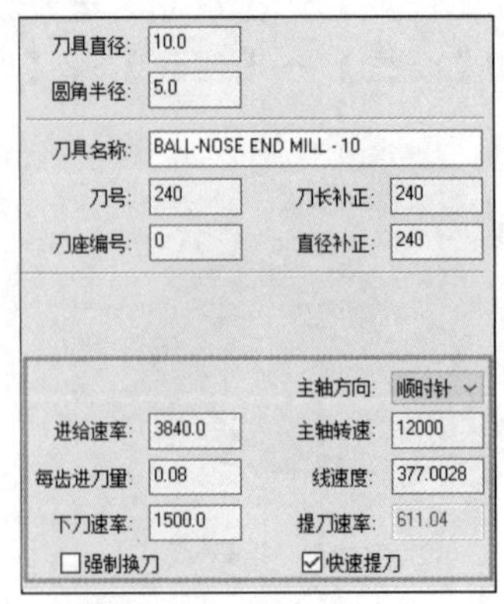

图 13-90 【刀具】选项卡

（3）设置高速熔接精加工参数。

① 单击【切削参数】选项卡，后续参数设置如图 13-91～图 13-93 所示。

② 单击【确定】按钮 ✓，系统根据所设置的参数生成高速熔接精加工刀具路径，如图 13-94 所示。

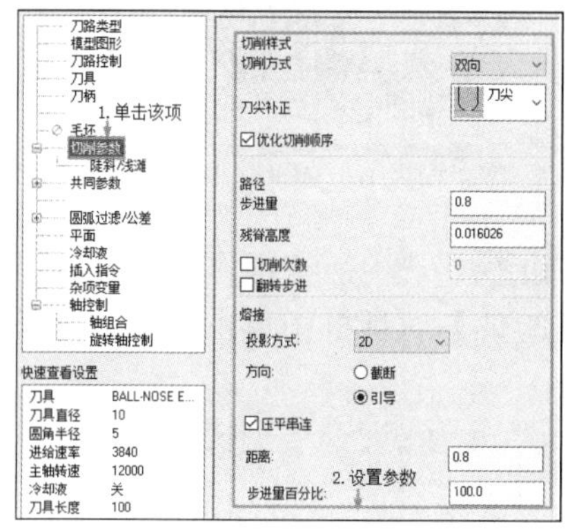

图 13-91 【切削参数】选项卡参数设置

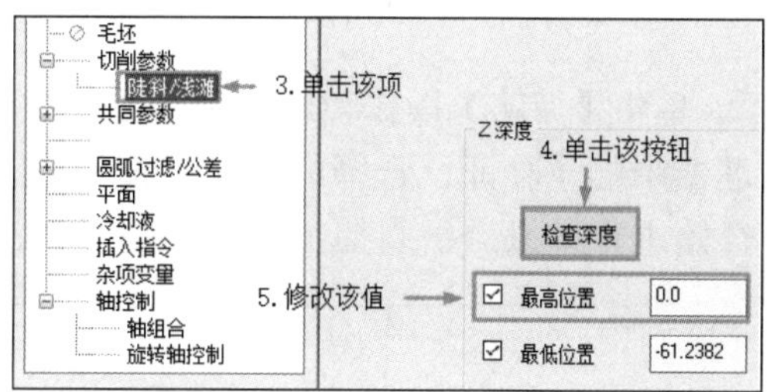

图 13-92 【陡斜/浅滩】选项卡参数设置

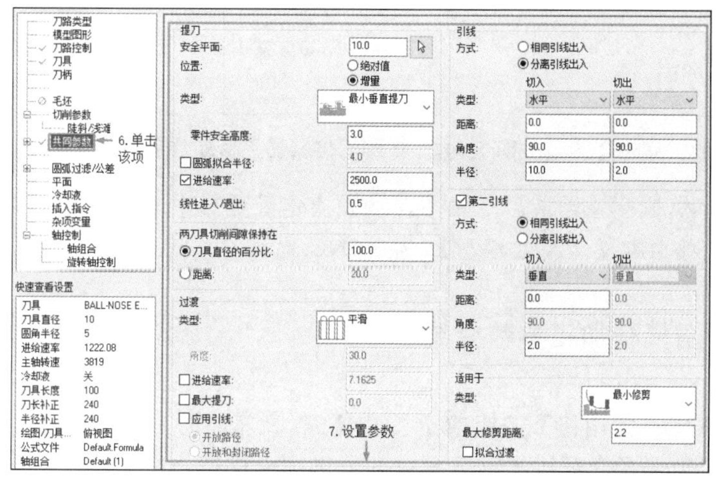

图 13-93 【共同参数】选项卡参数设置

4．模拟仿真加工

为了验证高速熔接精加工参数设置的正确性，可以通过模拟加工过程来观察工件在切削过程中的下刀方式和路径的正确性。

（1）毛坯设置。在【刀路】操作管理器中单击【毛坯设置】按钮 毛坯设置，弹出【机床群组属性】对话框，在【形状】组中选中【圆柱体】单选按钮，单击【所有曲面】按钮 所有曲面，修改毛坯高度为 62。选中【显示】复选框，单击【确定】按钮 ✓，完成工件参数设置，生成的毛坯如图 13-95 所示。

（2）切削时间对比及仿真加工。

① 单击【刀路】操作管理器中的【验证已选择的操作】按钮，弹出【验证】对话框，在右侧的【刀路信息】列表框中显示了该刀路的总时间，如图 13-96 所示。传统的熔接精加工刀路信息如图 13-97 所示。通过对比可以看出，高速熔接刀路切削用时比传熔接刀路切削用时要长，这是因为高速熔接精加工可以加工垂直面，而传统的熔接精加工不可以。关闭对话框，返回到操作界面。

图 13-94　高速熔接精加工刀具路径

图 13-95　生成的毛坯

② 单击【刀路】操作管理器中的【选择全部操作】按钮，选中所有操作。单击【刀路】操作管理器中的【验证已选择的操作】按钮，在弹出的【验证】对话框中单击【播放】按钮，系统开始进行模拟，仿真加工结果如图 13-98 所示。

刀路信息	
进给长度	27624.890
进给时间	7 分 12.95 秒
快速进给长度	19.500
快速进给时间	0.09 秒
总长度	27644.390
总时间	7 分 13.05 秒
最小/最大 X	-83.336 / 83.336
最小/最大 Y	-83.333 / 83.338
最小/最大 Z	-61.231 / 7.000

图 13-96　高速熔接精加工移动信息

刀路信息	
进给长度	52371.526
进给时间	10 分 14.38 秒
快速进给长度	47.000
快速进给时间	0.23 秒
总长度	52418.526
总时间	10 分 14.61 秒
最小/最大 X	-88.338 / 88.339
最小/最大 Y	-88.338 / 88.338
最小/最大 Z	-61.965 / 20.000

图 13-97　传统熔接精加工移动信息

图 13-98　模拟结果

（3）NC 代码。模拟检查无误后，在【刀路】操作管理器中单击【执行选择的操作进行后处理】按钮G1，输入文件名称【塑料盆模型】，生成 NC 代码，见随书电子文件。

13.7.2　高速熔接精加工参数介绍

单击【刀路】→3D→【熔接】按钮，弹出【3D 高速曲面刀路-熔接】对话框。对话框中大部分选项卡在前面章节已经介绍过了，下面对部分选项卡进行介绍。

【切削参数】选项卡如图 13-99 所示。该选项卡为 3D 高速曲面熔接刀具路径配置切削参数。

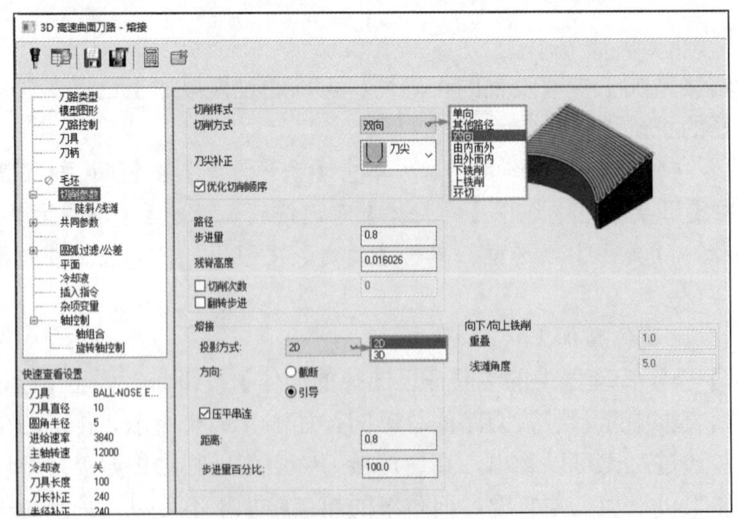

图 13-99　【切削参数】选项卡

（1）翻转步进：反转刀具路径的切削方向。

（2）投影方式：设置创建的刀具路径的位置，包含以下两个选项。

① 2D：在平面中保持切削等距。此时激活【方向】组，该组中包含以下两个选项。

➢ 截断：从一个串连到另一个创建切削刀路，从第一个选定串连的起点开始。

➢ 引导：在选定的加工几何体上沿串连方向创建切削路径，从第一个选定串连的起点开始。

② 3D：在 3D 中保持切削等距，在陡斜区域添加切口。

（3）压平串连：选中该复选框，可以在生成刀具路径之前将选定的加工几何体转换为 2D/平面曲线。压平串连可能会缩短链条的长度。

13.8 综合实例——上泵体高速三维精加工

扫一扫，看视频

精加工的主要目的是将工件加工到接近或达到所要求的精度和粗糙度，因此，有时会以牺牲效率来满足精度要求。加工时往往不是使用一种精加工方法，而是多种方法配合使用。下面通过实例说明精加工方法的综合运用。

动画演示\第 13 章\ 13.8 综合实例——上泵体高速三维精加工.MP4

13.8.1 工艺分析

本实例是对如图 13-100 所示的上泵体模型进行精加工。因为这里不对安装孔进行加工，所以源文件中对顶面和底面的孔进行了填补内孔操作，并对模型进行了优化动态粗切、等高粗加工和挖槽粗加工，本小节将分别对零件的顶面和底面进行半精加工和精加工，具体加工工艺如下。

（1）等高加工：使用直径为 20mm 的球形铣刀，采用高速等高精加工方法，在俯视图上进行曲面半精加工。

（2）混合加工：使用直径为 20mm 的球形铣刀，采用高速混合精加工方法，在仰视图上进行曲面半精加工。

图 13-100 上泵体模型

（3）等距环绕加工：使用直径为 20mm 的球形铣刀，采用高速等距环绕精加工方法，在俯视图上进行曲面精加工。

（4）熔接加工：使用直径为 10mm 的球形铣刀，采用高速熔接精加工方法，在俯视图上进行曲面精加工。

（5）水平区域加工：使用直径为 6mm、圆角半径为 1mm 的圆鼻铣刀，采用高速水平区域精加工方法，在俯视图上进行曲面精加工。

（6）水平区域加工：使用直径为 6mm、圆角半径为 1mm 的圆鼻铣刀，采用高速水平区域精加工方法，在仰视图上进行曲面精加工。

13.8.2 刀具路径编制

绘制过程

1．打开文件

单击快速访问工具栏中的【打开】按钮，在弹出的【打开】对话框中选择【原始文件\第 13 章\上泵体】文件，单击【打开】按钮打开(O)，完成文件的调取，如图 13-100 所示。

2．高速等高半精加工

（1）设置视图。单击【视图】→【屏幕视图】→【俯视图】按钮，将当前视图设置为【俯视图】。

（2）选择加工曲面及切削范围。

① 单击【刀路】→3D→【等高】按钮，弹出【3D 高速曲面刀路-等高】对话框。单击【模型图形】→【加工图形】→【选择图素】按钮，拾取所有曲面作为加工曲面，【壁边预留量】和【底面预留量】均设置为 0。

② 单击【刀路控制】选项卡，参数采用默认设置。

（3）设置刀具参数。

① 单击【刀具】选项卡中的【选择刀库刀具】按钮选择刀库刀具...，选择直径为 20 的球形铣刀。单击【确定】按钮，返回【3D 高速曲面刀路-等高】对话框。

② 双击圆鼻铣刀图标，弹出【编辑刀具】对话框，刀具参数设置如图 13-101 所示。单击【下一步】按钮下一步，设置所有粗切步进量为 75%，所有精修步进量为 40%，单击【单击重新计算进给率和主轴转速】按钮，重新生成切削参数。单击【完成】按钮完成，返回【3D 高速曲面刀路-等高】对话框。

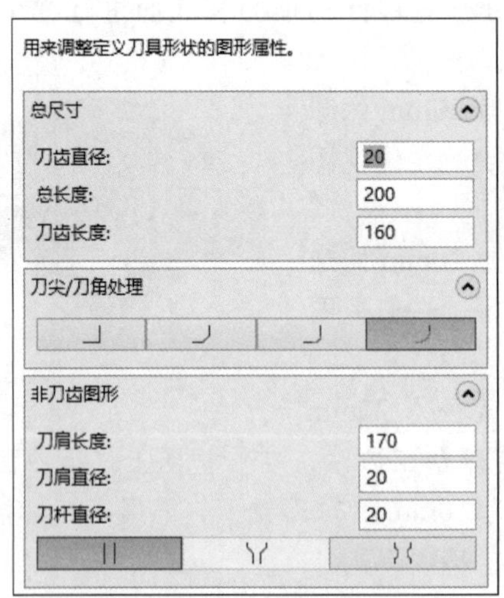

图 13-101　修改刀具参数

（4）设置高速等高半精加工参数。

①单击【切削参数】选项卡，后续参数设置如图 13-102～图 13-104 所示。

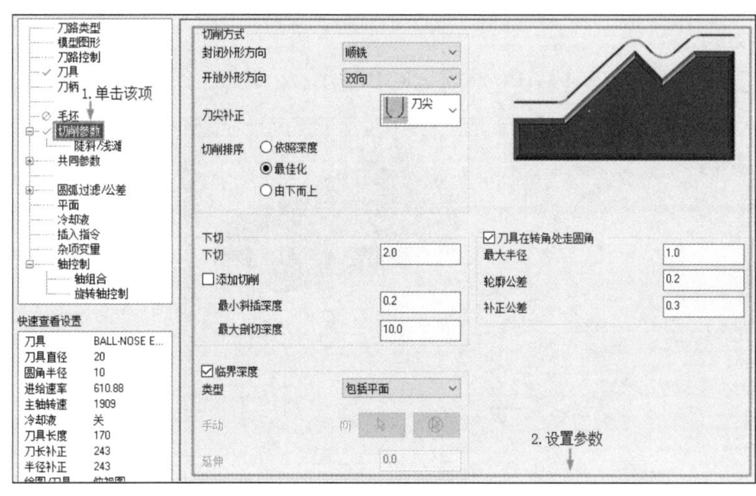

图 13-102　【切削参数】选项卡参数设置

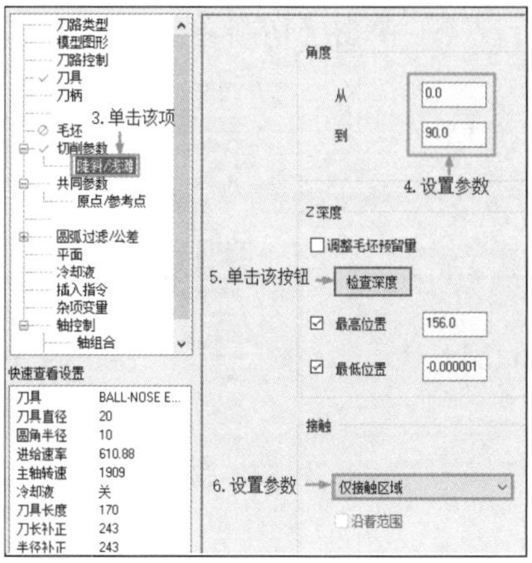

图 13-103　【陡斜/浅滩】选项卡参数设置

② 单击【确定】按钮，系统根据所设置的参数生成高速等高精加工刀具路径，如图 13-105 所示。

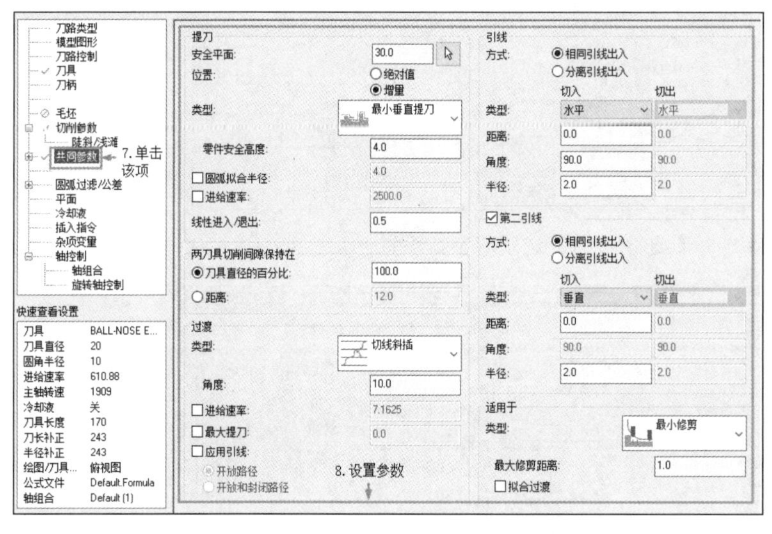

图 13-104　【共同参数】选项卡参数设置

图 13-105　高速等高精加工刀具路径

3. 高速混合精加工

（1）设置视图。单击【视图】→【屏幕视图】→【仰视图】按钮，将当前视图设置为【仰视图】。

（2）选择加工曲面及切削范围。

① 单击【刀路】→3D→【混合】按钮，弹出【3D 高速曲面刀路-混合】对话框。单击【模型图形】选项卡，选择所有曲面作为加工曲面，【壁边预留量】和【底面预留量】均设置为 0。

② 单击【刀路控制】选项卡，参数采用默认设置。

（3）设置刀具参数。选择刀具列表中直径为 20 的球形铣刀。

（4）设置高速混合精加工参数。

① 单击【切削参数】选项卡，参数设置如图 13-106～图 13-108 所示。

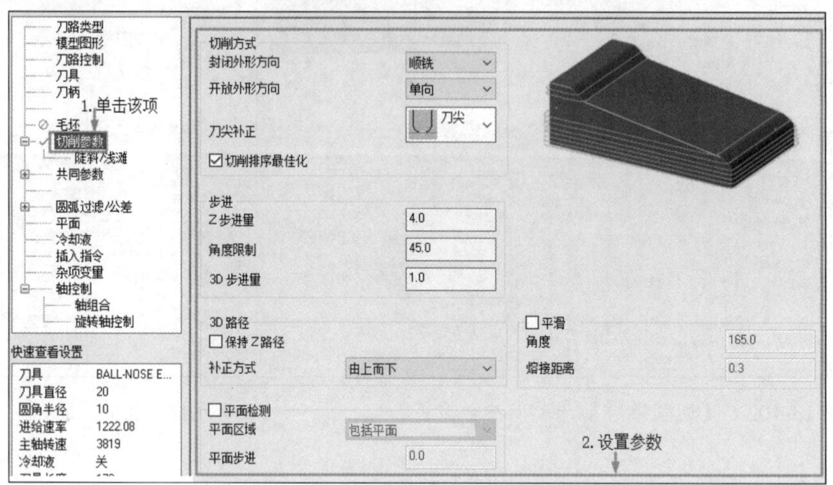

图 13-106　【切削参数】选项卡参数设置

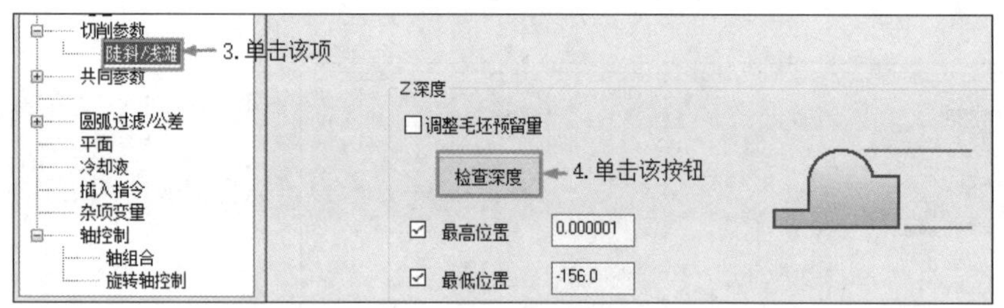

图 13-107　【陡斜/浅滩】选项卡参数设置

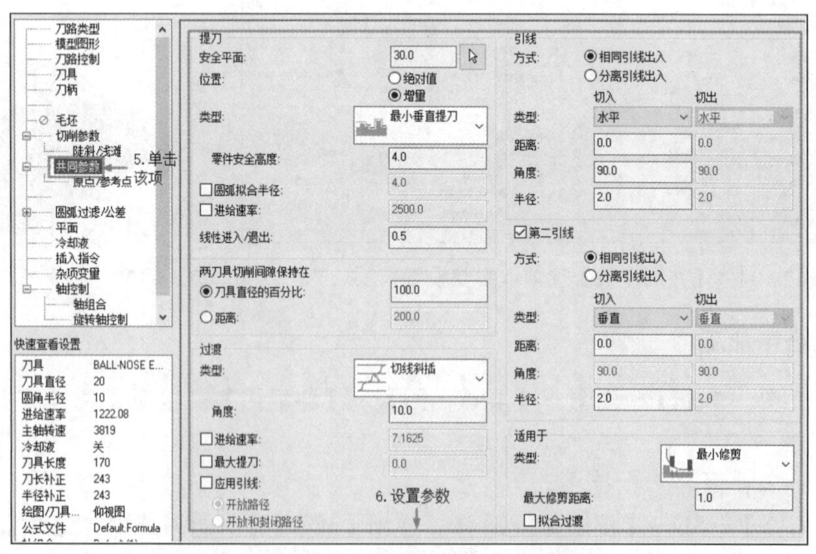

图 13-108　【共同参数】选项卡参数设置

② 单击【确定】按钮，系统根据所设置的参数生成高速混合精加工刀具路径，如图 13-109 所示。

4．高速等距环绕精加工

（1）设置视图。单击【视图】→【屏幕视图】→【俯视图】按钮，将当前视图设置为【俯视图】。

（2）选择加工曲面及切削范围。

① 单击【刀路】→3D→【等距环绕】按钮，弹出【3D 高速曲面刀路-等距环绕】对话框。单击【模型图形】选项卡，选择所有曲面作为加工曲面，如图 13-110 所示。【壁边预留量】和【底面预留量】均设置为 0。

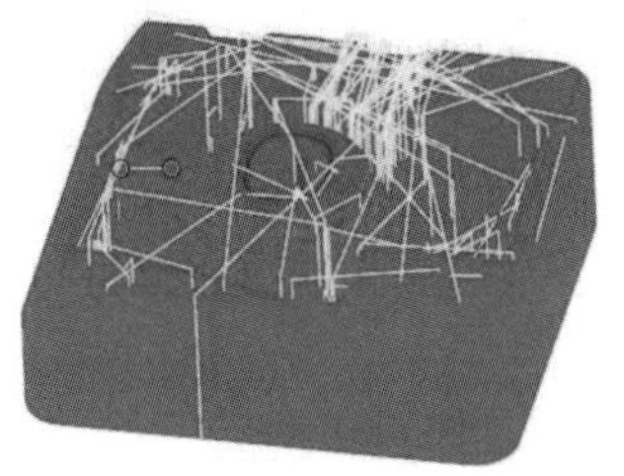

图 13-109　高速混合精加工刀具路径

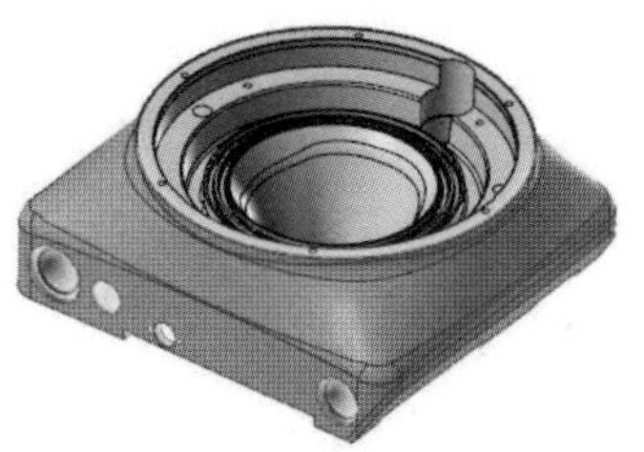

图 13-110　拾取曲面

② 单击【刀路控制】选项卡，参数设置如图 13-111 所示。

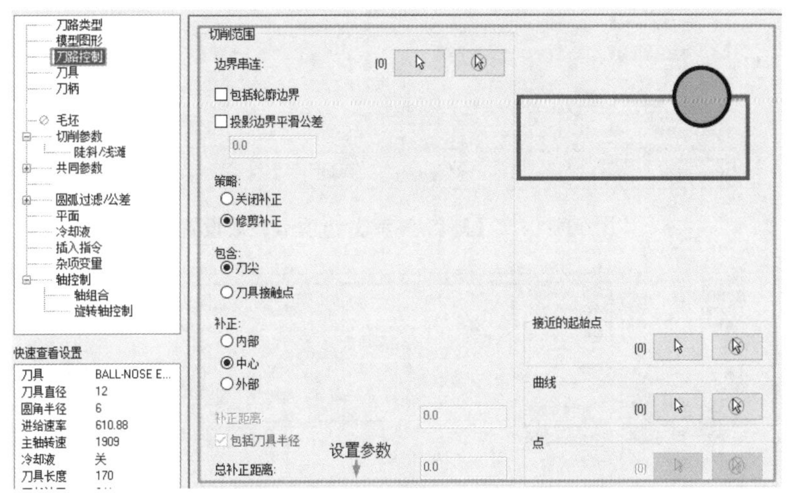

图 13-111　【刀路控制】选项卡参数设置

（3）设置刀具参数。

① 单击【刀具】选项卡中的【选择刀库刀具】按钮，选择直径为 20 的球形铣刀。单击【确定】按钮，返回【3D 高速曲面刀路-等距环绕】对话框。

② 双击球形铣刀图标，弹出【编辑刀具】对话框，刀具参数设置如图 13-112 所示。单击【下一步】按钮，设置所有粗切步进量为 75%，所有精修步进量为 40%，单击【单击重新计算进给率和主轴转速】按钮，重新生成切削参数。单击【完成】按钮，返回【3D 高速曲面刀路-等距环绕】对话框。

（4）设置高速等距环绕精加工参数。

① 单击【切削参数】选项卡，后续参数设置如图 13-113～图 13-115 所示。

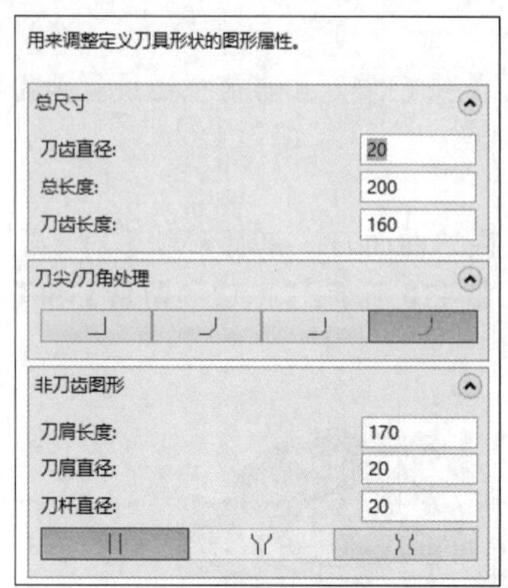

图 13-112　修改刀具参数

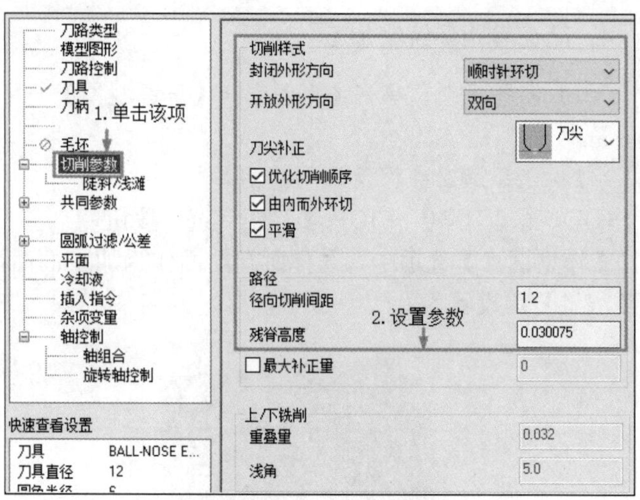

图 13-113　【切削参数】选项卡参数设置

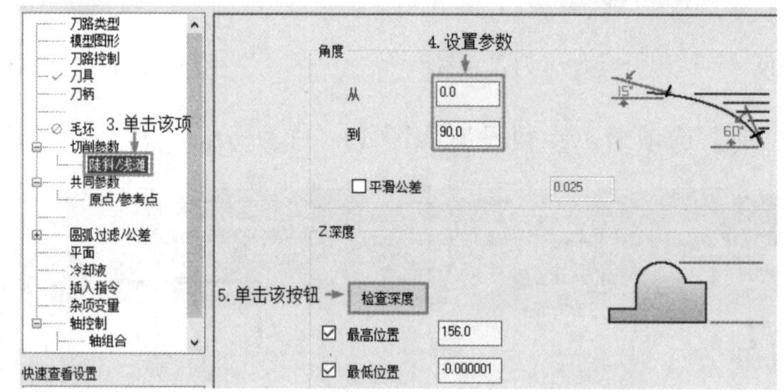

图 13-114　【陡斜/浅滩】选项卡参数设置

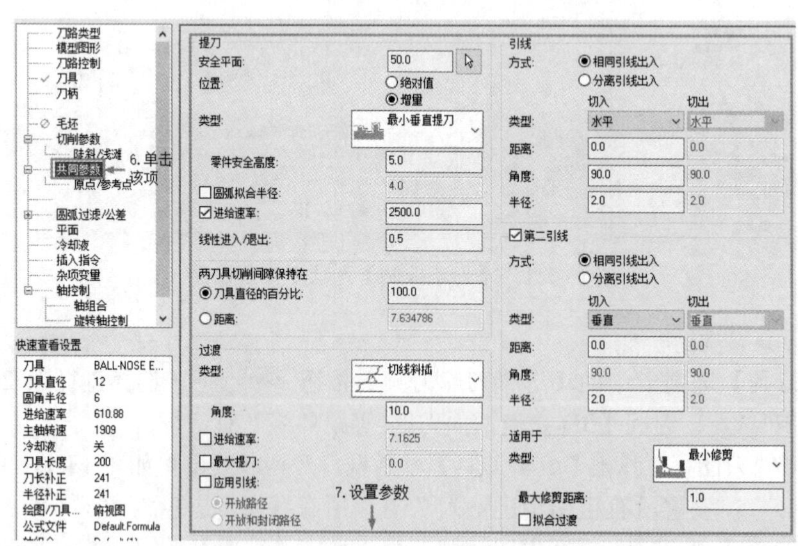

图 13-115　【共同参数】选项卡参数设置

② 单击【确定】按钮，系统根据所设置的参数生成高速等距环绕精加工刀具路径，如图 13-116 所示。

5. 高速熔接精加工

单击【刀路】→3D→【熔接】按钮，弹出【3D 高速曲面刀路-熔接】对话框，进行以下参数设置。

（1）选择加工曲面及切削范围。

① 单击【模型图形】选项卡，拾取如图 13-117 所示的内腔作为加工曲面，【壁边预留量】和【底面预留量】均设置为 0。

图 13-116　高速等距环绕精加工刀具路径

图 13-117　拾取加工曲面

② 单击【刀路控制】选项卡，参数设置如图 13-118 所示。

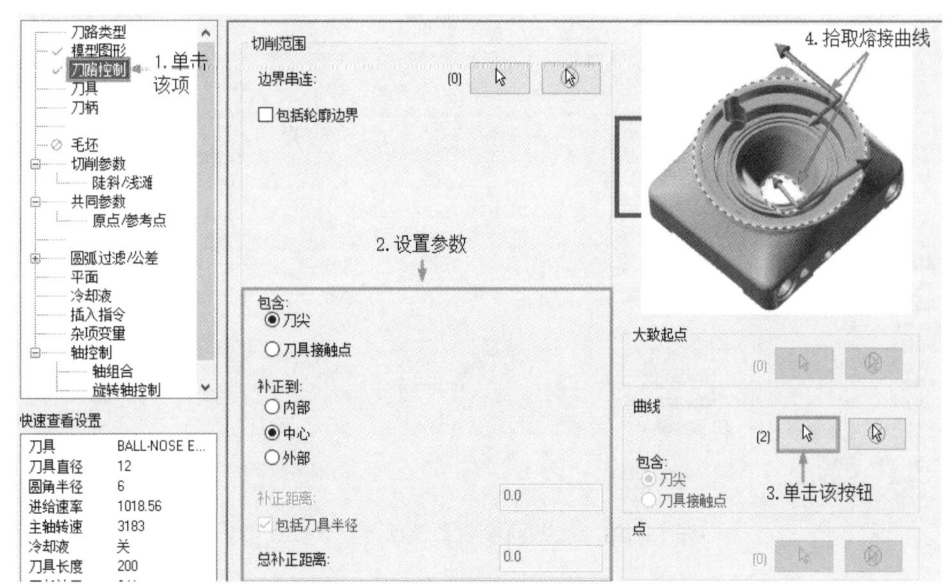

图 13-118　【刀路控制】选项卡参数设置

（2）选择刀具。在刀具列表中选择直径为 12 的球形铣刀。单击【确定】按钮，返回【3D 高速曲面刀路-熔接】对话框。

（3）设置高速熔接精加工参数。

① 单击【切削参数】选项卡，后续参数设置如图 13-119～图 13-121 所示。

② 单击【确定】按钮，系统根据所设置的参数生成高速熔接精加工刀具路径，如图 13-122 所示。

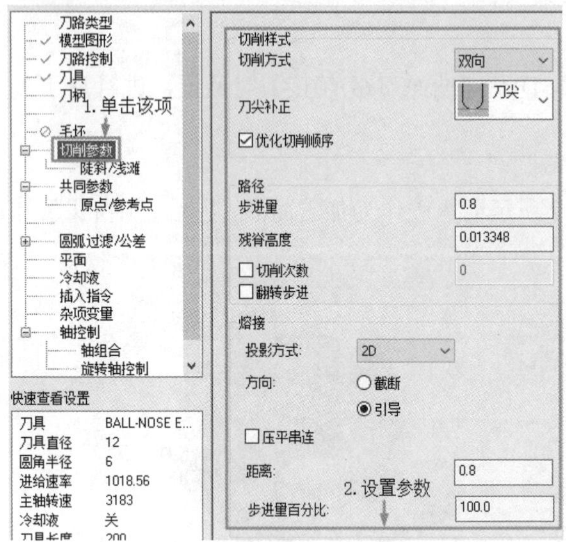

图 13-119　【切削参数】选项卡参数设置

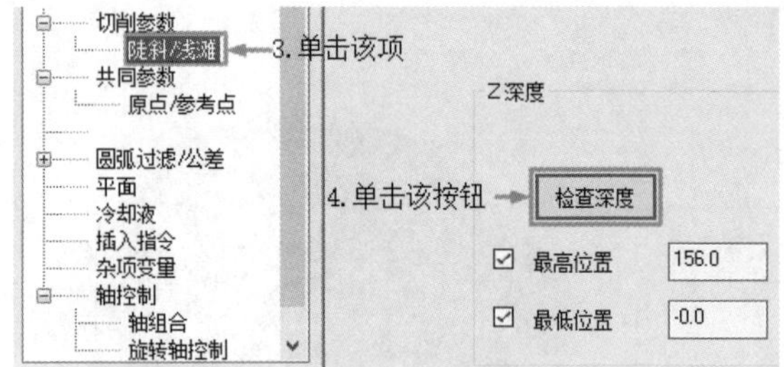

图 13-120　【陡斜/浅滩】选项卡参数设置

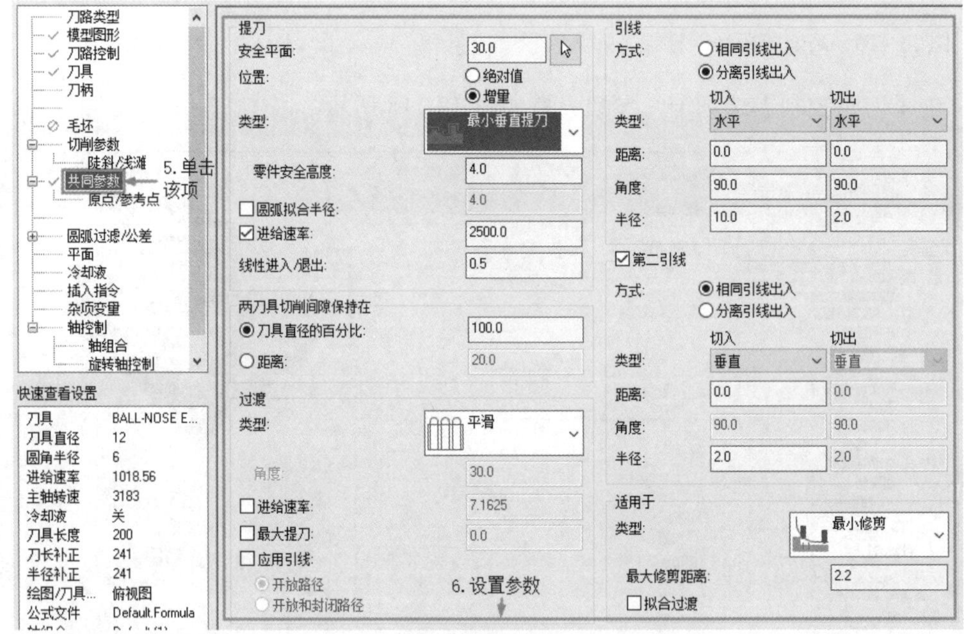

图 13-121　【共同参数】选项卡参数设置

图 13-122　高速熔接精加工刀具路径

6. 高速水平区域精加工 1

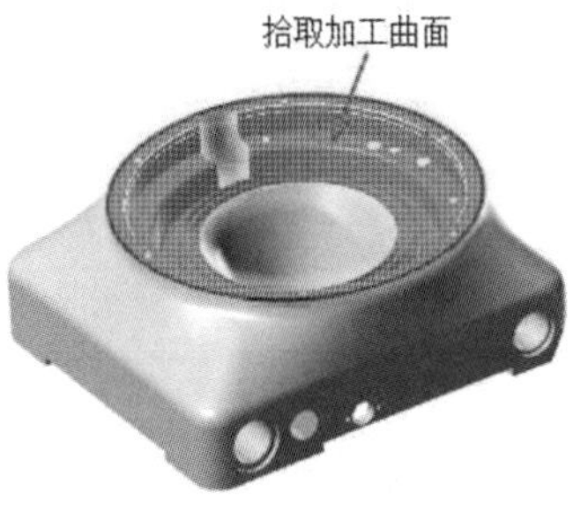

图 13-123　拾取加工曲面

单击【刀路】→3D→【水平区域】按钮，弹出【3D 高速曲面刀路-水平区域】对话框。进行以下参数设置。

（1）选择加工曲面及切削范围。

① 单击【模型图形】→【加工图形】→【选择图素】按钮，拾取加工曲面，如图 13-123 所示。【壁边预留量】和【底面预留量】均设置为 0。

② 单击【刀路控制】选项卡，参数采用默认设置。

（2）设置刀具参数。

① 单击【刀具】选项卡中的【选择刀库刀具】按钮，选择直径为 6、圆角半径为 1 的圆鼻铣刀。单击【确定】按钮，返回【3D 高速曲面刀路-水平区域】对话框。

② 双击圆鼻铣刀图标，弹出【编辑刀具】对话框。设置刀具【总长度】为 180，【刀齿长度】为 160。单击【下一步】按钮，设置所有粗切步进量为 75%，所有精修步进量为 40%，单击【单击重新计算进给率和主轴转速】按钮，重新生成切削参数。单击【完成】按钮。系统返回【3D 高速曲面刀路-水平区域】对话框。

（3）设置高速水平区域精加工参数。

① 单击【切削参数】选项卡，后续参数设置如图 13-124～图 13-127 所示。

图 13-124　【切削参数】选项卡参数设置

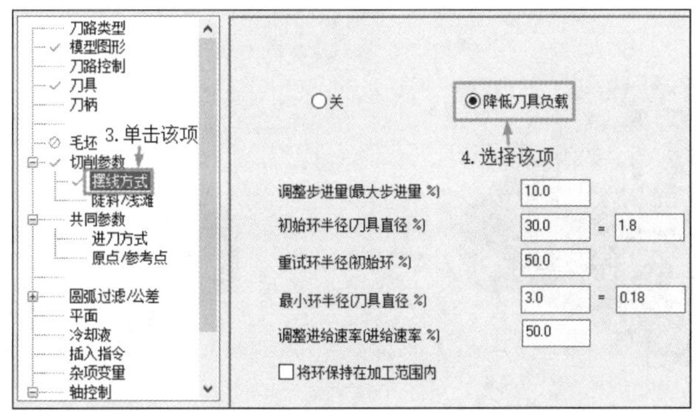

图 13-125　【摆线方式】选项卡参数设置

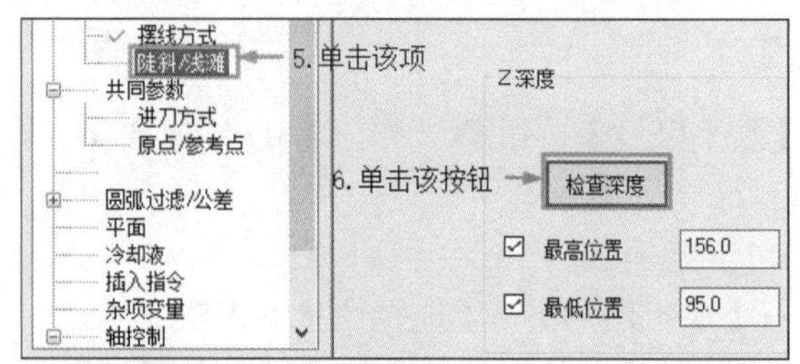

图 13-126　【陡斜/浅滩】选项卡参数设置

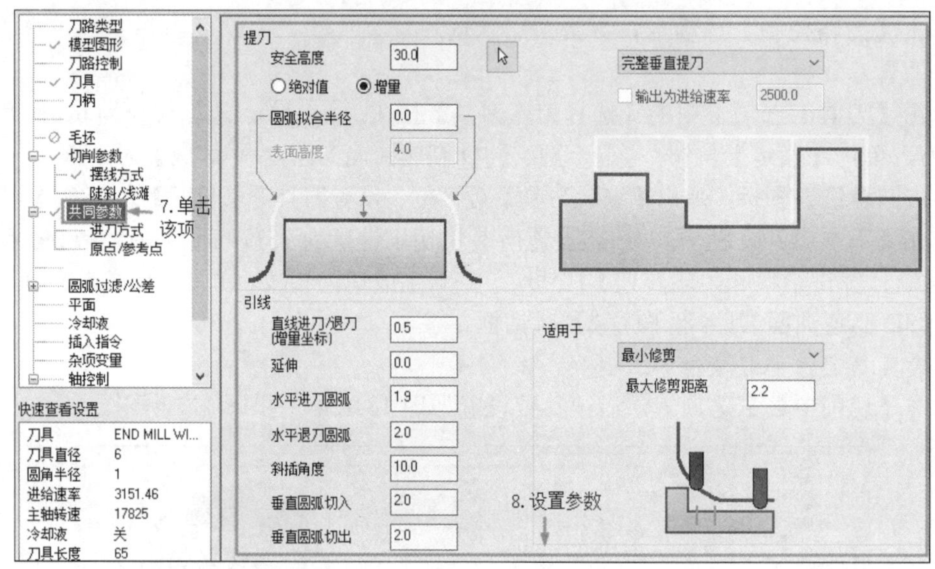

图 13-127　【共同参数】选项卡参数设置

② 单击【确定】按钮，系统根据所设置的参数生成高速水平区域精加工刀具路径，如图 13-128 所示。

7．高速水平区域精加工 2

（1）单击【视图】→【屏幕视图】→【仰视图】按钮，将当前视图设置为【仰视图】。

（2）执行【水平区域】命令，拾取所有曲面作为加工曲面，在【陡斜/浅滩】选项卡中单击【检查深度】按钮检查深度，其他参数设置参照高速水平区域精加工 1，生成的刀具路径如图 13-129 所示。

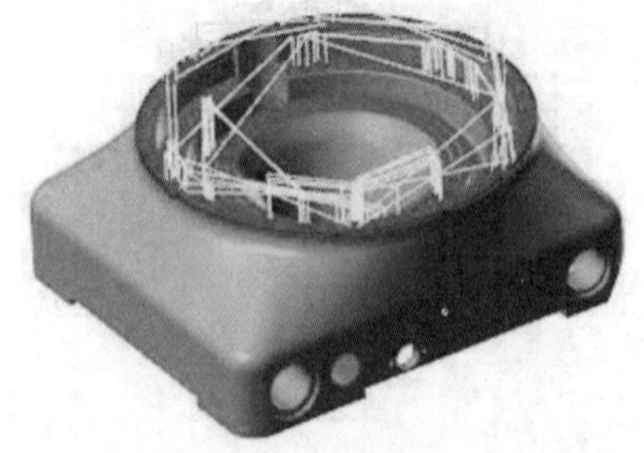

图 13-128　高速水平区域精加工刀具路径 1

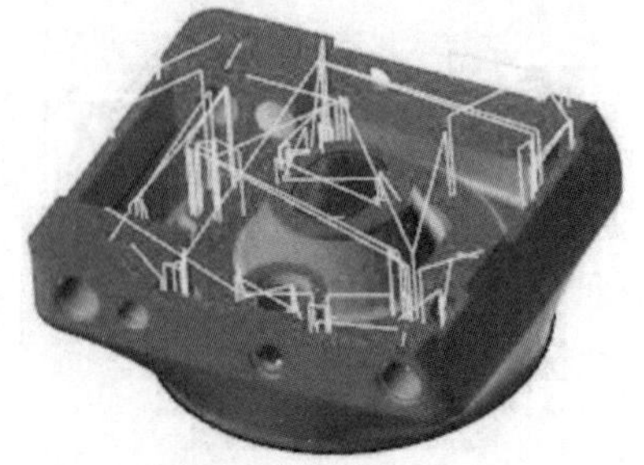

图 13-129　高速水平区域精加工刀具路径 2

13.8.3　模拟仿真加工

刀路编制完后需要进行模拟检查，如果检查无误即可进行后处理操作，生成 NC 代码。具体操作步骤如下。

1．毛坯设置

在【刀路】操作管理器中单击【毛坯设置】按钮 毛坯设置，弹出【机床群组属性】对话框，选择毛坯形状为【立方体】，单击【所有曲面】，修改立方体长宽高为（444,390,158），修改原点的坐标为（0,0,157），选中【显示】复选框，单击【确定】按钮，完成工件参数设置，生成的毛坯如图 13-130 所示。

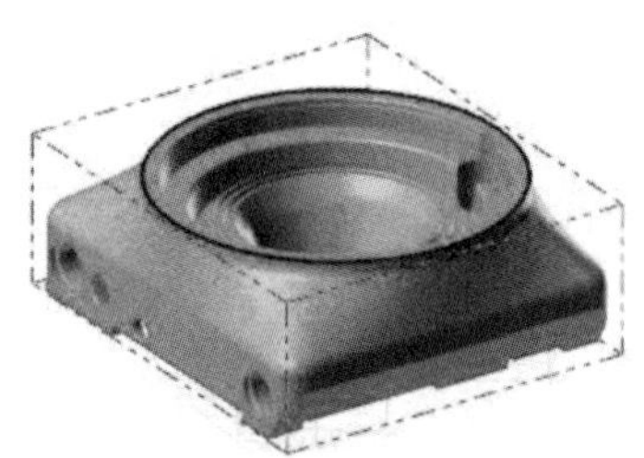

图 13-130　生成的毛坯

2．仿真加工

（1）单击【刀路】操作管理器中的【选择全部操作】按钮，选中所有操作。

（2）在【刀路】操作管理器中单击【验证已选择的操作】按钮，并在弹出的【Mastercam 模拟】对话框中单击【播放】按钮，系统进行模拟，仿真加工结果如图 13-131 所示。

图 13-131　仿真加工结果

3．NC 代码

模拟检查无误后，在【刀路】操作管理器中单击【执行选择的操作进行后处理】按钮G1，输入文件名称【上泵体】，生成 NC 代码，见随书电子文件。

第 14 章　线 架 加 工

本章主要是讲解线架加工。线架加工是通过选取三维线架来实现不同类型曲面的加工。与曲面加工刀路的区别在于，曲面加工的曲面已经创建成形，而线架加工是直接生成曲面刀路。

知识点

- 直纹加工
- 旋转加工
- 二维扫描加工
- 三维扫描加工
- 混（昆）式加工
- 举升加工

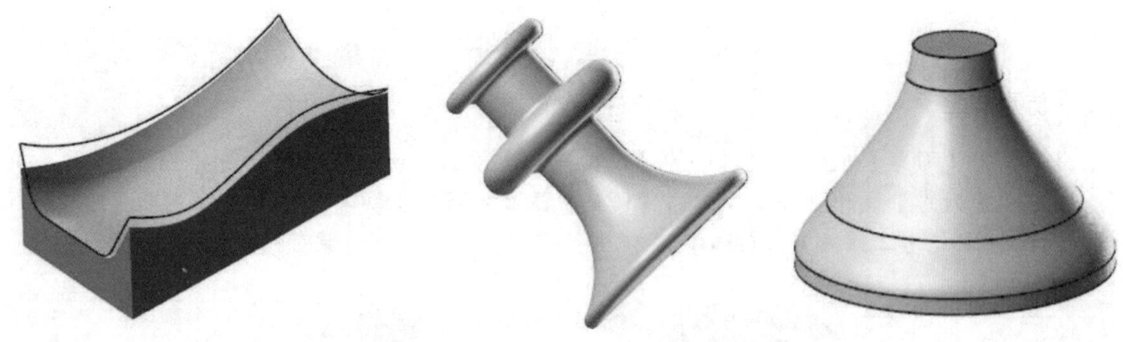

14.1 直 纹 加 工

直纹加工主要是对两个或两个以上的二维截面产生类似线性直纹曲面式的刀具路径。

扫一扫，看视频

14.1.1　实例——奖杯底座加工

本实例利用奖杯底座的加工来讲解【直纹】线架加工命令。首先打开奖杯底座线架源文件；然后执行【直纹】命令，设置刀具参数和加工参数，生成刀具路径；最后设置毛坯模拟仿真加工并生成后处理程序。直纹加工截面可以是单个线条，也可以是多个线条，当然还可以是点。

动画演示\第 14 章\14.1.1 实例——奖杯底座加工.MP4

绘制过程

1. 打开文件

单击快速访问工具栏中的【打开】按钮，在弹出的【打开】对话框中选择【原始文件\ 第 14 章\奖杯底座】文件，单击【打开】按钮 打开(O) ，完成文件的调取，如图 14-1 所示。

2. 设置机床

单击【机床】→【机床类型】→【铣床】按钮，选择【默认】选项，在【刀路】操作管理器中生成机床群组属性文件。

3. 创建直纹加工刀具路径

（1）单击【刀路】→2D→【直纹】按钮，弹出【线框串连】对话框，选取直纹线架串连，并且选取的位置必须一致，如图 14-2 所示。

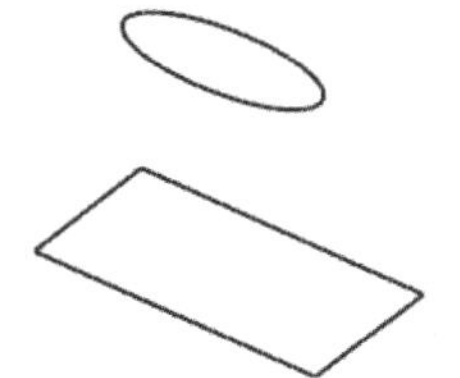

图 14-1 奖杯底座线架

图 14-2 选取串连

（2）单击【线框串连】对话框中的【确定】按钮，弹出【直纹】对话框，该对话框用来设置刀路参数、直纹加工参数等。

（3）单击【刀具参数】选项卡中的【选择刀库刀具】按钮 选择刀库刀具... ，弹出【选择刀具】对话框，选择直径为 8 的球形铣刀，单击【确定】按钮，返回【直纹】对话框。

（4）单击【直纹加工参数】选项卡，参数设置如图 14-3 所示。

（5）单击【确定】按钮，完成参数设置，系统根据设置的参数生成刀具路径，其结果如图 14-4 所示。

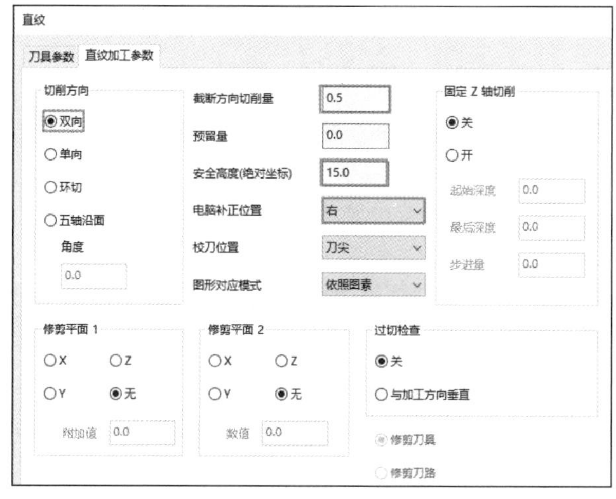

图 14-3 【直纹加工参数】选项卡

图 14-4 刀路示意图

4．模拟仿真加工

（1）设置毛坯。在【刀路】操作管理器中单击【毛坯设置】按钮 毛坯设置，弹出【机床群组属性】对话框，单击【所有图素】按钮 所有图素 ，选中【显示】复选框，单击【确定】按钮 ，完成工件参数设置，如图 14-5 所示。

（2）仿真加工。单击【刀路】操作管理器中的【验证已选择的操作】按钮 ，弹出【验证】对话框，单击【播放】按钮 ，系统开始进行模拟，仿真加工结果如图 14-6 所示。

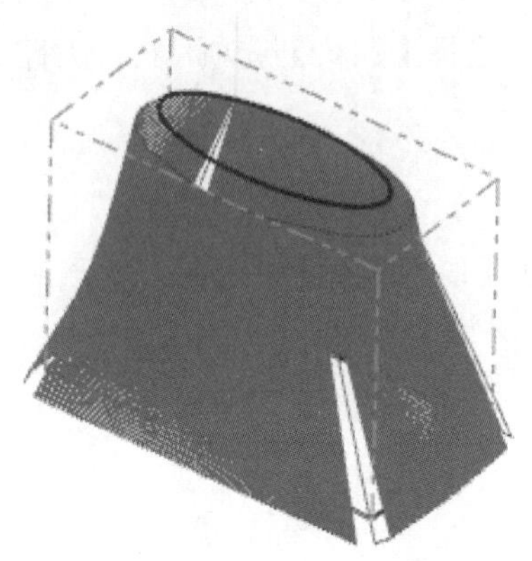

图 14-5　生成的毛坯

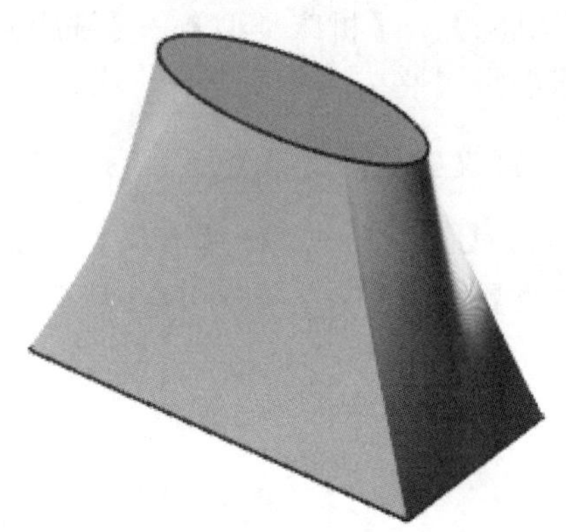

图 14-6　仿真加工结果

（3）NC 代码。模拟检查无误后，在【刀路】操作管理器中单击【执行选择的操作进行后处理】按钮 G1，设置文件名称【奖杯底座】，生成 NC 代码，见随书电子文件。

14.1.2　直纹加工参数介绍

单击【刀路】→2D→【直纹】按钮 ，弹出【线框串连】对话框，选取串连曲线后，弹出【直纹】对话框。

【直纹加工参数】选项卡如图 14-7 所示。该选项卡用于输入直纹线架刀具路径的参数。此刀具路径模拟多个几何体链上的直纹曲面。

切削方向包含以下 4 种选项。

（1）双向：强制刀具始终停留在表面上并在零件上来回移动。

（2）单向：走一圈，切削到快速深度，回到切割的起点，并在同一方向上再走一圈。所有的切削都在同一个方向。

（3）环切：生成螺旋刀具路径，通常仅与恒 Z 切削配合使用，仅当所有边界都关闭时才应使用环切。

（4）5 轴沿面：用于 5 轴（侧面）切削，用户可以使用多轴、链接页面上的进入/退出选项将进入和退出曲线添加到直纹 5 轴沿面刀具路径。

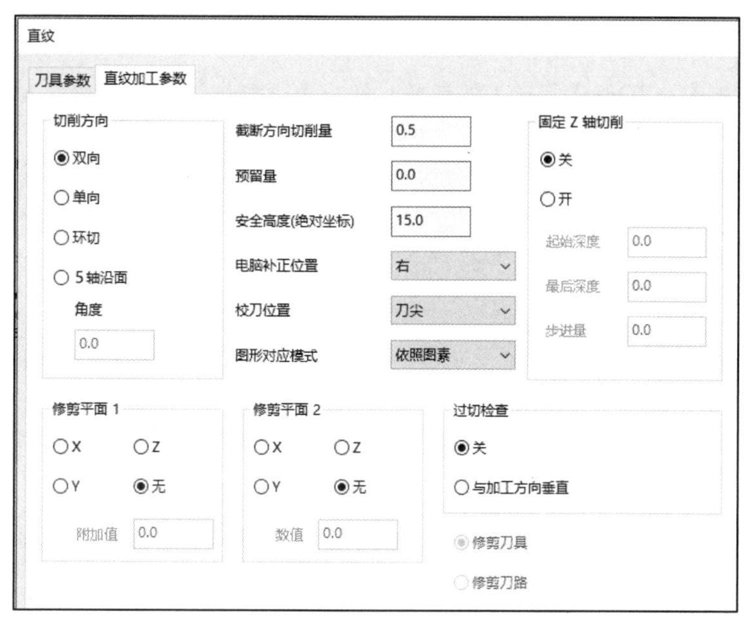

图 14-7　【直纹加工参数】选项卡

14.2　旋 转 加 工

旋转加工能对二维截面绕指定的旋转轴产生旋转式刀路。

14.2.1　实例——台灯座加工

本实例利用台灯座的加工来讲解【旋转】线架加工命令。首先打开台灯座线架源文件；然后执行【旋转】命令，设置刀具参数和加工参数，生成刀具路径；最后设置毛坯模拟仿真加工并生成后处理程序。

动画演示\第 14 章\14.2.1　实例——台灯座加工.MP4

绘制过程

1. 打开文件

单击快速访问工具栏中的【打开】按钮，在弹出的【打开】对话框中选择【原始文件\ 第 14 章\台灯座】文件，单击【打开】打开(O)按钮，完成文件的调取，如图 14-8 所示。

2. 设置机床

单击【机床】→【机床类型】→【铣床】按钮，选择【默认】选项，在【刀路】操作管理器中生成机床群组属性文件。

3. 创建旋转加工刀具路径

（1）单击【刀路】→2D→【旋转】按钮，弹出【线框串连】对话框，选择旋转串连和旋转中心点，如图 14-9 所示。

图 14-8 台灯座线架

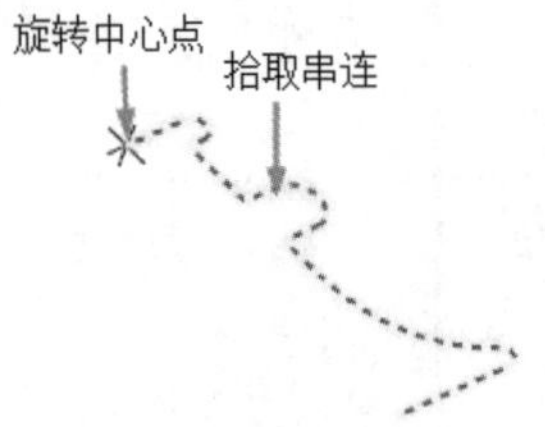

图 14-9 拾取串连和旋转中心点

（2）弹出【旋转】对话框。该对话框用来设置刀具参数和旋转加工参数。

（3）在【刀具参数】中单击【选择刀库刀具】按钮 选择刀库刀具... ，弹出【选择刀具】对话框，选择直径为 10 的球形铣刀，单击【选择刀具】对话框中的【确定】按钮，返回【旋转】对话框。

（4）单击【旋转加工参数】选项卡，参数设置如图 14-10 所示。

（5）单击【旋转】对话框中的【确定】按钮，完成参数设置。系统根据设置的参数生成刀具路径，结果如图 14-11 所示。

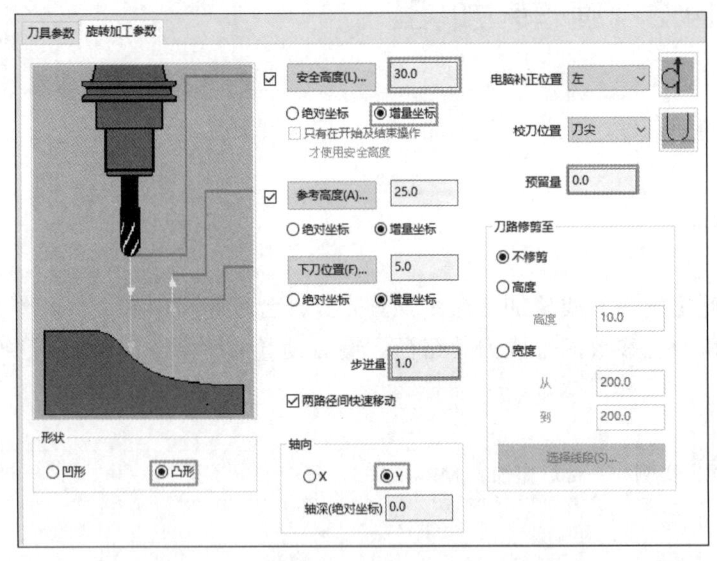

图 14-10 【旋转加工参数】选项卡参数设置

图 14-11 刀路示意图

4. 模拟仿真加工

（1）设置毛坯。在【刀路】操作管理器中单击【毛坯设置】按钮 毛坯设置，弹出【机床群组属性】对话框，在【形状】组中选中【实体/网格】单选按钮，单击【选择】按钮，进入绘图界面，打开图层 2，绘图区选取实体。返回【机床群组属性】对话框，选中【显示】复选框，单击【确定】按钮，完成工件参数设置，如图 14-12 所示。

（2）仿真加工。单击【刀路】操作管理器中的【验证已选择的操作】按钮，在弹出的【验证】对话框中单击【播放】按钮，系统开始进行模拟，仿真加工结果如图 14-13 所示。

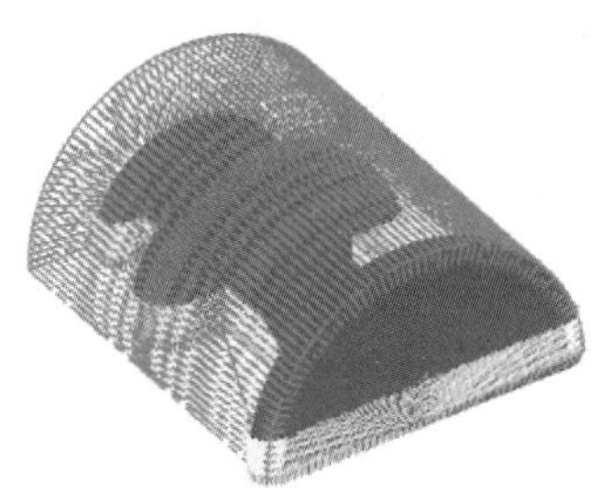

图 14-12　生成的毛坯

图 14-13　仿真加工结果

（3）NC 代码。模拟检查无误后，在【刀路】操作管理器中单击【执行选择的操作进行后处理】按钮G1，设置文件名称【台灯座】，生成 NC 代码，见随书电子文件。

14.2.2　旋转加工参数介绍

单击【刀路】→2D→【旋转】按钮，弹出【线框串连】对话框，选择旋转串连和旋转中心点，弹出【旋转】对话框。

【旋转加工参数】选项卡如图 14-14 所示。该选项卡用于输入旋转线框刀具路径的参数。此刀具路径通过 X 轴或 Y 轴旋转横截面或轮廓以模拟表面。

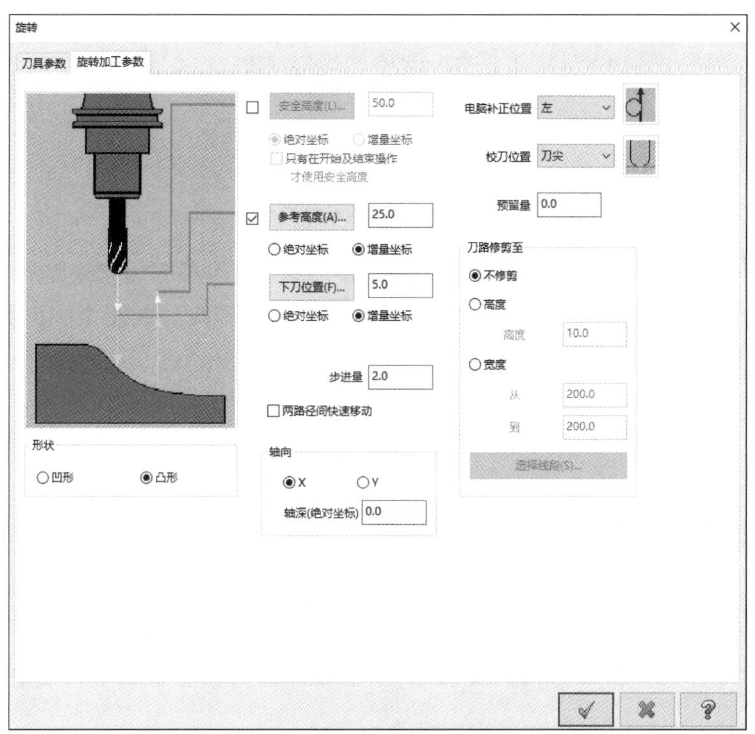

图 14-14　【旋转加工参数】选项卡

（1）形状：用来设置旋转线架加工的形状，有凹形和凸形两种。

（2）步进量：用来设置刀具路径之间的间距。

（3）【两路径间快速移动】：选中该复选框，则快速到达进给平面，然后在刀具路径中的走刀之间快速移动。取消选中该复选框，则在通道之间使用进给速率移动。

（4）轴向：设置旋转线架加工的旋转轴，有 X 轴和 Y 轴两种。

（5）校刀位置：有刀尖和中心两种，设置计算刀位点的参考。

（6）刀路修剪至：设置刀具路径在高度和宽度上是否修剪。

14.3 二维扫描加工

二维扫描加工就是依照二维截面外形沿指定的二维引导外形扫描产生扫描刀具路径。此刀路仅有一个截面和引导外形。

扫一扫，看视频

14.3.1 实例——五棱台加工

本实例利用五棱台的加工来讲解【2D 扫描】线架加工命令。首先打开五棱台线架源文件；然后执行【2D 扫描】命令，设置刀具参数和加工参数，生成刀具路径；最后设置毛坯模拟仿真加工并生成后处理程序。

动画演示\第 14 章\14.3.1 实例——五棱台加工.MP4

绘制过程

1. 打开文件

单击快速访问工具栏中的【打开】按钮，在弹出的【打开】对话框中选择【原始文件\ 第 14 章\五棱台】文件，单击【打开】打开(O)按钮，完成文件的调取，如图 14-15 所示。

2. 设置机床

单击【机床】→【机床类型】→【铣床】按钮，选择【默认】选项，在【刀路】管理器中生成机床群组属性文件。

3. 创建二维扫描加工刀具路径

（1）单击【刀路】→2D→【2D 扫描】按钮，弹出【线框串连】对话框，单击【单体】按钮，选择二维扫描截面，单击【串连】按钮，选择扫描路径，单击【确定】按钮，系统提示“输入引导方向和截面方向的交点”，然后选择二维扫描截面和路径的交点，如图 14-16 所示。

（2）系统弹出【2D 扫描】对话框，单击【选择刀库刀具】按钮选择刀库刀具...，弹出【选择刀具】对话框，选择直径为 4 的球形铣刀，单击【确定】按钮，返回【2D 扫描】对话框。

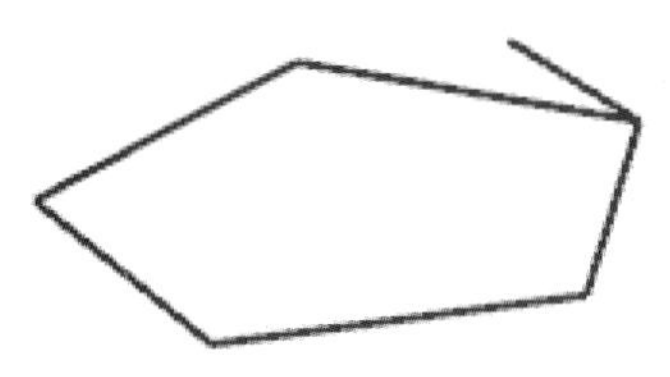

图 14-15　五棱台线架

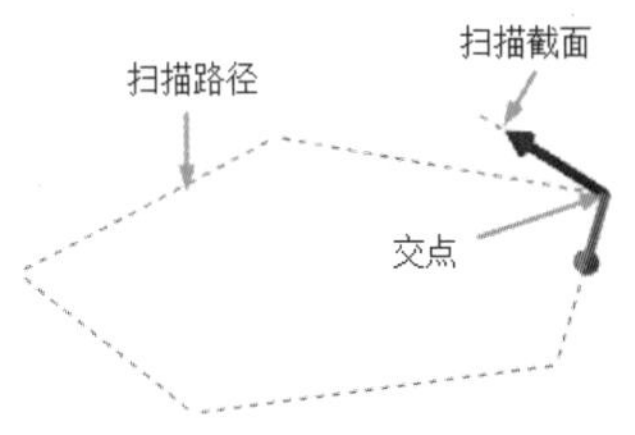

图 14-16　选择图素

（3）双击刀具图标，弹出【编辑刀具】对话框，修改刀具参数，如图 14-17 所示。单击【下一步】按钮 下一步 ，设置所有粗切步进量为 75%，所有精修步进量为 40%，单击【单击重新计算进给率和主轴转速】按钮，重新生成切削参数。单击【完成】按钮 完成 ，返回【2D 扫描】对话框。

（4）单击【2D 扫描参数】选项卡，参数设置如图 14-18 所示。

（5）单击【确定】按钮，完成参数设置。系统根据设置的参数生成刀具路径，其结果如图 14-19 所示。

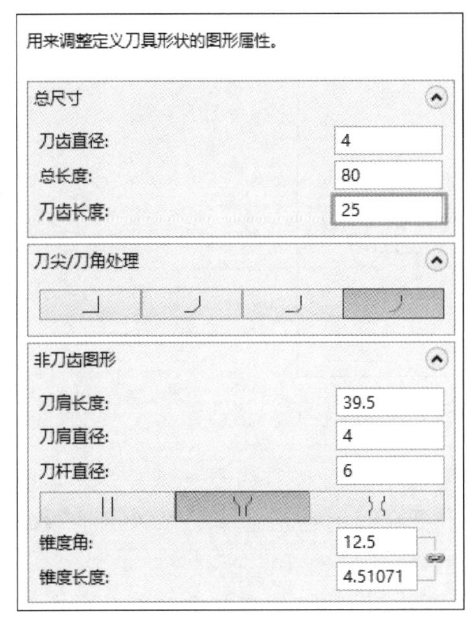

图 14-17　【编辑刀具】对话框

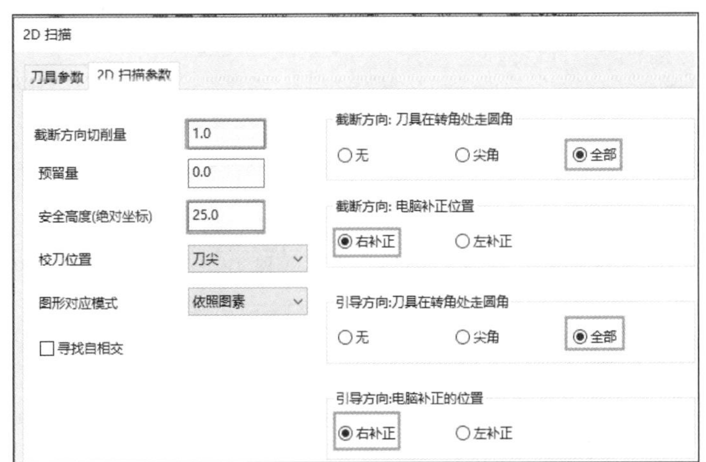

图 14-18　【2D 扫描参数】选项卡参数设置

4．模拟仿真加工

（1）毛坯设置。在【刀路】操作管理器中单击【毛坯设置】按钮 毛坯设置，弹出【机床群组属性】对话框，单击【所有图素】按钮 所有图素 ，选中【显示】复选框，单击【确定】按钮，完成工件参数设置，生成的毛坯如图 14-20 所示。

（2）仿真加工。单击【刀路】操作管理器中的【验证已选择的操作】按钮，弹出【验证】对话框，单击【播放】按钮，系统开始进行模拟，仿真加工结果如图 14-21 所示。

（3）NC 代码。模拟检查无误后，在【刀路】操作管理器中单击【执行选择的操作进行后处理】按钮G1，设置文件名称【五棱台】，生成 NC 代码，见随书电子文件。

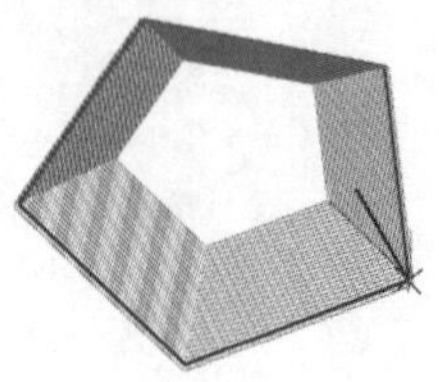

图 14-19 2D 扫描加工刀具路径

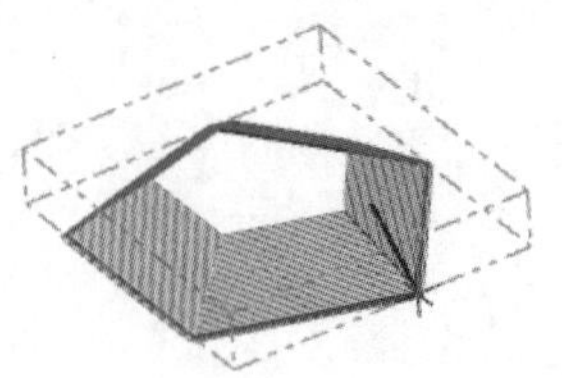

图 14-20 生成的毛坯

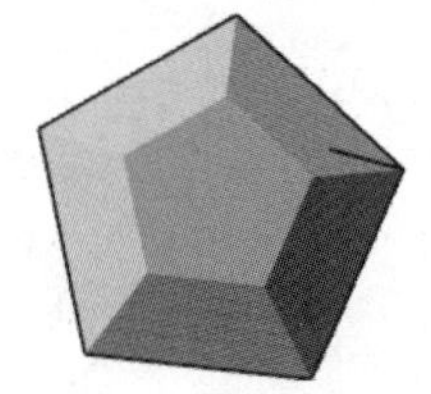

图 14-21 仿真加工结果

14.3.2 二维扫描加工参数介绍

单击【刀路】→2D→【2D 扫描】按钮，弹出【线框串连】对话框，分别选取扫描截面、扫描路径和两者的交点，弹出【2D 扫描】对话框，如图 14-22 所示。

【2D 扫描参数】选项卡如图 14-22 所示。该选项卡用于输入扫描二维线框刀具路径的参数。此刀具路径通过沿另一个轮廓扫描一个轮廓来模拟曲面以创建 2D 刀具路径。

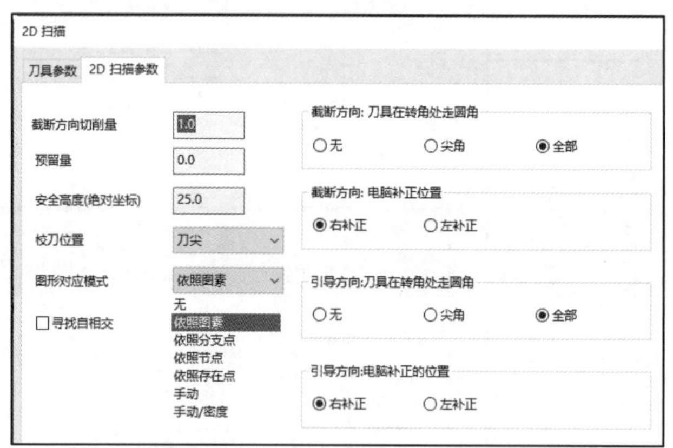

图 14-22 【2D 扫描】对话框

（1）截断方向切削量：设置横向切削之间的距离。切削量应用于沿边界的最长部分。此参数确定表面平滑度。较小的增量需要更长的处理时间，但适用于更极端的曲面曲率。零件的曲率越大，步长越小。在相当平坦的表面上，可以使用更大的切削距离。

（2）图形对应模式：用于设置刀具路径生成的模式。选择手动或手动/密度需要额外的数据输入。

14.4 三维扫描加工

三维扫描加工能使二维截面沿着三维路径进行扫描产生三维扫描刀路。

扫一扫，看视频

14.4.1 实例——螺旋面加工

本实例利用螺旋面的加工讲解【3D 扫描】线架加工命令。首先打开螺旋面线架源文件；然后执行【3D 扫描】命令，设置刀具参数和加工参数，生成刀具路径；最后设置毛坯模拟仿真加工并生成后处理程序。

动画演示\第 14 章\14.4.1 实例——螺旋面加工.MP4

绘制过程

1. 打开文件

单击【快速访问工具栏】中的【打开】按钮，在弹出的【打开】对话框中选择【原始文件\第 14 章\螺旋面】文件，单击【打开】打开(O)按钮，完成文件的调取，如图 14-23 所示。

2. 设置机床

单击【机床】→【机床类型】→【铣床】按钮，选择【默认】选项，在【刀路】操作管理器中生成机床群组属性文件。

3. 创建三维扫描加工刀具路径

（1）单击【刀路】→2D→【3D 扫描】按钮，在弹出的【请输入断面外形数量】对话框中输入截面数量 1，按 Enter 键。弹出【线框串连】对话框，选取三维扫描截面，扫描截面方向如图 14-24 所示。再选取扫描路径，起始点位置如图 14-25 所示。单击【线框串连】对话框中的【确定】，按钮完成图素的选择。

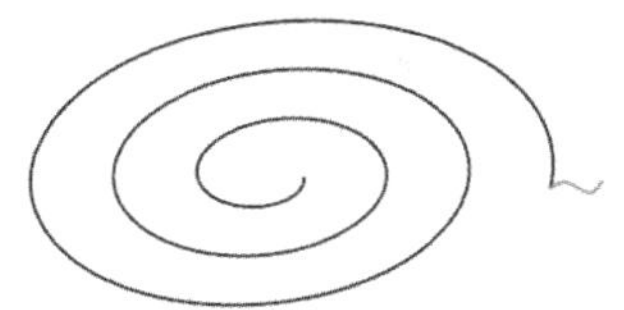

图 14-23 螺旋面线架

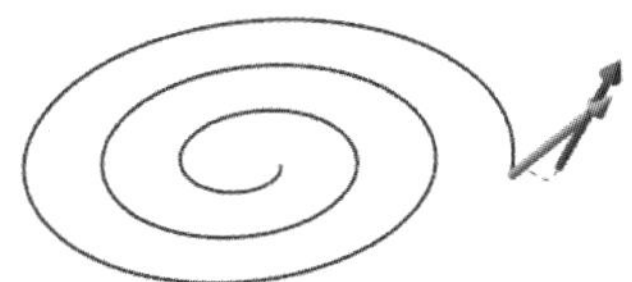

图 14-24 选取扫描截面

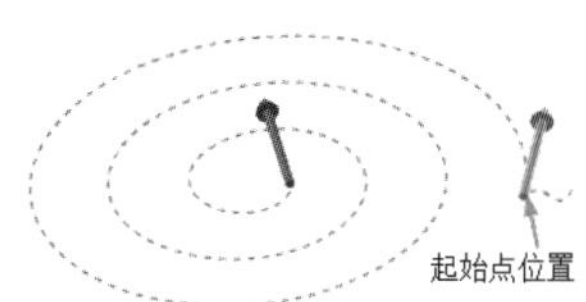

图 14-25 选取扫描路径

（2）系统弹出【3D 扫描】对话框，单击【选择刀库刀具】按钮选择刀库刀具...，弹出【选择刀具】对话框，选择直径为 6 的球形铣刀，单击【确定】按钮，返回【3D 扫描】对话框。

（3）双击刀具图标，参数采用默认设置。单击【下一步】按钮下一步，设置所有粗切步进量为 75%，所有精修步进量为 40%，单击【单击重新计算进给率和主轴转速】按钮，重新生成切削参数。单击【完成】按钮完成，返回【3D 扫描】对话框。

（4）单击【3D 扫描加工参数】选项卡，参数设置如图 14-26 所示。

（5）单击【3D 扫描】对话框中的【确定】按钮，完成参数设置。系统根据设置的参数生成刀路，结果如图 14-27 所示。

4. 模拟仿真加工

（1）设置毛坯。在【刀路】操作管理器中单击【毛坯设置】按钮毛坯设置，弹出【机床群组属性】对话框，在形状组中选择【圆柱体】，设置毛坯直径和高度分别为 130 和 10，设置原点坐标为（−12,22,−3）。选中【显示】复选框，单击【确定】按钮，完成工件参数设置，如图 14-28 所示。

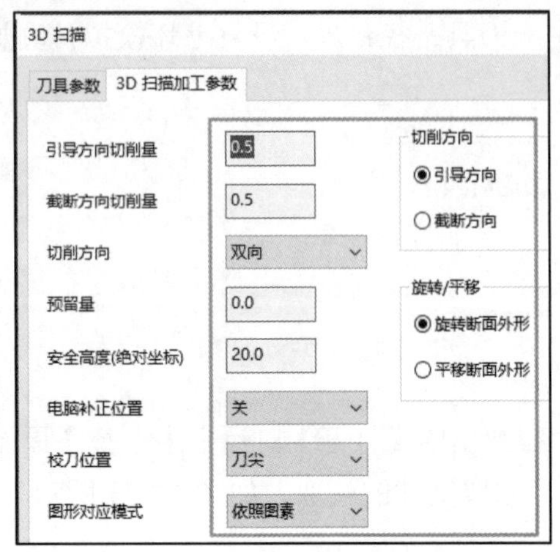

图 14-26 【3D 扫描加工参数】选项卡

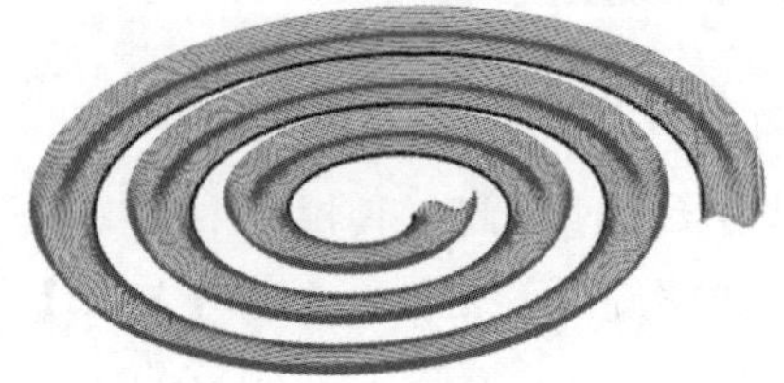

图 14-27 生成的刀具路径

（2）仿真加工。单击【刀路】操作管理器中的【验证已选择的操作】按钮，在弹出的【验证】对话框中单击【播放】按钮▶，系统开始进行模拟，仿真加工结果如图 14-29 所示。

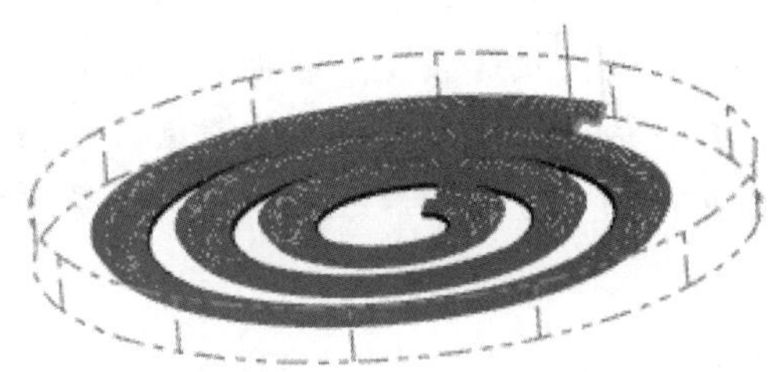

图 14-28 生成的毛坯

图 14-29 仿真加工结果

（3）NC 代码。模拟检查无误后，在【刀路】操作管理器中单击【执行选择的操作进行后处理】按钮G1，设置文件名称【螺旋面】，生成 NC 代码，见随书电子文件。

14.4.2 三维扫描加工参数

单击【刀路】→2D→【3D 扫描】按钮，弹出【请输入断面外形数量】对话框，输入数值，单击 Enter 键，弹出【线框串连】对话框，选择扫描截面和扫描路径，并单击【确定】按钮✔，弹出【3D 扫描】对话框。

【3D 扫描加工参数】选项卡如图 14-30 所示。该选项卡用于输入扫描三维线框刀具路径的参数。该刀具路径沿一个（或多个）其他轮廓扫掠或融合一个（或多个）轮廓。

（1）切削方向：在放样刀具路径期间设置刀具运动。选择以下选项之一。

① 双向：刀具始终停留在表面上并在零件上往复切削。

② 单向：通过刀具快速上升到一个快速平面，返回到切削的起点，并在同一方向上进行另一次切削。所有的切削都在同一个方向上。

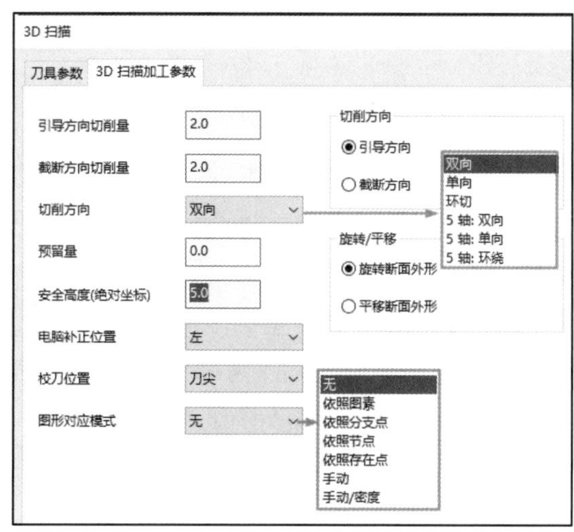

图 14-30 【3D 扫描】对话框

③ 环切：环切产生螺旋刀具路径。这种切削方法通常只与恒 Z 切削结合使用，仅当第一个和最后一个沿边界相同且沿边界关闭时才应使用圆形。

④ 5 轴：双向/单向/环切：5 轴切削用于 5 轴端部切削，此方法将表面的法向量输出到 NCI 文件，这允许支持此格式的后处理器生成 NC 代码。大多数立柱不支持 5 轴切削。

（2）旋转/平移：当单个沿边界定义三维扫描曲面时，确定跨边界的方向。沿边界定义两个时不可用。

14.5 混（昆）式加工

混（昆）式加工主要是对由混式线架所组成的曲面模型产生刀具路径。该命令不在【刀路】选项卡的 2D 面板中，调用方法前面已经介绍过了，不再赘述。

14.5.1 实例——料槽加工

扫一扫，看视频

本实例利用料槽的加工讲解【混式】线架加工命令。首先打开料槽线架源文件；然后执行【混式】命令，设置刀具参数和加工参数，生成刀具路径；最后设置毛坯模拟仿真加工并生成后处理程序。

动画演示\第 14 章\14.5.1 实例——料槽加工.MP4

绘制过程

1. 打开文件

单击快速访问工具栏中的【打开】按钮，在弹出的【打开】对话框中选择【原始文件\ 第 14

章\料槽】文件，单击【打开】打开(O)按钮，完成文件的调取，如图 14-31 所示。

2. 设置机床

单击【机床】→【机床类型】→【铣床】按钮，选择【默认】选项，在【刀路】操作管理器中生成机床群组属性文件。

3. 创建混式加工刀具路径

（1）单击【刀路】→【新群组】→【混式加工】按钮，将昆氏曲面的引导方向和截断方向曲面数量均设为 1，弹出【线框串连】对话框，单击【单体】按钮，根据系统提示分别拾取引导方向的串连 1 和串连 2，再单击对话框中的【部分串连】按钮，拾取串连 3 和串连 4 的开始和结束部分，完成串连，如图 14-32 所示。单击【线框串连】对话框中的【确定】按钮。

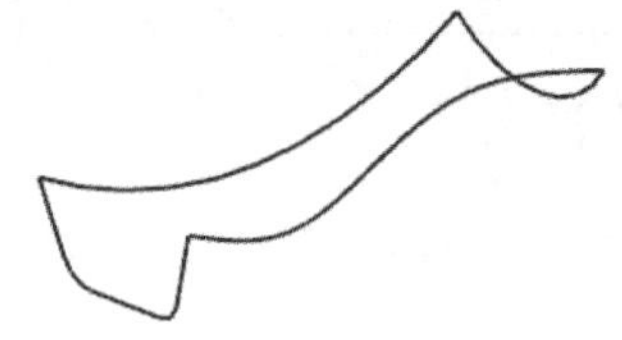

图 14-31 料槽线架

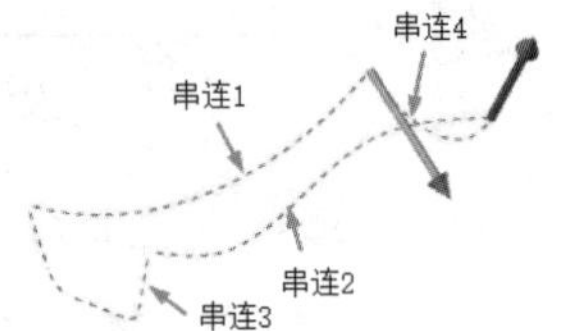

图 14-32 选取串连和点

技巧荟萃

引导方向和截面方向的串连段数必须要一致，否则弹出如图 14-33 所示的【警告】对话框。

（2）系统弹出【混式加工】对话框，该对话框用来设置刀具路径参数、混式加工参数。

（3）在【刀具参数】中单击【选择刀库刀具】按钮选择刀库刀具...，弹出【选择刀具】对话框，选择直径为 8 的球形铣刀，然后单击【选择刀具】对话框中的【确定】按钮，返回到【混式加工】对话框。

（4）双击刀具图标，弹出【编辑刀具】对话框。参数设置如图 14-34 所示。单击【下一步】按钮下一步，设置所有粗切步进量为 75%，所有精修步进量为 40%，单击【单击重新计算进给率和主轴转速】按钮，重新生成切削参数。单击【完成】按钮完成，返回【混式加工】对话框。

图 14-33 【警告】对话框

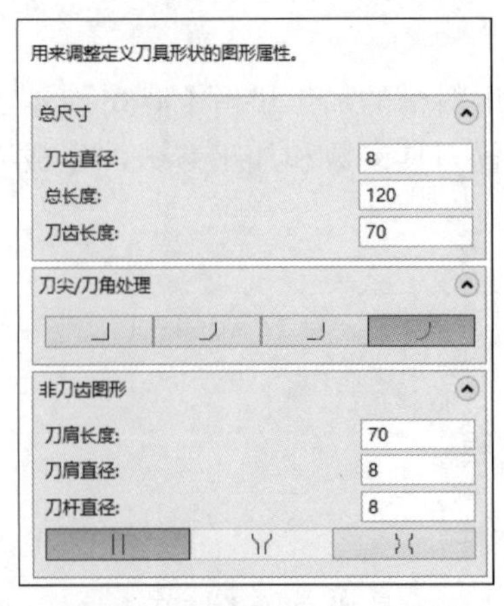

图 14-34 【编辑刀具】对话框

（5）单击【混式加工参数】选项卡，参数设置如图 14-35 所示。

（6）单击【混式加工】对话框中的【确定】按钮，完成参数设置。系统根据设置的参数生成刀具路径，结果如图 14-36 所示。

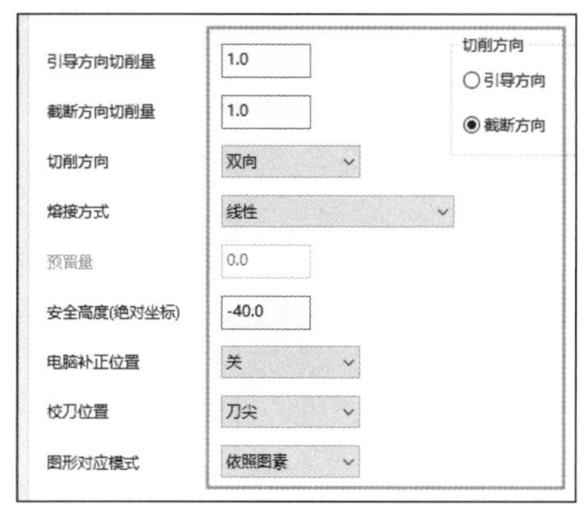

图 14-35　【混式加工参数】选项卡参数设置

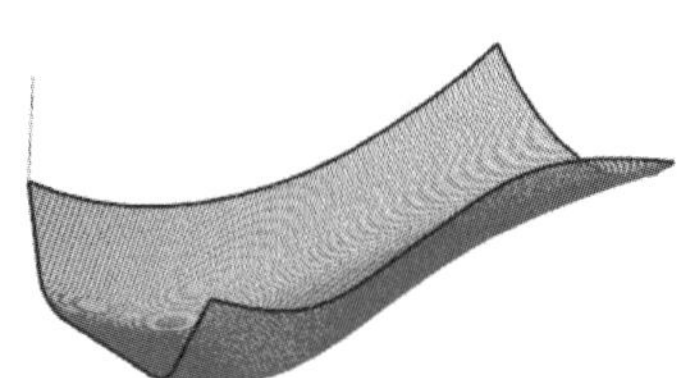

图 14-36　生成的刀具路径

4．模拟仿真加工

（1）毛坯设置。在【刀路】操作管理器中单击【毛坯设置】按钮 毛坯设置，弹出【机床群组属性】对话框，单击【NCI 范围】按钮 NCI 范围(N)，修改毛坯高度为 60，修改原点 Z 坐标为-60。选中【显示】复选框，单击【确定】按钮，完成工件参数设置生成的毛坯如图 14-37 所示。

（2）仿真加工。单击【刀路】操作管理器中的【验证已选择的操作】按钮，在弹出的【验证】对话框中单击【播放】按钮▶，系统开始进行模拟，仿真加工结果如图 14-38 所示。

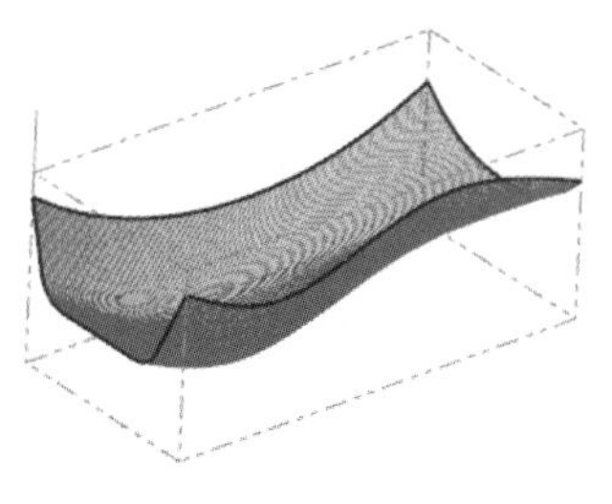

图 14-37　生成毛坯

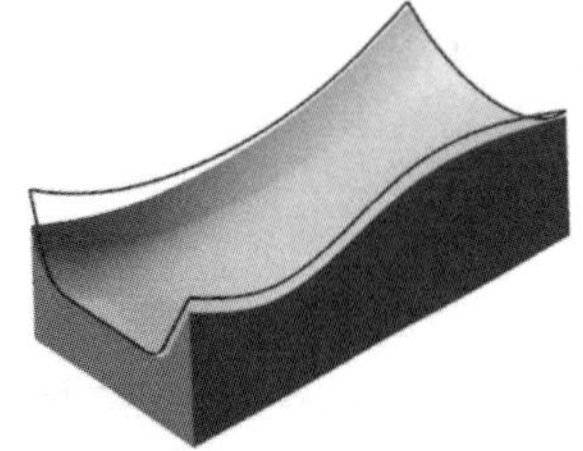

图 14-38　仿真加工结果

（3）NC 代码。模拟检查无误后，在【刀路】操作管理器中单击【执行选择的操作进行后处理】按钮 G1，设置文件名称【螺旋面】，生成 NC 代码，见随书电子文件。

14.5.2　混式加工参数

单击【刀路】→【新群组】→【混式加工】按钮，在弹出的【输入引导方向缀面数】和【输入截断方向缀面数】对话框中输入切削方向和截断方向的曲面数量，按 Enter 键，弹出【线框串连】对话框，选择切削方向和截断方向的串连，选择完后，弹出【混式加工】对话框。

【混式加工参数】选项卡如图 14-39 所示。该选项卡用于设置混式线架刀具路径的参数。此刀具路径将截断方向曲线和引导方向曲线所界定的区域划分为一系列面片。

混式加工

刀具参数　混式加工参数

引导方向切削量	2.5
截断方向切削量	2.5
切削方向	双向
熔接方式	线性
预留量	0.0
安全高度(绝对坐标)	5.0
电脑补正位置	左
校刀位置	刀尖
图形对应模式	依照图素

切削方向
○引导方向
◉截断方向

图 14-39　【混式加工参数】选项卡

熔接方式：确定为混式刀具路径创建的补丁类型。建议在单个面片表面上进行线性混合。建议将具有坡度匹配混合的立方体用于多个面片表面。抛物线和三次混合往往会在表面上产生平坦的斑点。

其他参数已在前面章节进行了介绍，这里不再赘述。

14.6　举 升 加 工

举升线架加工能对多个举升截面产生举升加工刀具路径。举升加工刀具路径操作与举升曲面操作一样。

扫一扫，看视频

14.6.1　实例——料斗模芯加工

本例利用料斗模芯的加工讲解【举升】线架加工命令。首先打开料斗模芯线架源文件；然后执行【举升】命令，设置刀具参数和加工参数，生成刀具路径；最后设置毛坯模拟仿真加工并生成后处理程序。

动画演示\第 14 章\14.6.1　实例——料斗模芯加工.MP4

绘制过程

1. 打开文件

单击快速访问工具栏中的【打开】按钮，在弹出的【打开】对话框中选择【原始文件\ 第 14 章\料斗模芯】文件，单击【打开】 打开(O) 按钮，完成文件的调取，如图 14-40 所示。

2. 设置机床

单击【机床】→【机床类型】→【铣床】按钮，选择【默认】选项，在【刀路】操作管理器中生成机床群组属性文件。

3. 创建举升加工刀具路径

（1）单击【刀路】→2D→【举升】按钮，弹出【线框串连】对话框，依次拾取图 14-41 所示的串连，注意方向一致，起点对应，如图 14-41 所示。

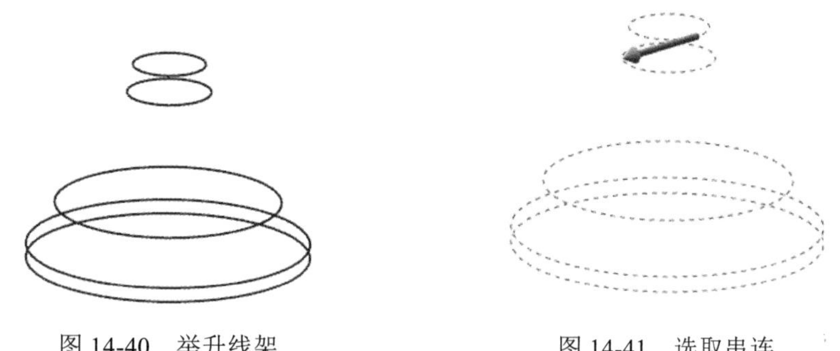

图 14-40　举升线架　　　　图 14-41　选取串连

（2）系统弹出【举升加工】对话框，选择直径为 8 的球形铣刀，单击【选择刀具】对话框中的【确定】按钮，返回【举升加工】对话框。

① 双击刀具图标，弹出【编辑刀具】对话框，设置刀具的具体参数，如图 14-42 所示。单击【下一步】按钮 下一步 ，设置所有粗切步进量为 75%，所有精修步进量为 40%，单击【单击重新计算进给率和主轴转速】按钮，重新生成切削参数。单击【完成】按钮 完成 ，返回【举升加工】对话框。

② 单击【举升参数】选项卡，参数设置如图 14-43 所示。

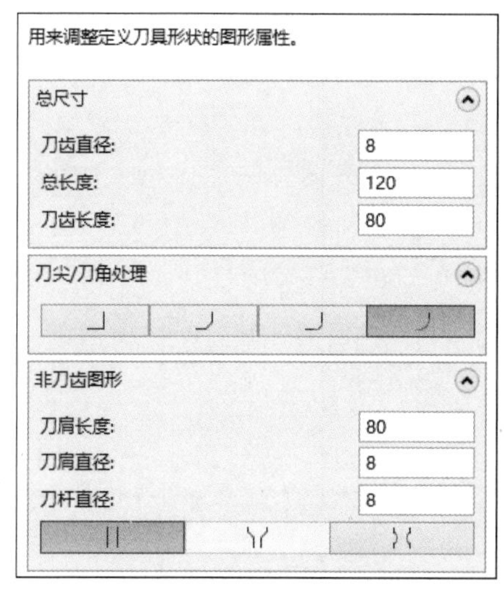

图 14-42　修改刀具参数

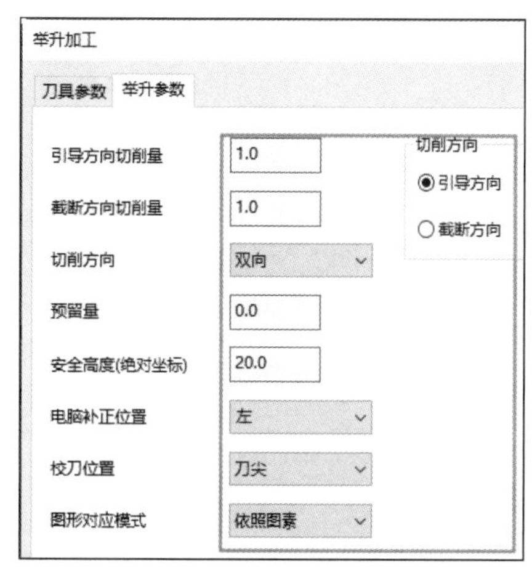

图 14-43　【举升参数】选项卡参数设置

③ 单击【确定】按钮，完成参数设置。系统根据设置的参数生成刀具路径，结果如图 14-44 所示。

4. 模拟仿真加工

（1）设置毛坯。在【刀路】操作管理器中单击【毛坯设置】按钮 毛坯设置，弹出【机床群组属性】对话框，单击【所有图素】按钮 所有图素 ，修改毛坯直径为 60，修改原点 Z 坐标为 0。选中【显示】复选框，单击【确定】按钮 ，完成工件参数设置，如图 14-45 所示。

（2）仿真加工。单击【刀路】操作管理器中的【验证已选择的操作】按钮 ，在弹出的【验证】对话框中单击【播放】按钮 ，系统开始进行模拟，仿真加工结果如图 14-46 所示。

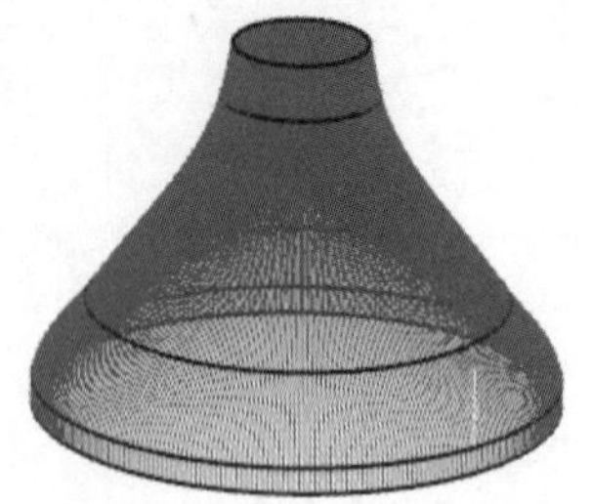

图 14-44　生成的刀具路径

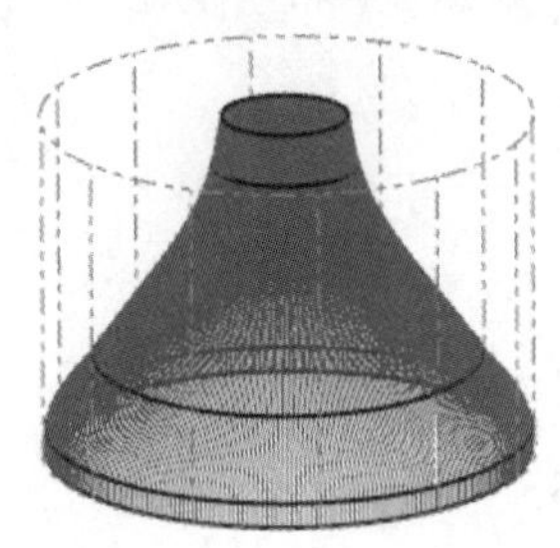

图 14-45　生成的毛坯

图 14-46　仿真加工结果

（3）NC 代码。模拟检查无误后，在【刀路】操作管理器中单击【执行选择的操作进行后处理】按钮 G1，设置文件名称【料斗模芯】，生成 NC 代码，见随书电子文件。

14.6.2　举升加工参数

单击【刀路】→2D→【举升】按钮 ，弹出【线框串连】对话框，选择举升线框，弹出【举升加工】对话框。

【举升参数】选项卡如图 14-47 所示。该选项卡用于输入举升线架刀具路径的参数。此刀具路径模拟多个几何体串连上的举升曲面。

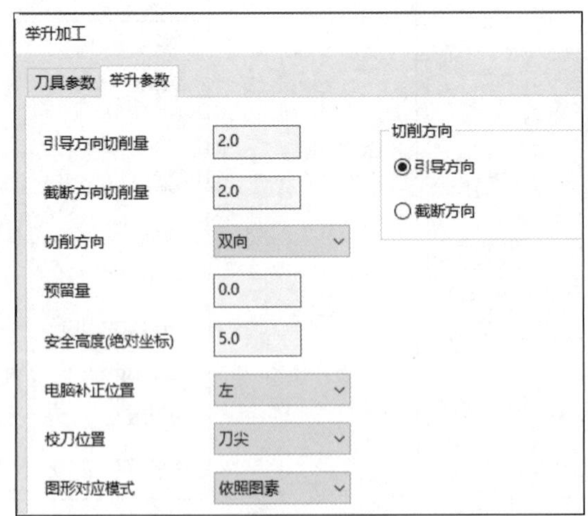

图 14-47　【举升参数】选项卡

第 15 章　多 轴 加 工

多轴加工不仅解决了特殊曲面和曲线的加工问题，而且大大提高了加工精度，因此被广泛应用于工业自由曲面加工。

知识点

- 曲线多轴加工
- 叶片专家多轴加工
- 多曲面多轴加工
- 沿面多轴加工
- 旋转多轴加工

15.1　曲线多轴加工

曲线多轴加工多用于加工三维曲线或曲面的边界，根据刀具轴的不同控制，可以生成 3 轴、4 轴或 5 轴加工。

15.1.1　实例——滑动槽曲线 5 轴加工

扫一扫，看视频

本实例利用滑动槽的加工来讲解多轴加工中的【曲线】命令，首先打开源文件；然后执行【曲线】命令，设置刀具和加工参数；最后进行毛坯设置，模拟仿真加工生产 NC 后处理程序。

动画演示\第 15 章\ 15.1.1 实例——滑动槽曲线 5 轴加工.MP4

绘制过程

1. 打开文件

单击快速访问工具栏中的【打开】按钮，在弹出的【打开】对话框中选择【原始文件\ 第 15

章\滑动槽】文件，单击【打开】按钮，完成文件的调取，如图 15-1 所示。

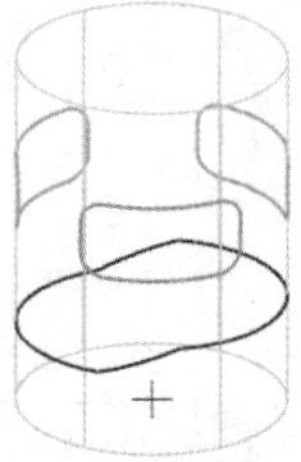

图 15-1　滑动槽文件

2．设置机床

单击【机床】→【机床类型】→【铣床】按钮，选择【默认】选项，在【刀路】操作管理器中生成机床群组属性文件。

3．创建曲线 5 轴加工刀具路径 1

单击【刀路】→【多轴加工】→【曲线】按钮，系统弹出【多轴刀路-曲线】对话框。

（1）单击【刀具】选项卡中的【选择刀库刀具】按钮，弹出【选择刀具】对话框，选择直径为 10、圆角半径为 0.5 的圆鼻铣刀，单击【确定】按钮，返回【多轴刀路-曲线】对话框。

（2）单击【切削方式】选项卡，后续参数设置如图 15-2～图 15-6 所示。

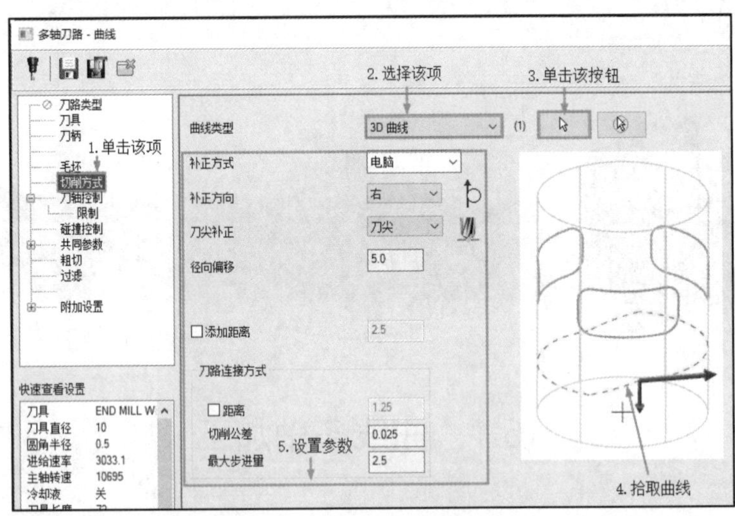

图 15-2　【切削方式】选项卡

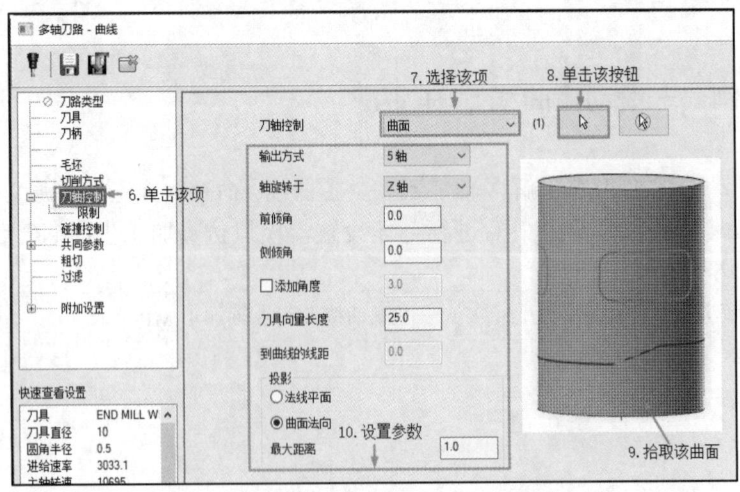

图 15-3　【刀轴控制】选项卡

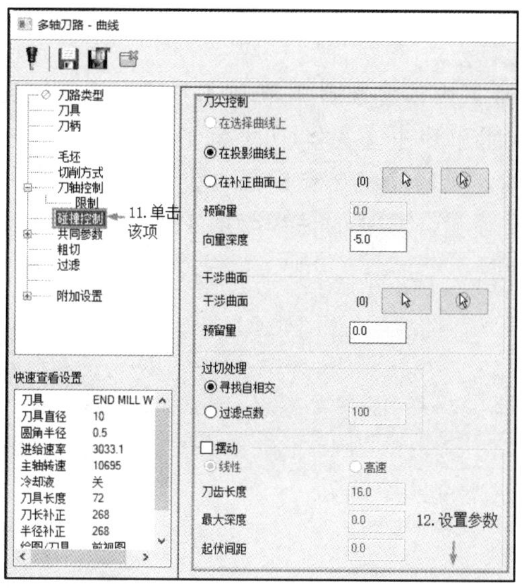

图 15-4　【碰撞控制】选项卡

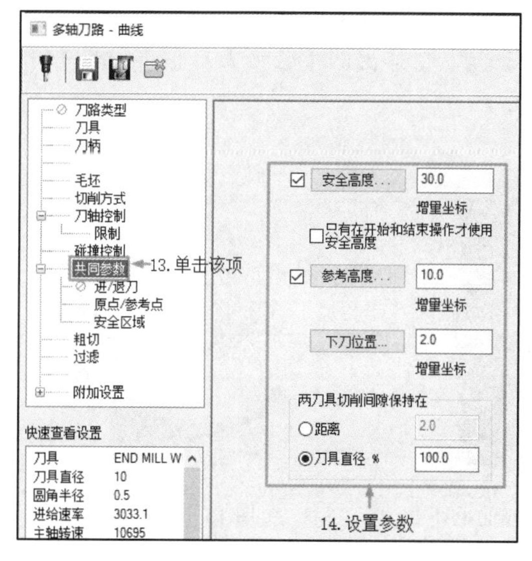

图 15-5　【共同参数】选项卡

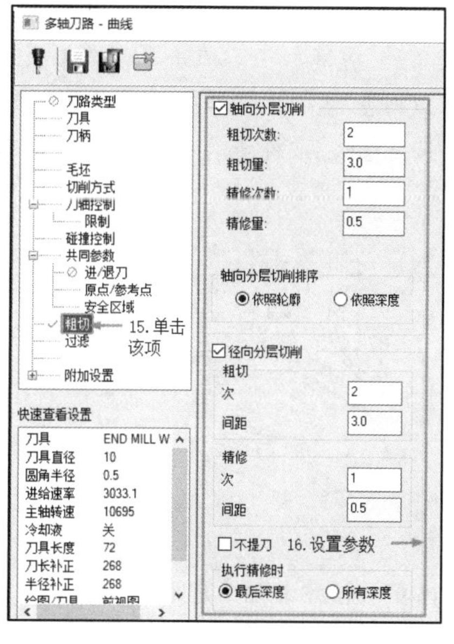

图 15-6　【粗切】选项卡

（3）设置完成后，单击【确定】按钮，系统即可在绘图区生成曲线 5 轴加工刀路，如图 15-7 所示。

4．创建曲线 5 轴加工刀具路径 2

重复【曲线】命令，在【刀具】选项卡中选择直径为 8、圆角半径为 1 的圆鼻铣刀。在【切削方式】选项卡中选择曲线类型为【3D 曲线】，在绘图区拾取如图 15-8 所示的曲线；【补正方向】设置为【左】。在【刀轴控制】选项卡中选择【刀路控制】为【曲面】，在绘图区中拾取圆柱体曲面。在【粗切】选项卡中设置【径向分层切削】次数为 1，其他参数采用默认设置。单击【确定】按钮，系统即可在绘图区生成曲线 5 轴加工刀路，如图 15-9 所示。

5. 模拟仿真加工

（1）毛坯设置。在【刀路】操作管理器中单击【毛坯设置】按钮 毛坯设置，弹出【机床群组属性】对话框，在【形状】组中选中【实体/网格】单选按钮，单击【选择】按钮，进入绘图界面，在绘图区选取圆柱实体。返回【机床群组属性】对话框，选中【显示】复选框，单击【确定】按钮，完成毛坯材料设置。生成的毛坯如图 15-10 所示。

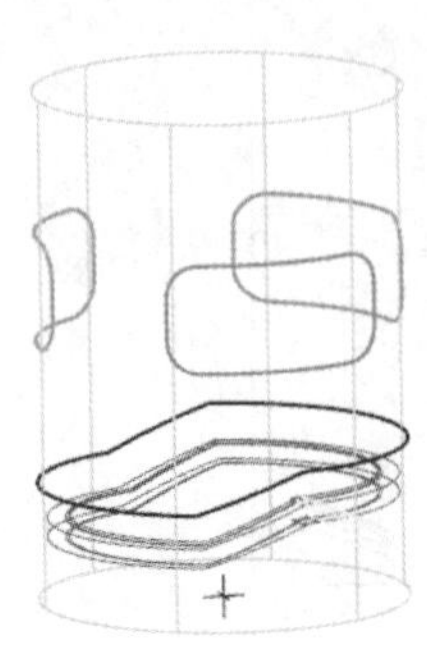

图 15-7 曲线 5 轴加工刀具路径 1

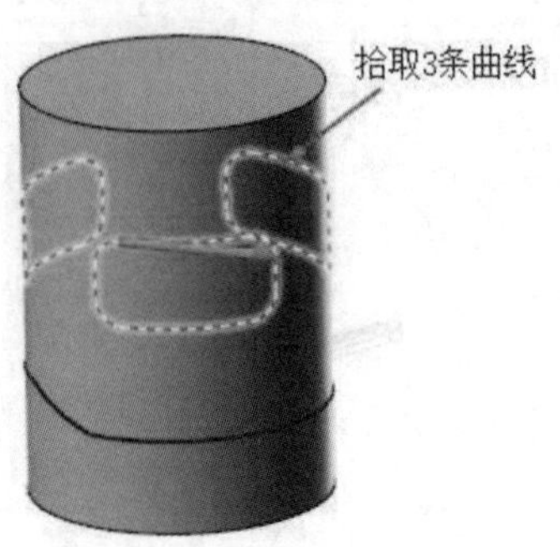

图 15-8 拾取 3 条曲线

（2）仿真加工。单击【刀路】操作管理器中的【选择全部操作】按钮，选中所有操作。单击【刀路】操作管理器中的【验证已选择的操作】按钮，在弹出的【验证】对话框中单击【播放】按钮，系统进行模拟，模拟结果如图 15-11 所示。

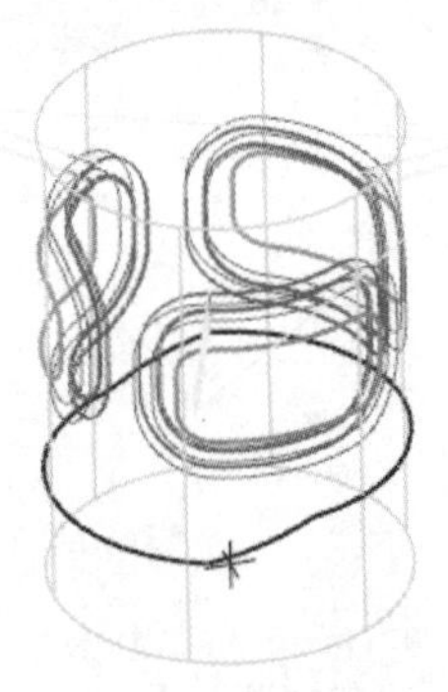

图 15-9 曲线 5 轴加工刀具路径 2

图 15-10 生成的毛坯

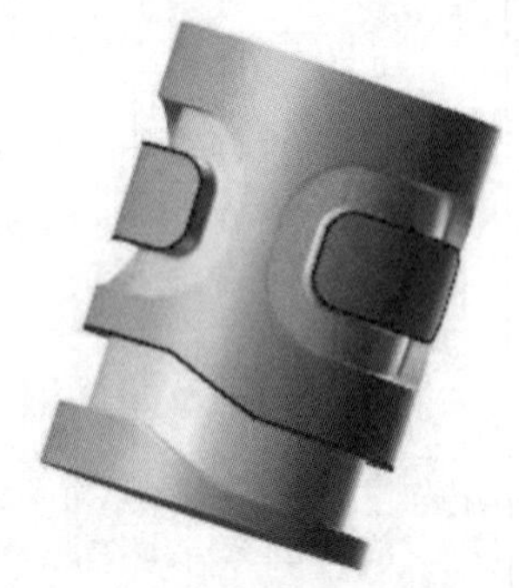

图 15-11 模拟结果

（3）NC 代码。模拟检查无误后，在【刀路】操作管理器中单击【执行选择的操作进行后处理】按钮G1，输入文件名称【滑动槽】，生成 NC 代码，见随书电子文件。

15.1.2 曲线多轴加工参数介绍

单击【刀路】→【多轴加工】→【基本模型】→【曲线】按钮，弹出【多轴刀路-曲线】对话框。

1.【切削方式】选项卡

【切削方式】选项卡如图 15-12 所示。该选项卡用于为多轴曲线刀具路径建立切削参数。切削参数设置决定了刀具如何沿该几何图形移动。

（1）曲线类型：选择用于驱动曲线的几何类型。

① 3D 曲线：当切削串连几何体时，选择该项。3D 曲线可以是链状或实体。曲线将被投影到一个曲面上以进行刀具路径处理。

② 所有曲面边缘/单一曲线边缘：当不使用串连几何体时，请使用曲面边。单击其后的【选择】按钮，将返回到图形窗口以选择要切削的曲面和一条边，如果选择了【所有曲面边缘】，则需要选择一条边作为起点。所选曲线的数量将显示在按钮的右侧。

（2）径向偏移：设置刀具中心根据补正方向偏移（左或右）的距离。

（3）添加距离：选中该复选框并输入一个值。该值是指刀具距离采用的路径的线性距离。当计算出的向量之间的距离大于距离增量值时，将向刀具路径添加一个附加向量。

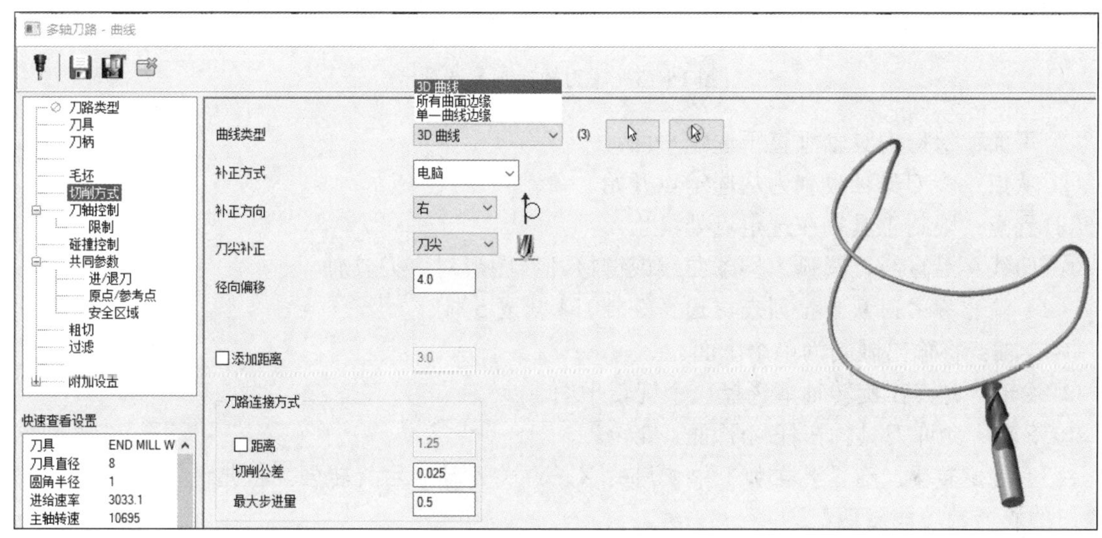

图 15-12 【切削方式】选项卡

（4）距离：选中该复选框，则使用距离值来限制工具运动。指定值是沿选定几何生成的向量之间的距离。较小的值会创建更准确的刀具路径，但可能需要更长的时间来生成并且可能会创建更长的 NC 程序。

（5）最大步进量：为刀具向量之间允许的最大间距输入一个值。在刀具沿直线行进很长距离的区域中，可能需要额外的向量。如果用户选中【距离】复选框，则该选项不可用。

2.【刀轴控制】选项卡

【刀轴控制】选项卡如图 15-13 所示。该选项卡用于为用户的多轴曲线刀具路径建立刀轴控制参数。刀轴控制设置确定刀具相对于被切削几何体的方向。

（1）刀轴控制：使用下拉列表选择刀轴控制方式。单击【选择】按钮，返回图形窗口，以选择适当的实体。实体数量显示在【选择】按钮的左侧。

① 直线：沿选定的线对齐工具轴。刀具轴将针对所选线之间的区域进行插值。以串连箭头指向刀具主轴的方式选择线条。

② 曲面：保持刀具轴垂直于选定曲面。曲面是唯一可用于 3 轴输出的选项。对于 3 轴输出，Mastercam 将曲线投影到刀具轴表面上。投影曲线成为刀具接触位置。

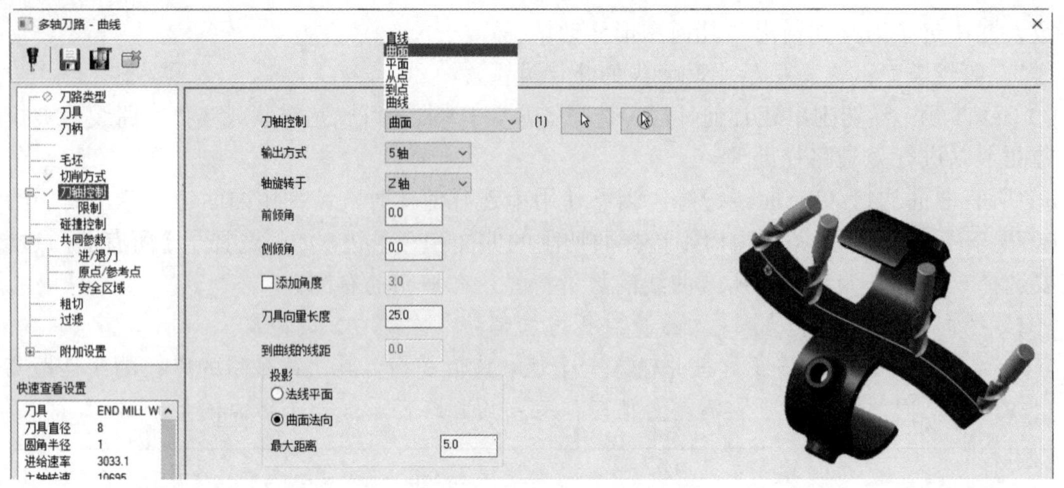

图 15-13 【刀轴控制】选项卡

③ 平面：保持刀具轴垂直于选定平面。

④ 从点：将刀具轴限制为从选定点开始。

⑤ 到点：限制工具轴在选定点处终止。

⑥ 曲线：沿直线、圆弧、样条曲线或链接几何图形对齐刀具轴。

（2）输出方式：从下拉列表中选择 3 轴、4 轴或 5 轴。

① 3 轴：将输出限制为单个平面。

② 4 轴：允许在旋转轴下选择一个旋转平面。

③ 5 轴：允许刀具轴在任何平面上旋转。

（3）轴旋转于：选择要在加工中使用的 X、Y 或 Z 轴表示旋转轴。将此设置与用户机器的 4 轴输出的旋转轴功能相匹配。

（4）前倾角：沿刀具路径的方向向前倾斜刀具。

（5）侧倾角：输入倾斜工具的角度。沿刀具路径方向移动时向右或向左倾斜刀具。

（6）添加角度：选中该复选框并输入一个值。该值是相邻刀具向量之间的角度测量值。当计算出的向量之间的角度大于角度增量值时，将向刀具路径添加一个附加向量。

（7）刀具向量长度：输入一个值，该值通过确定每个刀具位置处的刀具轴长度控制刀具路径显示。也用作 NCI 文件中的向量长度。对于大多数刀具，使用 1 英寸或 25 毫米作为刀具向量长度。输入较小的值会减少刀具路径的屏幕显示。当对刀具路径显示感到满意时，将刀具向量长度更改为更大的值以创建更准确的 NCI 文件。

（8）到曲线的线距：这个值决定了直线可以离曲线多远并且仍然可以改变倾斜角度。此选项仅在刀轴控制设置为直线时可用。

（9）法线平面：使用当前构建平面作为投影方向将曲线投影到刀轴曲面。

（10）曲面法向：投影垂直于刀轴控制面的曲线。

（11）最大距离：选择【刀轴控制】为曲面时启用。输入从 3D 曲线到它们将被投影到的表面的最大距离。当有多个曲面可用于曲线投影时，这很有用，如模具的内表面和外表面。

15.2　叶片专家多轴加工

叶片专家多轴加工是针对叶轮、叶片或螺旋桨类零件提供的专门加工策略。

15.2.1　实例——叶轮 5 轴加工

扫一扫，看视频

本实例讲解多轴加工中的【叶片专家】命令，叶轮加工时 5 轴加工中的典型例子因结构复杂，其编程一直是 5 轴加工中的难点。本节利用【叶片专家】命令，对叶轮进行加工。首先对叶轮进行粗加工；然后对叶片和轮毂进行精加工；最后进行模拟加工，生成 NC 程序。

动画演示\第 15 章\ 15.2.1　实例——叶轮 5 轴加工.MP4

绘制过程

1．打开文件

单击快速访问工具栏中的【打开】按钮，在弹出的【打开】对话框中选择【原始文件\ 第 15 章\叶轮】文件，单击【打开】按钮 打开(O) ，完成文件的调取，如图 15-14 所示。

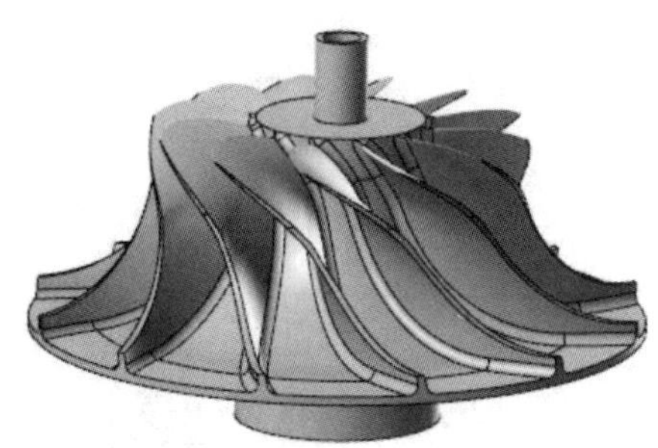

图 15-14　叶轮文件

2．设置机床

单击【机床】→【机床类型】→【铣床】按钮，选择【默认】选项，在【刀路】操作管理器中生成机床群组属性文件。

3．创建叶轮粗加工刀具路径

单击【刀路】→【多轴加工】→【扩展应用】→【叶片专家】按钮，弹出【多轴刀路-叶片专家】对话框。

（1）单击【刀具】选项卡中的【选择刀库刀具】按钮 选择刀库刀具... ，弹出【选择刀具】对话框，选择直径为 8 的球形铣刀，单击【确定】按钮，返回【多轴刀路-叶片专家】对话框。

（2）单击【切削方式】选项卡，后续参数设置如图 15-15 和图 15-16 所示，其他参数采用默认设置。

（3）设置完后，单击【确定】按钮 ✓ ，系统立即在绘图区生成刀路，如图 15-17 所示。

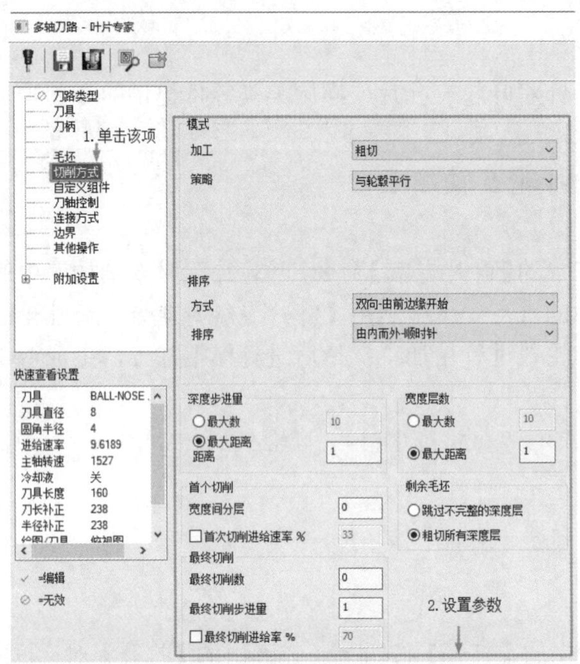

图 15-15 【切削方式】选项卡参数设置

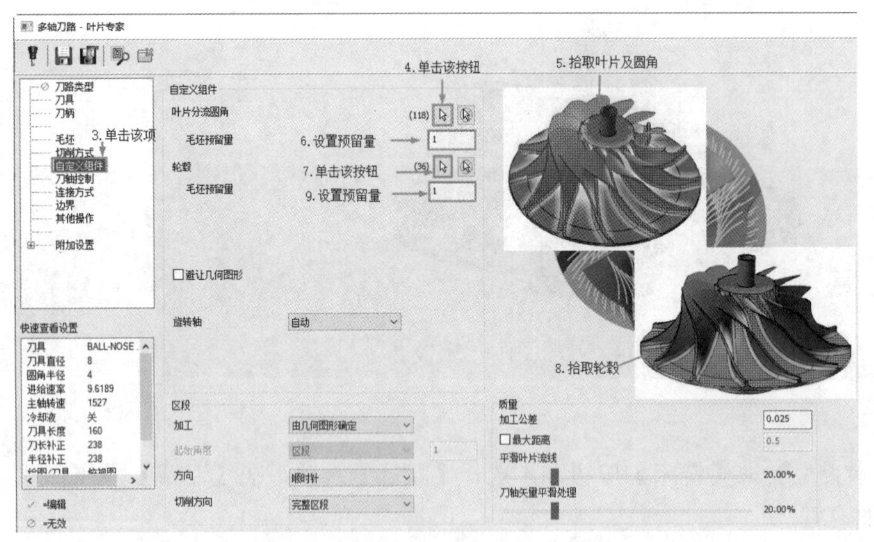

图 15-16 【自定义组件】选项卡参数设置

图 15-17 叶片专家刀具路径

4. 创建叶片精加工刀具路径

（1）重复【叶片专家】命令，在【刀具】选项卡中选择直径为 5 的球形铣刀。

（2）单击【切削方式】选项卡，后续参数设置如图 15-18 和图 15-19 所示，其他参数采用默认设置。

（3）设置完后，单击【确定】按钮 ✓ ，系统立即在绘图区生成刀路，如图 15-20 所示。

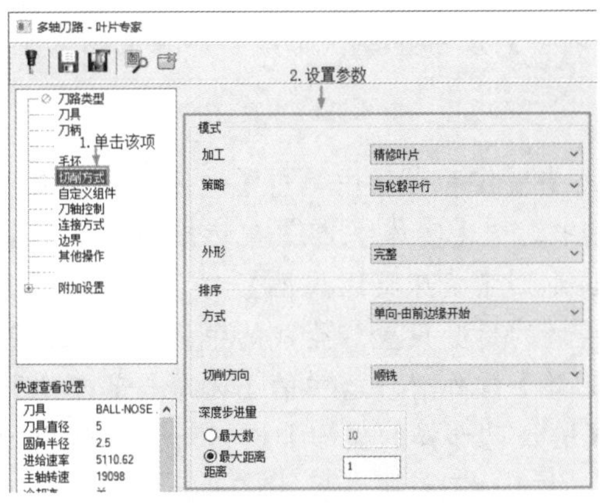

图 15-18　【切削方式】选项卡参数设置

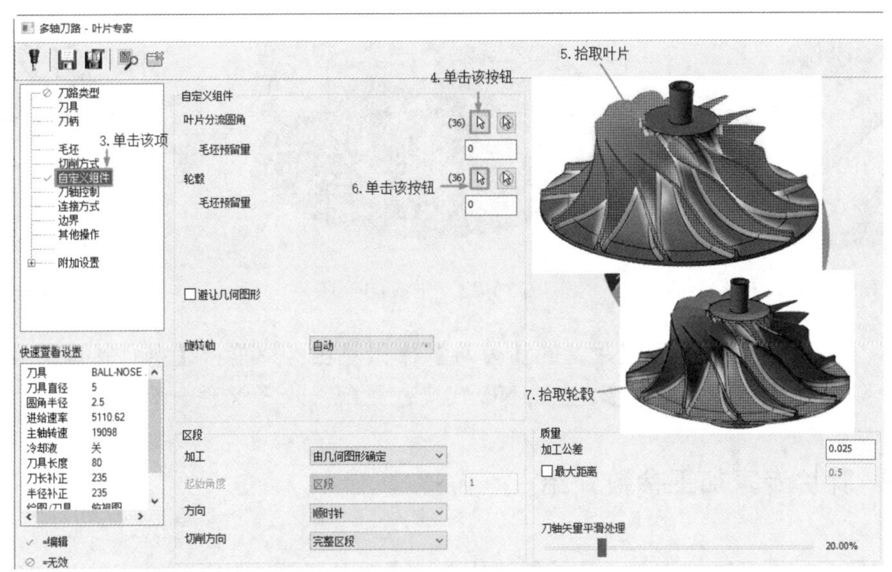

图 15-19　【自定义组件】选项卡参数设置

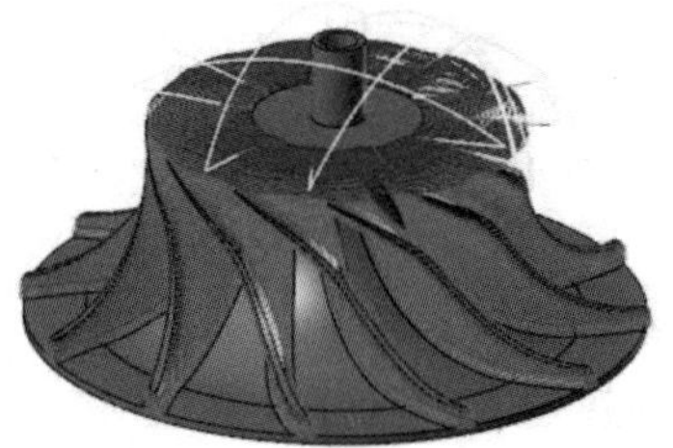

图 15-20　叶片精加工刀具路径

5．创建轮毂精加工刀具路径

（1）重复【叶片专家】命令，在【刀具】选项卡中选择直径为 5 的球形铣刀。

（2）单击【切削方式】选项卡，将加工模式设置为【精修轮毂】。

（3）单击【自定义组件】选项卡，单击【叶片分流圆角】后的【选择】按钮，绘图区拾取叶片和圆角曲面。单击【轮毂】后的【选择】按钮，绘图区拾取轮毂曲面，其他参数采用默认。

（4）设置完后，单击【确定】按钮，系统立即在绘图区生成刀路，如图 15-21 所示。

6. 模拟仿真加工

（1）毛坯设置。在【刀路】操作管理器中单击【毛坯设置】按钮 毛坯设置，弹出【机床群组属性】对话框，在【形状】组中选中【实体/网格】单选按钮，单击【选择】按钮，进入绘图界面，打开图层 16，拾取实体。返回【机床群组属性】对话框，选中【显示】复选框，单击对话框中的【确定】按钮，完成毛坯的参数设置。生成的毛坯如图 15-22 所示。

（2）仿真加工。单击【刀路】操作管理器中的【选择全部操作】按钮，选中所有操作。单击【刀路】操作管理器中的【验证已选择的操作】按钮，在弹出的【验证】对话框中单击【播放】按钮，系统进行模拟，仿真加工结果如图 15-23 所示。

图 15-21　精修轮毂刀具路径

图 15-22　生成的毛坯

图 15-23　仿真加工结果

（3）NC 代码。模拟检查无误后，在【刀路】操作管理器中单击【执行选择的操作进行后处理】按钮G1，输入文件名称【叶轮】，生成 NC 代码，见随书电子文件。

15.2.2　叶片专家加工参数介绍

单击【刀路】→【多轴加工】→【扩展应用】→【叶片专家】按钮，弹出【多轴刀路-叶片专家】对话框。下面对其中重要的选项卡进行介绍。

1.【切削方式】选项卡

【切削方式】选项卡如图 15-24 所示。该选项卡用于为叶片专家刀具路径建立切削模式设置参数。

（1）加工：从下拉列表中选择以下加工模式。

① 粗切：在刀片/分离器之间创建层和切片。

② 精修叶片：仅在叶片上创建切削路径。

③ 精修轮毂：仅在轮毂上创建切削路径。

④ 精修圆角：仅在叶片和轮毂之间的圆角上创建刀具路径。

（2）策略：从下拉列表中选择以下加工策略。

① 与轮毂平行：所有切削路径都平行于轮毂。

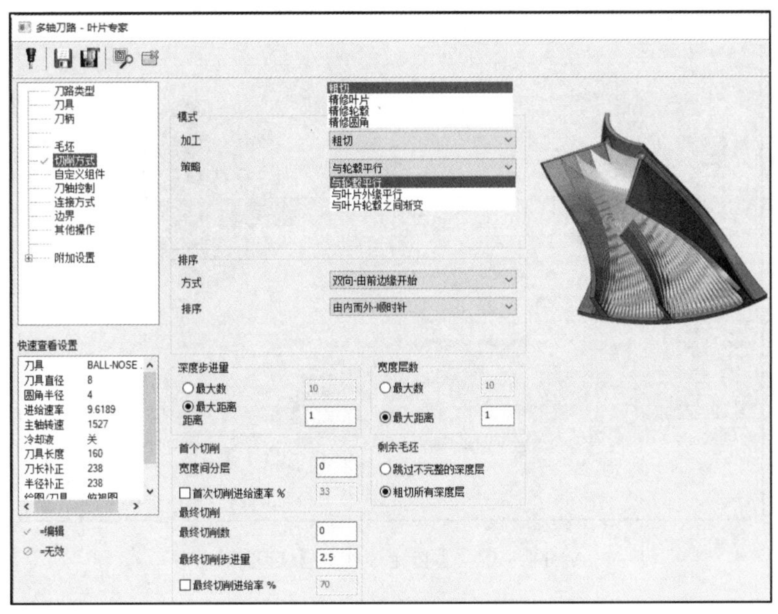

图 15-24　【切削方式】选项卡

② 与叶片外缘平行：所有切削路径都平行于叶片外缘。

③ 与叶片轮毂之间渐变：切削路径是叶片外缘和轮毂之间的混合。

（3）方式：从下拉列表中选择排序方法。选项因选择的加工模式而异。通常，前缘最靠近轮毂的中心，后缘最靠近轮毂的圆周。

（4）排序：从下拉列表中选择排序顺序。选项因之前选择的项目而异。

（5）最大数：选中该单选按钮，则会使用整数创建深度分层切削数量或宽度切片。输入要创建的层数或切片数。层仅创建到叶片边缘。如果最大数量和距离的组合采用叶片边缘上方的层，则层数将被截断。

（6）最大距离：选中该单选按钮，则会根据距离值创建深度分层切削数量或宽度切片。输入层或切片之间的距离。在叶片边缘和轮毂之间有变形时，刀具路径的实际距离会有所不同。

（7）距离：输入层之间的距离。必须输入一个值才能生成适当的切削路径。

（8）宽度间分层：输入要在第一个切片上创建的深度切削数。在工具完全切入材料之前，中间切片会创建较浅的切入切口。

（9）首次切削进给速率%：选中该复选框，可以输入用于第一次切削的加工进给率的百分比。

（10）跳过不完整的深度层：选择仅切削完整的图层。如果工具无法到达给定层的一部分，则不会被切削。

（11）粗切所有深度层：选中该单选按钮，则会去除尽可能多的材料。该刀具将切削可以到达的所有深度，这可能会导致留下不完整的深度层。

2.【自定义组件】选项卡

【自定义组件】选项卡如图 15-25 所示。该选项卡用于为【叶片专家】刀具路径建立零件定义参数。零件定义允许选择叶片、轮毂和护罩几何形状。该选项卡还提供用于过切检查表面、毛坯定义、截面切割和切割质量的参数。

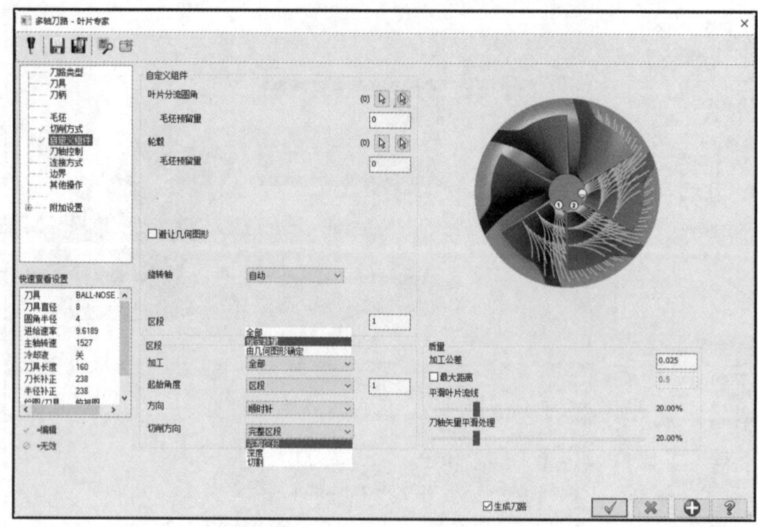

图 15-25 【自定义组件】选项卡

（1）叶片分流圆角：单击【选择】按钮，返回图形窗口进行曲面选择。选择包含线段的所有叶片、分流器和圆角曲面。节段是叶轮的一部分，包含两个相邻的主叶片、叶片之间的分流器以及作为主叶片和分流器一部分的所有圆角。

（2）轮毂：单击【选择】按钮，返回图形窗口选择曲面。轮毂是叶片和分流器所在的旋转曲面。

（3）避让几何图形：选中该复选框，则启用检查曲面的选择。单击【选择】按钮，返回图形窗口进行曲面选择。

（4）区段：输入叶轮中的段数。节段是叶轮的一部分，包含两个相邻的主叶片、叶片之间的分流器以及作为主叶片和分流器一部分的所有圆角。

（5）加工：从下拉列表中选择要加工的段数。

① 全部：加工在区段输入框中定义的全部段数。

② 指定数量：输入要加工的段数。

③ 由几何图形确定：由选择的曲面确定要加工的段数。

（6）起始角度：输入要加工的初始角度位置。

（7）切削方向：从下拉列表中选择切削方向。

① 完整区段：在移动到下一个之前加工整个区段。

② 深度：在进行下一层之前，为所有段加工相同的层。

③ 切割：在进行下一个切片之前，为所有段加工相同的切片。

（8）平滑叶片流线：移动滑块使平滑分流器周围的刀具运动轨迹变得平滑。刀具路径在设置为0%的分流器周围刀具运动轨迹没有进行平滑。

（9）刀轴矢量平滑处理：移动滑块以平滑刀具轴运动。设置为0%不会更改刀具轴位置。移动滑块允许刀具路径更改刀具轴，以在位置之间创建更平滑的过渡。

3.【刀轴控制】选项卡

【刀轴控制】选项卡如图 15-26 所示。该选项卡用于为多轴叶片专家刀具路径建立刀具轴控制参数，设置确定刀具相对于被切割几何体的方向。

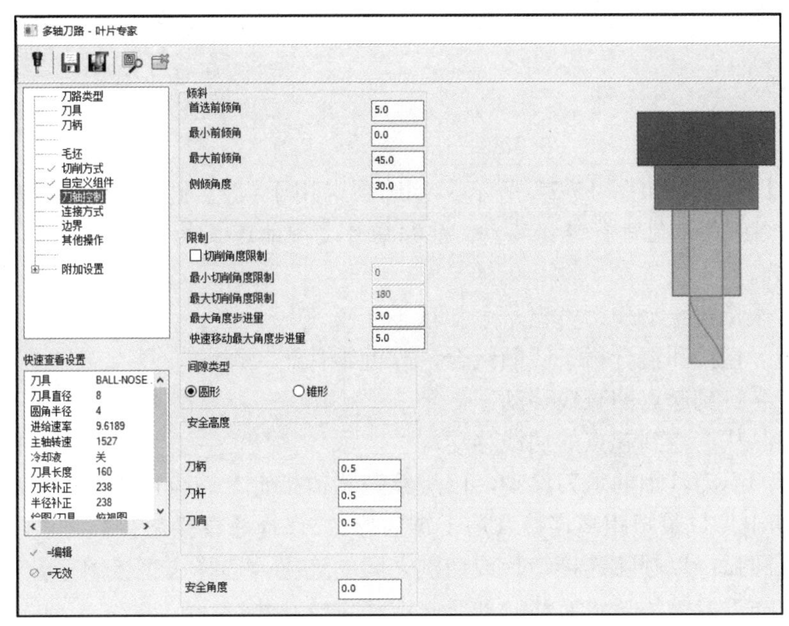

图 15-26 【刀轴控制】选项卡

(1) 首选前倾角：输入刀具将用作默认角度的导程角。使用动态策略时，超前角可能会有所不同，但会在可能的情况下尝试返回首选角度。

(2) 最小前倾角：输入要应用于刀具的最小导程角值。当几何体需要滞后切削角时，输入负值。

(3) 最大前倾角：输入要应用于刀具的最大导程角值。刀具的倾斜角度不会超过从地板表面法线测量的该值。

(4) 侧倾角度：输入刀具侧倾的最大角度。

(5) 切削角度限制：选择以激活切削角度限制字段。输入最小角度和最大角度。这些角度定义了围绕在【自定义组件】页面上选择的具有旋转轴的圆锥体。

(6) 最小切削角度限制：输入最小限制角度。

(7) 最大切削角度限制：输入最大限制角度。

(8) 最大角度步进量：输入允许刀具在相邻移动之间移动的最大角度。

(9) 快速移动最大角度步进量：输入间隙区域行程的两段之间的最大角度变化。角度步长越小，将计算的段数越多。

(10) 圆柱：选中该单选按钮，则会使用围绕刀具截面的圆柱体来定义刀具间隙值。

(11) 锥形：选中该单选按钮，则会在刀具截面周围用圆锥体定义刀具间隙值。较低的间隙值适用于最靠近刀尖的部分的末端。

(12) 刀柄：输入一个距离值，该值是刀柄距被切割零件的最近距离。如果选中，此距离将应用于检查曲面。对间隙类型使用锥形时，较低的间隙值最靠近刀尖。

(13) 刀杆：输入一个距离值，该值是刀杆距被切割零件的最近距离。如果选中，此距离将应用于检查曲面。对间隙类型使用锥形时，较低的间隙值最靠近刀尖。

(14) 刀肩：输入一个距离值，该值是刀肩距被切割零件的最近距离。如果选中，此距离将应用于检查曲面。对间隙类型使用锥形时，较低的间隙值最靠近刀尖。

（15）安全角度：输入刀具周围间隙的角度。该角度是从刀具尖端到刀具的最宽点测量的。输入的值向外应用。

4.【连接方式】选项卡

【连接方式】选项卡如图 15-27 所示。该选项卡用于设置刀具在不切削材料时如何移动。

（1）自动：使用预设值进行连接移动。层和切片之间的连接是自动计算的。取消选中以允许手动选择连接参数。

（2）使用：选择连接动作的类型，包括以下几项。

① 直接熔接：直接和混合样条线的组合，靠近零件。

② 直插：从终点到起点的直线移动。

③ 平滑曲线：从终点到起点的切线移动。

④ 进给距离：沿刀具轴的退刀移动，由进给距离值指定。刀具以进给速度移动。

⑤ 不切入/切出：以最短距离连接（用于锯齿形）。选择【直接熔接】时该项不激活。

⑥ 使用切入圆弧：以圆弧连接切片或切割之间的连接。选择【直接熔接】时该项不激活。

（3）间隙：沿刀具轴快速退回移动到间隙圆柱体或球体。

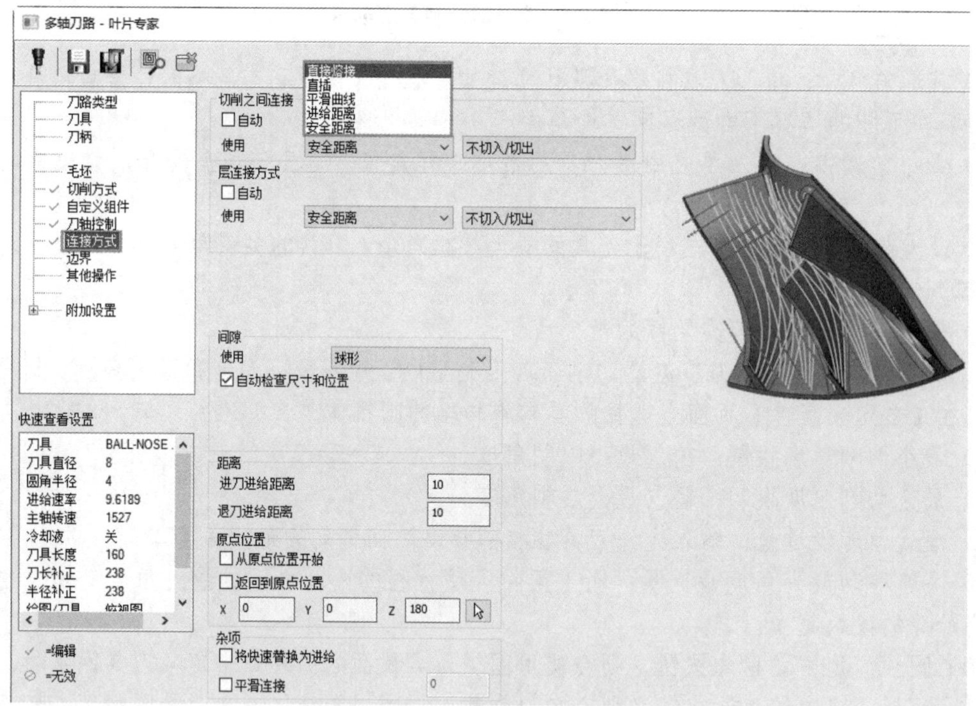

图 15-27 【连接方式】选项卡

15.3 多曲面多轴加工

多曲面加工适合一次加工多个曲面。根据不同的刀具轴控制，该模组可以生成 4 轴或 5 轴多曲面多轴加工刀路。

15.3.1　实例——周铣刀多曲面加工

本实例利用周铣刀的加工讲解多轴加工中的【多曲面】命令，首先打开源文件；然后执行【多曲面】命令，设置刀具和加工参数；最后设置毛坯，模拟仿真加工，生成 NC 后处理程序。

动画演示\第 15 章\ 15.3.1 实例——周铣刀多曲面加工.MP4

绘制过程

1. 打开文件

单击快速访问工具栏中的【打开】按钮，在弹出的【打开】对话框中选择【原始文件\第 15 章\周铣刀】文件，单击【打开】按钮 打开(O) ，完成文件的调取，如图 15-28 所示。

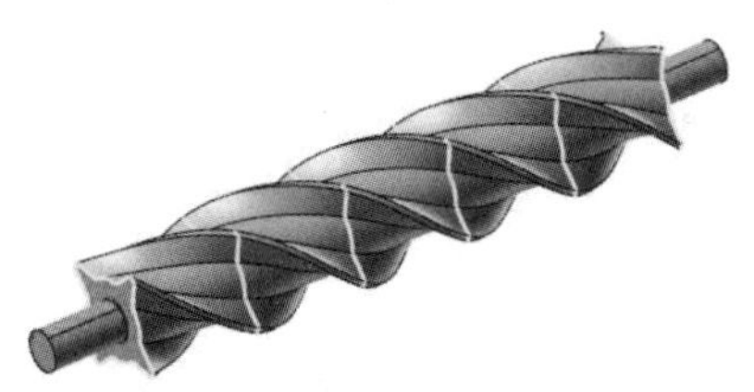

图 15-28　周铣刀模型

2. 设置机床

单击【机床】→【机床类型】→【铣床】按钮，选择【默认】选项，在【刀路】操作管理器中生成机床群组属性文件。

3. 创建周铣刀 5 轴加工刀具路径

单击【刀路】→【多轴加工】→【多曲面】按钮，弹出【多轴刀路-多曲面】对话框。

（1）单击【刀具】选项卡中的【选择刀库刀具】按钮 选择刀库刀具... ，弹出【选择刀具】对话框，选择直径为 4 的球形铣刀，单击【确定】按钮，返回【多轴刀路-多曲面】对话框。

（2）双击球形铣刀图标，弹出【编辑刀具】对话框。设置刀具【总长度】为 80、【刀齿长度】为 50，其他参数采用默认设置。

（3）单击【切削方式】选项卡，后续参数设置如图 15-29 和图 15-30 所示。

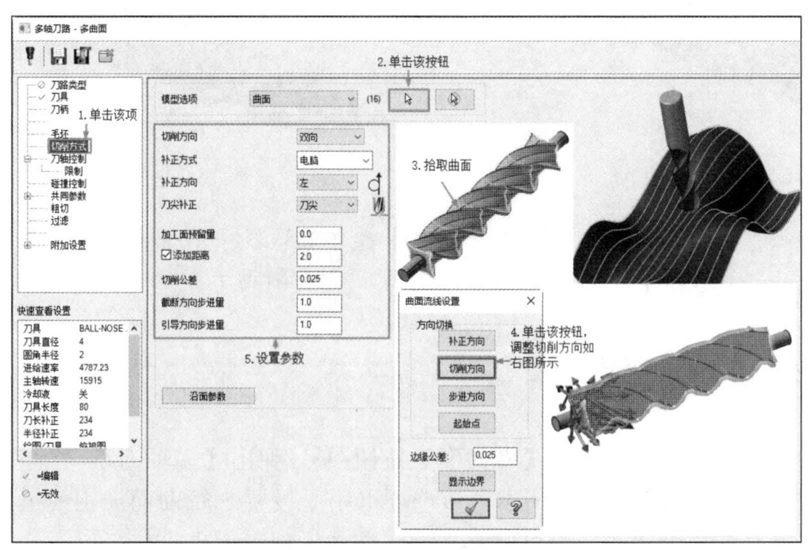

图 15-29　【切削方式】选项卡参数设置

（4）单击【共同参数】选项卡，设置【安全高度】为 30，【刀具直径%】为 80。

（5）设置完后，最后单击【多轴刀路-多曲面】对话框中的【确定】按钮，系统立即在绘图区生成多曲面加工刀路，如图 15-31 所示。

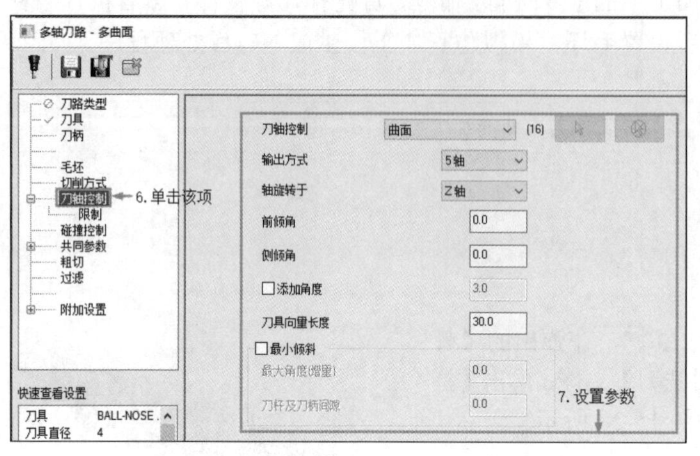

图 15-30 【刀轴控制】选项卡参数设置

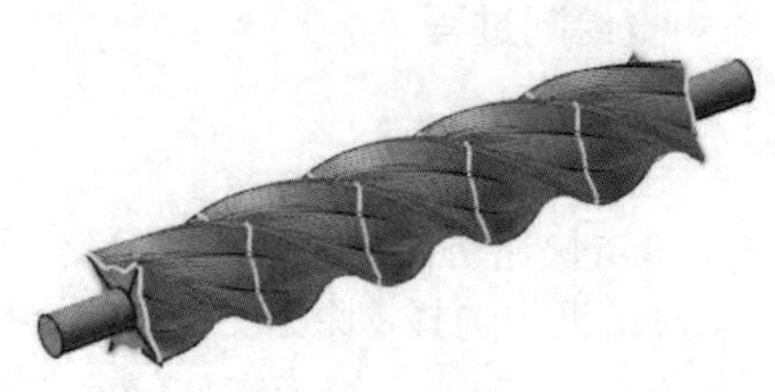

图 15-31 周铣刀多曲面加工刀具路径

4. 模拟仿真加工

（1）毛坯设置。在【刀路】操作管理器中单击【毛坯设置】按钮 毛坯设置，弹出【机床群组属性】对话框，在【形状】组中选中【实体/网格】单选按钮，单击【选择】按钮，进入绘图界面，打开图层 4，拾取实体。返回【机床群组属性】对话框，选中【显示】复选框，单击对话框中的【确定】按钮，完成毛坯的参数设置。生成的毛坯如图 15-32 所示。

（2）仿真加工。单击【刀路】操作管理器中的【验证已选择的操作】按钮，在系统弹出的【验证】对话框中单击【播放】按钮，系统进行模拟，仿真加工结果如图 15-33 所示。

图 15-32 生成的毛坯

图 15-33 仿真加工结果

（3）NC 代码。模拟检查无误后，在【刀路】操作管理器中单击【执行选择的操作进行后处理】按钮G1，输入文件名称【周铣刀】，生成 NC 代码，见随书电子文件。

15.3.2 多曲面加工参数介绍

单击【刀路】→【多轴加工】→【多曲面】按钮，弹出【多轴刀路-多曲面】对话框。

【切削方式】选项卡如图 15-34 所示。该选项卡用于设置 5 轴曲面加工模组的加工样板，加工样板既可以是已有的三维曲面，也可以定义为圆柱体、球形或立方体。

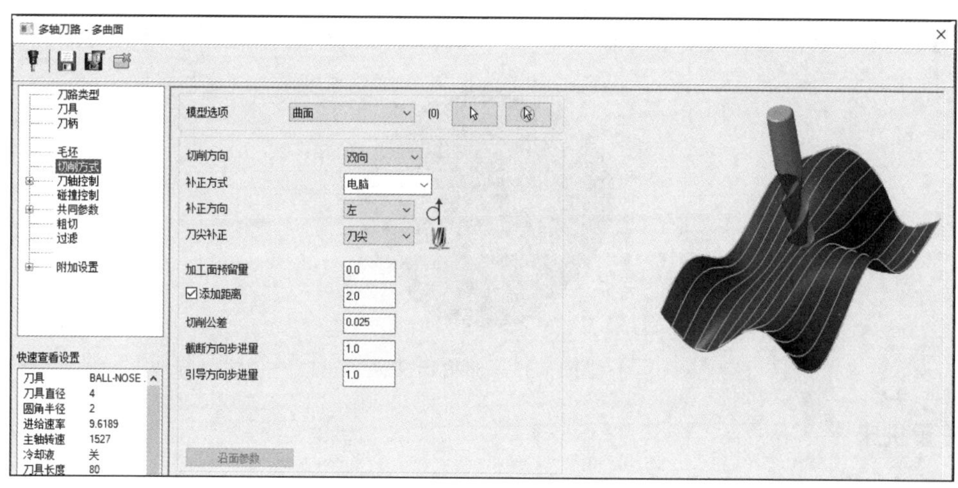

图 15-34 【切削方式】选项卡

（1）截断方向步进量：输入一个值来控制刀路之间的距离。较小的值会创建更多的刀具路径，但可能需要更长的时间来生成并且可能会创建更长的 NC 程序。

（2）引导方向步进量：输入用于限制刀具运动的值。指定的值是沿选定几何生成的向量之间的距离。较小的值会创建更准确的刀具路径，但可能需要更长的时间来生成并且可能会创建更长的 NC 程序。

其他选项卡前面已经详细介绍过了，这里不再赘述。

15.4　沿面多轴加工

沿面多轴加工用于生成多轴沿面刀路。该模组与曲面的流线加工模组相似，但其刀具的轴为曲面的法线方向。用户可以通过控制残脊高度和进刀量来生成精确、平滑的精加工刀路。

15.4.1　实例——储料器沿面加工

扫一扫，看视频

本实例利用储料器的加工讲解多轴加工中的【沿面】命令，沿面加工是通过侧刃进行切削。首先打开源文件；然后执行【沿面】命令，设置刀具和加工参数；最后设置毛坯，模拟仿真加工，生成 NC 后处理程序。

动画演示\第 15 章\ 15.4.1 实例——储料器沿面加工.MP4

绘制过程

1. 打开文件

单击快速访问工具栏中的【打开】按钮，在弹出的【打开】对话框中选择【原始文件\ 第 15

章\储料器】文件，单击【打开】按钮 打开(O) ，完成文件的调取，如图 15-35 所示。

图 15-35　储料器文件

2. 设置机床

单击【机床】→【机床类型】→【铣床】按钮，选择【默认】选项，在【刀路】操作管理器中生成机床群组属性文件。

3. 创建周铣刀 5 轴加工刀具路径

单击【刀路】→【多轴加工】→【沿面】按钮，弹出【多轴刀路-多沿面】对话框。

（1）单击【刀具】选项卡中的【选择刀库刀具】按钮 选择刀库刀具... ，弹出【选择刀具】对话框，选择直径为 3 的球形铣刀，单击【确定】按钮，返回【多轴刀路-多曲面】对话框。

（2）双击球形铣刀图标，弹出【编辑刀具】对话框。设置刀具【总长度】为 80、【刀齿长度】为 50，其他参数采用默认设置。

（3）单击【切削方式】选项卡，后续参数设置如图 15-36 和图 15-37 所示。

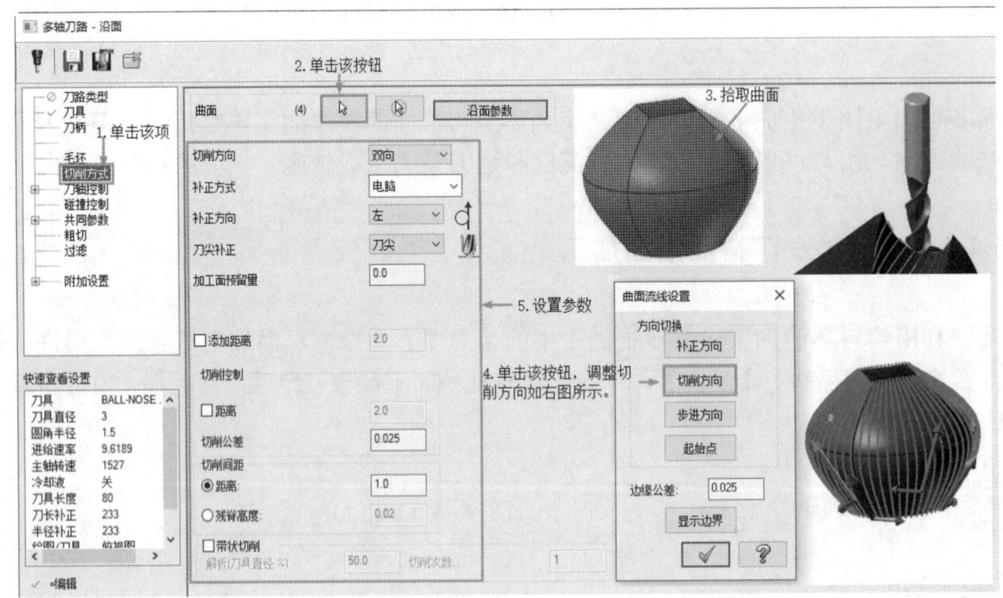

图 15-36　【切削方式】选项卡

（4）单击【共同参数】选项卡，设置【安全高度】为 30，【刀具直径%】为 80。

（5）设置完后，单击【确定】按钮，系统立即在绘图区生成刀路，如图 15-38 所示。

（6）完成刀路设置后，接下来就可以通过刀路模拟观察刀路设置是否合适。在【刀路】操作管理器中单击【验证已选择的操作】按钮，即可完成工件的仿真加工，结果如图15-39所示。

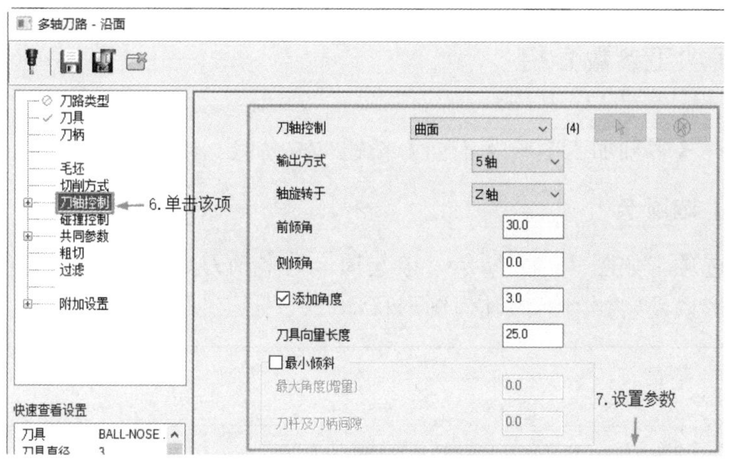

图15-37 【刀轴控制】选项卡

图15-38 沿面5轴刀具路径

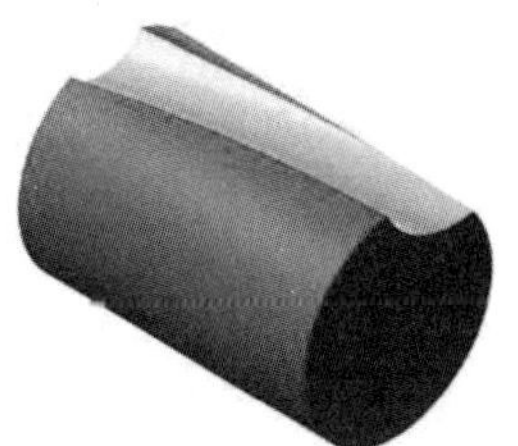

图15-39 仿真加工结果

4. 模拟仿真加工

（1）毛坯设置。在【刀路】操作管理器中单击【毛坯设置】按钮 毛坯设置，弹出【机床群组属性】对话框，在【形状】组中选中【圆柱体】单选按钮，轴向设置为Z轴，单击【所有曲面】按钮 所有曲面 ，修改圆柱直径为75。单击毛坯原点【选择】按钮，进入绘图界面，拾取底面圆心，选中【显示】复选框，单击对话框中的【确定】按钮，完成毛坯的参数设置，如图15-40所示。

（2）仿真加工。单击【刀路】操作管理器中的【验证已选择的操作】按钮，在系统弹出的【验证】对话框中单击【播放】按钮，系统进行模拟，仿真加工结果如图15-41所示。

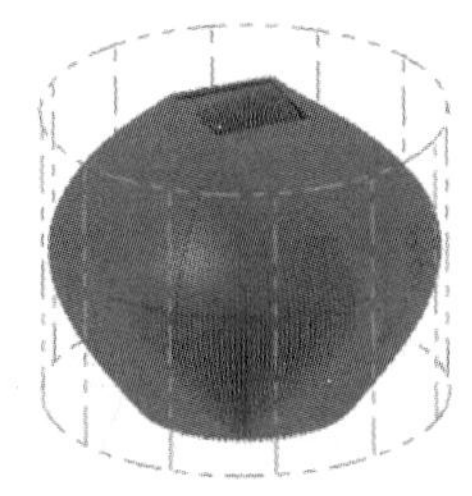

图15-40 生成的毛坯

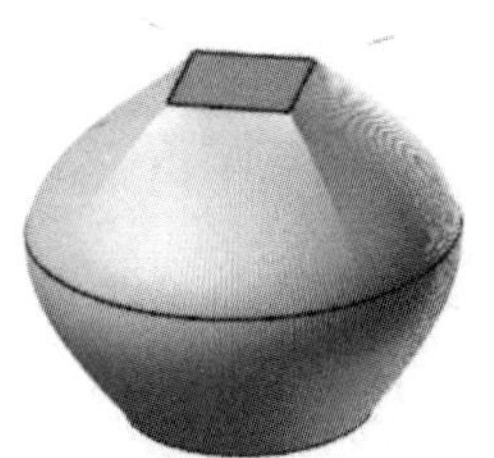

图15-41 仿真加工结果

（3）NC 代码。模拟检查无误后，在【刀路】操作管理器中单击【执行选择的操作进行后处理】按钮G1，输入文件名称【储料器】，生成 NC 代码，见随书电子文件。

15.4.2 沿面加工参数介绍

单击【刀路】→【多轴加工】→【沿面】按钮，弹出【多轴刀路-沿面】对话框。

1.【切削方式】选项卡

【切削方式】选项卡如图 15-42 所示。该选项卡为多轴刀具路径建立切割图案参数，决定了刀具遵循的几何图形以及它如何沿该几何图形移动。

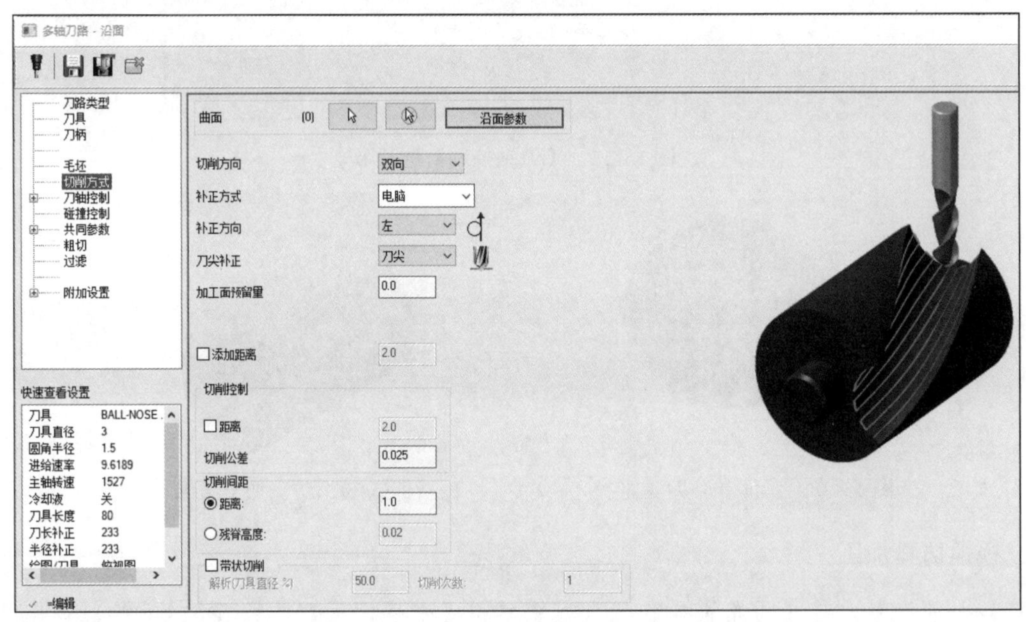

图 15-42 【切削方式】选项卡

（1）残脊高度：使用球形铣刀时，指定路径之间剩余材料的高度。Mastercam 根据此处输入的值和所选工具计算步距。

（2）带状切削：选中该复选框，带状切削用于在曲面中间创建刀具路径，如沿着角撑板或支撑的顶部。

（3）解析（刀具直径%）：输入用于计算带状切削的刀具直径百分比。计算值控制垂直于刀具运动的表面上切片之间的间距。切片在它们的中点连接以创建刀具要遵循的路径。较小的百分比会创建更多的切片，从而生成更精细的刀具路径。

2.【刀轴控制】选项卡

【刀轴控制】选项卡如图 15-43 所示。该选项卡可为多轴、多曲面或端口刀具路径建立刀具轴控制参数，以确定刀具相对于被切割几何体的方向。

（1）边界：刀轴控制方式。在闭合边界内或闭合边界上对齐刀具轴。如果切割图案表面法线在边界内，刀具轴将与切割图案表面法线保持对齐。

（2）最小倾斜：选中该复选框，则启用【最小倾斜】选项。最小倾斜调整刀具向量以防止与零件发生潜在碰撞。

（3）最大角度（增量）：输入允许工具在相邻移动之间移动的最大角度。

（4）刀杆及刀柄间隙：输入一个值以用作刀柄和刀柄的间隙。当需要额外的间隙以避免零件或夹具时使用。

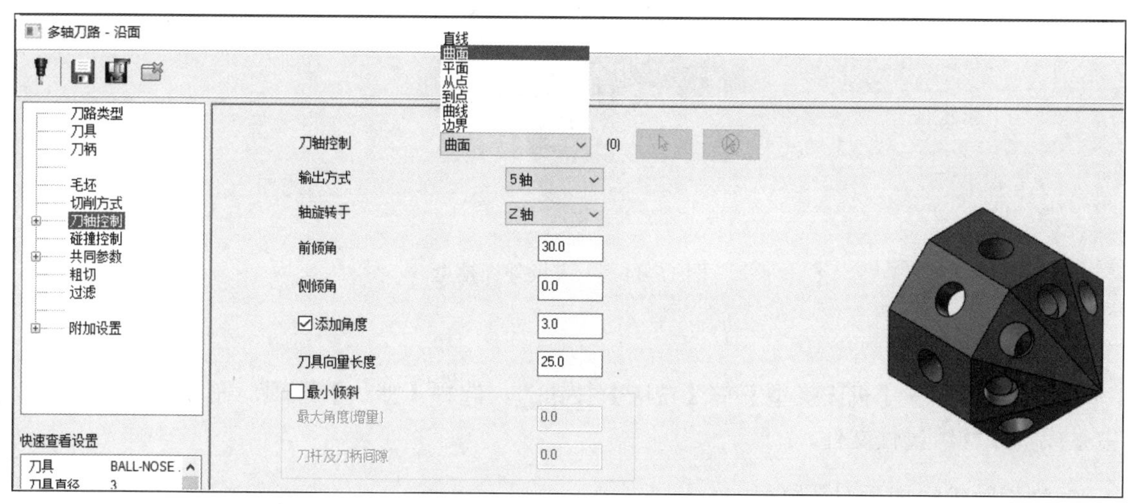

图 15-43　【刀轴控制】选项卡

15.5　旋转多轴加工

旋转多轴加工用于生成多轴旋转加工刀路。该模组适合于加工近似圆柱体的工件，其刀具轴可在垂直于设定轴的方向上旋转。

15.5.1　实例——无人机外壳加工

扫一扫，看视频

本实例利用无人机外壳的加工讲解多轴加工中的【旋转】命令，首先打开源文件；然后执行【旋转】命令，设置刀具和加工参数；最后进行毛坯设置，模拟仿真加工，生成 NC 后处理程序。

动画演示\第 15 章\ 15.5.1 实例——无人机外壳加工.MP4

绘制过程

1. 打开文件

单击快速访问工具栏中的【打开】按钮，在弹出的【打开】对话框中选择【原始文件\ 第 15 章\无人机外壳】文件，单击【打开】按钮 打开(O) ，完成文件的调取，如图 15-44 所示。

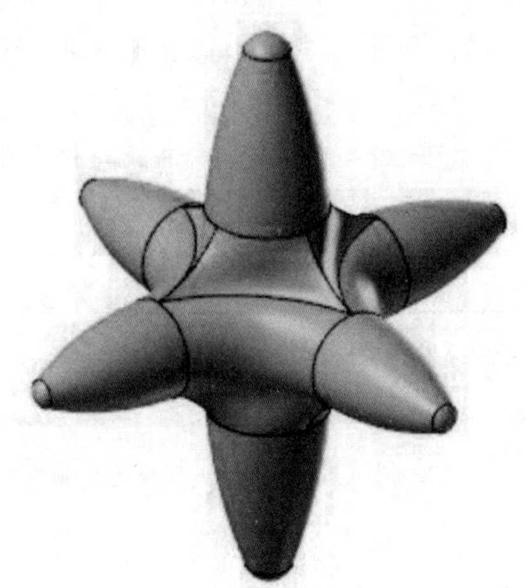

图 15-44　无人机外壳模型

2．设置机床

单击【机床】→【机床类型】→【铣床】按钮，选择【默认】选项，在【刀路】操作管理器中生成机床群组属性文件。

3．创建叶轮粗加工刀具路径

单击【刀路】→【多轴加工】→【扩展应用】→【旋转】按钮，弹出【多轴刀路-旋转】对话框。

（1）单击【刀具】选项卡中的【选择刀库刀具】按钮 选择刀库刀具... ，弹出【选择刀具】对话框，选择直径为 8 的球形铣刀，单击【确定】按钮，返回【多轴刀路-旋转】对话框。

（2）双击球形铣刀图标，弹出【编辑刀具】对话框。设置刀具【总长度】为 120、【刀齿长度】为 80，其他参数采用默认设置。

（3）单击【切削方式】选项卡，后续参数设置如图 15-45～图 15-47 所示。

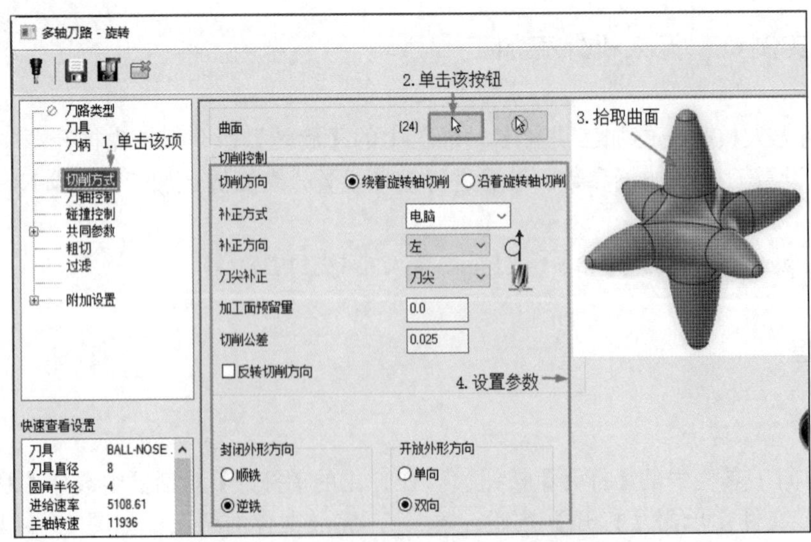

图 15-45　【切削方式】选项卡参数设置

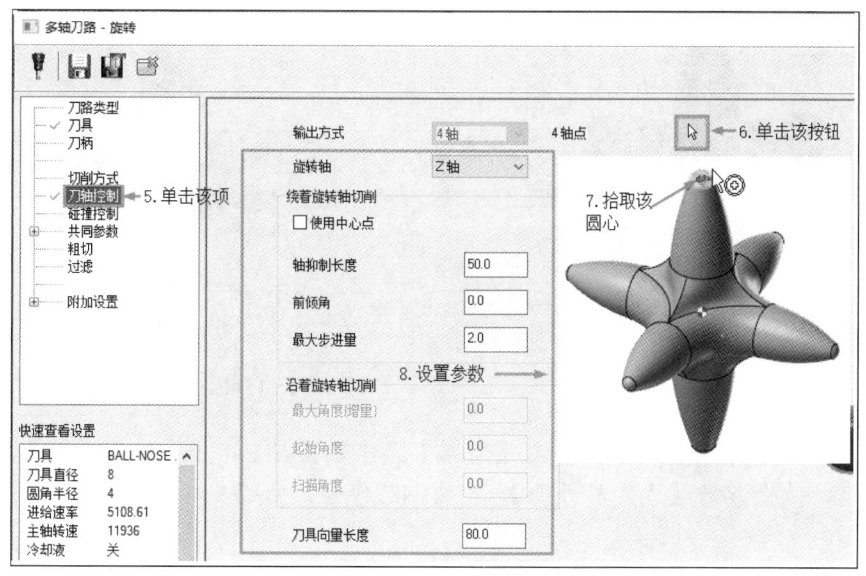

图 15-46　【刀轴控制】选项卡参数设置

（4）设置完后，单击【多轴刀路-旋转】对话框中的【确定】按钮，系统立即在绘图区生成旋转 4 轴刀路，如图 15-48 所示。

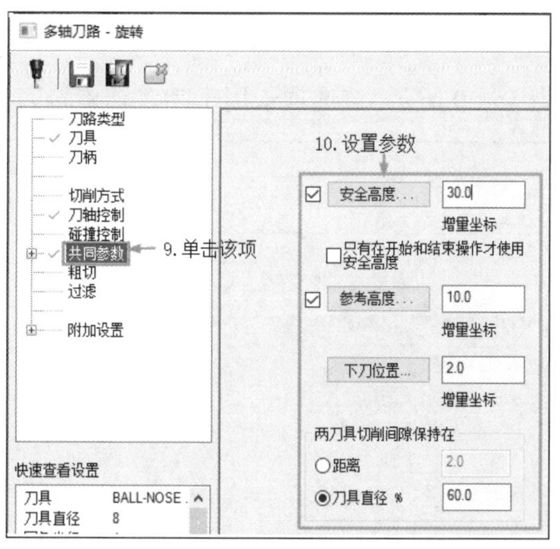

图 15-47　【共同参数】选项卡参数设置

4．模拟仿真加工

（1）设置毛坯。在【刀路】操作管理器中单击【毛坯设置】按钮 毛坯设置，弹出【机床群组属性】对话框，在【形状】组中选中【圆柱体】单选按钮，轴向设置为 Z 轴，单击【所有实体】按钮 所有实体，选中【显示】复选框，单击【确定】按钮，完成毛坯材料的设置。

（2）仿真加工。单击【刀路】操作管理器中的【验证已选择的操作】按钮，在弹出的【验证】对话框中单击【播放】按钮，系统进行模拟，仿真加工结果如图 15-49 所示。

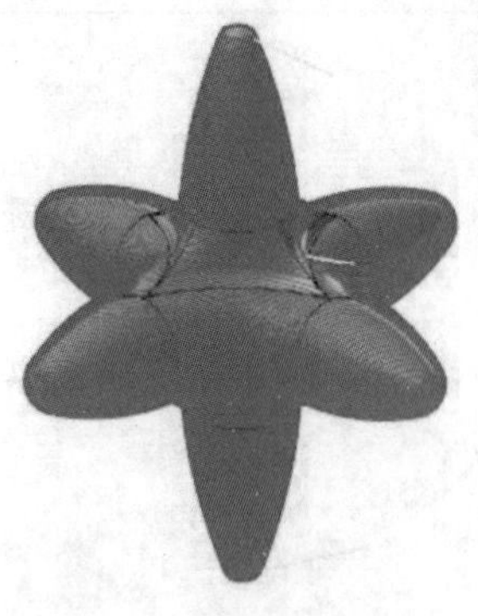

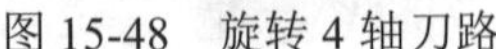

图 15-48　旋转 4 轴刀路

图 15-49　仿真加工结果

（3）NC 代码。模拟检查无误后，在【刀路】操作管理器中单击【执行选择的操作进行后处理】按钮G1，输入文件名称【无人机外壳】，生成 NC 代码，见随书电子文件。

15.5.2　旋转加工参数设置

单击【刀路】→【多轴加工】→【扩展应用】→【旋转】按钮，弹出【多轴刀路-旋转】对话框。

1.【切削方式】选项卡

【切削方式】选项卡如图 15-50 所示。该选项卡用于为多轴旋转刀具路径建立切削模式参数。

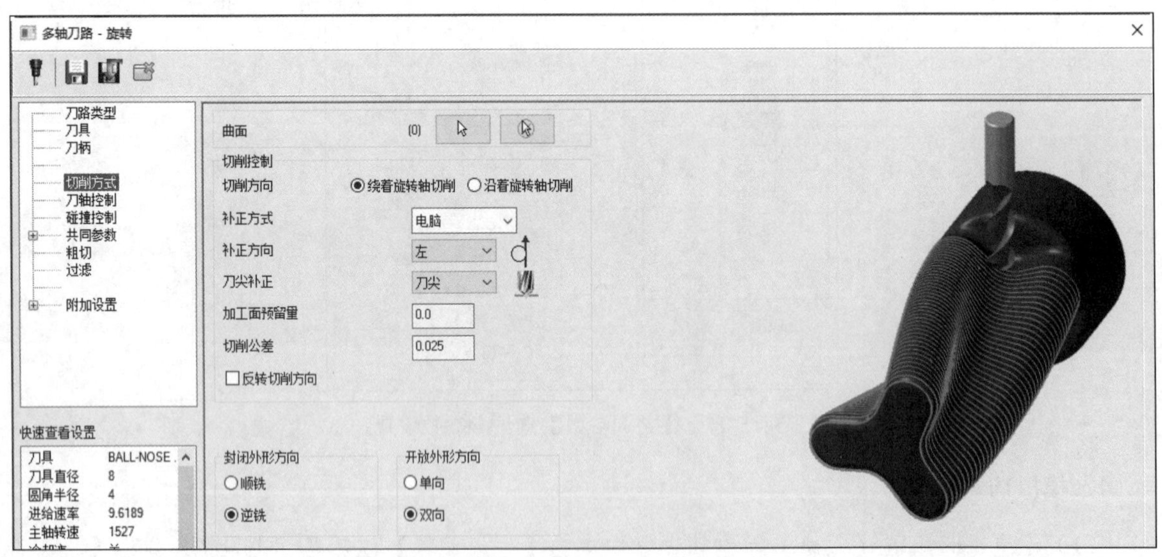

图 15-50　【切削方式】选项卡

（1）绕着旋转轴切削：刀具围绕旋转轴在零件的圆周移动。每次绕零件通过一周后，刀具将沿旋转轴移动以进行下一次加工。

（2）沿着旋转轴切削：刀具平行于旋转轴移动。每完成一次走刀，刀具围绕圆周移动以进行下一次走刀。

（3）封闭外形方向：该选项组为闭合轮廓选择所需的切割运动，形成一个连续的循环。Mastercam 提供了两个选项，即顺铣和逆铣。

（4）开放外形方向：该选项组为具有不同起点和终点位置的开放轮廓选择所需的切割运动。Mastercam 提供了两个选项，即单向和双向。

2.【刀轴控制】选项卡

【刀轴控制】选项卡如图 15-51 所示。该选项卡用于为多轴旋转刀具路径建立刀具轴控制参数，以确定刀具相对于被切割几何体的方向。

（1）输出方式：对于旋转刀具路径，输出格式锁定在 4 轴。单击【选择】按钮，返回图形窗口以选择旋转轴上的一个点。

（2）旋转轴：选择加工中使用的旋转轴。将此设置与用户机器的 4 轴输出的旋转轴功能相匹配。

（3）使用中心点：在工件中心至刀具轴线使用一点，系统输出相对于曲面的刀具轴线。

（4）轴抑制长度：输入一个值，该值根据距零件表面的特定长度确定刀具轴的位置。较长的轴阻尼长度会在向量之间产生较小的角度变化；较短的长度提供更多的刀具位置和与表面紧密贴合的刀具路径。

（5）刀具向量长度：输入一个值，该值通过确定每个刀具位置处的刀具轴长度控制刀具路径显示。也用作 NCI 文件中的向量长度。对于大多数刀具，使用 1 英寸或 25 毫米作为刀具向量长度。输入较小的值会减少刀具路径的屏幕显示。当用户对刀具路径显示感到满意时，将刀具向量长度更改为更大的值以创建更准确的 NCI 文件。

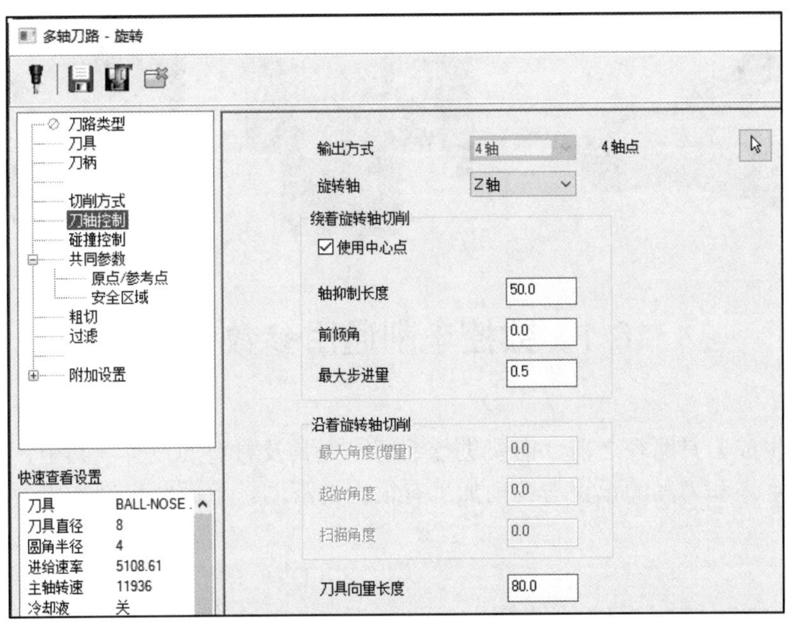

图 15-51　【刀轴控制】选项卡

第 16 章　车 削 加 工

本章主要讲解车削加工。车削模块可生产多种车削加工刀路，包括车端面、车外圆、沟槽、车螺纹等多种加工路径。数控车床由于具有高效率、高精度和高柔性的特点，在机械制造业中得到日益广泛的应用，成为目前应用最广泛的数控机床之一。

知识点

- 数控车削通用参数设置
- 端面加工
- 粗车加工
- 精车加工
- 动态粗车加工
- 沟槽加工
- 螺纹加工

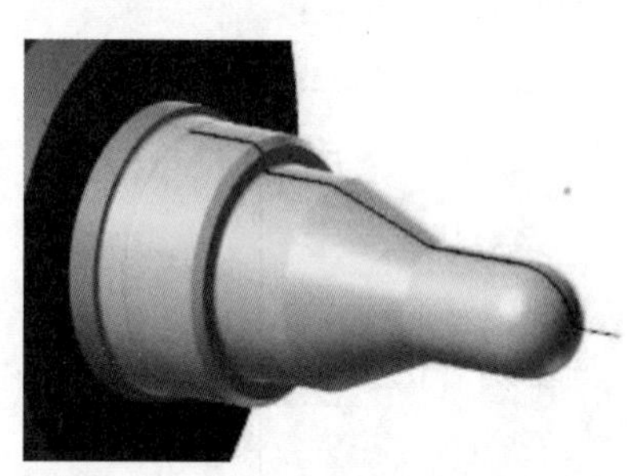

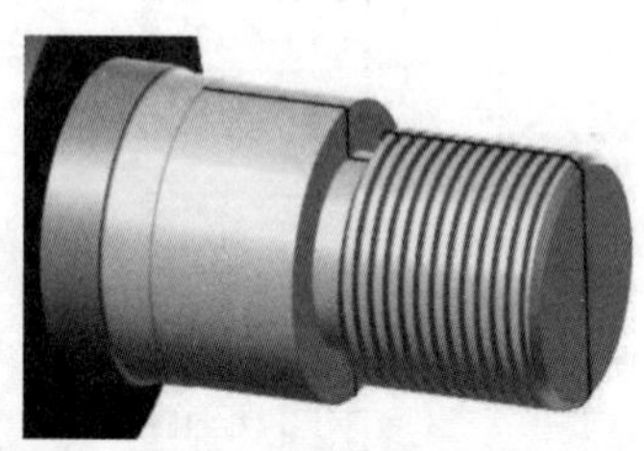

16.1　数控车削通用参数设置

车削模块在生成刀具路径之前，需要进行毛坯、刀具及材料的设置。其中，材料的设置与铣削加工相同，但毛坯和刀具的设置与铣削加工有很大的不同。下面对车削加工中的一些通用参数设置进行讲解。

16.1.1　机床和控制系统的选择

对于车床及控制系统的选择与铣床基本相同，这里仅做简单介绍。单击【机床】→【机床类型】→【车床】按钮，选择【默认】选项，此时在【刀路】操作管理器中生成机床群组属性文件。

16.1.2　车床坐标系

数控车床一般使用 X 轴和 Z 轴两轴控制。机床坐标系原点一般位于主轴线与卡盘后端面的交点上，沿机床主轴线方向为 Z 轴，刀具远离卡盘而指向尾座的方向为 Z 轴的正向。X 轴位于水平面上，并与 Z 轴垂直，刀架离开主轴线的方向为 X 轴的正向。

16.1.3　毛坯设置及装夹

在【刀路】操作管理器中单击【毛坯设置】按钮 毛坯设置，弹出【机床群组属性】对话框，如图 16-1 所示。使用其【毛坯设置】选项卡可以为车床组定义毛坯边界、卡盘爪、尾座中心和固定架设置。创建组件后，使用刀具间隙输入框定义每个边界周围的间隙区域。创建刀具路径时，Mastercam 会在刀具每次违反这些间隙距离时发出警告。选项卡中各参数含义如下。

图 16-1　【毛坯设置】选项卡

（1）毛坯平面：选择一个毛坯平面，以相对于零件正确定向毛坯模型和其他边界。可以将库存模型与零件文件中保存的任何平面对齐。选择毛坯平面时，毛坯模型的边将与所选平面的轴平行。卡盘、尾座和稳定架边界也将与毛坯边界平行移动。

在顶部以外的工作坐标系（WCS）中创建刀具路径并希望将毛坯模型与零件对齐时，选择毛坯平面。如果刀具路径组中有多个刀具路径使用多个 WCS，则 Mastercam 使用毛坯平面在每次操作的 WCS 更改时保持毛坯模型不变。Mastercam 独立于 WCS 存储库存平面。

如果要选择其他平面，则需单击【储备平面】按钮，弹出【选择平面】对话框，从中选择平面即可。

（2）左侧/右侧主轴：为左侧主轴、右侧主轴或两个主轴定义毛坯边界和卡爪。选择将安装工件的主轴，Mastercam 在每个主轴指示器下显示已定义或未定义，以告诉用户何时为其创建了毛坯/卡爪。

为了选择主轴，它必须已经在机床定义中定义。如果主轴被禁用且无法选择，则表示尚未在机床定义中创建主轴组件。

（3）【毛坯】组【参数】按钮：通过创建组件或编辑现有组件定义边界。用户可以通过选择实体模型或从线框几何图形生成实体模型，以参数方式创建组件（直接在输入框中输入尺寸）。Mastercam 显示几何选项卡，可让用户定义组件尺寸、形状和初始位置，以及其他编程参数。

单击【参数】按钮 参数... ，弹出【机床组件管理：毛坯】对话框，如图 16-2 所示。该对话框可创建圆柱形组件或棒料块。

（4）【卡爪设置】组【参数】按钮：单击【卡爪设置】组后的【参数】按钮 参数... ，弹出【机床组件管理：卡盘】对话框，如图 16-3 所示。该对话框用于为车床主轴定义一组卡盘爪。

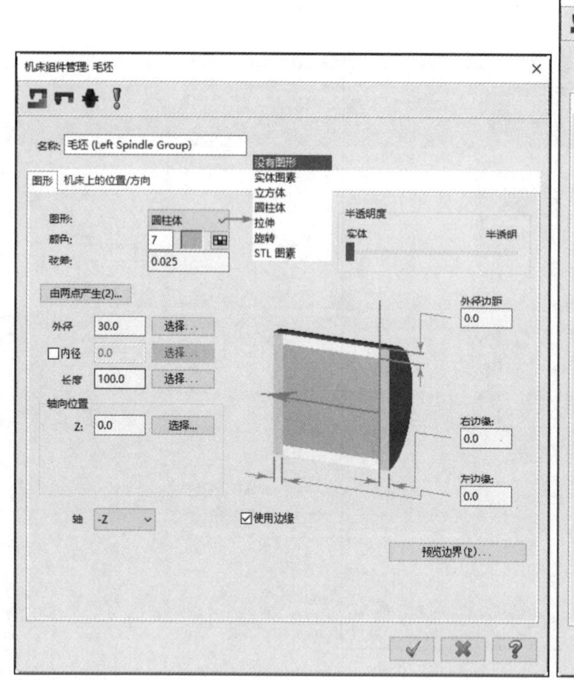

图 16-2 【机床组件管理：毛坯】对话框

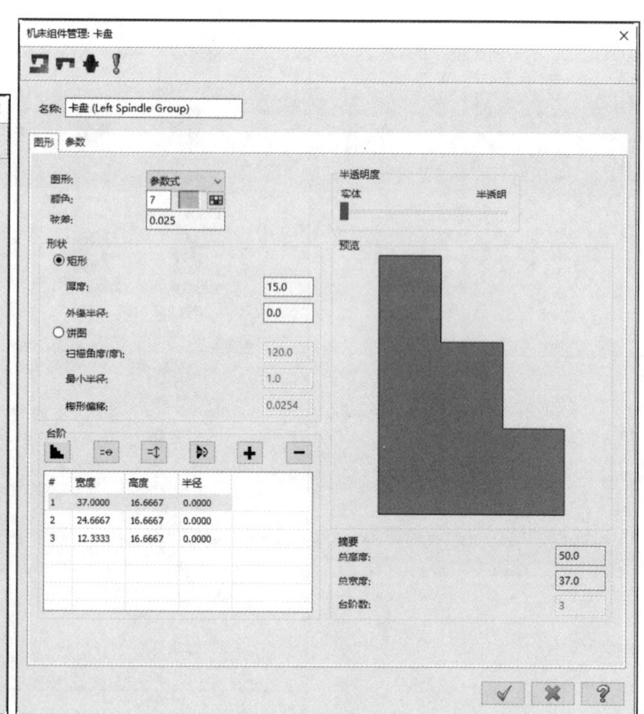

图 16-3 【机床组件管理：卡盘】对话框

（5）【尾座设置】组【参数】按钮：单击【尾座设置】组后的【参数】按钮 参数... ，弹出【机床组件管理：中心】对话框，如图 16-4 所示。可通过直接在文本框中输入尾座的尺寸和初始位置定义尾座中心。对于许多应用程序，这比使用其他几何创建方法创建实体模型更快、更方便。

（6）【中心架】组【参数】按钮：单击【中心架】组后的【参数】按钮 参数... ，弹出【机床组件管理：中心架】对话框，如图 16-5 所示。该对话框将中心架组件告知 Mastercam 系统。

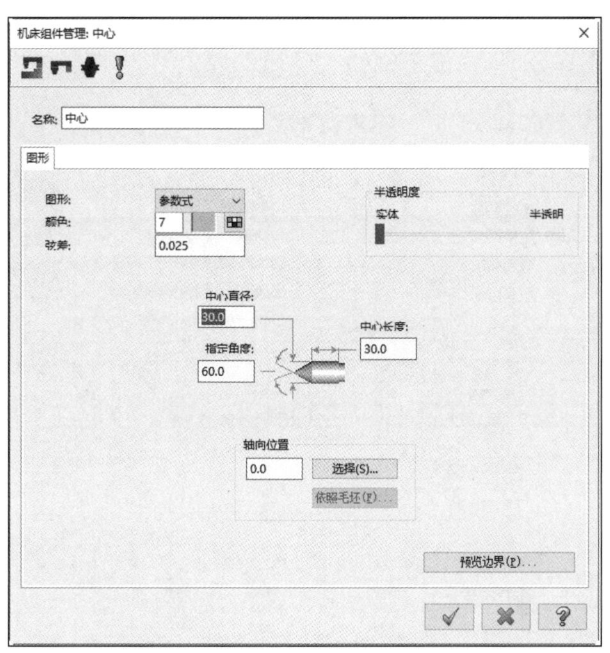

图 16-4　【机床组件管理：中心】对话框

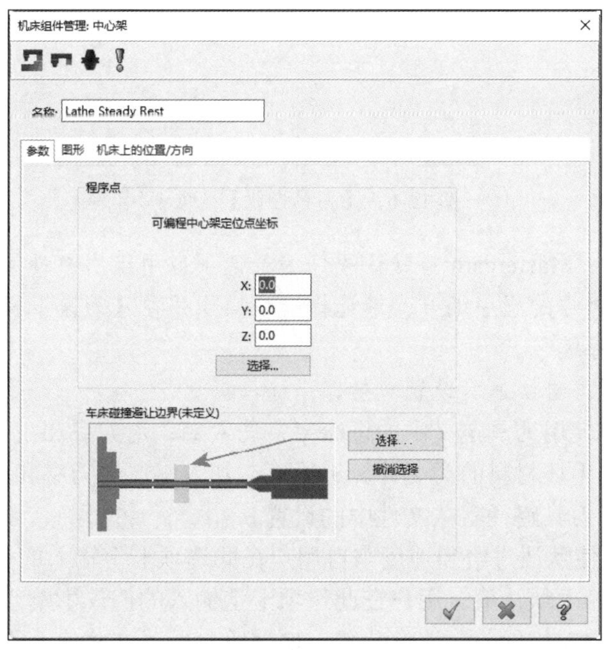

图 16-5　【机床组件管理：中心架】对话框

16.1.4　刀具和材质设置

在【刀路】操作管理器中单击【刀具设置】按钮 毛坯设置，弹出【机床群组属性】对话框，如图 16-6 所示。使用其【刀具设置】选项卡可控制 Mastercam 如何分配刀具编号、刀具偏置编号以及进给、速度、冷却剂和其他刀具路径参数的默认值。

图 16-6 【刀具设置】选项卡

（1）默认程序编号：Mastercam 将默认程序编号选项应用于用户设置程序编号后创建的任何操作。如果要更改现有操作的程序编号，请选择一个操作并在【刀路】操作管理器中右击，选择编辑所选操作、更改程序编号。

（2）进给速率设置：进给速率设置包括以下选项。

① 依照刀具：直接使用刀具定义中的进给率、切入率、退刀率和主轴速度。

② 依照材料：根据毛坯材料的类型计算进给率、切入率、退刀率和主轴速度。

③ 依照默认：使用刀具路径默认文件中的设置。

④ 用户定义：选择使默认进给和速度来自用户在此选项卡上输入的值。选该单选按钮，为每种进给速度和主轴速度输入默认值。用户在此选项卡上输入的值仅影响当前零件文件中的当前机器组。这些值在创建后与操作无关。这意味着，如果用户更改这些值，不会影响已创建的任何操作的进给和速度。

（3）刀路设置：刀路设置包括以下选项。

① 按顺序指定刀号：选中该复选框，则为从刀库中创建或选择的新刀具分配下一个可用刀具编号。Mastercam 将使用序列号覆盖存储在刀具定义中的刀具编号。Mastercam 在当前工具列表中查找最高的工具编号并添加 1。如果不选中该复选框，Mastercam 将使用存储在工具定义中的编号。

② 刀号重复时显示警告信息：选中该复选框，则在输入重复刀具编号时通知用户并显示重复刀具的说明。

③ 警告！铣刀方向冲突：选中该复选框，验证所选工具可用于操作所需的方向。Mastercam 检查其他操作是否使用该工具并将之前的工具方向与当前的方向进行比较。如果方向冲突（如之前的操作是面向铣削而当前是横向铣削），并且不允许刀具旋转（如安装在转塔上时），则会显示错误。

④ 使用刀具的步进量冷却液等数据：选中该复选框，则使用存储在刀具定义中的信息覆盖刀具路径的默认步长、冷却液参数。

⑤ 输入刀号后自动从刀库取刀：选中该复选框，则只需在刀具路径参数选项卡中输入刀具编号，即可重新选择先前操作中使用过的刀具。

（4）以常用值取代默认值：选中该复选框，则以下安全高度、提刀高度、下刀位置参数的默认值都将是上一操作的值，这些模态值将替换在刀具路径默认值文件中找到的那些。

（5）材质：该下拉列表显示当前选择的库存材料。用户可以编辑材料定义和选择材料库中的材料。

16.2　端 面 加 工

加工轴类零件时，主要是车削外圆和端面。端面车削是车削加工中的第一步工序。端面车削是指主切削刃对工件的端面进行切削加工。

扫一扫，看视频

16.2.1　实例——球头轴端面加工

本实例利用球头轴端面加工来讲解【车端面】命令，首先打开源文件，设置机床类型并进行毛坯和工件装夹设置；然后执行【车端面】命令，进行刀具选择和加工参数设置；最后进行模拟仿真加工生产 NC 程序。

动画演示\第 16 章\ 16.2.1 实例——球头轴端面加工.MP4

绘制过程

1. 打开文件

单击快速访问工具栏中的【打开】按钮，在弹出的【打开】对话框中选择【原始文件\第 16 章\球头轴】文件，单击【打开】按钮 打开(O) ，完成文件的调取，如图 16-7 所示。

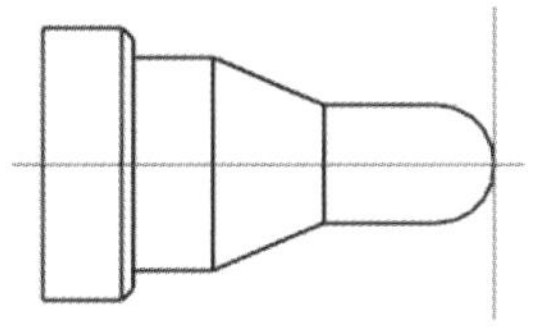

图 16-7　球头轴文件

2. 设置机床类型

单击【机床】→【机床类型】→【车床】按钮，选择【默认】选项，在【刀路】操作管理器中生成机床群组属性文件。

3．设置毛坯及工件装夹

（1）在【刀路】操作管理器中单击【毛坯设置】按钮 毛坯设置，弹出【机床群组属性】对话框，在【毛坯设置】选项卡中选择毛坯为【左侧主轴】，单击其后的【参数】按钮 参数... ，弹出【机床组件管理：毛坯】对话框，设置【图形】为【圆柱体】，【外径】为 50，【长度】为 120，【轴向位置】Z 值为 2，【轴】设置为-Z，其他采用默认。

（2）选择卡爪设置为【左侧主轴】，单击其后的【参数】按钮 参数... ，弹出【机床组件管理：卡盘】对话框，单击【参数】选项卡，设置【夹紧方式】为【外径】，【直径】为 50，Z 为-90（因为工件长度为 80，所以留 10mm 的余量，将 Z 值设置为-90）。

（3）单击【确定】按钮，设置完成，结果如图 16-8 所示。

4．创建球头轴粗加工刀具路径

单击【车削】→【标准】→【车端面】按钮，弹出【车端面】对话框。

（1）在刀库下拉列表中选择 T0101 号车刀，选中【精车进给速率】和【精车主轴转速】复选框，其值采用默认设置。

（2）单击【车端面参数】选项卡，参数设置如图 16-9 所示。

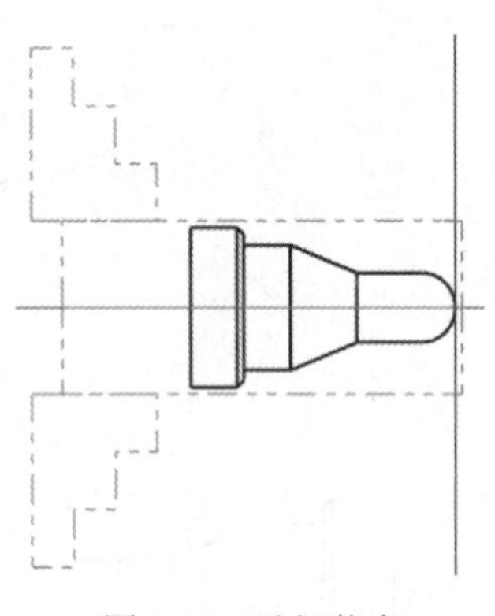

图 16-8　毛坯装夹

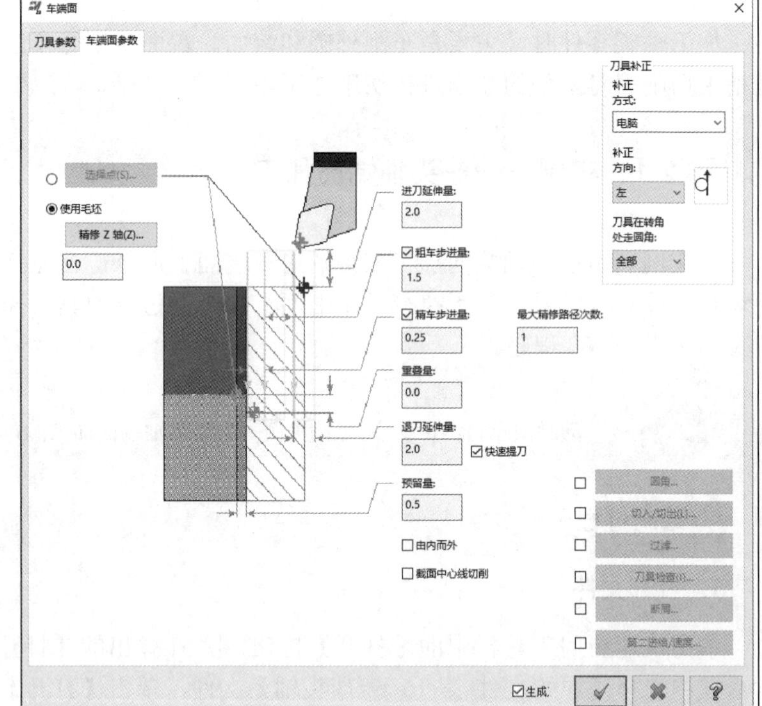

图 16-9　【车端面】对话框参数设置

（3）设置完后，单击【确定】按钮，系统立即在绘图区生成刀路，如图 16-10 所示。

5．模拟仿真加工

（1）仿真加工。单击【刀路】操作管理器中的【验证已选择的操作】按钮，在弹出的【验证】对话框中单击【播放】按钮▶，系统进行模拟，仿真加工结果如图 16-11 所示。

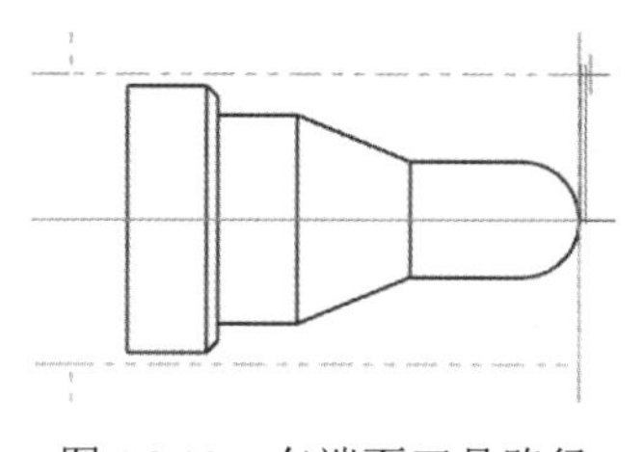

图 16-10　车端面刀具路径

图 16-11　刀路加工模拟效果

（2）NC 代码。模拟检查无误后，在【刀路】操作管理器中单击【执行选择的操作进行后处理】按钮G1，输入文件名称【球头轴车端面】，生成 NC 代码，见随书电子文件。

16.2.2　端面加工参数介绍

单击【车削】→【标准】→【车端面】按钮，弹出【车端面】对话框。【车端面参数】选项卡如图 16-12 所示。该选项卡可在不链接几何体的情况下创建端面刀具路径。Mastercam 根据输入的参数创建刀具路径。选项卡中各参数含义如下。

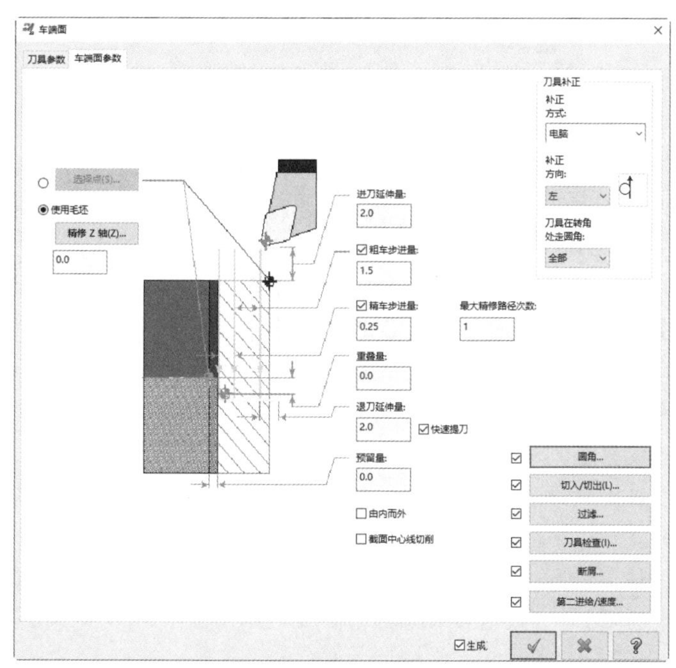

图 16-12　【车端面参数】选项卡

（1）选择点：选中该单选按钮，单击【选择点】按钮 选择点(S)... ，可以从图形窗口中选择边界点。用户需要选择矩形的两个角。

（2）使用毛坯：根据零件加工面的毛坯边界和 Z 坐标计算每个切割的起点和终点。如果毛坯发生变化，则重新生成面操作以更新每个面刀路的起始和结束位置。

（3）精修 Z 轴：输入零件面的 Z 坐标或单击该按钮，可以从图形窗口中选择点。仅当选择【使用毛坯】选项时才处于活动状态。

（4）进刀延伸量：确定刀具开始进给到毛坯的距离。

（5）退刀延伸量：确定刀具移动到下一个切削起点之前离开零件表面的距离。

（6）截面中心线切削：在所选刀具中心线的另一侧创建刀具路径。Mastercam 自动切换主轴旋转、补正和进入/退出移动的方向。

（7）圆角：选中该复选框，并单击该按钮，弹出【端面圆角】对话框，如图 16-13 所示。该对话框设置用于向零件边缘添加倒角或半径的选项。倒角或半径只允许出现在面的"引导"角上，这是沿刀具路径方向移动时遇到的第一个角。

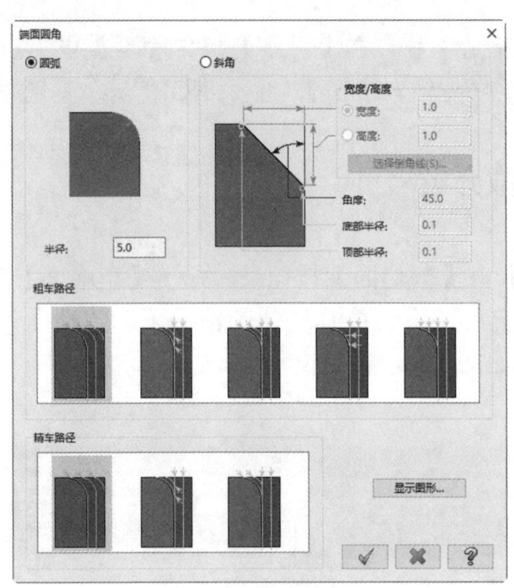

图 16-13　【端面圆角】对话框

（8）切入/切出：选中该复选框，Mastercam 添加导入/导出移动到刀具路径。单击该按钮，弹出【切入/切出设置】对话框，该对话框可以控制刀具在刀具路径中的每个路径中如何接近或退出零件。这消除了为此目的创建额外几何体的需要。用户还可以组合不同类型的动作。

（9）过滤：选中该复选框，可以消除刀具路径中不必要的刀具移动以创建更平滑的移动。单击该按钮，弹出【过滤设置】对话框。该对话框通过过滤小刀具路径移动来优化刀具路径，用户可以在创建时或创建后过滤大多数刀具路径。建议用户在创建刀具路径时过滤刀具路径以保持关联性。

（10）断屑：选中该复选框并单击按钮，弹出【断屑】对话框，用户可以在其中更改断屑选项并确定何时可能发生断屑。

16.3　粗车加工

粗车是加工工艺中的粗加工工序，主要将工件表面大量的材料切除，使工件接近于最终结果，为精加工做好准备工作，便于后续加工过程更快、更方便地进行，粗加工产品具有加工精度低、表面质量较差等特点。

16.3.1　实例——球头轴粗车外圆加工

本实例利用球头轴外圆粗加工来讲解【粗车】命令，首先打开上一节已经进行了端面车削的源文件；然后执行【粗车】命令，拾取加工串连，进行刀具选择和加工参数设置；最后进行模拟仿真加工生产 NC 程序。

动画演示\第 16 章\ 16.3.1 实例——球头轴粗车外圆加工.MP4

绘制过程

1. 打开文件

单击快速访问工具栏中的【打开】按钮，在弹出的【打开】对话框中选择【原始文件\ 第 16 章\球头轴粗车外圆】文件，单击【打开】按钮，完成文件的调取，如图 16-14 所示。

2. 整理图形

在车床加工中，工件一般都是回转体，所以在绘制几何模型时只需绘制零件的一半外形母线即可。利用修剪和删除命令对图形进行整理，整理后的图形如图 16-15 所示。

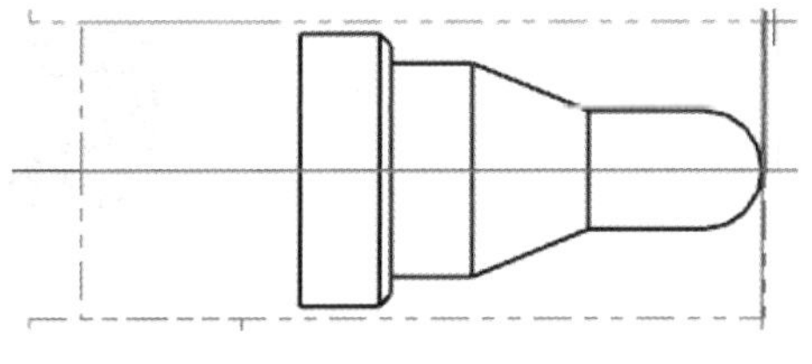

图 16-14　球头轴粗车外圆

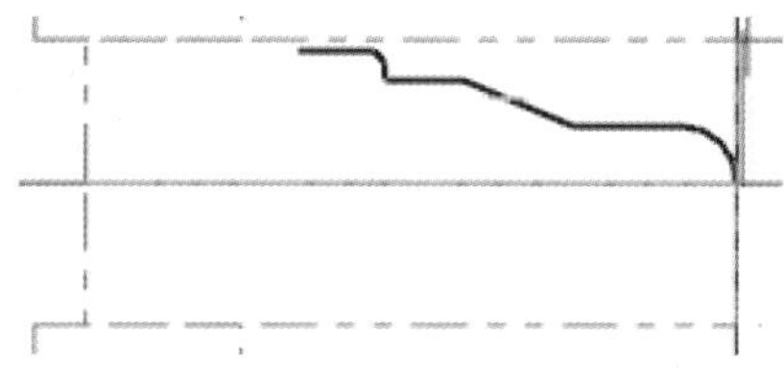

图 16-15　整理后的图形

3. 创建球头轴粗车外圆加工刀具路径

单击【车削】→【标准】→【粗车】按钮，弹出【线框串连】对话框，拾取图 16-16 所示的母线串连。单击【确定】按钮，弹出【粗车】对话框。

（1）在刀具列表框中选择 T0101 号车刀，其他参数采用默认设置。

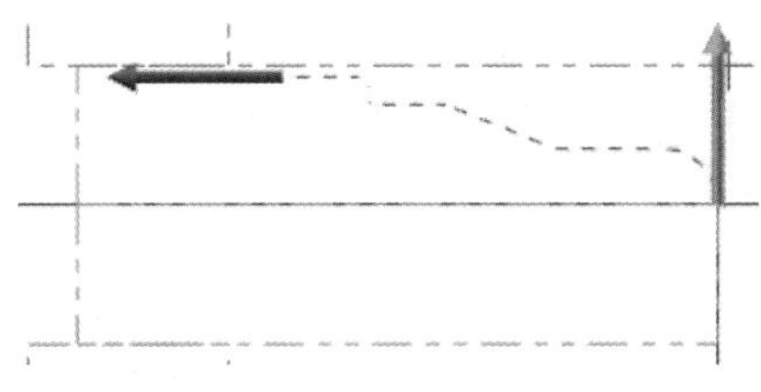

图 16-16　拾取串连

（2）单击【粗车参数】选项卡，参数设置步骤如图 16-17～图 16-19 所示。

（3）设置完后，单击【粗车】对话框中的【确定】按钮，系统立即在绘图区生成刀具路径，如图 16-20 所示。

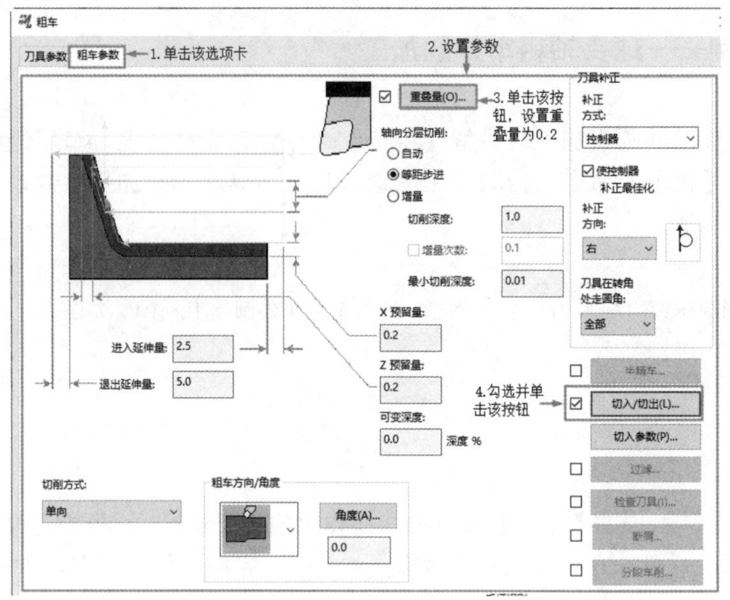

图 16-17　粗车参数设置

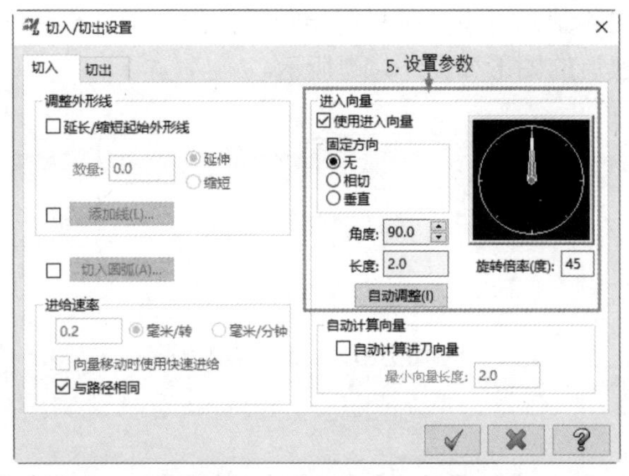

图 16-18　设置切入参数

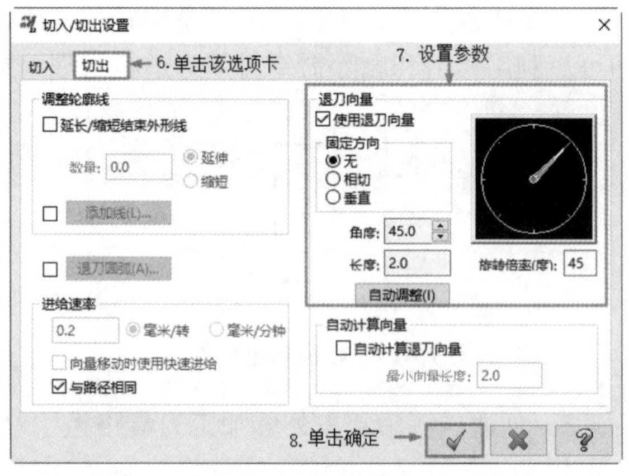

图 16-19　设置切出参数

4．模拟仿真加工

（1）仿真加工。单击【刀路】操作管理器中的【选择全部操作】按钮，选中所有操作。单击【刀路】操作管理器中的【验证已选择的操作】按钮，在弹出的【验证】对话框中单击【播放】按钮，系统进行模拟，仿真加工结果如图 16-21 所示。

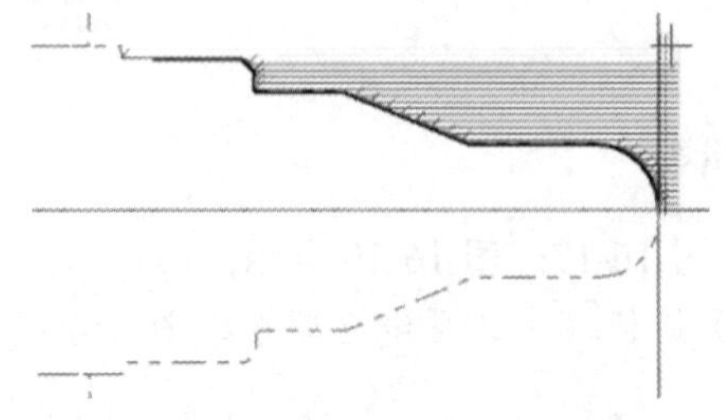

图 16-20　生成粗车刀具路径

图 16-21　仿真加工结果

（2）NC 代码。模拟检查无误后，在【刀路】操作管理器中单击【执行选择的操作进行后处理】按钮G1，输入文件名称【球头轴粗车外圆】，生成 NC 代码，见随书电子文件。

16.3.2　粗车加工参数介绍

单击【车削】→【标准】→【粗车】按钮，弹出【线框串连】对话框，拾取加工串连。单击【确定】按钮，弹出【粗车】对话框。

【粗车参数】选项卡如图 16-22 所示。该选项卡用于创建车床粗加工刀具路径。与其他类型的车床粗加工刀具路径相比，该选项卡为用户提供了最完整的粗加工选项集。

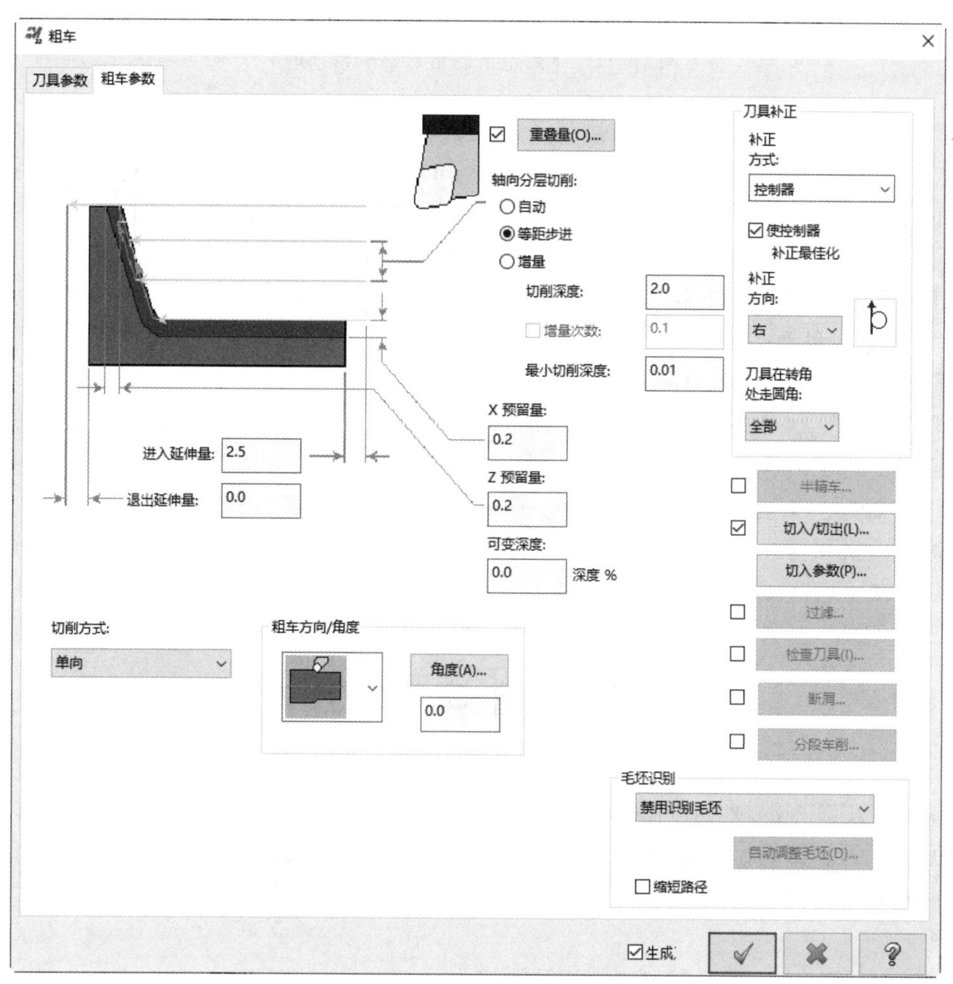

图 16-22　【粗车参数】选项卡

（1）进入延伸量：输入距刀具开始进给的毛坯的距离。

（2）退出延伸量：指定刀具在切削结束时移出毛坯边界的量。

（3）重叠量：选中该复选框，则会在每个粗切之间创建重叠。设置在进行下一次切割之前工具与上一次切割的重叠程度。单击该按钮，弹出【粗车重叠量参数】对话框，如图 16-23 所示。

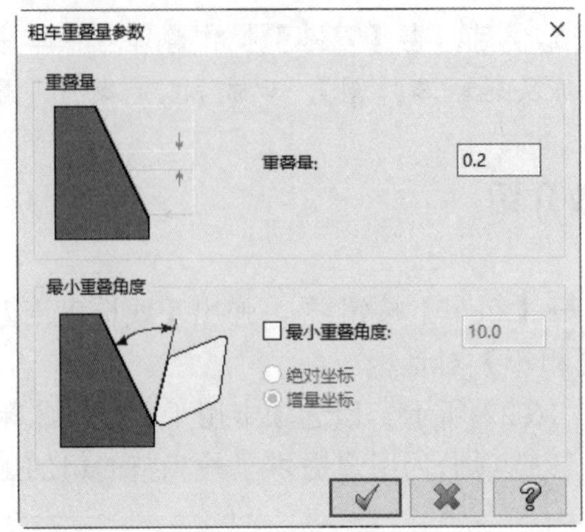

图 16-23 【粗车重叠量参数】对话框

（4）轴向分层切削：设置分层切削选项，包括以下选项。

① 自动：在每次走刀过程中移除等于切削深度的材料，直到切削深度值变得太大并且将开始进行较小的走刀。这些走刀不会小于最小切割深度。

② 等距步进：在不超过切割深度值的情况下，每次通过去除相同数量的材料。

每次走刀都会去除增量材料，从初始切削深度开始，增加或减少，直到达到最终切削深度。

（5）最小切削深度：确定每次切削的最小深度。如果剩余深度小于该值，则不进行切削。仅当深度切割设置为【自动】或【等距步进】时可用。

（6）可变深度：允许用户改变表面接触刀具刀片的点，以防止开槽并提高刀具寿命。可变深度的变化范围可达切削深度的 25%。实际切削深度可以在切削深度的 75%～125%之间变化。有效范围为-25%～25%。正值将导致向上切割，负值将导致向下切割，0 将导致直线切割。

切削将在倾斜和直线之间交替。如果切割长度小于切割深度的 3 倍，则将进行直线切割而不是倾斜切割。在平坦区域，将进行直线切割而不是倾斜切割。

16.4 精 车 加 工

精车是加工工艺中的精加工工序，由于切削过程残留面积小，又最大限度地排除了切削力、切削热和振动等不利影响，因此能有效地去除上道工序留下的表面变质层，加工后表面基本上不带有残余拉应力，粗糙度也大大减小，极大地提高了加工表面质量。

扫一扫，看视频

16.4.1 实例——球头轴精车外圆加工

本实例在前面粗车的基础上进行外圆精加工，首先执行【精车】命令；然后拾取加工串连，设置刀具和加工参数；最后模拟仿真加工，生产 NC 后处理程序。

动画演示\第 16 章\ 16.4.1 实例——球头轴精车外圆加工.MP4

绘制过程

1. 打开文件

单击快速访问工具栏中的【打开】按钮，在弹出的【打开】对话框中选择【原始文件\ 第 16 章\球头轴精车外圆】文件，单击【打开】按钮 打开(O) ，完成文件的调取。

2. 创建球头轴精车外圆加工刀具路径

单击【车削】→【标准】→【精车】按钮，弹出【线框串连】对话框，拾取图 16-24 所示的母线串连。单击【确定】按钮，弹出【精车】对话框。

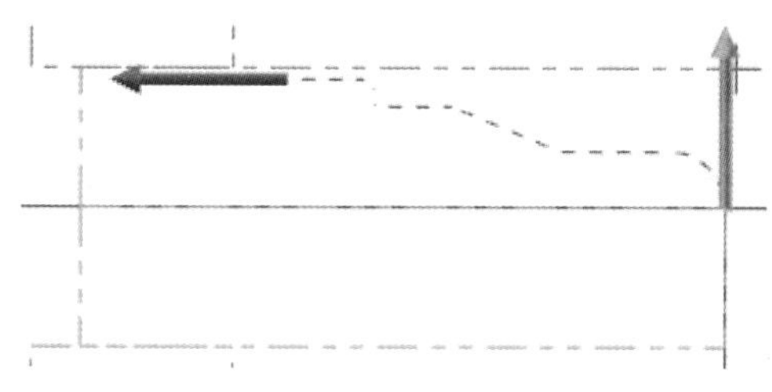

图 16-24　拾取串连

（1）在刀具列表框中选择 T2121 号车刀，其他参数采用默认设置。

（2）单击【精车参数】选项卡，参数设置如图 16-25 所示，其他参数采用默认设置。

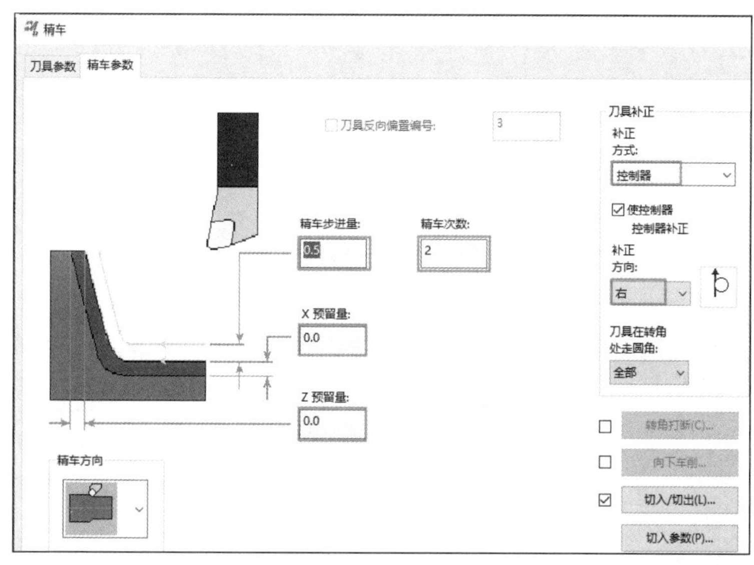

图 16-25　精车参数设置

（3）设置完后，单击【粗车】对话框中的【确定】按钮，系统立即在绘图区生成刀具路径，如图 16-26 所示。

3. 模拟仿真加工

（1）仿真加工。单击【刀路】操作管理器中的【选择全部操作】按钮，选中所有操作。单击【刀路】操作管理器中的【验证已选择的操作】按钮，在弹出的【验证】对话框中单击【播放】按钮▶，系统进行模拟，仿真加工结果如图 16-27 所示。

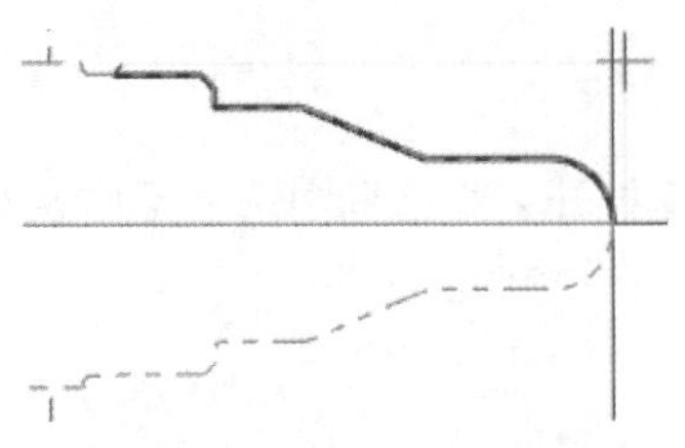

图 16-26　生成精车刀具路径

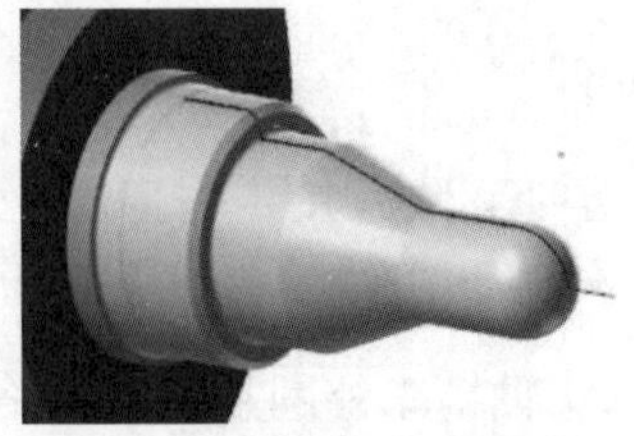

图 16-27　仿真加工结果

（2）NC 代码。模拟检查无误后，在【刀路】操作管理器中单击【执行选择的操作进行后处理】按钮G1，输入文件名称【球头轴精车外圆】，生成 NC 代码，见随书电子文件。

16.4.2　精车加工参数介绍

单击【车削】→【标准】→【精车】按钮，弹出【线框串连】对话框，拾取加工母线串连。单击【确定】按钮，弹出【精车】对话框。

【精车参数】选项卡如图 16-28 所示。该选项卡用于为零件创建精加工刀具路径。与固定的精加工刀具路径不同，该命令可以不用预先创建粗加工刀具路径。

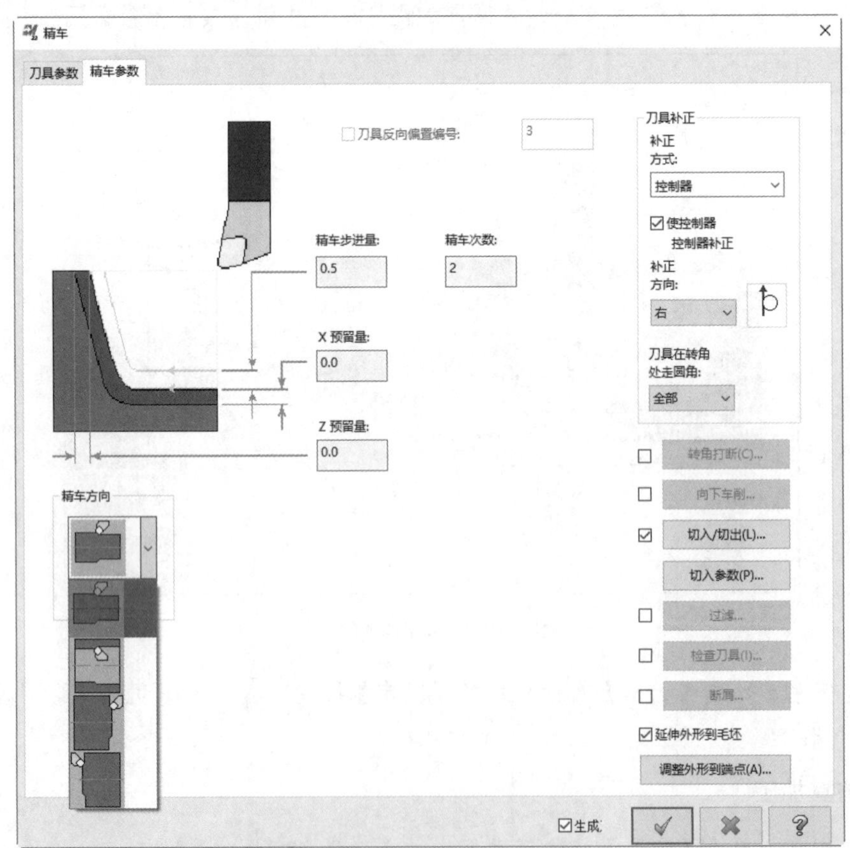

图 16-28　【精车参数】选项卡

（1）精车方向：选择刀具将从哪个方向创建刀具路径，包括（ID 内径）、（OD 外径）、（正面）或（背面）。

（2）延伸外形到毛坯：将零件几何图形建立的轮廓延伸到毛坯边界。只有在机床组属性中定义了当前活动主轴的毛坯并且链接轮廓完全位于毛坯边界内时，该选项才可用。单击【调整外形到端点】按钮 调整外形到端点(A)...，可以控制轮廓的延伸方式。

16.5　动态粗车加工

动态粗车可以快速切除大量毛坯，而剩余未加工材料可以更有效地使用更小的刀具。对于如图 16-29 所示的皮带轮的外形加工，如果利用粗车加工，刀路如图 16-30 所示。图中区域 1 部分没有进行切削。此时，需要利用动态切削命令对该零件进行加工。

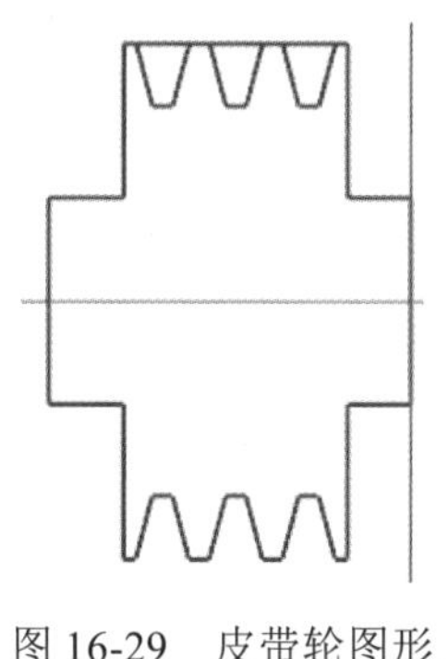

图 16-29　皮带轮图形

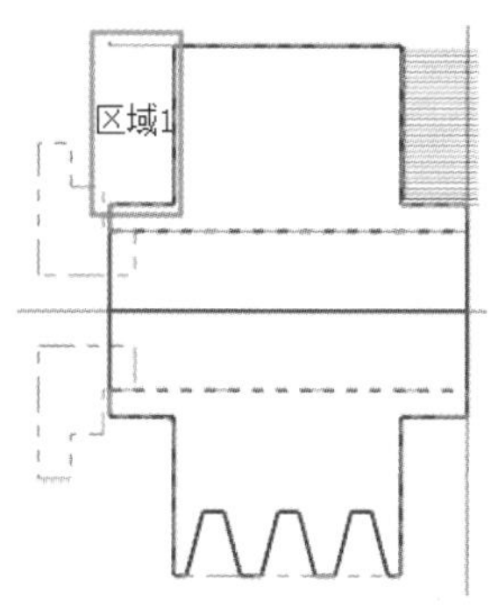

图 16-30　粗车刀路

16.5.1　实例——皮带轮动态粗车外圆加工

本实例利用皮带轮的外圆粗加工讲解【动态粗车】命令。首先执行【动态粗车】命令；然后拾取加工串连，设置刀具和加工参数；最后模拟仿真加工，生成 NC 后处理程序。

动画演示\第 16 章\ 16.5.1 实例——皮带轮动态粗车外圆加工.MP4

绘制过程

1. 打开文件

单击快速访问工具栏中的【打开】按钮，在弹出的【打开】对话框中选择【原始文件\ 第 16 章\皮带轮】文件，单击【打开】按钮 打开(O)，完成文件的调取。

2. 设置机床类型

单击【机床】→【机床类型】→【车床】按钮，选择【默认】选项，在【刀路】操作管理器中生成机床群组属性文件。

3．设置毛坯及工件装夹

（1）在【刀路】操作管理器中单击【毛坯设置】按钮 毛坯设置，弹出【机床群组属性】对话框，在【毛坯设置】选项卡中设置毛坯为【左侧主轴】，单击其后的【参数】按钮 参数...，弹出【机床组件管理：毛坯】对话框，设置【图形】为【圆柱体】、【外径】为 205、【内径】为 60、【长度】为 40、【轴向位置】Z 值为 0，【轴】设置为-Z，其他采用默认设置。

（2）选择卡爪设置为【左侧主轴】，单击其后的【参数】按钮 参数...，弹出【机床组件管理：卡盘】对话框，单击【参数】选项卡，设置【夹紧方式】为【内径】、【直径】为 60、Z 为-130。

（3）单击【确定】按钮，设置完成，结果如图 16-31 所示。

4．创建皮带轮粗车外圆加工刀具路径

单击【车削】→【标准】→【动态粗车】按钮，弹出【线框串连】对话框，绘图区打开图层 2，关闭图层 3，拾取图 16-32 所示的串连。单击【确定】按钮，弹出【动态粗车】对话框。

（1）在刀具列表框中选择 T142142 号车刀，双击该刀具图标，弹出【定义刀具：机床群组-1】对话框，单击【刀片】选项卡，修改【内圆直径或周长】为 6，单击【刀杆】选项卡，修改参数 C 为 80，其他参数采用默认设置。

注意

动态粗车加工只能选择圆形刀片，否则会弹出图 16-33 所示的【警告】对话框。

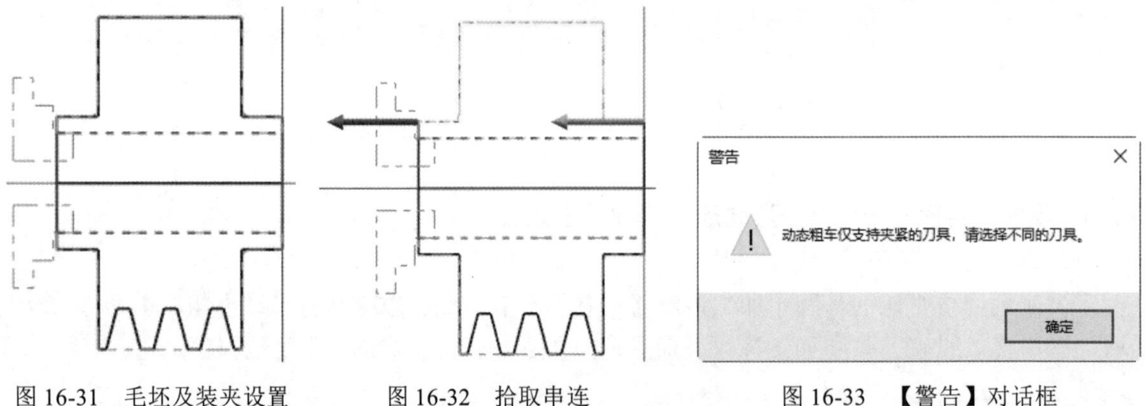

图 16-31　毛坯及装夹设置　　图 16-32　拾取串连　　图 16-33　【警告】对话框

（2）单击【动态粗车参数】选项卡，【X 预留量】和【Z 预留量】均设置为 0，其他参数采用默认设置。

（3）设置完后，单击【确定】按钮，系统立即在绘图区生成刀具路径，如图 16-34 所示。

5．模拟仿真加工

（1）仿真加工。单击【刀路】操作管理器中的【选择全部操作】按钮，选中所有操作。单击【刀路】操作管理器中的【验证已选择的操作】按钮，在弹出的【验证】对话框中单击【播放】按钮，系统进行模拟，仿真加工结果如图 16-35 所示。

（2）NC 代码。模拟检查无误后，在【刀路】操作管理器中单击【执行选择的操作进行后处理】按钮 G1，输入文件名称【皮带轮动态粗车】，生成 NC 代码，见随书电子文件。

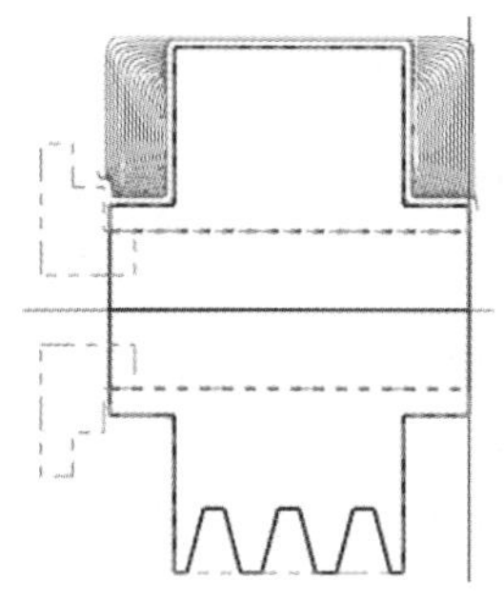

图 16-34　生成动态粗车刀具路径

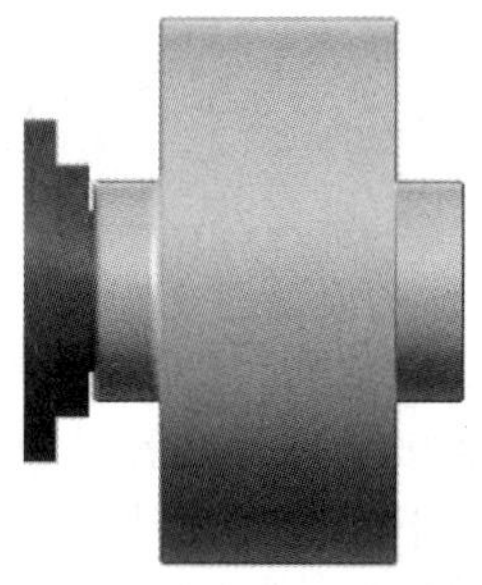

图 16-35　仿真加工结果

16.5.2　动态粗车加工参数介绍

单击【车削】→【标准】→【动态粗车】按钮，弹出【线框串连】对话框，拾取加工母线串连。单击【确定】按钮，弹出【动态粗车】对话框。

【动态粗车参数】选项卡如图 16-36 所示。该选项卡用于创建车床动态粗加工刀具路径。刀具路径设计用于仅使用圆角刀片切削的硬质材料，如半径或球。动态运动允许刀具路径逐渐切削，更有效地保持在材料中，并使用更多的刀片表面，延长刀具寿命并提高切削速度。

注意

【动态粗车参数】选项卡中【补正方式】只能选择【电脑】或【关】。

（1）防止向上切削：选中该复选框，则允许用户指定圆形刀片的非切削部分。

（2）非车削区域：单击该按钮，弹出【非车削区域】对话框，用于显示和编辑该功能的设置。

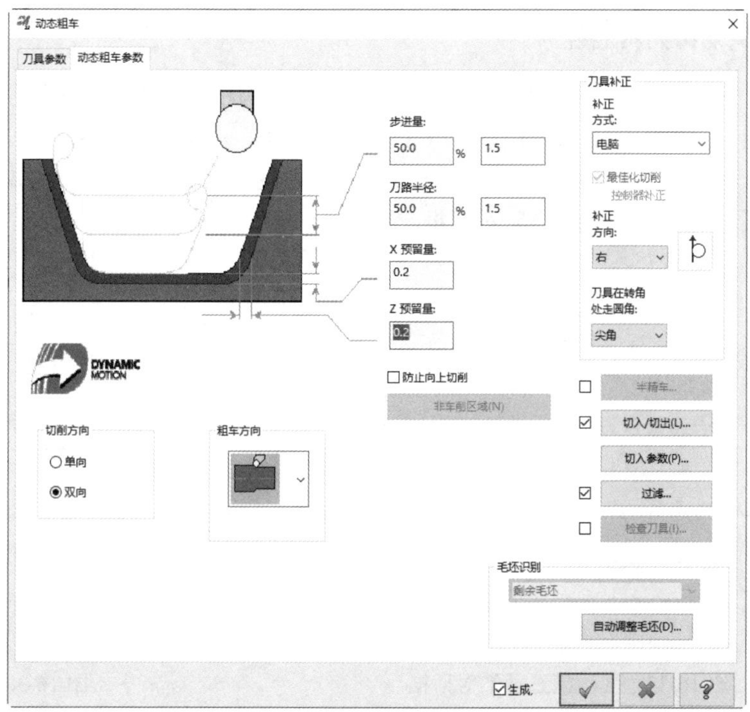

图 16-36　【动态粗车参数】选项卡

16.6 沟 槽 加 工

沟槽加工主要用于加工回转体零件的凹槽部分。加工凹槽时，刀具切割工件的方式与其他车削方式不同，它是在垂直于回转体轴线方向进刀，切到规定深度后在垂直于主轴轴线方向退刀。而其他车削是平行于回转体轴线进行切削的。切槽加工用的刀具与其他车削加工方式的刀具也有所不同。槽车削所用的车刀两侧都有切削刃。

扫一扫，看视频

16.6.1 实例——皮带轮切槽加工

本实例在前面动态粗车的基础上进行切槽加工，首先执行【沟槽】命令；然后拾取加工串连，设置刀具和加工参数；最后模拟仿真加工，生产 NC 后处理程序。

动画演示\第 16 章\ 16.6.1 实例——皮带轮切槽加工.MP4

绘制过程

1. 打开文件

单击快速访问工具栏中的【打开】按钮，在弹出的【打开】对话框中选择【原始文件\ 第 16 章\皮带轮切槽】文件，单击【打开】按钮 打开(O) ，完成文件的调取。

2. 创建皮带轮切槽刀具路径

单击【车削】→【标准】→【沟槽】按钮，弹出【沟槽选项】对话框，选择【定义沟槽方式】为【多个串连】，如图 16-37 所示。单击【确定】按钮，系统弹出【线框串连】对话框，选择【部分串连】选项，打开图层 3，关闭图层 2，拾取如图 16-38 所示的 3 组串连。单击【确定】按钮，弹出【沟槽粗车（串连）】对话框。

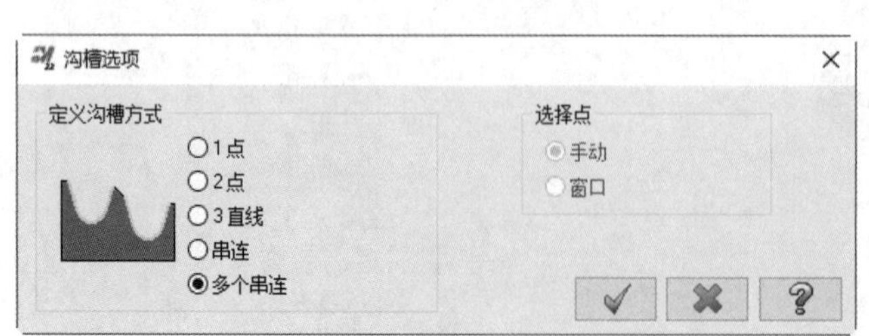

图 16-37 【沟槽选项】对话框

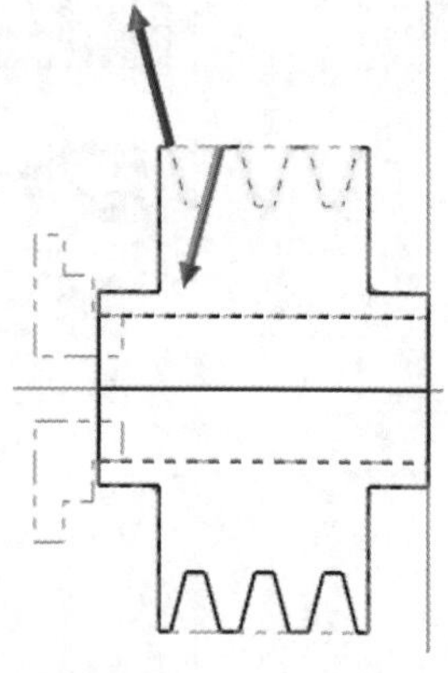

图 16-38 拾取串连

（1）在刀具列表框中选择 T4242 号车刀，其他参数采用默认设置。

（2）单击【沟槽粗车参数】选项卡，参数设置步骤如图 16-39 和图 16-40 所示。

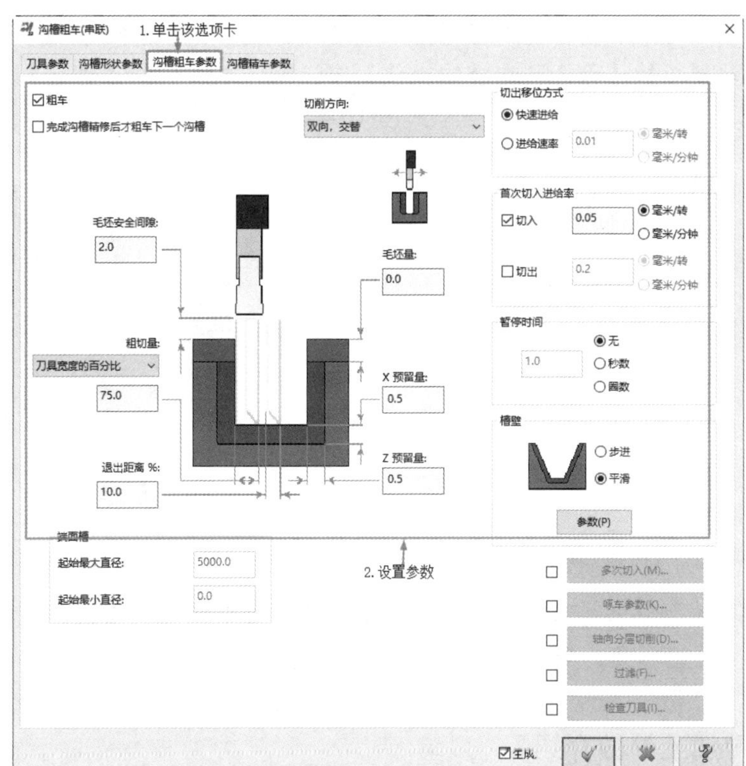

图 16-39　【沟槽粗车参数】选项卡参数设置

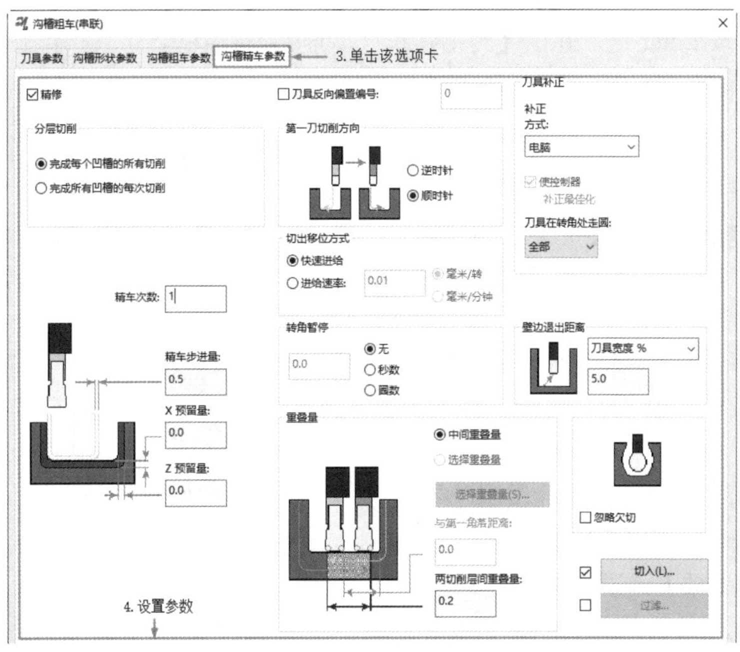

图 16-40　【沟槽精车参数】选项卡参数设置

（3）设置完后，单击【确定】按钮，系统立即在绘图区生成刀具路径，如图 16-41 所示。

3. 模拟仿真加工

（1）仿真加工。单击【刀路】操作管理器中的【选择全部操作】按钮，选中所有操作。单击【刀路】操作管理器中的【验证已选择的操作】按钮，在弹出的【验证】对话框中单击【播放】按钮，系统进行模拟，仿真加工结果如图 16-42 所示。

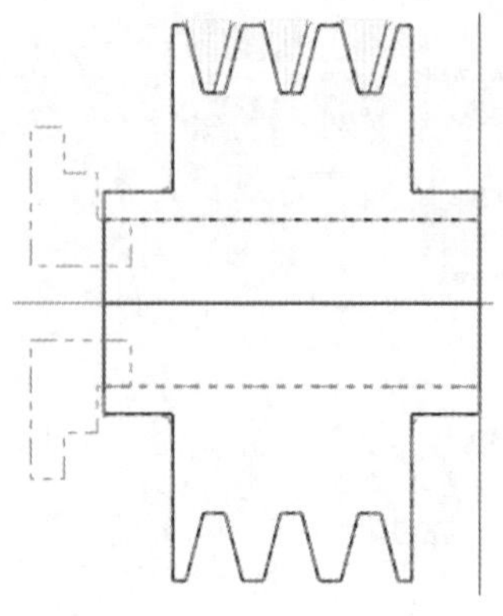

图 16-41　生成沟槽刀具路径

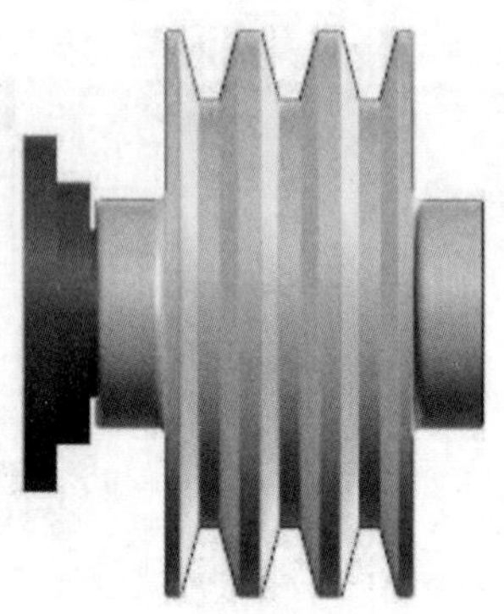

图 16-42　仿真加工结果

（2）NC 代码。模拟检查无误后，在【刀路】操作管理器中单击【执行选择的操作进行后处理】按钮，输入文件名称【皮带轮切槽】，生成 NC 代码，见随书电子文件。

16.6.2　沟槽加工参数介绍

单击【车削】→【标准】→【沟槽】按钮，弹出【沟槽选项】对话框，选择定义沟槽方式，并拾取加工范围。按 Enter 键，弹出【沟槽粗车（串连）】对话框。

1.【沟槽粗车参数】选项卡

【沟槽粗车参数】选项卡如图 16-43 所示。该选项卡为创建凹槽粗切刀具路径设置参数。

（1）粗车：选中该复选框，创建粗加工刀具路径。

（2）完成沟槽精修后才粗车下一个沟槽：选择是否要在移动到下一个凹槽之前对每个凹槽进行粗加工和精加工。如果用户希望在进行任何精加工之前对所有凹槽进行粗加工，请取消选择。该选项在定义多个凹槽时使用。

（3）毛坯安全间隙：确定刀具从凹槽顶部开始第一次切入并在最后一次切削后退回的距离。

（4）粗切量：确定每次切割去除的材料量。包含 3 个选项：刀具宽度的百分比、步进量和步进数。

（5）退出距离%：确定工具在缩回之前从沟槽壁后退多远。退出距离定义为粗步的百分比。如果退出时会撞击零件，则刀具不会后退。

2.【沟槽精车参数】选项卡

【沟槽精车参数】选项卡如图 16-44 所示。该选项卡为创建沟槽精加工刀具路径设置参数。

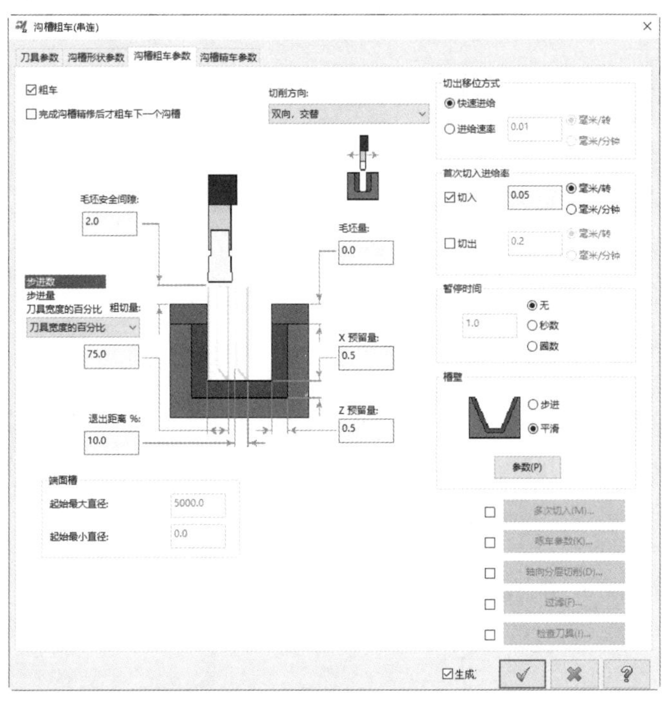

图 16-43 【沟槽粗车参数】选项卡

（1）精修：选中该复选框，创建精加工刀具路径。

（2）壁边退出距离：确定刀具在缩回前从凹槽壁后退多远。如果刀具以 45°后退时会撞击零件，否则刀具不会后退。选择刀具宽度的百分比或距离并输入一个值。

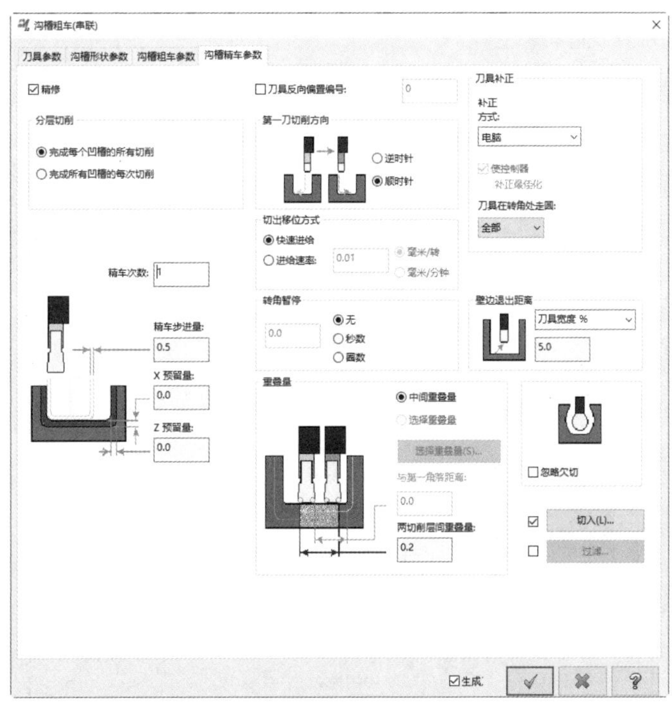

图 16-44 【沟槽精车参数】选项卡

16.7 螺纹加工

螺纹车削主要是针对回转体零件上的螺纹特征所使用的一种加工方法。它可以用来加工回转体零件上的“盲的”或“通的”内螺纹和外螺纹。

扫一扫，看视频

16.7.1 实例——旋塞车螺纹加工

本实例以旋塞为例讲解【车螺纹】命令，首先打开源文件，源文件中已对工件进行了毛坯设置、装夹及端面和外圆的粗、精加工、退刀槽加工；然后执行【车螺纹】命令，设置刀具和加工参数；最后模拟仿真加工，生成后处理程序。

动画演示\第 16 章\ 16.7.1 实例——旋塞车螺纹加工.MP4

绘制过程

1. 打开文件

单击快速访问工具栏中的【打开】按钮，在弹出的【打开】对话框中选择【原始文件\第 16 章\旋塞】文件，单击【打开】按钮 打开(O) ，完成文件的调取，如图 16-45 所示。

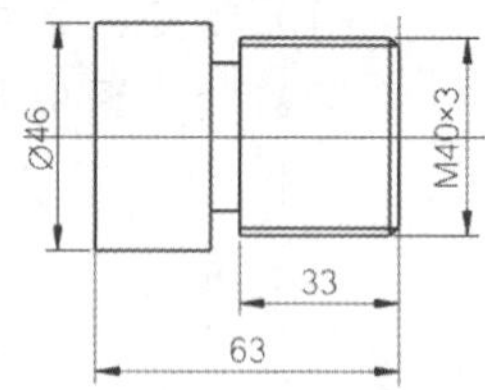

图 16-45 旋塞文件

2. 创建旋塞螺纹加工刀具路径

单击【车削】→【标准】→【车螺纹】按钮，弹出【车螺纹】对话框。

（1）在刀具列表框中选择 T9494 号车刀，其他参数采用默认设置。

（2）单击【螺纹外形参数】选项卡，参数设置如图 16-46 和图 16-47 所示，其他参数采用默认设置。

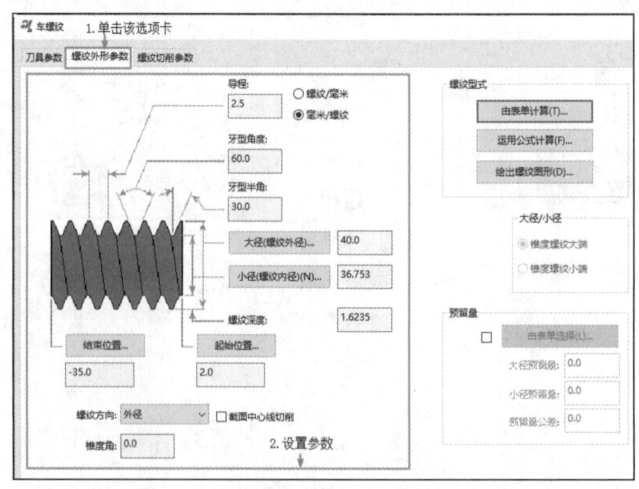

图 16-46 【螺纹外形参数】选项卡参数设置

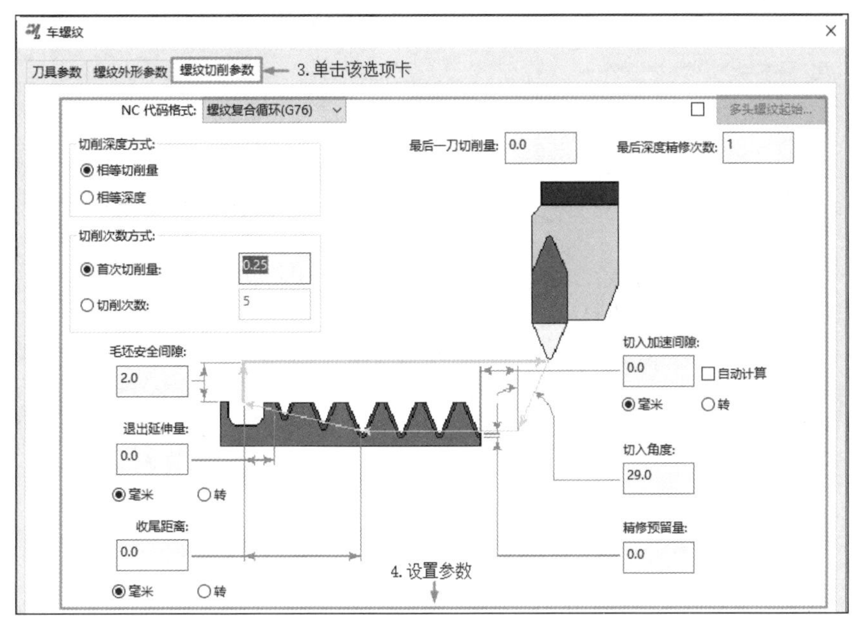

图 16-47　【螺纹切削参数】选项卡参数设置

（3）设置完后，单击【粗车】对话框中的【确定】按钮，系统立即在绘图区生成刀具路径，如图 16-48 所示。

3．模拟仿真加工

（1）仿真加工。单击【刀路】操作管理器中的【选择全部操作】按钮，选中所有操作。单击【刀路】操作管理器中的【验证已选择的操作】按钮，在弹出的【验证】对话框中单击【播放】按钮，系统进行模拟，仿真加工结果如图 16-49 所示。

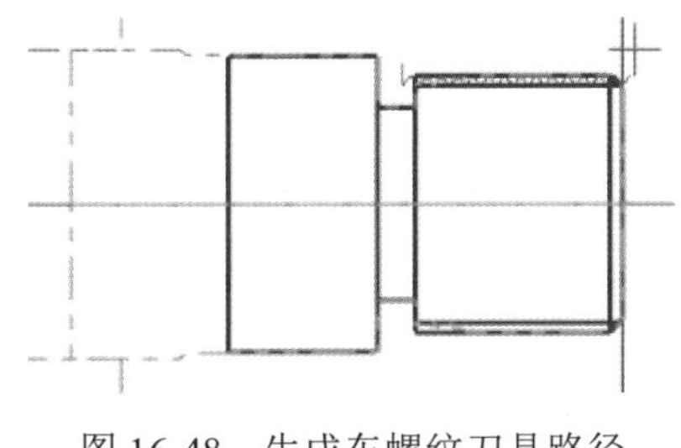

图 16-48　生成车螺纹刀具路径

图 16-49　仿真加工结果

（2）NC 代码。模拟检查无误后，在【刀路】操作管理器中单击【执行选择的操作进行后处理】按钮G1，输入文件名称【旋塞】，生成 NC 代码，见随书电子文件。

16.7.2　螺纹加工参数介绍

单击【车削】→【标准】→【车螺纹】按钮，弹出【车螺纹】对话框。

1.【螺纹外形参数】选项卡

【螺纹外形参数】选项卡如图 16-50 所示。该选项卡用于设置螺纹的形状。

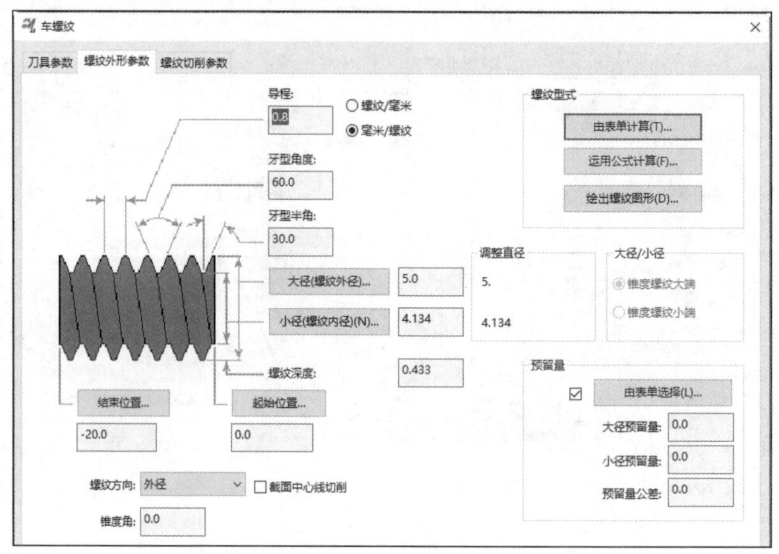

图 16-50 【螺纹外形参数】选项卡

（1）导程：在给定螺纹的螺栓上转动一次，螺母将行进的距离。在文本框中输入一个值并选择合适的单位。Mastercam 使用导程值和主轴速度计算进给率。

（2）大径（螺纹外径）：螺纹的最大直径。

（3）小径（螺纹内径）：螺纹的最小直径。小径=大径−1.0825P（P 为导程）。

（4）螺纹深度：从小径到大径的距离。

（5）起始位置：确定螺纹在 Z 轴（OD、ID）或 X 轴（正面/背面）上的起始位置。

（6）结束位置：确定螺纹将在 Z 轴（OD、ID）或 X 轴（正面/背面）上的何处结束。

（7）截面中心线切削：在所选刀具中心线的另一侧创建刀具路径。Mastercam 自动切换主轴旋转、补正和进入/退出移动的方向。

2.【螺纹切削参数】选项卡

【螺纹切削参数】选项卡如图 16-51 所示。该选项卡用于设置螺纹切削的刀具路径和切削参数。

（1）NC 代码格式：确定在加工时如何去除螺纹毛坯，并让用户选择在确定每次加工要去除的毛坯量时所需的灵活性，包括螺纹车削（G32）、螺纹复合循环（G76）、螺纹固定循环（G92）、交替（G32）4 个选项。

（2）相等切削量：螺纹切削加工时每次切割去除等量的材料。

（3）相等深度：螺纹切削加工时每次切割的深度相等。

（4）首次切削量：确定第一次切割时要去除的毛坯量，这表示为增量半径。移除所有毛坯所需的切削次数由首次切削量、最后一次切削量、螺纹形状和螺纹深度自动确定。

（5）切削次数：确定工具将进行多少次切割可以加工完成。

（6）最后一刀切削量：输入要在最后一次切割时去除的毛坯量。

（7）退出延伸量：确定刀具在退回之前将经过螺纹末端多远。

（8）切入加速间隙：确定刀具在开始切削螺纹之前沿 Z 方向加速到全速所需的距离。这是从螺纹起点沿 Z 轴的增量距离。如果用户选择【自动计算】，则会自动设置距离。

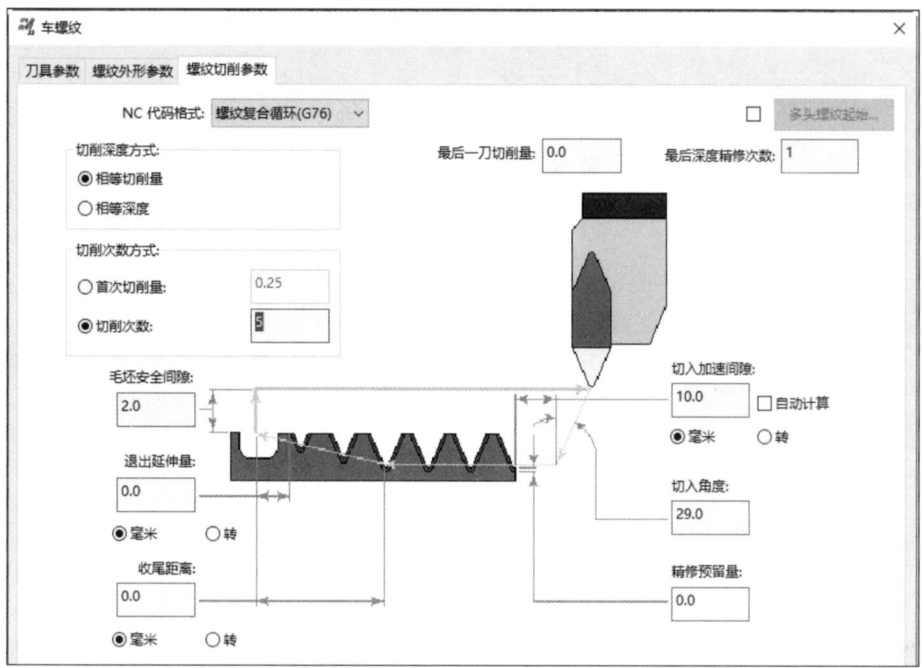

图 16-51 【螺纹切削参数】选项卡